Otto-Ernst Heiserich / Klaus Helbig / Werner Ullmann

Logistik

Otto-Ernst Heiserich / Klaus Helbig / Werner Ullmann

Logistik

Eine praxisorientierte Einführung

4., vollständig überarbeitete und erweiterte Auflage

GABLER

Bibliografische Information der Deutschen Nationalbibliothek
Die Deutsche Nationalbibliothek verzeichnet diese Publikation in der
Deutschen Nationalbibliografie; detaillierte bibliografische Daten sind im Internet über
<http://dnb.d-nb.de> abrufbar.

Prof. Dr. Otto-Ernst Heiserich lehrte Logistik an der Beuth Hochschule für Technik Berlin.
Prof. Dr. Klaus Helbig lehrt Betriebswirtschaftslehre, insbesondere Logistik, an der Beuth Hochschule
für Technik Berlin.
Prof. Dr. Werner Ullmann lehrt Betriebswirtschaftslehre, insbesondere Logistik, an der Beuth Hochschule
für Technik Berlin.

1. Auflage 1997
2. Auflage 2000
3. Auflage 2002
4. Auflage 2011

Alle Rechte vorbehalten
© Gabler Verlag | Springer Fachmedien Wiesbaden GmbH 2011

Lektorat: Susanne Kramer

Gabler Verlag ist eine Marke von Springer Fachmedien.
Springer Fachmedien ist Teil der Fachverlagsgruppe Springer Science+Business Media.
www.gabler.de

Umschlaggestaltung: KünkelLopka Medienentwicklung, Heidelberg
Druck und buchbinderische Verarbeitung: Ten Brink, Meppel

Printed in the Netherlands

ISBN 978-3-8349-1852-9

Vorwort zur vierten Auflage

Logistik ist ein sich rasch wandelndes Fachgebiet. Einerseits werden die theoretischen Ansätze laufend weiterentwickelt, andererseits hat die Logistik in Deutschland als Transitland und mit seinem hohen Exportanteil einen wichtigen Stellenwert und sucht ständig nach verbesserten Praxislösungen. Standen am Anfang Funktions- und Prozessdenken für logistische Einzelprobleme und gesamte Lieferketten im Vordergrund, werden heute robuste und zugleich flexible Logistikprozesse entwickelt. Dies führt zu einer verstärkten Bedeutung von unternehmensübergreifender Standardisierung von Prozessen sowie von prozessunterstützenden Methoden und Technologien in logistischen Netzwerken. Es entstehen rationelle Lösungsansätze, die es dem einzelnen Akteur ermöglichen, seine Wertschöpfungsleistung innerhalb eines Netzwerkes schnell, kostengünstig und kundenorientiert einzubringen.

Die neue Auflage dieses bewährten Lehrbuches berücksichtigt diese Entwicklungen; es wurde grundlegend überarbeitet und insbesondere im Aufbau vollständig neu konzipiert. Aktuelle Entwicklungen sind eingearbeitet. Nachdem Herr Prof. Dr.-Ing. Heiserich in den Ruhestand gegangen ist, wurden seine Kenntnisse und Erfahrungen eingebracht und die Autorenschaft erweitert. Die gemeinsame Arbeit der Verfasser bedeutet, dass die Inhalte des Buches die vertretene Lehrmeinung zum Fachgebiet „Logistik" wiedergeben. Neu aufgenommen wurden zahlreiche quantitative Verfahren der Logistik. Beibehalten wurde der ausdrückliche Vorrang des Praxisbezuges.

Bei der Beschreibung betrieblicher Aufgaben wird im Text aus Gründen der Lesbarkeit mehrheitlich die in der Praxis gebräuchliche männliche Form gewählt - selbstverständlich beziehen sich die Angaben auf Angehörige beider Geschlechter.

Diese vierte Auflage widmen wir unseren Familien und insbesondere unseren Ehefrauen *Ingrid*, *Madeleine* und *Dinara*, die während der Bearbeitung des Buchprojektes auf einiges an gemeinsamer Zeit verzichten mussten.

Wir wünschen der neuen Auflage die weiterhin hohe Akzeptanz des Lehrbuches durch Studierende, Lehrende und Praktiker.

Berlin, im Juli 2011

Otto-Ernst Heiserich
Klaus Helbig
Werner Ullmann

Vorwort zur dritten Auflage

Die Frequenzen der Auflagen geben Gelegenheit, die dynamischen Entwicklungen des Fachgebietes zu reflektieren, für die Lehre aufzubereiten und in einer überarbeiteten Fassung festzuhalten. Die Veränderungen beziehen sich auf die verbreiteten Kooperationsstrategien in bestandsarmen, ganzheitlichen und unternehmensübergreifenden Netzwerken, in denen Zulieferer, Abnehmer und logistische Dienstleister partnerschaftlich zusammenarbeiten und Rationalisierungspotentiale durch maßgeschneiderte Logistikangebote umsetzen. Durch die Zunahme des Online-Handels im Beschaffungs- und Distributionsbereich sind - insbesondere für endkundenorientierte, individualisierte Sendungen innovative Logistik-Konzepte erforderlich.

Aktualisierungen werden nötig durch fortschreitende Erkenntnisse der logistischen Forschung und Praxis - aber auch durch Veränderungen der Rahmenbedingungen; das sind beispielsweise weitere Regulierungen im Entsorgungsbereich für Altprodukte, die logistische Angebote für Rückführung, Behandlung und Wiedereinsteuerung von Komponenten und Stoffen in den Wirtschaftskreislauf erfordern.

Die Entwicklungen im IT-Bereich eröffnen durch die Nutzung der Transponder-Technik, durch den Einsatz der Mobil-Kommunikation und die Erweiterung der Logistik-Software-Tools neue Möglichkeiten in der Informationslogistik.

Otto-Ernst Heiserich

Vorwort zur zweiten Auflage

Die erfreuliche Aufnahme des Buches im Jahre 1997 führte bereits 1998 zu einem Nachdruck, ohne Zeit zu lassen für eine Überarbeitung oder Ergänzung. Nach einem sich erneut abzeichnenden Ausverkauf konnte eine Ergänzung und Aktualisierung vorbereitet werden. Die Notwendigkeit ergibt sich aus der raschen Entwicklung des Fachgebietes „Logistik" in theoretischen und praktischen Feldern. Das Konzept der Ausarbeitung wurde beibehalten, um die spezifischen Inhalte der Teilbereiche innerhalb der Prozesskette hervorheben zu können.

Zunehmende betriebswirtschaftliche Inhalte und die aktuelle Diskussion der Versorgungskette (Supply Chain) machen eine definitorische Orientierung erforderlich. Neue logistische Konzepte der Praxis, Strukturveränderungen der Beschaffungs- und der Absatzmärkte und das wachsende Angebot logistischer Dienstleistungen verändern die Arbeitsteilung in allen Bereichen. Die betrieblichen Rahmenbedingungen haben sich durch die Neufassung der rechtlichen Handelsgeschäfte des Frachtführers, des Spediteurs und des Lagerhalters (HGB-Änderung 1998) und der Reform des Güterkraftverkehrsrechts (1998) verändert; hinzu kommen die logistischen Auswirkungen des Kreislaufwirtschafts-/Abfallgesetzes und die Novellierung der Verpackungsverordnung auf die Rückführungslogistik; daneben sind die Einführung des Öko-Audits und die Deregulierungen auf dem KEP-Markt durch die Post- und Bahnreform sowie die Aufhebung des Netzmonopols und die Versteigerung von Mobilfunklizenzen für die Informationslogistik zu berücksichtigen.

Otto-Ernst Heiserich

Vorwort zur ersten Auflage

Logistik ist ein vergleichsweise junges Fachgebiet und hat sich von der einseitigen Betrachtung von Distributionsproblemen rasch zu einer Querschnittsfunktion im Unternehmen entwickelt und die Sicht von funktional arbeitsteiligen Strukturen und Abläufen zu prozessorientierten, funktionsübergreifenden Denkweisen gewandelt; die interdisziplinären Inhalte und die ganzheitlichen Betrachtungen der Logistik eignen sich in ihrer Komplexität in besonderer Weise für die Ausbildung von Wirtschaftsingenieuren und für an ganzheitlichen Reorganisationsmaßnahmen interessierte Praktiker.

Das vorliegende Lehrbuch ist entstanden aus den Erfahrungen in der Postgraduierten-Fortbildung von Ingenieuren - auch fachkundigen Hörern aus der industriellen Praxis - zu Wirtschaftsingenieuren in einem Aufbaustudium an der TFH Berlin (heute: Beuth Hochschule für Technik Berlin) und beruht auf der intensiven Diskussion in vielen Lehrveranstaltungen, die durch die zusammenfassende Veröffentlichung auf weitere Fachkreise ausgedehnt werden soll. In einem Wirtschaftsingenieur-Studium liegt der Vorrang auf betriebswirtschaftlichen Zusammenhängen und Forderungen im Unternehmen - die Instrumente und Methoden der Technik, der Informatik oder der Betriebswirtschaft liefern fachübergreifende Lösungsangebote zu den jeweiligen Problemfeldern.

Der Aufbau des Buches folgt der traditionellen Funktionsgliederung der Logistik in Beschaffungslogistik, Fertigungslogistik und Absatzlogistik und wird ergänzt durch das jüngste Teilgebiet der Logistik, der Entsorgungslogistik als „viertem Bein". Die Hauptabschnitte tragen attributive Charakterisierungen der grundlegenden Zielsetzungen; den Gliederungen liegen - neben betriebswirtschaftlichen Grundlagen - strategische Gestaltungsinhalte und operative Aufgabenfelder der Planung, Steuerung und Kontrolle zugrunde. Die Wiederholungs- und Verständnisfragen zu den einzelnen Kapiteln sollen Selbststudium und Eigenkontrolle erleichtern - umfangreiche Literaturhinweise ermöglichen eine Vertiefung des Lehrstoffes. Die Fußnoten geben Ergänzungen und praktische Hinweise.

Mit den Ausführungen wird versucht, den derzeitigen Stand und die Prioritäten der theoretischen und praktischen Diskussion wiederzugeben. Im Zeitablauf verschieben sich jedoch Schwerpunkte, Paradigmen und Inhalte - Beispiele sind die CIM-Philosophie, der MOB-Ansatz oder die JIT-Versorgung - und relativieren die Betrachtungen. Naturgemäß ist der Versuch einer ganzheitlichen Darstellung der Logistik in einer ersten Auflage mit Mängeln, Ungereimtheiten und Defiziten behaftet, die durch eine breite Diskussion nachgearbeitet und korrigiert werden können.

Die Ausarbeitung jeder Veröffentlichung bedarf eines ausgeglichenen beruflichen und privaten Umfeldes. Ich danke an dieser Stelle insbesondere meiner Familie, die mir den notwendigen Freiraum gewährt und gegönnt hat. Ich widme dieses Buch meinen Kindern Gerd und Lisa zum 18. und 16. Geburtstag.

Ich danke dem GABLER-Verlag für die unkomplizierte Übernahme des Manuskriptes und die Ausgestaltung der Veröffentlichung, aber auch allen Autoren, Verlagen, Institutionen und Unternehmen für die freundlichen Abdruckgenehmigungen.

Otto-Ernst Heiserich

Inhaltsübersicht

Inhaltsverzeichnis

Abbildungsverzeichnis

Abkürzungsverzeichnis

ABC .... Activity Based Costing
AKL .... Automatisches Kastenlager
ANSI .... American National Standard Institute
APEC .... Asia-Pacific Economic Cooperation
APL .... Automatisches Palettenlager
APS .... Advanced Planning Systems / Advanced Planning and Scheduling
ATO .... Assemble-to-Order
ATP .... Available-to-Promise

B2B .... Business-to-Business
B2C .... Business-to-Consumer
BDE .... Betriebsdatenerfassung
BMI .... Buyer Managed Inventory
BI .... Business Intelligence
BTO .... Build-to-Order
BVL .... Bundesvereinigung Logistik

CAD .... Computer Aided Design
CAE .... Computer Aided Engineering
CAM .... Computer Aided Manufacturing
CAPP .... Computer Aided Process Planning
CBP .... Constrained Based Planning
CCRM .... Collaborative Customer Relationship Management
CEN .... Comité Européen Normalisation
CIM .... Computer Integrated Manufacturing
CKD .... Completely knocked down
CLM .... Council of Logistics Management
CM .... Category Management
CMI .... Co-Managed Inventory
CODP .... Customer Order Decoupling Point
CPFR .... Collaborative Planning, Forecasting and Replenishment
CPG .... Consumer Packaged Goods
CR .... Continuous Replenishment
CRM .... Customer Relationship Management
CSCM .... Collaborative Supply Chain Management
CTP .... Capable-to-Promise

DCS .... Decision Support System
DFÜ .... Datenfernübertragung
DIN .... Deutsches Institut für Normung
DRP .... Distribution Requirements Planning
DTO .... Distribute-to-Order

EAN .... European Article Number
EANCOM .... EAN + Communication (EDIFACT-Subset)
ECR .... Efficient Consumer Response
EDI .... Electronic Data Interchange

EDIFACT	EDI for Administration, Commerce and Transport
EDL	Externer Dienstleister
EDV	Elektronische Datenverarbeitung
eEPK	Erweiterte ereignisorientierte Prozesskette
ELA	European Logistics Association
EOQ	Economic Order Quantity
ERP	Enterprise Resource Planning
ERTMS	European Rail Traffic Management System
ETO	Engineer-to-Order
EUS	Entscheidungs-Unterstützungs-System
FAB	Feinabruf
FFZ	Flurförderzeuge
FHM	Förderhilfsmittel
FIFO	First-in-First-out
FTL	Full truck load
FTS	Fahrerloses Transportsystem
GKR	Gemeinkontenrahmen
GLN	Global Location Number
GVZ	Güterverkehrszentrum
HGB	Handelsgesetzbuch
HIFO	Highest-in-First-Out
IKR	Industriekontenrahmen
ILN	Internationale Lokationsnummer
IuK	Information- und Kommunikation
ISO	International Standardization Organization
IT	Informationstechnologie
JIT	Just-in-Time
JIS	Just-in-Sequence
KEP	Kurier-, Express-, Paket-(Dienste)
KLV	Kombinierter Ladungsverkehr
KPI	Key Performance Indicator
KV	Kombinierter Verkehr
LAB	Lieferabruf
LDL	Logistik-Dienstleister
LE	Ladeeinheit
LIFO	Last-in-First-out
LKW	Lastkraftwagen
LLP	Lead logistic provider
LLZ	Lieferanten-Logistik-Zentrum
LTL	Less than truck load
LVS	Lagerverwaltungssystem

MDE .... Mobile Datenerfassung
ME .... Mengeneinheit
MERCOSUR .... Mercado Común del Sur (Gemeinsamer Markt des Südens)
MES .... Manufacturing Execution System
MIS .... Management Information System
MM .... Materials Management
MPS .... Master Production Schedule
MRO .... Maintenance, Repair and Operations
MRP........................... Material Requirements Planning
MRP II .... Manufacturing Resource Planning
MTO .... Make-to-Order
MTS .... Make-to-Stock

NAFTA....................... North American Free Trade Agreement
NEAT .... Neue Alpentransversale
NVE............................ Nummer der Versandeinheit

OEM .... Original Equipment Manufacturer
OLAP.......................... Online Analytical Processing
OPP............................ Order Penetration Point

PAB .... Produktionssynchroner Abruf
PDA .... Personal Digital Assistant
PHG .... Produkthaftungsgesetz
POS............................. Point-of-Sale
PPS .... Produktionsplanung und –steuerung
PSP .... Projektstrukturplan

QM.............................. Qualitätsmanagement
QR............................... Quick Response

RCCP.......................... Rough-cut Capacity Planning
RCS............................. Roll-Cage-Sequencing
RFID .... Radio Frequency Identification
ROI .... Return on Investment

SC .... Supply Chain
SCC............................. Supply Chain Council
SCD .... Supply Chain Design
SCE............................. Supply Chain Execution
SCEM .... Supply Chain Event Management
SCM............................ Supply Chain Management
SCOR.......................... Supply Chain Operations Reference
SCP .... Supply Chain Planning
SFC............................. Shop Floor Control
SIC.............................. Statistical Inventory Control
SKD .... Semi knocked down
SKU .... Stock keeping unit

SRM .... Supplier Relationship Management

TEU .... Twenty foot equivalent unit
THM .... Transporthilfsmittel
tkm............................. Tonnenkilometer
TPS............................. Toyota Production System
TQM .... Total Quality Management
TUL .... Transport, Umschlag, Lagerung

ULD............................ Unit Load Device
USP............................. Unique Selling Point

VDI.............................. Verein Deutscher Ingenieure
VKD .... Vorgangskettendiagramm
VMI .... Vendor Managed Inventory

WE.............................. Wareneingang
WIP............................. Work-in-process
WLP .... Warehouse Location Problem
WMS .... Warehouse Management System
WWS .... Warenwirtschaftssystem

XML........................... Extensible Markup Language

ZE............................... Zeiteinheit
ZVEI........................... Zentralverband der elektrotechnischen Industrie

1 Grundlagen der Logistik

1.1 Aufbau des Buches

Der Aufbau des Buches orientiert sich an den realen Rahmenbedingungen, unter denen Unternehmen augenblicklich wirtschaften. Die Leserinnen und Leser sollen einen praxisorientierten Einblick erhalten in die strategischen und operativen Aufgaben, Prozesse und Systeme der Logistik über die gesamte Wertschöpfungskette bzw. über gesamte Wertschöpfungsnetzwerke (siehe **Abb. 1-1**).

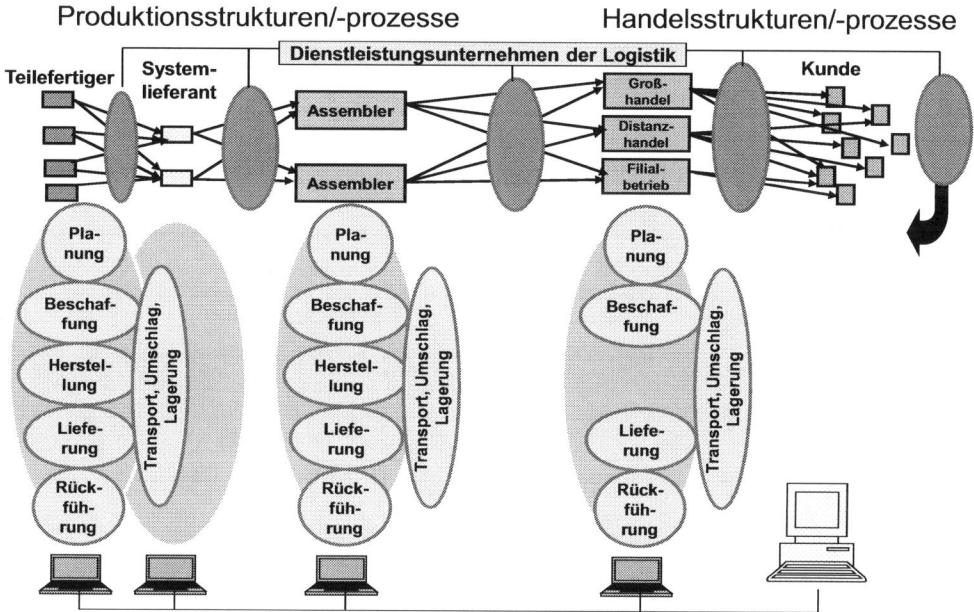

Abb. 1-1: **Prinzipielle Struktur von Wertschöpfungsnetzwerken**

Dazu werden im **ersten Kapitel** zunächst grundlegende Aspekte und Begriffe erläutert, Theorien und Modelle zur Abbildung von Strukturen und Prozessen vorgestellt sowie Ziele und Zielsysteme der Logistik diskutiert.

Die aktuellen Rahmenbedingungen für das Betreiben von Logistikprozessen und die sich daraus ergebenden Rollen für die beteiligten Akteure (Unternehmen/Betrieb) innerhalb vernetzter Wertschöpfungsstrukturen werden im **zweiten Kapitel** herausgearbeitet. In diesem Zusammenhang wird auch auf die Besonderheiten des Supply Chain Management eingegangen.

Das **dritte Kapitel** beschreibt die physischen Kernprozesse der Logistik – damit sind die Prozesse gemeint, die sich direkt auf die physischen Güter beziehen. Diese werden in Logistiksystemen von den unterschiedlichen Akteuren/Rollen an unterschiedlichen Stellen, jedoch häufig in ähnlicher Weise genutzt bzw. betrieben. Sie lassen sich daher nicht einer bestimmten Funktion oder Rolle in der Wertschöpfung zuordnen. So kann bspw. der Betrieb eines Lagers im Rahmen der Beschaffung, der Fertigung, der Distribution oder durch einen Dienstleister an den unterschiedlichen Stellen der Wertschöpfungskette positioniert sein.

Die **Kapitel vier bis acht** beschreiben die Logistik vorrangig aus Sicht der Akteure im Wertschöpfungsnetzwerk, denn jedes Unternehmen betreibt seine eigenen, internen logistischen Prozesse und Systeme.[1] Durch die Intensität der überbetrieblichen Arbeitsteilung werden diese allerdings stark durch die Interaktion mit anderen Unternehmen beeinflusst, worauf innerhalb der jeweiligen Kapitel ein besonderer Schwerpunkt gelegt wird. Die Gliederung orientiert sich dabei an der obersten Ebene des SCOR-Modells (siehe Abschnitt 1.3.4.2) und ist funktional unterteilt in:

- *Planen*
- *Beschaffen*
- *Herstellen*
- *Liefern*
- *Rückführen.*

Auf Besonderheiten, die sich aus bestimmten Rollen innerhalb der Wertschöpfungskette ergeben, wird in den jeweiligen Abschnitten eingegangen.

Die zweite Ebene des SCOR-Modells, welche die funktionalen Prozesse jeweils nach der Art der Auftragsauslösung in: *Lagerfertigung* (Make-to-stock), *Auftragsfertigung* (Make-to-order) und *kundenspezifische Fertigung* (Engineer-to-order) unterteilt, wird in diesem Buch nicht als durchgängiges Gliederungskriterium herangezogen. Nach der Art der Auftragsauslösung wird aber dann differenziert, wenn sich daraus besondere Unterschiede in den logistischen Strukturen oder der logistischen Prozessabwicklung ergeben.

Das **neunte Kapitel** befasst sich mit Dienstleistungsangeboten und -unternehmen im Bereich der Logistik und mit deren Einbindung in Wertschöpfungsnetzwerke. Logistik ist der Treiber des Outsourcing, der Globalisierung und der Digitalisierung der Geschäftsprozesse. Die Logistikbranche hat sich in Deutschland zum drittgrößten Wirtschaftszweig entwickelt – Deutschland ist einer der leistungsfähigsten Logistikstandorte weltweit.

Die Informations- und Kommunikationstechnologie (IuK-Technologie) und entsprechende Systeme haben in der Logistik eine essentielle Bedeutung und werden daher – ergänzend zu den Hinweisen in den Kapiteln 3 bis 9, in einem separaten Abschnitt, dem **Kapitel 10**, behandelt.

1 – Grundlagen der Logistik			
2 – Gestalten und Betreiben von Wertschöpfungsnetzwerken			
3 Physische Kernprozesse der Logistik	4 – Planen		9 Logistische Dienstleistungen
	5 Beschaffen / 6 Herstellen / 7 Liefern		
	8 – Rückführen		
10 – Informations- und Kommunikationssysteme der Logistik			

---

[1]   Manche Autoren bezeichnen dies als internes Supply Chain Management.

1.2 Begriff, Abgrenzungen, Definitionen

1.2.1 Entwicklung des Logistikbegriffs

Im vielfach ausgerufenen „*Jahrhundert* oder *Zeitalter der Logistik*" richtet sich der Blick insbesondere auf den derzeitigen Stand der Logistik, auf aktuelle und sich abzeichnende Herausforderungen und auf die bestehenden und zukünftigen Chancen. Gerade weil die Logistik eine in höchstem Maße dynamische Entwicklung aufweist, können gezielte Rückblicke dabei helfen, die bisherige Entwicklung zu verstehen und die weitere Entwicklung zu gestalten.

Wortgeschichtlich (etymologisch) lassen sich Ursprünge im Griechischen (*lego*, *logos*) und im Germanischen (*louba*) und entsprechende Ableitungen im Lateinischen (*logisticas*) bzw. im Französischen (*logis*) finden.[2]

Eine inhaltliche Ausweitung des Begriffs findet in der **militärischen Welt** statt: Mit Logistik wird die Planung, die Bereitstellung und der Einsatz der für militärische Zwecke erforderlichen Mittel zur Unterstützung der Streitkräfte verbunden. Als Begründer des militärischen Logistikbegriffes gilt der byzantinische Kaiser Leontos VI (9. Jahrh.), der neben Strategie und Taktik die Logistik als dritte Kriegswissenschaft etabliert. Antoine-Henri Baron de Jomini (Schweizer, General in der französischen und russischen Armee, 1779-1869) unterscheidet ebenfalls zwischen Strategie, Taktik und Logistik. Logistik definiert er als „Kunst, die Truppen in Bewegung zu versetzen" und bezieht diese auf die Planung und Führung von Truppenbewegungen, den Bau von Befestigungen und Quartieren sowie auf das Nachschubwesen.[3]

Im historischen Rückblick ist feststellen, dass sowohl im Altertum, im Mittelalter, als auch in der Neuzeit immer dann ganz herausragende Ergebnisse erzielt wurden, wenn die militärische Führung der Gestaltung und der operativen Organisation der Truppenbewegungen, der Nachschubstrukturen, der materiellen Versorgung, der Materialverwaltung, der Materiallenkung und dem Abtransport der Verwundeten und Kranken besondere Aufmerksamkeit widmete und hierbei Innovationen einführte.[4]

Im **zivilen Bereich** wurden bereits in der Antike erhebliche Warenströme durch Länder und Kontinente geleitet. Handelswege dienten der Versorgung und dem Informationsaustausch der alten Reiche und Metropolen. Handel war immer Grundlage von Zivilisationen: Neben Waren - meist Luxusgütern - wurden auch Nachrichten, Technologien und Religionen transportiert. Der Begriff „Logistik" war in diesem Bereich zunächst jedoch nicht üblich.

Die Handelswege folgten zunächst den militärischen Straßen über Land: Kaufleute suchten neue Beschaffungs- und Absatzgebiete.[5] Handelswege folgten auch den Pilgerpfaden, etwa über die Alpen (z. B. „Via Mala"). Schifffahrtswege folgten den Flüssen und Küsten, bis Seefahrer - sie gründeten ihren Erfolg auch auf Innovationen im Schiffsbau, der

---

[2] Vgl. u. a. Broggi (1990), S. 216-217
[3] Vgl. Jomini (2009), S. 194ff
[4] Beispiele aus der Geschichte: Alexanders Perserkriege, Feldzug Hannibals nach Italien, Eroberungen Caesars in Gallien, die Feldzüge Napoleons etc.;
Beispiele aus der Neuzeit: Invasion in der Normandie, Berliner Luftbrücke, Abzug der russischen Streitkräfte aus Deutschland, Golfkriege etc.
[5] Beispiele bekannter Handelswege und Linienverkehre sind die legendäre Seidenstraße, die China mit Konstantinopel und Westeuropa verband, oder die deutsche Salzstraße, welche die Metropolen der Ostsee von Lüneburg aus über Lübeck mit Salz versorgte.

Navigation und der Kartographie - Umfahrungen der Kontinente oder Direktverbindungen entdeckten.[6] Bekannte Kaufleute wie die Fugger in Augsburg oder die Medici in Florenz unterhielten europaweite Netzwerke von Handelswegen und Niederlassungen/Faktoreien.[7] Englische und niederländische „Ostindienfahrer" der Handelskompanien brachten im Linienverkehr vor allem begehrte Gewürze nach Europa.

Der Ausbau der Verkehrswege und die Einführung moderner Verkehrsmittel im 19. Jahrhundert - wie z. B. Dampfschiffe oder die Eisenbahnen - eröffneten rechenbare und sichere Verbindungen: Sie erschließen Ballungsräume und sind Wegbereiter der Industrialisierung. Die Schaffung deutlich verkürzter Handelswege - wie etwa durch den Suez-Kanal (1869) oder den Panama-Kanal (1914) und der Ausbau deutscher und europäischer Wasserstraßennetze - bedeuten die Einführung des Faktors „Zeit" in den Waren- und Personenverkehr. Eine weitere Beschleunigung des Warenaustausches wird mit dem Straßengüterverkehr und der Luftfahrt möglich.

Erst nach dem zweiten Weltkrieg wird in den USA, u. a. durch Morgenstern, die Frage nach der Ähnlichkeit zwischen „military logistics" und „logistical problems in business" gestellt.[8] An der US-Universität in Stanford wird Logistik ab dem Jahr 1956 Lehrfach. In Deutschland wird ab 1970 der Begriff zuerst absatzorientiert für Probleme der physischen Distribution übernommen.[9] Später erfolgt die Erweiterung der begrifflichen Inhalte auf den Produktions- und Beschaffungsbereich. Nach und nach werden systemorientierte und ökologische Ansätze eingeschlossen, um verantwortungsbewusst mit den Ressourcen umzugehen und Materialbewegungen in geschlossenen, nachhaltigen Stoffkreisläufen zu halten.

1.2.2 Betrachtungsweisen

Die „Logistik" hat sich in den letzten Jahrzehnten vorrangig aus der Unternehmenspraxis heraus entwickelt. Inhalte und Veränderungen sind das Ergebnis praktischer Notwendigkeiten bei Bestrebungen, Unternehmen auf Markterfordernisse auszurichten. Zunehmende Ansprüche nach Service, Zuverlässigkeit/Pünktlichkeit oder Flexibilität/Agilität haben der Logistik zu einem hohen Stellenwert verholfen. Der gezielte Einsatz von „logistischem Denken" kann den Unternehmen z. B. dabei helfen, marktführende Positionen zu erreichen, (Absatz-)Ziele zu verfolgen oder Unternehmensleitbilder umzusetzen. In der theoretischen Fundierung gibt es noch immer Nachholbedarf. Man kann sich dem Begriff „Logistik" von verschiedenen Seiten nähern:

■ Die **Ingenieurwissenschaften** verstehen unter Logistik weitgehend Leistungen zur räumlichen und/oder zeitlichen *Transformation* von Objekten. Das sind insbesondere Transporte von Gütern und Informationen oder der Zeitausgleich durch Lagerung, einschließlich der ergänzenden Vorgänge des Handhabens oder Umschlagens, des Liegens oder Wartens und/oder der Kommissionierung (siehe **Abb. 1-2**, ausführliche Darstellung in Kapitel 3).

---

[6] Beispiele: Christoph Columbus, der 1492 Amerika (Westindische Inseln) erreichte;
     Bartolomäus Diaz und Vasco da Gama, die 1486 bzw. 1497 die Umfahrung des „Kaps der guten
     Hoffnung" und den Weg nach Indien fanden, oder Fernando de Magellan, der 1514 die Umfahrung des
     südamerikanischen Kontinents wagte und die Gewürzinseln (Molukken) erreichte.
[7] Beispiel: Fondaco dei Tedesci in Venedig u. a
[8] Vgl. Morgenstern (1955), S. 129-136
[9] Vgl. z. B. Pfohl (1972)

	Lieferprogramm	Objekt	Auftragserfüllung durch **Kommissionieren**	Warenbedarf	
Lieferanten	Bereitstellmengen	Menge	Mengenanpassung durch **Umschlagen**	Bedarfsmengen	Kunden
	Bereitstellzeiten	Zeit	Zeitüberbrückung durch **Lagern**	Bedarfs-zeitpunkte	
	Bereitstellorte	Ort	Raumüberbrückung durch **Transport**	Bedarfsorte	

Abb. 1-2:   **Physische Kernleistungen der Logistik**

Sie unterstützen als sogenannte **TUL-Prozesse** (Transportieren, Umschlagen, Lagern) den eigentlichen, produktiven Leistungserstellungsprozess, d. h. stoffliche Umwandlungen im Sinne der Wertschöpfung fallen nicht unter diese Betrachtung. Den Gütern (oder Personen) werden örtliche und zeitliche Eigenschaften bzw. Merkmale zugeordnet. Entstehungsorte oder Entstehungszeiten stimmen nicht mit ihren Verwendungsorten oder Verwendungszeiten überein und lösen logistische Aktivitäten aus (auch über Unternehmensgrenzen hinweg), die flussorientiert geplant, gesteuert und kontrolliert werden müssen und mit Informationsflüssen verbunden sind.

■ **Betriebswirtschaftliche** Interpretationen erkennen materielle und informationelle *Fließsysteme* (physische und steuernde Logistik) und die Notwendigkeit des Managements dieser Fließsysteme (Logistik-Planung, Logistik-Controlling). Damit umfasst die Logistik auch Führungs- und Durchsetzungsaufgaben. Neben die ausführenden Tätigkeiten treten Leistungen des Managements - das sind operative Funktionen der Planung, Steuerung und Kontrolle, aber auch strategische Aufgaben der Gestaltung und Verbesserung des gesamten Fließsystems des Wertschöpfungsprozesses. Die operativen Entscheidungsroutinen werden ergänzt durch strategische Betrachtungen und Lösungsansätze. Die Logistik-Aufgaben sind auf der mittleren Hierarchie-Ebene der Organisationsstruktur angesiedelt. Damit ist Logistik Teil des Führungskonzeptes der Unternehmung.[10] Ihre Ziele und Strategien werden aus den Unternehmenszielen, Leitbildern und der Unternehmensphilosophie abgeleitet.

Entsprechend den Entwicklungen in der Unternehmenspraxis kann die Logistik sowohl als eine unternehmensweite wie auch unternehmensübergreifende - Managementaufgabe (Denkhaltung) der Gestaltung und Durchführung effizienter, kostenminimaler und anpassungsfähiger Material- und Informationsflüsse verstanden werden. Die Fähigkeit eines Unternehmens zum Aufbau und Betreiben von unternehmensübergreifenden Wertschöpfungsketten und partnerschaftlichen Netzwerken bestimmt maßgeblich den Unternehmenserfolg im Wettbewerb. Für die praktische Betrachtung von Teilbereichen bietet sich eine systemorientierte Aufbereitung an. Für einzelne Bereiche der gesamten Logistikkonzeption kann eine Systembildung beispielsweise nach betrieblichen Funktionen mit weiteren Subsystemen vorgenommen werden. Den Grundfunktionen (Beschaffung, Produktion, Absatz) wird der Entsorgungsbereich hinzugefügt, wodurch die klassische (versorgungsorientierte oder lineare) Prozessgliederung zum Material-(Informations-)Kreislauf ergänzt wird. Die Logistik hat damit die Aufgabe, die Systeme und Prozesse optimal zu gestalten und zu betreiben, um die gegebenen Leistungsanforderungen zu erfüllen.

---

[10] Vgl. Göpfert (2002)

Die Betrachtung von Logistikprozessen entspricht dem Prinzip der Geschäftsprozess-orientierung (siehe Abschnitt 1.3). Die Managementpraxis erkennt große Ratio-nalisierungspotentiale, wenn das Unternehmen sich jeweils auf seine für den Unter-nehmenserfolg maßgeblichen Geschäftsprozesse, die Kernprozesse, konzentriert.

■ Eine **volks-/weltwirtschaftliche** Bedeutung erhält die Logistik durch die verkehrswirt-schaftliche Betrachtung, d. h. durch die Einbeziehung der Güterverkehrssysteme (siehe Abschnitt 3.6) und die Nutzung der Angebote der Verkehrsträger als logistische Dienst-leister (siehe Kapitel 9) zur Vernetzung zwischenbetrieblicher (lokaler, regionaler, internationaler) Güterflüsse – sie erlauben eine effiziente Arbeitsteilung und Allokation der Ressourcen über gesamte Wertschöpfungsketten hinweg.

■ Die **Unternehmenspraxis** hat mit dem Ansatz des Supply Chain Management eine weitere Betrachtung entwickelt: Die Auftragsabwicklung wird basierend auf einer Versorgungs- bzw. Lieferkette (Supply Chain) interpretiert. Das Supply Chain Management ist damit die Koordination der Beteiligten und der Prozesse der Versorgung und Verfügbarkeit der Ressourcen zur Befriedigung von Kundenwünschen im Unternehmensverbund sowie die unternehmensübergreifende Prozessintegration durch Gestaltung von Netzwerkarchitekturen und Aufbau von Systempartnerschaften. Es wird die Erkenntnis unterstützt, dass auf den Märkten nicht mehr einzelne Unter-nehmen sondern unternehmensübergreifende Netzwerke (Virtuelle Unternehmen) miteinander konkurrieren. Das Supply Chain Management soll - ausgerichtet auf nach-haltige Gewinnmöglichkeiten - die Material- und Informationsströme der Beschaffung, der Produktion, der Distribution und der Entsorgung über die Unternehmensgrenzen hinweg prozessorientiert, zeit-/bestandsoptimiert, effizient und wandlungsfähig gestalten, lenken und wettbewerbsentscheidende Managementkompetenz aufbauen. Es werden nicht Teilfunktionen/-systeme oder Einzelprozesse betrachtet, sondern der Gesamtprozess der Leistungserstellung als schwierig imitierbares Netzwerk.

Mit in dieses Thema gehört auch die Steuerung des Arbeitsfortschritts der admi-nistrativen Auftragsabwicklung (Vorgangssteuerungssysteme/Workflowsysteme). Sie werden von Informations- und Kommunikationssystemen unterstützt, die Logistik-prozesse transparent, flexibel und effizient gestalten und Logistikkonzepte durchzu-setzen helfen. Neben die Material- und Informationsflüsse (Order Flow) treten die Geldflüsse (Payment Flow).

Vor dem Hintergrund der geschichtlichen Entwicklung der Logistik und den unter-schiedlichen Betrachtungsweisen haben sich in den letzten Jahrzehnten verschiedene Ansätze zur Abgrenzung von Logistikfeldern herausgebildet. Eine als „institutionell" bezeichnete Unterteilung unterscheidet:[11]

■ **Makro-Logistik** – im Sinne einer gesamtwirtschaftlichen Betrachtung (national oder übernational) logistischer Aufgabenstellungen, wobei die Entwicklung geeigneter Infrastruktur im Vordergrund steht. Ein wichtiges Feld ist das gesamte Verkehrswesen bzw. die Verkehrswirtschaft, deren insbesondere verkehrspolitische Strukturen und Zusammenhänge in der *Verkehrslogistik* untersucht, erklärt und gestaltet werden. Weitere Themen sind z. B. die Energieversorgung oder die Abfallbeseitigung.

■ **Mikro-Logistik** – im Sinne einer einzelwirtschaftlichen Betrachtung der logistischen Aufgaben in eigenständigen Organisationseinheiten, z.B. staatlichen Organisationen,

---

[11] Vgl. Pfohl (2010), S. 14-16

Unternehmen etc. Daraus ergeben sich weitere Differenzierungen, wie z. B. eine *Militärlogistik*, *Krankenhauslogistik* oder der weite Bereich der *Unternehmenslogistik*, der wiederum unterschieden wird in einzelne Branchen, also in eine *Industrie-Logistik*, *Handels-Logistik* und *Dienstleistungs-Logistik.*

- **Meta-Logistik** – im Sinne der Betrachtung von Kooperationen zwischen eigenständigen Organisationen, weiter unterschieden nach

  - *horizontalen* Kooperationen, d. h. Kooperationen zwischen zwei oder mehr Unternehmen der gleichen Branche und
  - *vertikalen* Kooperationen, d. h. Kooperationen zwischen zwei oder mehr Unternehmen verschiedener Branchen (Industrieunternehmen und Logistikdienstleister).

Die institutionelle Einteilung hat einen eher theoretischen Charakter – sowohl in der wissenschaftlichen Literatur als auch in der (Unternehmens-)Praxis erfolgt die Fokussierung i. d. R. anhand der Einzel-Logistiken oder – im Fall der Meta-Logistik – unter Bezug auf das „Supply Chain Management".

1.2.3 Entwicklungsstufen

Die Entwicklung der Logistik in den letzten 50-60 Jahren lässt sich in drei Stufen abgrenzen: [12]

- **Stufe 1: Rationalisierung (Funktionsspezialisierung, Systemdenken, Effizienz)**
  Mit Beginn der 50er Jahre entwickelte sich in den USA die Logistik als eigenständige betriebswirtschaftliche Funktion und als eigenständige wissenschaftliche Disziplin. Zu dieser Zeit hatte die Logistik den Fokus auf der funktionalen Spezialisierung von Dienstleistungen für den Materialfluss. Kernprozesse der Betrachtung waren Transport- und Lagerfunktionen, sowie Prozesse zu deren Vor- und Nachbereitung, wie z. B. Verpacken, Ladeeinheiten bilden, Kommissionieren oder Umschlagtätigkeiten.

  In dieser Phase des logistischen Verständnisses konnten entsprechende Verbesserungen bei den physischen Prozessen erreicht werden. Durch die Mengenbündelung konnten Erfahrungskurveneffekte ausgenutzt werden und der Bau von zentralen Lagerhäusern und Distributionszentren senkte die durchschnittlichen Lagerkosten. Hohe Investitionen in Transport-, Umschlag- und Lagertechnik konnten auf diesen Gebieten erhebliche Rationalisierungen bewirken. Weitere Effizienzverbesserungen resultierten aus der Verbreitung neuer Planungsmethoden. Die Entwicklungen des Operations Research, wie die Netzplantechnik oder die Simulation konnten durch erste IT-Unterstützungen in der Praxis umgesetzt werden.

- **Stufe 2: Differenzierung (bereichs-/unternehmensübergreifende Koordination)**
  Der zweite Entwicklungsschritt des logistischen Denkens konzentrierte sich weniger auf die Optimierung isolierter Funktionen, der Fokus lag auf der Verbesserung der Koordination zwischen den Funktionen. Dabei wurde insbesondere die Koordination zwischen den Personen und Organisationseinheiten betrachtet, die mit dem Material- und Informationsfluss von der Quelle bis zur Senke zu tun haben. Die Entwicklung und Verbreitung von verbesserten Koordinationsmechanismen wurde vorangetrieben und es wurden die Beziehungen zu den Lieferanten und den Kunden in die Betrachtung einbezogen. Im deutschsprachigen Raum wurde dies als integrierte Materialwirtschaft und später ebenfalls als Logistik bezeichnet. Zuwiderlaufende Bereichsziele wurden

---

[12] Vgl. Weber, Wallenberg (2010), S. 16ff.

identifiziert und Steuerungsmechanismen zur Förderung der übergeordneten Unternehmensziele entwickelt, was den Einfluss der Logistikabteilungen deutlich stärkte, aber auch zu Widerstand anderer Funktionsbereiche führte. Wesentliche Verbesserungen konnten bspw. durch die Implementierung von Just-in-time Konzepten sowie eine integrierte Produktions- und Distributionsplanung erreicht werden.

■ **Stufe 3: Logistik als Kernprozess (Flussorientierung)**
Im dritten Entwicklungsschritt wandelt sich die Logistik von einer Servicefunktion zu einer materialflussorientierten Managementphilosophie. Die Prozessorientierung wird zunehmend in der Aufbauorganisation verankert, so dass eine Organisationseinheit mit Produktion, Wartung, Vertrieb und Distribution entlang des gesamten Materialflusses befasst ist. Die Logistik wandelt sich damit von einer Koordinationsfunktion zu einer Unterstützungsfunktion der flussorientierten Organisationseinheiten. Die logistische Managementphilosophie wird damit Basis des unternehmerischen Handelns. Damit ist nicht eine mathematische, durch Rechenmodelle abgebildete, Gesamtoptimierung aller Unternehmenstätigkeiten gemeint, sondern eine materialflussorientierte Führungsphilosophie. Dies kann bspw. durch die Berücksichtigung von materialflussorientierten Kennzahlen bei Bonusvereinbarungen gefördert werden (Lieferflexibilität, Auftragsdurchlaufzeit). Der Wandel der Logistik von einem spezifischen Managmentbereich zu einer generellen Managementaufgabe kann den Einfluss und die Machtstrukturen der klassischen Logistikabteilungen erheblich verringern.

1.2.4 Grundauftrag, Begriffsdefinitionen, Prinzipien der Logistik

Grundsätzlich gilt, dass die von Unternehmen, Organisationen und/oder Konsumenten benötigten Waren, Güter, Teile, Einsatzstoffe und auch Dienstleistungen i.d.R. nicht am Ort und zu dem Zeitpunkt erzeugt bzw. erbracht werden, an bzw. zu dem sie gebraucht werden. Hieraus leitet sich eine Nachfrage nach diesen Gütern bzw. Dienstleistungen ab, die nach der Konkretisierung zumindest um die Merkmale *Art* (welches Gut wird benötigt), *Menge* (in welcher Menge wird das Gut benötigt) und *Termin* (wann wird das Gut benötigt) als **Bedarf** bezeichnet wird. Diest führt auf den Grundauftrag der Logistik, der im Allgemeinen über die Seven-Rights-Definition nach Plowman formuliert wird: „Logistik heißt, die Verfügbarkeit des *richtigen Gutes*, in der *richtigen Menge*, im *richtigen Zustand*, am *richtigen Ort*, zur *richtigen Zeit*, für den *richtigen Kunden*, zu den *richtigen Kosten* zu sichern".[13]

Nach Pfohl kann Logistik damit abgegrenzt werden von Systemen zur qualitativen Gütertransformation als System zur **raum-zeitlichen Gütertransformation** (siehe **Abb. 1-3**), dem jedoch gleichzeitig Steuerungs- und Kontrollfunktionen der qualitativen Transformationsprozesse obliegen.[14] Auslösendes Ereignis für raum-zeitliche Transformationsvorgänge zur Sicherung der Verfügbarkeit ist das Entstehen von Bedarf.

Bei Produktionsprozessen steht die Werterhöhung in den einzelnen Schritten des Produktentstehungsprozesses durch Be-/Verarbeitung oder durch Hinzufügen von Teilen oder Dienstleistungen im Mittelpunkt.

Bei Logistikprozessen stehen im engeren Sinne physische Transfer-Aktivitäten (Transport, Umschlag, Lagerung) im Vordergrund, die durch Managementtätigkeiten gestaltet und operativ umgesetzt und durch Informationsprozesse unterstützt werden.

---

[13] Vgl. Plowman (1964)
[14] Vgl. Pfohl (1990)

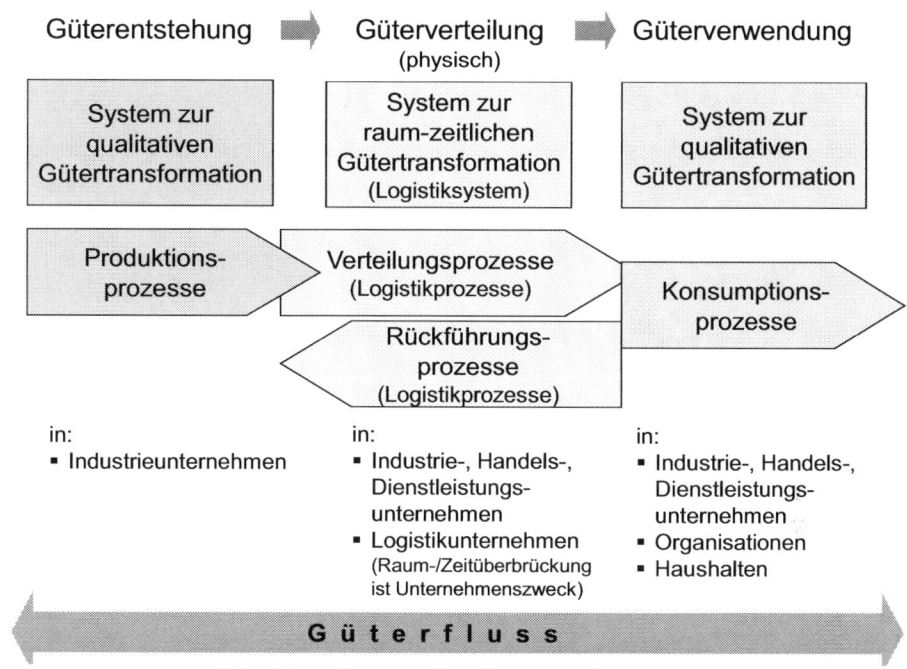

Abb. 1-3:   Systeme der Gütertransformation

Quelle: Vgl. Pfohl (1990), S. 4

Da der Logistik-Begriff u. a. sehr stark aus der Praxis geprägt wurde, haben sich im Laufe der Zeit verschiedene Definitionen etabliert:

*„**Logistik** befasst sich (...) mit der optimalen Planung, Steuerung und Kontrolle sämtlicher Material- und Warenbewegungen von der Quelle bis zur Senke einschließlich der physischen Bewegungen auslösenden Informationsflüsse über die Unternehmensgrenzen hinweg.“ (Baumgarten)*

*„**Logistik** ist das Management von Prozessen und Potentialen zur koordinierten Realisierung unternehmensweiter und unternehmensübergreifender Materialflüsse und der dazugehörigen Informationsflüsse: Strategische Logistik ist die Gestaltung und Strukturierung logistischer Systeme. Operative Logistik umfasst die konkrete Abwicklung der Material- und Warenflüsse unter Beachtung logistischer Ziele.“ (Weber; Zäpfel)*

*„**Logistics** is that part of the supply chain process that plans, implements and controls the efficient, effective flow and storage of goods, services and related information from point of origin to the point of consumption in order to meet customers' requirements.“ (CLM - Council of Logistics Management)*

*„Das Ziel der **Logistik** besteht darin, das Leistungssystem der Logistik flussorientiert auszugestalten. Um das Ziel zu erreichen, nimmt die Logistik eine Koordinationsfunktion im Führungssystem wahr. Sie umfasst die Strukturgestaltung aller Führungsteilsysteme, die zwischen diesen bestehenden Abstimmungen sowie die führungsteilsysteminterne Koordination.“ (Weber; Kummer)*

*„**Logistik** ist ein spezieller Führungsansatz zur Entwicklung, Gestaltung, Lenkung und Realisation effektiver und effizienter Flüsse von Objekten (Güter, Informationen,*

*Personen) in unternehmensweiten und -übergreifenden Wertschöpfungssystemen."
(Göpfert)*

*„Die **Logistik** umfasst in Unternehmen die ganzheitliche Planung, Steuerung,
Koordination, Durchführung und Kontrolle aller unternehmensinternen und unter-
nehmensübergreifenden Güter- und Informationsflüsse. Die Logistik stellt für Gesamt- und
Teilsysteme in Unternehmen, Konzernen, Netzwerken und sogar virtuellen Unternehmen
prozess- und kundenorientierte Lösungen bereit. Die Beschaffungs-, Produktions-,
Distributions-, Entsorgungs- und Verkehrslogistik sind dabei wichtige Teilgebiete der
Logistik, die in alle Prozessketten und -kreisläufe einfließen." (Bundesvereinigung Logistik
e.V. (BVL), in Anlehnung an Baumgarten)*

Aus den angeführten Definitionen ist abzuleiten, dass die Logistik dem Führungssystem
eines Unternehmens zuzuordnen ist (siehe **Abb. 1-4**). Die übergeordneten Aufgaben der
Logistik sind:

- Die **Gestaltung, Überprüfung und Optimierung logistischer Strukturen/Systeme
  und Prozesse/Abläufe** (strategische Komponente). Mit den Methoden der strategischen
  Logistik werden also zunächst die Strukturen geschaffen und Prozesse definiert, in
  denen sich dann die operativen Abläufe vollziehen und die konkreten Material- und
  Warenflüsse abgewickelt werden.

- Die **Planung, Steuerung, Kontrolle und Optimierung** der Güter-/Materialflüsse, der
  Informationsflüsse und der Finanzflüsse (operative Komponente), d.h. mit den
  Methoden der operativen Logistik wird die kurzfristige Abwicklung der konkreten
  Flüsse geplant, gesteuert, kontrolliert und optimiert.

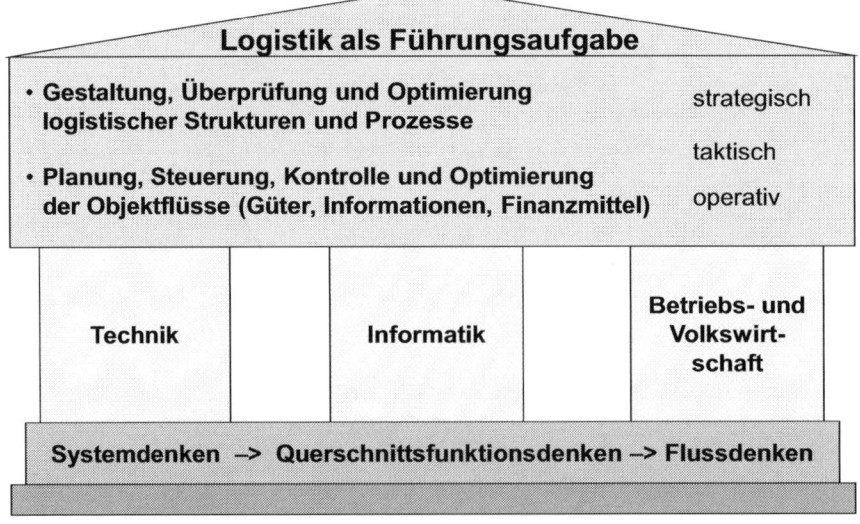

Abb. 1-4:   Ganzheitliche Betrachtung der Logistik

Beide Aufgaben müssen an der gesamten Unternehmensstrategie ausgerichtet werden, d. h.
die Betrachtung ist ganzheitlich angelegt, alle Handlungen und Entscheidungen bei der
Gestaltung der logistischen Strukturen eines Unternehmens haben stets das gesamte
System, das flussorientierte Zusammenwirken aller berührten Bereiche vor Augen. Optimierungen erfolgen übergeordnet und integrierend, unterstützen und koordinieren mit-

einander konkurrierende Ziele und umspannen alle betrieblichen Funktionen. Es stehen also nicht spezialisierte Einzelbetrachtungen im Vordergrund - sondern eine Gesamtschau der übergreifenden Wertschöpfungs-/Versorgungskette. Logistische Aufgabenfelder erstrecken sich auf die Bereiche der Beschaffung, der Produktion, der Distribution und der Entsorgung. Sie greifen auch über die Unternehmensgrenzen hinaus in die Systeme der Zulieferer und der Abnehmer, um Schnittstellenverluste zu vermeiden. Die Schnittstellen sind beschaffungs- und absatzseitig zur volkswirtschaftlichen Umwelt fließend, da hier eine Reihe von Funktionen von Dienstleistern ausgeführt werden können (Engineering, System- bzw. Modulzulieferung, Lagerhaltung, Transporte, Vorfertigungsleistungen, kundennahe Distributionsleistungen u. a., siehe Kapitel 9).

Die Ganzheitlichkeit bedeutet auch, dass Ansätze und Inhalte in den Ebenen **Technik**, **Betriebs/Volkswirtschaft** und **Informatik/Kommunikationstechnik** durchdacht werden und für Optimierungen somit technologische, ökonomische, ökologische und soziale Randbedingungen berücksichtigt werden müssen.

War es in der Vergangenheit wichtig, zunehmende Komplexitäten zu beherrschen, wird zukünftig auch die Aufgabe gefordert, Abläufe im Sinne des „lean management" zu vereinfachen und system- bzw. vorrangig flussorientiert zusammenzufassen und kundenorientiert auszurichten. Die Prozesse verlaufen selten linear vom „Zulieferer des Zulieferers" bis zum „Kunden des Kunden", im Allgemeinen sind gesamte Netzwerke zu betrachten.

Logistisches Denken ist daher **Systemdenken** und insbesondere **Flussdenken** und umfasst die gesamte Spanne von der Beschaffung der Rohstoffe und Zulieferteile bis zur Auslieferung der betrieblichen Leistungen an die Kunden. Es dient dem Ziel, bei der Ver- und Entsorgung des Industriebetriebes betriebswirtschaftlich und volkswirtschaftlich verantwortungsbewusst mit den Ressourcen umzugehen (*Green Logistics*) und Maßnahmen und Handlungsanleitungen vorzugeben, die dem Unternehmen Wettbewerbsvorteile schaffen oder es wettbewerbsfähig machen.

1.2.5 Funktionale Abgrenzung der Unternehmenslogistik

Betrachtet man den hier im Vordergrund stehenden Bereich Unternehmenslogistik[15], so umfassen die funktionsübergreifenden Inhalte (siehe **Abb. 1-5**):

- die Beschaffungsfunktion als **Beschaffungslogistik**;
- die Produktionsfunktion als **Produktionslogistik**;
- die Absatzfunktion als **Absatz-/Distributionslogistik** und
- die Entsorgungsfunktion als **Entsorgungslogistik**.

Die Aufgaben der **Beschaffungslogistik** können definiert werden als die Gestaltung der Strukturen und Prozesse zur Sicherstellung einer mengen-, termin- und qualitätsgerechten Materialversorgung. Die Ströme der im Produktionsprozess benötigten Güter - Rohstoffe, Teile und Baugruppen - werden von Zulieferern unmittelbar, aus dezentralen Produktionsstätten oder aus Versorgungslägern bezogen (logistische Verbundsysteme). Hierzu gehört auch die Koordination interner und externer logistischer Dienstleister. Insbesondere die Beschaffungslogistik ist abzugrenzen von der Beschaffung einerseits und der klassischen Materialwirtschaft andererseits, deren Inhalte sich nur teilweise überdecken.

---

[15] Im Bereich logistischer Abhandlungen hat sich eine Inflation von Begriffen gebildet: Transportlogistik, Lagerlogistik, Informationslogistik, City-Logistik, Ersatzteillogistik u. a.

Die **Produktionslogistik** befasst sich mit der Vorbereitung und Durchführung der Produktion. Das sind alle Tätigkeiten der Strukturierung der Produktion, der Planung, Steuerung und Kontrolle, die den Material- und Informationsfluss vom Wareneingang aller Roh-, Hilfs- und Betriebsstoffe, aller Zukaufteile und Baugruppen über alle Stufen des Fertigungsprozesses - einschließlich aller Zwischenlagerungen - bis zu den Ausgangslägern bzw. bis zum Versand sicherstellen.

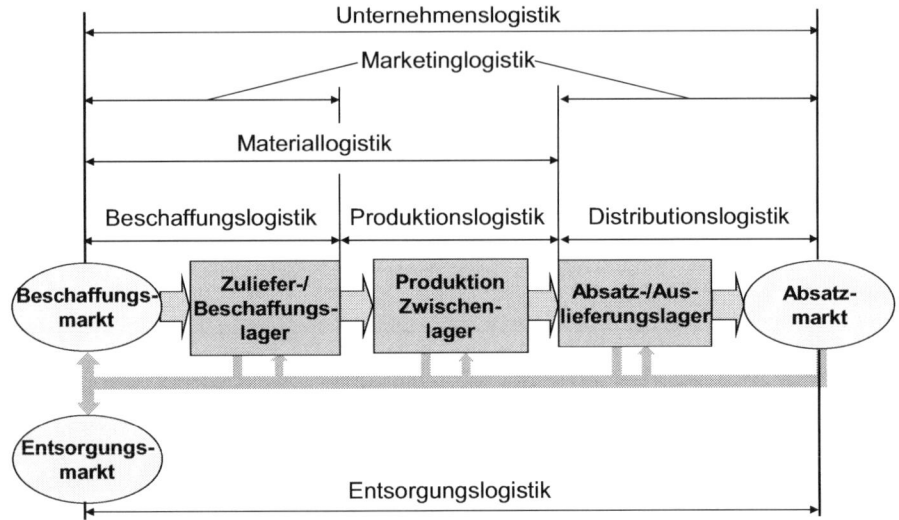

Abb. 1-5:   Funktionale Abgrenzung der (Unternehmens-)Logistik

Quelle: nach Pfohl (2010), S. 19

Die **Absatz/Distributionslogistik** hat die Gestaltung, Planung und Steuerung der Güterverteilung und des damit verbundenen Informationsflusses zum Inhalt, damit die hergestellten Produkte über ein Netz von Transportkanälen, Lager- und Umschlagpunkten zu den Endabnehmern gelangen. Im Absatzbereich werden häufig Absatzhelfer und Dienstleister der Logistik einbezogen. Zu den Absatzleistungen gehören auch die Versorgung der Märkte mit Ersatzteilen und die Produktentsorgung oder das Produktrecycling nach dem Ende der Nutzungsdauer. Der erreichte Lieferservice, die Lieferbereitschaft und die Lieferflexibilität unterstützen die Nicht-Preis-Instrumente des Unternehmens am Markt.

Die **Entsorgungslogistik** hat sich als „viertes Bein" den funktionsbezogenen Logistikbereichen zugesellt. Sie befasst sich mit den - vorrangig durch gesetzliche Vorschriften veranlassten - logistischen Aufgaben und Prozessen zur Entsorgung von Reststoffen in allen Gliedern der Prozesskette und ergänzt die bisherige versorgungsorientierte Logistik zu einer Kreislauflogistik. Das ist Planung, Steuerung und Durchführung der Sammlung, des Transportes, des Umschlags und der Lagerung aller in der Wertschöpfungskette vom Lieferanten, Hersteller von Endprodukten, Handel und im privaten Bereich anfallenden Reststoffe und deren Rückführung zur Verwertung oder zur Beseitigung - aber auch die Reduzierung der Entsorgungsgüter (siehe Kapitel 8).

1.3   Struktur- und Prozessmodelle der Logistik

1.3.1   Systembegriff, Systemstruktur, Systemverhalten

Bei der systematischen Untersuchung technischer und betriebswirtschaftlicher Zusammenhänge wird häufig – so auch hier – auf die **Systemtheorie** zurückgegriffen. Insofern wurde auch der Begriff „System" bereits mehrfach verwendet und soll hier in erster Linie aus Gründen der Vollständigkeit definiert werden als eine Menge von *Elementen*, die durch eine *Systemgrenze* vom *Systemumfeld* abgegrenzt sind und über *Beziehungen* (Relationen) so zusammenwirken, dass ein bestimmter *Systeminput* in *Systemoutput* transformiert wird (siehe **Abb. 1-6**).[16]

Ein System ist damit ein aus vielen aufeinander abgestimmten Einzelteilen zusammengesetztes, geordnetes, einheitliches Wirkungsgefüge verschiedenster Art. Die Systemelemente und die Systemrelationen bilden die *Systemstruktur*. Eine vertikale Betrachtung der Struktur führt zu *Teilsystemen*: Diese bestehen aus einzelnen Elementen, die wiederum als System betrachtet und zweckorientiert vom Beobachter festgelegt werden, z. B. um bestimmte Aspekte herauszugreifen und detailliert zu analysieren.

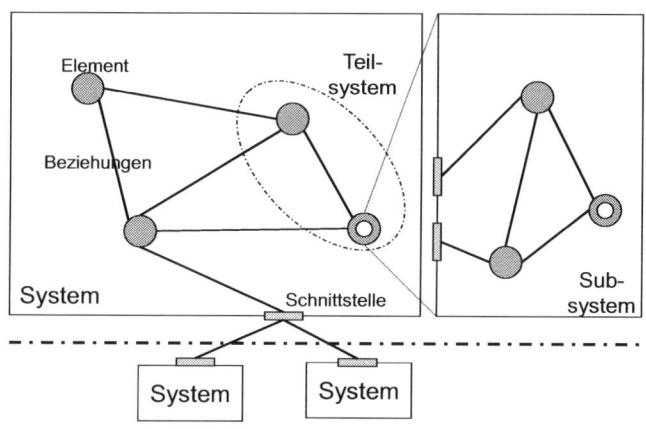

Abb. 1-6:   **Systembegriff**

Quelle: Vgl. Vetter (1998)

In der Logistik kann somit eine ganze Supply Chain als System betrachtet werden, oder Lager, Betriebe, Betriebsbereiche bzw. einzelne Maschinen werden als System abgegrenzt. Um logistische Systeme betreiben und verbessern zu können, ist die Kenntnis des *Systemverhaltens* notwendig – also des Zusammenwirkens der Systemelemente, der Beziehungen zwischen den Elementen (z. B. in stofflicher, personeller, informationeller, räumlicher, zeitlicher, ökonomischer Hinsicht) und der Beziehungen zum Systemumfeld (Input, Output) notwendig. Dazu werden Informationen über den Systemzustand benötigt, d. h. über die Eigenschaften des Systems und seiner Elemente zu einem definierten Zeitpunkt. Die Betrachtung und Beachtung der komplexen, vernetzten Strukturen und des Zusammenwirkens als Grundlage für eine Logistikkonzeption soll als Systemdenken bezeichnet werden (siehe Abschnitt 1.2.4).

---

[16]   Vgl. Daenzer (1986); Vetter (1998)

1.3.2 Prozesse und Geschäftsprozesse

Unter einem Prozess kann die sachlogische und raumzeitliche Abfolge der Aktivitäten zur Bearbeitung eines betriebswirtschaftlich relevanten Objektes verstanden werden.[17] Aus der Abfolge der Aktivitäten ergibt sich die zeitliche Beziehungsstruktur eines Systems, d. h. die Reihenfolge der verschiedenen Interaktionen zwischen den Systemelementen. Prozesse können technischer Natur oder rein betriebswirtschaftlicher Natur sein.

- Die technikorientierte Definition als die Gesamtheit von aufeinander einwirkenden Vorgängen in einem System, durch die Materie, Energie oder auch Information umgeformt, transportiert oder auch gespeichert wird, ist weit gefasst und sehr abstrakt.
- Viele nicht-technische logistische Prozesse entsprechen der engeren Begriffsfassung für sogenannte Geschäftsprozesse (siehe **Abb. 1-7**): Ausgelöst durch ein *Geschäftsereignis* (business event) ist der Geschäftsprozess (business process) eine Abfolge von nicht-materiellen Tätigkeiten, den *Geschäftsvorgängen*, zur Veränderung von *Geschäfts-objekten* (business objects). Die Abarbeitung einer Vorgangskette, z. B. zur Auftragsabwicklung, erfolgt nach bestimmen Regeln, den *Geschäftsregeln* (business rules), an bestimmten *Stellen* (location) durch bestimmte *Bearbeiter* (processors), bis ein – bezogen auf das Geschäftsereignis - stabiler Geschäftszustand erreicht ist.

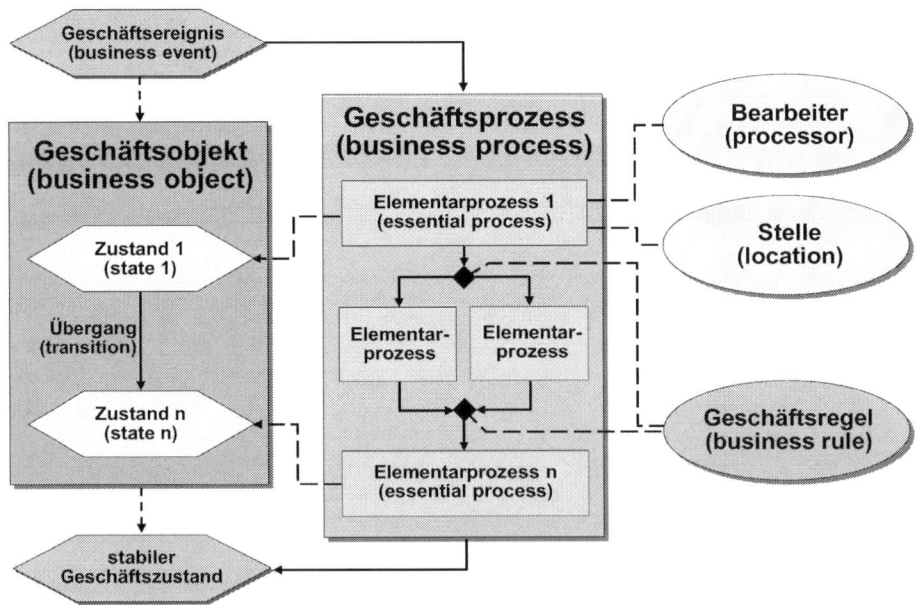

Abb. 1-7:   Semantik von Geschäftsprozessen

In der betriebswirtschaftlichen Betrachtung der Logistik liegt der Fokus auf den Geschäftsprozessen, deren Gestaltung wesentlich zur Leistungsfähigkeit logistischer Systeme beiträgt. Der Aufbau und die Verbesserung der logistischen Geschäftsprozesse erfordern jedoch genaue Kenntnisse der Systemelemente (bzw. Teilsysteme) und deren Wechselwirkungen. Die system- und prozessorientierte Herangehensweisen in der Logistik sind daher untrennbar miteinander verbunden.

---

[17]   Vgl. Becker; Vossen (1996)

1.3.3 Modelle und Modellbildung

Modelle sind Systeme, mit deren Hilfe Informationen über andere (reale) Systeme erhalten werden sollen, im Wege einer - je nach Auffassung durch Abstraktion oder Konstruktion- gewonnene „Abbilder von der Wirklichkeit"[18]. Nach ihrem Einsatzzweck werden die folgenden Modelltypen unterschieden:[19]

◼ **Beschreibungsmodelle**:
Beschreiben empirische Erscheinungen (z. B. Abbilden von Bewegungen im Zeitablauf, von Beständen zu definierten Zeitpunkten etc.).

◼ **Erklärungsmodelle**:
Liefern Erklärungen der Ursachen betrieblicher Prozessabläufe sowie Hypothesen über deren Gesetzmäßigkeiten.

◼ **Entscheidungsmodelle**:
Unterstützen bei der Bestimmung optimaler Handlungsmöglichkeiten.

Der Prozess der Modellbildung wird als Modellierung bezeichnet und erfolgt in zwei Phasen (siehe **Abb. 1-8**):[20]

◼ **Gedankliches Modell**
Um logistische Systeme und Prozesse beherrschen zu können, müssen deren Strukturen bekannt sein. Dieses Wissen ist üblicherweise auf diejenigen Mitarbeiter verteilt, welche die jeweiligen Aufgaben erfüllen. Zur gezielten Beeinflussung und Ver- besserung von Prozessen in Systemen muss dieses Wissen allerdings ganzheitlich in übersichtlicher Form dokumentiert werden. Eine vollständige Dokumentation von Systemen ist in vielen Fällen praktisch unmöglich, da die potentiell zu berück- sichtigenden Elemente und deren Wechselwirkungen zu vielschichtig sind. So müsste man zur Beschreibung eines menschlichen Organismus den Blutkreislauf, das Nerven- system, das Lymphsystem, die Organe, das Hormonsystem usw. separat und deren Wechselwirkungen untereinander komplett beschreiben. Eine solche Beschreibung

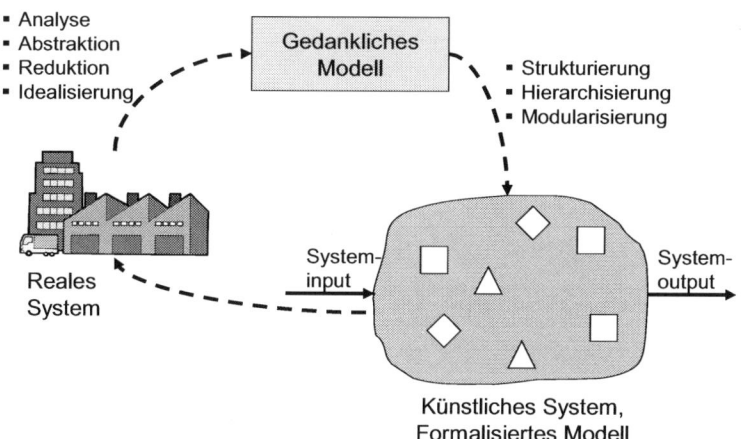

Abb. 1-8:   **Vorgang der Modellbildung**

Quelle: Vgl. Müller (2000)

---

[18] Vgl. Scholl 2008, S. 36
[19] Vgl. u. a. Wöhe (1990), S. 39-40; Arnold u. a. (2008), S. 35ff
[20] Vgl. Stachowiak (1973), S. 130ff

würde Bücherwände füllen und wäre doch unvollständig. Auch bei logistischen Systemen (z. B. einem Distributionslager) muss man sich bei der Dokumentation auf diejenigen Aspekte beschränken, welche für Betrieb und Optimierung relevant sind. Ausgehend von der Realität werden also zunächst gedankliche Modelle mit den wichtigsten Systemelementen und den wichtigsten Beziehungen erstellt. Dazu müssen die realen Gegebenheiten analysiert, abstrahiert, reduziert und ggf. idealisiert werden.

■ Formalisiertes Modell

Das gedankliche Modell wird anschließend unter Anwendung von Strukturierung, Hierarchisierung und Modularisierung in ein formalisiertes und entsprechend dokumentiertes Modell übertragen. Als Dokumentationsform kann von Freitext über tabellarische Auflistungen bis hin zu graphischen Darstellungen bzw. einer Kombination daraus gewählt werden. In Theorie und Praxis existieren eine Vielzahl von **Notationen** (Symbolische Zeichen für Systemelemente oder –beziehungen) und Modellierungsmethoden (Festlegung der Vorgehensweise zur Beschreibung inkl. der Notation) für jeweils unterschiedlichen Anwendungszwecke. Als graphische Modelle zur Beschreibung von Geschäftsprozessen finden die *erweiterte Ereignisgesteuerte Prozesskette* (eEPK), das *Vorgangsketten Diagramm* (VKD), das *Wertschöpfungsketten Diagramm* und die *Wertstrom*-Darstellung häufige Anwendung. Diese Notationen werden dann üblicherweise durch Texte oder tabellarische Darstellungen ergänzt. Die Auswahl der Modellierungsmethode bzw. der Notation erfolgt situationsspezifisch nach dem jeweiligen Zweck der Systembeschreibung. Typische Gründe für die Beschreibung von Geschäftsprozessen in logistischen Systemen sind: Darstellung der Abläufe in einem Qualitätsmanagement Handbuch, Schulung von Mitarbeitern, Abstimmung eigener Prozesse mit denen der Lieferanten oder Kunden, EDV-Einführung oder Prozessoptimierung. Die Darstellung von Materialflüssen in logistischen Systemen erfolgt z. B. durch Materialfluss-Diagramme oder Sankey-Diagramme (siehe Abschnitt 6.3.2).

Eine weitere Art von Modellen in der Logistik sind **mathematische Modelle**. Hier wird die mathematische Sprache genutzt, um das System zu beschreiben. In technischen Bereichen kann damit bspw. die Statik eines Regalsystems oder die Dimensionierung von Fördersystemen geprüft werden. Betriebswirtschaftliche Anwendungsbereiche bedienen sich dabei der Erkenntnissen des Operations Research, worunter die Entscheidungsvorbereitung auf Basis einer Optimierung innerhalb eines mathematischen Modells verstanden wird. Klassische Anwendungsbereiche in der Logistik sind bspw. die Tourenplanung, die Bildung der Produktionsreihenfolge oder mathematische Modelle zur Standortplanung.

1.3.4 Beispiele für Prozessmodelle

1.3.4.1 Wertketten-Modell

Ein verbreitetes Modell zur Abbildung der wertschöpfenden Aktivitäten[21] eines Unternehmens stellt die von Porter entwickelte Wertkette oder Wertschöpfungskette dar (siehe **Abb. 1-9**). Hierbei werden die physischen und technologischen Aktivitäten eines Unternehmens betrachtet, wobei zwischen primären, d. h. unmittelbar an Produktion und Absatz beteiligten, und sekundären, d. h. unterstützenden, Aktivitäten unterschieden wird. Logistische Aktivitäten sind bei den primären Aktivitäten direkt ausgewiesen (Eingangs-

---

[21] Aktivität hier mit Elementarprozess gleichgesetzt

logistik, Ausgangslogistik) bzw. sind auf der nächsten Detaillierungsstufe zu finden (z. B. materialflussbezogene Aktivitäten unterhalb der „Operationen").

Eine Analyse der Aktivitäten kann wettbewerbsorientiert zur Ermittlung entweder von Kostenvorteilen oder von Ansätzen zur Differenzierung zu Mittbewerbern erfolgen. Über eine kundennutzenortientierte Betrachtung lassen sich Kostensenkungs-Potentiale oder Differenzierungssteigerungs-Potentiale identifizieren.

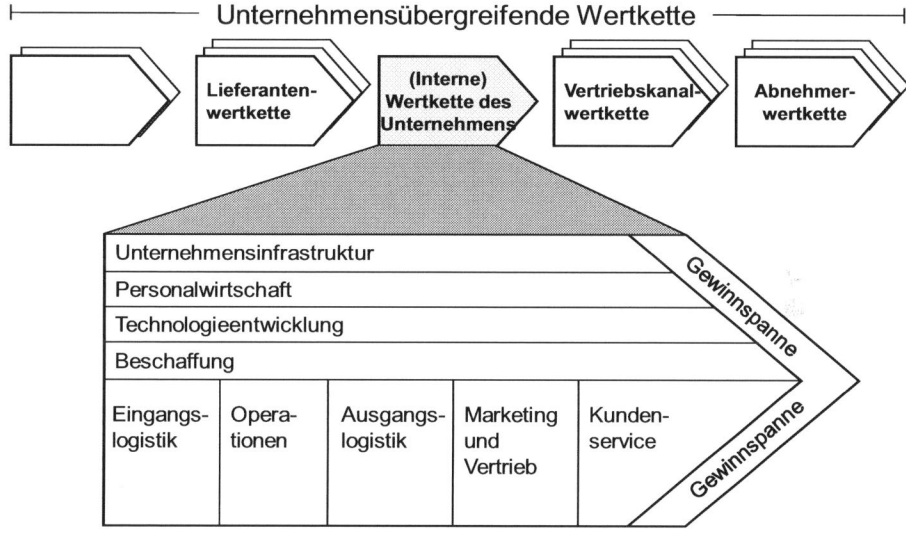

Abb. 1-9:   Wertkette nach Porter

Quelle: Porter (2000)

1.3.4.2 Das SCOR-Modell

Das Supply Chain Operations Reference (SCOR-) Modell wurde entwickelt und verbreitet durch das „Supply Chain Council" (SCC), einen weltweit verbandsartig organisierten Zusammenschluss von Unternehmen und Organisationen aus verschiedensten Branchen. Das SCC wurde 1996 auf Initiative der Beratungsfirma PRTM und von Advanced Manufacturing Research (AMR) gegründet, damals unter Beteiligung von ca. 70 Firmen. Mittlerweile liegt die Version 10.0 des SCOR-Modells vor und im SCC sind weltweit mehr als eintausend Unternehmen organisiert.

Das SCC positioniert das SCOR-Modell als „process reference model designed for effective communication among supply chain partners", mit der Anwendung "to describe, measure and evaluate Supply-Chain configurations".[22] Es stellt somit einen möglichen Ansatz dar, um die Lieferkette einer Organisation zu definieren.[23]

---

[22] Supply Chain Council (2010)
[23] Vgl. Bolstorff u. a. (2007), S. 15

Das **SCOR-Bezugssystem** besteht aus 3 bzw. 4 Ebenen (level):[24]

■ **Ebene 1 (Top Level) – Process Definitions:**
Auf der ersten Ebene wird der Umfang des Modells festgelegt. Dazu wird die gesamte Lieferkette auf der Basis von 5 Kernprozessen abgebildet (siehe **Abb. 1-10**):

■ **Planen** (plan): Prozesse und entsprechende Strukturen, um die aggregierte Nachfrage und die Versorgung auszugleichen und Handlungsweisen zu bestimmen, um (langfristige) Anforderungen der Beschaffung, der Produktion und der Distribution bestmöglich zu erfüllen.

■ **Beschaffen** (source): Prozesse und Strukturen zur Beschaffung von Gütern und Dienstleistungen, zur Deckung geplanter oder aktueller Bedarfe.

■ **Herstellen** (make): Prozesse und Strukturen zur Transformation von Gütern in Richtung des fertigen Zustands, zur Deckung geplanter oder aktueller Bedarfe.

■ **Liefern** (deliver): Prozesse und Strukturen zur Auslieferung von Erzeugnissen und Dienstleistungen, zur Deckung geplanter oder aktueller Nachfrage. Beinhaltet i.d.R. Auftragsmanagement, Distributions- und Transportplanung.

■ **Rückführen** (return): Prozesse und Strukturen in Verbindung mit der Rückführung oder mit dem Empfang rückgelieferter Erzeugnisse. Diese Prozesse sind verbunden mit dem After-Sales-Service.

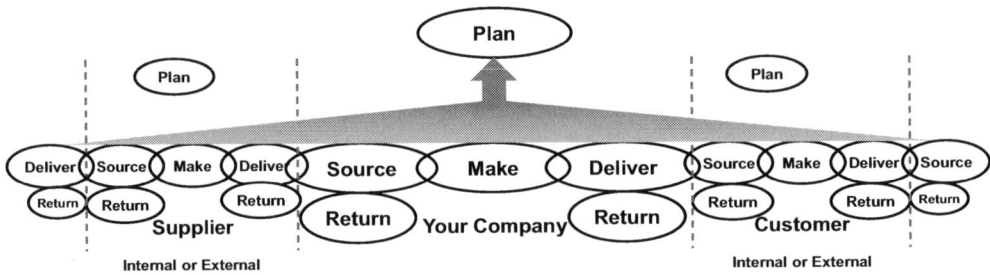

Abb. 1-10: SCOR Hauptprozesse oder Prozesselemente

Quelle: Supply Chain Council (2010)

■ **Ebene 2 (Configuration Level) – Process Categories:**
Auf der zweiten Ebene werden die Kernprozesse differenziert nach sog. *Prozess-Kategorien* (process categories). Für die Ausführungsprozesse Source, Make, Deliver bedeutet dies die Differenzierung nach der Art der Auftragsauslösung (siehe Abschnitt 2.2.3). Dies führt zu einer Unterteilung in Prozesse für:

■ Beschaffung, Herstellung, Lieferung bei Lagerfertigung (MTS – Make-to-Stock),
■ Beschaffung, Herstellung, Lieferung bei Auftragsfertigung (MTO – Make-to-Order),
■ Beschaffung, Herstellung, Lieferung bei kundenspezifischer Auftragsfertigung (ETO – Engineer-to-Order)

Die Ausführungsprozesse der Rückführung (return) gliedern sich in Prozesse für:

■ Rückführen defekter Güter (Return Defective Product),
■ Rückführen zur Wartung, Reparatur oder Überholung (Return MRO Product),
■ Rückführen überschüssiger Güter (Return Excess Product).

---

[24] Vgl. Supply Chain Council (2010); Poluha (2008), S. 85ff; Bolstorff u. a. (2007), S. 19-20, 131ff.

Des Weiteren wird auf dieser Ebene noch eine Unterscheidung nach den folgenden *Prozesstypen* (process types) vorgenommen:

- **Planungsprozesse (Planning)**
  Planungsprozesse haben das Ziel, die Versorgung mit der (ggf. aggregierten) Nachfrage abzustimmen. Sie werden häufig in festen, periodisch wiederkehrenden, Intervallen ausgeführt. Sie beeinflussen die Reaktionszeit einer Supply Chain.
- **Ausführungsprozesse (Execution)**
  Ausführungsprozesse beinhalten die Terminplanung und Reihenfolgeplanung, die Wertschöpfungstätigkeiten und den Transport zum nächsten Prozessschritt. Sie beeinflussen die Auftrags-Durchlaufzeit.
- **Unterstützungsprozesse (Enable)**
  Prozesse, die Informationen verwalten und/oder Zusammenhänge aufbereiten, die von den Planungs- und Ausführungsprozessen benötigt werden.

- **Ebene 3 (Process Element Level) – Decompose Processes**
  Jede der auf Ebene 2 ausgewiesenen Prozesskategorien wird in der dritten Ebene (Process Element Level) durch *Prozesselemente* genauer beschrieben, was u. a. Input- und Output-Beziehungen zwischen den Prozesselementen, den logischen Fluss durch die Prozesselemente, Best Practices sowie geeignete Kennzahlen (Metrics) beinhaltet.

- **Ebene 4 (Implementation Level) – Decompose Process Elements**
  Auf dieser und ggf. weiteren nachfolgenden Ebenen werden die Prozesselemente aus Ebene 3 gemäß den Anforderungen der individuellen Implementierung weiter detailliert und spezifiziert.

1.4 Ziele und Zielsysteme der Logistik

1.4.1 Ziele

Die Ziele der Logistik leiten sich aus den Unternehmenszielen ab. Betrachtet man die sog. „Seven-Rights" als die Aufgaben der Logistik in einem Unternehmen, so können die Ziele der Logistik abstrakt wie folgt formuliert werden: *Ziel ist es, die logistischen Aufgaben im Unternehmen derart durchzuführen, dass die Unternehmensziele bestmöglich unterstützt werden.*

Als wesentliches Unternehmensziel dient dabei neben dem operativen Gewinn der Erhalt bzw. die Steigerung der Wettbewerbsfähigkeit. Weitere Ziele, wie soziale- und ökologische Ziele, bilden einen zusätzlichen Rahmen für logistisches Handeln. Um die abstrakte Definition zu konkretisieren, werden leistungbezogene logistische Zielgrößen unter dem Oberbegriff Logistikleistung und kostenbezogene Zielgrößen unter dem Oberbegriff Logistikkosten zusammengefasst:

- **Logistikleistung:**
  - *Lieferservice* als kundengerechte Gestaltung der Marktversorgung
  - *Lieferbereitschaft* als Fähigkeit, Kundenwünsche kurzfristig zu erfüllen bzw. die Wahrscheinlichkeit, angefragte Lieferungen zu ermöglichen.
  - *Lieferflexibilität* als Fähigkeit, sich auf wechselnde Marktsituationen einstellen zu können. In jüngeren Publikationen wird die Flexibilität ausschließlich als Maß für die *Reaktionsfähigkeit* definiert und zusätzlich die *Agilität* als Maß für die *Reaktionsschnelligkeit* eingeführt.

■ **Logistikkosten:**
- ■ Transport- und Handlingskosten
- ■ Bestandskosten
- ■ Systemkosten

Diese Zielgrößen haben allerdings den Nachteil, dass sie schlecht, oder nur mit großem Aufwand messbar sind. Als Leitlinien für die täglichen logistischen Entscheidungen hat sich daher in der Praxis das sog. „**magische Viereck der Logistik**" etabliert, in dem die folgenden Ziele zusammengefasst sind:

- ■ *hohe Kapazitätsauslastung*;
- ■ *kurze Durchlaufzeiten*;
- ■ *niedrige Bestände* und
- ■ *hohe Termintreue*.

Die **Kapazitätsauslastung** gibt an, wie gut die Fixkosten der Kapazitäten genutzt werden können, um betriebliche Leistungen und damit Erträge zu erwirtschaften. Eine schlechte Kapazitätsauslastung zieht hohe Logistikkosten nach sich. Die Kapazitätsauslastung kann sich auf einzelne Maschinen bzw. Transportmittel oder auf komplette Werke bzw. Transportsysteme beziehen. Sie wird gemessen als:

$$Kapazit\ddot{a}tsauslastung = \frac{Genutzte\ Kapazit\ddot{a}t}{Vorhandene\ Kapazit\ddot{a}t}$$

Eine kurze **Durchlaufzeit** der Aufträge des Unternehmens erhöht die Lieferbereitschaft sowie die Lieferflexibilität und unterstützt den Kapitalumschlag der Vorräte. Durchlaufzeit im weiteren Sinne ist die Zeitspanne zwischen der Auftragsannahme und der Auslieferung eines Auftrages - also einschließlich aller der eigentlichen Fertigung vorgelagerten Tätigkeiten des Vertriebs, der Konstruktion/Entwicklung, der Arbeitsvorbereitung, des Materialbereiches u. a. Durchlaufzeit im engeren Sinne ist die Zeit des Auftragsdurchlaufes durch die Fertigung - das ist die Summe aller Bearbeitungs-, Übergangs- und Pufferzeiten.[25]

Um die Wirkungen einer zügigen Durchlaufzeit zu zeigen, kann außerdem der Zeitanteil der eigentlichen Wertschöpfung und der übrigen Zeitanteile dargestellt werden (siehe **Abb. 1-11**). Es wird deutlich, dass durch Liege-/Lagerzeiten und zusätzliche unproduktive Tätigkeiten die Fertigungskosten unnötig erhöht werden.[26]

Bestände verursachen für das Unternehmen vielfältige Kosten. Einerseits muss der Wert der im Bestand befindlichen Güter finanziert werden (Kapitalbindungskosten), andererseits entstehen Kosten für die Lagerung. Bestände können in Mengengrößen (Stück, KG, Liter) gemessen werden, oder es wird die Bestandsreichweite angegeben. Diese drückt aus, wie lange die vorhandenen Bestände die Bedarfe decken können.

Die **Termintreue** gibt an, wie weit die dem Kunden zugesagten Termine eingehalten werden können. Sie ist damit ein Maß für die Lieferfähigkeit und die Lieferflexibilität.

---

[25]   Es werden gelegentlich unterschieden: auftragsbezogene, materialwirtschaftliche und fertigungsabhängige Durchlaufzeit. Untersuchungen zeigen, dass in einzelnen Betrieben allein die Wartezeiten bis zu 75% der Durchlaufzeit betragen können.

[26]   Hiermit wird die Abwandlung des Schlesinger-Wortes bestätigt, dass „die Dividende eines Unternehmens in der Durchlaufzeit der Aufträge liegt".
    „Zeitverschwendung ist die Schlimmste, weil es keine Möglichkeit zur Bergung gibt" (Henry Ford)

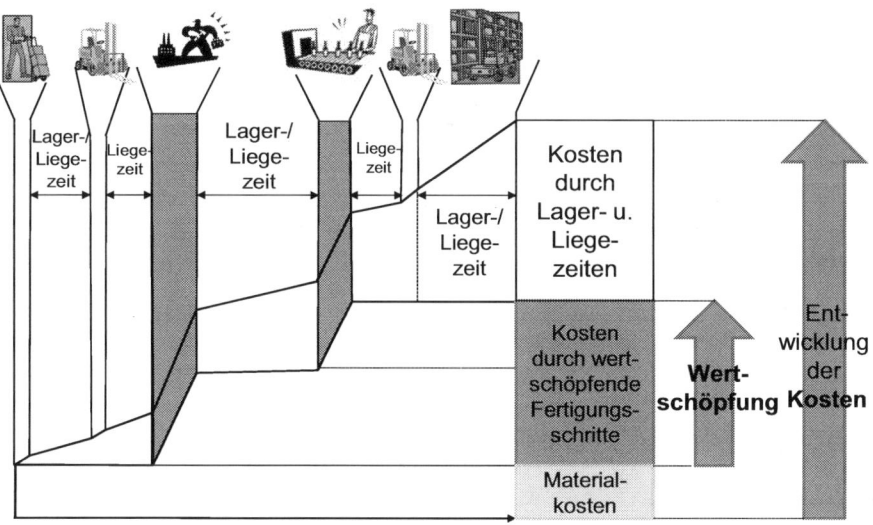

Durchlaufzeit
(Fertigungs-, Lager- und Liegezeiten)

Abb. 1-11: Kosten-/Wertzuwachskurve

1.4.2 Zielkonflikte

Die wichtigsten logistischen Ziele sind teilweise konfliktionär. Betrachtet man die Abhängigkeiten zwischen einigen Zielgrößen genauer, so stellt man fest, dass nicht alle Ziele gleichzeitig erreicht werden können und Schwerpunkte gesetzt werden müssen.

Der Zielkonflikt zwischen dem mittlerem Bestand (gemessen in Stunden Vorgabezeit), der mittleren Auftragsdurchlaufzeit (in Tagen) bzw. der an einem Arbeitssystem bestehenden mittleren Durchlaufzeit bzw. genauer der Reichweite (in Tagen) und der Leistung bzw. der Auslastung eines Arbeitssystems ist in **Abb. 1-12** beispielhaft aufgezeigt.

Empirische Studien an Fertigungssystemen haben nachgewiesen, dass (insbesondere im Maschinenbau) die mittlere **Durchlaufzeit** der Aufträge und die durchschnittliche **Auslastung** der Maschinenkapazitäten nicht gleichzeitig optimiert werden können[27]. Dies ist auch logisch nachvollziehbar, wenn man sich ein großes Lebensmittelgeschäft vorstellt, bei dem die Auslastung der Fleisch-, Käse-, Fischtheken- und Kassenmitarbeiter/innen optimiert wird - durch weniger Personal. Es ist einleuchtend, dass Sie dann für Ihren Einkauf deutlich längere Wartezeiten, und damit Durchlaufzeiten haben – die „Warteschlangen" an den Theken und Kassen wachsen. Werden durch zusätzliches Personal die Warteschlangen und damit die Wartezeiten verkürzt, so steigt die Wahrscheinlichkeit, dass einige Mitarbeiter nicht mehr vollständig ausgelastet sind.

Der Konflikt zwischen einer hohen **Kapazitätsauslastung** und niedrigen **Beständen** wird am Beispiel der Fertigwaren klar. Möchte man bei einem Unternehmen die Fertigwarenbestände niedrig halten, so muss die Fertigung jeweils kleine Mengen (Losgrößen)

---

[27] Der Zielkonflikt - hohe Auslastung und kurze Durchlaufzeiten - ist als „Dilemma der Fertigungsplanung" bekannt geworden.

produzieren. Dies führt zu häufigen Umstellungen der Maschinen (Rüstvorgängen) und damit zu einer geringen Kapazitätsauslastung.

Kurze **Durchlaufzeiten** können erreicht werden, wenn sich die Fertigungsreihenfolge nicht nach der Dringlichkeit der Aufträge richtet, sondern nach der schnellst möglichen Fertigstellung der jeweiligen Produkte. Würde man dagegen die **Termintreue** priorisieren, so käme es häufiger vor, dass unfertige Produkte warten müssen, um dringliche Aufträge vorzuziehen. Also hätte man eine die Durchlaufzeiten erhöhende Wirkung.

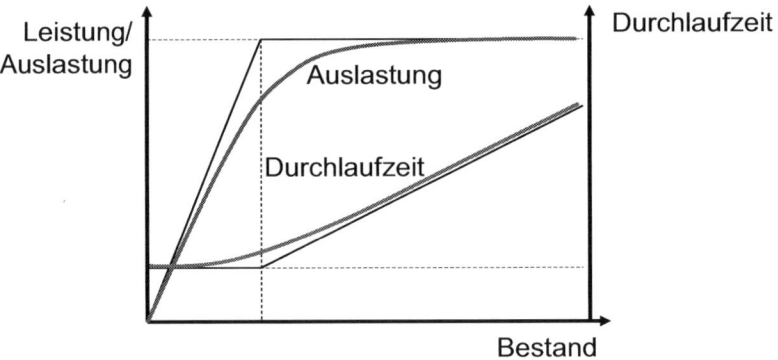

Abb. 1-12: Zielkonflikt als Kennlinien

Quelle: Vgl. Wiendahl (1997)

Niedrige **Bestände** können zu einer geringeren **Termintreue** führen, wenn sich Nachschublieferungen verspäten und dadurch zu wenig am Lager ist oder wenn sich Teile der Produktion als unbrauchbar erweisen (Ausschuss) und erst nach erneuter Rohstoffbeschaffung nachproduziert werden können. Dieser Zielkonflikt wirkt sich auch auf den Lieferservice von logistischen Systemen aus. Dabei wird klar, dass es in der betrieblichen Praxis nicht um einen optimalen Servicegrad mit extrem hohen Beständen gehen kann, sondern um den richtigen Servicegrad je nach Situation des Unternehmens.

Die Priorisierung der jeweiligen logistischen Zielgrößen wird aus den individuellen Unternehmenszielen abgeleitet und richtet sich nach der Wettbewerbssituation. In den 50er-60er Jahren erfolgte ein Wandel vom sog. „Verkäufermarkt" zum sog. „Käufermarkt". Traditionell wurde im Verkäufermarkt versucht, das Unternehmensziel „Return on Investment" (ROI) insbesondere durch hohe Kapazitätsauslastungen und Nutzung der Kostendegression zu erreichen - in Käufermärkten kann man das betriebswirtschaftliche Ergebnis jedoch eher durch verbesserte Befriedigung der Kundenansprüche beeinflussen. Dies erfolgt durch Umsetzung zeitorientierter Strategien (time based management). Aktuell werden daher die Schwerpunkte auf niedrige Bestände, hohe Termintreue[28] und kurze Durchlaufzeiten gesetzt (siehe **Abb. 1-13**). Bei der Suche nach Flexibilisierungsmöglichkeiten und Rationalisierungspotentialen wurde erkannt, dass die klassischen Wege einer Minimierung der Materialeinstandspreise und Sicherstellung der Produktion bzw. Lieferbereitschaft aus Beständen nicht mehr wettbewerbsfähig war. Zudem überdecken Bestände oft Schwachstellen im Unternehmen.

---

[28] Erfahrungsgemäß kann durch Einhaltung der Liefertermine die Wartebereitschaft der Kunden (Kundenwartezeit) erhöht werden.

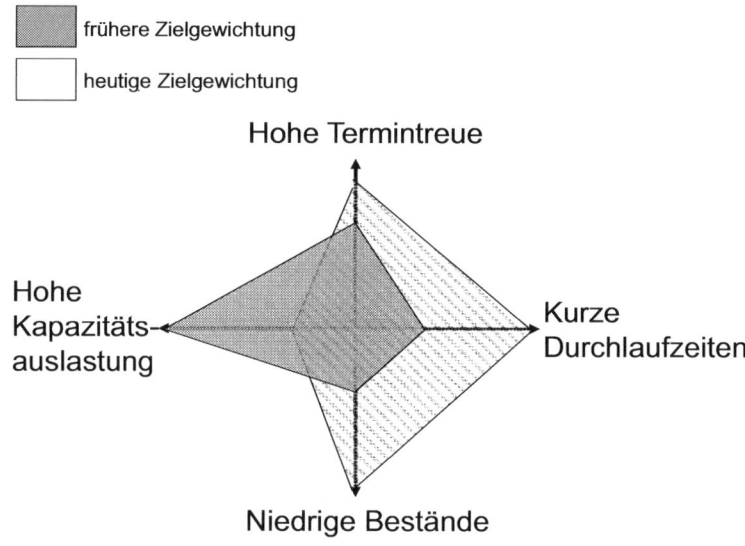

Abb. 1-13: **Verschiebung der Zielgewichtungen**

Neuere Konzepte konzentrieren sich auf Zeitverkürzungen entlang der Logistik-Kette (Supply Chain Management), Erhöhung der Lieferbereitschaft durch flexible Fertigungsstrukturen mit integrierten Qualitätsmanagement-Methoden, produktionssynchrone Beschaffung und Lieferantenanbindung oder Verlagerung des Punktes der Auftragsspezifizierung (Order penetration point) in die Montagebereiche (späte Variantenbildung – Customizing, siehe Abschnitt 2.2.3).

Weitere Zielsetzungen, bei denen sich Schwerpunkt und Denkweise/Methode geändert haben, sind beispielsweise:

- **Wirtschaftlichkeit**, die früher durch die Fertigung großer Lose, hohe Kapazitätsauslastung, niedrig qualifizierte Mitarbeiter und traditionelle Fertigungsrationalisierung erreicht und heute durch niedrige Materialbestände, flexible Fertigungsorganisationen und gruppenbezogene, qualifizierte Teams und schlanke Unternehmen umgesetzt wird.
- **Qualität**, die durch den veränderten Stellenwert der Qualität im Qualitätsmanagement und die Einbeziehung qualitätsbewusster Mitarbeiter als Beteiligte erreicht wird.
- **Lieferfähigkeit** (Lieferbereitschaft und Lieferschnelligkeit), die früher aus vorhandenen Beständen, heute aus kurzen Auftrags-Durchlaufzeiten (von der Auftragsannahme bis zur Auslieferung) erreicht wird – auf der Basis von Materialflussoptimierungen und/oder Materialbestandsoptimierungen.

1.4.3 Zielsysteme

Um den Einfluss logistischer Ziele auf das unternehmerische Zielsystem zu verdeutlichen, kann z. B. die Wirkung niedriger Bestände im sog. „Dupont-Schema"[29] rechnerisch nachgewiesen werden. Dieses Kennzahlensystem stellt in hierarchischer Form (siehe dazu **Abb. 1-14**) den definitionslogischen Zusammenhang von Kennzahlen und ihren Einflussgrößen dar und dient bei vielen Unternehmen als Basis der betriebswirtschaftlichen Steuerung.

---

[29] Vgl. Meyer (1976).
   Ein anders System ist das ZVEI-Kennzahlensystem oder VDI 2525 (siehe hierzu Abschnitt 2.5.2)

Die oberste Zielgröße, die Rentabilität (hier ausgedrückt als ROI - Return on Investment), wird abhängig gemacht von der Umsatzrentabilität und dem Kapitalumschlag. Der Kapitalumschlag ergibt sich aus dem Verhältnis von Umsatz und investiertem Kapital. Durch Verkleinerung des Nenners - des investierten Kapitals - kann der Kapitalumschlag und damit die Rentabilität des Unternehmens erhöht werden. Maßnahmen hierzu sind insbesondere die Verminderung des Anlage- und des Umlaufvermögens. Bestandssenkungen entfalten ihre Wirkung unmittelbar, d. h. ohne Zeitverzug.

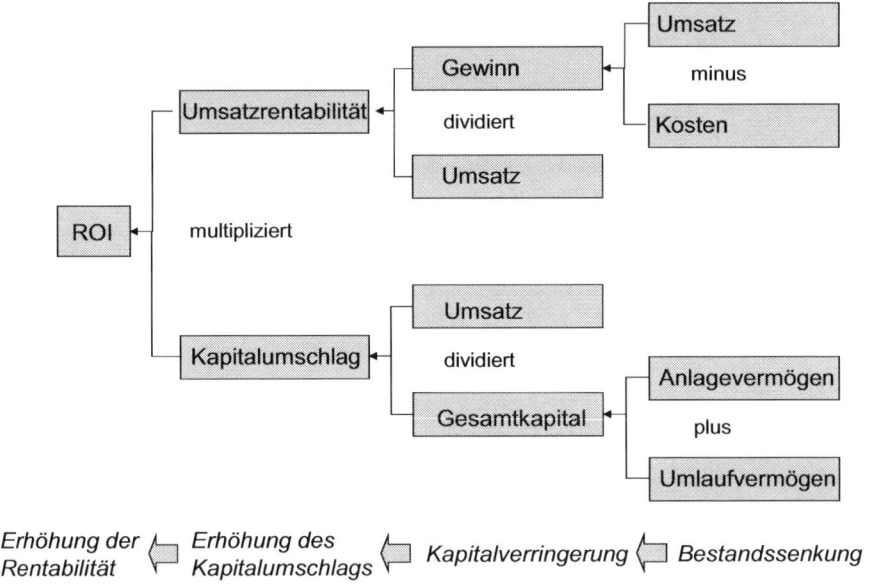

Abb. 1-14: Dupont-Schema

Während in der Vergangenheit der Schwerpunkt der Maßnahmen in der Büro- und Fertigungsrationalisierung lag, um kostengünstige Leistungen zu erstellen, wird heute versucht, über die Senkung der Sachanlagen und Material-Vorräte (Asset-Management) die Rentabilität zu steigern. Hieraus folgt neben dem Streben nach Reduzierung der Lager- und Umlaufbestände[30] auch der Abbau von Anlagevermögen durch die Verringerung der Fertigungstiefe (Lean Production).

Die Umsatzrentabilität wird beeinflusst durch die Höhe des Umsatzes und des erwirtschafteten Gewinns. Ziele wie die Termintreue, der Lieferservice und die Lieferflexibilität wirken sich über die Durchsetzbarkeit höherer Marktpreise eher mittelfristig auf den Gewinn aus. Die Kosten werden durch Kostensenkungsmaßnahmen und Rationalisierungsprogramme bestimmt – wobei die Kosten funktionsübergreifend durch Gestaltung der Wertschöpfungskette als Gesamt-Prozesskosten reduziert werden sollten.

1.5 Aufbauorganisation und Berufsbild

Die Menge aller wahrzunehmenden Aufgaben in einem Betrieb ist i.d.R. arbeitsteilig auf verschiedene Personen verteilt. In der Betriebswirtschaftslehre unterscheidet man zwischen

---

[30] Japanische Weisheit: „Was im Verkauf nicht verdient werden kann, muss in der Materialwirtschaft eingespart werden!"

der Aufbau- und der Ablauforganisation. Die **Ablauforganisation** befasst sich mit der Gestaltung und Standardisierung der Prozesse im Unternehmen. Dabei geht es darum, in welcher Reihenfolge und in welcher Weise die Tätigkeiten in einem Unternehmen durchgeführt werden. An dieser Stelle werden keine Aspekte der logistischen Ablauforganisation vorgestellt, da diese in den jeweiligen Kapiteln dieses Buches intensiv behandelt werden.

Die **Aufbauorganisation** bildet das hierarchische Grundgerüst, um diese Tätigkeiten zu verteilen und zu koordinieren. Darin wird für jede Organisationseinheit u. a. festgelegt, welche Aufgaben sie abzuarbeiten hat, welche Weisungsbefugnisse sie hat, wem gegenüber sie weisungsgebunden ist, an wen sie berichtet und wer an sie zu berichten hat. Die Aufbauorganisation ist das Ergebnis eines bewussten Gestaltungsprozesses[31] und wird als statisch bezeichnet, da sie für längere Zeit Gültigkeit besitzt.

Betrachtet man die klassische Unternehmensorganisation (eines Produktionsunternehmens) mit den funktionalen Teilbereichen Vertrieb, Produktion, Einkauf, Finanzen und Materialwirtschaft, so stellt man fest, dass die logistischen Tätigkeiten über viele Funktionsbereiche eines Betriebes verstreut sind (siehe **Abb. 1-15**). So findet die Planung der Kundenbedarfe im **Vertrieb** statt, die Produktionsprogrammplanung in der **Produktion**, die Materialdisposition in der **Materialwirtschaft**, die Materialbeschaffung im **Einkauf**, die Materialverwaltung wiederum in der **Materialwirtschaft**, die Fertigungssteuerung in der **Produktion** und die Fertigwarenlagerung beim **Vertrieb** statt. Dies hat nicht nur mangelnde Informationsweitergabe und mangelnde Koordination der logistischen Aktivitäten zu Folge, sondern führt insbesondere durch die konkurrierenden Teilziele der Funktionsbereiche zu suboptimaler Aufgabenabwicklung aus Sicht des Gesamtunternehmens.

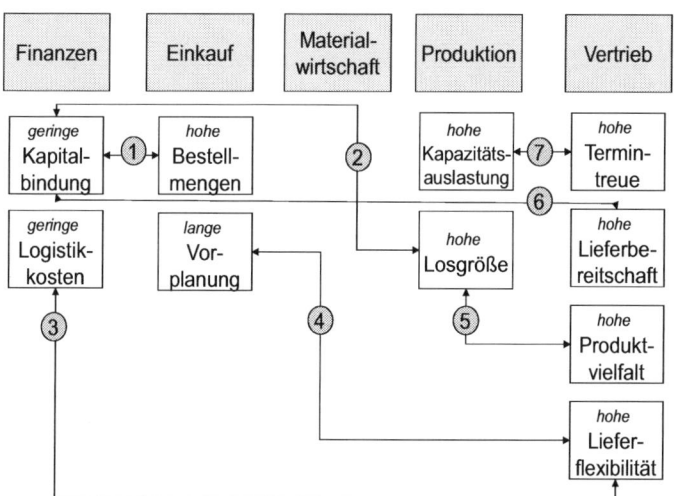

Abb. 1-15: Zielkonflikte innerhalb der funktionalen Organisation

Der Einkaufbereich ist bestrebt durch hohe Bestellmengen gute Rabatte mit den Lieferanten zu verhandeln (1). Die Finanzabteilungen sind demgegenüber bestrebt die Kapitalkosten gering zu halten. Dies widerstrebt auch dem Bereichsziel der Fertigung, welche

---

[31] Üblicherweise durch Aufgabenanalyse und anschliessende Aufgabensynthese

durch hohe Losgrößen die Rüstkosten senken will (2). Das Bestreben des Vertriebes eine möglichst hohe Lieferflexibilität zu bieten, konkurriert mit den Zielen des Einkaufs und der Produktion, welche eine lange Vorplanungszeit zur Koordination ihrer Tätigkeiten wünschen (4). Außerdem kann eine hohe Lieferflexibilität zu erhöhten Transportkosten führen (3). Geradezu klassisch ist der Konflikt zwischen dem Vertrieb, der durch hohe Fertigwarenbestände die Lieferbereitschaft erhöhen möchte, was zu einer hohen Kapitalbindung führt und den Zielen der Finanzabteilungen widerspricht (6). Auch das Bestreben des Vertriebes den individuellen Kundenwünschen durch eine Vielfalt von Produktvarianten entgegen zu kommen, steht in Konflikt mit den Zielen der Fertigung (5).

Für die Aufbauorganisation der Logistik gibt es **keinen allgemein gültigen Standard**. Sie ist abhängig von einer Vielzahl von Einflussgrößen und ist damit stets betriebsindividuell. Sie sollte so gewählt werden, dass eine optimale Koordination aller logistischen Entscheidungen im Sinne eines Optimums für das gesamte Unternehmen ermöglicht wird. Für ihre Ausgestaltung müssen Entscheidungen getroffen werden über:

- den Aufgabenumfang;
- die Einbindung in die Gesamtstruktur des Unternehmens;
- die Kompetenzausstattung;
- den Zentralisierungsgrad sowie
- den inneren Aufbau der logistischen Organisationseinheiten.

Bei der Abgrenzung des Aufgabenumfanges der logistischen Organisationseinheiten besteht die Schwierigkeit, die logistischen Tätigkeiten aus den traditionellen Abteilungen herauszulösen, ohne dass das notwendige Know-how der ursprünglichen Fachabteilung verloren geht. Auch Aspekte der Informationssysteme und der Kommunikation spielen eine Rolle, da für die Abarbeitung einzelner logistischer Aufgaben Informationen aus verschiedenen Fachabteilungen benötigt werden. So ist es bspw. für die Transportplanung im Rahmen der Distribution nicht nur notwendig, die Kundendaten zu kennen (Vertriebssystem), sondern auch Aspekte der Kundenpriorisierung aus Vertriebssicht können wichtige Einflussgrößen für optimale Entscheidungen darstellen. Letztendlich muss entschieden werden, ob die Synergieeffekte durch das Verlagern einer Tätigkeit in eine logistische Abteilung größer sind als die Nachteile durch das Herauslösen aus der bisherigen Fachabteilung. In der betrieblichen Praxis lässt sich erkennen, dass das Niveau der DV-technischen Integration in einer Unternehmung einen wesentlichen Einfluss darauf hat. Je besser die fachspezifischen DV-Systeme integriert sind, desto geringer sind die Schwierigkeiten durch das Herauslösen logistischer Aufgaben.[32]

Bei der Einbindung der logistischen Organisationseinheiten in die Gesamtstruktur des Unternehmens sind die drei Grundformen der Unternehmensorganisation getrennt zu betrachten. In einem **funktional** organisierten Unternehmen kann die Logistik eine gleichberechtigte Organisationseinheit neben den klassischen Einheiten Finanzen, Einkauf, Produktion, Vertrieb sein. Eine andere Organisationsform wäre die funktionale Aufteilung der logistischen Aufgaben in separate Abteilungen unterhalb der klassischen Unternehmensfunktionen. So wäre die Distributionslogistik dem Vertrieb, die Produktionslogistik der Produktion und die Beschaffungslogistik dem Einkauf unterstellt. Bei einer **objektorientierten Organisation** oder auch **Spartenorganisation** hat entweder jede Sparte eine eigene logistische Organisationseinheit, oder die Logistik ist eine eigene spartenübergreifende Einheit. In einer **Matrixorganisation** wird die Logistik als eigener

---

[32] Insbesondere die Verbreitung standardisierter ERP-Systeme hat diese Entwicklung gefördert.

Funktionsbereich betrachtet und erfüllt die Aufgaben für alle Objektbereiche. Die disziplinarische und fachliche Weisungsbefugnis kann dabei unterschiedlich ausgestattet werden, um die Verbindung zu den Objektbereichen (z. B. Sparten) zu optimieren. In der Praxis findet man allerdings häufig Mischformen dieser grundsätzlichen Gestaltungsmöglichkeiten.

Die **Kompetenzausstattung** ergibt sich einerseits aus der hierarchischen Einordnung logistischer Organisationseinheiten, in den Ebenen Gruppe, Abteilung, Hauptabteilung, Bereich oder Geschäftsführung. Andererseits besteht, neben der hier dargestellten Linienanbindung, die Möglichkeit logistische Einheiten als Stab-Linien-Organisationen, Stabsorganisationen oder als Ausschüsse in die Aufbauorganisation einzubinden.

Die Frage des **Zentralisierungsgrades** stellt sich lediglich bei Unternehmen, deren logistische Aufgaben räumlich oder objektorientiert verteilt sind bzw. verteilt werden können. Eine räumliche Verteilung liegt nicht nur bei unterschiedlichen Produktionswerken vor, sondern auch bei unterschiedlichen Vertriebsniederlassungen oder einer regional verteilten Lagerstruktur. Die objektorientierte Verteilung kann aus unterschiedlichen Sparten, Produktgruppen, Produktionsanlagen oder Vertriebswegen resultieren. Welche logistischen Aufgaben in zentralen Organisationseinheiten (d. h. für alle Werke, Niederlassungen, Sparten usw. verantwortlich) gebündelt werden, hängt von den erzielbaren Synergieeffekten ab. Tendenziell gilt die Aussage, dass die dezentrale Aufgabenbearbeitung die Reaktionsfähigkeit und Flexibilität erhöht sowie die Kommunikationsprobleme verringert. Die zentrale Aufgabenbearbeitung bündelt wertvolles Know-how und kann zu einer besseren Auslastung der Logistik-Spezialisten führen.

Der **innere Aufbau** logistischer Organisationseinheiten kann nach funktionaler oder objektorientierter Arbeitsteilung erfolgen. Als Mischform existiert auch dort die Matrixorganisation. Vorteile einer funktionalen Innenstruktur, bei der vergleichbare oder ähnliche Aufgabeninhalte zusammengefasst werden (z. B. Transportplanung für alle Sparten und Produkte), liegen in den Spezialisierungsvorteilen bei der Abarbeitung dieser Aufgaben. Nachteilig wirkt sich der hohe Koordinationsbedarf zwischen den unterschiedlichen logistischen Verrichtungen aus. Die Objektorientierung bei der Arbeitsorganistion innerhalb logistischer Organisationseinheiten bedeutet, dass alle logistischen Tätigkeiten für eine Sparte, eine Erzeugnisgruppe oder für ein Produkt zusammengefasst werden. Die Koordination der gesamten Logistik Prozesskette kann damit wesentlich verbessert werden. Allerdings wird jede Funktion mehrfach, nämlich für jedes Objekt separat, durchgeführt. Problematisch ist dieses Konzept stets, wenn zwischen den unterschiedlichen Objekten starke Verflechtungen existieren. Nutzen bspw. mehrere Erzeugnisgruppen in der Fertigung dieselben Maschinen, so würden im Rahmen der Fertigungsplanung verschiedene Logistikplaner auf dieselben Maschinenkapazitäten zugreifen wollen. Konflikte und suboptimale Auslastungen der Maschinen wären kaum vermeidbar.

Das **Berufsbild** eines Logistikers ergibt sich aus dem Koordinationsbedarf des Materialflusses über alle Stufen der Wertschöpfung. Der Logistiker sollte als Generalist - geschult in logistischem Denken - und Manager mit Durchsetzungskraft und Innovationsbereitschaft konzeptionell und detailliert wettbewerbsfähige Unternehmensstrukturen schaffen und durch integrierte DV-Systeme verknüpfen, Rationalisierungspotentiale aufspüren und Schnittstellenprobleme überwinden. Er benötigt dazu Kenntnisse und Erfahrungen auf den Gebieten der Technik, der Informationstechnologie, der Betriebswirtschaft - mit Vertiefungsfächern wie z. B. Materialwirtschaft, Transportsysteme, Produktion, Controlling, Unternehmensführung, Recht, Projektmanagement. Er tritt als Moderator zwischen den im betrieblichen Alltag widerstreitenden Interessenbereichen auf, um übergreifende Strukturen und Abläufe durchzusetzen. Seine Einsatzgebiete sind z. B.: Erarbeitung von Make-or-Buy-Strategien, internationale Ausrichtung der Beschaffungsstrukturen (Sourcing), Gestaltung der Wertschöpfungskette und Fertigungstiefe, Management und Controlling der Produktionsressourcen, Strukturierung der Absatzwege unter Nutzung der logistischen Dienstleister und Aufbau einer Kreislaufwirtschaft. Der Arbeitsmarkt für Logistiker bietet seit Jahren anhaltend gute Perspektiven, insbesondere die deutschen Logistikdienstleister könnten deutlich mehr Experten aufnehmen, als sie von den Hochschulen ausgebildet werden.

2 Gestalten und Betreiben von Wertschöpfungsnetzwerken

2.1 Grundlagen

2.1.1 Ziel eines Wertschöpfungsnetzwerkes

Für Produkte einer gewissen Komplexität wird die Herstellung seit je her nicht durch eine einzige organisatorische Einheit durchgeführt. Die verschiedenen Schritte der Leistungserstellung sind auf unterschiedliche Unternehmen aufgeteilt. Die Gründe dieser unternehmensübergreifenden Arbeitsteilung liegen u. a. in:

- **Qualität** und **Know-how**, so hat ein Unternehmen des Maschinenbaus weder die Kenntnisse noch die Anlagen, um benötigte Farben und Lacke oder elektronische Bauteile selbst herzustellen;
- **Kosten**, denn abhängig von der erforderlichen Menge einer Leistung können die benötigten Technologien und Prozesse in Eigenleistung nicht wirtschaftlich betrieben werden;
- **Flexibilität**[33] und Agilität[34], da sich die Bedürfnisse der Verbraucher hinsichtlich Qualität und Menge der nachgefragten Güter derartig schnell ändern, so dass eine Anpassung aller Leistungsbestandteile durch einen Anbieter kaum möglich ist.[35] So sind z. B. für ein gesamtes Wertschöpfungsnetzwerk die *Produktflexibilität*, *Produktionsflexibilität* und die *Lieferflexibilität* entscheidend für den nachhaltigen Markterfolg.

Bezeichnet man die „selbsterstellten Leistungen einer Unternehmung abzüglich der Vor- und/oder Fremdleistungen"[36] als Wertschöpfung, so ist die gesamte Wertschöpfung eines Produktes auf verschiedene Akteure aufgeteilt. Die Koordination der Wertschöpfungsbestandteile erfolgt in der Marktwirtschaft durch Ver- und Zukauf der Leistungen, also durch ein Lieferanten - Kundenverhältnis. In weiter Begriffsauslegung kann bereits diese Form der Zusammenarbeit als Wertschöpfungsnetzwerk betrachtet werden, jedoch ist die Kopplung der Systemelemente sehr lose.

Der Endkunde, welcher das fertige Produkt nachfragt, orientiert sich bei seiner Kaufentscheidung am Gesamtwert des Gutes, unabhängig davon, wie viele Akteure an dessen Entstehung mitgewirkt haben. Diese Situation führte zunächst zu einem Wettbewerb, der durch jeden Akteur separat über verbesserte Strukturen der eigenen Beschaffung, der Kostensituation beim eigenen Wertschöpfungsanteil und des eigenen Vertriebes geführt wurde.

Durch Änderungen der Unternehmensumwelt in den vergangenen zwanzig Jahren hat die Art der Arbeitsteilung allerdings eine neue Dimension erfahren. Globalisierung, Digitalisierung sowie schnelle und preiswerte Kommunikationstechnologien führten zu einer Verschärfung des internationalen Wettbewerbs sowie zu neuen Möglichkeiten der internationalen Arbeitsteilung. Die bisherigen Koordinationsmechanismen der Akteure über operative Einkaufs- /Verkaufsprozesse haben sich als nicht ausreichend erwiesen, um den Bedürfnissen der Kunden unter den geänderten Rahmenbedingungen gerecht zu werden. Durch die abnehmende Wertschöpfungstiefe der jeweiligen Akteure und die Verlängerung

---

[33] Fähigkeit, auf Änderungen reagieren zu können (Reaktionsfähigkeit).
[34] Schnelligkeit, mit der auf Veränderungen regiert werden kann (Reaktionsschnelligkeit).
[35] Vgl. Schönsleben (2000), S. 9 f.
[36] Werner (2000), S. 5

der Wertschöpfungsketten steigen Anzahl und Komplexität der Schnittstellen. Die Güter-, Information-, und Wertflüsse sind derart vielfältig und komplex geworden, dass engere Kopplungen zwischen den wertschöpfenden Akteuren notwendig sind. Die Optimierung innerhalb der einzelnen Wertschöpfungsstufen wird durch suboptimale Prozesse zwischen den Akteuren zunehmend kompensiert. Daher schließen sich ausgewählte Unternehmen zu **vertikalen Wertschöpfungsstrukturen** zusammen, zwischen denen eine enge Kopplung ihrer Aktivitäten geplant und realisiert wird. Dabei geht es um bessere Abstimmung der übergreifenden Prozesse, welche stets auch Auswirkungen auf die internen Prozesse haben. Logistische Dienstleister sind ebenso Bestandteil dieser Netzwerke wie Produktions- und Handelsunternehmen. Die Form der Zusammenarbeit ändert sich von einer kurzfristigen Kunden-/Lieferantenbeziehung hin zu einer langfristigen und vertrauensvollen Partnerschaft.

Im internationalen Kontext sind nachfolgende Definitionen einer Lieferkette, eines Wertschöpfungsnetzwerkes bzw. einer „Supply Chain" gebräuchlich:

„A Supply Chain is the alignment of firms that bring products or services to market." *(Lambert, Stock, Ellram)*

„A supply chain is a network of facilities and distribution options that performs the functions of procurement of materials, transformation of these materials into intermediate and finished products, and the distribution of these finished products to customers." *(Ganesham, Harrison)*

„A supply chain consists of all stages involved, directly or indirectly, in fulfilling a customer request. The supply chain not only includes the manufacturer and suppliers, but also transporters, warehouses, retailers, and customers themselves." *(Chopra, Meindl)*

Die Zielsetzung dieser neuen Wertschöpfungsnetzwerke sind durchgängige Geschäftsmodelle, welche es ermöglichen, ihre logistischen Aufgaben besser abzuwickeln als ihre Wettbewerber. Dabei kann es sich um Strukturen der kompletten Wertschöpfung von Rohstofflieferanten bis zum Endverbraucher handeln oder es sind lediglich Teile der Wertschöpfung in Form von Produktions- oder Distributionsnetzwerken einbezogen. Die Formalziele unterscheiden sich nicht von denen der Logistik, wobei die Ziele stets auf das gesamte Netzwerk bezogen sind. So wird bspw. eine geringe Durchlaufzeit durch das gesamte Netzwerk angestrebt und nicht nur die Durchlaufzeit bei einem der Akteure betrachtet. Der Fokus dieser Netzwerke liegt auf den „economies of speed"[37], welche als Geschwindigkeits- oder Flexibilitäts- bzw. Agilitätsvorteile übersetzt werden können.

Für den Aufbau und den Betrieb von Wertschöpfungsketten, das „Supply Chain Management" haben sich folgende Definitionen durchgesetzt:

„The integration of all key business processes across the supply chain is what we are calling supply chain management." *(Cooper, Lambert)*

„SCM ist die aktive Gestaltung und laufende Mobilisierung der Versorgungskette in der Wirtschaft mit dem Ziel der Sicherung und Steigerung des Erfolgs der beteiligten Unternehmen." *(Klaus)*

„Supply Chain Management is the coordination of production, inventory, location, and transportation among participants in a supply chain to achieve the best mix of responsiveness and efficiency for the market being served." *(Hugos)*

---

[37] Dies wird u. a. erreicht durch den Übergang vom Bestands- zum Bewegungsmanagement.

„Supply Chain Management ist die integrierte prozessorientierte Planung und Steuerung der Waren-, Informations- und Geldflüsse entlang der gesamten Wertschöpfungskette vom Kunden bis zum Rohstofflieferanten mit den Zielen: Verbesserung der Kundenorientierung, Synchronisation der Versorgung mit dem Bedarf, Flexibilisierung und bedarfsgerechte Produktion, Abbau der Bestände entlang der Wertschöpfungskette."
(Kuhn, Hellingrath)

„SCM bildet eine moderne Konzeption für Unternehmensnetzwerke zur Erschließung unternehmensübergreifender Erfolgspotentiale mittels der Entwicklung, Gestaltung und Lenkung effektiver und effizienter Güter-, Informations- und Geldflüsse." *(Göpfert)*

2.1.2 Entscheidungsebenen

Bei der Gestaltung von Wertschöpfungsnetzwerken müssen zunächst strategische Entscheidungen über deren **Struktur** getroffen werden. Dabei wird bestimmt, inwieweit die Wertschöpfung auf verschiedene Akteure verteilt wird (Wertschöpfungstiefe der jeweiligen Ebene), es muss festgelegt werden, welche Wertschöpfungsstufen in das Netzwerk einbezogen werden (Tiefe des Netzwerkes, z. B. Liefernetzwerk) und es erfolgt eine Aufteilung der Wertschöpfungsaktivitäten auf horizontaler Ebene durch Zuordnung von Produktionsmengen oder Liefergebieten zu bestimmten Akteuren einer Wertschöpfungsstufe (Breite des Netzwerkes in der jeweiligen Stufe). Dieser Schritt der Strukturplanung beinhaltet auch die Auswahl der jeweiligen Partner.

Wesentlich aufwändiger gestaltet sich in der betrieblichen Praxis der **Aufbau des Netzwerkes**. Zunächst müssen gemeinsame Ziele und Rahmenbedingungen der Kooperation erarbeitet und abgestimmt werden. Jeder Akteur des Netzwerkes muss bereits zu diesem Zeitpunkt die Vor- und Nachteile sowie die Chancen und Risiken für sein eigenes Unternehmen genau abwägen. Da die gemeinsamen Ziele teilweise konfliktionär zu den Einzelzielen der Teilnehmer sind, ist die genaue und nachvollziehbare Beschreibung der gemeinsamen Ziele besonders wichtig. Zur späteren Messung des Erfolges werden Kennzahlen bestimmt und deren Werte in der Ist-Situation erhoben (z. B. Durchlaufzeit durch das betrachtete Netzwerk). Durch Branchenvergleiche oder durch Benchmarking wird versucht, schon jetzt Zielwerte für die Kennzahlen zu bestimmen. Diese haben einerseits die Funktion von Soll-Werten bei der späteren Steuerung des Netzwerkes, andererseits lässt sich der Nutzen der Kooperation gegenüber den Entscheidungsträgern quantifizieren.

Die **Gestaltung der Prozesse** und die Veränderung der **Informationssysteme** sind in der Praxis kaum zu trennen. Aus theoretischer Sicht werden zunächst die Prozesse reorganisiert und diese dann durch geeignete Informationstechnologien unterstützt.[38] In vielen praktischen Fällen ist die informationstechnische Basis allerdings durch einen bedeutenden Akteur bereits vorbestimmt und hat damit wesentlichen Einfluss auf die Gestaltungsmöglichkeiten der Prozesse. Um durchgängige Prozesse mit einem möglichst hohen Automatisierungsgrad durch das gesamte Wertschöpfungsnetz zu erreichen, müssen auch etablierte interne Prozesse der einzelnen Akteure geändert werden. Die Kosten für diese Anpassungen können ein beträchtliches Ausmaß annehmen. Die Basis der Prozessveränderungen ist deren exakte Dokumentation. Dafür muss eine Beschreibungsform gewählt werden, die es erlaubt die Prozesse und deren Rahmenbedingungen entlang des gesamten Netzwerks zu dokumentieren. In der Praxis haben sich dafür einfache grafische

---

[38] Vgl. Kuhn, Hellingrath (2002), S. 31

Darstellungsformen durchgesetzt, welche durch Texte oder Tabellen ergänzt werden. Das bereits beschriebene SCOR Modell (siehe 1.3.4.2) ist bspw. ein Rahmenkonzept zur Prozessbeschreibung in Wertschöpfungsnetzwerken. Die Planung der übergreifenden Soll-Prozesse erfolgt durch Experten der beteiligten Akteure. Falls vorhanden, kann dabei auf sog. Best practice Lösungen aufgesetzt werden. Nach der Abstimmung der geänderten Prozesse beginnt deren Umstellung: Das beinhaltet Änderungen an den EDV-Systemen, geänderte Dokumente, sowie Schulungsmaßnahmen für die Mitarbeiter.

Nach Aufbau und Test der abgestimmten Prozesse beginnt der **Betrieb** des Netzwerkes. Eine besonders anspruchsvolle Aufgabe während des Betriebs ist die operative **Planung** für das Netzwerk. Die Einzelpläne der Akteure müssen derart aufeinander abgestimmt werden, dass sich ein optimaler Gesamtplan für das ganze Netzwerk ergibt. Prinzipiell gibt es dafür zwei Ansätze:

- Das gesamte Netzwerk wird gemeinsam geplant, im Rahmen eines sog. Collaborative Planning.[39] Dafür ist allerdings die Verfügbarkeit aller relevanten Informationen über das gesamte Netzwerk in einem (übergeordneten) EDV-System notwendig.
- Jeder Akteur plant separat, und synchronisiert seine Planung jeweils bilateral mit den vor- und nachgelagerten Wertschöpfungsstufen. Die Anforderungen an die Informationstechnologie sind dabei zwar bedeutend geringer, allerdings ist die Qualität der Pläne auch nicht so hoch. Insbesondere Planänderungen können nicht so schnell verarbeitet werden, was die Agilität des Netzwerkes vermindert.

Während des Betriebes werden die vorher definierten Kennzahlen erhoben und der Erfolg der netzwerkorientierten Zusammenarbeit gemessen.

2.2 Struktur von Wertschöpfungsnetzwerken

Die Ausgestaltung der Struktur von Wertschöpfungsnetzwerken (siehe **Abb. 2-1**) findet sich in der Literatur unter den Begriffen „Supply Chain Strategy" und „Supply Chain Design". Dabei geht es um die langfristige Gestaltung des Netzwerks. Dies betrifft einerseits die Festlegung der Struktur, also zum einen die Anzahl der Wertschöpfungsstufen und die Zuordnung der Leistungen zu jeder Stufe. Andererseits werden die Anzahl der Akteure in jeder Stufe festgelegt sowie die geografische Lage ihrer Standorte. Daraus ergeben sich die Transportrelationen zwischen den Standorten.

Jedes Netzwerk ist individuell entsprechend den Anforderungen gestaltet und wird bei Bedarf veränderten Rahmenbedingungen angepasst. Generelle Aussagen über die Struktur lassen sich kaum treffen, da die Rahmenbedingungen je nach Endprodukt vollkommen unterschiedlich sind. Dennoch haben sich in der Vergangenheit typische Stufen / Ebenen / Rollen und Prinzipien herausgebildet, welche in vielen Netzwerken anzutreffen sind.[40]

2.2.1 Stufen / Ebenen / Rollen

Um reale Wertschöpfungsnetzwerke modellhaft abzubilden, haben sich zur Beschreibung der Wertschöpfungsstufen bzw. Ebenen eines Netzwerkes typische Strukturelemente herausgebildet. Diese orientieren sich an den Rollen, die die maßgeblichen Teilnehmer einer Ebene innehaben. Als Stufen, Ebenen oder auch als Rollen werden im Allgemeinen definiert:

---

[39] Vgl. u. a. Thaler (2007), S. 69
[40] Vgl. u. a. Hugos (2003), S. 23ff

■ **Kunden (Customers)**

Ein Kunde ist eine Person oder Institution, welche Güter oder Dienstleistungen gegen Bezahlung erwirbt. In der logistischen Betrachtung wird zwischen Kunden und Endkunden unterschieden.[41] Innerhalb des Netzwerkes kann die Kundenrolle (nicht Endkunde) von nahezu jedem Akteur eingenommen werden. Wenn er bspw. Produkte kauft, um sie in andere Produkte einzubauen, die dann wiederum an andere Kunden verkauft werden, hat dieser Akteur sowohl die Rolle des Kunden, als auch die Rolle des Lieferanten inne.

Endkunden kaufen und nutzen oder konsumieren Produkte und bilden damit das Ende der Wertschöpfungskette. Sie sind die ursprünglichen Bedarfsträger für die gesamte Kette. Die Endkunden vergleichen die Leistung unterschiedlicher Netzwerke und beurteilen diese in Form ihrer Kaufentscheidung. Üblicherweise gibt es eine Vielzahl von Endkunden, die über eine große Fläche verteilt sind. Endkunden sind immer Bestandteil von Wertschöpfungsnetzwerken.

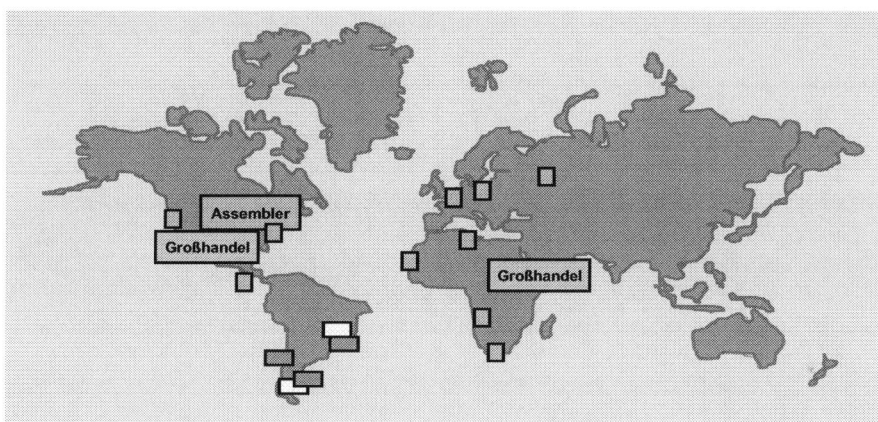

Beschaffungs- und Produktionsstrukturen   Handels- und Lieferstrukturen

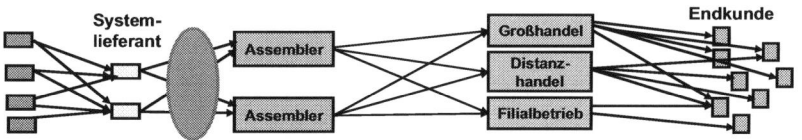

Abb. 2-1:   Struktur von Wertschöpfungsnetzwerken

■ **Handel (Retail / Wholesale / Distributors)**

Händler bevorraten sich mit Ware und verkaufen diese in kleineren Mengen an Kunden. Sie leisten damit im logistischen Sinne Aufgaben der Raumüberbrückung (durch die Verteilung zum Endkunden) sowie der Zeitüberbrückung (durch eigene Lagerhaltung). Zudem übernimmt der Handel Funktionen des Umschlags und der Bündelung von Waren. Er wählt aus dem Angebot der Hersteller ein bedarfsgerechtes Sortiment und stellt dieses den Endkunden zur Verfügung. Weitere Funktionen des Handels bestehen in Werbung und Information, Beratung und Service sowie der Finanzierung von Waren.

---

[41] Die Rolle des Endkunden wird bei Investitionsgütern durch „den Nutzer" wahrgenommen. Bei Konsumgütern ist dies der Konsument/Verbraucher.

In vielen Fällen sind mehrere Handelsstufen in einem Netzwerk vorhanden, wenn bspw. ein *Importeur* an den *Großhandel* liefert, der Großhändler an unterschiedliche *Einzelhändler* verkauft, welche wiederum die Endkunden beliefern. Dabei können die Handelsstufen aus unterschiedlichen, rechtlich selbständigen Unternehmen bestehen.[42] Der Handel muss allerdings nicht Bestandteil eines Wertschöpfungsnetzwerkes sein, der Vertrieb und die Distribution an den Endkunden können auch direkt durch den Hersteller der Waren erfolgen (z. B. im Maschinenbau). Je nach Art der Endprodukte haben sich typische Ausgestaltungen von Handelsstrukturen herausgebildet.

Bei der Abwicklung der logistischen Aufgaben des Handels (Raumüberbrückung, Zeitüberbrückung und Umschlag von Waren) ist eine zunehmende Einbindung logistischer Dienstleister erkennbar. Insbesondere beim sog. Distanzhandel, bei dem der Kaufvorgang weder persönlich am Standort des Käufers noch persönlich am Standort des Verkäufers stattfindet, sondern durch unpersönliche Kommunikationsmittel abgewickelt wird, übernehmen Dienstleistungsunternehmen die logistischen Aufgaben nahezu vollständig.[43] Neben dem Handel über das Internet (E-Commerce als Business–to–customer), zählen auch Telefonverkauf, Versandhandel und Teleshopping zu dieser schnell wachsenden Handelsform.

■ Hersteller (Manufacturers) / Lieferanten (Suppliers)

Hersteller sind Erzeuger von Gütern. Dabei wird im Sinne der Wertschöpfungskette zwischen den Enderzeugnissen und Rohmaterial bzw. (Zuliefer-) Teilen unterschieden. Enderzeugnisse sind für die Endkunden bestimmt und gehen nicht mehr direkt in weitere Produktionsprozesse ein. Auch Maschinen und Anlagen sind als Enderzeugnisse zu betrachten, da sie lediglich indirekt in die weitere Güterproduktion eingebunden sind. Rohstoffe oder (Zuliefer-) Teile sind für andere Hersteller bestimmt und gehen direkt in deren Herstellungsprozesse ein. Die Hersteller von Enderzeugnissen werden in vielen Branchen als sog. *Assembler* bezeichnet, da die Montage den wesentlichen Fertigungsschritt dieser Unternehmen darstellt. Die Fertigung der benötigten Komponenten ist dabei aus Kostengründen weitgehend auf Lieferanten übergegangen. Auch der Begriff *OEM* (Original Equipment Manufacturer) wird häufig gebraucht, wenn es sich um einen Hersteller von Enderzeugnissen handelt.

Die sog. *Zulieferer* produzieren Teile für die Hersteller der Enderzeugnisse. Die Zulieferer wiederum decken nicht die gesamte Wertschöpfung selbst ab sondern kaufen ihrerseits Rohstoffe oder Komponenten bei vorgelagerten Lieferanten ein, was zu mehrstufigen Zulieferstrukturen führt. Zulieferer sind in den Produktionsstrukturen eines Wertschöpfungsnetzwerkes daher sowohl Lieferanten als auch Kunden. Innerhalb dieser Zuliefernetzwerke[44] unterscheidet man in *1st tier Lieferanten*, *2nd tier Lieferanten* usw., was die Lieferbeziehung des jeweiligen Akteurs zum Assembler beschreibt. So ist ein Unternehmen, welches direkt an den Assembler liefert, ein 1st-tier Lieferant. Ein Unternehmen welches an einen 1st-tier Lieferanten liefert, wird als 2nd-tier Lieferant bezeichnet. Eine besondere Rolle als Zulieferer spielen die sog. *Systemlieferanten*. Sie liefern nicht nur einzelne Teile sondern komplette Baugruppen an die Assembler. Zu ihren Aufgaben gehören nicht nur die Fertigung, sondern auch die Entwicklung, Konstruktion und Dokumentation der gelieferten Systeme. Die unterste Stufe des Netzwerkes bilden die *Rohstofflieferanten*.

---

[42] Siehe Abschnitt 7.2
[43] Siehe Abschnitt 9.3.4.2
[44] In diesem Zusammenhang spricht man auch von Zulieferpyramiden.

■ **Dienstleister (Service Provider)**

Eine Dienstleistung kann als nichtmaterielle Leistung zur Befriedigung von Bedürfnissen definiert werden. Dienstleister in einem logistischen Wertschöpfungsnetzwerk sind Organisationen, die Dienstleistungen für Lieferanten, Hersteller, Handel oder Kunden anbieten und erbringen. Dabei handelt es sich vorwiegend um physische logistische Leistungen, wie Transport, Lagerung, Umschlag oder Sortierung. Aber auch andere logistische Tätigkeiten, wie Bestandsverwaltung, Bestandsplanung, Transportplanung bis hin zur Steuerung ganzer Netze werden von Dienstleistungsunternehmen angeboten. Innerhalb des Netzwerkes können die Leistungen eines Dienstleistungsunternehmens fallbezogen in Anspruch genommen werden, z. B. ein Seetransport für fünf Container von Hamburg nach Hong Kong. Die typische Einbindung erfolgt jedoch in systematischer und regelmäßiger Form durch die Vereinbarung von Rahmenkontrakten, z. B. der Versand eines Internethändlers zu Endkunden stets mit dem gleichen Paketdienstleister.

Logistische Dienstleister können entlang des gesamten Netzwerkes zum Einsatz kommen. In vielen Fällen werden nicht nur Leistungen zwischen den Akteuren durch Dienstleister wahrgenommen, sondern auch Leistungen innerhalb einer Wertschöpfungsstufe, wie bspw. der Betrieb des Rohstofflagers auf dem eigenen Betriebsgelände durch einen Spediteur.

Neben logistischen Leistungen werden in zunehmendem Maße auch weitere Dienstleistungen in Wertschöpfungsnetzwerke systematisch integriert. Eine besondere Rolle spielen dabei IT-Dienstleistungen sowie Finanzdienstleistungen wie Kreditvergabe, Leasing-Konzepte oder Inkassodienstleistungen, die den Endkunden gemeinsam mit den physischen Produkten angeboten werden. Weitere Dienstleistungen betreffen die Marktforschung, Entwicklung und Konstruktion, Rechtsberatung und Personaldienstleistungen.

2.2.2 Steuerungsprinzipien (Push-/Pull-Prinzip)

Das Steuerungsprinzip unterscheidet die prinzipiellen Koordinationsmöglichkeiten zwischen den Akteuren über die gesamte Wertschöpfungsstufen (z. B. Teilehersteller und Systemlieferant). Gleichzeitig finden diese Prinzipien auch Anwendung innerhalb der Wertschöpfung eines Akteurs (z. B. zur Koordination zwischen Montage und Fertigung, einzelnen Werkstätten oder Maschinengruppen bei einem Hersteller).

■ Beim **Push-Prinzip** (Schiebe-Prinzip) wird gemäß **Abb. 2-2** eine Planung für alle an der Wertschöpfung beteiligten Akteure erstellt und durch diese abgearbeitet. Aus theoretischer Sicht würden damit stets zur richtigen Zeit die benötigten Mengen an die nächste Stufe geliefert werden. In der Praxis hat sich jedoch gezeigt, dass durch Störungen, Fehlplanungen oder Planänderungen diese Art der Koordination nicht gut funktioniert. Handelt es sich um eine Wertschöpfungskette ohne zentrale Planung, so würde nach dem Push-Prinzip jeder Akteur separat auf Basis von Prognosen planen. Er würde der nachfolgenden Stufe diejenigen Mengen zur Verfügung stellen, von denen er in der Vergangenheit glaubte, dass sie jetzt benötigt werden. Die Anpassungsfähigkeit des Netzwerkes an Bedarfsschwankungen der Endkunden ist bei dieser Art der Koordination oft unzureichend.

■ Beim **Pull-Prinzip** (Zieh-Prinzip) erfolgt die Koordination durch die Bedarfe der nachfolgenden Wertschöpfungsstufe. Die Fertigung/Nachschublieferung wird erst angestoßen, wenn der genaue Bedarf der nachfolgenden Stufe vorliegt. Das Pull-Prinzip beinhaltet üblicherweise kleine Lagerbestände auf jeder Stufe, um geringe Durchlaufzeiten zu gewährleisten. Die Reaktionsfähigkeit auf Nachfrageschwankungen kann bei Anwendung des Pull-Prinzips sehr hoch sein. Es müssen allerdings Voraussetzungen, wie geringe Transportzeiten, schnelle Informationsweiterleitung und Produktionsflexibilität vorhanden sein.

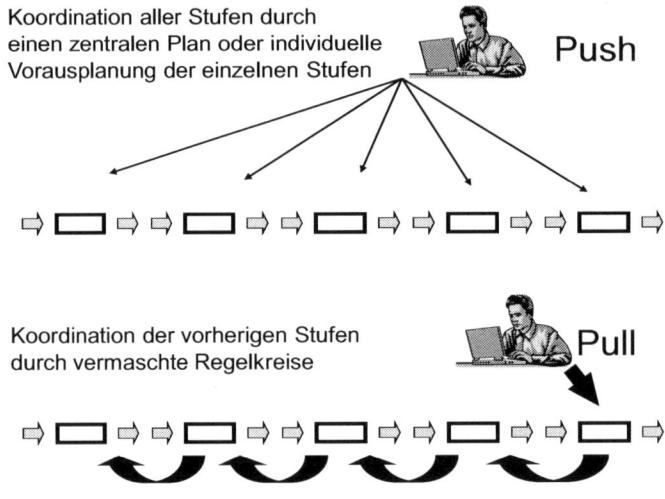

Abb. 2-2:   Steuerungsprinzip „Push"- bzw. „Pull"-Prinzip

In der betrieblichen Praxis können diese Koordinationsprinzipien innerhalb eines Netzwerkes kombiniert werden. Ein Hersteller pharmazeutischer Erzeugnisse beliefert bspw. seine landesspezifischen Niederlassungen nach dem Push-Prinzip. Die Bestände der jeweiligen Niederlassung werden zentral kontrolliert und in Form des „Vendor Managed Inventory" (VMI) von der Zentrale verwaltet und verantwortet. Die Beschaffung von Packmaterialien für die pharmazeutische Fertigung könnte dem gegenüber nach dem Pull-Prinzip durch kurzfristige Lieferungen eines regionalen Lieferanten erfolgen.

2.2.3 Art der Auftragsauslösung: Produktionstypologie

Die Art der Auftragsauslösung (mit bzw. ohne Kundenauftragsbezug) bestimmt die Lage des sog. *Kundenauftragsentkopplungspunktes* (CODP – Customer Order Decoupling Point oder OPP - Order penetrationPoint) und legt damit die sog. Bevorratungsebene fest. Die sich ergebenden Situationen werden grundlegenden Prinzipien zugeordnet, den Produktionstypen (siehe **Abb. 2-3**):

■ **Kundenspezifische Auftragsfertigung / Engineer-to-Order (ETO)**
Bei der kundenspezifischen Auftragsfertigung wird die genaue Ausgestaltung (Spezifikation) des gesamten Produktes erst bei Auftragserteilung durch den Kunden vorgenommen. Den auftragsspezifischen Produktionsvorgängen ist bei jedem Auftrag noch ein Entwicklungsprozess vorgeschaltet. Dabei müssen die genauen Anforderungen des Produktes geklärt werden (Anforderungsmanagement, technische Auftragsklärung), es erfolgt die Entwicklung, die Konstruktion sowie die Arbeitsvorbereitung. Die Fertigungsunterlagen, wie Arbeitsplan und Materialliste (Stückliste), müssen für jeden Auftrag neu erstellt bzw. geändert werden. Diese Ausgangssituation findet man bspw. beim Maschinen- und Anlagenbau. Da es sich überwiegend um sehr komplexe Produkte handelt und der Entwicklungsprozess zur Auftragsabwicklung gehört, werden diese

Aufträge meist in Projektform abgewickelt. Auch bei der kundenspezifischen Auftragsfertigung können Standardkomponenten bereits auftragsneutral auf Lager vorgefertigt werden, um bei der auftragsspezifischen Fertigung der Endprodukte die Durchlaufzeiten zu verringern.

■ **Auftragsfertigung / Make-to-Order (MTO)**
Die Auftragsfertigung ist eine Produktion auf Kundenauftrag. Ein Bedarf der nachfolgenden Wertschöpfungsstufe bzw. der Endkunden löst direkt einen Produktionsauftrag aus. Die produzierte Menge entspricht dabei der nachgefragten Menge und kann erst nach dem Produktionsdurchlauf geliefert werden. Der Vorteil liegt dabei in den geringen Kosten für die Lagerbestände, nachteilig sind die relativ langen Liefer- und Durchlaufzeiten. Bei dieser Form der Auftragsauslösung steht die Ausgestaltung des Produktes bzw. deren Gestaltungsmöglichkeit als Varianten schon vor der Auftragserteilung fest. Zeichnungen, Materiallisten und Arbeitspläne liegen bereits vor. Hinsichtlich der Planung und Koordination ist insbesondere die Fertigungsplanung bei guter Kapazitätsauslastung und akzeptablen Durchlaufzeiten sehr schwierig. Auch die Daten für den Einkauf liegen erst kurzfristig vor, die reibungslose Zusammenarbeit mit den Lieferanten ist eine Voraussetzung für ein zeitnahes Reagieren auf Kundenwünsche.

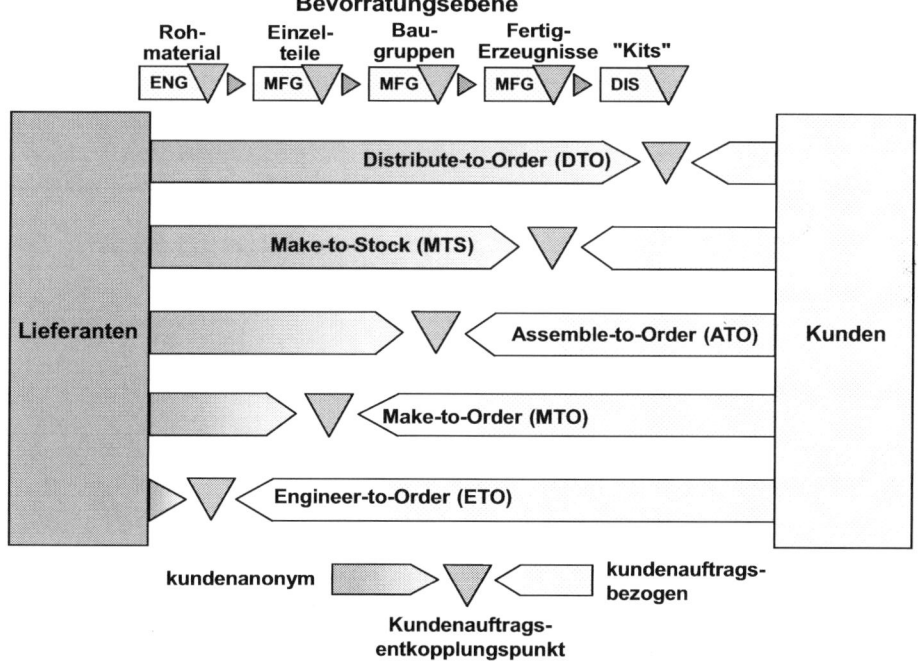

Abb. 2-3:   Produktionstypologien

■ **Variantenspezifische Montage / Assemble-to-Order (ATO)**
Das Prinzip der Variantenfertigung entspricht bzgl. der Endmontage der Erzeugnisse der Auftragsfertigung, denn diese wird auftragsbezogen durchgeführt. Teile oder Baugruppen, welche in verschiedene Endprodukte eingehen, werden jedoch bereits auftragsneutral auf Lager vorproduziert. Dieses Prinzip unterstützt die sogenannte Postponement-Strategie (teilweise auch als Produkt-Postponement bezeichnet), ein

Erzeugnis möglichst spät innerhalb der Wertschöpfungskette kundenspezifisch auszuprägen.[45]

- ◼ **Lagerfertigung / Make-to-Stock (MTS)**
  Bei der Lagerfertigung wird der Bedarf der nachfolgenden Wertschöpfungsstufe bzw. der Endkunden durch Lieferungen aus dem Lagerbestand bedient. Durch die Lieferungen wird der aktuelle Lagerbestand vermindert, bis ein vorher definierter Bestand, der sog. Meldebestand, erreicht ist. Diese Bestandshöhe ist der Auslöser für die Fertigung von Gütern, welche die Bestände wieder auffüllen. Der Vorteil der hohen Lieferbereitschaft wird durch Kosten für Lagerbestände erkauft. Um bei dieser Form der Auftrags- bzw. Nachschubauslösung günstig produzieren und einkaufen zu können, sind im Vorfeld umfangreiche logistische Planungen notwendig. Zunächst wird aus den Erfahrungen der Vergangenheit ein Absatzprogramm geplant. Daraus leiten sich die Einkaufsbedarfe und die geplanten Fertigungsaufträge zunächst auftragsneutral ab. Ein konkreter Auftrag wird erst durch das Erreichen des Meldebestandes erzeugt. Die Lagerfertigung ist nicht möglich, wenn die konkrete Ausgestaltung der Produkte erst durch den Kundenauftrag festgelegt wird, wie bspw. im Schiffsbau.

- ◼ **Mischtypen (Hybrid)**
  In der Praxis ist es häufig sinnvoll, verschiedene Produktionstypen miteinander zu kombinieren, woraus sich diverse Mischtypen ergeben. So werden z. B. auch bei MTS/ATO wichtige, kostenintensive oder ggf. kundenspezifische Baugruppen nur mit konkretem Auftragsbezug gefertigt („auf Auftrag"). Andererseits werden auch bei MTO/ETO häufig verwendete Teile in Losen gefertigt („anonym").

2.3 Planen und Betreiben von Wertschöpfungsnetzwerken (Supply Chain Planning / Supply Chain Operation)

In der betriebswirtschaftlichen Literatur ist der Begriff „Planen" weitgehend deckungsgleich, aber doch mit spezifischen Akzentuierungen, definiert. Den Definitionen gemeinsam ist die Idee der „gedanklichen Vorwegnahme" – Unterschiede bestehen z. B. darin, ob neutral ein „Handeln" oder ein „günstiges Entscheiden" als Konsequenz der Planung angeführt werden:

„Planung ist ein rationaler Prozess der gedanklichen Vorwegnahme möglichen zukünftigen Geschehens, wie es unter dem Einfluss allgemeiner Entwicklungen (passives Moment der Erwartung) und deren Beeinflussung durch eigenes unternehmerisches Handeln (aktives Moment der Erwartung) angestrebt wird und zu erwarten ist."[46]

„Planung ist die gedankliche Vorwegnahme zukünftigen Handelns durch Abwägen verschiedenen Handlungsalternativen und Entscheidung für den günstigsten Weg. Planung bedeutet also das Treffen von Entscheidungen, die in die Zukunft gerichtet sind und durch die der betriebswirtschaftliche Prozessablauf als Ganzes und in allen seinen Teilen festgelegt wird."[47]

Planung ist also das Vorausdenken zukünftiger Handlungen und Entscheidungen und deren Ausrichtung auf ein vorgegebenes Ziel. Hier vorrangig die Planung zukünftiger, vorhandener sowie anstehender Kundenwünsche – konkretisiert in Aufträgen. Damit

---

[45]   Daneben wird der Begriff Postponement auch im Bereich der Distribution verwendet und steht dort für die möglichst späte Verteilung von Erzeugnissen auf nachgeordnete Lagerstrukturen.

[46]   Hax zitiert nach Jacob (1990), S. 148

[47]   Wöhe (1986), S. 125

werden die Abläufe zur Vorbereitung und zum Vollzug der Produktion vorausgedacht und im Einzelnen festgelegt (Sukzessivplanung).

Die arbeitstägliche Auftragsabwicklung folgt den – unter Punkt 1.4.1 angegebenen – Zielen und Zielbeziehungen: Hohe Termintreue, hohe Auslastung, geringe Bestände und kurze Durchlaufzeiten. Der Einfluss von - zufallsbedingten - Störgrößen[48] und veränderten Randbedingungen führen zu ständigen Anpassungszwängen der Verhältnisse und Entscheidungsgrundlagen, so dass in der Praxis Entscheidungen situationsbedingt revidiert und angepasst werden müssen, um die vorgegebenen Ziele - trotz Störungen - zu erreichen. Der Willensbildung (Planung) folgt die Willensdurchsetzung durch aktives Beeinflussen der geplanten und ablaufenden Prozesse[49].

Betriebswirtschaftliche Planung, Steuerung und Kontrolle sind technischen Regelkreisen vergleichbar: Zielvorgabe und Vorausdenken zukünftig ablaufender (Geschäfts-)Prozesse genügt nicht, um die angestrebten Ziele zu erreichen. Vorgabe-Daten müssen permanent mit der tatsächlichen Entwicklung (Ist-Daten) verglichen und zielorientierte Reaktionen abgeleitet und umgesetzt werden (siehe **Abb. 2-4**).

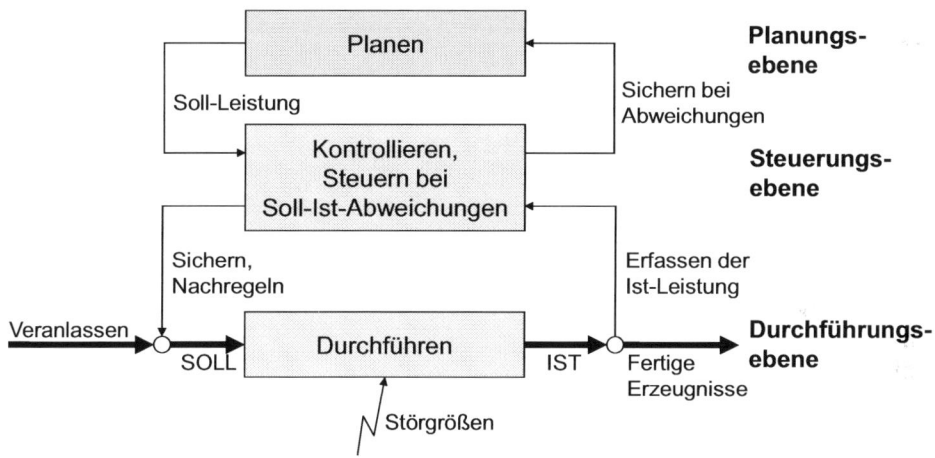

Abb. 2-4: **Betriebswirtschaftliches Regelkreismodell**

Planung beruht auf zukunftsorientierten Informationen, die in allen Phasen gewonnen, verarbeitet und weitergegeben werden müssen. Die Planung der Fertigungsabläufe (Prozessplanung) vollzieht sich in dem von der strategischen Planung vorgegebenen Rahmen - beispielsweise der investierten Fertigungs- und Materialflusseinrichtungen, der festgelegten Eigen- oder Fremdfertigung und der gegebenen Standorte. Produktionsplanung umfasst alle Entscheidungen und Handlungen, um ein vorgegebenes Fertigungsprogramm (vorhandene Kundenaufträge oder Eigenfertigungsvorgaben) in den erforderlichen Teilschritten und Abläufen durch die installierten logistischen Systeme zu fertigen Produkten zu machen. Dies beinhaltet Entscheidungen über Losgrößen, die Auswahl und Belegung der bestgeeigneten Maschinen, Wahl der besten Bearbeitungsreihenfolge u. a.

---

[48] Planung wird in der improvisationsorientierten Praxis gelegentlich belächelt und führt zu Praktiker-Aussagen: „Planung ist die Ersetzung des Irrtums durch den Zufall!" oder „Je präziser die Planung - desto härter trifft der Zufall!"

[49] Das Denken in Regelkreisen entspricht dem Grundgedanken des Controllings als kybernetisch koordinierendes Steuern und Beeinflussen der betrieblichen Abläufe

2.4 Praktische Ausgestaltung von Wertschöpfungsnetzwerken

Die Volkswirtschaften der Industrieländer sind geprägt durch Arbeitsteilung; hierzu haben die Branchenorientierung und die Spezialisierung beigetragen. Hinzu kommen veränderte Philosophien und Strukturen - etwa die Ideen des „Lean Management", des Abbaus der Fertigungstiefe oder der Globalisierung der Märkte. Logistik in einer prozessorientierten Betrachtungsweise muss für Reorganisation/Restrukturierung der Zuliefer-, Produktions-, Absatz- und Entsorgungssysteme Lösungen erarbeiten, die die Versorgungs- und Zuliefersicherheit - trotz vergrößerter Risiken - gewährleisten und die möglichen Kostenvorteile für die kundenorientierten Märkte realisieren.

Die Strukturveränderungen beziehen sich auf alle Bereiche der Unternehmen. Die Bedienung weltweiter Märkte ist im Allgemeinen aus den Ursprungsländern, deren Absatzvolumina nicht zu erweitern sind, nicht zu leisten. Durch die Globalisierung werden nationale und kulturelle Grenzen überschritten. Die für die Ausweitung der Marktpräsenz erforderliche Größe lässt sich durch Investitionen in dezentrale - ausländische – Produktionsstandorte oder durch länderübergreifende Zukäufe, Übernahmen oder Fusionen erreichen. Die realisierbaren Größenvorteile (Economies of Scale) sichern die Wettbewerbs- und Überlebensfähigkeit der Unternehmen. Es entstehen neue Liefer- und Produktionsverbunde mit veränderten Materialflüssen durch Zulieferungen aus Drittländern, CKD-/SKD- Konzepten (completely/semi knocked down) - ihre Entstehung wird ermöglicht oder beschleunigt durch weltweite Kommunikationsplattformen. Die Präsenz in anderen Wirtschaftsgebieten (Nafta-, Apec-, Mercosur-Märkten) überwindet Markteintritts- bzw. Handelsbarrieren, vermindert das Währungsrisiko und integriert örtliche Wertschöpfungsleistungen (Local Content). Für andere Märkte spezifizierte Produkte lassen sich nach Deutschland und andere Länder überführen. Beispiele sind aus der Automobilindustrie bekannt - Herstellung der M-Klasse durch DaimlerChrysler, der BMW-Roadster (Z3, Z8), des BMW-Allradlers (X5) in USA oder des „New Beetle" (VW) in Mexiko[50]. Den erreichbaren Vorteilen stehen Risiken durch andere, insbesondere unbekannte, Mentalitäten und Verhaltensweisen der Kooperationspartner und die Risiken schwer abschätzbarer wirtschaftlicher und politischer Entwicklungen - aber auch verlängerter externer Materialflüsse - gegenüber.

Die Gründe, insbesondere Zulieferleistungen mit zunehmender Tendenz auch aus dem Ausland zu beziehen, liegen in den niedrigeren Arbeitskosten, der wettbewerbsfähigen Qualität der Lieferländer und dem besseren Währungsausgleich für dort erzielte Umsätze. Die Risiken liegen in den gestiegenen Anforderungen der Produkthaftung (Produkthaftungsgesetz (PHG) vom 1. Januar 1990), der Sachmängelhaftung beim Verbrauchsgüterkauf (nach der Neufassung des BGB-Schuldrechts ab 1. Januar 2002) und den möglichen Störungen der Versorgungssicherheit durch individuelle Unzuverlässigkeiten, politische Störgrößen, Lieferverzögerungen oder Mengenabweichungen. Diese können durch ein Risiko-Management oder Sicherungsstrategien beherrschbar gemacht werden, was jedoch i.d.R. die Kosten erhöht.

Die - weltweite - Suche nach externen Marktpartnern für die Zulieferung bestimmter Teilleistungen oder Funktionen eines Unternehmens wird allgemein mit dem Begriff (Global) Sourcing (siehe Punkt 5.2.2.3) belegt; die intensive Suche nach geeigneten Zulieferanten bedingt ein sog. Reverse Marketing. Eine abweichende Tendenz ist in der Regionalisierung

---

[50] Hierzu gehören auch aufwendige Transportverbindungen für große Bauteile. Ein Beispiel ist die logistische Verknüpfung der Standorte der AIRBUS INDUSTRIES durch den "Beluga" oder Schiffs-bzw. Straßentransporte für den A380

der Marktpartner zu sehen, wobei die Zulieferbetriebe die Nähe der abnehmenden Betriebe (Assembler) - auch ausländischer Montage-Betriebsstätten - suchen. Außerdem werden dort leistungsfähige lokale Zulieferer zu Lasten europäischer Konkurrenten genutzt.

Die Arbeitsteilung zwischen Hersteller- und Abnehmerunternehmen ist weltweit bei zunehmender Komplexität der Verflechtungen verstärktem Wettbewerbsdruck ausgesetzt. Die Bildung von logistischen Verbundsystemen wird zu einem entscheidenden Wettbewerbsfaktor bei dem Streben nach Marktanteilen, weltweiter Präsenz und Kostenführerschaft. Dies bedingt die Einbeziehung logistischer Dienstleister und erfordert die Nutzung aller Rationalisierungsreserven, Integrationen und strategischer Allianzen - sowohl vertikal[51] zwischen Zulieferern und Abnehmern als auch horizontal als Kooperation potentieller Konkurrenten. Die Verbundsysteme werden unterstützt durch informationstechnische Vernetzungen, die zeitnahe Reaktionen und Kontrolltätigkeiten für Kosten, Mengen, Qualitäten oder Termine erlauben. Höher integrierte Netzwerke - mit der Tendenz zur Einquellenbelieferung (Single Sourcing) - führen zu Kooperationen von Forschungs- und Entwicklungsbereichen, gemeinsamen (Teil-)Produkten, gleichen Distributionswegen und Serviceangeboten. Das Ausschöpfen aller logistischer Möglichkeiten und das Schaffen ganzheitlicher Konzepte bedeutet, dass nicht mehr einzelne Unternehmen sondern ganze Wertschöpfungsverbunde miteinander um die Abnehmer konkurrieren. Konventionelle Konzepte der Anbindung von Zulieferern, Integration von logistischen Dienstleistern und Abnehmern werden ersetzt durch ein Management komplexer - weltweiter - Logistiknetze - sie verbinden Zulieferer, Dienstleister, Assembler (Abnehmer) und Distributionspartner und erschließen Kostensenkungspotentiale in allen Prozessbereichen. Diese - im Allgemeinen - langfristig angelegten Verbunde sind strategische Netzwerke und über die Dauer der Zusammenarbeit recht stabil. Größenvorteile werden ergänzt durch Vorteile der Verbunde (Economies of Scope). Erfolgreiche Wertschöpfungsnetzwerke sind schwer imitierbar, das Know-how des Netzwerks ist ein strategischer Wettbewerbsvorteil. Im Sinne einer ökologieorientierten Unternehmensführung sollte bedacht werden, dass globale Wege der Materialflüsse die Umwelt belasten, und die verursachergerechte Rückführung weltweit vertriebener Produkte Schwierigkeiten für eine Kreislaufwirtschaft bedeutet.

2.5 Logistik-Controlling

2.5.1 Betriebswirtschaftliche Grundlagen

Betriebswirtschaftliches Controlling[52] ist ein Instrument der Unternehmensleitung, dient der Erarbeitung von Vorgabewerten zur langfristigen Unternehmenssicherung, setzt die Vorgaben in konkrete Maßnahmen und kurzfristige Planungsschritte um und sichert die Planung bei Abweichungen von Teilzielen ab. Das Controlling unterstützt die Unternehmensleitung bei der Verfolgung der Unternehmensziele. Das sind vorrangig Kosten-, Vermögens- und Finanzziele, aber auch nicht-monetäre Ziele wie Service, Flexibilität,

---

[51] *Vertikale* Kooperation ist die Zusammenarbeit von Unternehmen, die in der Verarbeitungs-/ Veredelungs- oder Handelsstufe aufeinander folgen. *Horizontale* Kooperation ist die Verbindung von Unternehmen gleicher Veredelungs- oder Handelsstufen. *Diagonale* Kooperation ist die Zusammenarbeit von Unternehmen unterschiedlicher Branchenherkunft.

[52] Der englische Begriff "to control" bedeutet: beaufsichtigen, beherrschen, überwachen, (nach-) prüfen, führen, lenken, regeln und steuern. Controlling ist damit ein kybernetisch koordinierendes Steuern und Beeinflussen der betrieblichen Abläufe durch Unterstützung der Führungsebenen mit führungsrelevanten Informationen und Rechnungen - nicht Kontrolle.

Durchlaufzeiten und Termintreue. Das Controlling dient der Wahrnehmung von Planungs-, Kontroll- und Informationsaufgaben im Rahmen gegebener Entscheidungsprobleme in den verschiedenen Führungsebenen eines Unternehmens und unterschiedlichen Zeithorizonten. Bei der Durchführung der erforderlichen Aufgaben stützt sich das Controlling im Allgemeinen auf die Instrumente des Rechnungswesens und andere quantitative Planungs- und Kontrollinstrumente (Potentialanalysen, ABC-Analysen, Wertanalysen u. a.). Es unterstützt die Entwicklung und Pflege der Planungs- und Kontrollsysteme und steht den Führungsebenen mit den Erkenntnissen über die quantitativen Zusammenhänge beratend und koordinierend zur Verfügung (Servicefunktion).

In dezentral und arbeitsteilig organisierten Unternehmen ist auch das Controlling aufgabenorientiert aufgebaut und zugeordnet (funktionales Controlling). Die einzelnen Bereiche sind Bestandteil eines unternehmensweiten Gesamt-Controllings, in dessen Rahmen die Teilbereiche ihren Beitrag leisten. Dabei haben sie eigenen Spielraum für Planung, Kontrolle und Informationen, entwickeln eigene Instrumente zur Beurteilung von Strategie- und Handlungsalternativen und begründen eigenständig die bereichsorientierten Entscheidungen. Die dezentralen Bereiche sind jedoch hierarchisch in das gesamte Führungssystem eingebunden, so dass ein integriertes, kybernetisches Regelkreissystem entsteht.

Mit der Zunahme des Umfangs und des Stellenwertes der Logistik als bereichs- und aufgabenübergreifende Funktion, ihrer Prozessorientierung, ihrer technischen Ausstattung und Kapitalbindung sowie ihres Beitrages zum Zielsystem des Unternehmens (Gewinn-erzielung bzw. Kosteneinsparung) muss die Frage nach einem geeigneten Logistik-Controlling und nach dessen Stellung innerhalb des gesamten Unternehmens-Controllings und seinen Instrumenten gestellt werden. Durch die Veränderung der Arbeitsteilung im Betrieb selbst (Arbeits- und Fertigungsstrukturierung) und mit ausgewählten Lieferanten und Dienstleistern in Wertschöpfungsnetzwerken (Verringerung der Fertigungstiefe) werden Fertigungskosten auf die Material- und Logistikkosten (Gemeinkosten) verlagert. Die Wirkungen der erreichten Rationalisierungen und realisierten Potentiale logistischer Vorgänge (logistical transactions) würde ohne ein Logistik-Controlling in den Gemein-kosten untergehen. Hinzu kommt die aufwändige technische Ausstattung der logistischen Bereiche mit erhöhtem Planungs- und Steuerungsbedarf. Die Vorteilhaftigkeit von Umstrukturierungsmaßnahmen in den logistischen Abläufen und Strukturen muss mit den Instrumenten des Logistik-Controllings nachgewiesen werden.

Aufgabe eines Logistik-Controllings muss es sein, die für das Erreichen logistischer Ziel-setzungen aufzuwendenden Kosten und Leistungen transparent zu machen sowie Kosten-verhalten, Beeinflussbarkeit und Zurechnungsmöglichkeiten aufzuzeigen.

Logistik-Controlling ist ein Informations- und Führungsinstrument, das für die Gestaltung des Logistik-Bereiches und für die prozessbegleitenden Entscheidungen Ziele formuliert sowie Instrumente und Informationen bereitstellt, um die logistischen Systeme und Abläufe zu optimieren und die Zielerreichung kostenmäßig zu überprüfen. Es ist im Rahmen des Gesamtsystems eigenständig und kann dezentral organisiert sein. Es bezieht sich:

- ▪ auf den **Prozess** - zur Umsetzung der Logistik-Strategien mit Auswirkungen auf das Anlagevermögen, das Umlaufvermögen und die Logistik-Kosten (Prozesscontrolling);
- ▪ auf die **Funktion** - zur Umsetzung prozessorientierter Maßnahmen in die Aufbau-organisation der logistischen Bereiche und die kostenwirksame Realisierung der logistischen Maßnahmen (Funktionscontrolling);

- auf das **Produkt** - zur verursachungsgerechten Zuordnung der Logistik-Kosten zu den Produkten und der Produktdifferenzierung auf der Grundlage der Logistik-Kosten (z. B. kostenkritische Varianten).

Das Logistik-Controlling hat eine strategische und eine operative Dimension:

- Das **strategische** Logistik-Controlling unterstützt die Struktur-, Gestaltungs- und Anpassungsaufgaben im logistischen Bereich, um mögliche Erfolgspotentiale aufzuzeigen.
- Das **operative** Logistik-Controlling dient der operativen Führung zur Ergebniserhöhung (laufende Verbesserung des Prozessverhaltens) und bedient sich instrumental des betrieblichen Rechnungswesens, eigener Kosten- und Erlösrechnungen[53], Kennzahlenrechnungen oder Sonderrechnungen der Planung.

Das Logistik-Controlling hat letztlich die Aufgabe, Kostentreiber in allen Bereichen zu identifizieren und Maßnahmen zu entwickeln, um komplexe Prozesse, variantenreiche Produkte bzw. Produkt-/Prozesskosten zu optimieren.

2.5.2 Kennzahlen / Kennzahlensysteme

Das Logistik-Controlling kann die Nachweise logistischer Aktivitäten beispielsweise mit Hilfe von Kennzahlen darstellen. Kennzahlen sind betrieblich relevante, numerische Informationen, die in neutraler, konzentrierter und zum Teil abstrakter Form komplexe, quantitativ und qualitativ erfassbare Tatbestände ausdrücken (VDI). Betriebswirtschaftliche Inhalte werden im Allgemeinen in monetären Kennzahlen formuliert, aber auch nicht-monetäre Kennzahlen[54] können qualitative Zusammenhänge, etwa Produktivitäten, abbilden. Betriebliche Kennzahlen und Kennzahlensysteme erhalten ihre Informationen aus dem betrieblichen Zahlenwerk, beispielsweise dem Rechnungswesen. Nicht-monetäre Kennzahlen bieten gegenüber den eigenständigen Kosten- und Erlösrechnungen schwächere Informationen. Sie können aber als Indikatoren mögliche Schwachstellen, Tendenzen und Risiken aufzeigen, wo Kosten- und Erlösrechnungen keine Aussagen liefern oder zu aufwändig sind. Kennzahlen bilden die Basis für Management-Informations-Systeme und werden als das „Cockpit des Managers" charakterisiert[55]. Sie sind ausgewogen auf das gesamte logistische Umfeld zu fokussieren (Balanced Scorecard) und sind Grundlage für das Benchmarking.[56]

Logistische Kennzahlen können eingeteilt werden in:

- **Bestandskennzahlen, z. B.:**

Verfügbarer Lagerbestand =Vorhandener Bestand
+ Bestellbestand
– Reservierungsbestand

---

[53] Eine logistische Erlösrechnung wird lediglich von Unternehmen betrieben, welche logistische Leistungen gegenüber dritten anbieten. Die Berechnung der innerbetrieblichen Leistungen erfolgt im Rahmen der Logistik-Kostenrechnung.

[54] Nicht-quantifizierbare Informationen werden hier vernachlässigt.

[55] Vgl. auch: Führungs-Informations-Systeme (FIS), Executive-Informations-Systeme (EIS), Decision-Support-Systems (DSS), u. a., siehe Abschnitt 10.4.3

[56] Kennzahlen sind Voraussetzung für die Anwendung des Benchmarking - Orientierung am (Branchen-) "Klassenbesten" als strategisches Steuerungs- und Kontrollinstrument (Best-Practice) zur Positionsbestimmung der eigenen Leistungsfähigkeit am Markt (s. VDI 4402). Vgl. hierzu VDI 4400 und 4402

$$Umschlaghäufigkeit = \frac{mittlerer \; Bestand \; der \; Periode}{Umsatz}$$

■ **Kosten-/Finanzkennzahlen, z. B.:**

$$Kosten \, der \, Bevorratung = Lagerungskosten$$
$$+ \, Lagerhaltungskosten$$
$$+ \, Fehlmengenkosten$$

$$Cash-to-cash-cycle-time = Zeitspanne \; von \; der \; Zahlung \; an \; den \; Lieferanten$$
$$bis \; zur \; Umwandlung \; in \; Einnahmen \; durch \, Verkauf$$
$$an \; die \; Kunden$$

■ **Prozesskennzahlen, z. B.:**

$$Time-to-market = Zeitspanne \; von \; der \; ersten \; Produktidee \; und \; der$$
$$Entwicklung \; des \; Produktes \; bis \; zur \; Marktreife$$

$$Prozessqualität = Parts \; per \; Million \; Fehlerquote$$

Der Fokus von Kennzahlen sollte das Ziel der langfristigen Existenzsicherung berücksichtigen und nicht nur auf der kurzfristigen Gewinnmaximierung liegen. Eine weitere Gefahr bei der Arbeit mit Kennzahlen liegt in der Anzahl der gelieferten Werte. Zu viele Kennzahlen können das Management überlasten und führen lediglich zu „Zahlenfriedhöfen".[57] Jede verwendete Kennzahl muss eindeutig beschrieben werden. Dies geschieht mit einem Kennzahlenblatt, in dem das Ziel, die Beschreibung, die Datenherkunft, die Messfrequenz sowie die Berechnungsvorschrift der Kennzahl eindeutig dokumentiert sind.

Die Effizienzmessung logistischer Gesamt- und Teilsysteme erfordert eine vollständige und systematische Erfassung aller Bereiche in Einzelkennzahlen. Sie sind zusammengefasst in Kennzahlensystemen und dienen als Planungs-/Steuerungsinstrument, aber auch für Analyse-/Kontroll-Aufgaben für logistische (Einzel-)Maßnahmen. Spitzenkennzahlen stehen hierbei an der Spitze von Kennzahlensystemen und haben damit eine höhere aggregierte Aussagefähigkeit als Kennzahlen auf einer unteren Hierarchieebene. Als Beispiel kann hier die bereits unter Abschnitt 1.4.3 genannte ROI-Kennzahl (Return on Investment) genannt werden, deren Höhe durch die Reduzierung der Bestände von Anlagevermögen (Abbau von Fertigungstiefe) und Umlaufvermögen (Reduzierung von Materialbeständen – unternehmensübergreifend in der gesamten Versorgungskette) und Abbau der Auftrags- und Materialdurchlaufzeiten beeinflusst wird.

Ein weiteres logistisches Beispiel ist der „Lieferservice„ zur Beurteilung der Kundenorientierung. Das Ziel der Erhöhung des Lieferservices wird unterstützt durch quantifizierbare Anteile, z. B. Lieferbereitschaftsgrad, Lieferzeit, Lieferqualität und nicht quantifizierbare Anteile, z. B. Auskunftsbereitschaft, Freundlichkeit, Sachkompetenz u. a.

Hierbei müssen die komplexen Zusammenhänge und interdependenten Beziehungen der Einzelkennzahlen untereinander und im Verhältnis zur Spitzenkennzahl beachtet werden, die sich zudem durch die unterschiedlichen Entscheidungshorizonte und zeitlichen Wirkungen der Einzelmaßnahmen unterscheiden. Tendenzen von Wirkungen lassen sich in Zeitreihen einzeln und ganzheitlich darstellen, um Schlüsse und Maßnahmen abzuleiten.

---

[57] Vgl. Weber, Wallenburg (2010), S. 332f

Der ZVEI (Zentralverband der Elektrotechnischen Industrie e. V.) schlägt für die logistischen Tätigkeitsfelder des Unternehmens folgendes Kennzahlen-System vor: [58]

- **Kosten-Kennzahlen** zur Darstellung der Kosten je Kostenstelle im Verhältnis zu den dort jeweils zu erbringenden Leistungseinheiten (z. B. Zahl der Vorgänge, Flächen, Volumina, Mengen);
- **Leistungs-Kennzahlen** zur Ermittlung der Produktivität der Mitarbeiter oder der technischen Einrichtungen;
- **Administrative Kennzahlen** zur Gegenüberstellung von den in den Bereichen abgewickelten Vorgängen.

2.5.3 Aufbau einer Logistik-Kostenrechnung

Ein wichtiges Instrument zum Nachweis logistischer Leistungsfähigkeit und der Rationalisierungsbeiträge der Logistik zum Unternehmensergebnis ist das betriebliche Rechnungswesen. Die Berechnung logistischer Leistungen liefert dabei nicht nur Anregungsinformationen für Prozessverbesserungen, sondern dient auch zur Planung und Budgetierung von Logistikbereichen, zur Fundierung von Logistikentscheidungen, zur Kontrolle von Logistikaktivitäten und ist die Basis für eine Bildung von Verrechnungspreisen. [59] Logistische Leistungen sind Zurechnungsmöglichkeiten von logistischen Kosten und bestimmen wesentlich Form und Inhalt einer logistischen Kostenrechnung. Sie können unterteilt werden in:

- **Transportleistungen** - Überwindung von räumlichen Distanzen/Disparitäten von Gütern über größere Strecken ohne Veränderung der Stoffeigenschaften. [60]
- **Lagerleistungen** - Überwindung/Überbrückung von Zeitdisparitäten ohne Veränderung der Stoffeigenschaften. [61]
- **Planung und Steuerung** des Material- und Warenflusses - Vorleistungen für das Erbringen operativer Leistungen.

Eine Möglichkeit zur Nutzung standardisierter Leistungsdefinitionen bietet u. a. das SCOR-Modell, welches in den Ebenen 1 bis 3 bereits vorformulierte Kennzahlen zur Leistungsmessung beinhaltet.

Logistische Kosten sind die von den logistischen Leistungen verursachten Kosten, die diesen zugerechnet werden müssen. Es ist damit die Frage zu stellen, wie aus dem allgemeinen Rechnungswesen ein Instrument für ein Logistik-Controlling hergeleitet werden kann, um dem „Controlling-Bedarf" und dem Kostenmanagement in der unternehmensweiten und unternehmensübergreifenden Logistik zu dienen.

Als Instrument bietet sich zunächst die traditionelle betriebliche Kosten- und Erlösrechnung an. Die konventionellen Vollkosten-Rechnungssysteme beruhen auf der Gliederung der Kostenarten in Einzelkosten und Gemeinkosten. Die Kostenerfassungs- und -verrechnungsroutinen beruhen auf standardisierten Kontenrahmen (GKR – Gemeinschafts-Kontenrahmen, IKR Industrie-Kontenrahmen). Die relevanten Kostenarten der Logistik werden im Allgemeinen nicht gesondert erfasst oder werden verstreut ausge-

---

[58] Weitere Vorschläge für die Funktionsbereiche sind in VDI 4400 ausgeführt.
[59] Vgl. Weber, Wallenburg (2010), S 119ff
[60] Das Handhaben - Bewegungsvorgänge über geringe Entfernungen - sind nicht Transportleistungen und wird im Allgemeinen den Fertigungskosten zugeordnet. Insbesondere bei einer festen Verkettung von Maschinen ergeben sich Abgrenzungsprobleme zwischen Fertigungs- und Logistikleistungen /-kosten
[61] Lagern ist der planmäßige Übergang in einen Lagerbereich - das Liegen als Unterbrechung des Materialflusses ist kein Lagern.

wiesen. Sie werden in den Material-, Fertigungs- oder Vertriebsgemeinkosten verrechnet und den Einzelkosten pauschal zugeschlagen. Eine innerbetriebliche logistische Leistungsverrechnung in einem mehrstufigen Betriebsabrechnungsbogen findet in der Regel nur unzureichend statt. Es entstehen für materialbewegungs-, materialumschlags- und lagerungsbedingte Leistungen Abbildungsfehler. Ein besonderes Problem liegt in der Erfassung und verursachungsgerechten Zuordnung der Fehlmengenkosten. Diese setzen sich aus sehr unterschiedlichen Bestandteilen zusammen und können in Form von zusätzlichen Kosten, reduzierten Erlösen oder entgangenen Umsätzen auftreten. Für die Logistik-Kostenarten lassen sich unterscheiden:

Personalkosten	**Sachkosten**
■ Löhne und Gehälter des Personals der logistischen Kostenstellen	■ Kapitalverzinsung/Wagnisse
■ Hilfslöhne	■ Abschreibungen für logistische Anlagen
■ Sozialaufwendungen	■ Versicherungen, Steuern
■ Tagesspesen, Übernachtungskosten, Mehrarbeitslöhne	■ Energie-/Kraftstoff-Kosten
■ Stillstandkosten	■ Betriebsstoff-Kosten
■ sonstige Personalkosten	■ Reparatur-, Wartungskosten, Verpackungskosten
	■ DV-Kosten der logistischen Prozesse
	■ sonstige Sachkosten

Logistische Fremdleistungen werden soweit möglich wie Einzelkosten gesondert erfasst und lassen sich differenziert nach den unterschiedlichen Leistungen (Transportleistung, Lagerleistung u. a.) problemlos weiterverrechnen. Eine Möglichkeit dafür bietet die Unterteilung in Kosten für Fremdlagerung und Fremdtransporte, wobei letztere wiederum nach den Verkehrsträgern unterschieden werden können.

Logistik-Kostenstellen zur Erfassung der Logistik-Kosten am Ort ihrer Entstehung sind z. B.:

■ einzelne Transporteinrichtungen/-systeme;
■ einzelne Lagerbereiche;
■ einzelne Kostenstellen oder Kostenplätze der logistischen Disposition, Steuerung und Kontrolle im Material-, Fertigungs- und Vertriebsbereich.

Die grundlegenden Kostenstellen der Logistik (z. B. Wareneingangslager, Versandlager, interner Transport) sind in den meisten Kostenstellenplänen bereits enthalten. Die Aufnahme zusätzlicher Logistik Kostenstellen ist zwar mit administrativem Aufwand verbunden, sie verbessert jedoch die Aussagefähigkeit der Logistik-Kosten- und Leistungsrechnung und ermöglicht es, logistische Prozesse innerhalb der innerbetrieblichen Leistungsverrechnung kostenrechnerisch besser abzubilden, als Management-Informationssystem zu nutzen und daraus dispositive und konstitutive Entscheidungen abzuleiten. Die Anzahl der zusätzlichen Logistik-Kostenstellen ist daher stets eine betriebsindividuelle Abwägung.

Aus der differenzierten Betrachtung der Kostenarten und Kostenstellen können die Anteile der Logistik-Kosten in der Produkt-Kalkulation besser aufgezeigt werden. Das System lässt sich durch Einführung von Plankosten oder Grenzplankosten zu einem Planungs-, Analyse- und Kontroll-Instrument ausbauen zur Beurteilung eigener logistischer Leistungen oder zur Beeinflussung kostentreibender Logistik-Prozesse im Sinne eines

Gemeinkosten-Managements, wobei die anteiligen Fixkosten auch dem mehrstufigen Direct Costing (Fixkostendeckungs-Rechnung) zugänglich sind.

Durch eine Verfeinerung der traditionellen Kostenrechnungs-Systeme lassen sich Detaillierungen erreichen - hierbei dürfen aber einige kritische Punkte nicht übersehen werden:

▣ **Fixkostenproblematik**
Die Fixkosten werden nicht ihrem Gewicht entsprechend berücksichtigt, da die traditionelle Kostenrechnung - auch die Fixkostendeckungsrechnung - lediglich eine Aufteilung und Zuordnung auf die Produkte/Produktgruppen und nicht nach ihrer Entstehung - etwa in den indirekten Bereichen - und deren Beeinflussbarkeit untersucht und Verhaltensorientierungen des verantwortlichen Managements ableitet.

▣ **Abbildung der betrieblichen Abläufe**
Die Abbildung der Wertschöpfung konzentriert sich auf die Abbildung der Fertigungsabläufe (z. B. bei der Maschinenstundensatz-Rechnung). Die indirekten Bereiche, auch die logistischen Bereiche, werden durch die Gemeinkostenzuschläge der Restfertigungsgemeinkosten sowie der Verwaltungs- und Vertriebsgemeinkosten nur unscharf abgebildet und verrechnet. Leistungen der indirekten Bereiche, etwa logistischer Aufwand für Varianten, für alternative Vertriebswege, für die Disposition von JIT-Teilen etc., entziehen sich der Rechenbarkeit und Beurteilung.

▣ **Datenproblematik**
Die Ist-Daten für die Kosten- und Erlösrechnung werden aus der externen Finanzbuchhaltung abgeleitet. Sie sind an der Abrechnungsperiode orientiert und erlauben keine periodenübergreifenden Betrachtungen beispielsweise für den Einsatz neuer Technologien.

2.5.4 Prozesskostenrechnung

Die Mängel der traditionellen Kostenrechnung, insbesondere die Leistungsfähigkeit der indirekten Bereiche außerhalb der Fertigungsdurchführung rechenbar und beeinflussbar zu machen, haben andere Ansätze der Kosten- und Leistungs-Rechnung gefördert. Die Prozesskostenrechnung[62] ist ein weiteres Hilfsmittel zur Kostenerfassung, Kostenstrukturierung und Kostenverrechnung und ergänzt traditionelle Kostenrechnungs-Systeme. Sie ist aber auch ein Instrument zur Erkennung und zielorientierten Beeinflussung der die Kosten verursachenden Faktoren (Kostentreiber/Cost Driver oder Bestimmungsfaktoren der Kosten), die für das Kostenvolumen in den indirekten Bereichen verantwortlich sind:[63]

▣ Im *operativen* Bereich: zur Unterstützung von kurzfristigen Entscheidungen in bestehenden Entscheidungsfeldern (z. B. Optimierung der logistischen Abläufe in der Fertigung, im Lager, in der Beschaffung oder im Vertrieb).

▣ Im *strategischen* Bereich: zur Unterstützung mittel- und langfristiger Entscheidungen zur marktorientierten Prozessgestaltung (Auftragsabwicklung, Sortimentsgestaltung, Logistik-Prozessgestaltung u. a.).

---

[62] Sie wird auch als Vorgangskosten-Rechnung, Cost-Driver-Accounting, Activity-based-Accounting (ABC-Costing) bezeichnet.
[63] Es kann auch von Prozesskosten-Management gesprochen werden, mit dem ein marktorientiertes Kostenmanagement möglich ist.

Alle im Unternehmen erbrachten Leistungen, hier vor allem die in den Logistikbereichen, werden als Prozesse definiert und in ihren abteilungs-/kostenstellenübergreifenden Zusammenhängen erfasst. Das ist ein neues Verständnis für die in den indirekten Bereichen erstellten Leistungen mit dem Ziel, die Logistik-Kosten - sie sind Gemeinkosten und damit weitgehend fix - den unterschiedlichen Logistik-Aktivitäten prozessbezogen und nicht kostenstellenbezogen zuzuordnen (siehe **Abb. 2-5**).

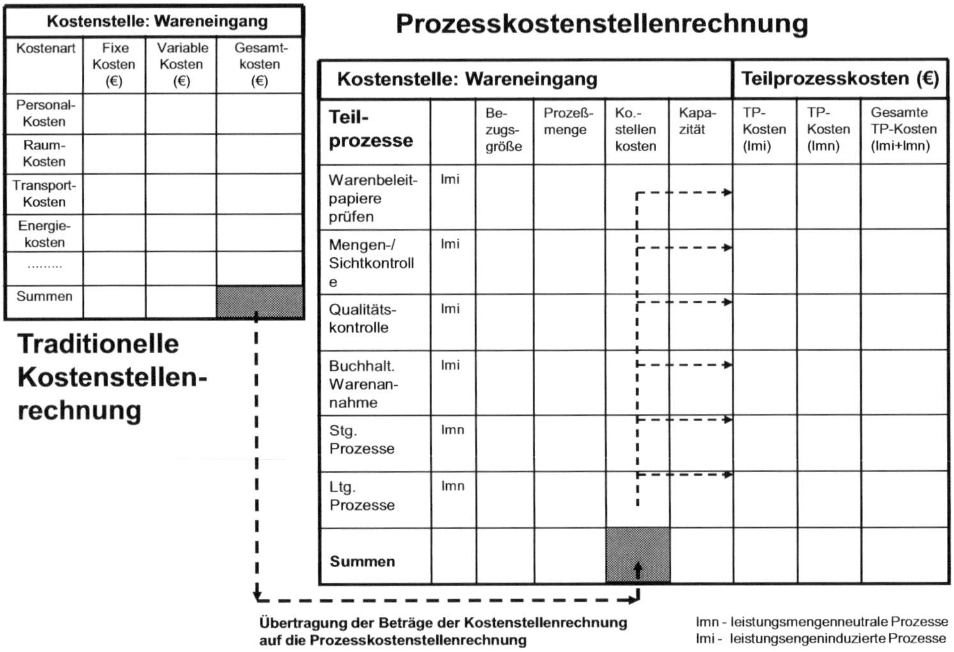

Abb. 2-5:   Von der traditionellen Kostenstellenrechnung zur Prozesskostenrechnung

Die Prozessorientierung entspricht logistischem Denken im Unternehmen. Als Prozesse, welche in der Regel repetitiv sind, werden unterschieden:

■ **Hauptprozesse** - funktions- und bereichsübergreifende Vorgänge über mehrere Kosten-stellen hinweg (z. B.: Auftragsabwicklung, Variantenbetreuung, Produktplanung);
■ **Teilprozesse** - Teiltätigkeiten verschiedener Kostenstellen, die sich zu einer Prozess-kette - dem Hauptprozess - zusammenfassen lassen und eine Prozesshierarchie bilden.

Beispiel einer logistischen Prozessbetrachtung:

Hauptprozesse	**Teilprozesse**	**Kostenstelle**
■ Materialbeschaffung	■ Material disponieren	■ Arbeitsvorbereitung
	■ Materialeinkauf	■ Einkauf
	■ Materialannahme	■ Wareneingang
	■ Eingangsprüfung	■ Qualitätssicherung
	■ Materiallagerung	■ Lager

Die Betrachtung von durchgängigen Prozessen und die Darstellung, wo und wodurch die Kosten entstanden sind, erfordert die Erarbeitung konkreter Haupt- und Teil-Prozesse durch Prozess-Analysen.[64] Sie sind traditionellen Ablaufuntersuchungen im Fertigungs-bereich vergleichbar und bedeuten folgende Arbeitsschritte:

▪ Ermittlung der an den Hauptprozessen beteiligten Kostenstellen (Identifizierung der Prozesse für repetitive Aufgaben).
▪ Tätigkeitsanalyse der Kostenstellen und Definition von Teilprozessen - methodisch durch Befragung der Mitarbeiter, Eigenaufschreibungen, Arbeitsablaufanalysen. Zudem kann auf Ergebnisse einer Gemeinkostenwertanalyse, eines Zero-Base-Budgeting u. a. zurückgegriffen werden.[65]
▪ Ermittlung der Kostenbestimmungsfaktoren (Messgröße/Bezugsgröße/Prozessmengen), mit denen sich der Output der Kostenstellenleistung quantifizieren lässt.
▪ Verdichtung zu optimierten Hauptprozessen.
▪ Zuordnen der Kostenarten und Ermitteln der Kostensätze für die einmalige Durch-führung eines definierten Prozesses.

Neben der Erarbeitung und Durchdringung der Prozesse werden insbesondere Abhängig-keiten und Messgrößen abgeleitet und bestimmt - zur Isolierung und Bestimmung der-jenigen Faktoren, die die Kosten bestimmen. Dazu werden die Prozesse daraufhin unter-sucht, ob sie in Abhängigkeit von dem in der Kostenstelle zu erbringenden Leistungs-volumen **mengenvariabel** oder davon unabhängig **mengenfix** sind und generell[66] anfallen. Es werden unterschieden:[67]

▪ leistungsmengeninduzierte Prozesse (lmi),
▪ leistungsmengenneutrale Prozesse (lmn).

Für leistungsmengenneutrale Prozesse sind keine Maßgrößen erforderlich bzw. ermittelbar. Die Kosten für leistungsmengeninduzierte Prozesse werden entsprechend **Abb. 2-6** für eine prozessorientierte Kalkulation über die Prozesskostensätze/Verrechnungssätze unmittelbar und originär auf das Produkt oder die Produktvarianten verrechnet; es wird hierdurch eine verursachungsgerechtere Umverteilung der Kosten erreicht. Die Kosten, die nicht neu verteilt werden können, werden weiter als Zuschläge - etwa auf die Herstell-kosten - verrechnet.

Die Prozesskostenrechnung kann auch als Instrument eines - aktiven und dynamischen - Gemeinkosten-Managements in Vollkosten-Betrachtungen genutzt werden, um die erreichte Transparenz der indirekten Bereiche zu nutzen und beispielsweise die Logistik-Prozesse, Produktprogramme mit unwirtschaftlichen Varianten oder Produktgestaltungen zu verbessern, da die gemeinkostentreibenden Faktoren identifiziert und quantifiziert sind. Dies gilt für einzelne Kostenstellen, aber auch für kostenstellenübergreifende Gesamt-prozesse. Damit ist eine langfristige Beeinflussung der Gemeinkosten über die Verände-rung der Vorgänge oder Aktivitäten möglich. Die Prozesskostenrechnung ist nicht nur eine neue Kostenrechnungstechnik, sondern Teil des Kostenmanagements.

---

[64] Vgl. Hoitsch, Lingau (2007), S. 320ff
[65] Als Nebeneffekt können Reorganisationsmaßnahmen oder Neuordnungen von Prozessen/Prozessketten erkannt und umgesetzt werden.
[66] Diese Tätigkeiten sind unabhängig vom Leistungsvolumen einer Kostenstelle - Grundlasttätigkeiten (beispielsweise Leitungstätigkeiten). Darüber hinaus gibt noch prozessunabhängige Aufgaben (pua) - etwa der übergeordneten Bereichsleitung.
[67] Vgl. Horváth, Mayer (1989)

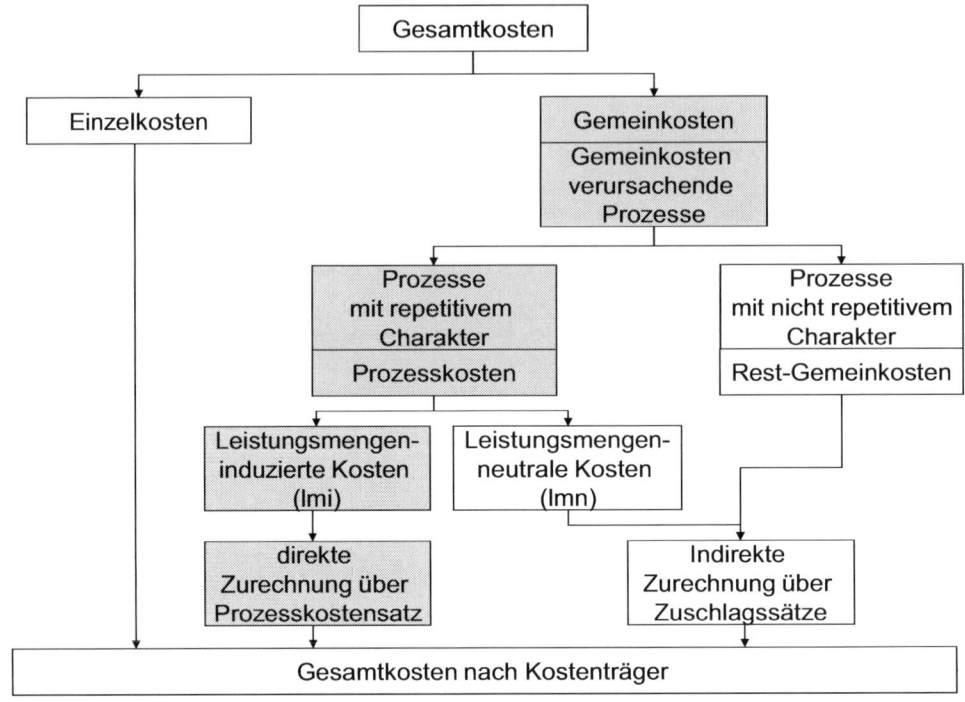

Abb. 2-6:   Leistungsmengeninduzierte Kosten

Die Prozesskostenrechnung kann naturgemäß mit Ist- oder Soll-Kosten durchgeführt werden, um kurzfristig auftretende Abweichungen, Aussagen über Auslastungen der Bereiche und notwendige Kapazitätsanpassungen zu erkennen. Die Verknüpfung mit Plan- und Grenzplankostenrechnung ist möglich, sie ergänzt die Prozesskostenrechnung für kurzfristig orientierte (Deckungsbeitrags-)Betrachtungen. Die Kenntnis der Prozesskosten und ihrer Einflussgrößen kann auch der Unterstützung der Zielkostenrechnung (Target Costing) dienen, um die Kenntnisse der Kosten- und Leistungsstrukturen zur Ermittlung marktgerechter Kosten bei der Produktentwicklung und Produktkalkulation im Sinne eines strategischen Kostenmanagements zu nutzen.

Die Prozesskostenrechnung kann aufgrund ihrer zusätzlich möglichen Erkenntnisse als wertvolle Ergänzung/Verbesserung der traditionellen Kostenrechnungssysteme angesehen werden. Kritisch anzumerken sind allerdings die folgenden Punkte:

■ **Wirtschaftlichkeit**
   Für die jeweilige Prozessanalyse sind aufwändige Tätigkeitsanalysen und die Ermittlung von Abhängigkeiten (Maß-/Bezugsgrößen) erforderlich. Aus Wirtschaftlichkeitserwägungen kann hier nach dem ABC-Prinzip für die wichtigsten Prozesse vorgegangen werden.

■ **Fixkostenproblematik**
   Durch die Zurechnung der Gemeinkosten - als Prozesskostensätze (lmi) oder als Zuschlagssätze (lmn) - auf die einzelnen Produkteinheiten erfolgt eine Verschlüsselung und Proportionalisierung der fixen Gemeinkosten auf die Produkteinheit. Das Gemein- und Fixkostenproblem der Vollkostenrechnungssysteme wird nicht überwunden, sofern nicht eine kausale Abhängigkeit der definierten Prozesse zum Produkt nachweisbar ist.

■ **Vollkostenrechnung**

Die Prozesskostenrechnung ist ihrem Charakter nach eine Vollkostenrechnung und vernachlässigt die Möglichkeiten der Deckungsbeitragsbetrachtungen und der Grenzplankostenrechnung – sie ist mit diesen aber kombinierbar.

3 Physische Kernprozesse der Logistik

3.1 Kernprozesse der Logistik im Materialfluss

Aus einer vorwiegend ingenieurwissenschaftlich geprägten Betrachtungsweise wurden bereits in Abschnitt 1.2.2 die (technischen bzw. physischen) Kernprozesse der Logistik benannt:

- **Transport:** Überwinden räumlicher Distanzen
- **Umschlag:** Überwinden von Mengenunterschieden
- **Lagerung:** Überwinden zeitlicher Differenzen
- **Kommissionierung:** Überwinden von Sortimentsunterschieden.

Eingebunden in den gesamten Materialfluss eines Unternehmens – nach VDI-Richtlinie 3300 „die Verkettung aller Vorgänge beim Gewinnen, Be- und Verarbeiten sowie bei der Verteilung von Gütern innerhalb festgelegter Bereiche"[68] – können diese Prozesse als Vorgänge globaler Material-/Güterflüsse oder als Vorgänge eines innerbetrieblichen Materialflusses verstanden werden.

Für die Organisation, Durchführung und Optimierung innerbetrieblicher Materialflüsse in Unternehmen der Industrie, des Handels und in öffentlichen Einrichtungen mittels technischer Systeme und Dienstleistungen haben sich die Begriffe „Innerbetriebliches Materialfluss-System" bzw. **Intralogistik** etabliert. Bei innerbetrieblichen Vorgängen werden unterschieden:[69]

- *betriebsinterne* Materialflüsse, d. h. Materialflüsse innerhalb des Betriebes zwischen den betrieblichen Gebäuden bzw. Einrichtungen und bis zur Betriebs-/Werksgrenze;
- *gebäudeinterne* Materialflüsse, d. h. Materialflüsse innerhalb einzelner Gebäude, z. B. zwischen einzelnen Funktionsbereichen, Fertigungseinheiten, Arbeitsplätzen u. a.;
- *arbeitsplatzbezogene* Materialflüsse, d. h. Materialflüsse an den einzelnen Arbeitsplätzen, worunter insbesondere Handhabungsvorgänge zu verstehen sind.

Für den außerbetrieblichen Prozess der Versorgung und Verteilung, also insbesondere den Transport von Gütern außerhalb eines Werkes, zwischen Unternehmen und zwischen den Stufen einer Wertschöpfungskette, werden die Begriffe „Externes Güterfluss-System" bzw. **Extralogistik** verwendet – das Verständnis ist dabei umfänglicher als der in DIN 30781 verwendete Begriff „Verkehr" (siehe Abschnitt 3.6).

Über die in **Abb. 3-1** gelisteten Teilvorgänge des Materialflusses werden die Objekte des Materialflusses (insbesondere Güter, aber auch Informationen) unter Einsatz von Operatoren (technische Mittel) von einem Anfangszustand in einen Endzustand transformiert – daher spricht man auch von den Transformationsprozessen des Materialflusses.[70] Dispositiv werden alle Prozesse, d. h. auch die Prozesse *Bearbeiten/Einwirken* und *Prüfen* von der Logistik betrachtet - inhaltlich zuzuordnen sind aber nur die bereits benannten Kernprozesse der Logistik. Der vom Lagern abzugrenzende Vorgang *Liegen/Warten* ergibt sich entweder aus technischen Bedingungen eines Produktionsvorgangs oder aus ablauforganisatorischen Randbedingungen. Der innerbetriebliche Transport wird als *Fördern* bezeichnet[71] und ist jede bewusste Ortsveränderung von Gütern zwischen den einzelnen

---

[68] Vgl. zum Folgenden auch VDI 2860, VDI 3656, DIN 30781 und die REFA-Ablaufelemente.
[69] Vgl. Martin (2006), S. 23
[70] Vgl. Jünemann (1989); ten Hompel (2007), S. 4
[71] Vgl. DIN 30781

Bearbeitungsstufen und zwischen Lagerungen innerhalb eines Betriebsgeländes. Über das *Transportieren* werden werks- oder unternehmensübergreifende Ortsveränderungen erreicht.[72] Das Fördern bzw. Transportieren bewirkt eine Überwindung größerer räumlicher Strecken und ist vom *Handhaben* zu unterscheiden: Hier erfolgen ebenfalls Bewegungsvorgänge, die aber nur eine geringe Ortsveränderung bewirken.[73] Einzelne Förder- oder Transportstrecken sind über das *Umschlagen* miteinander verbunden.

Betriebswirtschaftlich dienen die Vorgänge des Materialflusses als Hilfsvorgänge nicht der Wertschöpfung (siehe Abschnitt 1.4.1) und sollten daher weitestgehend vermieden werden.

Materialfluss-operation	Beschreibung	Zustands-änderung	Technische Mittel
Bearbeiten/ Einwirken	Jeder Vorgang, bei dem ein Gut dem Zustand näher gebracht wird, in dem es den Betrieb verlassen soll	Form, Beschaffen-heit, Zusam-mensetzung	Fertigungsmittel, Montagemittel
Prüfen	Jeder Kontrollvorgang im Verlauf des Materialflusses	./.	Prüfmittel
Liegen, Warten	Jede Unterbrechung des Materialflusses ohne Übergang in einen Lagerbereich	Zeit	Lagermittel, Fördermittel
Lagern	Jede Unterbrechung des Materialflusses mit Übergang in einen Lagerbereich	Zeit	Lagermittel
Fördern, Transportieren	Jede bewusste Ortsveränderung von Gütern zwischen einzelnen Bearbeitungsstufen und Lagerungen	Ort	Fördermittel, Verkehrsmittel
Handhaben	Bewegungsvorgänge beim Einleiten oder Beenden von Vorgängen der Fertigung, der Montage, des Fördern oder des Lagerns (geringe Ortsveränderung)	Lage, Ort	Handhabungs-mittel
Umschlagen	Wechsel eines Gutes von einem Transportmittel auf ein anderes entlang der Materialflusskette	Ort, Lage, Zusammen-setzung	Fördermittel, Verkehrsmittel, Handhabungs-mittel
Kommissio-nieren	Entnehmen von bestimmten Teilmengen (Artikeln) aus einer bereitgestellten Gesamtmenge (Sortiment) aufgrund von Bedarfsinformationen (Aufträgen)	Sorte, Menge, Ort	Lagermittel, Fördermittel, Handhabungs-mittel
Verpacken	Das gezielte Anbringen einer lösbaren Umhüllung eines Gutes	Gestalt	Verpackungs-mittel
Bilden von Ladeeinheiten	Gezielte Zusammenfassung von Gütern zum Zwecke des Umschlags	Menge	Handhabungs-mittel, Lademittel

Abb. 3-1:   Transformationsprozesse des Materialflusses[74]

---

[72] Siehe auch Abschnitt 3.6.2
[73] Die Kosten für Handhabungsvorgänge werden im Allgemeinen den Fertigungskosten zugeordnet.
[74] Vgl. REFA / VDI

Eine Wertstromanalyse und ein entsprechendes Wertstromdesign unterstützt somit die logistischen Zielsetzungen - insbesondere möglichst kurze Durchlaufzeiten ohne unnötige Liege- oder Lagervorgänge im Sinne kontinuierlicher Abläufe (continuous material flow) und einer bestandsarmen Auftragsabwicklung in Lager- und Fertigungsbereichen (vorrangig durch Vermeiden von „vagabundierenden" Materialien im betrieblichen Umlauf). Der Einsatz flexibel automatisierter technischer Ausrüstungen unterstützt - je nach Anforderung - die ablauforganisatorisch sinnvoll gestalteten raum-zeitlichen Materialflüsse. Solange logistik-induzierte Kosten und Leistungen nicht prozessbezogen ermittelt und verrechnet werden (siehe hierzu Abschnitt 2.5.4), sind die Kosten des Materialflusses zunächst Gemeinkosten.

Die Kernprozesse werden unterstützt durch die Vorgänge des Verpackens und des Bildens von Ladeeinheiten sowie durch die Informationsflüsse der Auftragsbearbeitung und der Planung und Steuerung der materiellen Abläufe im innerbetrieblichen Produktionsprozess (s. auch DIN 30781 und VDI 3961).

Bei der nachfolgenden Behandlung der auf das physische Gut bezogenen Kernprozesse der Logistik und der entsprechenden logistischen Systeme stehen nicht die zahlreichen technischen Einrichtungen und Hilfsmittel im Vordergrund, sondern die technisch-organisatorischen und betriebswirtschaftlichen Probleme bei der Gestaltung und beim Betrieb. Wegen der übergreifenden Bedeutung wird zuvor auf die Bildung von Packstücken und Ladeeinheiten eingegangen.

3.2 Bilden von Packstücken und Ladeeinheiten

3.2.1 Bedeutung

Die effiziente und sichere Durchführung von Lager-, Transport- und Umschlagprozessen bedingt, dass sich die zu lagernden und/oder zu transportierenden und/oder umzuschlagenden Materialien bzw. Güter für diese Prozesse eignen und dass einzelne Güter ggf. zu sinnvollen Mengen (logistische Einheiten) zusammengefasst werden. Beide Bedingungen können – je nach Anforderung – durch die Bildung von Packstücken bzw. durch die Bildung von Ladeeinheiten hergestellt werden.

3.2.2 Bilden von Packstücken (Verpacken)

Wesentliche Grundlagen des Verpackens sind in DIN 55405 Verpackungswesen geregelt. Danach wird beim Verpacken wie folgt unterschieden:

- **Packstück** ist das Ergebnis der Vereinigung von

  - *Packgut* (das Gut, das verpackt wird) und
  - *Verpackung* (Gesamtheit aller Packmittel und Packhilfsmittel, die zum Verpacken dienen)

  und ist besonders für den Transport bzw. den Einzelversand geeignet (dadurch Abgrenzung zur *Packung*);

- **Packmittel**, d. h. ein Erzeugnis aus *Packstoffen*, das zum Verpacken eingesetzt wird und dazu bestimmt ist, das Packgut zu umhüllen oder zusammenzuhalten, damit es versand-, lager-, verkaufsfähig wird;
- **Packhilfsmittel**, d. h. aus Packstoffen hergestellte Teile, die zum Verschließen, Polstern oder zur Kennzeichnung dienen.

An Verpackungen werden eine Vielzahl von Anforderungen gestellt, die sich aus dem zu verpackenden Gut, den Belastungen der notwendigen logistischen TUL-Prozesse, den Zielen und Wünschen des Handels und der Verbraucher ergeben. Aus diesen Anforderungen können die Funktionen der Verpackungen abgeleitet werden[75], die je nach Anwendungsfall einzeln oder gebündelt zum Tragen kommen[76]:

- *Lagerfähigkeit* und *Transportfähigkeit* herstellen (z. B. problemloses Handling);
- *Schutz*, z. B. vor Verunreinigung, Beschädigung, Mengenverlusten;
- *Rationalisierung* (Zusammenfassung zu wirtschaftlich sinnvollen Einheiten);
- Dosierung und Portionierung;
- *Identifizierung* (Kennzeichnung von Waren);
- *Information* (z. B. Hinweise, Werbung);
- *Verwendung* (z. B. wiederholte Verwendbarkeit von Produkten);
- Informationsweitergabe.

Verpackungen werden unterschieden nach Funktion in:

- **Lager-/Transportverpackungen** (Lagerungs-/Transporteignung, Schutzfunktion);
- **Umverpackung** (z. B. Identifikation, Information, Kaufanreize, Bündelung, …) und
- **Verkaufsverpackungen** (Herstellen der Verkaufs- und Verwendungsfähigkeit)

sowie nach System in:

- *Einweg*-Verpackungen und
- *Mehrweg*-Verpackungen.

Beim Festlegen von Verpackungen sind – je nach funktionaler Zuordnung der Verpackung – die Bestimmungen der **Verpackungsverordnung** (siehe 8.3.3) zu beachten bzw. in ihren Konsequenzen zu berücksichtigen.

3.2.3 Bilden von Ladeeinheiten

Die Bildung von Ladeeinheiten (d. h. die Zusammenfassung von Gütern und/oder Packstücken) stellt eine zusätzliche Aktivität dar und bedeutet einen höheren Aufwand, der durch Kosteneinsparungen zu kompensieren ist. Ladeeinheiten werden gebildet:

- um einzelne Güter zu größeren Transporteinheiten zu bündeln;
- um die Handhabung der Güter mit Hilfe von mechanisierten bzw. automatisierten Materialflussmitteln zu ermöglichen bzw. rationell durchzuführen;
- um die Güter während der Lager-, Umschlag- oder Transportprozesse zu sichern.

Nach DIN 30781 (Transport und Umschlag) werden unterschieden:

- **Ladeeinheit** (auch: Logistikeinheit): Güter, die zum Zwecke des Umschlags durch einen Ladungsträger zusammengefasst sind, d. h. die Kombination aus Ladegut und Ladungsträger sowie ggf. von Hilfsmitteln zur Ladeeinheitensicherung. Ladeeinheiten können weiter zu *Ladungen* zusammengefasst werden.
- **Ladungsträger**: Tragendes Mittel zur Zusammenfassung von Gütern zu einer Ladeeinheit. Je nach Einsatz in innerbetrieblichen oder außerbetrieblichen Anwendungsfällen sind auch die Bezeichnungen Ladehilfsmittel (LHM), Transporthilfsmittel (THM) oder Förderhilfsmittel (FHM) geläufig.

---

[75] Vgl. u. a. Martin (2006), S. 71
[76] Es muss hier auch an andere gesetzliche Vorschriften gedacht werden:
Beförderungsbezogene Regelwerke für Gefahrgut, Postgesetz, Chemikaliengesetz, Lebensmittelgesetze, Lebensmittel-Kennzeichnungs-Verordnung, Produkthaftungsgesetz u. a.

In **Abb. 3-2** ist der Zusammenhang zwischen der Bildung von Packstücken und der Bildung von Ladeeinheiten bzw. Ladungen aufgezeigt.[77]

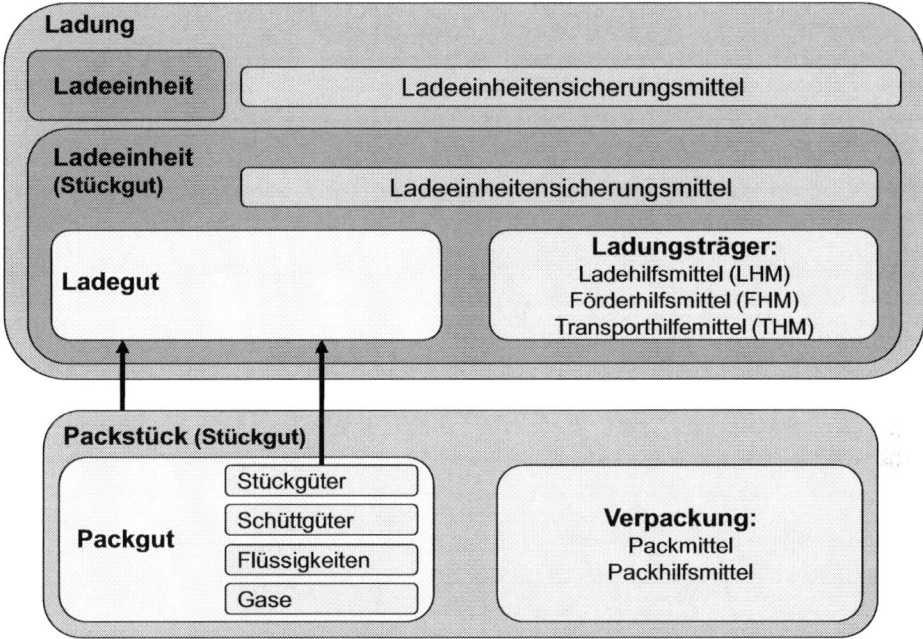

Abb. 3-2: **Systematik zur Bildung von Packstücken, Ladeeinheiten, Ladungen**

Maßnahmen zur Sicherung der Ladeeinheiten (z. B. durch Umschnüren oder Umreifen, Schrumpfen, Stretchen, Aufsatz- oder Aufsteckvorrichtungen) dienen u. a. zum Schutz vor:

■ Auseinanderfallen des Ladegutes;
■ Herabfallen einzelner Packstücke;
■ Ausfächern der Ladeeinheiten;
■ Verrutschen einzelner Lagen oder der gesamten Ladegüter;
■ Schäden an Verpackung oder Transportmittel;
■ Verlust von Packstücken, z. B. durch Diebstahl.

Zur Klassifizierung von Ladungsträgern werden unterschiedliche Systematiken verwendet. Übliche Einteilungen sind die Unterteilung nach:

■ *ebenen, umschließenden* und *sonstigen* Ladungsträgern (siehe **Abb. 3-3**);
■ *tragender, umschließender, abschließender* Funktion;[78]
■ *Bodenunterfahrbarkeit*, d. h. in nicht unterfahrbare, unterfahrbare und Container.[79]

Bei den ebenen Ladungsträgern spielt insbesondere die Europalette eine besondere Rolle: Aufgrund genormter Abmessungen und Eigenschaften und der Universalität bzgl. des Ladegutes werden Europaletten sehr häufig insbesondere in unternehmensübergreifenden Wertschöpfungsketten sowohl für Lager- als auch Transportzwecke eingesetzt.

---

[77] Vgl. Martin (2006), S. 75; ten Hompel (2007), S. 10
[78] Vgl. Warnecke (1993); ten Hompel (2007), S. 26ff
[79] Vgl. Martin (2006), S. 62

Die unter den umschließenden Ladungsträgern aufgeführten Behälter sind teilweise genormt bzw. standardisiert. Sie bestehen in den meisten Fällen aus Kunststoff oder Stahlblech, aber auch Pappe oder Holz kommen zum Einsatz. Je nach Material ergibt sich als Vorteil, dass Behälter stapelbar, schachtelbar, schlag- und stoßfest sind. Behälter haben daher ein breites Anwendungsgebiet und sind vielfach auch bei automatisierten Förder- und Lagermitteln einsetzbar. Besondere Bedeutung haben die Kleinteilebehälter (DIN 30820), unterschieden z. B. in Sichtkästen, Drehstapelbehälter, Faltbehälter.

Bei den zusätzlich abschließenden Ladungsträgern kommt den Containern eine besondere Bedeutung zu (siehe Abschnitt 3.6.8). Diese werden unterschieden nach Größe in Klein-, Mittel- und Groß-Container sowie nach Einsatzgebiet in ISO-Container (DIN ISO 668) mit 10, 20, 30 oder 40 Fuß Länge[80], Binnencontainer (DIN 15190), Wechselcontainer (z. B. im Tauschbetrieb für Reststoffe) und Wechselbrücken.

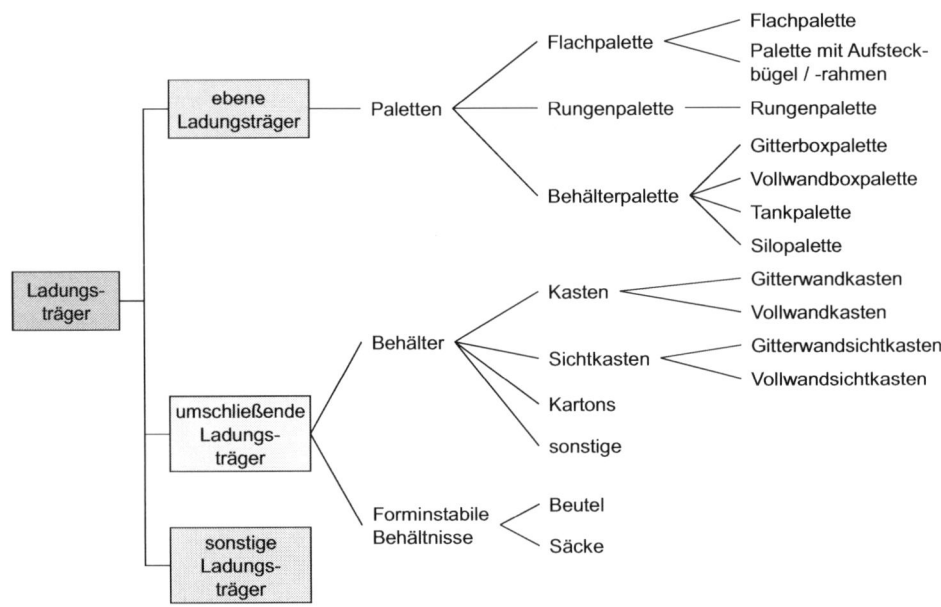

Abb. 3-3:   Unterschiedliche Arten von Ladungsträgern

Quelle: Kettner, Schmidt, Greim (2010)

Zur Auswahl der für einen Anwendungsfall einzusetzenden Ladungsträger wird sinnvoller-weise ein Kriterienkatalog aufgestellt. Dabei berücksichtigt werden sollten u. a. die folgenden Punkte:

- Anforderungen des zu transportierenden, umzuschlagenden, zu lagernden Gutes;
- eine Begrenzung der Vielfalt der Ladungsträger;
- das Erreichen einer Durchgängigkeit des Ladungsträger-Einsatzes über die gesamte zu betrachtende Prozess-/Transportkette, also im Idealfall Transporteinheit = Lagereinheit = Verpackungseinheit = Versandeinheit;
- ein möglichst geringer Handlings-Aufwand, d. h. die Vermeidung unnützer Umschlag-vorgänge bzw. die Erhöhung der Umschlagleistung;
- die Gewährleistung der Ladungssicherung.

---

[80]   Maßeinheit TEU: Twenty-foot-equivalent-unit

3.3 Lagern

Lagern ist die Unterbrechung des Materialflusses, ein geplantes Liegen verbunden mit einem definierten Übergang in einen Lagerbereich.[81] Der Materialfluss ist damit nicht mehr kontinuierlich, sondern zeitlich verzögert. Der Aufenthalt im Lager führt zu einer Verlängerung der Durchlaufzeit (bzw. der Lieferzeit) und zu einer Erhöhung der Kapitalbindung.[82] Läger sind Knoten im logistischen Netzwerk und Durchflussmengenregler (Puffer) in den Stufen vor der Produktion als Beschaffungslager, während der Produktion als Zwischenlager zur zeitlichen Entkoppelung der Fertigungsabläufe und nach der Produktion als Absatzlager.

Vom Lagern ist das Liegen zu unterscheiden - das ist jedes ungeplante Unterbrechen des Materialflusses *ohne* Übergang in einen Lagerbereich. Das Liegen und der dafür notwendige Zeitbedarf sind im Allgemeinen verursacht durch ein Warten auf ein Bearbeiten, einen Transport oder einen Kontrollvorgang. Genau wie das Lagern hat das Liegen eine durchlaufzeiterhöhende Wirkung.[83]

3.3.1 Funktionen der Lagerhaltung

Läger haben - je nach Stufe – unterschiedliche Aufgaben, die sich aus einem oder i.d.R. mehreren der folgenden Aspekte zusammensetzen (siehe auch Abschnitt 4.2.3.1):[84]

- **Ausgleichsfunktion**
  - **Pufferfunktion:** Zeit- und Mengenausgleich zwischen dem Materialzufluss vom Erzeuger bzw. Lieferant und dem Materialbedarf beim Verwender bzw. Verbraucher durch unterschiedliche Liefer- und Verbrauchsgeschwindigkeit.
  - **Sicherungsfunktion:** Sicherung der Lieferfähigkeit und Lieferbereitschaft, auch bei unvorhersehbaren, stochastischen Ereignissen (wie z. B. Bedarfsschwankungen durch Zusatzaufträge, Lieferverzögerungen, Lieferausfall, Qualitätsbeanstandungen).

- **Umformungsfunktion**
  - **Anpassungsfunktion:** Anpassung eingehender Liefermengen, -sortimente an die erforderlichen Verbrauchsmengen bzw. –sortimente
  - **Veredelungsfunktion:** Reifung und Alterung, z. B. von Lebensmitteln (Wein, Käse etc.), Holz, Kunststoffen etc.

- **Spekulationsfunktion**
  Lagerbestandsauf- bzw. -abbau bei erwarteten Preissteigerungen bzw. Preissenkungen auf dem Beschaffungs- bzw. Absatzmarkt und somit Gewährleistung einer antizyklischen Beschaffungs- bzw. Absatzpolitik.

3.3.2 Merkmale von Lagersystemen

Läger sind Bestandteil eines Materialflusssystems und müssen sich in die logistischen Abläufe problemlos einfügen. Lagersysteme sind nicht eigenständige Puffer zwischen unabhängigen Systemen, sondern Elemente in integrierten Gesamtsystemen mit teilweise hoher Automatisierung und damit Hochleistungspuffer. Läger sind auch Gegenstand des „Outsourcing" zu Dienstleistern (siehe Kapitel 9.3) im Versorgungs-, Produktions- und

---

[81] VDI-Richtlinie 2411 definiert Lager als „Raum bzw. Fläche zum Aufbewahren von Stück- und/oder Schüttgut, das mengen- und/oder wertmäßig erfasst wird".

[82] Daher die Praktiker-Aussage: "Das beste Lager ist kein Lager!" Ein Lager bindet - möglicherweise produktiv nutzbare - Fläche und Kapital im Anlagevermögen.

[83] Bei unkontrolliertem Liegen spricht der Praktiker gelegentlich von „vagabundierendem Material".

[84] Vgl. u. a. Kopsidis (1992), Härdler (1999)

Absatzbereich und erfordern bei heutigen Zentralisierungstendenzen in globalen Märkten eine hohe Leistungsfähigkeit.[85]

Aufwand und Stellenwert des Lagerns erfordern vor der Investition eine gründliche Planung und Entscheidungsvorbereitung, um für den operativen Ablauf des Lagerbetriebes einen optimalen Rahmen zu schaffen. Die langfristigen Grundsatzentscheidungen beziehen sich vor allem auf folgende Aspekte:

■ **Lagerkenngrößen** bezüglich der Struktur und der Leistungsdaten eines Lagers (Kenngrößen: Key Performance Indicators - KPI). Typische Lagerkenngrößen sind z. B. (siehe auch Abschnitt 2.5.2):[86]

   ■ *Lagerkapazität*, d. h. die die maximal einzulagernde Menge in geeigneten Mengeneinheiten (ME), bei Stückgütern typischerweise in Anzahl Lagerplätze bzw. – falls ein Lagerplatz durch mehrere Ladeeinheiten belegt werden kann – in Anzahl Ladeeinheiten (LE).

   ■ *Artikelanzahl* und *Artikelstruktur* (unterteilt z. B. nach ABC-Klassen).

   ■ *Wareneingänge je Zeiteinheit* und *Warenausgänge je Zeiteinheit (ZE)* in der zeitlichen Verteilung mit den statistischen Größen Mittelwert und Standardabweichung sowie mit den Spitzenwerten.

   ■ $$Umschlaghäufigkeit\ [1/Jahr] = \frac{Lagerumsatz\ [LE/Jahr]}{Mittlerer\ Lagerbestand\ [LE]} \qquad (3.1)$$

   (auch eine wertmäßige Ermittlung ist möglich)

   ■ $$Umschlagdauer\ [Tage] = \frac{Anzahl\ Tage\ im\ Jahr}{Umschlaghäufigkeit\ pro\ Jahr} \qquad (3.2)$$

   ■ $$Mittlere\ Lagerreichweite\ [ZE] = \frac{Mittlerer\ Lagerbestand\ [LE]}{Lagerumsatz\ [LE/ZE]} \qquad (3.3)$$

   ■ *Anzahl Aufträge* je Zeiteinheit und *Anzahl Positionen* je Auftrag.

   ■ *Zugriffszeit* auf bestimmte Lagergüter, sowohl als Mittelwert wie auch als Minimal- und Maximalwerte.

   ■ $$Lagerfüllgrad = \frac{belegte\ Lagerplätze}{Lagerkapazität} \qquad (3.4)$$

   ■ $$Flächennutzungsgrad = \frac{für\ Lagerung\ genutzte\ Fläche}{Lagergesamtfläche} \qquad (3.5)$$

   ■ $$Raumnutzungsgrad = \frac{für\ Lagerung\ genutzter\ Raum}{Lagergesamtvolumen} \qquad (3.6)$$

   ■ $$Höhennutzungsgrad = \frac{für\ Lagerung\ genutzte\ Höhe}{Gesamthöhe} \qquad (3.7)$$

---

[85] Die Leistungsfähigkeit der Lagerhaltung bestimmt u. a. auch die Lieferbereitschaft und Lieferschnelligkeit im Versandhandel oder im Online-Geschäft (B2C).

[86] Vgl. ten Hompel et.al. (2007), S. 102-104, 110-111

- **Eigentum am Lagerhaus** (*Eigenlager* oder *Fremdlager*, bzw. auch Modelle wie „Sale-and-Lease- Back", siehe auch Abschnitt 9.3.2.2).
- **Eigentum an den Lagergütern** (Kommissionsware, Konsignationsware)
- **Marktbeziehung** (Beschaffungslager, Produktionslager, Absatz-/Distributionslager) bzw. Lagerungsstufe:
  - *Eingangslager*: Bevorratung aller fremd zugekauften Teile, um für nachgeschaltete Bereiche der Produktion die Teileverfügbarkeit sicherzustellen. Neben produktspezifischen Zukaufteilen auch Werkzeuge, sowie Roh- und Hilfsstoffe.
  - *Zwischenlager*: Pufferung von Teilen, Baugruppen und sonstigen Stoffen zwischen asynchronen Produktionsabläufen.
  - *Handlager*: Teilepuffer (z. B. für C-Teile) in der Nähe des Arbeitsplatzes. Möglichst geringer Umfang, um nicht zu viel Produktionsfläche zu belegen.
  - *Betriebsstofflager*: Bevorratung von für die Produktionsanlagen erforderlichen Betriebsstoffen. Häufig getrennt von den übrigen Lägern, da hier besondere Sicherheitsbestimmungen einzuhalten sind.
  - *Ausgangslager*: Pufferung von Fertigprodukten bis zur Verteilung bzw. Auslieferung. Ausgleich zwischen den Marktbedürfnissen und der Produktion.

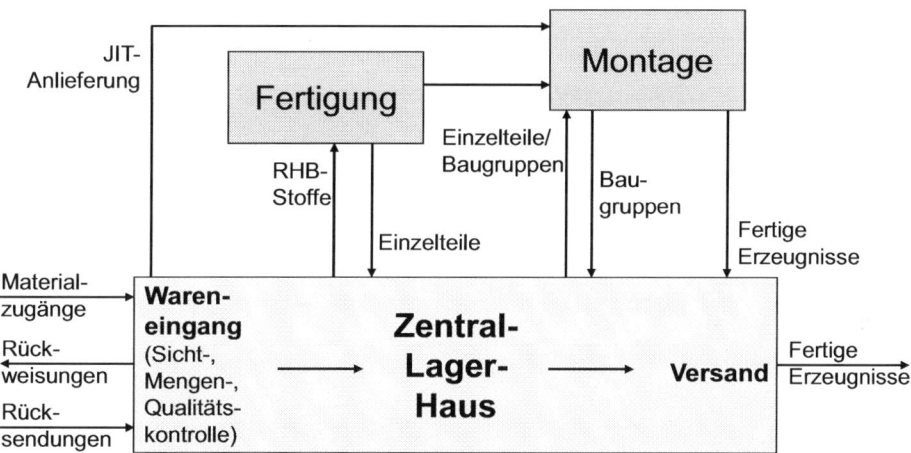

Abb. 3-4: **Zentrales Lager im Materialfluss eines Industrieunternehmens**

- **Güterklassen**, d. h. Stückgüter, Schüttgüter, Flüssigkeiten, Gase
- **Materialklassen**, z. B. Rohstoffe, Betriebsstoffe, Erzeugnisse (ggf. weiter unterteilt in z. B. Bleche, chemische Stoffe, Ersatzteile etc.), Gefahrgüter, Werkzeuge, Packmittel
- **Größenklassen** (z. B. Kleinteile, Großteile etc.)
- **Lagereinheiten**, d. h. entsprechend Güter-, Material- und Größenklassen ausgewählte Packmittel bzw. Ladehilfsmittel (siehe Abschnitt 3.2.3) wie z. B. Paletten, Behälter, Kassetten, Tablare, Container, Fässer, Bügel (für Hängeware).

- **Zentralisierungsgrad (zentral/dezentral):**
  - Eine *zentrale Lagerstruktur* ermöglicht in der Regel geringere Bestände (und damit eine geringere Kapitalbindung im Umlaufvermögen) im Vergleich zur Summe der Bestände in entsprechenden dezentralen Lägern.[87] Sie erfordert daher einerseits einen

---

[87] Hervorgerufen durch den Ausgleich von Nachfrageschwankungen verschiedener unabhängiger Bedarfsorte bzw. Verbraucher

geringeren Platzbedarf (Lagerhauskosten) und ermöglicht andererseits - aufgrund des höheren Mengendurchsatzes - den wirtschaftlichen Einsatz mechanischer Handhabungshilfen und eine höhere Automatisierung von Umschlagtechnik, Bestandsführung und Zugriffssteuerung.

■ Bei einer *dezentralen Lagerstruktur* liegen die Läger i.d.R. in der Nähe zu den zugeordneten Bedarfsorten und ermöglichen dadurch eine schnelle Belieferung. Ein weiterer Vorteil liegt in der Anpassungsfähigkeit an spezifische Erfordernisse der Bedarfsstellen bzw. Kunden. Der Nachteil der dezentralen Lagerung beruht auf insgesamt höheren Beständen (siehe die Ausführungen zur zentralen Lagerstruktur) und dem größeren Aufwand der Bestandsführung (Mehrlagerverwaltung).

Wegen der aufwändigen Technik werden häufig zentrale Standorte gewählt, wenn auch dezentrale Puffer zur unmittelbaren Versorgung (innerbetrieblich z. B. von Arbeitsgruppen, Fertigungsinseln, Montagebereichen) fallweise vorteilhaft sind.[88]

■ **Standort(e)**, wobei mit der Lage des Lagers bzw. der Läger auch Entscheidungen über die notwendigen Transporte zum Lager und vom Lager zu den einzelnen Orten des Bedarfs (innerbetrieblich z. B. Maschinen, Arbeitsplätze, Versand u. a., außerbetrieblich z. B. nachgelagerte Läger oder Kunden) einbezogen sind.

■ **Lagerbauweise**, d. h. insbesondere die räumliche Ausdehnung und die Bauart des Lagerhauses (*Außenlager/Freilager*, *halboffenes*, *geschlossenes* Lager). Bei geschlossenen Lägern werden bezüglich Bauhöhe unterschieden Flachbauten mit nur einer Geschoßebene und Hochbauten (für Hochregallager). Flurförderzeuge erreichen heute zur Ein- und Auslagerung 12 bis 15 m Höhe. Geschoßbauten für Läger sind wegen der aufwendigen vertikalen Materialflüsse, Deckentragfähigkeiten, Brandschutz u. a. selten. Bei Hochregallagern können Bauhöhen bis zu ca. 45-50 m wirtschaftlich realisiert werden.

■ **Lagerbereiche**, d. h. Anordnung und Größe von z. B. Warenein-/ausgangsbereichen, Kommissionierzone, Lagerzone, Verwaltungsbereich, Sozialbereich etc.

■ **Lagereinrichtungen**, d. h. die für einen rationellen Betrieb notwendige technische Ausstattung, unterschieden nach:

■ Einrichtungen zur Lagerung (*Lagermittel*);

■ Einrichtungen zum Ein-/Auslagern sowie zum Umschlag (*Förder- und Umschlagmittel*);

■ Einrichtungen für Nebenaufgaben (z. B. zum Wiegen, Zählen, Codieren etc.).

Die Festlegungen zu den Lagermitteln und zu den Einrichtungen zum Ein-/Auslagern haben auch Auswirkungen auf die Lagerorganisation.

■ **Lagerorganisation**, d. h. Fragen der *Lagerplatzorganisation* (feste oder - zumindest teilweise - freie Lagerplatzzuordnung), der *Lagersteuerung*, der *Lagerverwaltung*.

■ **Automatisierungsgrad**, d. h. manuell bedientes oder automatisiertes Lager.

Für die Gestaltung des Lagerhauses, der Lagereinrichtungen und der Lagerorgansiation muss eine optimale Kombination zwischen ausgereiften und bewährten Standardelementen der Lager- (und Kommissionier-)Technik in individuell zugeschnittenen Lösungen - mit

---

[88] In kundenorientierten Absatzlägern ist gelegentlich eine Kombination von Zentrallager und mehreren dezentralen Lägern beispielsweise zur Versorgung mit Ersatzteilen u. a. sinnvoll.

zunehmenden Automatisierungen und Steuerungsaufwand - gefunden werden.[89] Anforderungen und Wünsche werden zur Entscheidungsfindung in einem Pflichtenheft
zusammengefasst.

3.3.3 Lagermittel

Geeignete Lagermittel sind bezüglich ihrer Eigenschaften so auszuwählen, dass sie die
Anforderungen eines detaillierten Pflichtenheftes erfüllen. Lagermittel werden determiniert
durch das Lagergut (beispielsweise Schüttgut oder Stückgut), die Größe und die Vielfalt
des Sortiments, den verfügbaren Raum und die Lage zu den vor- und nachgelagerten
Bereichen (Schnittstellen). Aus der Lageraufgabe folgen die Wahl des Lagertyps und die
Dimensionierung, die Auswahl der konkreten Lagermittel, d. h. der Lagerbauformen, und
Festlegungen zum Lagerbetrieb.

Am Anfang der Gestaltungsentscheidungen steht die Wahl des Lagertyps, unterschieden
nach den folgenden Merkmalen:

- **Lagerungsart:**
  - *Flächen-/Bodenlagerung* (ungestapelt oder gestapelt): Die ungestapelte Boden-
    lagerung ist die traditionelle Einlagerung für Schüttgut, Baustoffe u. ä., aber auch für
    Großteile z. B. im Maschinen-/Anlagenbau. Bei entsprechender Eignung der
    Lagergüter bzw. der Packstücke können diese auch gestapelt werden.
  - *Großbehälterlagerung:* Schüttgüter werden alternativ zur Bodenlagerung häufig
    auch in Großbehältern gelagert, die dann als Bunker oder Silos bezeichnet werden.
  - *Regallagerung* (gestapelte Lagerung mit Regalen): Typische Einlagerung für
    Stückgüter des Industriebetriebes. Ladehilfsmittel (z. B. Paletten, Behälter) ermög-
    lichen ggf. ein sicheres Handling mit Regalbediengeräten bei hoher Automatisierung.
- **Lageraufbau:**
  - *Kompakt-/Blocklagerung*: Zusammenfassung der Lagereinheiten zu Blöcken
  - *Zeilenlagerung*: Einlagerung in Zeilen mit jeweiliger beliebiger Zugriffsmöglichkeit
    durch Lagergänge. Die Lagergänge und die Einlagerungstiefe - in der Regel eine
    Ladeeinheit - bedeuten jedoch einen hohen Flächenbedarf.
- **Bewegungsart:**
  - *Statische Lagerung*: das Lagergut bleibt nach der Einlagerung bis zur Auslagerung
    im Ruhezustand auf einem Lagerplatz.
  - *Dynamische Lagerung*: das Lagergut wird nach der Einlagerung als Ladeeinheit in
    Durchlaufregallägern, Umlaufregallägern, Verschieberegalen oder auf Fördermitteln
    (z. B. Kreisförderer, Sortierspeicher) bewegt.

Unter Eingrenzung auf den Bereich der Stückgüter führt die Kombination der einzelnen
Merkmale dann auf die einzelnen Lagertypen, entsprechend **Abb. 3-5** für statische Lagersysteme und entsprechend **Abb. 3-6** für dynamische Lagersysteme:

- **Lagertypen für statische Lagerung:**
  - *Bodenläger* stellen eine sehr einfache Möglichkeit der Lagerung dar. Bei gestapelter
    Lagerung und als Blocklager organisiert kann eine hohe Flächenauslastung erreicht
    werden. Einschränkungen bestehen dann bezüglich des Zugriffs auf einzelne

---

[89] Das aktuelle Angebot und der Entwicklungsstand an Produkten, Systemen, Lösungen zur innerbetrieb-
lichen Materialflusstechnik (Intralogistik) kann auf der jährlich stattfindenden LogiMAT (Internationale
Fachmesse für Distribution, Material- und Informationsfluss) oder der alle 3 Jahre stattfindenden CeMAT
(Weltleitmesse für Intralogistik) besichtigt werden.

Lagergüter. Vorteile liegen im geringen Investitionsbedarf und in der Flexibilität hinsichtlich der Lagergüter. Allerdings bestehen kaum Optionen zur Automatisierung der Ein-/Auslagervorgänge.

▪ *Einfahr-/Durchfahrregale* bieten die Vorteile der Blocklagerung auch dann, wenn die Lagergüter nicht direkt aufeinander gestapelt werden können (aufgrund Form, Druckempfindlichkeit, o. ä.).

Lagerungsart	Lageraufbau	Wichtige Lagertypen
ungestapelt oder gestapelt	Blocklagerung	• Bodenblocklager
	Zeilenlagerung	• Bodenzeilenlager
gestapelt, mit Regal	Blocklagerung	• Einfahr-/Durchfahrregal • Wabenregal
	Zeilenlagerung	• Fachbodenregal • Schubladenregal • Palettenregal • Hochregal • Behälterregal • Kragarmregal • Kragarmregal mit beweglichen Armen

Abb. 3-5:   Lagertypen für statische Lagerung

▪ *Regale* erlauben die Stapelung auch nicht stapelfähiger Ladeeinheiten und stellen im Bereich der Stückgüter die häufigste Lagertypklasse dar. Über die verschiedenen Bauformen werden ca. 80% aller Anwendungsfälle statischer Lagerung abgedeckt:

  ▪ *Fachbodenregale* werden zumeist eingesetzt bei klein- oder mittelformatigen Gütern, die in geringen Stückzahlen bzw. Lagereinheiten (z. B. Schachteln) und unter manueller Bedienung ein- bzw. ausgelagert werden; ggf. kommen Sichtkästen oder andere geeignete Ladungsträger zum Einsatz.

  ▪ *Palettenregale* ermöglichen über den standardisierten Ladungsträger „Palette" eine hohe Umschlagleistung bei gleichzeitiger Flexibilität bezüglich der Lagergüter.

  ▪ *Behälterregale* mit Behältern als standardisierte Ladungsträger – je nach Anforderung in unterschiedlichster Ausführung, z. B. auch als *Tablar* (Tray) bezeichnete flache Platten oder Wannen - eignen sich im Gegensatz zu Palettenregalen auch für Kleinteile und bieten gegenüber Fachbodenregalen den Vorteil einer besseren Automatisierbarkeit.

  ▪ *Langgutregale* eignen sich zur Aufnahme von langformatigen Gütern (4-6 m Länge). Konstruktiv zu unterscheiden sind z. B. Ständerregale, Kragarmregale oder Wabenregale.

  ▪ *Hochregalanlagen* (Regale ab 7,5-10-15 m Höhe) werden typischerweise in den Bauformen Palettenregal oder Behälterregal ausgeführt.

▪ **Lagertypen für dynamische Lagerung**

  ▪ *Durchlaufregale* bieten – wie Einfahr-/Durchfahrregale – den Vorteil der Blocklagerung. Konstruktive Unterscheidungsmerkmale bestehen insbesondere in den eingesetzten Lademitteln (Kleinbehälter, Paletten, Kisten etc.) und in der Frage, wie die Bewegung der Ladeeinheit erzeugt wird (durch Schwerkraft über Rutschen bzw. Rollen oder durch Antriebe).

■ *Umlaufregale* sind nach ihrem konstruktiven Aufbau weiter zu unterscheiden in:[90]

- ▪ Vertikale Umlaufregale (Beispiel: Paternoster);
- ▪ Horizontale Umlaufregale (Beispiel: Karussellregal);
- ▪ Kombinierte Umlaufregale (Beispiel: Etagen-/Schlangenpaternoster).

■ *Verschieberegale* bieten hohe Flächennutzungsgrade, erfordern aber geringe Zugriffsfrequenzen. Typische Anwendungsfälle sind Aktenläger, aber auch selten benötigte Werkzeuge, Vorrichtungen, Sonderteile eignen sich für diesen Lagertyp.

■ *Fördermittel mit Lagerfunktion* werden im Abschnitt 3.5.2 behandelt.

Lagerungsart	Lageraufbau	Wichtige Lagertypen
gestapelt, mit Regal	Blocklagerung (Feststehende Regale)	• Durchlaufregal, stetig, Schwerkraft oder Antrieb • Durchlaufregal, unstetig, Schwerkraft oder Antrieb (Kanalregal)
	Zeilenlagerung (Bewegte Regale)	• Umlaufregal, horizontal oder vertikal • Verschiebeumlaufregal • Verschieberegal, Tische oder Zeilen • Regal auf Flurförderzeug
Fördermittel mit Lagerfunktion		• Staurollenbahn • Staukettenförderer • Paternoster • Kreisförderer, Schleppkreisförderer • Anhänger, Wagen • Trolley-, Rohrbahn • Elektro-Hängebahn

Abb. 3-6:   Lagertypen bei dynamischer Lagerung

Mit der Wahl des Lagertyps ist häufig auch die Zugriffsfolge gegeben - beispielsweise erzwingt ein Durchlaufregallager (wabenförmige Anordnung) das First-in-First-out-Prinzip (FIFO).[91]

Die Entwicklung der Lager-(und Förder-)technik ist gekennzeichnet von noch weiter wachsenden logistischen Verflechtungen zwischen Beschaffungs-, Produktions- und Absatzbereich – einschließlich einbezogener Dienstleistungsunternehmen. Sie führt zu ansteigenden Anteilen der Steuerungstechnik am Wert materialflusstechnischer Anlagen, auch Lagereinrichtungen. Systeme und Problemlösungen lösen Einzelprodukte ab und gewährleisten die Forderungen nach Flexibilität, Integration, Automatisierung, Intelligenz und Verfügbarkeit in komplexen Logistiksystemen.

Die geforderte Verfügbarkeit der Lagerbestände erfordert ein hohes Maß an Zuverlässigkeit des Lagerbetriebes - das betrifft neben den eingesetzten Mitarbeitern insbesondere die technischen Systeme der Lagertechnik und Steuerung. Die Vermeidung von Stillstandszeiten oder Störungen kann erreicht werden durch redundante und/oder auch „intelligente" Elemente, präventive Wartung, hochgradig verfügbare Service- und Instandhaltungs-Dienste und regelmäßige Optimierungen oder Modernisierungen.

---

[90] Vgl. Martin (2006), S. 347
[91] Einfahrlager oder Blocklager bedingen das Last-in-First-out-Prinzip (LIFO).

3.3.4 Prinzip der Lagerplatzzuordnung und Lagerdimensionierung

Nach der Bestimmung des Lagertyps ist das Prinzip der Lagerplatzzuordnung festzulegen und die Lagereinrichtungen sind entsprechend zu dimensionieren.

Für die Zuordnung von Lagergütern zu Lagerplätzen stehen prinzipiell die in **Abb. 3-7** aufgeführten Möglichkeiten zur Verfügung.[92] In automatisierten Lagersystemen kommen aufgrund der Vorteile vorrangig die „chaotische Lagerung" bzw. die „chaotische Lagerung innerhalb von Zonen" zum Einsatz.

Bezeichnung	Beschreibung	Vorteile	Nachteile
Feste Lagerplatz- zuordnung	Jedem Artikel ist ein fester Lagerort zugewiesen	• Jede Materialart kann am günstigsten Platz gelagert werden, insbesondere bei hoher Entnahmehäufigkeit	• Hoher Raumbedarf • Belegung eines Platzes mit alten und neuen Materialien, kein FIFO-Prinzip
Querverteilung	Mehrere Ladeeinheiten eines Artikeln werden über verschiedene Gänge verteilt	• Zugriffssicherheit bei Ausfall eines Regal- bediengerätes • Paralleles Ein-/Auslagern	wie fester Lagerplatz
Vollständig freie Lagerplatz- zuordnung (chaotische Lagerung)	Die Ladeeinheiten werden in beliebige Fächer eingelagert	• Erhöhte Ausnutzung der Lagerkapazität • Flexibilität bei Sortimentsänderungen	• Schlechtere Möglich- keiten der Transport- wegoptimierung
Freie Lagerplatz- zuordnung innerhalb fester Bereiche (Zonen)	Die Ladeeinheiten werden nur innerhalb vorgegebener Bereiche (Zonen) frei gelagert	• Trennung von Warengruppen • Zonung nach Umschlaghäufigkeit	• Reduzierung der Kapazitätsausnutzung gegenüber vollständig chaotischer Lagerung

Abb. 3-7:   **Möglichkeiten der Lagerplatzzuordnung**

Hinsichtlich der Dimensionierung wird nachfolgend ausschließlich der Anwendungsfall „Stückgüter" betrachtet. Für ein (Paletten-)Regallager z. B. ist die benötigte Stellplatz- kapazität K zu bestimmen. Diese lässt sich aus dem gemessenen oder auch dem angenommenen Bestandsverlauf über der Zeit ableiten bzw. aus den daraus gewonnenen statistischen Werten wie mittlerer Lagerbestand $\bar{b}$ und Standardabweichung σ. Dabei sind die folgenden Fallunterscheidungen zu treffen:

■ Berechnung der Lagerkapazität auf Basis des **mittleren Bestandes**, ohne Berück- sichtigung von (dispositiven) Sicherheitsbeständen:[93]

   ■ Bei **fester** Lagerplatzzuordnung: $K_{fest} = 2 \times \bar{b}_{sum} = 2 \times \sum_{j=1}^{n} \bar{b}_j$ (3.8)

   ■ Bei **freier** Lagerplatzzuordnung: $K_{frei} = \bar{b}_{sum} + \dfrac{\bar{b}_{sum}}{\sqrt{k}}$ (3.9)

   mit $k :=$ Anzahl unterschiedlicher Artikel

---

[92]   Vgl. u. a. ten Hompel (2007), S. 106
[93]   Vgl. Arnold et. al. (2008), S. 377

- Berechnung der Lagerkapazität auf Basis **optimaler Bestände**, basierend auf dem als normalverteilt angenommenen Bestandverlauf mit dem Mittelwert b_j und der Standardabweichung σ_j [94]:

  - Bei **fester** Lagerplatzzuordnung: $\quad K_{fest} = \sum_{j=1}^{n} b_{j,opt,\max} = \sum_{j=1}^{n} \left(2 \times z \times \sigma_j\right)$ (3.10)

    mit $z :=$ Sicherheitsfaktor (Quantil der Standardnormalverteilung für eine geforderte statistische Sicherheit)

  - Bei **freier** Lagerplatzzuordnung: $\quad K_{frei} = \sum_{j=1}^{n} \hat{b}_{j,opt} + z \times \sqrt{\sum_{j=1}^{n} \sigma_j^2}$ (3.11)

    mit $\hat{b}_{j,opt} = z \times \sigma_j, \quad j = 1,..,n$

3.3.5 Operative Lagerprozesse

In der betrieblichen Praxis werden zugehende Materialien zunächst hinsichtlich einer Anlieferberechtigung geprüft. Im Wareneingang wird die Lieferung entladen und es wird eine Mengen- und Sichtkontrolle durchgeführt. Sofern die Lieferung nicht zurückgewiesen wird, gilt sie als unter Vorbehalt angenommen. Nach der unverzüglich vorzunehmenden Prüfung auf vereinbarte Qualitätsmerkmale (vgl. § 377 HGB) wird entweder der Mangel angezeigt und die Ware damit zurückgewiesen oder sie gilt als endgültig angenommen und wird eingelagert. Damit beginnt der operative Prozess der eigentlichen Lagerung, unterteilt in einzelne Teilprozesse und Aktivitäten (siehe **Abb. 3-8**).

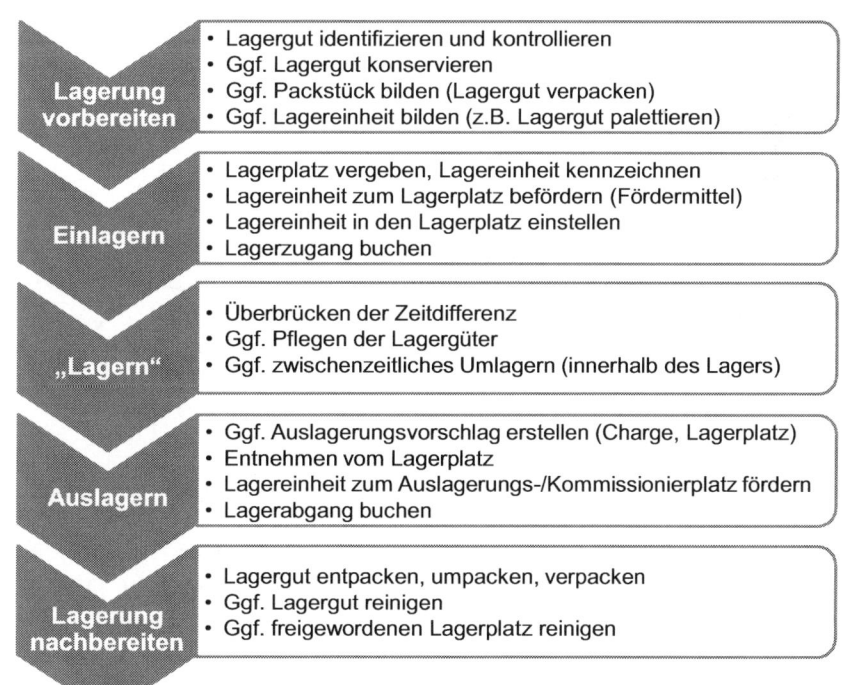

Lagerung vorbereiten
- Lagergut identifizieren und kontrollieren
- Ggf. Lagergut konservieren
- Ggf. Packstück bilden (Lagergut verpacken)
- Ggf. Lagereinheit bilden (z.B. Lagergut palettieren)

Einlagern
- Lagerplatz vergeben, Lagereinheit kennzeichnen
- Lagereinheit zum Lagerplatz befördern (Fördermittel)
- Lagereinheit in den Lagerplatz einstellen
- Lagerzugang buchen

„Lagern"
- Überbrücken der Zeitdifferenz
- Ggf. Pflegen der Lagergüter
- Ggf. zwischenzeitliches Umlagern (innerhalb des Lagers)

Auslagern
- Ggf. Auslagerungsvorschlag erstellen (Charge, Lagerplatz)
- Entnehmen vom Lagerplatz
- Lagereinheit zum Auslagerungs-/Kommissionierplatz fördern
- Lagerabgang buchen

Lagerung nachbereiten
- Lagergut entpacken, umpacken, verpacken
- Ggf. Lagergut reinigen
- Ggf. freigewordenen Lagerplatz reinigen

Abb. 3-8: **Teilprozesse und Aktivitäten der Lagerung**

---

[94] Vgl. Arnold et. al. (2008), S. 658-659

Im laufenden Lagerbetrieb müssen kurzfristige Entscheidungen getroffen werden. Das sind Maßnahmen zur Planung und Steuerung im Materialfluss mit dem Ziel einer rationellen Abwicklung der notwendigen Materialbewegungen, ohne die Durchlaufzeit zu verlängern. Hier bedarf es umfangreicher ablauforganisatorischer Maßnahmen beim Identifizieren und Kennzeichnen, Ein- und Auslagern, Bedienen, Verwalten, Kommissionieren bzgl. sinnvoller IT-Unterstützung u. a.

Sowohl beim Ein- als auch beim Auslagern geht es – auf Basis der prinzipiellen Lagerplatzzuordnung – bei der Festlegung des Lagerplatzes vorrangig um die Optimierung der Raumnutzung und die Beschleunigung der Umschlagleistung. Neben Raum- und Weg-Zeit-Kriterien sind ggf. auch Zusammenlegungsverbote, Gefahrgüter, Haltbarkeits- bzw. Verfalldaten u. a. zu berücksichtigen.

Die Umschlagleistung kann zudem durch entsprechend des Anwendungsfalls sinnvoll ausgewählte Ein- bzw. Auslagerstrategien (siehe **Abb. 3-9**) verbessert werden.

Strategie	Beschreibung	Vorteile
FIFO	Auslagerung der zuerst eingelagerten Ladeeinheiten	• Vermeidung von Alterung
Mengen-anpassung	Auslagerung von angebrochenen und vollen Ladeeinheiten	• Raumnutzung • Wenig Rücklagerung bei Kommissionierung
Wegoptimierte Auslagerung	Auslagerung der Ladeeinheiten mit kürzester Bedienzeit	• Fahrwegoptimierung
LIFO	Auslagerung der zuletzt eingelagerten Ladeeinheiten	• Vermeidung von Umlagerung bei bestimmten Lagertechniken

Abb. 3-9:   Ein-/Auslagerungsstrategien

Darüber hinaus können folgende Optionen berücksichtigt werden:

- **Doppelspiele**: Vermeidung von Leerfahrten von Regalbediengeräten durch Verknüpfung von Ein- und Auslagerungsaufträgen.
- **Bildung von Lagerzonen**: Verkürzung der notwendigen Wege durch Lagerung von „Schnelldrehern" in der Nähe des Wareneingangs-/Kommissionierbereichs (v. v. für „Lagerhüter„).

Die Materialbewegungen im Lagerbereich werden von Informationsflüssen begleitet. Durch Anbindung der Lagersteuerung und Lagerverwaltung (LVS-Software) an die Fertigungsplanung und -steuerung (ERP-/PPS-Systeme) oder an das Warehouse-Management (WMS) ist eine sinnvolle integrierte Informationsverarbeitung möglich, die auch JIT-Konzepte mit internen und externen Lieferanten zulässt. In hochautomatisierten Systemen werden die eingehenden Materialien – bereits inkl. Ladungsträger als Ladeeinheit vorbereitet – am sog. *Identifikationspunkt* (I-Punkt) erfasst, es wird ihnen ein Lagerplatz zugeordnet und die Lagersteuerung führt sie unter Einsatz der Regalbedientechnik (Fördermittel) dorthin (siehe **Abb. 3-10**). Beim Auslagern erfolgt die art- und mengenmäßige Erfassung entsprechend am *Kontrollpunkt* (K-Punkt). Die Leistungsfähigkeit des gesamten Lager- und Transportsystems muss es erlauben, auch kleine Materialmengen ein-

oder auszulagern, ggf. zu kommissionieren und gleichzeitig die Aufgaben der Bestandsführung zu erledigen.

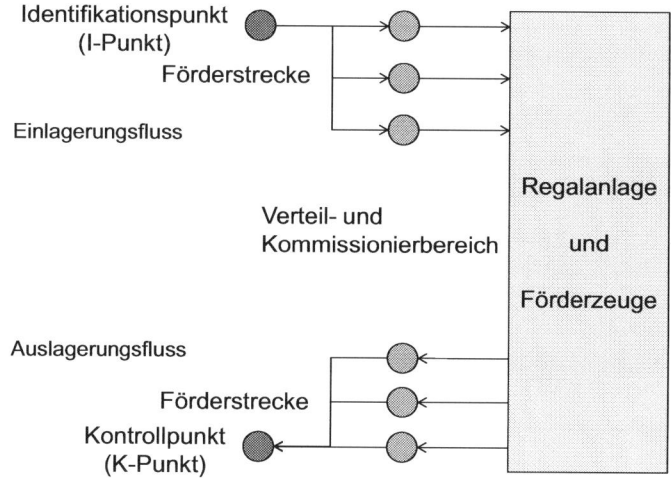

Abb. 3-10: I-Punkt und K-Punkt im Lager

Zur Informationsverarbeitung des Lagerbetriebes gehört auch die mengenmäßige
Erfassung und Dokumentation der Zugänge und der Abgänge (Lagerbewegungen) durch
die Bestandsfortschreibung - einschließlich der Lagerplatzvergabe/-verwaltung. Zur
Bedeutung und für die Anforderungen an die Zeitnähe der Informationen siehe auch
Abschnitt 4.2.3. Statistische Auswertungen über Gängigkeit, Lagerbewegungen, Bestands-
daten u. a. sollten möglich sein. Für die automatische Verarbeitung der Informationen gibt
es Identifikationssysteme (siehe Abschnitt 10.3.1). Diese lesen einen Code aus (z. B.
optisch, elektromagnetisch) und leiten diesen zur Verarbeitung weiter. Die bekanntesten
Codierungen sind die Balken- oder Strich-Codierungen, Transponder (RFID-Tags) oder
die Klarschriftcodierung (Beispiel: OCR-Code im Bankenwesen) und deren
Standardisierung in der überbetrieblichen Zusammenarbeit (EDIFACT, VDA, ODETTE-
Standards für den Electronic Data Interchange (EDI)).[95] Die Bedeutung der Informationsverarbeitung für den laufenden Lagerbetrieb erfordert von den eingesetzten Rechnern eine
sehr hohe Verfügbarkeit, die häufig nur durch Vorhalten von Redundanzen gewährleistet
werden kann.

3.4 Kommissionieren und Sortieren

3.4.1 Aufgabe

Gemäß der VDI-Richtlinie 3590 ist „Kommissionieren … das Entnehmen von bestimmten
Teilmengen (Artikeln) aus einer bereitgestellten Gesamtmenge (Sortiment) aufgrund von
Bedarfsinformationen (Aufträgen)".[96] Das bedeutet das Umwandeln der im Lager artikel-
orientiert gehaltenen Materialien in auftragsorientierte Zusammenstellungen. Das
Kommissionieren („picking", „picken") ist nicht das bloße Bereitstellen und Entnehmen

---

[95] Vgl. VDI 2515, VDI 2690, VDI 3641, VDI 4415, VDI 4416, EN 1571, 1572, 1573 u. a.
[96] VDI 3590

von Artikeln aus einem Lagerplatz, es bedeutet vielmehr das ganzheitliche Zusammenspiel von Material-, Informationsfluss und Organisation.[97]

Ein modernes, leistungsfähiges Kommissioniersystem soll ein Unternehmen bei der Realisierung seiner Unternehmensziele unterstützen. Sein Nutzen liegt in einer hohen Kommissionierleistung und damit geringen Durchlaufzeit der Kundenaufträge bei gleichzeitig hoher Kommissionierqualität, d. h. wenig Fehler durch Fehlbuchungen und wenig Materialfalschentnahmen.[98] Das Ziel ist eine hohe Produktivität bei gleichzeitig niedrigen, vertretbaren Kosten. Daher scheint der Einsatz moderner Kommissioniersysteme unumgänglich zu sein, um in dem immer stärker und zunehmend globaler werdenden Wettbewerb zwischen den einzelnen Unternehmen und zwischen Lieferketten bestehen zu können. Bei der Auslegung von Kommissioniersystemen sind demnach konkrete Anforderungen zu spezifizieren bzgl. Genauigkeit, Geschwindigkeit, Verfügbarkeit, Flexibilität, zeitnaher Bestandsführung (ggf. in Echtzeit) und Kosten.

Die Kommissionierzeit setzt sich wie folgt zusammen:[99]

Zeit	Beschreibung	Zeitanteil
Basiszeit	▣ Abrufen, Übernehmen, Ordnen der Aufträge ▣ Aufnehmen von Informationen ▣ Ggf. Aufnehmen und Abgeben von Kommissionier-wagen und/oder –behälter	5 … 10%
+ Wegezeit	▣ Gesamte Zeit für die Wege von der jeweils aktuellen Stelle bis zum Ort der nächsten Entnahmeposition, über alle Auftragspositionen	30 … 60%
+ Greifzeit	▣ Entnehmen der Ware ▣ Ablegen im Behälter oder auf dem Band	5 … 15%
+ Totzeit	▣ Beleg lesen, Lagerplatz suchen, positionieren, vergleichen, Anbruch bilden etc. ▣ Kontrollieren, codieren, zählen, wiegen, Beleg bearbeiten etc.	10 … 35%
+ Verteilzeit	▣ Persönliche oder sachliche Verteilzeiten, in denen nicht produktiv gearbeitet wird	

3.4.2 Grundprinzipien von Kommissioniersystemen

Kommissioniersysteme lassen sich nach den folgenden Grundprinzipien unterscheiden:

▣ **Art der Bereitstellung (*Kommissionierart*)**
  ▪ Organisatorisch kann die Bereitstellung gelöst werden, indem ein Mitarbeiter - dem Kunden eines Supermarktes vergleichbar - durch das Lager geht und manuell die angeforderten Artikel, z. B. anhand der Entnahmeliste (Kommissionierliste, Pick-Liste), den Lagerfächern entnimmt. Dieses traditionelle Prinzip wird als *statisch* oder auch als „Mann-zur-Ware-Prinzip„ bezeichnet.
  ▪ Viele Wege durch das Lager, ergonomisch ungünstige Arbeitsabläufe und begrenzte Reichweiten des Menschen im Kommissionierbereich machen technische Hilfen und

---

[97] Gudehus (1973)
[98] Im Versandhandel oder im E-Commerce z. B. im 24-Stunden- oder 48-Stunden-Service.
[99] Vgl. Koether (2008), S. 344

Automatisierungen wünschenswert. Menschengerechte Arbeitsplatzgestaltung wird möglich, wenn in speziellen Kommissionierbereichen die „Ware zum Mann„ (*dynamische* Bereitstellung) - oft kombiniert mit dezentraler Warenabgabe - gebracht wird. Die Anforderungen an Lager- und Transportsysteme steigen insbesondere bzgl. des Zusammenwirkens zwischen Lagertechnik, Fördertechnik und informations-technischer Verbindung.

■ **Dimensionen der Fortbewegung**

  ■ Bei der *eindimensionalen* Fortbewegung erfolgt die Kommissionierung in einer Ebene, d. h. der Kommissionierer nimmt die Ware aus einem ebenerdigen Regal.

  ■ Bei der *zweidimensionalen* Fortbewegung erfolgt die Kommissionierung in zwei Ebenen, d. h. der Kommissionierer nimmt die Ware aus einem (Hoch)-Regal mit Hilfe eines Regalbediengerätes oder eines sog. Pick-Car.

■ **Art der Warenabgabe**

Drittes Klassifizierungsmerkmal von Kommissioniersystemen ist die Art der Warenab-gabe. Es gibt hier zunächst zwei Möglichkeiten der Klassifizierung: die zentrale und dezentrale Warenabgabe:

  ■ Bei der *zentralen* Warenabgabe nimmt der Kommissionierer die Ware aus dem Regal und gibt sie an einem zentralen Kommissionierplatz ab.

  ■ Bei der *dezentralen* Warenabgabe nimmt der Kommissionierer die Ware aus dem Regal und legt sie auf ein Förderband oder eine Rollenbahn (auch als Pick-to-Belt (P2B) bezeichnet), welches die Weiterbeförderung zum Kommissionierplatz übernimmt.

Mit der Art der Warenabgabe ist z. B. auch die Frage der nachfolgenden Tätigkeit des Verpackens verbunden. Erfolgt das Verpacken gleichzeitig mit dem Kommissionieren in einem Schritt, wird dies als „Pick-Pack" bezeichnet.

■ **Art der Auftragsabwicklung**

Die Auftragsabwicklung in der Kommissionierung kann auf unterschiedliche Arten gestaltet werden:

  ■ Entweder erfolgt die Kommissionierung als *Einzelauftrag* (Order Picking) oder als Auftragsserie (Batch Picking), d. h. es werden mehrere Aufträge zu einer Serie zusammengefasst.

  ■ Bei Aufteilung der Aufträge (sowohl Einzelauftrag als auch Auftragsserie) auf einzelne Kommissionierbereiche können mehrere Kommissionierer arbeitsteilig entweder *seriell* oder *parallel* die Aufträge zusammenstellen (mehrstufige Komissionierung). Insbesondere bei paralleler Organisation ergibt sich eine hohe Kommissionierleistung.

Die Kombination der Grundprinzipien führt zu unterschiedlichen Kommissionierverfahren. Die Auswahl orientiert sich an Artikelspektrum, Auftragszusammensetzung, dem zu bewältigenden Mengenvolumen und der spezifizierten Kommissionierleistung (z. B. Durchsatz = Anzahl der kommissionierten Artikel je Zeiteinheit).

Da Kommissionierung eine kostenintensive Aufgabe innerhalb der Logistik ist, haben Rationalisierungsmaßnahmen große Wirkungen; sie sind mit Technikeinsatz und mit organisatorischen Maßnahmen zu erreichen. Neben dem Einsatz von schnellen Regal-förderzeugen, Handhabungshilfen, Kommissionier-Robotern, Sortiereinrichtungen u. a. kann beispielsweise Batch-Picking oder mit mehrstufiger Kommissionierung eine Verringerung der Anzahl der Bewegungen im Lager erreicht werden, z. B.

- die artikelbezogene Entnahme des Tages- oder Wochenbedarfes,
- die abnehmerorientierte Zusammenstellung der Aufträge,
- die Auftragssortierung nach Relationen (Kostenstellen, Postleitzahlen, Kunden etc.).

3.4.3 Integration und Ablaufsteuerung der manuellen Kommissionierung

Um die Integration von Material- und Informationsfluss zu erreichen, wird klassisch ein Papierbeleg erzeugt - der Kommissionierschein (Pick List). Vielfältige Organisationen und Techniken haben sich in den letzten Jahren bewährt, um den Papierbeleg zu vermeiden (Gründe: Datenaktualität, Lesefehler, Rücklauf und Verarbeitung etc.).

Im Vordergrund stehen hierbei vor allem „beleglose" Kommissionier-Systeme mit Einsatz stationärer oder mobiler Datenterminals (VDI 4428) und Datenfernübertragung (wireless LAN). Derartige Systeme unterstützen bzw. erlauben - möglicherweise in automatischem Betrieb (VDI 2515) - die Beherrschung großer und wechselnder Sortimente, fehlerfreies Kommissionieren und hohe Einsatzdauern (24-Stunden-Betrieb).

Zur Reorganisation der Kommissionierabläufe für eine beleglose Abwicklung stehen auch optisch unterstützte Systeme (Pick-by-Light, Pick-by-Point) und sprachgesteuerte Systeme (Pick-by-Voice) zur Verfügung.

Mit der Automatisierung und gestiegenen Integrierung von Materialfluss und Informationsfluss werden ein rationelles, flexibles Kommissionieren, Qualitätsverbesserungen bei der Kommissionierung (Vermeiden von Fehlerkosten) und Online-Bestandsinformationen erreicht. Der sinnvolle Einsatz der beleglosen Konzepte wird umso wirkungsvoller sein, je besser die Integration in gesamte - auch außerbetriebliche – Materialflusskonzepte gelingt.

- **„Pick-by-Scan"**
  Pick-by-Scan-Lösungen zeichnen sich dadurch aus, dass die Entnahme des richtigen Materials aus den richtigen Fächern durch Scannen eines Barcodes beim Kommissionieren überprüft wird. Dadurch lassen sich Fehlbuchungen und Materialfalschentnahmen weitgehend vermeiden, was zu einer größeren Bestandssicherheit führt.

  Die einfachste Form ist eine *stationäre Datenerfassung* an einem fest installierten Datenterminal. Bei mobilen Lösungen erfolgt die Datenerfassung am Entnahmeort, d. h. der Barcode der Ware wird mit Hilfe eines mobilen Scanners eingelesen, den der Kommissionierer beim Kommissioniervorgang am Regal bei sich hat. Es wird dabei zwischen einer mobilen Datenerfassung offline und online unterschieden:

  - *Mobile Datenerfassung Offline*: Die Datenerfassung erfolgt mobil, aber offline. Die Daten werden im mobilen Terminal gespeichert (Batchbetrieb) und dann mittels einer Dockingstation an das DV-System übermittelt. Das System ermöglicht ein schnelleres Kommissionieren gegenüber stationärem Terminal / Client.
  - *Mobile Datenerfassung Online*: Im Unterschied zur mobilen offline Datenerfassung erfolgt die Datenerfassung bei diesem System online, d. h. mittels Datenfunk. Der zusätzliche Vorteil gegenüber der mobilen offline Datenerfassung ist, dass die Daten kontinuierlich zum DV-System übertragen werden und nicht erst nach mehreren Kommissioniervorgängen.

- **„Pick-by-Light"**
  Bei einem Pick-by-Light Kommissioniersystem werden Signallämpchen und Displays direkt an den Regalen installiert. Die Kommissionierdaten werden vom Warenwirtschaftssystem (WWS) an den Lagerrechner übertragen, der unter Berücksichtigung

einer Wegoptimierung nach und nach die betreffenden Anzeigen an den Entnahmeorten aktiviert. Die Signalleuchten führen den Kommissionierer von Regalfach zu Regalfach, im jeweils zugehörigen Display wird die Entnahmemenge angezeigt. Mittels Quittiertasten kann die Menge entweder bestätigt oder ggf. auch korrigiert werden, die Bestandsänderung wird in Echtzeit an den Lagerrechner bzw. das WWS zurückgemeldet. Der Sammelbehälter wird entweder durch eine automatische oder halbautomatische Fördereinrichtung oder vom Kommissionierer selbst bewegt.

■ „Pick-by-Voice"

Das Pick-by-Voice-Konzept basiert auf einer Informationsflussgestaltung mittels Sprachübertragung und Spracherkennung. Der Kommissionierer erhält die Kommissionierdaten per Sprachinformation und hat die Möglichkeit, mittels Sprache den Auftrag zu quittieren oder weitere Informationen vom System anzufordern. Vorteile des Pick-by-Voice-Konzeptes: Der apparative Aufwand an den Regalen entfällt, der Kommissionierer hat beide Hände frei, Wege zur Informationsbeschaffung oder zur Rückmeldung entfallen etc. Es wurden Produktivitätssteigerungen um bis zu 15% [100] und eine Reduzierung von Fehlerraten um den Faktor 10 berichtet.[101]

■ „Pick-by-Point"

Dieses neuartige Konzept[102] arbeitet, wie „Pick-by-Light", mit einer optischen Anzeige des Entnahmefachs. Der Unterschied – und damit auch der Vorteil gegenüber Pick-by-Light – besteht darin, dass das optische Signal zwar am Fach angezeigt, aber nicht dort erzeugt wird. Dies erfolgt über einen separaten Lichtprojektor, über den ein definierter Regalbereich mit entsprechender Anzeige versorgt werden kann. Es wird somit keine aufwändige Installation an den Regalen benötigt. Werden Informationen über die Entnahmemenge benötigt, kann dies z. B. – wie bei „Pick-by-Voice" – über Sprachübertragung oder über eine Zentralanzeige erfolgen. Der Vorteil gegenüber einem reinen „Pick-by-Voice"-Konzept liegt in der schnelleren und eindeutigeren Identifikation des nächsten Regalfachs. Soll nur der Entnahmevorgang quittiert werden, kann eine Überwachung mittels Radar installiert werden.

3.4.4 Automatische Kommissioniereinrichtungen

Bei entsprechend hohem Kommissionieraufkommen und unter der Voraussetzung eines relativ gleichbleibenden Warensortiments bietet sich der Einsatz von automatischen Kommissioniereinrichtungen an:

■ **Schachtautomaten** sind gekennzeichnet durch vertikale, geneigte Warenschächte mit jeweils eigener Auswurfvorrichtung. Unter den Warenschächten befindet sich ein Bandförderer (siehe Abschnitt 3.5.2.1), der entweder direkt den Kommissionierbehälter befördert oder die ausgeworfenen Waren in den Kommissionierbehälter abgibt, der dann z. B. zum Versandplatz befördert wird. Diese modular erweiterbaren Automaten eigenen sich besonders für quaderförmige, kleinvolumige Artikel mit mittlerer bis hoher Nachfrage (Mittel- und Schnelldreher). Die Leistungsbandbreite reicht von 300 bis zu über 9.000 Picks pro Stunde.

■ **Kommissionierroboter** sind über Sensoren geregelte Greifeinrichtungen, die freie Bewegungen im Raum ausführen können. Ihr Vorteil gegenüber den Schachtautomaten

---

[100] Vgl. Logistik für Unternehmen, 10-2002, S. 20
[101] Vgl. Logistik für Unternehmen, ½-2011, S. 26
[102] Vgl. Logistik heute, 10/2010, S. 38-39

besteht in einer wesentlich höheren Flexibilität – der Nachteil in einer erhöhten Handhabungszeit je Entnahmeeinheit.

■ **Sorter** (Sortier- und Verteilanlagen) werden eingesetzt, um große Gütermengen in kurzer Zeit (Durchsatz ab ca. 500 Stück/h über 5.000 Stück/h bis zu über 15.000 Stück/h) auf viele unterschiedliche Ziele zu verteilen, also z. B. im Versandhandel bei der Sortierung und Verteilung von Sendungen auf Regionen. Problematisch sind Anforderungen von z. B. e-Commerce-Portalen nach Sortern mit geringem Investitionsaufwand, hohen Durchsätzen und hoher Flexibilität gegenüber Auftragsspitzen.

Branchenbezogen werden auch einzelne Kommissioniereinrichtungen mit Förder- und Lagereinrichtungen zu vollautomatischen Kommissioniersystemen zusammengestellt. Ein Beispiel ist das „Case Picking" im Einzelhandel oder auch im Pharmabereich, wo gut greifbare und definiert abgepackte Waren in hohen Stückzahlen kommissioniert werden müssen. Diese Anlagen beginnen mit der Depalettierung der von den Herstellern angelieferten artikelreinen Paletten und enden bei der fertigen Mischpalette oder dem filial- und entnahmegerecht aufbereiteten Rollgitterwagen.[103]

Der Nutzen automatischer Kommissioniereinrichtungen (u. a. hohe Leistungsfähigkeit, keine „Fehlgriffe", 24-h-Betrieb) ist dem jeweils erforderlichen technischen Aufwand und den damit verbundenen Investitionskosten gegenüber zu stellen.

3.5 Fördern

3.5.1 Fördersysteme

Innerbetriebliche Transporte (Förderprozesse) verknüpfen die betrieblichen Vorgänge „von der Quelle bis zur Senke" technisch und organisatorisch miteinander in einer Transportkette (DIN 30781). Transportsysteme und damit auch Fördersysteme bestehen aus den drei Komponenten:

■ **Transporteinheit:**   Transportgut. Transporthilfsmittel
■ **Transportorganisation:**   Transportablauf, Transportsteuerung
■ **Transporttechnik:**   Stetigförderer, Unstetigförderer

Transporteinheiten werden gebildet, um einheitliche Bedingungen für den Materialfluss herzustellen (siehe dazu Abschnitt 3.2). Die Transportorganisation ist zuständig für die Transportprozesse, indem sie die Abläufe und Strukturen bestimmt und – über Transportaufträge – die Durchführung der Transporte plant, steuert und überwacht.

Die Anforderungen an Förderprozesse und damit an Fördersysteme sind hoch.[104] Es werden flexible Systeme gefordert, die kleine Transportmengen (1-piece-flow) in hoher Wirtschaftlichkeit und Zuverlässigkeit an ihren Bestimmungsort bringen. Der Planung eines Fördersystems liegen Daten des Materialflusses zugrunde - insbesondere zur Transportaufgabe, gegeben durch die Art des Transportgutes und die erforderliche Transportleistung, die sich aus der zu transportierenden Menge und der zu überbrückenden Entfernung ergibt. Weitere Forderungen werden durch Eigenschaften der Transport- und Ladehilfsmittel, Förderprinzip, Flexibilität (gegenüber Raum- und Flächenbedarf und

---

[103] Kohagen, J.: Special Logimat - Auf dem Vormarsch. In: Logistik inside 03/2009, S. 37-40
[104] Obwohl mit Heraklit von Ephesos (540-480 v. Chr.) für den - kontinuierlichen - Materialfluß gesagt werden kann: "Pantarei - alles fließt", fordert der japanische KAIZEN-Pionier M. Immai im Sinne der Betriebswirtschaft: "Förderbänder produzieren nichts, verkaufen Sie Ihre Förderbänder Ihrer Konkurrenz!"

unterschiedlichem Fördergut), Integrationsfähigkeit, Automatisierung u. a. beschrieben und in einem Pflichtenheft zusammengefasst.

Anforderungen und Eigenschaften von Fördersystemen lassen sich damit bspw. wie folgt unterscheiden:[105]

- ▪ *Transportmenge* pro Zeiteinheit (Durchsatz, Transportgutstrom, Transportintensität)
- ▪ *Transportleistung* (Transportintensität x Transportweg)
- ▪ *Be- und Entladung* (kontinuierlich, getaktet, fahrplanmäßig, stochastisch)
- ▪ *Zusatzfunktionen* (Sammeln, Verteilen, Sortieren, Zusammenfassen etc.)
- ▪ *Automatisierungsgrad* (voll-, teil-, nicht automatisiert).

Das gewählte Fördersystem muss sich den gegebenen technischen, räumlichen und zeitlichen Randbedingungen anpassen, für mögliche Betriebserweiterungen nutzbar und an den notwendigen Schnittstellen kompatibel sein. Die Investitionsentscheidung fällt auf der Grundlage der Wirtschaftlichkeit[106] und einer ergänzenden Nutzwertanalyse. Ein Zusatznutzen ergibt sich auch aus einem reibungslosen, flexiblen Materialfluss.

Da selten Transportleistungen allein zwischen zwei Punkten zu bewältigen sind, muss für die Lösung der Transportaufgabe und für den Einsatz der Fördermittel der gesamte Materialfluss - wie er beispielsweise im Layout zusammengefasst ist - betrachtet werden (siehe Abschnitt 6.3.4).

3.5.2 Fördertechnik

Für die Lösung individueller Förderprobleme stehen eine Vielzahl technischer Konzepte zur Verfügung, die sich - hier für innerbetriebliche Transportvorgänge und für Stückgut - folgendermaßen systematisieren lassen:[107]

▪ **Transportgutstrom: stetig / unstetig**
Für die Lösung der Transportaufgabe stehen stetig und unstetig fördernde Systeme zur Verfügung. Stetigförderer sind dadurch gekennzeichnet, dass sie einen kontinuierlichen oder diskret kontinuierlichen Fördergutstrom[108] erzeugen. Mit Unstetigförderern werden einzelne Förderaufgaben abgearbeitet, was eine intermittierende Förderung und damit keinen kontinuierlichen Fördergutstrom hervorruft.

▪ **Automatisierungsgrad:**
- ▪ *Manuell*: Fahrzeugführung und -bedienung erfolgt durch den Menschen (lenken, beschleunigen, bremsen etc.)
- ▪ *Mechanisiert*: operieren ohne direktes Einwirken des Menschen, d. h. einfache Steuerung (Start, Stop etc.), keine operativen Entscheidungen.
- ▪ *Automatisiert*: nicht nur die Förderbewegung, sondern auch die (komplexe) Steuerung erfolgt ohne Einwirken des Menschen, d. h. Rechnersteuerung, auch operative Entscheidungen sind möglich.

▪ **Beweglichkeit**: ortsfeste Einrichtungen oder geführt bzw. frei fahrbar
▪ **Antriebsart**: manuell, durch Schwerkraft, mit Zugmittel, durch Fördermedium etc.

---

[105] Fischer, Dittrich (2004), S. 19
[106] Ein Beispiel zur Ermittlung der Kosten für Flurförderzeuge ergibt sich aus VDI 2695, die Wirtschaftlichkeit für FTS aus der Richtlinie VDI 4450.
[107] Vgl. u. a. Jünemann (1998)
[108] Fördermenge je Zeiteinheit, z. B. als Volumen, Massen-, Stückgutstrom

3.5.2.1 Stetigförderer

Bei Stetigförderern handelt es sich in der Regel um ortsfeste, zumeist aufgeständerte, Installationen, die nur definierte Punkte in zumeist fester Reihenfolge bedienen können. Stetigförderer laufen im Dauerbetrieb, die Be- bzw. Entladung erfolgt während des Betriebs. Die Flexibilität bezüglich verschiedenartiger Anforderungen an eine Transportaufgabe ist somit stark eingeschränkt.

Flur-bindung	Automati-sierungsgrad	Beweg-lichkeit	Antrieb	Wichtige Fördermittelarten
flur-gebunden			Zug-mittel	• Unterflurschleppkettenförderer
aufge-ständert	mechanisiert oder automatisiert	ortsfest	ohne Zugmittel	• Rollenbahn • Schwingförderer
			Förder-medium	• Hydraulikförderer • Pneumatikförderer
	mechanisiert		Schwerkraft	• Rollenbahn; Röllchenbahn • Kugelbahn • Rutsche, Fallrohr
flurfrei	mechanisiert oder automatisiert		Zugmittel	• Tragkettenförderer • Bandförderer; Gliederbandförderer • Wandertisch; Kippschalenförderer • Paternoster; Z-Förderer
				• Kreisförderer • Schleppkreisförderer

Abb. 3-11: Systematik der Fördermittel: Stetigförderer

Quelle: Vgl. Jünemann (1989)

Wichtige Stetigförderer und ihr Einsatzgebiet sind:[109]

- ■ **Rollenbahnen** sind eine der am häufigsten anzutreffenden Arten. Als Vorteile sind ein einfacher und robuster Aufbau sowie ein geringer Energiebedarf zu nennen. Hinsichtlich Gewicht, Abmessungen und Beschaffenheit sind sie für ein weites Spektrum an Stückgütern einsetzbar. Sie sind besonders geeignet für Güter mit festem, ebenem Boden. Übliche Fördergeschwindigkeiten liegen bei 0,1 bis 1,0 m/s.
- ■ **Bandförderer** werden ebenfalls sehr häufig eingesetzt. Sie können ein größeres Artikelspektrum fördern als Rollenbahnen und es können hohe Fördergeschwindigkeiten von bis zu 3 m/s erreicht werden.
- ■ **Hängeförderer** werden hauptsächlich im Zusammenhang mit Fertigungs- und Montageprozessen eingesetzt. Vorteile: Durch die Nutzung der dritten Dimension bleiben Gänge und Produktionsfläche frei von Fördermitteln. Produktionsfläche und Bewegungsspielraum für das Personal werden gewonnen. Der hängende Transport ermöglicht eine gute Zugänglichkeit für automatisierte Verfahren. Nachteil: Es besteht wenig Flexibilität hinsichtlich der Fahrstrecke. Die Fördergeschwindigkeiten liegen bei bis zu 0,5 m/s.

---

[109] Vgl. u. a. Jünemann (1989), Koether (2007), Martin (2006), ten Hompel (2007)

3.5.2.2 Unstetigförderer

Im Gegensatz zu den Stetigförderern werden mit Unstetigförderern i.d.R. variable Anlaufpunkte in variabler Reihenfolge bedient – in der Mehrzahl der Fördermittelarten entweder flurgebunden oder flurfrei. Die Be- und Entladung der Fördergüter erfolgt meist im Stillstand. Über Veränderungen der Anzahl der eingesetzten Fördermittel bzw. über unterschiedliche Ausstattungsoptionen kann die Transportorganisation an unterschiedliche Anforderungen der Transportaufgaben flexibel angepasst werden. Dies geht allerdings häufig mit einem höheren dispositiven Aufwand einher, da jedem eingesetzten Fördermittel ggf. eine Bedienperson bzw. eine Steuerungskomponente zuzuordnen ist.

Aus dem ebenfalls vielfältigen Angebot sollen die folgenden Bauarten eingehender betrachtet werden:[110]

Flurbindung	Automatisierungsgrad	Beweglichkeit	Antrieb	Wichtige Fördermittelarten
flurgebunden	manuell	geführt fahrbar	Einzelantrieb	• Regalbediengerät
		frei fahrbar		• Schlepper, Wagen • Gabelhubwagen; Stapler • Luftfilmtransporter
	maschinell	geführt fahrbar		• Regalbediengerät; Umsetzer • Automatisches Flurförderzeug
		frei fahrbar		• Automatisches Flurförderzeug
aufgeständert		ortsfest		• Aufzug
flurfrei	manuell	geführt fahrbar		• Kanalfahrzeug, Verteilfahrzeug
			Muskelkraft	• Trolleybahn, Rohrbahn
			Einzelantrieb	• Brückenkran; Hängekran; Drehkran; • Stapelkran; Konsolkran; Portalkran
	maschinell			• Autom. Kran • Elektrohängebahn

Abb. 3-12: Systematik der Fördermittelarten: Unstetigförderer

Quelle: Vgl. Jünemann (1989)

■ **Konventionelle Flurförderzeuge** (FFZ - VDI 2198) wie Handhubwagen oder Gabelstapler sind wegen ihrer Vorteile universell einsetzbar und in fast jedem Logistiksystem zu finden: Sie erfordern geringe bauliche Maßnahmen und keine ortsfesten Installationen, weisen zahlreiche Bauarten auf (z. B. bezogen auf den Antrieb, die Abmessungen, die Art der Lastaufnahme) oder lassen sich durch Anbauten verändern, sind robust und flexibel und an keine starre Streckenführung gebunden, sind an Leistungssteigerungen anpassbar und können durch Leitzentralen in logistische Gesamtkonzepte eingebunden werden. Wesentliche Weiterentwicklungen beziehen sich vorrangig auf Themen wie Ergonomie, Sicherheit und Wirtschaftlichkeit.

■ **Automatisierte Flurförderzeuge** wie z. B. fahrerlose Transportsysteme (FTS - VDI 2510 und 3562) haben in der Vergangenheit nicht die Verbreitung erfahren, wie sie in den 70er Jahren erwartet worden war. Gründe hierfür liegen im hohen technischen und finanziellen Aufwand bei Fahrkursänderungen und bei Batteriewechseln. Technische

---

[110] Vgl. hierzu die reichhaltige technische Literatur: u. a. Jünemann (1989), Koether (2007), Martin (2006), ten Hompel (2007)

Verbesserungen beziehen sich daher insbesondere auf die Batterie-Technik[111] (hohe Energiedichte für einen kontinuierlichen bzw. mehrschichtigen Betrieb), die berührungslose Energieübertragung und die Navigationstechnik. Während Transportfahrzeuge früher über Induktionsschleifen geleitet wurden, erlauben moderne Geräte ein freies Navigieren mit Sensorik (über optische Spurführung, Magnetführung, Laser, Ultraschall, odometrische Koppelungssysteme u. a.) und eine z. B. funk- oder infrarotgestützte Datenübertragung zur Steuerung der Fördergeräte innerhalb des Materialflusssystems und zur Identifikation der Güter.

- **Krane** kommen zum Einsatz, wenn große, schwere und unhandliche Stückgüter bewegt werden müssen. Die Leistungsfähigkeit wird bestimmt durch die Länge der Kranbahn, die Länge des Kranarms, die Spannweite der Kranbrücke, den Schwenkwinkel, die Länge des Auslegers usw. Aus der Kombination der technischen Möglichkeiten ergeben sich viele Variationen, die je nach Anwendungsfall zum Einsatz kommen.

- **Elektrohängebahnen** (EHB) gehören aufgrund der innovativen Entwicklungen im Bereich der berührungslosen Energieübertragung zu den Fördermitteln, bei denen ein starker Zuwachs zu verzeichnen und weiterhin zu erwarten ist. Fördergeschwindigkeiten bis zu 3 m/s und eine Lastaufnahme bis zu 1.600 kg sind erreichbar. Den bei induktiver Energieübertragung hohen Investitionskosten und der geringen Flexibilität bezüglich Fahrkursänderungen stehen geringe Wartungsanforderungen und geringer Verschleiß gegenüber.

3.5.3 Steuerung / Integration

Neben den eigentlichen Transportaufgaben dienen Fördersysteme auch der flexiblen Verkettung[112] einzelner Fertigungssysteme (Abteilungen, Arbeitsplätze, Fertigungsinseln, u. a.) - insbesondere fahrerlose Transportsysteme können hier auch gleichzeitig als Arbeitsplattform dienen. Damit sind Fördersysteme in die operative Materialflussebene und in Produktionsprozesse integrierbar.

Ablauforganisatorisch werden die Fördersysteme über Informationen gesteuert - das ist die Planung, Steuerung, Durchführung und Kontrolle aller Güterbewegungen innerhalb - und außerhalb - des Unternehmens. Die Informationen fließen dabei nicht nur innerhalb automatisierter Systeme sondern auch zu manuell bedienten Materialflusstechniken (Handhubwagen, Gabelstapler u. a.). In komplexen Systemen bedeutet dies die Einbindung der Fördersysteme in die vorhandenen Planungs- und Steuerungs-Systeme - etwa rechnergestützte ERP-/PPS-Systeme sowie insbesondere Manufacturing Execution Systems bzw. Transportleit-Systeme. Aus der Integration der dispositiven und operativen Informationsflüsse ergeben sich zusätzliche Rationalisierungseffekte durch Automatisierung. Außerdem können betriebliche Abläufe von Logistik-, Materialfluss und Produktionssystemen mit Hilfe der Simulation (VDI 3633) geplant und optimiert werden.

3.6 Güterverkehr

3.6.1 Grundlagen der Verkehrswirtschaft

Verkehr ist die raum- und zeitliche Veränderung von Gütern (und Personen) und bildet damit eine Grundlage der wirtschaftlichen und sozialen Entwicklung einer Volkswirtschaft. Der Entwicklungsstand des Verkehrswesens einer Region bestimmt maßgeblich das

---

[111] Naturgemäß ergibt sich für die Batterien das Recycling-Problem.
[112] Ein besonderes Problem ist die Erfassung und verursachungsgerechte Verrechnung logistischer Kosten und Leistungen - siehe dazu Abschnitt 2.5.3.

soziale, wirtschaftliche und kulturelle Zusammenleben in einer Volkswirtschaft. Verkehr ermöglicht den Güter- bzw. Personenaustausch, ist Voraussetzung für die Arbeitsteilung und Spezialisierung und bildet eine Brücke zwischen der Güterentstehung und der Güterverwendung; Verkehr gewährleistet die Mobilität der Güter (und Personen). Auf den Verkehrswegen (früher Handelswegen) werden neben Waren auch Nachrichten, Technologien und Ideen/Religionen/Philosophien transportiert.

Die Verkehrswirtschaft ist ein Wirtschaftszweig innerhalb einer Volkswirtschaft, deren Unternehmen (Verkehrsunternehmen) Güterverkehrs- und zusätzliche Dienstleistungen produzieren. Die Entwicklung der Verkehrsmärkte, der Zustand der Verkehrswege, die Vermaschung der Verkehrsnetzwerke und die Bedingungen der Verkehrsmärkte und die Kooperation der Verkehrsträger bestimmen die Qualität, Zuverlässigkeit, Schnelligkeit und Störungsfreiheit (Sicherheit und Berechenbarkeit) der Verkehrsleistungen und charakterisieren die Möglichkeiten des regionalen und überregionalen bzw. internationalen Warenaustausches. Verkehr und Verkehrswege sind die Grundlage der wirtschaftlichen und sozialen Entwicklung einer Volkswirtschaft – ohne Fortschritte im Verkehrswesen kommt es zum Stillstand des gesellschaftlichen Zusammenlebens.

Abb. 3-13: Entwicklungen der Verkehrssysteme

Quelle: Liebermann, Wirtschaftswoche

Verkehrslogistik ist ein Teilgebiet der Logistik, das sich insbesondere mit der Optimierung des Güterverkehrs zwischen den Unternehmen befasst. Verkehrslogistik ist die Gestaltung, Planung und Steuerung des Flusses von Gütern und Informationen innerhalb und zwischen Systemen einer arbeitsteiligen Volkswirtschaft als Dienstleistung – unter Nutzung der Verkehrssysteme/Verkehrsträger. Eine moderne Verkehrslogistik integriert betriebswirtschaftliche, volkswirtschaftliche, technologische und planerische Prozesse im Sinne der Optimierung und Gestaltung, Steuerung/Regelung und Durchführung des physischen Flusses von Stoffen/Gütern, Informationen, Energien sowie Ortsveränderungen von Personen.

Das Vorhalten der verkehrstechnischen Infrastrukturen wird allgemein als staatliche Aufgabe angesehen und bedingt gewaltige Investitionen[113], die für Deutschland als europäisches Transitland im Nord-Süd- und Ost-West-Verkehr besonderes Gewicht haben. Staatliche Verkehrspolitik umfasst alle Maßnahmen der öffentlichen Körperschaften zur Gestaltung und Beeinflussung der Rahmenbedingungen und Wirkungen des Verkehrs; sie hat das Ziel, die Verkehrsinfrastruktur vorausschauend zu planen und zu gestalten und regelt gesetzlich, wie Verkehrswege zu nutzen sind, damit der Verkehr ökonomisch

---

[113] Die grundsätzlich möglichen privaten Finanzierungen von Verkehrsprojekten durch Projektfinanzierung, Betreiber- oder Kooperationsmodelle mit Gebühren-/Mautfinanzierung, Forfaitierung oder Fondbildung der Wirtschaft werden nur zögernd genutzt, obwohl das 1994 verabschiedete Fernstraßenbau-Privatfinanzierungsgesetz (FStrPrivFinG) den Bau, Erhaltung, Betrieb und Finanzierung von Bundesfernstraßen von Privaten (§ 1) erlaubt (BOT-Projekte – Built, Operate, Transfer).

effizient, ökologisch verträglich und sozial ausgewogen abgewickelt wird. Vorrangige Handlungsfelder der Politik sind:

- Aufbau, Ausbau und Modernisierung der logistischen Infrastrukturen der Verkehrswege (Strukturpolitik)[114];
- Gestaltung und Anpassung der rechtlichen Rahmenbedingungen, Regulierung und Deregulierung des Güterverkehrs (Güterkraftverkehrsgesetz, Transportrecht u. a.) (Ordnungspolitik);
- Liberalisierung und Harmonisierung des Marktzuganges auf allen – europäischen und weltweiten – Teilmärkten (Prozesspolitik).

Bereits in 19. Jahrhundert haben sich die wesentlichen Merkmale des modernen Verkehrswesens durch die Erfindung leistungsfähiger Antriebe und durch den Ausbau der Verkehrswege herausgebildet. Sie ermöglichten die Entwicklung zum heutigen Industriestaat und zum Austausch Gütern.

Seit 2007 hat die Bundesregierung – das Bundesministerium für Verkehr, Bau und Stadtentwicklung (BMVBS) und das Bundesministerium für Umwelt (BMU) – mit Expertengremien einen „Masterplan Güterverkehr und Logistik" erarbeitet mit dem Ziel einer nachhaltigen Verkehrspolitik. Dies bedeutet, dass Verkehr umwelt- und klimafreundlich, sozial verantwortlich und gleichzeitig wirtschaftlich effizient gestaltet werden muss, um in Deutschland eine moderne arbeitsteilige Industrie- und Dienstleistungsgesellschaft und einen erfolgreichen Wirtschaftsstandort zu erhalten.

Unter dem Eindruck, dass in den nächsten 20 Jahren mit einer Zunahme der Güterverkehrsleistung um rund 70 Prozent mit dem entsprechenden Mineralölverbrauch und CO_2-Emissionen[115] zu rechnen ist, wurden Handlungsfelder und Ziele für eine nachhaltige Logistik (Green Logistics) formuliert:

- Verkehrswege optimal nutzen - Verkehr effizient gestalten;
- Verkehr vermeiden - Mobilität sichern;
- Mehr Verkehr auf Schiene und Binnenwasserstraße (Nutzung integrierter Transportketten – Modal Split);
- Verstärkter Ausbau von Verkehrsachsen und Knoten;
- Umwelt- und klimafreundlicher (nachhaltiger), leiser und sicherer Verkehr.

Dies könnte zu einer Renaissance der Lagerhaltung führen, um durch bessere Ausnutzung der Transportkapazitäten zu einem ausgewogenen Verhältnis von Bestands- und Transportkosten zu kommen. Betriebswirtschaftlich führt die Bündelung der Relationen und der Warenströme zu Skaleneffekten – und zu einer Erhöhung der Produktivität der logistischen Leistungen.

In Deutschland sorgt der Bundesverkehrswegeplan für die Übersicht und Kontinuität beim Ausbau und Modernisierung der logistischen Infrastrukturen; er ist das zentrale Planungs-

---

[114] Zur Strukturpolitik gehört auch die Entwicklung von regionalen Logistik-Zentren – beispielsweise das Rhein-Main-Gebiet, die Hafenbereiche um Hamburg, Duisburg, Nürnberg oder Magdeburg – zu Standorten mit Synergieeffekten durch Vernetzung von Wirtschaft und Wissenschaft.

[115] Die Logistik wird weltweit für etwa 14% der CO_2-Emmissionen verantwortlich gemacht. Als Beispiel kann der Einsatz regenerativer Energien (Öko-Strom) im Schienengüterverkehr bei der Gestaltung CO_2-neutraler Transporte dienen. Der höhere Preis für den Verlader findet seinen Ausgleich in der verbesserten Öko-Bilanz und im Image-Gewinn bei den Verbrauchern. Nachhaltige Transporte werden an Bedeutung gewinnen. Zertifizierungen nach Umweltstandards werden zunehmen. Als Maß für die Emission von CO_2 oder anderen Treibhausgasen eines Unternehmens und seiner Produkte gilt der „Carbon Footprint" (CO_2-Fußabdruck).

und Koordinierungsinstrument des Bundes für Neubau- und Erweiterungsmaßnahmen aller Verkehrsträger. Er ist ein koordiniertes und langfristiges Investitionsprogramm für die unter Verantwortung des Bundes stehenden Verkehrswege. Er hat einen Planungshorizont von jeweils 10 - 15 Jahren und soll im Idealfall alle 5 Jahre fortgeschrieben werden. Die Planung der Verkehrsprojekte Deutsche Einheit im Jahre 1992 waren groß angelegte Bauprojekte für Verkehrsverbindungen zwischen Ost- und Westdeutschland, von denen unmittelbar positive Auswirkungen auch auf die Regionalplanung und die Infrastruktur auf dem Gebiet der ehemaligen innerdeutschen Grenze erwartet wurden. Alle damals beschlossenen 17 Projekte sind im Bau oder bereits fertig gestellt.

Der aktuelle Bundesverkehrswegeplan 2003 gilt bis zum Jahre 2015 und berücksichtigt durchgängig das größere Verkehrsaufkommen im Transitland Deutschland[116] - insbesondere nach der EU-Erweiterung in den Jahren 2004 und 2007; er hat ein Finanzvolumen in der Größenordnung von 150 Milliarden Euro.

Der Bundesverkehrswegeplan ist ein Investitionsrahmenplan und ein Planungsinstrument der deutschen Bundesregierung – jedoch kein Finanzierungsplan oder –programm für die Erstellung neuer Verkehrswege. Zur Finanzierung der logistischen Infrastruktur werden – bei zunehmender Finanzknappheit der öffentlichen Verwaltungen – diese öffentlichen Aufgaben häufig von privaten Investoren übernommen.[117] Objekte sind: Maut-Straßen (Beispiele: Warnow-Tunnel in Rostock (2003), Herrentunnel zur Travequerung bei Lübeck/Travemünde (2005), Häfen, Flughäfen, Telekommunikationsnetze mit langfristig stabilen Einnahmeströmen (Nutzerfinanzierung vs. Steuerfinanzierung).

Nach dem zweiten Weltkrieg waren die Verkehrsmärkte stark durch nationale Interessen geprägt; das sind Marktzugangsbeschränkungen und Preisregulierungen. Beispiele sind Bahn- und Postmonopole und das Kabotageverbot (Kabotage = Transport von Gütern und Personen; insbesondere das Erbringen von Transportdienstleistungen innerhalb eines Landes durch ein ausländisches Verkehrsunternehmen) – als protektionistische Maßnahme gegen ausländische Konkurrenzunternehmen im Straßengüter- und Luftverkehr. Mit der Bildung des europäischen Binnenmarktes (1. Januar 1993) waren die Zulassung eines freien Verkehrs von Waren, Personen, Dienstleistungen und Kapital innerhalb der EU ohne Binnengrenzen verbunden; es folgten Maßnahmen der Deregulierung und Preisfreigabe. Hierzu gehört auch die Liberalisierung des transatlantischen Luftverkehrs nach dem Open Skies-Abkommen der EU mit den USA vom 30. April 2007. Internationale Abkommen zur Nutzung digitaler Informationsflüsse können standardisierte Begleitdokumente in Papierform entbehrlich machen und die logistischen Prozesse verbilligen und beschleunigen.

---

[116] Die Verkehrsstrukturen werden im europäischen Zusammenhang geplant. Seit den 80er Jahren wird an einem transeuropäischen Netzwerk (TEN) gearbeitet, das unter Beachtung nationaler Ziele echte transeuropäische Verbindungen für den reibungslosen grenzüberschreitenden, europaweiten Verkehr schaffen soll. Der verbesserten Abwicklung des (Schienen-)Güterverkehrs in den europaweiten Frachtkorridoren dient beispielsweise ein koordiniertes Baustellenmanagement und das ERTM-System (European Rail Traffic Management System)(siehe Abschnitt 0) einschließlich des ETCS-Standards (European Train Control System) zur Beschleunigung des Verkehrs und zur Stauvermeidung. Die EU propagiert auch die Verlagerung des Fernverkehrs von der Strasse auf die Schiene. In der EU ist die Exekutivagentur für das transeuropäische Verkehrsnetz (TEN-T EA) für die technische und finanzielle Durchführung und Verwaltung des Programms für das transeuropäische Verkehrsnetz (TEN-T) zuständig.

[117] Nach dem Fernstraßenbauprivatfinanzierungsgesetz (FStrPrivFinG – 2006) sind privat finanzierte, mautpflichtige Projekte (Brücken, Tunnel, Gebirgspässe oder mehrstreifige Bundesstraßen) möglich, die nach 30 Jahren an den Staat fallen.

3.6.2 Arten und Entwicklung der Güterverkehrssysteme

Die arbeitsteilige Wirtschaft beruht auf Austauschprozessen und erfordert Orts- und Zeitveränderungen (Transformationen) von Personen, Gütern und Informationen. Güterverkehr ist die Gesamtheit des Versandes von Gütern aller Art (DIN 30 781) auf der Erde, auf dem Wasser oder durch die Luft. Die – unternehmensinternen – Materialströme werden in die Beschaffungs- und Distributionsbereiche verlängert. Die erforderlichen Infrastrukturen (Verkehrswege und Kommunikationseinrichtungen) und technischen Angebote (Verkehrssysteme) sind begründet in den weltweiten Material- und Warenbewegungen der internationalen Arbeitsteilung und der Globalisierung der Märkte.[118] Durch die technischen Einrichtungen (Verkehrsinfrastruktur und Verkehrssysteme) und Dienstleistungen[119] wird das Geschäft mit dem außerbetrieblichen Transport, der Lagerung und der Verteilung möglich und die Logistik zum Treiber der weltweiten Arbeitsteilung und der Globalisierung.

Zur physischen Abwicklung der Logistik-Prozesse außerhalb des Unternehmens stehen den Versendern bzw. den Spediteuren/Logistik-Dienstleistern für ihr Leistungsangebot verschiedene Güterverkehrssysteme zur Verfügung. Das gesamte **Güterverkehrssystem** ist ein Teil des volkswirtschaftlichen Verkehrssystems (siehe **Abb. 3-14**). Durch die Transporttechnik wird die innerbetriebliche Fördertechnik erweitert um die Verkehrstechnik - für die weiträumige Orts- bzw. Zeitveränderung der Güter auf dem Land, auf dem Wasser und in der Luft. Ein Güterverkehrssystem umfasst alle Prozesse, Tätigkeiten und eingesetzten Verkehrsträger, die innerhalb der Wirtschaftsräume zum Transport von Gütern genutzt werden. Güterverkehrsleistungen werden von den **Verkehrsträgern** erbracht: Das sind *Schienenverkehr*, *Straßenverkehr*, *Schiffsverkehr*, *Luftverkehr* und *Rohrleitungsverkehr*.

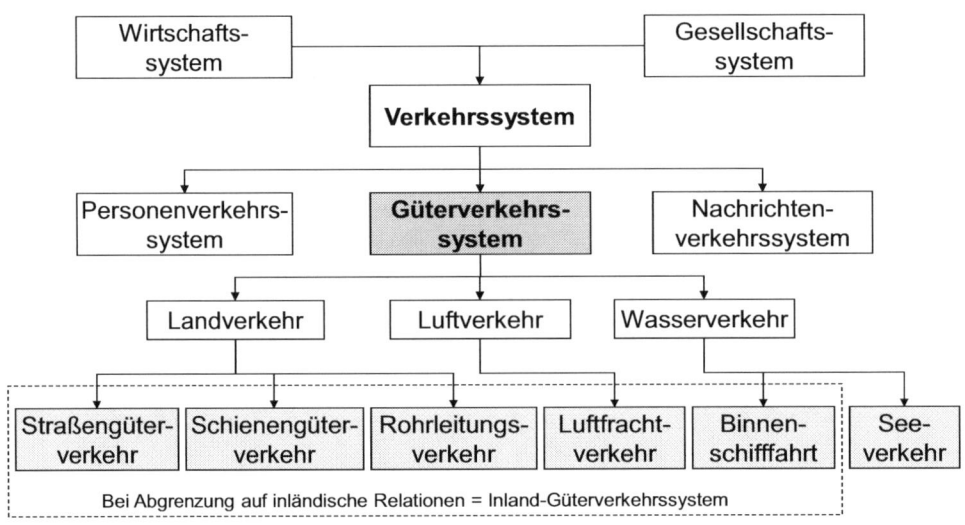

Abb. 3-14: Güterverkehrssysteme

---

[118] Im privaten Bereich (Personenverkehr) entspricht die Notwendigkeit geeigneter Verkehrsleistungen dem Wunsch nach persönlicher Mobilität für Beruf und Freizeit.

[119] Zu den verwendeten Begriffen vergleiche das Glossar nach DIN EN 14943 (Transportdienstleistungen – Logistik)

Das einzelne Unternehmen möchte bei der Umsetzung seiner betriebswirtschaftlichen Zielsetzungen und der Gestaltung logistischer Systeme Bestandssenkungen im Beschaffungs- und Absatzbereich und die Nutzung von Kostengefällen bei „global sourcing" und „global distribution" erreichen. Es folgen die Umsetzung von Rationalisierungsmöglichkeiten bei der Wahl von Produktionsstandorten, Senkung der Prozesskosten, Verkürzung von Durchlauf- und Reaktionszeiten, kundennahe Distribution und Serviceleistungen u. a. Die Gestaltung der logistischen Systeme und Abläufe außerhalb der Unternehmensgrenzen setzt das Vorhandensein der Infrastrukturen und technischen Einrichtungen mit geringen Kostenbelastungen zur Durchführung der Dienstleistungen voraus. Der unternehmensindividuelle Anspruch nach logistischen Angeboten steht dabei in gesellschaftlichem - insbesondere ökologischem - Widerspruch: Erhöhtes Verkehrsaufkommen, Staubildungen, Energieverbrauch, vermehrte Lärm- und Schadstoffemissionen, Versiegelung großer Flächen u. a. und erfordert eine Beschränkung der Verkehrsleistungen durch politische Reglementierungen durch Gebote, Verbote, Gebühren und Abgaben (Autobahngebühren, Mineralöl- und Ökosteuer, Road-Pricing-Systeme) - aber auch Förderung (z. B.: des Kombinierten Verkehrs zur Entlastung des Straßenverkehrs und verbesserten Nutzung der Schienen-/Wasserwege). Logistische Aktivitäten haben damit eine besondere Verantwortung für die Ressourcenschonung, CO_2-Emmissionen und Nachhaltigkeit (sustainable logistics, green logistics, nachhaltige Lieferkette, grüne supply chain) bei den weltweiten Logistikprozessen; der Energieverbrauch in Lieferketten kann beispielsweise durch verbesserte Planung und Organisation sowie intelligente Steuerung minimiert werden (Lieferketteneffizienzoptimierung durch Netzwerkkompetenz).

Die in **Abb. 3-15** dargestellte Entwicklung der Transportleistung[120] der einzelnen Güterverkehrssysteme zeigt eine starke Präferierung des Straßengüterverkehrs im Nah- und Fernverkehr, während die Eisenbahn und das Binnenschiff zu wenig genutzt werden - wenn auch die Bundesregierung im Verkehrsinvestitionsprogramm den Schienenverkehr ab 2010 stärker bevorzugen will, da sonst das Straßennetz den bis Mitte des Jahrhunderts erwarteten Zuwachs bei den Gütertransporten nicht mehr aufnehmen kann. Eine sinnvolle Verknüpfung von Straßen-, Schienen- und Wasserverkehr kann einem drohenden Verkehrsinfarkt entgegen wirken.

Ein vom Bundesministerium für Verkehr, Bau und Stadtentwicklung (BMVBS) im Jahre 2007 beauftragtes Gutachten[121] hat ergeben, dass das Güterverkehrsaufkommen von heute 3,7 Mrd. Tonnen bis 2050 auf fast 5,5 Mrd. Tonnen und die Güterverkehrsleistung von fast 600 Mrd. tkm/a auf mehr als 1200 Mrd. tkm/a steigen wird. Dies ist begründet in der Zunahme der Außenhandelsverflechtung bei weniger wachsender Binnennachfrage. Die Exporte von Waren und Dienstleistungen aus Deutschland werden bis 2050 weiter wachsen und die internationale Arbeitsteilung wird zunehmen. Daraus wird sich eine erhöhte Nachfrage nach Verkehrsleistungen ergeben. Die Transportweiten werden aufgrund der räumlichen Transportverflechtungen steigen. Daher liegen die Zunahmen der Güterverkehrsleistungen allgemein über denen des Güterverkehrsaufkommens. Besonders dynamisch wird der Transitverkehr (Drehscheibenfunktion Deutschlands) mit offenen Grenzen zulegen.

---

[120] Die Transportleistung oder auch Güterverkehrsleistung (Beförderungsleistung) von Straßengüterverkehr, Eisenbahn und Binnenschifffahrt in Tonnenkilometern pro Jahr (Mrd. tkm/a) ist das Produkt aus der transportierten Menge (t) und der Entfernung (km). Das Güterverkehrsaufkommen (Beförderungsmenge) ist die jährlich transportierte Menge der Güter (t/a).

[121] Vgl. ProgTrans-Gutachten: Die Güterverkehrsentwicklung in Deutschland bis 2050 (2007)

Bei der Aufteilung des gesamten Güterverkehrs auf die einzelnen Verkehrsträger (Modal split) soll der Schienenverkehr (Eisenbahn) wegen der zu erwartenden Zunahme der Transportentfernungen am meisten profitieren, während der Straßengüterverkehr (LKW) einen Rückgang vor allem im Binnenverkehr hinnehmen muss.[122] Der Anteil bei Aufkommen und Leistung wird bei der Binnenschifffahrt und im Rohrleitungsverkehr weitgehend konstant bleiben. Die Präferenzen bei der Wahl des Verkehrsträgers sind abhängig von der Gleichstellung der politischen Rahmenbedingungen (Steuern und Abgaben) – etwa Mehrwertsteuer, Mineralölsteuer, Emissionshandel u. a.

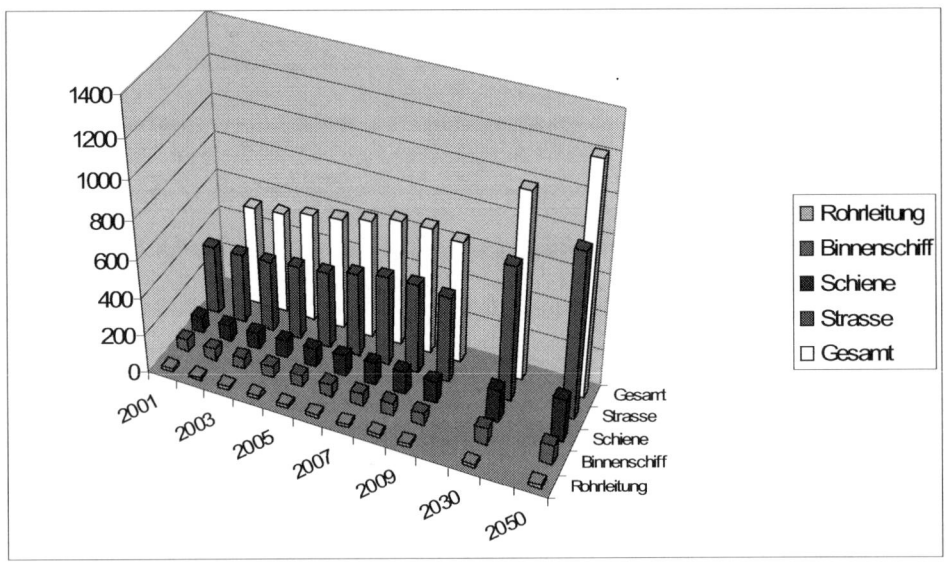

Abb. 3-15:   Entwicklung der Transportleistung in Deutschland

Quellen: Bundesministerium für Verkehr, Bau und Stadtentwicklung (BMVBS-2007)
DESTATIS – Statistisches Bundesamt; BAFA Eschborn – Bundesamt für Wirtschaft und Ausfuhrkontrolle

Daraus folgt, dass die deutsche Wirtschaft von der erwarteten Expansion des Weltmarktes und des internationalen Handels profitieren wird. Diese positive wirtschaftliche Entwicklung wird eine hohe Güterverkehrsnachfrage nach sich ziehen und die Bereitstellung einer bedarfsgerechten Infrastruktur für die Verkehrsträger erfordern. Mit einer integrierten Verkehrspolitik[123] muss erreicht werden, dass Güterverkehre vermieden, durch kluge Logistikkonzepte gebündelt oder die einzelnen Verkehrsträger sinnvoll miteinander verknüpft werden. Beispielsweise kann das Schienennetz ausgebaut werden, um die zu erwartende Überlastung des Straßennetzes zu vermeiden.

Aufgrund der Möglichkeiten, Leistungsfähigkeit, Vor- und Nachteilen soll über die einzelnen Güterverkehrssysteme zur Unterstützung der arbeitsteiligen Wirtschaft und der Globalisierung nachgedacht werden. Der Verkehr ist nicht Selbstzweck, sondern ist Partner

---

[122] Aus dem „Aktionsplan Güterverkehr und Logistik" der Bundesregierung ergibt sich, dass für die Aufnahme zusätzlicher Gütermengen das Schienennetz in Deutschland ertüchtigt und ausgebaut werden muß. Das bedeutetden Neu- und Ausbau des Verkehrsnetzes, die Elektrifizierung weiterer Strecken und die Erweiterung von Ausweichgleisen.

[123] Das ist ein Aktionsplan, der im Dialog von Politik, Verbänden, Gewerkschaften und Transwirtschaft erarbeitet wird.

der arbeitsteiligen Gesamtwirtschaft; er dient der Befriedigung von Transportbedürfnissen von Industrie und Handel und ermöglicht eine Ortsveränderung von Gütern. Die logistische Leistung der Güterverkehrssysteme ist gekennzeichnet durch die technischen Eigenschaften und die - ökonomischen und ökologischen - Vor- und Nachteile der einzelnen Verkehrsträger; das sind neben den Kosten des Transportes (Handling, Transport, Verpackung, Gebühren, Verwaltung u. a.) die Schnelligkeit, Zuverlässigkeit, Sicherheit, Flexibilität/Agilität, Möglichkeit der Sendungsverfolgung etc. Die Leistungsfähigkeit für unterschiedliche Sendungen (Massengüter oder hochwertige, zeitkritische Güter), Eignung für Logistik-Aufgaben und Probleme der einzelnen Systeme sollen im Folgenden erörtert werden.

3.6.3 Straßengüterverkehr

Seit im Jahre 1896 Gottlieb Daimler den Lastkraftwagen (LKW) erstmalig anbot, ist der Straßengüterverkehr die Stütze des modernen Güterverkehrs: Über 80% der transportierten Warenmenge wird auf den Straßen befördert. Allein in Deutschland sind etwa drei Millionen LKW[124] zugelassen (EU-weit 20 Millionen); durchschnittlich legt jeder LKW jährlich etwa 150.000 km zurück - auf deutschen Straßen wird eine Transportleistung über 300 Milliarden tkm im Jahr erbracht. Moderne Lastwagen sind modular konzipiert, lassen sich im Nah- und Fernverkehr (mit Schlafkabine) und mit speziellen Längen bzw. Aufbauten bzw. Ausstattungen versehen, sie sind im Allgemeinen emissionsarm und sparsam.[125] Die Arbeitsplätze in den LKW-Cockpits sind komfortabel, nach arbeitswissenschaftlichen Erkenntnissen gestaltet und mit technischen Hilfen zur Fahrerunterstützung (Fahrerassistenzsysteme) ausgestattet. LKW-Fahrerhäuser werden zunehmend zu Informations- und Kommunikationszentren mit Telefon, PDA, Bordcomputer mit elektronischem Fahrtenbuch, Onboard-Units (OBU) für die LKW-Maut und satellitengestützten Navigationssystemen (Telematic-Plattformen) und europaweiten, automatisierten Notrufsystemen („eCall").

Eine Untersuchung des Bundesamtes für Güterverkehr (2006)[126] zeigt, dass der Strassengüterverkehr – auch nach der Erhebung der streckenbezogenen Autobahnmaut zum 1. Januar 2005 – ungebrochen präferiert wird. Mit 796 067 für die Maut registrierte Fahrzeuge wurden 36,6 Mrd. Fahrzeugkilometer auf deutschen Autobahnen zurückgelegt – das sind pro Fahrt 166 Kilometer. Der Anteil der Lastkilometer liegt bei etwa 80%. Ausweichstrategien der Betreiber durch Ausweichen auf mautfreie Strecken (Mautausweichverkehr, z. B. über Bundesstraßen) oder Nutzung anderer Verkehrsträger (Bahn oder Binnenschiff) sind gering. Allerdings hat die Nutzung nichtmautpflichtiger Fahrzeuge – bis 12 t zulässiges Gesamtgewicht zugenommen.

Seit Mai 2009 gilt im EU-Gebiet die Kabotagefreiheit – das bedeutet, dass niedergelassene Verkehrsunternehmen aus den neuen EU-Mitgliedstaaten Estland, Lettland, Litauen, Slowakei und Tschechien sowie in Polen und Ungarn innerstaatlichen Güterkraftverkehr in Deutschland betreiben dürfen. Gleiches gilt für deutsche Unternehmen in den genannten

---

[124] Nutzfahrzeuge mit maximal 3500 kg zulässigem Gesamtgewicht gelten als Transporter, beträgt es weniger als 2800 kg, kann das Fahrzeug als PKW zugelassen werden, fällt damit nicht unter das "Güterkraftverkehrsgesetz" und darf - auch an Sonn- und Feiertagen - mehr als 80 km/h fahren.

[125] In den Ländern der EU gelten für die für die dort registrierten LKW seit 1993 Grenzwerte für Schadstoffemissionen. Ende 2008 hat das EU-Parlament beschlossen, die derzeit geltenden Schadstoffemissionsgrenzwerte (Euronorm V), insbesondere für Partikel und Stickoxide, ab 2014 weiter zu verschärfen. Durch die neuen Euro-VI-Emissionsnormen sollen neue LKW sauberer und die Luftqualität verbessert werden.

[126] Marktbeobachtung Güterverkehr des Bundesamtes für Güterverkehr, Köln 2006

Ländern. Das für Bulgarien und Rumänien geltende Kabotageverbot wurde bis zum 31. Dezember 2011 verlängert.

Abb. 3-16:   LKW-Ausführungen im Straßengüternah- und -fernverkehr

Der Lastkraftwagen (LKW) innerhalb der Straßenfahrzeuge[127] leitet seine Beliebtheit - seitdem Massengüter wie Kohle oder Baustoffe weniger transportiert werden - aus seiner Flexibilität/Agilität, Vielseitigkeit (siehe **Abb. 3-16**) und Schnelligkeit her: Er ist ständig verfügbar und kann - insbesondere in Sammel- und Verteilfahrten – auch kleine Sendungen (Stückgut) in der Regel – trotz begrenzter Ladekapazität - in einem Fahrzeug von den Versendern zu den Empfängern transportieren (Flächenerschließung). Im Werkverkehr ist er die unmittelbare Verbindung zwischen den Standorten eines Unternehmens und ist mit besonderen Einrichtungen oder Aufbauten für Spezialtransporte – auch unter besonderen Geländebedingungen – einsetzbar.

Das Personal eines Auslieferfahrzeuges kann zusätzliche Aufgaben im Vertrieb (Rücktransport von Leergut und Verpackungen, Kundendienst, Montagen, Inkasso u. a.) übernehmen. Es entsteht jeweils ein geringer Aufwand bei der Be- und Entladung an der Rampe (Vorlauf- und Nachlaufoperationen).

Die vielfache Nutzung des LKW ist auch in den günstigen Kosten zu sehen - begründet im gesamteuropäischen - auch osteuropäischen - Angebot von Transportleistungen mit allen Unterschieden der Löhne, Währungen und Sozialleistungen - trotz der 2005 in Deutschland eingeführten Benutzungsgebühren für Autobahnen und der in 2011 beschlossenen Erweiterung auf vierspurige Bundesstraßen (entfernungsabhängige Maut)[128] für Fahrzeuge

---

[127] Zur Systematik der Straßenfahrzeuge vgl. DIN 70 010
       Nach dieser Norm ist Lastkraftwagen dazu bestimmt, Güter auf einem offenen (z. B. Pritsche, Kipper usw.) oder in einem geschlossenen Aufbau (z. B. Kasten, Koffer usw.) zu transportieren.
[128] Die Gebühren sind außerdem abhängig von der Anzahl der Achsen des LKW und der Schadstoffklasse. Die Entrichtung der Maut wird vom Bundesamt für Güterverkehr kontrolliert.

ab 12 Tonnen zulässiges Gesamtgewicht. Zur Kostensenkung werden unter dem Schlagwort „Euro-Combi" spezielle LKW-Kombinationen entwickelt (siehe **Abb. 3-17**).[129]

Zur weiteren Kostensenkung und zur Schonung der Liquidität werden zunehmend Leasing-Angebote der Hersteller und anderer Gesellschaften wahrgenommen, die neben der Finanzierungsfunktion weitere Mehrwertdienste (Full Service Leasing: Organisation von Reparaturen, Tankkartenmanagement, technisches und betriebswirtschaftliches Reporting und Umweltreporting, Unfall- und Versicherungsmanagement u. a.) als umfassendes Fuhrparkmanagement/-verwaltung mit kalkulierbarem Risiko bieten.

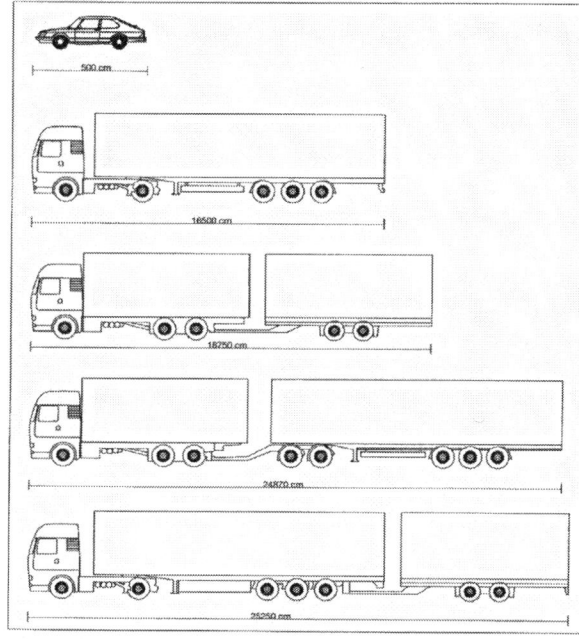

Abb. 3-17: Entwicklungen von LKW-Kombinationen für den Fernverkehr

Die Flexibilität des Straßengüterverkehrs ergibt sich auch aus den verschiedenen Möglichkeiten, Transporte zu organisieren (Tourenarten[130], siehe auch Abschnitt 7.4.3):

- Im **Direktverkehr** können beispielsweise die einzelnen Stationen jeweils nach aktuellem Bedarf bedient werden.
- **Ringverkehr** (siehe **Abb. 3-18**) setzt - soll er im Sinne eines Linienverkehrs ablaufen - wegen der starren Verknüpfung eine störungsfreie Abwicklung beispielsweise nach einem festen Fahrplan voraus. Der Steuerungsaufwand wird damit gering gehalten.

---

[129] Für 2011 ist für Deutschland ein Feldversuch mit LKW innerhalb des „Masterplans Güterverkehr und Logistik" mit der Begrenzung auf 25,25 m Länge und 44 t Gesamtgewicht geplant, um die Wirtschaftlichkeit von Lang-LKW (Eurocombi, Giga-Liner, Monster-Truck, XXL-Laster) zu testen, ohne die Umwelt oder die Straßeninfrastruktur stärker zu belasten oder die Verkehrssicherheit zu gefährden.

[130] Eine Tour wird beschrieben durch die Angabe der Menge der Kunden, die von einer in einem Depot beginnenden und in einem Depot endenden Fahrt bedient werden. Eine Route bezeichnet die Reihenfolge, in der die Kunden einer Tour zu bedienen sind.

■ **Sternverkehre** gehen von einer Zentralstelle aus und absolvieren mehrere geschlossene Fahrstrecken, sie erfordern jedoch eine gewisse Stetigkeit des Materialflusses, um Störungen oder Wartezeiten zu vermeiden.

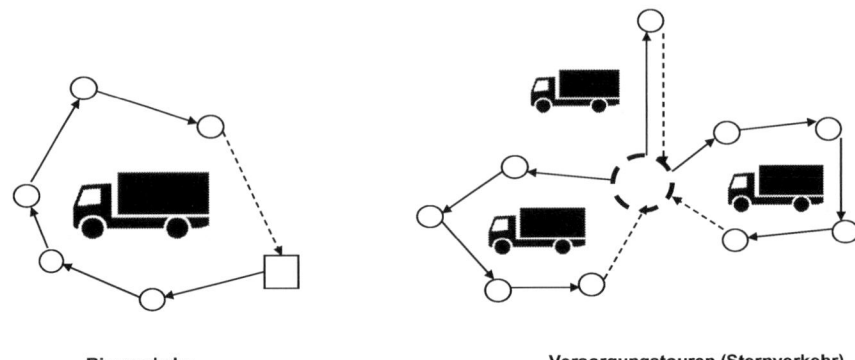

Ringverkehr   Versorgungstouren (Sternverkehr)

Abb. 3-18: Beispiele für Tourenarten für Auslieferungsfahrzeuge

Eine andere Organisationsform ist das Crossdocking bzw. Transshipment-Konzept: Die eingangsseitig angelieferten Ganzladungen der Zulieferer werden - insbesondere für Handelsunternehmen - beim Durchlaufen der Crossdocking-Station in filialgerechte Belieferungen umgesetzt (siehe Abschnitte 3.7 sowie 7.5.1.5). Das bedeutet einen bestandsarmen Umschlag der Ware, eine Beschleunigung des Durchflusses und eine Nutzung stadtverträglicher Verteilfahrzeuge.

Die Zunahme des Straßengüterverkehrs wird allgemein für die Überlastung des Straßennetzes (Stau-Bildung) verantwortlich gemacht. Vermehrte Lieferfahrten - auch in kleinen Mengen - wegen der verbreiterten Arbeitsteilung (JIT-Lieferungen, Werkverkehr, Auslieferungen individueller Bestellungen des Online-Shopping) sollten durch verbesserte Organisation, Bündelungen oder Nutzung stadtverträglicher Fahrzeuge begrenzt werden. Kommunale Einfahrbeschränkungen oder emissionsabhängige City-Mautsysteme werden in Zukunft den Einsatz alternativer Fahrzeugantriebskonzepte (Hybrid-Antriebe) für LKW fördern.

3.6.4 Schienengüterverkehr

Der Schienengüterverkehr hat eine lange Tradition. Bereits im 19. Jahrhundert wurden die Grundlagen für den modernen Schienenverkehr gelegt. Zwischen 1840 und 1880 wurden bereits 80% der heutigen Infrastruktur geschaffen. Der Eisenbahnbau war Träger der frühen Industrialisierung in Deutschland. Er sorgte nicht nur direkt für Beschäftigung, sondern erhöhte auch die Nachfrage nach Stahl, Kohle und Lokomotiven und ermöglichte die gesamte industrielle Entwicklung in Deutschland – insbesondere nach der Reichsgründung 1871 und der damit verbundenen grenzüberschreitenden Mobilität. Heute hat die Bedeutung der Eisenbahn abgenommen; es muss aber eine Rückbesinnung auf die Stärken und die ökologischen Vorteile des Schienenverkehrs erfolgen, um zu einer sinnvollen Arbeitsteilung der Verkehrsträger zu gelangen.

Die Stärken des Schienengüterverkehrs liegen vor allem im Transport von Massengütern und über lange Strecken – insbesondere im Ganzzugbetrieb. Schwerpunkte im Güterverkehr sind heute die Branchen: Stahl, Montan, Chemie, Automobil und Maschinenbau. Durch Abstimmung europaweiter Fahrpläne, internationale Kooperationen und Fusionen kann der Schienengütertransport auch andere Geschäftsfelder rentabel betreiben und sich in logistische Gesamtkonzepte mit Industrie- und Handelspartnern (Mittlerverkehr) oder für Logistikdienstleistungen für Endkunden - einschließlich Mehrwertdiensten (Value added Services) - beratend und ausführend einbringen. Der Marktanteil der Eisenbahn im gesamten Güterverkehr in Deutschland betrug im Jahre 2009 etwa 17% und könnte bis 2020 auf 25% steigen.

Das Leistungsangebot der Bahn für die Logistik liegt in der Übernahme/Bereitstellung von:

- **Stückgut/Kleingut** - ein oder mehrere Packstücke/Boxen/Collico werden der Bahn zur Beförderung übergeben; sie werden mit Sendungen anderer Absender zu Beförderungs-einheiten (Güterwagen) zusammengefasst, entbündelt und den Empfängern zugeleitet. Fallweise muss die „letzte Meile" vom oder zum Kunden auf der Straße abgewickelt werden.

- **Wagenladungsverkehr** (Einzelwagenverkehr) - einem Kunden werden ein oder mehrere Güterwagen - auch Spezialwagen für besondere Güter oder Container - zur aus-schließlichen Nutzung bereitgestellt, nach der Beladung zu Wagengruppen oder Zügen zusammengestellt und dem Bestimmungsbahnhof - unter zusätzlichem Zugbildungs-, Rangier- und Zugauflösungsaufwand - zugeführt.

- **Ganzzugverkehr** - ein gesamter Zug verkehrt zwischen Abgangs- und Bestimmungs-bahnhof im Auftrag eines Kunden; hierbei haben Absender und Empfänger oft eigene Gleisanschlüsse/Terminals. Ganzzüge werden auch im Werkverkehr eingesetzt und sind auf den Produktionsprozess abgestimmt - möglichst im Pendelverkehr zur Rückführung von Mehrwegverpackungen.

- **Kombinierter Verkehr** (KV) - ist ein logistisches Dienstleistungsangebot, das ein europaweites Netz für den Kombinierten Verkehr Schiene-Straße entwickelt, organisiert und vermarktet. Das Angebot umfasst Schienentraktion, Terminalumschlag, Bereit-stellung von Wagenmaterial und Erbringung von Zusatzleistungen und richtet sich an Speditionen und Transportunternehmen.

Daraus folgt, dass der Schwerpunkt des Schienengüterverkehrs in den Bereichen Ganzzug, Direktverkehr, Nutzung ganzer Wagenladungen und - wegen der aufwändigen Vor- und Nachlaufphase - weniger in der Besorgung von zeitkritischen Stück- oder Sammelgut-sendungen als Direkttransporte über kurze Entfernungen und in der Fläche liegt. Das Sammeln von Gütern, das Beladen der Einzelwagen, die Zugbildung, das Umstellen der Wagengruppen, die Auflösung der Züge und die Zuführung der Wagen oder Ladungen zum Empfänger sind zeitaufwändig, teuer und - wegen rauer Rangiertechniken (Ablauf-berge, Bremsschuhe) - wenig schonend für empfindliche Güter. Verderbliche, empfind-liche und hochwertige Güter sollten dem LKW oder dem Flugzeug anvertraut werden.[131]

Die begleitenden Organisationen und Mehrwertleistungen der Bahn können helfen, Transportabwicklung, Zugbildung, Sendungsverfolgung und Wagenumlauf-/Leerwagen-verwaltung zu optimieren. Durch Kooperationen, Übernahmen oder Joint Ventures mit Speditionen kann dem Kunden eine ganzheitliche logistische Leistung „von Haus zu Haus" aus einer Hand angeboten werden. Außerdem könnte die Schaffung vergleichbarer Wettbewerbsbedingungen – bspw. bei der Besteuerung von Mineralöl oder Strom – zu einer vermehrten Nutzung der Eisenbahn führen. Der weitgehende Einsatz regenerativer

---

[131] Die Arbeitsteilung der Verkehrssysteme sollte für Massengüter - je nach vorhandenen Wasserstraßen - mit dem Binnenschiff, je nach Art und Wertigkeit der Güter über weite Entfernungen mit dem Flugzeug oder Seeschiff und im Flächenverkehr mit dem LKW erfolgen.

Energien – oder der Einbau von Partikelfiltern – kann die Eisenbahn zunehmend zu einem umweltfreundlichen Güterverkehrssystem machen.

Allerdings ist der Schienengüterverkehr wegen der hohen Fixkostenbelastung (Wagenpark (siehe **Abb. 3-19**), Lokomotiven, Infrastrukturen) sehr anfällig gegen Beschäftigungsschwankungen; die Kosten sind kurzfristig nur über Personalabbau oder durch Verschlankung der Prozesse und Erhöhung der Produktivität möglich. Der Einsatz von Subunternehmern ist nur bedingt möglich.

Ein gut funktionierendes Schienentransportsystem ist für den Wirtschaftsstandort Deutschland äußerst wichtig. Die zunehmenden Im- und Exporte insbesondere im EU-Binnenhandel und im Nord-Süd- oder Ost-West-Transit wirken sich seit vielen Jahren steigernd auf den Schienengüterverkehr aus. Allerdings bedeuten fehlende technische Interoperabilität (Stromversorgung, Zuggewichte, Sicherheitssysteme, Leit- und Steuerungssysteme (ERTMS – European Rail Traffic Management System), Spurbreiten u. a.)

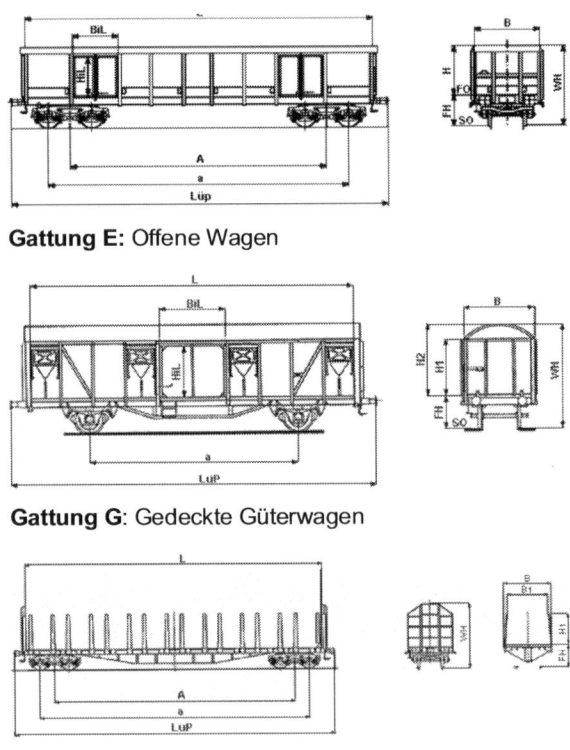

Gattung E: Offene Wagen

Gattung G: Gedeckte Güterwagen

Gattung R: Drehgestellflachwagen mit vier Radsätzen

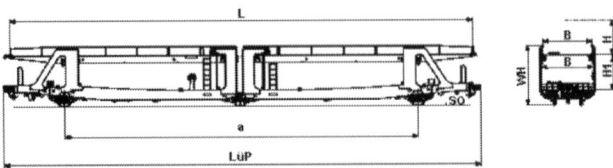

Autotransportwagen

Abb. 3-19: Angebote der Deutschen Bahn im Schienengüterverkehr

Quelle: Deutsche Bahn AG

Hemmnisse für den innereuropäischen Verkehr. Notwendige überregionale Investitionen in transeuropäische Netze (TEN-Projekte der EU) können helfen, durchgehende Verbindungen (Relationen) entlang der großen europäischen Verkehrsachsen ohne Engpässe zu schaffen:[132] Beispiele sind Zugverbindungen Rhein-Rhone-Mittelmeer, Ruhrgebiet-Gibraltar, Züge nach England (Eurotunnel unter dem Ärmelkanal), Schweden (mit dem Öresund-Tunnel/-Brücke) oder Russland, Italien (unter Nutzung der NEAT[133] (Lötschberg-Basistunnel – seit 2007, später der Gotthard-Basistunnel – ab 2016, Brenner-Basistunnel – ab 2020)), Slowenien, Türkei u. a. Diese Strecken könnten täglich die Transportkapazität von etwa 20 000 LKW übernehmen. Vorschläge der EU-Kommission zur Bevorzugung des Schienengüterverkehrs vor dem Personenverkehr auf bestimmten Strecken, die Schaffung spezieller Korridore für Güterzüge oder die Installierung eines „Dritten Gleises" für den Güterverkehr sind noch zu diskutieren.

Transkontinentale Güterzüge nach Russland oder China müssen derzeit noch Schwierigkeiten wie eine unzulängliche Infrastruktur, vielfache Grenz-/Zoll-Kontrollen, nicht harmonisiertes Frachtrecht, mehrfache Spurwechsel, differierende technische Standards (z. B. Zugsicherungssysteme (ETCS)) und administrative Hemmnisse überwinden, obwohl ein Testzug im Jahre 2008 die Strecke von Peking nach Hamburg(10.000 km) in 15 – statt berechneten 20 – Tagen schaffte.[134] (Vgl. Kapitel 9.3.3.3).

Zur Revitalisierung des Schienenverkehrs müssen Konzepte und Kooperationen entwickelt werden, um zunehmende Güterverkehrsleistungen auf die Schiene zurückzuholen. Dies gilt insbesondere für zeitkritische Güter, die europaweit im Nachtsprung befördert werden können. Als Beispiele können die Transporte für die Automobilindustrie genannt werden, hier hat die Bahn traditionell einen hohen Anteil bei der Auslieferung fabrikneuer PKW – aber auch bei der Versorgung von Montagewerken.[135] Im grenzüberschreitenden Wagenladungs-/Kombinierten-Verkehr werden Autoteile im Verbund zwischen europäischen oder deutschen Standorten zu den jeweiligen Montagewerken gebracht. Die Tendenz zur Verlagerung von Automobilwerken nach Osteuropa (Polen und Russland) bedeutet Transportleistungen von Bauteilen und Semi-knocked-down-Material (SKD) im Baukastensystem zur Endmontage vor Ort. Die notwendigen logistischen Einrichtungen, der Aufbau der Transportketten, die Schaffung von Kooperationen/Joint Ventures mit lokalen Bahn- bzw. Logistikunternehmen und der formalen, administrativen Abwicklungsroutinen werden derzeit gestaltet.

Sind die gewünschten Empfänger-Ziele nicht im Direktzugverkehr zu erreichen, müssen die Abläufe beispielsweise nach dem **Nabe-Speiche-System** (Hub-and-Spoke-System)

---

[132] Europäisches Pilotprojekt, soll der „Strecken-Korridor A" sein, der von Rotterdam – Emmerich – Basel – Genua führt.

[133] NEAT - Neue Eisenbahn-Alpen-Transversale durch die Schweizer Alpen. Neben der Alpenquerung sind zahlreiche Tunnel oder Brücken für den Eisenbahn- und Strassenverkehr geplant, im Bau oder fertig gestellt: Ärmelkanal (Eurotunnel), Öresund, Rion-Antirion, Strasse von Messina, Gibraltar, Marmaray u. a. Sie dienen der verbesserten Verbindung von Ländern und Kontinenten.

[134] Ein anderes Beispiel ist die Verbindung von Köln und Istanbul (Asien-Europa-Express – 3.000 km), die schneller und umweltfreundlicher ist als der LKW-Einsatz. Nach dem Ausbau dieser Strecke als paneuropäischer Korridor ist eine Verlängerung der Strecke nach Asien und die Nutzung des „Marmaray-Tunnels" denkbar.

[135] Als Beispiel soll hier die Karosserie-Versorgung der PORSCHE-Montagen für die Typen „Cayenne" (seit 2002) und „Panamera" (seit 2009) in die Autofabriken in Leipzig genannt werden. Die zu montierenden Wagen müssen in spezieller Reihenfolge sowie seitengerecht gestellt werden, um eine automatische Entladung und eine korrekte Montage-Reihenfolge der kundenindividuellen Produktion zu gewährleisten. Ein anderes Beispiel ist die Verladung von PKW (DAIMLER) aus Sindelfingen nach Bremerhaven zur Verschiffung oder AUDI-Fahrzeugen von Ingolstadt nach Emden für den Export.

organisiert werden (siehe **Abb. 3-20**). Züge aus verschiedenen Einzugsgebieten (Fracht-zentren) fahren sternförmig auf Umstell-/Naben-Bahnhöfe zu, und es werden neue ziel-orientierte Züge gebildet, die jeweils mit für sie bestimmten Frachten zu ihren Ausgangs-bahnhöfen zurückfahren. Den etwas höheren Transportwegen/-kosten stehen geringere Vor- und Nachlaufkosten gegenüber.

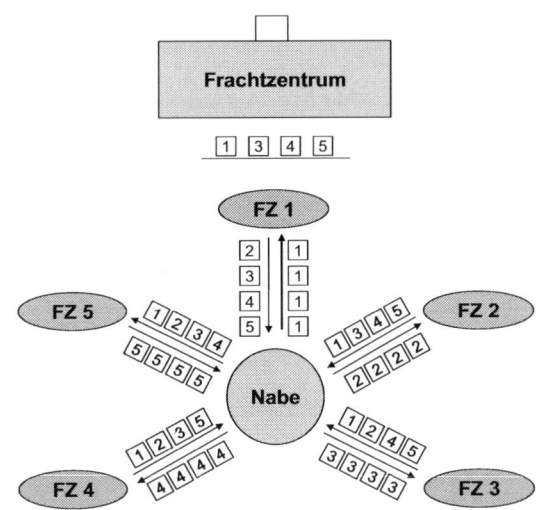

Abb. 3-20: **Nabe-Speiche-System (Hub-and-Spoke-System)**

Zur Erhöhung der Geschwindigkeit, zur Bewältigung des steigenden Sendungsauf-kommens und zur Einsparung der LKW-Maut nutzen die Post/DHL und andere Handels-unternehmen die Kooperation mit der Bahn. Es wurde ein „Parcel InterCity-Netz" geschaffen, das beispielsweise die Strecken Hamburg/ Hannover und München/Nürnberg oder Ruhrgebiet/Berlin umfasst. Die Ziele (Distributionszentren) werden durch Container-Züge des Kombinierten Verkehrs, die mit bis zu 160 km/h schneller als jeder LKW fahren, im Nachtsprung erreicht. Das System bedeutet – neben der erhöhten Schnelligkeit – auch Zuverlässigkeit, Pünktlichkeit und eine exakt getaktete Be- und Entlademöglichkeit bei umweltfreundlichem Betrieb.

Ganzzüge bieten sich beispielsweise auch in der Versorgung von Kraftwerken an - ein Konzept mit Großraum-Selbstentladewagen. Kohleprodukte werden mit Ganzzügen als durchgehende Transporte zum Empfänger - direkt vom Bergwerk, vom Tagebau oder vom Einfuhrhafen - gebracht. Ebenfalls bringt die Bahn im Zuliefer- und Werkverkehr zwischen den einzelnen Standorten der arbeitsteiligen Automobilherstellung ihre Stärken ein und verbindet zeitgenau mit Terminzügen die Fertigungsabläufe; beispielhaft sind hier der FORD-Logistikzug[136] von Berlin-Zehlendorf nach Köln-Niehl zu nennen, der seit 1989 Kunststoffteile befördert.

Ein anderes großes Aufgabengebiet des Schienengüterverkehrs liegt in der Anbindung an die Seehäfen (Hafenhinterlandverkehr) – aber auch der Flughäfen. Um reibungslose Abläufe an den Schnittstellen des See- und des Landverkehrs zu gewährleisten und zügige Be- und Entladevorgänge zur Land-/Seeseite zu erreichen, müssen leistungsfähige

---

[136] Logistikzüge sind eine spezielle Form der Ganzzüge; sie bedingen eine enge Zusammenarbeit zwischen den beteiligten Unternehmen und der Bahn beim Aufbau der Transportkette.

Umschlageinrichtungen (Verladeterminals – insbesondere für die Container) für das wachsende Güteraufkommen geschaffen werden. Diese können von Hafengesellschaften, Reedereien, logistischen Dienstleistern oder in Kooperationen betrieben werden. Wichtig sind vor allem gute Schienenverbindungen, um einen Verkehr auf der Straße zu vermeiden. Beispiele sind die bereits erwähnten Hafenanbindungen:

- BETUWE-Route für den Güterverkehr zwischen dem Hafen Rotterdam und dem Ruhrgebiet;
- „Y-Trasse" für die Anbindung von Bremen/Hamburg und Hannover oder ergänzende „Bypass-Strecken" bzw. Ausweichgleisen;

und jeweils weiter in das europäische Binnenland (Mittel- und Südeuropa). In Zusammenarbeit mit logistischen Dienstleistern werden in der Fläche Güter verschiedener Versender gesammelt, zu Container-Ladungen gebündelt, im Nachtsprung über große Entfernungen auf der Schiene transportiert und den empfangenden Terminals zeitgenau zugeliefert und umgekehrt.

3.6.5 Schiffsgüterverkehr

Der Schiffsgüterverkehr hat seine Bedeutung im Bereich des Transportes von Massengütern und nicht zeitkritischen, aber großvolumigen Stückgütern über große Entfernungen. Naturgemäß ist er an geografische und klimatische Bedingungen gebunden: Das Vorhandensein von Wasser/Wasserstraßen ohne Begrenzungen durch Niedrigwasser, Vereisung oder sonstige natürliche Hindernisse (Hochwasser, Stromschnellen oder andere Engpässe). Verkehrsrechtliche Einschränkungen sind auf den Weltmeeren[137] oder - nach der EU-weiten Liberalisierung - auf europäischen Binnen-Wasserstraßen kaum gegeben; der Schiffsverkehr - vor allem der Seeschiffsverkehr - unterstützt die Entwicklung des Welthandels und des Warenaustauschs. Der Verkürzung der Handelswege, der Beschleunigung des Güterverkehrs und der Sicherheit des Transportes dienen die künstlichen Wasserstraßen: Suez-Kanal (seit 1869), Panama-Kanal (seit 1914 – Erweiterung bis 2014) – geplant ist ein Kanal-Projekt durch den Isthmus von Kra (Thailand), um die unsichere Straße von Malakka umgehen zu können.

Grundsätzlich kann der Schiffsgüterverkehr in Seeschifffahrt und in Binnenschifffahrt untergliedert werden; daneben gibt es im küstennahen Bereich den Fluss-See-Schiffsgüterverkehr mit Küstenmotorschiffen und gelegentlich die Verbindung von See- und Landverkehr. Der Standort Duisburg (Duisport) in Deutschland zeigt beispielsweise, dass ein Binnenhafen als trimodale Drehscheibe (Gateway zur Bündelung des wachsenden Containeraufkommens) durch seine günstige Lage zu den ARA-Häfen (Antwerpen, Rotterdam, Amsterdam) einerseits und mit Zugang zum Mittelland-Kanal und zum Main-Donau-Kanal andererseits Atlantik, Nord- und Ostsee - letztlich über die Donau/Main-Donaukanal auch das Schwarze Meer - verbinden kann (Seehafenhinterland-Hub für die ARA-Häfen) und auch für moderne Küstenmotorschiffe von Antwerpen, Rotterdam und Amsterdam erreichbar ist. Dem Landzugang dient neben der Straßenanbindung auch die Eisenbahnanbindung des Hafens Rotterdam durch die Betuwe-Route bzw. der Eisenbahnanbindung des Antwerpener Hafens, dem „Eisernen Rhein", eine Plattform für den Seehafenhinterlandsverkehr - mit Verlängerungen nach Leipzig, Warschau und die Wirtschaftsräume in Südost-Europa. Das Potential des europäischen Binnenwasserstraßennetzes wird derzeit nicht voll genutzt, auch wenn es sich beim Schiffsverkehr um

---

[137] Ein geplantes Seehandelsabkommen im Rahmen der WTO (Welthandelsorganisation) ist 1996 nach dem Rückzug der USA nicht zustande gekommen.

einen sicheren, zuverlässigen, ruhigen und energieeffizienten Verkehrsträger handelt. Ein einziger Lastkahn hat die Tragfähigkeit von etwa 100 LKW. Die Nutzung des Binnenschiffes auch im Kurzstreckenverkehr könnte zum Abbau der Überlastung im Straßenverkehr beitragen und die Strategie der Nachhaltigkeit unterstützen, zumal die Häfen im Norden mit der Anbindung an die großen Flüsse Rhein und Elbe und die gut ausgebauten Kanalnetze große Vorteile bieten.

Wassertransporte sind normalerweise Teilprozesse einer Transportkette (gebrochener Transport, siehe Abschnitt 3.6.8, insbesondere Abb. 3-26); die Leistungsfähigkeit des Gesamttransportes ist abhängig von der Qualität des Vor- und Nachlaufs - insbesondere aber von Güterumschlag im Hafen. Häfen sind im See- und Binnenschiffsverkehr Knoten im logistischen Netz mit der Aufgabe des Umschlags und Lagerns von Gütern - vor allem im bi-/trimodalen Verkehr. Heute werden zusätzliche Dienste (value added services) angeboten: Infrastrukturen aller Verkehrsträger und Kommunikationssysteme, Ansiedlung von „hafenfernen" Dienstleistern der Logistik - im Sinne eines Güterverkehrszentrums. Ein besonderes Beispiel ist Bremerhaven - hier wird durch die BLG Logistics Group im Kaiserhafen Mehrwertlogistik beim Import und Export von Automobilen geleistet: Zusammenführung und Verpackung nach dem Part-by-part-Prinzip vor dem Verschiffen in überseeische Montagewerke, Vorbereitungen des CKD-Versandes oder Pre-Delivery-Inspections im Import. Veränderungen der logistischen Prozesse (vermehrte Nutzung des transsibirischen Schienenweges für Autotransporte aus Asien nach Europa) und die Verlagerung der Fertigungsstandorte nach Osteuropa werden zu einer Umwidmung der Hafenanlagen in Bremerhaven führen.

3.6.5.1 Seeschifffahrt

Der Seeschiffsgüterverkehr vollzieht sich auf den vorhandenen Wasserflächen der allgemein zugänglichen Weltmeere; moderne Seeschiffe haben von allen Verkehrs-systemen die größte Ladekapazität und bieten daher im Hinblick auf Gewicht und Volumen beinahe unbeschränkte Möglichkeiten im weltweiten Warenaustausch. Der Transport dient neben Umschlag von Stückgütern insbesondere der Zulieferung von Erdöl und Erdölprodukten, Kohle, Erzen und anderen Grundstoffen und absatzseitig der Auslieferung von Fertigprodukten - etwa 90% des EU-Außenhandels und 95% des inter-nationalen Güterverkehrs werden über Weltmeere und die Seehäfen abgewickelt.

Die Transportleistungen im Seeverkehr werden entweder im Linienverkehr oder im Charter bzw. Gelegenheitsverkehr (Tramp) erbracht. Die Lieferschnelligkeit richtet sich nach der Art der Ladung. Paarige Güterströme erlauben direkte Pendelverkehre, im normalen Stückgutverkehr werden im Allgemeinen mehrere Häfen angelaufen, es werden also verschieden lange Teilstrecken miteinander verbunden, so dass sich die benötigte Transportzeit durch die Reisezeit der Schiffe verlängern kann. Derartige Schiffseinsätze werden durch ein rechnergestütztes Flottenmanagement optimiert. Die technische Sicherheit für Fracht und Besatzungen auf den dicht befahrenen Wasserwegen wird durch Navigationshilfen, Assistenzsysteme oder Telediagnosen gewährleistet.

Es werden im Seeverkehr alle Arten von Stückgut – vor allem großvolumige, sperrige Frachten (Turbinen, Schiffsmaschinen, Stahlkonstruktionen, Fabrikteile im Anlagenbau u. a.) in Projektfahrten – befördert. Um während des Transportes keine Qualitätseinbußen zu erleiden, sind an eine seewasserfeste bzw. seeklimagerechte Verpackung oder an eine Klimatisierung hohe Anforderungen stellen,. Zunehmend werden die Sendungen in Containern (20- oder 40-Fuß-Container – DIN 15 190/ISO 668, siehe Abschnitte 3.2.3 und 3.6.8) - oft im plangebundenen Liniendienst und One-port-Verkehr - befördert und auf kleinere Transportmittel (Feederschiffe[138]) übergeben. Der Einsatz der Container erlaubt einen schnellen, hochautomatisierten Umschlag und eine problemlose multimodale Weiterbeförderung durch Schiffs- oder Landtransporte im Vor- und Nachlauf mit anderen Systemen des Kombinierten Verkehrs in einem leistungsfähigen Hafen- und Hinterlandverkehr (siehe **Abb. 3-21**).

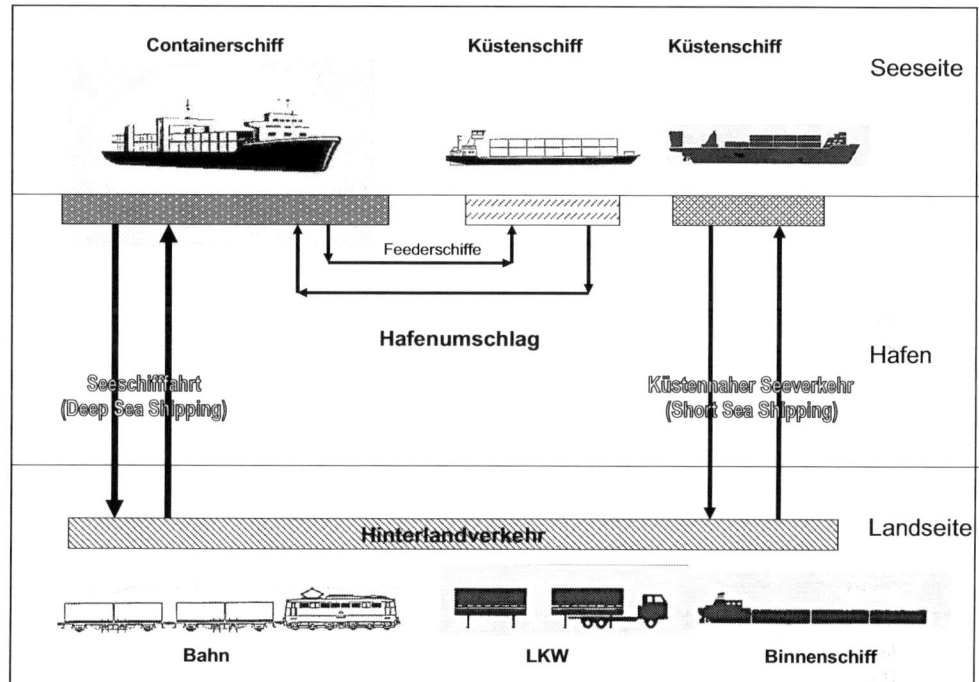

Abb. 3-21: Modal-Split im Seehafenverkehr

Die Bewegungen der Containerbrücken, fahrerlose Transportfahrzeuge und Portalkräne erfolgen weitgehend softwaregesteuert. Dies bedeutet eine Verdichtung der Umschlagleistung und eine Steigerung des Umschlags pro Flächeneinheit, um Engpasssituationen zu vermeiden. Neben Rotterdam wurden in Deutschland die Container-Kapazitäten beispielsweise in Hamburg (CTA – Container Terminal Altenwerder), Bremerhaven (Eurogate) und Wilhelmshaven (Jade-Weser-Port) als Tiefwasserhäfen ausgebaut.[139] Ergänzend müssen die zu-/abführenden Verkehrswege (Autobahnen, Schienen- und Wasserwege) als Infrastrukturmaßnahmen verbessert werden, um beispielsweise Hamburg als internationales Gateway oder maritimen Logistikknoten für Nord-, Zentral- und Ost-Europa zu positionieren („Hafen zwischen zwei Meeren"). Für eine Entlastung können auch der Transportkette vor- oder nachgelagerte Häfen/Logistikzentren im flussaufwärts

---

[138] Als Beispiel eines küstennahen Liniendienstes (Short-Sea-Shipping) kann die Verbindung von Lübeck nach St. Petersburg dienen, um russische Exportgüter nach Lübeck und Konsumgüter von Mitteleuropa nach Russland zu bringen. Weitere Destinationen sind Großbritannien/Irland, Skandinavien und die Baltischen Länder; ein anderes Beispiel ist der Küstenverkehr im Mittelmeerraum.

[139] Trotz des Ausbaus der europäischen Häfen ist der chinesische Hafen Shanghai – gemessen am Container-Umschlag – neben Singapur und Hongkong - der größte Hafen in der Welt. Immerhin sind die größten Häfen Europas „Rotterdam" und „Hamburg" unter den „Top Ten" der Welt zu finden.

gelegenen Binnenland (Satellitenterminals) – etwa Magdeburg, Dresden oder Prag - dienen, die dem Hafen in Duisburg vergleichbar Container und andere Ladungen aufnehmen und weiterverteilen.

Eine weitere Aufgabe der Häfen liegt heute in Dienstleistungsbereichen, da eine reine Umschlagsleistung der Waren allein nicht mehr genügt.[140] Im Umfeld der Häfen siedeln sich Logistik-Dienstleister an; das sind – neben logistiknahen Servicebetrieben – Distributionszentren und Speditionsterminals, die importierte Waren zügig, flexibel und kostengünstig in die Märkte weiterleiten und dabei zusätzliche Mehrwertleistungen erbringen. Eine verbesserte Kommunikation zwischen allen Gliedern der Transportkette kann helfen, drohende Engpässe, längere Warte- oder teure Liegezeiten zu vermeiden.

Die vorhandenen Kapazitäten des weltweiten Angebots an Transportleistungen übersteigen derzeit die weltweite Nachfrage, so dass die einzelnen Reedereien einem hohen Preisdruck ausgesetzt sind. Rationalisierungsreserven liegen in einer hohen Automatisierung des Waren- und Paletten-/Palettenträger-Handlings an Bord der Schiffe, in der zunehmenden Größe der (Massengut- und Öl-) Frachter, der (Leicht-)Bauweise und ökonomischeren Antrieben. Als Beispiel sollen die vorhandenen über 10.000-TEU (Twenty-Foot Equivalent Unit) großen Container-Schiffe (Jumbo-Container-Vessels)[141] genannt werden, die auf den Strecken zwischen Europa und Ostasien „Economies-of-scale-Effekte" erzielen können. Daneben wird versucht, durch „Ausflaggen" der Schiffe und Bereederung unter ausländischen Flaggen oder Eintragung in ein „Zweitregister" die Schiffsbetriebskosten zu reduzieren. Die Schiffe stehen unverändert unter deutschem Management, beschäftigen meist ausländische Seeleute zu Konditionen ihrer Heimatländer und der damit günstigeren Kostenbelastungen für ihr Angebot.[142] Der Einsatz perfekter Technik in Schiffsbetrieb und Navigation kann mangelnde Qualifikationen der Mitarbeiter ausgleichen.

Frachtschiffe gelten wegen ihres geringen Kraftstoffverbrauches je Ladungstonne als besonders umweltfreundlich.[143] Es müssen aber die Emissionswerte – insbesondere Schwefel-/Stickoxide und Feinstaub – beachtet werden. Das steht allerdings im Widerspruch zu der Forderung nach Reduzierung von Kohlendioxid im Abgas. Im Anhang der Marpol Annex VI, die EU-Richtlinien entspricht, ist ab 2010 vorgegeben, dass in festgelegten Emissionskontrollgebieten (Beispiele dieser SECA-Bereiche (Sulphur Emission Control Area) sind Nordsee, Ostsee, Mittelmeer, nordamerikanische Küstengewässer u. a.) strenge Abgasnormen gelten. Neben der Nutzung teurer – „sauberer" - Brennstoffe kann das Problem auch mit technischen Lösungen gemindert werden: Skysails (lenkbare Zugdrachen) – zur Nutzung von Wind als Antriebsunterstützung, Hybridantriebe unter Umwandlung der Abgaswärme und Dampferzeugung zur Steigerung der Energieeffizienz und Einsparung von Primärenergie.

---

[140] Ein neues Geschäftsfeld für die Nord- und Ostseehäfen kann sich aus der Nutzung freier Hafenflächen als Umschlagplatz (Logistik-Hub) für die großen Bauelemente zum Ausbau der Windparks vor den deutschen Küsten ergeben (Offshore-Logistik).

[141] Die neuen "Riesenschiffe" der dritten Generation (Triple-E-Klasse) werden ab 2013 bis zu 18.000 TEU transportieren. Diese 400 m langen und 59 m breiten Schiffe – 14,50 m Tiefgang – wiegen beladen über 300.000 t und bewegen sich mit etwa 45 km/h (25 kn). Sie werden in Europa zunächst nur die Häfen Rotterdam und Wilhelmshaven (JadeWeserPort) anlaufen können.

[142] Dies entspricht auch dem - von Bundesverfassungsgericht 1995 im Wesentlichen bestätigten - Zweit-Register-Gesetz, das das Ausflaggen deutscher Seeschiffe verhindern soll.

[143] Für einen vergleichbaren Wert müsste ein LKW gleichzeitig mehr als 20 Container befördern.

3.6.5.2 Binnenschifffahrt

Der Binnenschiffsverkehr wird auf Binnenwasserstraßen (Flüssen, Kanälen, Seen und in küstennahen Gewässern) abgewickelt. Es werden vorrangig Massengüter wie Baustoffe (Steine und Erden), Mineralölprodukte, Nahrungs-/Futtermittel, Erze, Kohle u. a. - aber auch großvolumige, sperrige Güter (Tragelemente für Hallen- oder Brückenbau, Turbinen, Kessel und Transformatoren) transportiert. Das Binnenschiffverkehrssystem ist gekennzeichnet durch eine hohe Massenleistungsfähigkeit, geringe Vernetzung in der Fläche und eine niedrige Transportgeschwindigkeit. Trotzdem kann das Binnenschiff einen großen Beitrag zur Entlastung von Straße und Schiene leisten.[144] Ein Zuwachs der Transportleistung kann sich aus der Teilnahme an dem Container-Transport von und zu den Seehäfen ergeben, soweit die Kapazitäten der Umschlaganlagen schritthalten. Das Binnenschiff gilt als kostengünstig, termintreu und umweltfreundlich - wenn auch gelegentlich über die Verschmutzung der Wasserwege durch illegal entsorgte Ladungsreste geklagt wird. Die geringere Geschwindigkeit der Transporte kann durch das fehlende Sonntagsfahrverbot ausgeglichen werden. Im Jahre 2008 haben Binnenschiffe in Deutschland 246 Mio. t Güter transportiert - das bedeutet 64,1 Mrd. tkm[145]; der Anteil deutscher Schiffe lag bei 38 % der Transportleistung. Die größten Binnenhäfen in Deutschland sind: Duisburg, Köln und Mannheim.

Das Netz der heutigen Bundeswasserstraßen in Deutschland umfasst circa 7.350 km, von denen circa 75 Prozent der Strecke auf Flüsse und 25 Prozent auf Kanäle entfallen. Zu den Bundeswasserstraßen zählen auch circa 23.000 Quadratkilometer Seewasserstraßen. Zu den Anlagen an den Bundeswasserstraßen gehören u. a. über 100 Häfen, rund 450 Schleusenkammern und 290 Wehre, vier Schiffshebewerke, 15 Kanalbrücken und zwei Talsperren. Zum Hauptnetz mit circa 5.100 Kilometern (Wasserstraßenklasse IV und höher) zählen die Magistralen Rhein (mit den Nebenflüssen Neckar, Main, Mosel und Saar), Donau, Weser und Elbe sowie die verbindenden Kanalsysteme bis zur Oder und zur Donau. Sie sind ein wesentlicher Bestandteil des „nassen" Transeuropäischen Verkehrsnetzes (TEN) und sind dementsprechend leistungsfähig zu erhalten und zu gestalten. Vorhandene Engpässe sind im Netz zu beseitigen, um dessen wirtschaftliche Leistungsfähigkeit zu erhöhen.

Das Rückgrat für den Binnenschiffsverkehr bilden in Deutschland die großen Flüsse (Rhein, Main, Donau, Weser, Ems, Elbe, Oder, Spree und Havel), kanalisierte Flüsse (Main und Mosel) oder Kanäle (Mittelland-Kanal (seit 1938), Main-Donau-Kanal (seit 1992), Weser-Ems-Kanal (seit 1899)) - damit sind weite Teile Europas mit dem Schiff erreichbar.

Das Kanalsystem wurde in den letzten Jahren durch den Bau des Elbe-Seiten-Kanals (1976) und den Main-Donau-Kanal (1992) erweitert. Der Ausbau des Mittelland-Kanals (siehe **Abb. 3-22**) mit wasserstandsunabhängiger Elbequerung (2003) bei Magdeburg, des

---

[144] Der Anteil der deutschen Binnenschifffahrt liegt im Modal Split etwa bei 10%.
Ein modernes Binnenschiff kann bis zu 200 Container befördern, für deren Transport auf der Straße 100 LKW-Sattelauflieger nötig sind. Im Massengutverkehr kann ein 4er-Schubverband etwa 16 000 t Schüttgut verkraften, für die im Schienenverkehr 400 Eisenbahnwaggons erforderlich sind (ADAC).

[145] Bedingt durch die Wirtschaftskrise 2009 wurde die Binnenschifffahrt am meisten betroffen: Die Beförderungsmenge sank um 18% auf 201 Mio t und die Beförderungsleistung 53,7 Mrd tkm (minus 16%). (Quelle: Bundesministerium für Verkehr, Bau und Stadtentwicklung)

Elbe-Havel-Kanals, der unteren Havel-Wasserstraße und des Teltow-Kanals[146] wird Berlin mit dem Bundeswasserstraßensystem verbinden (Projekt 17 der Verkehrsprojekte Deutsche Einheit 1992) und auch großen Schiffen (Wasserstraßenklasse Va: Länge: 95 - 110 m, Breite: 11,40 m, Tiefgang: 2,5 - 4,5 m) und Schubeinheiten die Fahrt nach Berlin ermöglichen.[147]

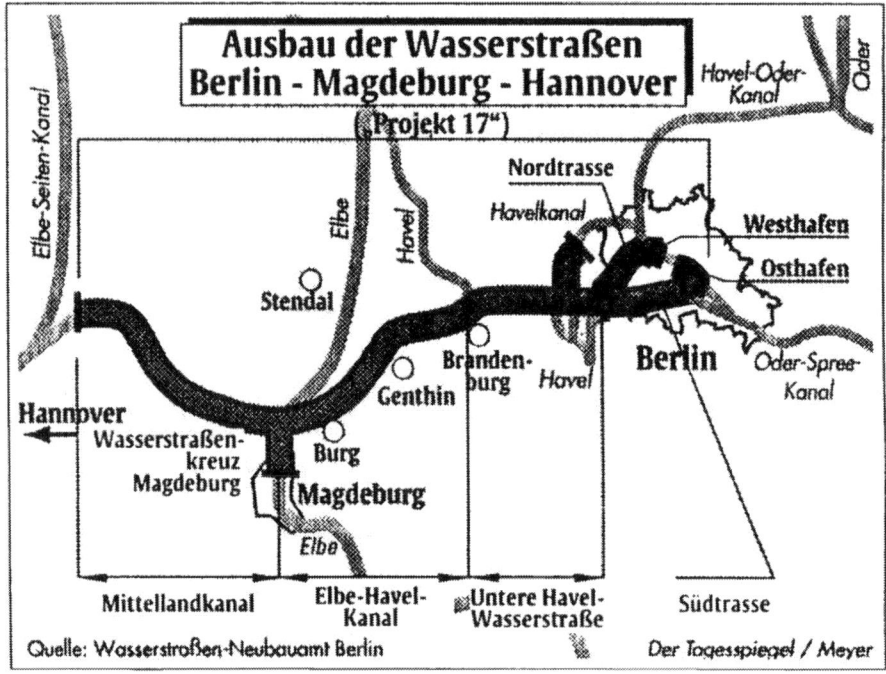

Abb. 3-22: Ausbau des Mittelland-Kanals (Hannover – Magdeburg – Berlin)

Magdeburg wird an der Wasserstraßenkreuzung von Elbe und Mittelland-/Elbe-Havel-Kanal zu einem bedeutenden Umschlagplatz, die Berliner Häfen (Westhafen als Logistikzentrum und Container-Terminal) werden wieder an Bedeutung gewinnen. Eine weiterer Ausbau der Kanäle bis zur Oder ist vorbereitet (Beispiel: Teltow-Kanal (seit 1906) oder des Havel-Oder-Kanals (seit 1914) als Verbindung von Elbe und Oder), ein Ausbau der Oder als Wasserstraße ist jedoch nicht geplant.[148]

---

[146] Schwerpunkte sind der Mittellandkanal, der Elbe-Havel-Kanal und das Wasserstraßenkreuz Magdeburg. Seit Ende 2007 kann das Großmotorgüterschiff mit Tiefgangbeschränkung bis Magdeburg verkehren. Der eingeschränkte zweilagige Containerverkehr ist seit 2009 bis Berlin möglich. Möglicherweise muß die Planung wegen der UNESCO-geschützten Potsdamer Gärten- und Schlösser-Landschaft durch eine Süd- oder Nordumfahrung oder die Aufgabe der Erweiterung des Sacrow-Paretzer-Kanals („Märkischer Canale Grande") für Begegnungsverkehr geändert werden.
Der weitere Ausbau des Teltow-Kanals (Kleinmachnower Schleuse) wurde im Jahr 2010 verschoben.

[147] Eine Weiterführung über den Havel-Oder-Kanal bis Stettin oder den Oder-Spree-Kanal bis zur Oder ist im Zuge der EU-Erweiterung geplant. Das neue Schiffshebewerk Niederfinow wird seit 2006 gebaut und soll 2013 fertig gestellt sein. Der Ausbau der Hohensaaten-Friedrichsthaler-Wasserstraße (HoFriWa) ist vorläufig zurückgestellt.

[148] Angaben des Bundesministeriums für Verkehr, Bau und Stadtentwicklung - 2009

Der Main-Donau-Kanal (seit 1992) verbindet über 171 km die Donau bei Kehlheim und den Main bei Bamberg und ermöglicht damit eine Wasserstraße zwischen der Nordsee (Rotterdam) und dem Schwarzen Meer (Konstanza/ Rumänien), siehe **Abb. 3-23**. In der bayerischen Wirtschaftsregion bilden die Häfen Aschaffenburg, Bamberg, Nürnberg, Roth, Regensburg und Passau einen Verbund, bündeln ihre Stärken und positionieren sich als Gateway-Region für die Märkte in Südost-/Ost-Europa. Neben den traditionellen Massenguthäfen wurden moderne trimodale Infrastrukturen, Güterverkehrszentren und Logistikterminals mit zusätzlichen Dienstleistungen geschaffen. Um einer Überlastung der Straßeninfrastruktur vorzubeugen, wurden Angebote für einen kombinierten Verkehr auf der Schiene und auf dem Wasser eingerichtet. Beispielsweise verkehren Donau-Katamarane mit geringem Tiefgang und verbinden im Roll-on/Roll-off-Verkehr für LKW-Trailer Passau mit Bulgarien.

Abb. 3-23: Main-Donau-Kanal

Neben einigen großen Reedereien der Binnenschifffahrt haben Kleingewerbetreibende (Partikuliere) in der Binnenschifffahrt einen hohen Anteil. Die Eigner betreiben ihre Schiffe (bis zu 3 Schiffe) selbst; sie tragen das hohe unternehmerische Risiko angesichts rückläufiger Frachten, freier Transporttarife und der Zunahme großer Schiffseinheiten - insbesondere im Containertransport. Neben den klassischen Motorgüterschiffen (Selbstfahrer), die geprägt sind von den befahrenen Gewässern und deren Ausbauverhältnissen (Schleusen oder Häfen), gibt es Spezialschiffe wie Tankschiffe, Containerschiffe oder Autotransporter - daneben werden zunehmend Schubboote und Schubleichter eingesetzt, die im Verband eine Länge von 185 m erreichen können; ihr Betrieb ermöglicht eine Trennung von Antriebseinheit und Laderäumen - dies führt neben der größeren möglichen Fördermenge zu einer besseren zeitlichen Nutzung durch Entkoppelung von Lade- und Entladezeiten (Liegezeiten) und den Fahrzeiten (Verbesserung des Zeitgrades), zu flexibleren Einsatz der Mitarbeiter und der Antriebseinheiten und zu einer Minimierung der Leerfahrten durch ein Flottenmanagement.

3.6.6 Luftfrachtverkehr

Seit zu Beginn des 20. Jahrhunderts mutige Piloten[149] das Flugzeug zur Postbeförderung benutzten und Charles Lindbergh 1927 mit der Atlantiküberquerung bewiesen hat, dass das Flugzeug große Strecken überwinden kann, wurden neue Märkte für die Logistik eröffnet.

Die Forderung der Wirtschaft, wichtige Briefe, Postsendungen und hochwertige Güter pünktlich, schonend und zuverlässig den Kunden auf weltweiten Märkten zuzuliefern, hat in der Vergangenheit den Luftfrachtverkehr stark begünstigt. Schnelle Transporte in der Luft - von beispielsweise Hightech-Produkten, verderblichen und terminkritischen Gütern, Postsendungen/E-Commerce-Zulieferungen, hochwertigen Ersatzteilen für die Automobilindustrie und Medizintechnik u. a. - erhöhen die Kundenzufriedenheit und senken die Kapitalbindung der Versender und Empfänger in der Lagerhaltung. Die beobachteten Zunahmen bei der Luftfracht sind auch in der internationalen Arbeitsteilung der Produktionsstandorte, der weltweiten Distribution von Waren und in dem Bestreben begründet, Lagerhaltungen zu vermeiden. Hierbei sind heute Transporte großvolumiger Bauteile möglich, wie der bereits erwähnte logistische Verbund der europäischen Airbus-Industrie mit den Großraumflugzeugen „Guppy" und „Beluga" zeigt.

Von einem leistungsfähigen Transportsystem wird erwartet, dass die Beförderung zuverlässig, terminsicher und kalkulierbar von Haus zu Haus stattfindet und eine lückenlose - EDV-gestützte - Information (Sendungsverfolgung) vor, während und nach dem Transport möglich ist. Das bedeutet, dass eine schnelle Auftragsabwicklung auch auf der Erde und nicht allein in der Luft erreicht werden muss und ein organisatorisches Ineinandergreifen von Flugtransport, Güterumschlag am Boden und vor-/nachgelagerter Landtransporte – einschließlich der Abwicklung von Handelsdokumenten, Verwaltungsroutinen, Zollformalitäten u. ä. – unabdingbar ist.

Seinem Charakter nach bedeutet der Flugverkehr zunächst eine „Punkt-Punkt-Verbindung" (Airport-to-Airport-Leistung) und weist eine geringe Netzbildungsfähigkeit auf. Der notwendige Vor- und Nachlauf der Sendungen ist zur Sicherung der Zeitvorteile und zur Vermeidung von Schnittstellenverlusten besonders wichtig und bedingt eine enge Zusammenarbeit mit landgebundenen Verkehrssystemen (verkehrliche Anbindung an Schiene oder Straße) oder den Aufbau von eigenen, ganzheitlichen Dienstleistungen aus einer Hand. Diese vertikale Integration der logistischen Prozesse haben teilweise die sog. „Integrators" übernommen und bieten den Auftraggebern kurze, garantierte Laufzeiten mit eigenen Luft- und Bodendiensten an.

Die eigentlichen Transporte werden mit Flugzeugen durchgeführt (siehe **Abb. 3-24**); ein großer Anteil des Frachtaufkommens (in Europa ca. 60%) wird in Passagiermaschinen[150] als Beilade- oder auch Unterflurfracht (Belly freight), der Rest in besonderen Frachtmaschinen (Nutzlast einer Boing-747 als Vollfrachter ca. 100 t) abgewickelt - sie sind lärmarm und sparsam bei relativ geringen Schadstoffemissionen. Die gewichtssparende Bauweise (Verbundwerkstoffe, Fly-by-wire-Technologie) und die Leistungsfähigkeit

---

[149] Berühmt gewordene Namen sind: Antoine de Saint-Exupéry (1900 - 1944), Charles Lindbergh (1902 – 1974), Jean Mermoz (1902 – 1936), Hans Grade (1879 – 1946) u.v.a. Dazu gehören auch die Flugzeuge des Claude Dornier (1884 – 1969) (Dornier Wal, Do 18, DoX).
Spätesten mit der Berliner Luftbrücke (1948 – 1949) wurde bewiesen, dass auch große Mengen an Gütern (277.246 Flüge und 1,8 Mio t) mit Flugzeugen transportiert werden können.

[150] Für ergänzende Zuladungen eignen sich auch Charter-Flugzeuge im Ferienflugbetrieb. Passagier-Flugzeuge lassen sich auch nachts beispielsweise im Nachtluftpostnetz der Deutschen Post/DHL AG als "Briefträger der Lüfte" nutzen; auf diese Weise werden die "E+1-Konzepte" gestützt.

moderner Triebwerke erlauben eine schwere und großvolumige Fracht-Zuladung auf langen Strecken. Der Einsatz größerer Frachtflugzeuge ist auch bedingt durch zunehmende Betriebskosten und Flughafengebühren, die aber eine rationelle Be- und Entladung verlangen, um die Bodenzeiten zu minimieren. Es gibt lukrative Nischenmärkte für besonders große und sperrige Güter der Luft- und Raumfahrt oder für militärische Güter. Bis zu 150 t kann die vierstrahlige ukrainische AN-124-100 „Ruslan" – die sechsstrahlige AN 225 „Mrija" bis zu 250 t - befördern – beide sind als Hochdecker konzipiert und können deshalb bodennah - ohne zusätzliche Hilfsmittel - be- und entladen werden.

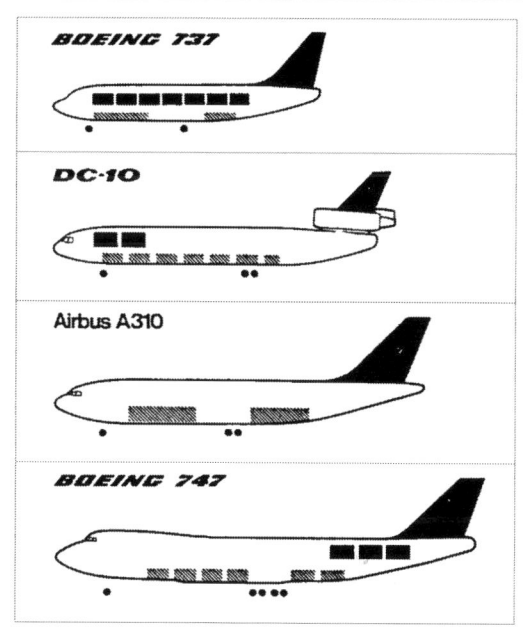

Abb. 3-24: Möglichkeiten des Frachttransports in Flugzeugen

Als Lademittel werden für den Cargo-Betrieb normalerweise Unit Load Devices (ULD) genutzt (siehe **Abb. 3-25**), d. h. Paletten und insbesondere Container aus Aluminium oder einer Kombination aus Aluminium und Kunststoff. Die einzelnen Frachtstücke werden zeitentkoppelt in die bereitgestellten Behälter verpackt bzw. auf den Paletten gesichert und in den Luftfrachtzentren vorsortiert. Die Be- und Entladung der Jets kann jeweils unter großer Zeitersparnis erfolgen. Die üblichen Abläufe sind standardisiert, stark automatisiert und computergesteuert. Sonderbehälter oder Spezialfrachtlösungen werden für Kühltransporte, Tiertransporte oder andere außergewöhnliche Transporte angeboten. Es bleibt die Problematik der Verweildauer der Luftfracht am Boden´.

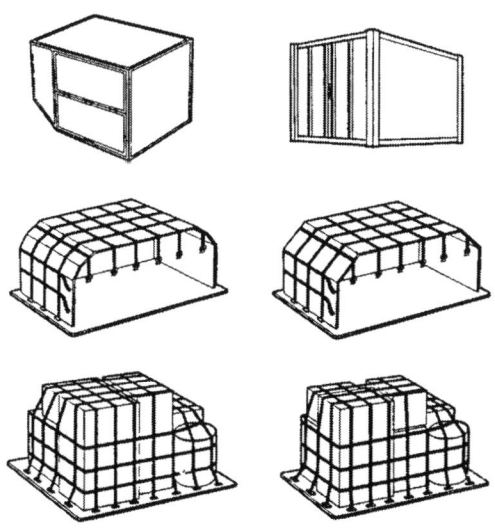

Abb. 3-25: Unit Load Devices (ULD)

Leider sind die ULD´s nicht genormt, ihre Vielfalt ist abhängig von den eingesetzten Flugzeugtypen. Die Container sind relativ teuer, werden oft unsachgemäß behandelt, auf Abstellflächen schlecht gesichert geparkt und ihre Bestände mangelhaft überwacht. Eine Umstellung auf Verbundwerkstoffe würde zu Gewichtsreduzierungen führen - aber neue Investitionen bedeuten. Wenige Fluggesellschaften haben mit ihren Handling-Partnern ULD-Care-Abkommen geschlossen.

Die Bedeutung des Luftfrachtgeschäftes hat bei verschiedenen Fluglinien zur Gründung eigenständiger Geschäftsbereiche geführt, die die Dienstleistungen in der Versorgungskette auf weltweiten

Märkten mit eigenen Fracht-Umschlaganlagen erbringen. Daneben gibt es eigenständige, weltweit agierende Logistik-Dienstleister mit eigener Flugzeugflotte und deutschen bzw. europäischen Standorten. Beispiele sind:

- LUFTHANSA CARGO CENTER (LCC) in der Frankfurter „Cargo City Nord"
- DHL/Aerologic Luftfracht-Drehkreuz auf dem Flughafen Halle/Leipzig
- UPS Europa-Hub in Köln/Bonn
- TNT Heimat-Flughafen für Luftfracht in Lüttich/Belgien
- FedEx Express-Drehkreuz in Köln/Bonn

Die deutschen, europäischen oder global angesteuerten Drehkreuze (Hubs) dienen neben der rationellen Verteilung der Güter vor allem der flexiblen Reaktion auf Marktveränderungen. Das Entstehen neuer Märkte (z. B.: in Asien, Nahost oder Südamerika) oder Veränderungen der weltweiten Handelsströme verlangen neue Netzwerke, leistungsfähige Luftfrachtkonzepte und Präsenz in den Gateways Hongkong, Singapur, Dubai u. a.

Die Güterumschlagplätze sind naturgemäß die Flughäfen, deren Standorte und Betriebsbereitschaft (24-Stunden) einen großen Einfluss auf die Leistungsfähigkeit und Auslastung haben - sie sind die Drehscheiben des Luftverkehrs und bestimmen die Geschwindigkeit der Weiterleitung zum Empfänger und des Umschlags der Güter im Transit-Verkehr – und haben Einfluss auf die Wirtschaftlichkeit eines Standortes und der Geschäftsmodelle der Logistik. Die Leistungsfähigkeit eines Flughafens hängt neben seiner geografischen Lage auch von seiner Einbindung in andere Verkehrssysteme ab. Dazu gehören neben der Verkehrsinfrastruktur auch verlässliche Rahmenbedingungen. Vollständige oder eingeschränkte Nachtflugverbote oder andere staatliche Eingriffe – beispielsweise Lärmschutzzonen - können die sensiblen, getakteten, intercontinentalen Transportketten über die Zeitzonen hinweg empfindlich stören und zeitgenaue Zulieferungen der KEP-Dienstleister verhindern (Slogan: „Die Fracht braucht die Nacht").

Im Luftverkehr gibt es keine nachhaltige Liberalisierung oder eine globale Ordnung für die Nutzung der Flugrouten und für erforderliche Start- und Landerechte – vergleichbar den Gegebenheiten auf den Weltmeeren. Der internationale Luftverkehr setzt aber Rechtssicherheit und Luftverkehrsfreiheit durch Deregulierung voraus: Das sind weltweite unbeschränkte Start-/Landerechte,[151] Kabotage-Rechte (Inlandsflüge von ausländischen Carriern), Liberalisierung des (Personen- und) Frachtverkehrs und Niederlassungsfreiheit. Der Marktzugang und die Einrichtung neuer Routen oder Gates sind abhängig von gegebenen Einschränkungen (Nachtflugverbote), günstigen Zeitfenstern für Starts und Landungen (Slots), verfügbaren Mitarbeitern, vorhandenen Einrichtungen zur Abfertigung und nutzbaren Terminals. Die Globalisierung von Aktivitäten der Luftfrachtgesellschaften in der Luft und am Boden, hat internationale Kooperationen und strategische Allianzen (horizontale Systempartnerschaften) gefördert, um dem Kunden weltumspannende, ganzheitliche logistische Dienstleistungen auf einer Hand[152] anbieten und Verbundvorteile

---

[151] Es soll hier beispielhaft auf die Schwierigkeiten beim Abschluss eines Luftverkehrsabkommens (Opensky-Abkommen) zwischen der EU und den USA (2007) hingewiesen werden, das das bilaterale Luftverkehrsabkommen einzelner Länder der EU ersetzt hat. Seit 1997 ist der Luftverkehr über dem europäischen Wirtschaftsraum (EU) liberalisiert und ist offen für alle europäischen Anbieter.

[152] Die Kooperationen der LUFTHANSA (Star-Alliance) mit internationalen Partnern (UNITED AIRLINES, SAS, THAI AIRWAYS, SAA, VARIG und AIR CANADA) bedeutet nicht nur koordinierte Anschlußflüge und Verknüpfung der Streckennetze (Code sharing), sondern auch die Zusammenarbeit im Luftfrachtverkehr (Systempartnerschaften). Eine weitere Kooperation/Joint Venture ist LUFTHANSA/DHL (AEROLOGIC) für Internationale Fracht-/Expressdienste (Integrator), die schwerpunktmäßig von Leipzig/Halle aus operieren.

wahrnehmen zu können. In wenigen Jahren werden nur noch wenige - sich derzeit formierende - „Mega-Carrier" (Luftfrachtführer) globale Leistungen anbieten. Die Angebote der wenigen Luftfrachtgesellschaften mit ergänzenden Dienstleistungen und der „Integrators" werden vergleichbar.

3.6.7 Rohrfernleitungsverkehr

Der Rohrleitungsverkehr umfasst den Transport von gasförmigen, verflüssigten oder flüssigen Gütern mithilfe von Rohrleitungen (engl. Pipelines) – meist über große Entfernungen. Die zu transportierenden Güter sind hauptsächlich Erdgas, Rohöl, Mineralölprodukte, Wasser, Fernwärme und Chemikalien. Das Verkehrssystem ist ortsgebunden und wenig flexibel, erfordert aber geringe Transportkosten. Die hohen Investitionsaufwendungen werden – trotz der oft großen Entfernungen – durch den gegenüber einem Tankwagenbetrieb günstigeren Kosten bei langjährigem Betrieb amortisiert. Rohrleitungen gelten als sicher, zuverlässig, umweltfreundlich und wirtschaftlich. Für den Bau und den Betrieb von Rohrfernleitungen gelten in Deutschland die Bestimmungen der „Rohrfernleitungsverordnung" (2002/2009) des Bundesministeriums der Justiz, die „Technische Regel für Rohrfernleitungen" (TRFL – 2003) des Bundesministeriums für Umwelt, Naturschutz und Reaktorsicherheit und die zugehörigen DIN-Normen, sonstige Bestimmungen oder technische Vorschriften. Eine Rohrfernleitungsanlage ist entsprechend dem Stand der Technik zu errichten und zu betreiben, um eine Beeinträchtigung des Wohls der Allgemeinheit zu vermeiden, insbesondere den Menschen und die Umwelt vor schädlichen Einwirkungen durch die Errichtung, die Beschaffenheit und den Betrieb von Rohrfernleitungsanlagen zu schützen - insbesondere darf eine Beeinträchtigung der Gewässer nicht zu befürchten sein (vgl. RohrFLtgV § 1 – 3).

Die Rohrleitung (Pipeline) besteht im Allgemeinen aus einem im Erdreich verlegten Rohrstrang. Transportweg und -gefäß sind identisch, der Rohrstrang ist gleichzeitig Weg und Transportgefäß. Es wird lediglich das zu befördernde Produkt bewegt. Für den Transport des Gutes ist eine Antriebskraft durch Druck erforderlich, der entlang der Rohrleitungsstrecke durch stationäre Pumpwerke erzeugt wird. Die Abstände der Pumpwerke sind abhängig von den Rohrreibungsverlusten und den zu überwindenden Höhenunterschieden entlang der Strecke. Behälter am Anfang und am Ende der Rohrleitung dienen dem Ausgleich und der Lagerung bei kontinuierlichem Betrieb des Transportes.

Ein bekanntes Beispiel für den Transport von Rohöl über mehr als 5000 Kilometer ist die Leitung „Druschba" (Freundschaft) von den Erdölfeldern im Westen Sibiriens zu den Raffinerien in Mitteleuropa. Die Rohrleitung kann pro Tag mehr als zwei Millionen Barrel (159 Liter pro Barrel) transportieren; allein Deutschland bezieht täglich etwa 500.000 Barrel über diese Pipeline. Die Verteilung erfolgt über das vorhandene Rohölfernleitungsnetz in Deutschland, das eine Gesamtlänge von 2370 km hat.[153]

Der Energieversorgung von Mitteleuropa mit Erdgas dient auch die im Bau befindliche Gas-Pipeline von den Erdgasvorkommen in Sibirien zu den europäischen Verbrauchern. Die von Wyborg (Russland) über die Ostsee geführte Offshore-Leitung (North-Stream-Pipeline: 1223 km Länge, max.210 m Tiefe) erreicht in Lubmin bei Greifswald deutschen Boden. Die übernehmende Ostsee-Pipeline-Anbindungs-Leitung (OPAL) verläuft dann über 470 Kilometer in südliche Richtung nach Olbernhau an der tschechischen Grenze und erreicht das bestehende Leitungsnetz der JAMAL-/TRANSGAS-Trasse und das deutsche Versorgungssystem. Die OPAL wird das Erdgas in Richtung Süden transportieren, die

---

[153] Vgl. Destatis

geplante Norddeutsche Erdgas Leitung (NEL) wird nach Westen abzweigen. Damit wird Deutschland Drehscheibe Europas für die Gasversorgung im Wachstumsmarkt für Erdgas und sichert die umweltfreundliche Erdgasversorgung in Europa. Bis zu 55 Milliarden Kubikmeter Erdgas werden nach der Fertigstellung der geplanten Leitungsstränge jährlich durch die Ostsee-Pipeline nach Deutschland strömen. Das Vorhaben wurde von der Europäischen Union als vorrangiges Projekt des „Transeuropäischen Netzwerkes" (TEN) gefördert und soll ab 2012 russisches Gas nach Deutschland liefern.

Die europäische Erdgasversorgung wird ergänzt durch die geplante Nabucco-Pipeline oder die South-Stream-Pipeline, die Russland durch das Schwarze Meer mit Österreich und Italien verbinden soll. Die Nabucco-Leitung wird Erdgas über etwa 3300 km aus dem asiatischen Raum zum Beispiel aus Aserbaidschan, Turkmenistan, Usbekistan und Kasachstan über die Türkei nach Europa fördern. Der Baubeginn wurde schon mehrfach verschoben und ist derzeit für 2013 vorgesehen. Die erste Ausbaustufe soll bis 2017 fertig gestellt sein. Die Vorhaben werden von der EU im Rahmen der TEN-Projekte gefördert.

Seit vielen Jahren werden bestehende Rohrfernleitungen in Europa betrieben. Als Beispiele sind zu nennen:

- Für die Versorgung im militärischen Bereich der NATO dient in Mitteleuropa das Pipelinenetz (CEPS – Central Europe Pipeline System). In dem ca. 2.800 km langen deutschen Teil dieses Netzes wird raffinierter Treibstoff insbesondere zu Flughäfen transportiert.
- Seit 1967 wird die Transalpine Ölleitung (TAL) betrieben; es ist eine Erdöl-Pipeline, die vom Mittelmeer-Hafen Triest durch Österreich nach Ingolstadt und Karlsruhe verläuft. Die Pipeline führt über insgesamt 465 Kilometer und überwindet etwa 1500 Höhenmeter in den Alpen.
- Seit den 70er Jahren transportiert die Trans-Europäische Naturgas Pipeline (TENP) Gas aus den Niederlanden nach Italien und ist eine wichtige Nord-Süd-Verbindung im europäischen Erdgasverbundsystem.

Aus anderen Kontinenten soll hier die Trans-Alaska-Pipeline als Beispiel genannt werden, die seit 1977 Erdöl aus Alaska (Prudhoe Bay) im Norden über fast 1300 km zum eisfreien Hafen Valdez (USA) im Süden transportiert. Das geförderte Öl wird mit Tankschiffen weiter verteilt.

3.6.8 Kombinierter Ladungsverkehr

Um die Vorteile der einzelnen Verkehrsträger zu nutzen, bietet es sich an, die Stärken der einzelnen Systeme miteinander zu verknüpfen. Es gelingt wegen fehlender Feingliederung der logistischen Netze, der zu bewältigenden Entfernungen oder zu überbrückenden Wasserflächen nicht immer, einen Transport im Direkt-Verkehr (als ungebrochenen Verkehr in eingliedriger Transportkette) vom Versender zum Empfänger ohne Wechsel des Transportmittels oder Umschlagtätigkeiten - und/oder Lagervorgänge - abzuwickeln. Der Güterfluss wird dann in ein- oder mehrfach gebrochener Form (multimodal) durchgeführt, wobei die Güterflüsse zwischen Liefer- und Empfangspunkt (Quelle und Senke) jeweils aufgelöst (break-bulk-point) oder zusammengefasst (consolidation point) werden (siehe **Abb. 3-26**).

Wird der gebrochene Transport[154] als vollständige Transport-/Ladeeinheit mit gemein-samen Beförderungspapieren durchgeführt, wird er allgemein als kombinierter Verkehr bezeichnet. Es ist die logistische Leistung von mindestens zwei unterschiedlichen Verkehrsträgern für einen Gütertransport im Hauptlauf zwischen Versender und Empfänger in einer integrierten, komplexen Transportkette[155] (verkehrsträgerübergreifende Kooperation zum Transport von Gütern).

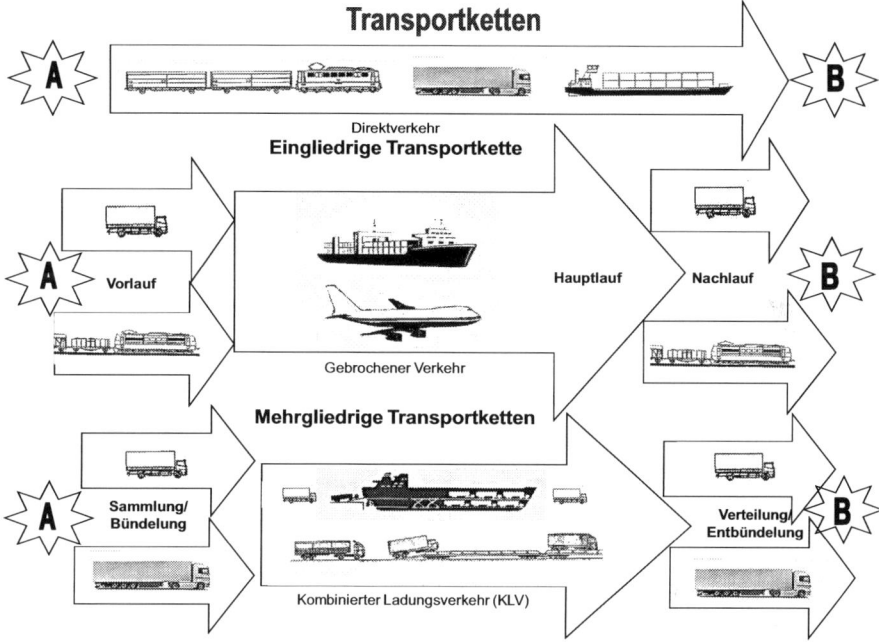

Abb. 3-26: Transportketten (Vgl. DIN 30 781)

Die Vorteile ergeben sich aus der intelligenten Kombination der Stärken[156] der beteiligten Verkehrsträger (Straße/Schiene, Straße/Wasser, Straße/Luft usw.), die Arbeitsteilung ermöglicht eine erhöhte Flexibilität der Netzbildung, eine verbesserte Auslastung der vorhandenen Kapazitäten, volkswirtschaftliche und ökologische Vorteile - beispielsweise Einsparung von Energie, Entlastung der Autobahnen oder anderer (europäischer) Straßen-Magistralen für die Mobilität des Personenverkehrs und eine Verminderung der Schadstoffemissionen (Symbiose der Systemstärken).

Aus diesem Grunde spielt der Kombinierte Verkehr eine wichtige Rolle in einer integrierten Verkehrspolitik im Bereich des Güterverkehrs. Die deutsche Bundesregierung hat ein großes Interesse an einem effektiven und kostengünstigen Kombinierten Verkehr und fördert ihn durch eine Reihe ordnungspolitischer und steuerpolitischer Regelungen. Beispiele sind ein erhöhtes Maximalgewicht der LKWs auf 44 t, Ausnahmen von Sonn-, Feiertags-, oder Ferienfahrverboten, Befreiung der ausschließlich für Vor- und Nachlauf

---

[154] Vgl. DIN EN 14943: ein Transport von Waren durch zwei Transportarten, gewöhnlich Straßen- und Bahntransport.

[155] Die Transportkette ist eine Folge von technisch und organisatorisch miteinander verknüpften Vorgängen, bei denen (Personen oder) Güter von einer Quelle zu einem Ziel bewegt werden.

[156] Die Bahn hat ihre Stärken insbesondere im Fernverkehr (Streckenverkehr), der LKW kann seine Flexibilität im Flächenverkehr für die Sammlung und Feinverteilung der Güter einbringen.

eingesetzten Fahrzeuge von der Kfz-Steuer oder eine finanzielle Bezuschussung insbesondere im Bereich der Errichtung von Umschlageinrichtungen. Politische Förderung erfolgt in Deutschland aufgrund der Chancen, die der Kombinierten Verkehr bei der Verlagerung von Güterverkehr von der Straße auf umweltschonendere Verkehrsträger wie Bahn und Schifffahrt bietet und um überlastete Verkehrswege (insbesondere Straßen) zu entlasten.

Im engeren Sinne umfasst der kombinierte Verkehr den:

- **Begleiteten kombinierten Verkehr – Huckepack-Verkehr**
  Beim Huckepack-Verkehr wird das Verkehrsmittel oder ein Teil davon verladen; Beispiele sind: Fähren im „Roll-on-Roll-off-Verkehr" (Auto-/Eisenbahn-Fähren) zu den ägäischen Inseln, auf dem Ärmelkanal oder der Ostsee, Trailerzüge[157] als bimodales System (Kombitrailer, Roadrailer) auf der Strecke Köln/München - Verona, Hamburg - Verona (Alpentransit) oder als rollende Landstraßen bzw. Raststätten[158]oder der als „Swim-on-Swim-off-Verkehr" (Lash-Carrier). Die Fahrer reisen im Allgemeinen mit dem Transport. Kranbare Sattelanhänger sind die Ausnahme.

- **Unbegleiteten kombinierten Verkehr – Behälter-Verkehr**
  Die Waren (Packgut) werden im Allgemeinen nicht einzeln versandt, sondern zu Ladeeinheiten zusammengefasst (siehe Abschnitt 3.2.3). Dies erleichtert die Transporte zum Empfänger; es werden beim Wechsel des Transportmittels – oft mit großem technischen Aufwand (Beispiel: Gabelstapler, Portalkrane im Container-Verkehr u. a.), Paletten oder Transportbehälter verladen. Die Behälter sind meist als Mehrwegsysteme angelegt. Es können unterschieden werden:

  - *Klein-Behälter*
    Das ist zunächst jede Art von Mehrwegverpackungen, die geeignet ist, die Güter aufzunehmen und zu einem Packstück (Kolli) für den Transport oder für die Lagerung zusammenzufassen. Behälter mit einem Fassungsraum bis 3 m³ werden als Kleinbehälter definiert. Es sind Behälter/Kästen aus Holz, Metall (z. B.: Collico-Faltbehälter) oder Kunststoff, faltbar, belastbar, stapelbar (voll aufeinander, leer ineinander für einen raumsparenden Rücktransport), mit Deckel; sie haben auf die Euro-Palette abgestimmte Maße, Griffe und Halterungen für Belege/Etiketten.

  - *Pool-Gitterboxpalette* (DIN 15155)
    Eine sehr bekannte Form eines genormten Behälters ist die Gitterbox (DB-Europoolgitterbox (standardisiert nach DIN 15155/8 – UIC 435-3V). Die Abmessungen einer Gitterbox sind festgelegt und betragen in der Breite 835 mm in der Länge 1240 mm und in der Höhe 970 mm, das Leergewicht beträgt ca. 85 kg. Die vier Wände sind aus Stahlgitter und haben Klappen an der Längsseite zur besseren Entnahme der Ware. Die Traglast kann 1.000 – 1.500 kg betragen. Die Boxen sind mit 3 - 5 Stück stapelbar; sie sind Lager- und Transporthilfsmittel und Euro-Paletten kompatibel. Gebrauchte Tauschboxen müssen diversen, definierten Kriterien entsprechen, um tauschfähig zu sein.

---

[157] Konstruktiv veränderte Sattelauflieger werden durch die Koppelung mit Bahndrehgestellen zu Eisenbahnwagen und können zu Zügen verbunden werden - Vorteile des Schienen- und Straßenverkehrs werden vereinigt. Kranfähige Sattelauflieger erhöhen allgemein das Gewicht des Fahrzeugs zu Lasten der möglichen Zuladung.

[158] Als Beispiele für die "rollende Landstraße" kann der Alpentransit nach Italien - wegen des LKW-Nachtfahrverbotes oder hoher Straßengebühren (Schwerverkehrsabgabe) in der Schweiz - die Verladung der LKW ab Basel oder Freiburg/Brsg. genannt werden.

■ *Groß-Behälter*
Behälter mit größerem Fassungsvermögen als 3 m³ werden Großbehälter genannt. Mit dem Einsatz von Großbehältern wurde eine Möglichkeit gefunden, den Güterumschlag zu beschleunigen und lange Standzeiten für die eingesetzten Fahrzeuge/Verkehrsträger zu vermeiden. Heute werden beispielsweise 95% aller deutschen Exporte über die Seehäfen als Container-Sendungen (Groß-Behälter) abgewickelt. Ohne diese schnell handhabbaren Ladungsträger und Großraumbehälter wäre die notwendige Transportleistung nicht zu bewältigen. Diese Groß-Behälter ermöglichen eine geschlossene Transportkette auf Straße, Schiene und Wasser; sie erleichtern den Haus-Haus-Verkehr, sparen Verpackungskosten, vereinfachen die Pack- und Ladearbeiten beim Versender und Empfänger und vermindern Beförderungsschäden. Die Schließsysteme sichern teures Ladegut gegen unbemerkten Zugriff und ermöglichen eine Verplombung durch die Zoll-Behörden. Beispiele sind:

■ *Wechsel-Behälter/Wechselbrücken*[159] (s. DIN 15190 – Binnencontainer)
Wechsel-Behälter/Wechselbrücke (synonym: Wechselpritsche) sind auf Gestelle aufgesetzte Groß-Behälter, die man auf eigene, ausklappbare Stützfüße stellen kann. Während der Be- und Entladung kann sich sowohl das Zugfahrzeug als auch der Anhänger frei bewegen, den kompletten Wechselaufbau ohne weitere Hilfsmittel vom LKW oder Anhänger abzusetzen oder aufzunehmen und andere Aufgaben übernehmen; Kräne oder spezielle Stapler entfallen. Ihre Länge beträgt 6 – 12 m. Da die Wechselbrücke im Gegensatz zum ISO-Container eine europäische Entwicklung ist, sind deren Dimensionen an die Maße von Euro-Paletten angepasst; sie werden vorrangig für Straßen- und Schienentransport eingesetzt. Sie sind nicht stapelbar.

■ *Container*[160] (ISO 668)
Der Container ist der am häufigsten eingesetzte Transport-Behälter im unbegleiteten kombinierten Verkehr. Diese genormten Boxen aus Stahl machen den Welthandel möglich. Die Container bestehen aus einer tragenden Stahlrahmenstruktur, die im Allgemeinen mit Stahl- oder Aluminiumblechen verkleidet sind. Die Eckbeschläge erlauben den Umschlag mit Hilfe von Kränen und eine Befestigung (Sicherung) auf dem Verkehrsmittel während des Transportes. Die Container zeichnen sich besonders durch ihre robuste Bauweise aus, dadurch sind sie stapelbar, schützen die Ware vor Witterungseinflüssen und sind für mehrere Umläufe zwischen Versender und Empfänger nutzbar und erlauben den Transport von sehr unterschiedlichen Gütern (Stückgut und Massengut).
Für besondere Güter – Kühlgut, flüssiges oder gasförmiges Gut – gibt es Sonderbauarten. Ein Beispiel ist der Tankcontainer (Tanktainer) – ein Behälter zur Aufnahme und Transport von flüssigen oder gasförmigen Produkten; sie haben die Abmessungen der ISO-Container und können ebenfalls im kombinierten Verkehr (d. h. Straßen-, Schienen- und Seeweg) eingesetzt werden. Es gibt sowohl Tankcontainer für den Chemikalien-/Gefahrguttransport als auch für den Lebensmittel-

---

[159] Im Jahr 1971 entwickelte die deutsche Spedition DACHSER die Wechselbrücke, ein Wechselaufbau mit ausklappbaren Stützfüßen. Während bei den zuvor gängigen Wechselaufbauten noch ein Kran oder ein spezieller Stapler zum Wechseln des Aufbaus erforderlich war, ermöglichte nun diese Entwicklung, den kompletten Wechselaufbau ohne weitere Hilfsmittel vom LKW abzusetzen oder aufzunehmen.

[160] Der Siegeszug der Container ist dem Amerikaner Malcom MCLEAN (1913 – 2001) zu verdanken, der im Jahre 1956 die ersten Metallkisten an Bord eines Schiffes vom Hafen Newark (New Jersey) nach Houston(Texas) transportierte. Heute ist der Welthandel ohne diese Transportmittel kaum noch denkbar. Der Container macht die Fracht schnell und preiswert.

transport, die sich besonders für den Haus-zu-Haus-Verkehr eignen, also den Transport der Waren von der Produktionsstätte bis zum Abnehmer. Dabei verursacht der Transport mit Tankcontainern geringere Umschlag- und Umladekosten, da nicht das beförderte Gut, sondern der Tankcontainer als Ganzes umgeschlagen oder umgeladen werden muss.

3.7 Umschlagen

Das Umschlagen ist in der Logistik ein Wechselvorgang von Gütern von einem Transportmittel auf ein anderes entlang der Materialflusskette und/oder ein Wechsel auf andere Materialflusseinrichtungen. In DIN 30781 wird Umschlagen definiert als die „Gesamtheit der Förder- und Lagervorgänge beim Übergang der Güter auf ein Transportmittel, beim Abgang der Güter von einem Transportmittel und wenn Güter das Transportmittel wechseln."

Umschlagvorgänge sind somit im Allgemeinen notwendig, wenn ein Wechsel von Gütern zwischen Lagern, Förder-/Transportmitteln, Handhabungsmitteln, Verkehrsmitteln oder Produktionseinrichtungen stattfinden muss. Diese Vorgänge erstrecken sich sowohl auf innerbetriebliche als auch auf außerbetriebliche Bereiche, wobei damit auch eine Veränderung nach Art und/oder Menge der Güter – beispielsweise bei der Zusammenstellung von Sendungen – erfolgen kann. Durch Kommissioniervorgänge sind beim Umschlagen Sortierungen eingehender Güter möglich, die für neue Aufträge zusammen gestellt und veränderten Zielen zugeordnet werden (siehe Abschnitt 3.4). Die Umschlagprozesse finden häufig an logistischen Knoten statt, wobei durch Lagervorgänge eine zeitliche Veränderung (Pufferung) mit notwendiger Bestandsverwaltung verbunden sein kann.

Innerbetriebliche Umschlagvorgänge wie z. B. Lagerzuführungen oder –entnahmen, Beschickung von Produktionseinrichtungen u. a. werden mit gegebener Fördertechnik (Gabelstaplern, Kränen, fahrerlosen Transportgeräten) oder mit speziellen Handhabungsmitteln durchgeführt. Bei ausreichendem Mengendurchsatz sind die Prozesse in weiten Teilen automatisierbar.

Außerbetriebliche Umschlagprozesse müssen danach unterschieden werden, ob:

- die Ladeeinheiten in gebrochenen Transportketten aufgelöst und neu zusammengestellt werden oder
- die Ladeeinheiten innerhalb des Kombinierten Ladungsverkehrs (KLV) als gesamte Transportgefäße (Container, Huckepack-Verkehre) umgeschlagen werden.

Die eingesetzte Technik der Umschlaggeräte umfasst insbesondere Portalkräne, Containerstapler (Reach-Stacker) u. a. oder Selbstladeeinrichtungen – etwa für Wechselbehälter.

Typische Orte (logistische Knoten), an denen außerbetriebliche Umschlagprozesse[161] stattfinden, sind beispielsweise:

- *Hafenanlagen* – Schnittstellen zwischen dem Land- und dem Wasserverkehr;
- *Güterverkehrszentren* – multimodale und multifunktionale logistische Zentren in Wertschöpfungsnetzwerken, Umschlagpunkte/Gateways für verschiedene Verkehrsträger;
- *Warenverteilzentren* – von großen Speditionen oder Handelsunternehmen betriebene logistische Knoten als Schnittstellen im Nah-Fernverkehr.

---

[161] Vgl. hierzu Abschmitt 9.3.2

Die Umschlagpunkte sind – insbesondere in der Distributionslogistik von Handelsunternehmen (vorrangig bei Frischware) – oft nach dem Durchflussprinzip organisiert (Cross Docking/Transshipment). Das bedeutet, dass die lieferantenbezogenen Anlieferungen in verkaufsstättenbezogene bzw. kundenorientierte Belieferungen umgeschlagen werden. Es wird versucht, den Warenumschlag in diesen Knoten möglichst bestandsarm zu halten – sie dienen vor allem dem Umschlag und nicht der Lagerung der Waren.

Die Einrichtung von Umschlagknoten erfordert zunächst Investitionen und verursacht eine Fixkostenbelastung – je nach Größe des Knotens. Die Wirtschaftlichkeit hängt ab von der Umschlag- und Kommissionier-/Sortierleistung des Umschlagknotens sowie von der Abstimmung mit den nachfolgenden Transportleistungen in einer ganzheitlichen Betrachtung.

4 Planen (Plan)

4.1 Abgrenzung des Prozesses „Planen"

Im SCOR-Modell (siehe Abschnitt 1.3.4.2) ist „Planen" einer der fünf Kernprozesse und mit den folgenden Inhalten belegt:[162]

- Übergreifender Ausgleich zwischen den gesamten Ressourcen eines Wertschöpfungs-netzwerkes mit der Nachfrage nach Erzeugnissen bzw. den aus der Nachfrage abge-leiteten Bedarfen an Materialien (Rohstoffen, Teilen, Komponenten) sowie die Erstellung und Kommunikation der entsprechenden Pläne über die gesamte Lieferkette, einschließlich der Pläne:
  - zur externen Versorgung mit Materialien und Komponenten (Beschaffen/Source);
  - zur internen Versorgung mit innerhalb der Lieferkette selbst erstellen Teilen und Kompenenten (Herstellen/Make);
  - zur Belieferung der Kunden (Liefern/Deliver) und
  - zur Rückführung von Reststoffen oder Erzeugnissen (Rückführen/Return).
- Abstimmung und Definition der Geschäftsregeln, der Leistungsfähigkeit, der Bestände, der Kapitalausstattung und weiterer Aspekte, die Konfiguration der gesamten Wert-schöpfungskette betreffend.
- Abstimmung der logistischen Planung mit der Finanzplanung.

In den folgenden Abschnitten wird – nach Klärung wichtiger betriebwirtschaftlicher Grundlagen und Begriffe – auf die beiden ersten Aspekte eingegangen. Unter der Überschrift „Netzwerkplanung" werden Prinzipien vorgestellt, wie eine übergreifende Planung über die gesamte Wertschöpfungskette erreicht werden kann. Unter der Überschrift „Lokale Planung" werden Verfahren und Methoden diskutiert, die im Rahmen einer gesamtheitlichen Material- und Ressourcenplanung für ein Glied der Wert-schöpfungskette bzw. eine Betriebsstätte eingesetzt werden. Nicht Gegenstand dieses Kapitels ist das gesamte Feld der Fabrikplanung, das in Kapitel 6 (Herstellen) im Abschnitt 6.3 behandelt wird.

4.2 Betriebswirtschaftliche Grundlagen und Begriffe

4.2.1 Materialarten

Unter **Material** werden allgemein Gegenstände des Umlaufvermögens verstanden, die sich entlang der Wertschöpfungskette als Einsatzstoffe, unfertige und fertige Erzeugnisse, Entsorgungsstoffe und Handelswaren im Unternehmen befinden. Die Vielzahl der Materialien im Unternehmen kann nach unterschiedlichen Gesichtspunkten geordnet werden. Eine Einteilung nach **Materialarten**, wie in **Abb. 4-1** gezeigt, lehnt sich dabei an die Gliederung der Bilanz an (HGB §266) und wird betriebsindividuell ggf. weiter verfeinert. Die Zuordnung eines Materials zu einer Materialart erfolgt dauerhaft und ist unabhängig von den jeweils benötigten Mengen und Werten.

Unter **Einsatzstoffen** sind Güter des periodischen oder laufenden Bedarfs zusammen-gefasst, die zur Erstellung der betrieblichen (Sach-)Leistung dienen und dabei ihre ursprüngliche Form, ihre selbständige Funktion und die Möglichkeit zu anderweitiger Verwendung verlieren. Hierbei gehen *Erzeugnisstoffe* in das jeweilige Produkt ein,

---

[162] Vgl. Supply Chain Council (2010)

Betriebsstoffe werden zur Herstellung von (Sach-)Leistungen ge- oder verbraucht, ohne in das Erzeugnis einzugehen. **Erzeugnisse** entstehen durch eigene Produktionsprozesse, sie werden i.d.R. nicht eingekauft. **Entsorgungsstoffe** sind Stoffe, die während des Wertschöpfungsprozesses anfallen (Ausscheidungen der Produktion/Konsumption) und im Sinne der Kreislaufwirtschaft einer weiteren Verwertung/Verwendung zugeführt werden oder beseitigt werden müssen. **Handelswaren** sind Güter, die unverarbeitet bzw. unbearbeitet dem Umsatz dienen und ggf. einzelne Erzeugnisse bzw. das Erzeugnisprogramm ergänzen.

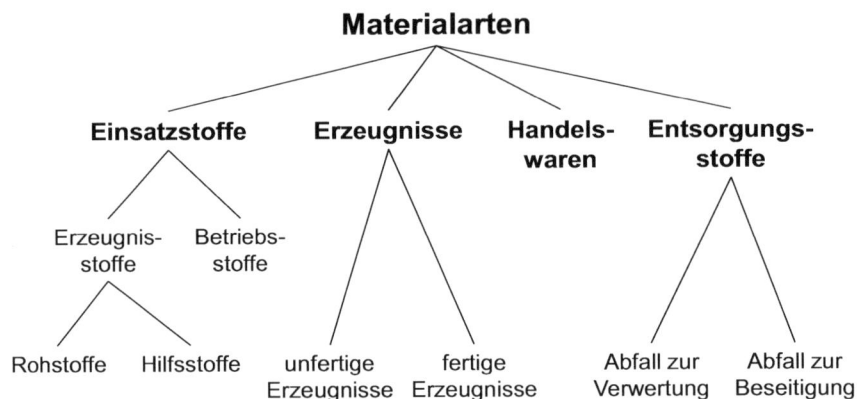

Abb. 4-1:   Gliederung der Materialarten

Damit kann im Einzelnen definiert werden:

- *Rohstoffe* sind die wesentlichen Bestandteile eines Erzeugnisses, sie sind wertmäßiger Hauptbestandteil eines Erzeugnisses.
- *Hilfsstoffe* gehen ebenfalls in das Erzeugnis ein, spielen aber wertmäßig eine untergeordnete Rolle.
- *Betriebsstoffe* gehen nicht in das Erzeugnis ein, werden aber zu dessen Herstellung ge- oder verbraucht.
- *Unfertige Erzeugnisse* sind Eigen- oder Fremdfertigungsteile/-baugruppen, die sich im Fertigungsprozess vom ersten Wertschöpfungsschritt bis zur Fertigstellung des Erzeugnisses ergeben (fiktive oder definierte - auch lagerfähige - Zwischenprodukte). Sie sind nicht zur Veräußerung bestimmt.
- *Fertige Erzeugnisse* sind die zur Veräußerung bestimmten (Sach-)Leistungen des Unternehmens.
- *Abfall zur Verwertung* sind Stoffe (Verschnitt, Ausschuss, Verpackungsmaterial), die in eigenen oder fremden Produktionsprozessen weiterverwertet oder in anderen Unternehmen weiterverwendet werden.
- *Abfall zur Beseitigung* sind Stoffe, die aus technischen oder wirtschaftlichen Gründen nicht mehr weiterverwertet/-verwendet werden können und der Beseitigung zugeführt werden müssen.

In der betrieblichen Datenverwaltung existiert für jedes Material ein Materialstammsatz, welcher mit einer eindeutigen Nummer identifiziert wird. In der Praxis wurden Ordnungssysteme für die Dokumentation von Erzeugnissen und Erzeugnisteilen für die Beschreibung und die Steuerung von Prozessabläufen entwickelt, deren Grundlage vielfältige Nummernsysteme sind. Die klassifizierende Nummerierung der Materialien nach

Materialarten ist in vielen Betrieben zu finden. Aus theoretischer Sicht ist eine klassifizierende Nummernvergabe nicht notwendig, da die Materialart als beschreibendes Merkmal im Materialstammsatz gespeichert werden kann und damit eine Codierung in der Materialnummer unnötig ist. Dennoch werden in der Praxis häufig die Materialnummern nach Materialarten differenziert.

Bei betriebsübergreifenden Geschäftsprozessen treffen unterschiedliche betriebsindividuelle Nummernsysteme aufeinander. Wenn bspw. ein Kunde eine bestimmte Sorte Schrauben mit der internen Materialnummer „5553421" bestellt, erfasst der Lieferant in seinem EDV-System einen Auftrag anhand der eigenen Materialnummer; z. B. „85766639000". Bei Anfrage, Angebot, Lieferschein, Etikettendruck und Rechnung besteht damit eine Verwechselungsgefahr der Nummern. Daher sind in einigen Branchen Bestrebungen im Gange, betriebsübergreifende Nummernsysteme für Materialien zu entwickeln. Ein typisches Beispiel dafür ist das EAN-Nummernsystem (Europäische Artikel Nummer), welches im Handel stark verbreitet ist.

4.2.2 Verbrauchs-/bestandsbezogene Materialstrukturierung

Eine systematische Gliederung aller in einem Unternehmen verwendeten Materialien unter verschiedenen Gesichtspunkten nennt man Materialstrukturierung. Aus Sicht des Bestandsmanagements ist die Einteilung nach Materialarten nicht zielführend. Es wurden daher weitere Strukturierungsprinzipien entwickelt, welche das Bestandsmanagement unterstützen. Beim Optimieren der Materialbestände empfiehlt es sich, zielgerichtet vorzugehen und Aktivitäten dort anzusetzen, wo eine große Wirkung erzielt werden kann. Hierzu haben sich zwei Methoden etabliert: [163]

- **ABC-Analyse** - die Strukturierung der Materialien nach ihrem jeweiligen Anteil am Gesamtverbauchs-/Gesamtbestandswert.
- **XYZ- oder RSU-Analyse** - die Strukturierung der Materialien nach dem zeitlichen Verbrauchsverlauf (und damit nach der Vorhersagegüte des Bedarfes).

Bei der **ABC-Analyse** wird das Wertverhältnis der Materialverbräuche oder -bestände gebildet. Die Praxis hat gezeigt, dass üblicherweise wenige Materialien einen hohen Anteil am Gesamtverbrauchswert oder Gesamtbestandswert auf sich vereinen. Dieses Ungleichgewicht der Verteilung ist die Grundlage der ABC-Analyse. Sie ist ein Verfahren zur wertmäßigen Klassifizierung von Materialien, um innerhalb der dispositiven Entscheidungen im Industriebetrieb Schwerpunkte setzen zu können. Sie dient dem Bestandscontrolling und ist ein Instrument der Kostensenkung, das bei den Materialwerten ansetzt. Neben einer tabellarischen Darstellung wird oft eine grafische Darstellungsform gewählt: die Verbrauchswert-Verteilung (Konzentrationskurve oder Lorenzkurve), siehe **Abb. 4-2**. Die Einteilung in drei Klassen wird hier direkt ersichtlich.

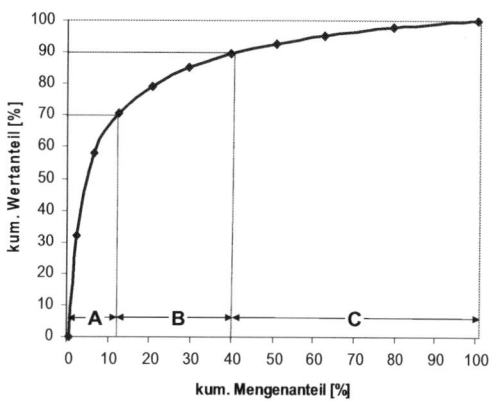

Abb. 4-2:   **ABC-Analyse (Beispiel)**

---

[163] Zur Vorgehensweise vgl. u. a. Kerth u. a. (2009), S. 3ff bzw. S. 9ff

Als Einteilungskriterium wird der kumulierte Verbrauchswert herangezogen, wobei die Grenzen üblicherweise bei 70% sowie bei 90% festgelegt werden. Die genaue Festlegung der Grenzen erfolgt betriebsindividuell. Bei dem hier aufgeführten Beispiel ergeben sich die folgenden Werte:

70% Anteil am Gesamtverbrauch werden durch
12% der Materialpositionen verursacht   **(A-Güter)**;

20% Anteil am Gesamtverbrauch werden durch
28% der Materialpositionen verursacht   **(B-Güter)**;

10% Anteil am Gesamtverbrauch werden durch
60% der Materialpositionen verursacht   **(C-Güter)**.

Die Gruppenbildung kann auch von der Anzahl[164] der vorhandenen Materialien ausgehen, wonach in dem Beispiel:

15% der Positionen etwa   **74%** Anteil am Gesamtwert haben **(A-Güter)**,
35% der Positionen etwa   **14%** Anteil am Gesamtwert haben **(B-Güter)**,
50% der Positionen etwa   **12%** Anteil am Gesamtwert haben **(C-Güter)**.

Für ein Bestandsmanagement ist diese Schwerpunktbildung nur sinnvoll, wenn den einzelnen Gruppen praktische Planungs-/Dispositions-Verfahren zugeordnet werden. Für A-Teile ist eine aktive Beschaffungs- und Lagerhaltungspolitik mit sorgfältiger Beschaffungsmarktforschung (Reverse Marketing), deterministischer Bedarfsplanung und genauer Bestandskontrolle zu empfehlen. B- und C-Teile eignen sich für einfache Dispositionsverfahren mit ausreichenden Sicherheits- und Bestellbeständen.

Mit den Analyse-Ergebnissen können folgende Methoden der Materialbedarfsrechnung und der Materialdisposition verbunden werden:

- Für **A-Teile** ist ein deterministisches Vorgehen vorzuschlagen, die Bedarfsmenge orientiert sich programmorientiert am Auftragsbestand und den zugesagten Terminen.
- Die Materialbedarfsplanung für **B-Teile** wird im Allgemeinen verbrauchsorientiert am auftragsneutralen Periodenbedarf durchgeführt.
- Für **C-Teile** bedarf es keiner systematischen Bedarfsermittlung; es genügen beispielsweise „Handlagerorganisationen„ mit ausreichenden Sicherheitsbeständen in Pufferlagern.

Für eine aktive Beeinflussung der Materialbestände genügt die ABC-Analyse im Allgemeinen nicht, es ist eine zweite Dimension der Analyse ratsam. Mit der **XYZ-Analyse**[165] erfolgt eine Gruppenbildung nach dem Verbrauchsverhalten der Materialien (siehe **Abb. 4-3**):

- **X-Güter** haben einen regelmäßigen Verbrauch und damit einhergehend eine hohe Prognosegüte,
- **Y-Güter** haben einen schwankenden Verbrauch und damit eine mittlere Prognosegüte,
- **Z-Güter** weisen einen unregelmäßigen Verbrauch und damit eine niedrige Prognosegüte auf.

---

[164] Die Bewertung der Materialien erfolgt mit den bekannten Bewertungsmethoden wie mit Einstandspreisen, Wiederbeschaffungswerten, Verrechnungs- oder Durchschnittspreisen oder mit fiktiven Verbrauchsregeln wie FIFO, HIFO u. a.

[165] In der Literatur wird auch der Begriff RSU-Analyse verwendet, wobei R für regelmäßigen, S für schwankenden (auch trendartigen oder saisonalen) und U für unregelmäßigen Bedarf steht.

Als Maß für das Verbrauchsverhalten wird z. B. für jedes Material der Variations-koeffizient berechnet als Standardabweichung dividiert durch den mittleren Verbrauch.[166] Materialien mit einem Koeffizienten bis 10% werden als X-Materialien bezeichnet, bis 25% sind es Y-Materialien und darüber liegend sind es Z-Materialien.

Durch eine Kombination beider Klassifizierungen ergeben sich neun Klassifizierungs-gruppen, die Aussagen zur Materialbewirtschaftung, zu Bereitstellungsprinzipien oder Beschaffungsarten zulassen (siehe **Abb. 4-4**).

		Wertigkeit		
		A	**B**	**C**
Vorhersagegenauigkeit	**X**	• hoher Verbrauchswert • regelmäßiger Verbrauch • hohe Prognosegüte	• mittlerer Verbrauchswert • regelmäßiger Verbrauch • hohe Prognosegüte	• niedriger Verbrauchswert • regelmäßiger Verbrauch • hohe Prognosegüte
	Y	• hoher Verbrauchswert • schwankender Verbrauch • mittlere Prognosegüte	• mittlerer Verbrauchswert • schwankender Verbrauch • mittlere Prognosegüte	• niedriger Verbrauchswert • schwankender Verbrauch • mittlere Prognosegüte
	Z	• hoher Verbrauchswert • unregelmäßiger Verbrauch • niedrige Prognosegüte	• mittlerer Verbrauchswert • unregelmäßiger Verbrauch • niedrige Prognosegüte	• niedriger Verbrauchswert • unregelmäßiger Verbrauch • niedrige Prognosegüte

Messgröße für Vorhersagegenauigkeit: Variationskoeffizient, d. h. relative Streuung des Verbrauchs um den Mittelwert

Abb. 4-3:   Materialklassen bei einer ABC-/XYZ-Analyse

Quelle: Hartmann

■ Die geringe Wertbindung der **C-Güter** erfordert im Allgemeinen keine Bestands-beeinflussung. Sie sollten in ausreichender Menge mit kalkulierten Sicherheits- und Bestellbeständen vorgehalten werden, wobei sich über Austausch-Behälter oder per Kanban-/e-Kanban-geregelte Puffer in „Handlägern" an den Arbeitsplätzen und (Sicherheits-)Bestände in den Versorgungslägern bzw. verbrauchsnahen Supermärkten anbieten.

■ **AX- und BX-Güter** sind prinzipiell JIT-/JIS-fähig. Das bietet die Möglichkeit einer weitgehenden zeitlichen und mengenmäßigen Angleichung der Beschaffungsmengen an die Bedarfsstruktur und damit eines „lagerlosen" Materialzuflusses. Die Bedarfsstruktur ist durch das Produktionsprogramm vorgegeben, damit sind auf der Grundlage deter-minierter Mengen-/Zeitverhältnisse eine hohe Automatisierung der Disposition und bedarfsgerechte Anlieferungen möglich.

■ Der schwankende Bedarf der **AY- und BY-Güter** erfordert zur Sicherung einer kunden- bzw. bedarfsgerechten Fertigung eine Entkoppelung von Bedarf und Beschaffung durch Lagerbestände (Vorratsbeschaffung). Hier eignen sich insbesondere Verfahren, die stochastische Bedarfsverläufe abbilden.

---

[166] Eine weitere Möglichkeit stellt die Berechnung eines Schwankungskoeffizienten dar, der periodenweise fortgeschrieben wird.

■ **AZ- und BZ-Güter** haben einen nur sporadischen, meist kundenauftragsorientierten Bedarf, wie er in der Einzelfertigung und in der Variantenfertigung auftritt. Die fallweise Einzelbeschaffung erfolgt im Allgemeinen auf Basis einer deterministischen Planung, erfordert jedoch eine hohe Lieferbereitschaft und Zuverlässigkeit der Lieferanten. Das vorhandene Fehlmengenrisiko kann durch eine Lagerbevorratung vermindert werden.

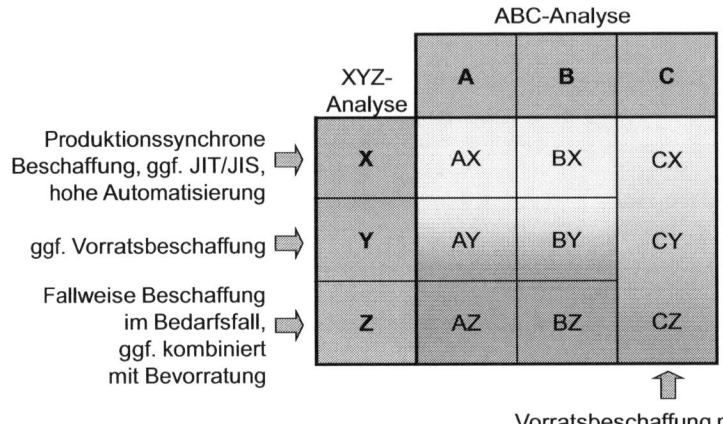

Abb. 4-4:   Entscheidungsschema als Ergebnis einer ABC/XYZ-Analyse

4.2.3 Bestand

4.2.3.1 Grundlagen des Bestandsmanagements

Als **Bestand** bezeichnet man die vorhandene Menge eines Materials. Bestandsmanagement beinhaltet alle (insbesondere planerische) Tätigkeiten, welche die Höhe der Bestände beeinflussen. Die Bestände haben eine direkte Wirkung auf die betriebswirtschaftlichen Ziele eines Unternehmens. Gelingt es bspw. bei einem durchschnittlichen Maschinenbaubetrieb die Bestände um 10% zu senken, so erhöht sich unter sonst gleichen Voraussetzungen der Gewinn um ca. 13%. Im Folgenden soll zunächst über Funktion, Kosten und Einflussfaktoren der Bestände nachgedacht werden, um daraus Maßnahmen zur Bestandsreduzierung abzuleiten.

Bestände als Umlaufvermögen im Unternehmen haben folgende Funktionen (vgl. auch Abschnitt 3.3.1):

■ **Pufferfunktion.** Bestände sind generell Puffer zwischen unterschiedlichen organisatorischen Bereichen. Sie entstehen an den Schnittstellen und gleichen Verfügbarkeits- und Bedarfstermine in Beschaffung, Fertigung und/oder Vertrieb aus. Sie können eine reibungslose und wirtschaftliche Fertigung bei konstanter Auslastung und hoher Lieferbereitschaft gewährleisten. Wird bspw. ein Rohstoff aus Fernost monatlich per Seeschiff angeliefert (verfügbare Menge), aber während des Monats kontinuierlich verbraucht (Bedarf), so ist ein Lagerbestand unerlässlich.

■ **Sicherheitsfunktion.** Bestände decken ungeplante Bedarfe oder überbrücken Störeinflüsse. Sie verdecken damit aber auch Schwachstellen wie mangelnde Liefertreue der

Lieferanten, mangelhafte Flexibilität, störanfällige Fertigungsprozesse sowie Mängel bei Planung und Steuerung (Soll-Ist-Abweichungen der Bestandsfortschreibung, mangelhafte Prognosen, Lieferverzögerungen, Verbrauchsabweichungen, Qualitätsstreuungen u. a.).

- **Spekulationsfunktion.** Bestände werden aufgrund von erwarteten Preissteigerungen, Angebotsverknappungen oder Qualitätsänderungen gehalten.
- **Produktive Funktion/Umformungsfunktion.** In einigen Fällen (Wein, Käse, Kunststoffe etc.) findet während der Lagerzeit ein erwünschter Veränderungsprozess des Lagergutes statt.

Ziel des Bestandsmanagements ist es, abgeleitet aus den Unternehmenszielen, ein Optimum zwischen den Kosten der Bestände und den Kosten von Fehlmengen zu erreichen:

Bestände verursachen folgende Kosten:

- *Kosten der Lagerung:* Kalkulatorische Zinsen, Risikokosten/Wagniskosten (Wertverlust oder Kosten für Verschrottung von nicht mehr benötigten oder überzähligen Gütern, für Verderb, Schwund sowie Zerstörung u. a.)
- *Kosten der Lagerhaltung:* Raumkosten, Kosten für die Lagerverwaltung und das Materialhandling (Ein- und Auslagerungen), Personal- und Sachkosten, Instandhaltungskosten, Kosten für Bestandsrechnung und Datenverarbeitung (Planung und Steuerung) u. a.

- **Fehlmengen** (Out-of-Stock Situationen) treten auf, wenn die Bestände zu niedrig sind, wodurch ebenfalls Kosten verursacht werden:

- *Ausfall- oder Umstellungskosten:* Der Produktionsplan muss geändert werden und es entstehen zusätzliche Kosten für die Umstellung der Maschinen auf die Fertigung eines anderen Produktes. Können Personal bzw. Maschinen auf Grund fehlenden Materials überhaupt nicht arbeiten, so entstehen Ausfallkosten.
- *Zusätzliche Logistikkosten* entstehen, wenn Waren mit einem schnelleren, aber dafür teureren Transportmittel als dem ursprünglich geplanten versendet werden müssen, um einen vereinbarten Liefertermin noch zu halten.
- *Entgangene Gewinne* entstehen, wenn Kunden wegen eigener Lieferschwierigkeiten bei Wettbewerbern kaufen.
- *Vertragsstrafen* können entstehen, wenn Kunden nicht fristgerecht beliefert werden.

Die **Bestandsplanung** agiert stets innerhalb bestimmter Rahmenbedingungen, welche die „optimale" Höhe der Bestände beeinflussen. Die Einflüsse für die Bestandshöhe müssen sowohl im Unternehmen selbst als interne Faktoren als auch außerhalb des Unternehmens als externe Faktoren gesucht werden. Externe Faktoren ergeben sich zunächst lieferantenseitig bei der Beschaffung und sind abhängig von den gegebenen Marktstrukturen. Dazu zählen insbesondere die Marktstellung der Lieferanten und deren Zuverlässigkeit im Hinblick auf Menge, Qualität und Termin, aber auch die technologischen Bedingungen, wie Ausstattung und Flexibilitäten. Vertriebsseitig ergeben sich Einflussfaktoren durch vorherrschende Käufermärkte und die Notwendigkeit, Kundenwünsche nach vielen Varianten oder Sonderausführungen kurzfristig zu erfüllen. Weitere Einflussfaktoren liegen in der Marktstellung des Unternehmens, den erreichbaren Prognosegüten, den Innovationszeiten mit den marktüblichen Vorratshaltungen bei Neuanlauf und Auslauf von Produkten und dem Ersatzteilbedarf.

Auch die internen Einflüsse auf die Bestände können vielfältig sein. Sie sind zunächst geprägt vom Sicherheitsdenken der beteiligten Funktionsbereiche. Gewichtige Einflüsse ergeben sich aus technologischer und organisatorischer Sicht. Die Beherrschung der Typen- und Variantenvielfalt durch Standardisierungen auf Teile- und Baugruppenebene kann die Höhe der optimalen Bestände ebenso verringern, wie die Gewährleistung der Qualitäten durch fertigungsgerechte und störungsfreie Produkte oder die Vermeidung häufiger Konstruktionsänderungen. Weitere interne Einflussgrößen sind die vorgehaltene Fertigungstiefe und die notwendigen Lagerstufen, die in den Fertigungsorganisationen installierte Flexibilität, der technische Stand und die Störanfälligkeit der Fertigungsmittel, die EDV-gestützte Durchführung der Auftragsabwicklung durch Einsatz von PPS-Systemen/ERP-Systemen u. a.

Im Rahmen des Bestandsmanagements sind daher alle Gestaltungsfelder zu betrachten, die Auswirkungen auf die Bestände haben. Dabei lassen sich unterscheiden:

■ **Strategische Gestaltungsfelder**
  ■ *MOB-Entscheidung / Verringerung der Fertigungstiefe:* Eine dauerhafte Fremd-vergabe führt zu einer Verringerung der Bestände um die ausgelagerten Bauteile (Werkstattbestände/Umlaufvermögen). Der Abbau der eigenen Kapazitäten (nicht benötigte Technologien) bedeutet zudem eine Verringerung des im Anlagevermögen gebundenen Kapitals.
  ■ *Verringerung der Lagerstufen:* Der Abbau von inner- und außerbetrieblichen Lagerstufen wird durch die Gestaltung kontinuierlicher Materialflüsse ermöglicht.
  ■ *Flexible und agile Arbeits- und Fertigungsstrukturen:* Flexible und zugleich agile Abläufe werden in der Fertigung durch den Einsatz flexibel automatisierter Fertigungssysteme und flexibler Arbeitsstrukturen erreicht. Dadurch kann die gefertigte Losgröße der benötigten Auftragsmenge entsprechen bzw. es kann rasch auf Veränderungen reagiert werden.
  ■ *Verringerung der Teilevielfalt und der Varianten:* Die von den Kunden erwartete Variantenvielfalt des Produktangebotes bedeutet im Allgemeinen einen Anstieg der Bestände und erhöhte logistische Leistungen. Diesem Kostenanstieg kann beispiels-weise durch die zunehmende Nutzung von Gleichteilen begegnet werden.[167]

■ **Operative Gestaltungsfelder**
  ■ *Optimierung von Dispositionsroutinen:* Bestände werden vermieden durch verbesserte Bedarfsprognosen und verkürzte Dispositionszyklen. Dazu gehören auch die Ermittlung optimaler Losgrößen und der Einsatz des e-Procurement.
  ■ *Abbau von Lagerhütern:* Bestände mit sehr niedrigem Lagerumschlag, Bestände, die zur Fertigung nicht mehr hergestellter Produkte dienten, oder Bestände aus Fehllie-ferungen müssen konsequent beobachtet, abgewertet und physisch entsorgt werden.
  ■ *Gewährleistung termintreuer Anlieferung von Eigen- und Fremdfertigungsteilen:* Durch den Einsatz von EDV-gestützten Material- und Fertigungssteuerungssystemen können die Aufträge zügig und pünktlich abgewickelt werden. Pufferbestände zwischen den Fertigungsstufen werden vermieden und eine zeitgenaue Anlieferung kann gewährleistet werden.
  ■ *Organisatorische Optimierung des Lagerbetriebes:* Durch die Vergabe weg-und/oder zeitoptimierter Lagerplätze, durch den Einsatz leistungsfähiger Lager-bediengeräte und eine Online-Bestandsführung können Lagerbestände gering gehalten werden.

---

[167] Ein Beispiel ist das in der Automobilindustrie umgesetzte "Plattformkonzept".

4.2.3.2 Bestandsführung

Die Bestandsführung, auch Bestandsverwaltung genannt, befasst sich mit der zeitnahen Mengenfortschreibung (Skontration). Sie gewährleistet damit, dass die aktuell vorhandenen Mengen zu jedem Zeitpunkt bekannt sind. Eine Bestandsangabe umfasst das **Material**, den **Zeitpunkt**, den **Ort** und die **Eigenschaften** der vorhandenen Menge. Der Zeitpunkt ist notwendig, da in der Bestandsplanung auch zukünftige Mengen berechnet werden. Der Ort des vorhandenen Materials wird in der Bestandsführung nur grob betrachtet. Die Detaillierung der Ortsangabe richtet sich nach dem Aspekt der Verfügbarkeit und wird betriebsindividuell festgelegt. Üblich ist die Ebene des Lagers oder des Lagerbereiches. Gelten die Mengen unabhängig vom Lagerbereich als verfügbar, so genügt die Angabe des Lagers. Ist es aus Sicht der Verfügbarkeit wichtig, in welchem Lagerbereich sich die Mengen befinden, so ist die Bestandsführung auf der Ebene des Lagerbereiches durchzuführen. Die Mengenverwaltung innerhalb eines Lagers oder Lagerbereiches wird als Lagerverwaltung bezeichnet und ist von der Bestandsführung zu unterscheiden. Sie wird auf Ebene des Lagerplatzes durchgeführt und gewährleistet das geordnete Verbringen und Wiederfinden der Ladeeinheiten innerhalb eines Lagers (siehe Abschnitt 3.3). Aus Sicht der Bestandsführung hingegen ist es unerheblich, auf welchem Platz das Material liegt - wichtig ist nur, welche Mengen verfügbar sind.

Die generellen Eigenschaften (Farbe, Gewicht usw.) werden üblicherweise nicht in der Bestandsführung verwaltet, sondern sind im Materialstamm als Attribute hinterlegt. Besonderheiten gibt es z. B. bei der Nahrungsmittel-, Chemie- und Pharmaindustrie. Dort haben Teilmengen eines Materials, sog. **Chargen**, unterschiedliche Eigenschaften, die auch in der Bestandsführung berücksichtigt werden müssen. So muss bspw. das jeweilige Verfallsdatum einer Charge beim Bestandsmanagement berücksichtigt werden. Bei der sog. Chargenbestandsführung werden die Bestände daher nicht nur pro Material, sondern pro Charge separat verwaltet. Teilweise ist dies auch für den Maschinen-/Apparatebau oder für andere Branchen relevant.

Unterschiedliche Änderungsstände einer Materialposition sind ebenfalls in der Bestandsführung sichtbar zu machen. Dies bedeutet, dass sich eine Bestandsmenge ggf. auf einen bestimmten Versionsstand einer Materialposition bezieht.[168]

Aus dispositiver Sicht können Bestände in die folgenden Kategorien eingeteilt werden:

- **Freier Bestand:** Diese Menge eines Materials (ggf. einer Charge) ist ohne Einschränkungen verfügbar.
- **Qualitätsprüfbestand** oder Bestand in Quarantäne: Diese Menge eines Materials (ggf. einer Charge) ist physisch vorhanden, es liegt allerdings noch keine Freigabe seitens des Qualitätsmanagements vor. Die Menge ist (noch) nicht verfügbar.
- **Gesperrter Bestand:** Diese Menge eines Materials (ggf. einer Charge) ist physisch vorhanden, sie darf aufgrund von Qualitätsmängeln oder Verfallsdaten nicht verwendet werden. Die Menge ist nicht verfügbar.
- **Reservierter Bestand:** Diese Menge eines Materials (ggf. einer Charge) ist physisch vorhanden, sie darf allerdings nur für den reservierten Zweck verwendet werden. Die Menge ist eingeschränkt verfügbar.

---

[168] In der Praxis führt dies häufig zu Schwierigkeiten, da die Datenmodelle der ERP-Systeme (Bestandsführung) und der Produktdatenmanagementsysteme (konstruktiver Änderungsstand) häufig nicht aufeinander abgestimmt sind. Dies gilt sowohl für Beschaffung, Produktion und Service/Ersatzteilmanagement.

Die Tätigkeit der Bestandsführung beinhaltet die Buchung und Darstellung aller Mengen-veränderungen pro Lager bzw. Lagerbereich für jedes Material bzw. jede Charge. Jeder Lagerzugang, jeder Lagerabgang und jede Umlagerung zwischen relevanten Lager-bereichen müssen zeitnah erfasst werden (Bestandsfortschreibung - Skontration). Dabei gilt generell, je höher der Automatisierungsgrad, desto geringer ist die Fehlerquote in der Bestandsführung.

4.2.3.3 Inventur

Basis der Bestandsfortschreibung ist die Kenntnis des Anfangsbestandes. Hierzu kann das nach den betriebswirtschaftlichen Grundsätzen ordnungsgemäßer Buchführung nach §§ 238 ff HGB gesetzlich vorgeschriebene Inventar (§ 240 HGB) herangezogen werden, in dem alle Vermögensgegenstände, Forderungen und Schulden zum Bilanzstichtag aufgezeichnet sind (Bestandsverzeichnis). Die Mengen werden durch die Inventur ermittelt, welche eine körperliche Bestandsaufnahme des Vorratsvermögens nach Art, Menge und Wert einschließt und am Ende eines jeden Geschäftsjahres durchgeführt werden muss. Sie erfolgt durch Zählen, Messen, Wiegen sowie nötigenfalls Schätzen oder Einholung von Saldenbestätigungen und stellt die tatsächlichen Bestände zum Bilanz-Stichtag fest. Die jährliche Inventur erfüllt nicht nur den Zweck den rechtlichen Anforderungen zu genügen, sie hat auch eine wichtige logistische Funktion. Durch Fehl-buchungen, Diebstahl, Verdunstung, Beschädigung oder sonstigen Schwund laufen die Mengeninformationen aus der Bestandsführung und die real vorhandenen Mengen kontinuierlich auseinander (vgl. Abschnitt 4.4.5.1). Daher ist eine regelmäßige körperliche Bestandsaufnahme auch aus logistischer Sicht unerlässlich.

Der Aufwand, der insbesondere für die Durchführung einer Stichtags-Inventur als Urform der Aufnahme aller Vermögensgegenstände getrieben werden muss, ist erheblich und führt regelmäßig neben dem Arbeitsanfall zu Zeitdruck, Fehleranfälligkeit und Betriebsunter-brechungen. Um Doppelzählungen zu vermeiden, dürfen während der Bestandsaufnahme keine Lagerbewegungen und Fertigungsaktivitäten durchgeführt werden, was zur Unter-brechung der gesamten Produktion führen kann. Zur Entzerrung und Verminderung des Aufwandes bei Durchführung der Inventur sind neben der Stichtags-Inventur unter bestimmten Voraussetzungen (Genauigkeit der buchmäßigen Bestandsfortschreibung) Inventurvereinfachungsverfahren zulässig, die von den Finanzbehörden und Wirtschafts-prüfern anerkannt werden:

- **Vor- oder nachverlegte (zeitverschobene) Stichtags-Inventur** (§ 241 Abs. 3 HGB)
  Die jährliche Bestandsaufnahme kann ganz oder teilweise innerhalb der letzten drei Monate vor oder der ersten beiden Monate nach dem Bilanzstichtag durchgeführt werden. Der festgestellte Bestand ist nach Art und Menge in einem besonderen Inventar zu verzeichnen. Der am Schluss des Geschäftsjahres vorhandene Bestand bzw. Gesamtwert muss durch Fortschreibungs- oder Rückrechnungsverfahren auf den Bilanzstichtag ermittelt werden (Wertnachweisverfahren).
- **Permanente Inventur** (§ 241 Abs. 2 HGB)
  Sie ist ebenfalls eine zeitlich verlagerte Stichtags-Inventur, bei der körperliche Aufnahme der Materialbestände und Bilanz-Stichtag zeitlich nicht übereinstimmen. Die körperlichen Aufnahmen der Bestände werden ganz oder teilweise über das Geschäfts-jahr verteilt und durch Bestandsfortschreibung der Zu- und Abgänge (buchmäßiger Nachweis über i.d.R. elektronisch geführte Lagerbücher, z. B. bei Hochregallägern) ohne die körperliche Bestandsaufnahme zum Bilanz-Stichtag ermittelt.
- **Stichproben-Inventur** (§ 241 Abs. 1 HGB)
  Bei der Aufstellung des Inventars darf der Bestand nach Art, Menge und Wert auch mit

Hilfe anerkannter mathematisch-statischer Methoden von Stichproben ermittelt werden[169]. Im Gegensatz zu den o. a. Verfahren werden die Bestände der Material-positionen nicht vollständig, sondern nach zufällig genommenen Stichproben ermittelt. Das Ergebnis wird als Wahrscheinlichkeitsaussage auf den Gesamtbestand hoch-gerechnet; es ergibt sich ein zuverlässiges, der körperlichen Gesamtaufnahme vergleich-bares Ergebnis (Aussageäquivalenz). Es ist weiter möglich, sich bei der Bestands-aufnahme der ABC-Analyse zu bedienen. Beispielsweise können für die - relativ wenigen – A-Materialien die konventionellen Verfahren (Stichtagsinventur oder perma-nente Inventur) und für C-Materialen die Stichprobeninventur angewendet werden, um Zeit- und Kosteneinsparungen zu erreichen.

Insgesamt werden bei den Inventurvereinfachungsverfahren hohe Anforderungen an die Bestandsfortschreibung gestellt; durch Skontration ergibt sich:

Buch-/Lagerbestand = Anfangsbestand – Abgänge (Verbrauch) + Zugänge

Damit erhöhen sich die Ansprüche an die Genauigkeit der Kenntnis der Materialbestände. Die gewünschte Genauigkeit kann durch häufigere Zwischen-Inventuren, durch EDV-Unterstützung, durch Sicherheit gegen Rechnerausfall oder Datenverlust und durch den Einsatz redundanter Rechnersysteme, die über Netzwerke auch mit den Steuerungen der Regalbediengeräte kommunizieren, erhöht werden.

4.2.4 Bedarf und Bedarfsarten

Der Bedarf ist die nachgefragte bzw. erforderliche Menge von Materialien, beschrieben nach *Art*, *Menge*, *Termin* und ggf. *Bedarfsort*. Aus Sicht des Bestandsmanagement wirkt sich ein Bedarf als geplante Bestandsverringerung aus. Bedarf wird in Bedarfsarten unterschieden, die entsprechend **Abb. 4-5** nach zwei verschiedenen Ansätzen differenziert werden können:

■ **Ermittlung nach Ursprung und Erzeugnisebene:**
  ■ *Primärbedarf*: Bedarf an verkaufsfähigen Gütern, worunter Enderzeugnisse und Ersatzteile fallen. Der Ursprung dieses Bedarfes ist der (anonyme) Markt oder sind konkrete Kundenaufträge.
  ■ *Sekundärbedarf*: Bedarf an Rohstoffen und Baugruppen, die zur Deckung des Primärbedarfes benötigt werden. Verursacher des Sekundärbedarfes sind die eigenen Fertigungsaufträge, daher spricht man auch vom abhängigen Bedarf.
  ■ *Tertiärbedarf*: Bedarf an Hilfs- und Betriebsstoffen, wobei diese normalerweise nicht in der Erzeugnisstruktur (z. B. Stücklisten) aufgelistet sind. Verursacher des Tertiärbedarfes sind zwar ebenfalls die eigenen Fertigungsaufträge, er lässt sich allerdings nicht exakt daraus ableiten (vgl. Abschnitt 4.4.3.1).

■ **Ermittlung unter Berücksichtigung (verfügbarer) Lagerbestände:**
  ■ *Bruttobedarf*: Periodenbezogener Primär-, Sekundär- oder Tertiärbedarf. Er ergibt sich aus der Summe periodenbezogener Bedarfswerte und Zusatzbedarfe. Zusatz-bedarfe sind Mehrbedarfe, die sich aus Reparaturen, Wartung, Ausschuss und Schwund ergeben.

---

[169] Die Übereinstimmung ist erreicht, wenn mit 95%iger Wahrscheinlichkeit der relative Stichprobenfehler der zufällig ausgewählten Materialpositionen höchstens 1% des Wertes der Grundgesamtheit (Lager-gesamtwert) beträgt.

■ *Nettobedarf*: Der Nettobedarf ergibt sich aus dem Bruttobedarf abzüglich des verfügbaren Lagerbestandes. In die Ermittlung der verfügbaren Lagerbestände fließen neben den Lagerbeständen auch die Sicherheits- und Vormerkbestände sowie die Werkstatt- und Bestellbestände ein (siehe Abb. 4-10, Abschnitt 4.4.3.2).

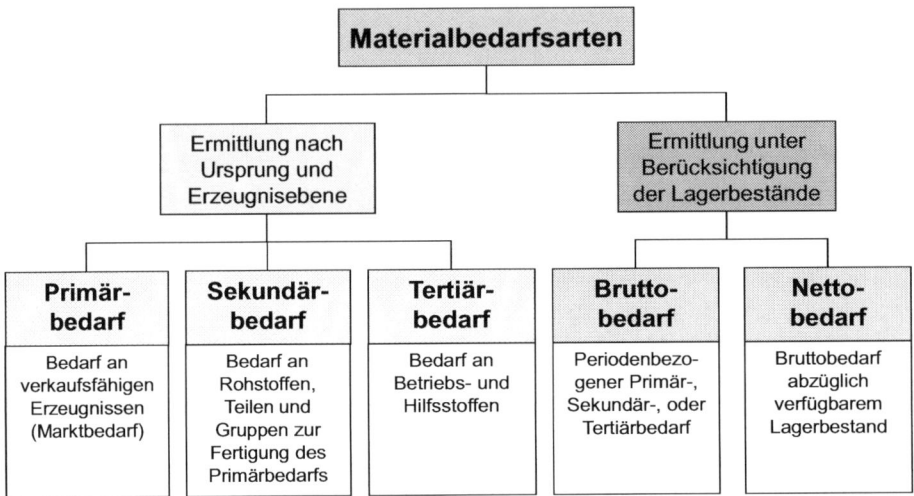

Abb. 4-5:   Materialbedarfsarten

Quelle: Vgl. Wiendahl (2005)

4.3 Netzwerkplanung

4.3.1 Überblick

Die Planung innerhalb eines Wertschöpfungsnetzwerks, einer Supply Chain (SC), erfolgt traditionell als Resultat der lokalen Planungen der einzelnen Akteure. Die lokalen Pläne werden über Aufträge und Bestellungen miteinander koordiniert: Bei unternehmens-internen (Produktions-)Netzwerken durch eine Mehrwerksplanung (Multi-site Planning), bei unternehmensübergreifenden Netzwerken durch elektronischen Datenaustausch (EDI).

Durch Zeitverzug bei der Planung, Fehlplanungen, Informationsdefizite und unrealistische Annahmen ist die Qualität und die Flexibilität dieser Planungen in vielen Fällen nicht zufriedenstellend. Daher wird in zunehmendem Maße versucht, die lokalen Pläne durch eine übergreifende Netzwerkplanung zu verbessern (siehe **Abb. 4-6**). Die inhaltliche Tiefe der Netzwerkplanung reicht in der betrieblichen Praxis von einer besseren und schnelleren Koordination der Einzelpläne (unter vollständiger Beibehaltung der jeweiligen lokalen Planungstätigkeiten) bis zum weitgehenden Ersatz der lokalen Planungstätigkeiten, so dass auf lokaler Ebene lediglich noch Steuerungsfunktionen durchgeführt werden. Eine Einbindung und die Koordination von logistischen Dienstleistungsunternehmen werden durch eine Netzwerkplanung ebenfalls unterstützt.

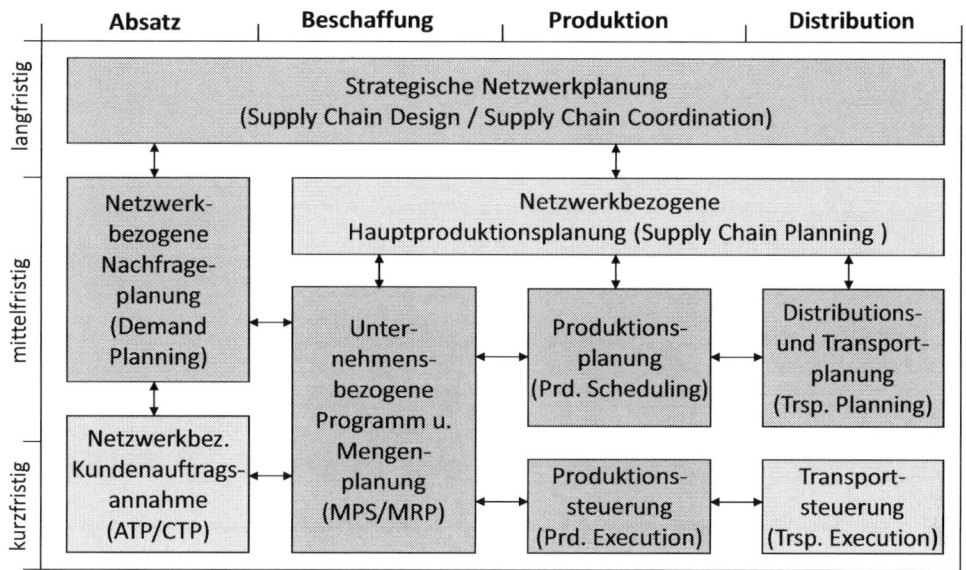

Abb. 4-6:   Supply Chain Planungsmatrix

Quelle: In Anlehnung an Corsten, Gössinger (2001), S. 155

4.3.2 Strategische Netzwerkplanung (SC Design)

4.3.2.1 Ziele und Strategien eines Wertschöpfungsnetzwerkes

So wie es für ein einzelnes Unternehmen entscheidend ist, strategische Ziele und daraus abgeleitete Strategien zu formulieren, gilt dies ebenso für ein Wertschöpfungsnetzwerk. Ausgehend von einem generellen Ziel der nachhaltigen Steigerung der Rentabilität über das gesamte Netzwerk, sind im Rahmen einer strategischen Netzwerkplanung (SC Design, SC Coordination) eine Gesamtstrategie und Teil-Strategien über die gesamte Wert-schöpfungskette festzulegen: Von der Produktentwicklung (Lebenszyklus vorhandener Produkte, Entwicklung neuer Produkte) über Vermarktung/Vertrieb, die gesamte Herstellung, die Distribution bis hin zum Service und zu den Unterstützungsprozessen. Entscheidend ist, dass die Teil-Strategien untereinander und mit der Gesamtstrategie „in Einklang" stehen, d. h. es stellt sich ein ‚Strategic Fit' ein.[170] Um dies zu erreichen, ist ein tiefgreifendes Verständnis über die Bedürfnisse des Marktes bzw. der Kunden zu gewinnen. Auf Basis dieses Verständnisses ist das Wertschöpfungsnetzwerk mit seinen Möglichkeiten und Kapazitäten entsprechend auszugestalten. Hierbei zu beachten sind die Unsicherheiten insbesondere bezüglich der zukünftigen Marktentwicklung und der Veränderung der spezifischen Kundenbedürfnisse. Bei geringen Unsicherheiten kann die Wertschöpfungskette ganz auf Effizienz ausgelegt werden. Je größer die Unsicherheiten zu bewerten sind, desto mehr ist Reaktionsfähigkeit gefordert – was i.d.R. mit höheren Kosten einhergeht. Insofern kann nicht generell der optimale Punkt eines ‚Strategic Fit' bestimmt werden, sondern nur eine Zone: In Abhängigkeit der abzuschätzenden Unsicherheiten ist das Maß an Reaktionsfähigkeit im Einzelfall zu bestimmen bzw. es werden verschiedene Szenarien simuliert, um Lieferservice, Kosten und Profit zu analysieren und zu bewerten.

---

[170] Vgl. Chopra; Meindl (2004), S. 27ff.

Aus den festgelegten Teil-Strategien lassen sich Detaillierung und Ausgestaltung der Aufgaben und deren Verteilung auf die vorhandenen oder neu einzubindenden Partner ableiten. Der letztgenannte Punkt ist annähernd vergleichbar mit der Frage des „Make-or-Buy" eines einzelnen Unternehmens (siehe Abschnitt 5.2.1): Das Entstehen eines Wertschöpfungsnetzwerkes wird i.d.R. von einem Hauptakteur (häufig entweder der Hersteller des Endproduktes oder die maßgebliche Handelskette) oder zunächst wenigen gleichberechtigten Partnern getrieben, die entsprechend den Aufgaben und ihrer eigenen Kompetenzen und Strategien weitere sinnvolle Partner einbinden.

4.3.2.2 Standortwahl für Herstellung und Lagerung

Der Standort ist der Ort der gewerblichen Niederlassung eines Unternehmens. Die Entscheidung für einen Standort hat strategische Bedeutung bei Neuerrichtungen oder Verlagerungen von Betrieben bei der Globalisierung der Märkte und ist eine wichtige Bestimmungsgröße für die räumliche und funktionale Einordnung, die Entwicklungsmöglichkeiten und den wirtschaftlichen Erfolg eines Unternehmens und eines Wertschöpfungsnetzwerkes. Der Standort bestimmt im makrologistischen Bereich seine räumliche Lage, die Transport- und Kommunikationswege und die Gestaltung der Beziehungen und räumliche Nähe zu den Netzwerkpartnern, also zu Kunden, Lieferanten, Dienstleistern, Mitarbeitern u. a. Die volkswirtschaftliche und gesellschaftspolitische Bedeutung des Standortes liegt in der Entwicklung der Infrastruktur eines Gebietes, in den Ausbildungs- und Beschäftigungsmöglichkeiten der Bewohner und (Steuer-)Einnahmen für die Gebietskörperschaften (Gemeinde, Land und Staat), bedeutet aber neben regionalem Entwicklungspotential auch ökologische Probleme für natürliche Ressourcen und die Umwelt der ausgewählten Region.

Ein Standort ist charakterisiert durch ein Bündel von technischen, wirtschaftlichen und kulturellen Merkmalen und Eigenschaften, die als **Standortfaktoren** bezeichnet werden und die Determinanten der Standortwahl bilden. Die Standortfaktoren werden unterschieden nach: [171]

- ■ **Faktoren des Gütereinsatzes (beschaffungs-/inputbezogene Faktoren):**
  - ■ Verfügbarer Grund und Boden (bebaut und unbebaut)
  - ■ Arbeitsmarktbedingungen und Humankapital (Verfügbare Arbeitskräfte, Qualifikation, Produktivität, arbeitsrechtliche Bestimmungen als Marktaustrittsbarrieren)
  - ■ Nähe zu Rohstoffen/Materialien und Zulieferern
  - ■ Vorhandene Infrastruktur - Verkehrs- und Kommunikationsanbindungen, Energieversorgung, Dienstleister, (Staatsleistungen, Kreditinstitute, Beschaffungskontakte, Beratungsdienste)

- ■ **Faktoren der Gütertransformation (fertigungs-/throughput-bezogene Faktoren):**
  - ■ Klima- und Umweltbedingungen - einschließlich Auflagen
  - ■ soziale und politische Bedingungen (Struktur und Kaufkraft der Bevölkerung)
  - ■ geologische Bedingungen (Bodenbeschaffenheit)
  - ■ Agglomeration von Bevölkerung und Gewerbe

---

[171] Eine andere Unterscheidung von Wettbewerbsfaktoren dient der Lenkung internationaler Kapitalströme zu attraktiven Standorten im Länderranking:
- **harte Faktoren** (basics). Ökonomische und administrative Attraktivität (Flächenangebot, Infrastruktur, Arbeitskosten), Markteintritts-/Marktaustritts-Barrieren u. a.
- **weiche Faktoren.** Markt-Kontaktmöglichkeiten, Wirtschaftsförderungsleistungen, Kultur-/Bildungs-/Freizeitangebot für Mitarbeiter, spezifische Länderrisiken u. a.)

■ **Faktoren des Güterabsatzes (absatz-/output-bezogene Faktoren):**
  ■ Nähe zu den Absatzmärkten und Markteintrittsbarrieren
  ■ Lage zu Mitbewerbern
  ■ Vorhandene Infrastruktur - Verkehrs- und Kommunikationsverbindungen, Dienstleister (staatliche Absatzhilfen, Absatzmittler, Abfall-Recycling/-Beseitigung).

Hinzu kommen staatlich beeinflusste Faktoren (Steuern und Abgaben, grenzüberschreitende Regelungen) und subjektive Präferenzen.

Die Standortfaktoren liegen der Standortentscheidung zugrunde. Sie lassen sich weitgehend quantifizieren und rechenbar machen - ein Teil unterliegt einer subjektiven Einschätzung und Bewertung. Die Standortentscheidungen beruhen im Allgemeinen auf den Faktoren, die die langfristige Attraktivität eines Standortes beschreiben und das Erreichen der angestrebten Ziele eines Wertschöpfungsnetzwerkes und der Unternehmen ermöglichen (Kostenziele, Gewinnziele, Absatzziele u. a.). Die Standortwahl soll eine weitestgehende Übereinstimmung der Anforderungen, die ein Netzwerk bzw. Unternehmen an den Standort stellt, und den Bedingungen, die ein Standort bietet, gewährleisten.

Aktuelle Standortentscheidungen sind neben der Kostenorientierung stark auf die Nähe zum Konsumenten der Endprodukte (Kundennähe), ausgerichtet, unterstellen aber auch das Vorhandensein von kompetenten Zulieferindustrien und die Verfügbarkeit von qualifizierten Mitarbeitern, Kommunikations- und Verkehrssystemen, aus denen Wettbewerbsvorteile hergeleitet werden. Die Investitionen für Unternehmensansiedlungen fließen nicht unbedingt in „Billiglohnländer", sondern auch in Länder mit hoher Kaufkraft, z. B. um auf attraktiven Märkten wettbewerbsfähige Positionen aufzubauen, kurze Vertriebswege zu haben oder in fremden Wirtschaftsgebieten präsent zu sein (NAFTA-Länder, APEC-Länder, MERCOSUR-Länder u. a.) - letztlich auch, um Wechselkursrisiken abzubauen und gebotene Subventionen zu nutzen.[172] Globale Märkte sind allein durch den Export aus dem Herkunftsland der Produkte nicht zu gewinnen oder zu halten.

Methodisch erfolgt die Bestimmung optimaler Standorte durch die Abwägung der Faktoren, die für die jeweilige Entscheidung für wichtig erachtet werden (Scoring oder Ranking-Methoden): Sie werden als Standortanforderungen den Standortbedingungen gegenübergestellt. In einer zunächst qualitativen Betrachtung werden zunächst diejenigen Faktoren herausgearbeitet, die die Standortwahl determinieren - das ist die Analyse und Systematisierung der Standorteigenschaften, die für die Standortentscheidung als relevant erachtet werden. Es werden nicht einzelne Faktoren, sondern der Einfluss aller für eine spezielle Entscheidung wichtigen Faktoren auf die Standortwahl herangezogen. Die Faktoren werden von den Entscheidungsträgern - subjektiv - bewertet und begründen die Entscheidung.

Daneben gibt es rechenbare Methoden, die auf der Operationalisierung des Entscheidungsproblems beruhen.[173] Die Verfahren gründen auf Netzwerken mit Knoten, Wegeoptimierungen in Verkehrsnetzen, allgemeinen Algorithmen, Simulationen u. a. Die Güte der Entscheidung hängt ab von der Realitätsnähe der Rechenvorschrift oder des angewendeten Modells als Abbildung des gegebenen Entscheidungsfalles. Sie hängt weiter

---

[172] Beispiele sind die Ansiedlung der Automobilindustrie in USA. Die Ansiedlung von Automobilwerken beispielsweise in Osteuropa soll die Kaufkraft schaffen, um die dort produzierten Produkte zu kaufen - gemäß dem Slogan von Henry Ford: "Autos kaufen keine Autos!" - Das "Made in Germany" u. a. wird ersetzt durch "Made by BMW, VW, ..." oder "It's a SONY".

[173] Es werden unterschieden: analytische und heuristische oder normative und verhaltensorientierte Verfahren.

von den in den Rechnungen berücksichtigten Standortfaktoren ab, die in den Lösungen nicht alle für wichtig gehalten werden, rechenbar gemacht oder realitätsnah ermittelt sind.

Grundsätzlich zu unterscheiden sind z. B.:

▓ Standortplanung in der Ebene (Gravity Location Problem)

Hierbei ist der Standort bzw. sind die Standorte noch unbestimmt, d. h. die Aufgabe besteht darin, den Punkt bzw. die Punkte zu finden, auf dem/denen Logistik-Standorte optimal platziert sind. Als Ziel der Standortbestimmung kann z. B. festgelegt werden, die gesamten Transportkosten zu gegebenen (anliefernden oder zu beliefernden) Stellen zu minimieren. Werden die Transportkosten für alle sich ergebenden Transportstrecken als einheitlich proportional angenommen zur Entfernung d_i und zu den Transportmengen D_i, dann kann als Zielkriterium die Transportleistung (siehe Abschnitt 3.6.2) verwendet werden. Die minimale Transportleistung für dieses auch als *Steiner-Weber-Modell* bezeichneten Standortproblems ergibt sich damit zu:

$$Min\ Z = \sum_{i=1}^{n} d_i \times D_i \qquad (4.1)$$

Eine Kostendegression bei steigender Transportmenge kann über Anpassungskoeffizienten erreicht werden. Können die Transportkosten nicht als einheitlich angesehen werden, so sind individuelle Transportkostensätze F_i für die einzelnen Strecken festzusetzen. Die minimalen Transportkosten ergeben damit zu:

$$Min\ Z = \sum_{i=1}^{n} d_i \times D_i \times F_i \qquad (4.2)$$

Eine Bestimmung der Entfernungen zwischen z. B. Kunden oder Lieferanten und dem/den gesuchten Standort/en kann z. B. auf der Basis rechtwinkliger Entfernungen oder auf der Basis euklidischer Entfernungen erfolgen. Mit x_i, y_i als Koordinaten einer liefernden oder empfangenden Stelle i lässt sich die Entfernung d_i zwischen einem gesuchten Standort (x,y) und einem anliefernden oder zu beliefernden Standort wie folgt formulieren:

Rechtwinkliges Koordinatensystem: $d_i = \left(x - x_i\right) + \left(y - y_i\right)$ $\qquad (4.3)$

Euklidisches Koordinatensystem: $d_i = \sqrt{\left(x - x_i\right)^2 + \left(y - y_i\right)^2}$ $\qquad (4.4)$

Zur Lösung der Zielfunktion und damit zur Bestimmung transportkostenoptimaler Standort-Koordinaten werden Näherungsverfahren wie z. B. das Schwerpunktverfahren oder Iterationsverfahren eingesetzt. Die ermittelten Koordinaten können als Ausgangsbasis dienen, um dann unter Berücksichtigung z. B. realer geographischer Bedingungen einen Standort zu suchen und festzulegen.

▓ Standortplanung in Netzen (Warehouse Location Problem)

Bei der Standortplanung in Netzen (Network Optimization Models) sind bereits mögliche Standorte (oder Regionen) identifiziert, von denen einer oder mehrere auszuwählen ist bzw. sind. Die Aufgabenstellungen unterscheiden sich insbesondere hinsichtlich *Stufigkeit* (ein-/mehrstufig), Anzahl der zu betrachtenden *Produkte* (Einproduktproblem/Mehrproduktproblem), *Kapazitätsbeschränkungen* (unbeschränkte oder beschränkte Kapazität, *Kosten* (lineare/nicht-lineare Transportkosten).[174]

Mit den Eingangsgrößen:

n	Anzahl der potentiellen Standorte/Regionen
m	Anzahl der zu beliefernden Stellen/Märkte/Regionen
D_i	Jahresnachfragemenge von Stelle/Markt/Region j
f_i	Jährliche Fixkosten für Standort i
c_{ij}	Gesamtkosten für die Belieferung von Standort i zu Stelle/Markt/Region j

sowie den Entscheidungsvariablen:

y	=1 wenn Standort i geöffnet bzw. =0 wenn Standort i geschlossen ist
x	Menge, die von Standort i zu Stelle/Markt/Region j geliefert wird

kann das Grundmodell wie folgt formuliert werden:

$$Min\ Z = \sum_{i=1}^{n} f_i y_i + \sum_{i=1}^{n} \sum_{j=1}^{m} c_{ij} x_{ij} \tag{4.5}$$

unter den Nebenbedingungen:

- Die Nachfrage an allen Stellen muss beliefert werden: $\sum_{i=1}^{n} x_{ij} = D_j, \forall j$ $\tag{4.6}$

- Von einem Standort können nur Lieferungen bis zu seiner maximalen Kapazität K_i ausgehen: $\sum_{j=1}^{m} x_{ij} \leq K_i y_i, \forall i$ $\tag{4.7}$

Als Beispiel für die Standortproblematik kann die in der Vergangenheit geführte Standortdiskussion in Deutschland dienen. Die internationale Konkurrenz der Standorte ist in der Freizügigkeit von Waren, Dienstleistungen, Personen und Kapital in Europa, der Entstehung neuer Wirtschaftsgebiete mit differenzierten Angeboten - etwa in Ostasien - und in den zunehmenden Wünschen der Abnehmerländer nach Eigenleistung (Local Content) zu suchen. Die Vorteile des Industriestandortes „Deutschland" liegen vor allem in der Qualifikation, Motivation und Produktivität (Lohnstückkosten) der Arbeitskräfte (Duales Ausbildungssystem und Facharbeiter-Meistersystem), der Forschungslandschaft, der Infrastruktur des Verkehrs- und Nachrichtenwesens, gewachsene Strukturen aus großen und mittelständischen Unternehmen und der sozialen und politischen Stabilität.

Hauptnachteile werden in den Kosten für Lohn - einschließlich der Lohnnebenkosten - Energie und Steuern/Abgaben und in dem restriktiven Arbeitsrecht, in bürokratischer Überorganisation, in den starren Arbeitszeitregelungen und in den Auflagen des Umweltschutzes[175] gesehen; hinzu kommen eine latente Technologiefeindlichkeit (Gentechnik, Kerntechnik u. a.) und eine Innovationsschwäche in wichtigen Schlüsseltechnologien der Zukunft.[176] Deutschland ist insgesamt ein attraktiver, aber auch schwieriger Standort.

---

[174] Vgl. Feige; Klaus (2008), S. 506

[175] Aus den Auflagen für den Umweltschutz können sich - marktführende - Vorteile durch innovative Entwicklungen in der Umwelttechnik als Zukunftschance ergeben (Beispiel: Technologien zur Nutzung erneuerbarer Energien).

[176] Weitere - absatzorientierte - Standortprobleme wie beispielsweise Lagerstandorte im gesamten EU-Raum für die Distribution in ausgedehnten Warenverteilsystemen, die optimale Ersatzteilversorgung der

4.3.3 Netzwerkbezogene Nachfrageplanung (SC Demand Planning)

Die netzwerkbezogene Nachfrageplanung (SC Demand Planning)[177] ist rein absatzmarkt-bzw. nachfrageorientiert und soll für das gesamte Netzwerk Transparenz schaffen über vorliegende Nachfragen und Bedarfe und Prognosen bieten über zukünftig (langfristig) nachgefragte Produktmengen. Unter Einbezug der gesamten Markt- und Wettbewerbs-entwicklung sollen Ansatzpunkte für abgestimmte Maßnahmen zur Marktbeeinflussung abgeleitet werden.

Ziel sind möglichst exakte Vorhersagen, um die Kundenbedarfe dann auch befriedigen zu können. Langfristig erfolgt dies auf der Ebene von Produktgruppen/-familien, mittelfristig auf der Ebene physisch konkreter Produkttypen (SKU - Stock Keeping Unit). Eine Aggregierung und Differenzierung erfolgt über verschiedene, multidimensionale Abstraktionsebenen, z. B. Produkt, Produktgruppe, Region, Einzelkunde, Kundensegmente, Absatzkanäle. Auswirkungen unterschiedlicher Einflussgrößen werden sowohl statistisch wie auch kausal analysiert, z. B. das Marktverhalten bei unterschiedlichen Preisen, Mengen, Marketingaktionen (Promotions) oder unterschiedliche Wettbewerbssituationen. Hierbei ist das Lebenszykluskonzept der Erzeugnisse zu beachten, also An- bzw. Auslauf-kurven auf der Basis von Vergleichsprodukten. Als Prognoseverfahren kommen statistische und insbesondere auch kausale Verfahren zum Einsatz, wie sie bei der Behandlung der lokalen Nachfrageplanung vorgestellt werden (siehe Abschnitt 4.4.1).

4.3.4 Netzwerkbezogene Kundenauftragsannahme (ATP, CTP)

Bei Lieferanfragen, bei der Angebotsabgabe und bei der Auftragsbestätigung erwarten Kunden belastbare Aussagen bzw. Bestätigungen zu Lieferterminen. Bei einigermaßen komplexen Netzwerken sind verbindliche Aussagen nur im Verbund bestimmter Partner möglich:

- ■ Verfügbarer Produkt-Bestand wird innerhalb des gesamten Distributions-Netzwerks gesucht und ggf. reserviert (ATP - Available-to-Promise)
- ■ Freie Produktionskapazitäten werden – unter Berücksichtigung der Verfügbarkeit von Personal- und Maschinenkapazität, Material etc. – gesucht und ggf. alloziert (CTP - Capable-to-Promise).

4.3.5 Netzwerkbedarfsplanung (Supply Chain Planning)

Bei der Netzwerksbedarfsplanung (Verbundplanung, SC Planning) geht es um die zentrale Ermittlung abgestimmter Beschaffungs-, Produktions- und Distributionsmengen unter Berücksichtigung von Kapazitätsnachfrage und -angebot mit der Zielsetzung minimaler Gesamtkosten der gesamten Lieferkette. Eingangsgrößen sind die Vorgaben aus der strategischen Netzwerkplanung, aggregierte Daten zur Nachfrage nach Produktgruppen (Demand Planning), daraus abgeleiteter Sekundärbedarf für besonders kritische Materialien (z. B. mit besonders langen und/oder ggf. unsicheren Wiederbeschaffungs-zeiten), Kapazitäten von identifizierten Engpassressourcen, Kosten der einzelnen Supply-Chain-Einheiten. Alle Größen werden in ein Modell transformiert, um z. B. unter Einsatz der linearen Optimierung eine simultane Berechnung der festgelegten Entscheidungs-variablen (z. B. zur Verteilung der Belastung im gesamten Netzwerk) zu ermöglichen. Ergebnisse einer solchen Optimierung sind z. B. der Bedarf an Zulieferteilen, genutzte

---

Abnehmer (siehe Abschnitt 9.3.4.3), die Ansiedlung von Güterverteil- oder Güterverkehrszentren zur Versorgung von Regionen u. a. sollen an gegebener Stelle im Kapitel 7, „Liefern" behandelt werden.

[177] Auch bezeichnet als Netzwerkabsatzplanung, vgl. Schuh (2006), S. 33

Produktions- und Beschaffungskapazität, genutzte Distributionskapazität, die zeitliche Entwicklung (saisonaler) Lagerbestände und entsprechender Absatzmengen. Diese Daten werden als Planungsvorgaben an die einzelnen SCM-Einheiten weitergegeben.

Wichtig ist, dass Konsequenzen aus Änderungen der Planungsgrundlagen einfach erkennbar sind und somit rasch und gezielt reagiert werden kann. Dies stellt entsprechend hohe Anforderungen an die EDV-technische Integration der Netzwerkbedarfsplanung mit den einzelnen lokalen Planungsinstrumenten der Partner.

4.3.6 Netzwerkbezogene Distributions- und Transportplanung

Gegenstand der netzwerkbezogenen Distributions- und Transportplanung (SC Distribution Planning) ist die optimierte Planung der Lagerbestände und der Verteilung der Produkte über eine i.d.R. mehrstufige Distributionsstruktur (siehe Abschnitt 7.3) bis hin zum Kunden. Unter Berücksichtigung der Prognosen aus der netzwerkbezogenen Nachfrageplanung und der Vorgaben aus der netzwerkbezogenen Hauptproduktionsplanung erfolgt die Planung der Warenverteilung. Dabei werden die verschiedenen Optionen bzgl. der Nutzung der Distributionsstruktur durchgespielt (wie z. B. Direktversand, Nutzung von Verteilzentren, Nutzung verschiedener Verkehrsträger usw.), um eine Minimierung der Transport- und Lagerkosten zu erreichen.

4.4 „Lokale" Planung

Die lokale Planung (siehe **Abb. 4-7**) ist meistens eine Sukzessivplanung und branchenspezifisch sehr unterschiedlich. Je nach Rahmenbedingungen werden bei den einzelnen Planungsschritten unterschiedliche Methoden genutzt, Planungsschritte früher bzw. später durchgeführt oder weggelassen. So benötigt ein Handelsunternehmen keine Produktionsplanung oder eine kleine Akzendenzdruckerei verzichtet auf die Absatzplanung, da die Aufträge in diesem Marktumfeld nicht planbar sind. Sukzessivplanung bedeutet, dass unterschiedliche Teilpläne nacheinander erstellt werden. Während der Planung werden Annahmen hinsichtlich anderer Teilpläne gemacht, was ggf. dazu führt, dass die Pläne zu einem späteren Zeitpunkt angepasst werden müssen.

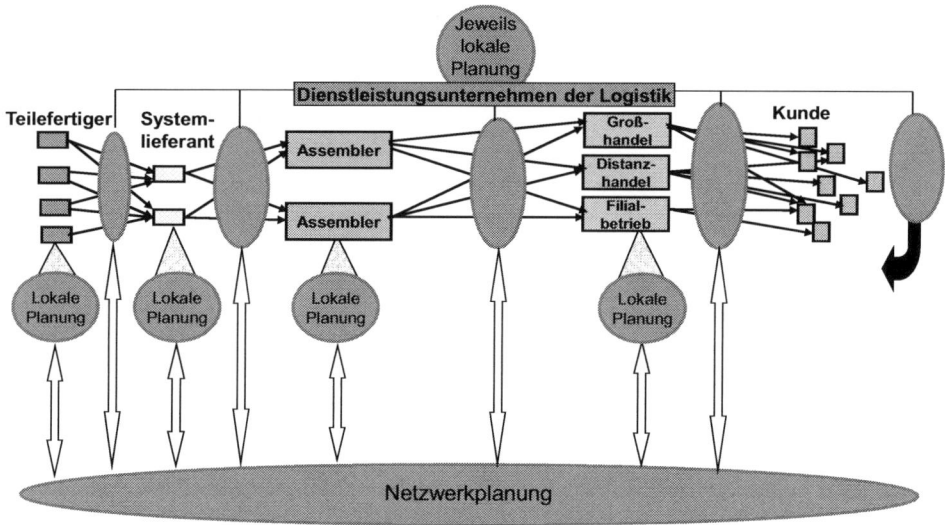

Abb. 4-7:   Lokale Planung und Netzwerkplanung

Bei der in **Abb. 4-8** dargestellten lokalen Planung wird die Fabrikplanung als bereits abgeschlossen angesehen. Die Gebäude und Anlagen sowie die langfristigen Personalkapazitäten und die Organisations- und Ablaufprinzipien bilden daher die Rahmenbedingungen für die dargestellten Planungsschritte (siehe dazu Abschnitt 6.3).

Zunächst wird für einen mittelfristigen Zeithorizont die **Nachfrage** aus Sicht des eigenen Unternehmens geplant und die eingehenden Aufträge werden verwaltet. Basierend darauf wird – ggf. unter Berücksichtigung der bisherigen Distributions- und Transportplanung - anhand der gegebenen Rahmenbedingungen ein **Produktionsprogramm** ermittelt (auch Hauptproduktionsprogramm oder Master Production Schedule (MPS) genannt). Diese geplanten Produktionsaufträge der letzten Fertigungsstufe werden in die Produktionsplanung und die Mengenplanung übernommen. In der **Mengenplanung** werden diese Produktionsaufträge aufgelöst, und es entstehen Produktionsaufträge für Zwischenprodukte sowie Einkaufsbedarfe für Beschaffungsgüter. Parallel dazu können die daraus neu abgeleiteten Distributions- und Transportaufgaben grob geplant werden. Vorgehensweise und Methoden der **Distributionsplanung** werden im Kapitel Distributionslogistik beschrieben (siehe Abschnitt 7). Der grobe Fertigungsplan wird in der **Produktionsplanung** unter Berücksichtigung der Kapazitätsauslastung weiter verfeinert und im Rahmen der Auftragsfreigabe an die **Produktionssteuerung** übergeben. Diese Arbeitsschritte werden im Abschnitt zur Fertigungslogistik näher beschrieben (siehe Abschnitt 6). Die **Transportsteuerung** basiert auf den Ergebnissen der Produktionssteuerung und ist ebenfalls kurzfristiger Natur.

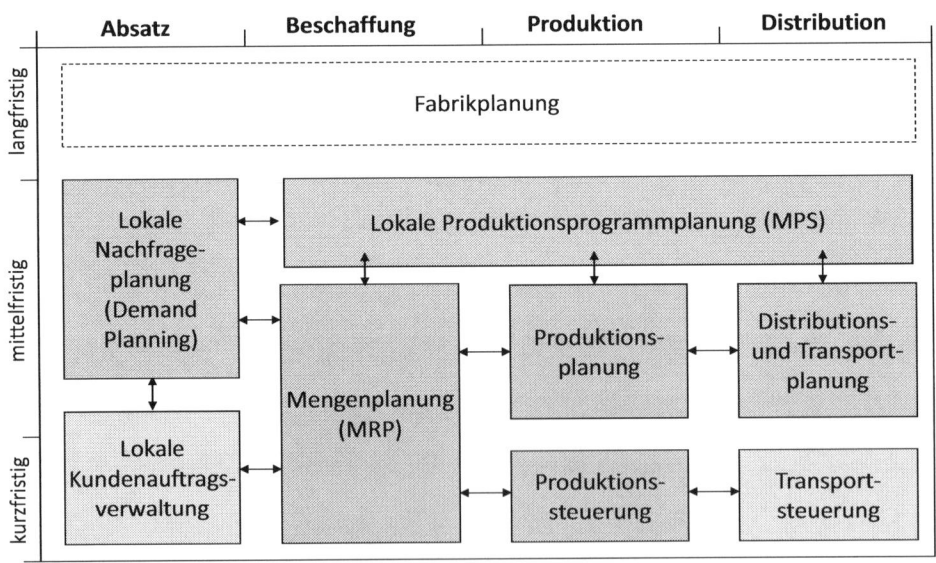

Abb. 4-8:   Funktionsbausteine der lokalen Planung

4.4.1 Nachfrageplanung

4.4.1.1 Grundlagen der Nachfrageplanung

Die konkrete Nachfrage ergibt sich stets durch reale Kundenaufträge, welche in der Kundenauftragsverwaltung dokumentiert werden. Der zeitliche Vorlauf zwischen Auftragserteilung und Liefertermin kann dabei je nach Branche und Kundenstruktur sehr unterschiedlich sein. Im Schiffs-, Flugzeug- oder Schienenfahrzeugbau ist der Vorlauf derart groß, dass auf eine anonyme (auftragsunabhängige) Nachfrageplanung weitgehend verzichtet werden kann. Der Fokus der Nachfrageplanung bei diesen Industrien liegt daher auf der transparenten Verwaltung der Auftragsdaten und deren Akquisitionsprozesse. Falls die Reichweite des Auftragsbestands nicht ausreicht, um als Basis für die weiteren Planungen zu dienen, so erfolgt die Abschätzung der Nachfrage anhand der laufenden Akquisitionsprozesse. In anderen Branchen, wie der Pharmazeutischen Industrie oder bei Elektro- und Elektronikgeräten, werden Aufträge eher kurzfristig erteilt. Um Einkauf, Produktion und Distribution sinnvoll koordinieren zu können, müssen die Bedarfsmengen daher lange vor der eigentlichen Auftragserteilung geplant werden. Erst im kurzfristigen Zeithorizont treten dann reale Aufträge an die Stelle der anonym geplanten Nachfragemengen.

Der Planungshorizont für die Nachfrageplanung hängt davon ab, wie viel Vorlauf die abhängigen Planungsschritte der internen (Produktionsplanung) und der externen Ressourcenplanung (Einkaufsplanung) benötigen. In vielen Industriezweigen ist ein Planungshorizont von vier bis sechs Quartalen üblich. Die Planung erfolgt oft rollierend, so dass alle Planzahlen vierteljährlich aktualisiert werden.

Bei der Durchführung der Nachfrageplanung können prinzipiell qualitative Verfahren, Zeitreihenverfahren, Kausalverfahren sowie eine Kombinationen der genannten Verfahren Anwendung finden. Das Ergebnis der Nachfrageplanung sind prognostizierte Mengen pro Planungsperiode.

4.4.1.2 Qualitative Verfahren

Diese Verfahren basieren auf Schätzungen von Experten. Dabei werden die Einschätzungen (meist unterschiedlicher) Personen erhoben und daraus die Prognose der Nachfrage abgeleitet. Diese Verfahren finden Anwendung wenn keine aussagekräftigen Vergangenheitsdaten für Zeitreihenanalysen verfügbar sind oder wenn die Einflussparameter auf die Nachfrage derartig vielfältig sind, dass sie durch erfahrene Schätzer besser interpretiert werden können als mit mathematischen Modellen. Bei der Durchführung der Expertenschätzungen können die Prognosen für jede Periode in eine Tabelle eingetragen werden. Es besteht dann die Möglichkeit unterschiedliche Schätzungen zu vergleichen, im Rahmen einer Analyse inhaltliche Diskussionen über die Schätzwerte zu führen oder den Mittelwert der unterschiedlichen Schätzungen zu wählen. Sondereinflüsse, wie Verkaufsförderungen, Rabattaktionen oder lebenszyklusbedingte Abweichungen können gesondert ausgewiesen werden. Eine verfeinerte Methode der Expertenschätzung ist die Unterteilung der Gesamtnachfrage nach unterschiedlichen Dimensionen und deren separate Schätzung. Dabei werden bspw. die jeweiligen Nachfragewerte eines Produktes pro Verkaufsregion geschätzt, anschließend erfolgt die Schätzung für das gleiche Produkt pro Absatzweg. Treten bei der jeweiligen Summe der Schätzungen relevante Differenzen auf, so sind diese in Diskussionen zwischen den Schätzern zu klären. Ein anderes verbreitetes qualitatives Verfahren ist die Kundenbefragung.

4.4.1.3 Zeitreihenverfahren

Zeitreihenverfahren basieren auf der Überlegung, dass der Verlauf einer Nachfrage einem bestimmten, lediglich von der Zeit abhängigen, Muster folgt. Durch Analyse und Fortschreibung der Vergangenheitswerte können somit – mittels geeigneter Verfahren – wahrscheinliche Nachfragewerte für die Zukunft, *Erwartungswerte*, abgeleitet werden. Die sich aus dem i.d.R. stochastischen Charakter eines Nachfrageverlaufs ableitenden Schwankungen werden über die *Varianz* oder die *Standardabweichung* beschrieben.

Um ein geeignetes Verfahren anwenden zu können, muss der grundsätzliche Verlauf der Nachfrage, also die grundsätzliche Ausgestaltung des fortzuschreibenden Musters, das Verbrauchs- oder Bedarfsmodell, bekannt sein. Man unterscheidet zwischen fünf charakteristischen Verläufen:

- **Konstante Verläufe (Konstantmodell)**
  Sie werden durch geringe, zufällige Schwankungen der einzelnen Verbräuche um einen gleichbleibenden Durchschnittswert (konstantes Niveau, Basisniveau) beschrieben.
- **Trendförmige Verläufe (Trendmodell)**
  Beim trendförmigen Bedarfsverlauf folgt die Zeitreihe (ausgehend von einem Basisniveau) einem langfristig steigenden oder sinkenden Trend. Auch hier treten zusätzlich geringe, unregelmäßige Schwankungen auf.
- **Saisonale Verläufe (Saisonmodell)**
  Beim saisonal schwankenden Verlauf weist die Nachfragekurve regelmäßig wiederkehrende Muster auf. So wechselt die Nachfrage beispielsweise in bestimmten Zeitabständen zwischen zwei oder mehr Niveaus, auf denen jeweils zusätzliche kleinere Schwankungen festzustellen sind.
- **Saisonal trendförmige Verläufe (Saisonmodell mit Trend)**
  Bei diesen Verläufen überlagern sich ein trendförmig steigender oder sinkender Verlauf mit regelmäßigen saisonalen Schwankungen. Zusätzlich treten auch hierbei zufällige Schwankungen auf.
- **Unregelmäßige Verläufe**
  Beim *sporadischen Verbrauch* treten die Nachfragen nicht regelmäßig auf, so dass nur in wenigen Vergangenheitsperioden überhaupt Nachfragen aufgetreten sind. Die Perioden ohne Verbrauch werden als Nullperioden bezeichnet.
  Beim sog. *Strukturbruch* weist der Verbrauch spontane Sprünge (spontane Anstiege oder spontane Abfälle) auf.

Entsprechend können die Zeitreihen, je nach Verlauf, durch die folgenden Komponenten beschrieben werden:

- *Basiskomponente G*:   zur Beschreibung des konstanten Niveaus
- *Trendkomponente T*:   zur Beschreibung des (längerfristigen) An- oder Abstiegs
- *Saisonkomponente S*:   zur Beschreibung des wiederkehrenden Musters
- *Zufallskomponente Z*:   zur Beschreibung des zufälligen Anteils am Verlauf

Zur Auswahl des geeigneten Prognoseverfahrens muss zunächst das grundsätzliche Verlaufsmuster (Verbrauchsmodell) ermittelt werden, da dies die Anwendbarkeit der jeweiligen Methoden beeinflusst. Das Verlaufsmuster kann durch einfache graphische Bestimmung oder durch die Anwendung von mathematischen bzw. statistischen Methoden identifiziert werden. Im Anschluss kann dann das geeignete Prognoseverfahren bestimmt werden.

4.4.1.3.1 Mittelwertbildung

Verfahren der Mittelwertbildung eignen sich für konstante Verläufe. Sie haben auf Grund ihrer Einfachheit eine große Verbreitung und können in unterschiedlichen Ausprägungen Anwendung finden.

- **Arithmetischer Mittelwert**
  Als Prognosewert P für die nächste Periode ($t+1$) dient der Mittelwert, der aus allen bis zum Zeitpunkt t vorliegenden Werten einer Zeitreihe berechnet wird. Damit werden vereinzelte Unregelmäßigkeiten im Verlauf der Zeitreihe geglättet, da jeder Vergangen-

heitswert V (bei entsprechend großer Werteanzahl) lediglich mit einer geringen Gewichtung eingeht.

$$P_{t+1} = \bar{x}_t = \frac{1}{t} \sum_{\tau=1}^{t} V_\tau \qquad (4.8)$$

■ Gleitender Mittelwert (Moving Average)

Beim gleitenden Mittelwert wird nicht der Mittelwert aus allen vorliegenden Werten, sondern nur aus einer bestimmten Anzahl n zurückliegender Werte als Prognosewert für die nächste Periode ($t+1$) ermittelt. Damit fällt für jeden weiteren Prognosewert der jeweils älteste Wert aus der Berechnung heraus. Er wird durch den neuesten Wert ersetzt. Die Gewichtung jedes Wertes entspricht dann $1/n$. Bei kleinem n ist das Ergebnis stark durch die letzten Perioden bestimmt, mit steigendem n erhöht sich durch das höhere mittlere Alter der Werte die Dämpfung.

$$P_{t+1} = \frac{1}{n} \sum_{\tau=t-n+1}^{t} V_\tau \qquad (4.9)$$

■ Gewichteter gleitender Mittelwert

Der gewichtete gleitende Mittelwert wird berechnet, indem die zurückliegenden Periodenwerte (n Perioden) mit Gewichtungsfaktoren versehen werden. Im Allgemeinen werden die jüngeren Werte stärker gewichtet als ältere. Es wird davon ausgegangen, dass die jüngeren Werte eine höhere Aussagekraft für die Berechnung der Zukunft haben. Obwohl die Art der Gewichtung bei diesem Verfahren nicht vorgegeben ist, findet sie üblicherweise mit einer linearen Gewichtung Anwendung (z. B. jüngster Wert mit 0,9, zweitjüngster Wert mit 0,8 usw.). Dieses Verfahren ist besser in der Lage, sich an kurzfristige Niveauänderungen anpassen zu können, als die anderen mittelwertbildenden Verfahren.

$$P_{t+1} = \frac{\displaystyle\sum_{\tau=t-n+1}^{t} g_\tau \times V_\tau}{\displaystyle\sum_{\tau=t-n+1}^{t} g_\tau} \qquad (4.10)$$

4.4.1.3.2 Exponentielle Glättung

Eine weitere Gruppe mathematischer Prognoseverfahren sind die Verfahren der exponentiellen Glättung (exponential smoothing). Diese Verfahren werden sehr häufig in der Praxis angewendet, da sie nach der anfänglich erforderlichen Initialisierung sehr einfach in der Anwendung sind, zudem werden nur sehr wenige Daten benötigt.

■ Exponentielle Glättung 1. Ordnung

Die exponentielle Glättung erster Ordnung eignet sich für konstante Nachfrage-, Verbrauchs-, Bedarfsverläufe. Sie entspricht im Prinzip einem gewichteten Mittelwert, wobei die Gewichtung der älteren Werte exponentiell abnimmt. Dieses Verfahren berechnet den Prognosewert für die nächste Periode basierend auf dem aktuellen Prognosewert und dem aktuellen Ist-Wert. Beide Werte gehen mit einer bestimmten Gewichtung in die Berechnung ein. Der dazu benutzte Glättungsfaktor (α - Alpha) liegt theoretisch zwischen 0 und 1. Da für die Berechnung des nächsten Prognosewertes nur zwei Werte benötigt werden, reduziert sich die Datenhaltung auf ein Minimum.

Mit

P_{t+1} für den Prognosewert für die nächste Periode (t+1),
P_t für den Prognosewert der aktuellen Periode t,
V_t für den Ist-Wert der aktuellen Periode t und
α für den Glättungsfaktor

gilt folgende Formel:

$$P_{t+1} = P_t + \alpha \times (V_t - P_t) \quad \text{mit} \, 0 < \alpha < 1 \tag{4.11}$$

oder nach mathematischer Umformung:

$$P_{t+1} = \alpha \times V_t + (1 - \alpha) \times P_t \tag{4.12}$$

Da für einen ersten zu ermittelnden Prognosewert kein vorangegangener Prognosewert P_0 vorhanden ist, muss hier ein Wert geschätzt werden. Je höher der Glättungsfaktor ist, umso stärker geht der aktuelle Ist-Wert in die Berechnung ein. Liegt α bei 1, so hat der letzte Ist-Wert V_t eine Gewichtung von 100% und der Prognosewert für t+1 entspricht dem Ist-Wert. Liegt α bei 0, so geht der letzte Ist-Wert nicht in die Prognose ein und der Prognosewert für t+1 entspricht dem Prognosewert P_t. Liegt α bei 0,5, so geht der jüngste Ist-Wert V_t mit der Gewichtung von 50% ein, der zweitjüngste mit der Gewichtung 25%, der drittjüngste mit der Gewichtung 12,5% usw. Daraus leitet sich das mittlere Alter A der eingehenden Werte ab mit: $A = (1 - \alpha)/\alpha$. Die Glättungsreichweite $n = (2 - \alpha)/\alpha$ gibt den Wert an, ab dem die vorher liegenden Werte insgesamt nur noch weniger als 13% betragen.[178]

Der Glättungsfaktor beeinflusst, wie schnell die Vorhersage bei Niveauänderungen reagiert. In der Praxis werden Werte von 0,1 bis 0,3 empfohlen.[179] Die Festlegung des Glättungsfaktors kann aufgrund der Erfahrung des Planers oder durch Simulation von Vergangenheitswerten erfolgen.

▪ Exponentielle Glättung mit Trendkorrektur

Für die Prognose bei linearen trendförmigen Verläufen kann die Exponentielle Glättung mit Trendkorrektur angewendet werden (Verfahren nach *Holt*). Dabei wird die Steigung des Verlaufs berücksichtigt und in jeder Periode ein (mit dem Glättungsfaktor α für die Basiskomponente exponentiell geglätteter) Grundwert G und ein (mit dem Glättungsfaktor β für den Trend exponentiell geglätteter) Trendwert T berechnet, aus denen sich der Prognosewert für die folgende Periode ableitet:[180]

$$P_{t+1} = G_t + T_t \tag{4.13}$$

$$\begin{aligned} G_t &= \alpha \times V_t + (1 - \alpha) \times (G_{t-1} + T_{t-1}), \quad 0 < \alpha < 1 \\ &= (G_{t-1} + T_{t-1}) + \alpha \times (V_t - (G_{t-1} + T_{t-1})) = P_t + \alpha \times (V_t - P_t) \end{aligned} \tag{4.14}$$

$$\begin{aligned} T_t &= \beta \times (G_t - G_{t-1}) + (1 - \beta) \times T_{t-1}, \quad 0 < \beta < 1, \quad \beta \leq \alpha \\ &= T_{t-1} + \beta \times ((G_t - G_{t-1}) - T_{t-1}) \end{aligned} \tag{4.15}$$

---

[178] Vgl. Gudehus (2006), S. 41
[179] Vgl. u. a. Günther, Tempelmeier (2005), S. 147; Alicke (2005), S. 39
[180] Vgl. u. a. Chopra, Meindl (2004), S. 187; Alicke (2005), S. 40; Herrmann (2011), S. 45ff

■ **Exponentielle Glättung 2. Ordnung**

Dieses Verfahren ist – wie die Glättung mit Trendkorrektur – geeignet, um trendförmige Verläufe zu prognostizieren. Neben einem Grundwert G_t wird in dem Prognosewert für die Zeit τ noch explizit ein Term T_τ berücksichtigt, der den Trendanstieg widerspiegeln soll. Für $P_{t+\tau}$ als Prognosewert für die Periode ($\tau + 1$) gilt:

$$P_{t+\tau} = G_t + T_t \times (\tau + 1) \tag{4.16}$$

Die Berechnung von G_t und T_t erfolgt mittels exponentieller Glättung zweiter Ordnung. Dafür werden zunächst die Glättungswerte erster und zweiter Ordnung berechnet:[181]

Glättung erster Ordnung: $\qquad P_t^1 = P_{t-1}^1 + \alpha \times \left(V_{t-1} - P_{t-1}^1 \right) \tag{4.17}$

Glättung zweiter Ordnung: $\qquad P_t^2 = P_{t-1}^2 + \alpha \times \left(P_t^1 - P_{t-1}^2 \right) \tag{4.18}$

Daraus können die Werte für G_t und T_t bestimmt werden zu:

$$G_t = P_t^1 + \left(P_t^1 - P_t^2 \right) = 2 \times P_t^1 - P_t^2 \tag{4.19}$$

$$T_t = \left(\frac{\alpha}{1-\alpha} \right) \times \left(P_t^1 - P_t^2 \right) \tag{4.20}$$

■ **Saisonmodelle mit exponentieller Glättung**

Als Weiterentwicklung der Exponentiellen Glättung kann bei einem saisonalen und linear trendförmigen Verlauf das Modell von *Winters* eingesetzt werden. Dabei gehen drei Parameter (Grundwert G zur Beschreibung der Basiskomponente, Trendwert T zur Beschreibung der Trendkomponente und Saisonindex S zur Beschreibung der Saisonkomponente) in die Berechnung des Schätzwertes ein. Alle drei Parameter werden jeweils exponentiell geglättet und können additiv oder multiplikativ miteinander verbunden werden – hier wird das multiplikative Modell vorgestellt:[182]

$$P_{t+1} = \left(G_t + T_t \right) \times S_{t+1} \tag{4.21}$$

Zur Berechnung der Startwerte für die drei Parameter muss der Nachfrageverlauf aus der Vergangenheit um die saisonalen Einflüsse „bereinigt" werden. Dazu werden zunächst saisonbereinigte Nachfragewerte berechnet:

$$\widetilde{V}_t = \begin{cases} \left[V_{t-\left(p/2 \right)} + V_{t+\left(p/2 \right)} + \sum_{i=t+1-\left(p/2 \right)}^{t-1+\left(p/2 \right)} 2 \times V_i \right] / 2 \times p & \text{für gerade } p \\[2em] \sum_{i=t-\left\lfloor p/2 \right\rfloor}^{t+\left\lfloor p/2 \right\rfloor} \frac{V_i}{p} & \text{für ungerade } p \end{cases} \tag{4.22}$$

Dann können die Startwerte ermittelt werden:

■ Grundwert G und Trendwert T können z. B. über eine lineare Regression der saisonbereinigten Daten ermittelt werden (siehe Abschnitt zu Regressionsverfahren).

---

[181] Vgl. Melzer-Ridinger (1994), S. 109ff; Herrmann (2011), S. 45ff
[182] Vgl. Chopra, Meindl (2004), S. 189ff; Herrmann (2011), S. 74ff

- Saisonwerte S_t für jeden Saisonabschnitt werden aus dem Verhältnis der realen Nachfragewerte zu den saisonbereinigten Nachfragewerten über mehrere Saisonverläufe r berechnet und dann zu Saisonindizes S_i je Saisonabschnitt verdichtet:

$$\widetilde{S}_t = \frac{V_t}{\widetilde{V}_t} \qquad S_i = \left(\sum_{j=0}^{r-1} \widetilde{S}_{jp+i} \right) \Big/ r \qquad\qquad (4.23),\ (4.24)$$

Bei der Berechnung der Prognosewerte wird der Grundwert G mit dem Glättungsfaktor α, der Trendwert T mit dem Steigungsfaktor β und der Saisonindex S mit dem Saisonfaktor γ geglättet:

$$G_{t+1} = \alpha \times \left(\frac{V_{t+1}}{S_{t+1}} \right) + (1-\alpha) \times (G_t + T_t), \quad 0 < \alpha < 1 \qquad\qquad (4.25)$$

$$T_{t+1} = \beta \times (G_{t+1} - G_t) + (1-\beta) \times T_t, \quad 0 < \beta < 1 \ \ bzw.\ \beta \leq \alpha \qquad\qquad (4.26)$$

$$S_{t+p+1} = \chi \times \left(\frac{V_{t+1}}{G_{t+1}} \right) + (1-\chi) \times S_{t+1}, \quad 0{,}1 < \chi < 0{,}3 \qquad\qquad (4.27)$$

Dieses Verfahren ist – sofern Vergangenheitsdaten über mehrere vollständige Saisonzyklen vorliegen – relativ einfach zu implementieren. Es verlangt allerdings ein gewisses mathematisches Verständnis, um die eingehenden Parameter richtig zu setzen.

- **Exponentielle Glättung 3. und höherer Ordnung**
  Mit diesen Verfahren lassen sich nicht-lineare Verläufe prognostizieren. Allerdings sind Rechenaufwand und Komplexität dieser Verfahren derart hoch, dass sie in der betrieblichen Praxis wenig Verbreitung erlangt haben.

4.4.1.3.3 Regressionsverfahren

Für trendförmige Verläufe eignet sich die Regressionsanalyse. Diese Methode wird hier basierend auf der Idee angewendet, dass der Bedarfsverlauf von der Zeit abhängig ist und sich in einer Funktionsgleichung darstellen lässt. Je nachdem, ob diese Abhängigkeit linear oder nichtlinear ist, wird die lineare Regressionsanalyse oder die nichtlineare Regressionsanalyse eingesetzt.

- **Einfache lineare Regressionsanalyse**
  Bei der linearen Regressionsanalyse wird der Bedarfsverlauf durch eine Gerade beschrieben. Es ergibt sich eine Funktion als Geradengleichung der Form:

$$P_{t+\tau} = a + b \times \tau \qquad\qquad (4.28)$$

Sind die Werte a und b bekannt, so kann der Wert für zukünftige Perioden bestimmt werden. Der Verlauf dieser Geraden wird nach der Methode der kleinsten Quadrate ermittelt. Dabei wird diejenige Gerade bestimmt, bei deren Verlauf die Summe der quadratischen Abstände zwischen dem jeweiligen Geradenwert und dem jeweiligen Ist-Wert der Vergangenheit minimal ist.

- **Nichtlineare Regressionsanalyse**
  Auch bei der Nichtlinearen Regression wird die Zuordnungsfunktion einer Kurve in Abhängigkeit von der Zeit gesucht, die möglichst nahe an allen Vergangenheitswerten vorbeiführt. Der Zusammenhang zwischen Periode und Bedarf wird dabei allerdings als nicht als linear angenommen. Die Form der Kurve entspricht daher auch nicht einer Geraden. Sie führt bspw. zu einer Gleichung der Form:

$$P_{t+\tau} = a + b \times \tau + c \times \tau^2 + d \times \tau^3 + \dots + n \times \tau^n \tag{4.29}$$

Die nichtlineare Regressionsanalyse wird meistens mit Computerunterstützung ermittelt. So bieten beispielsweise die gängigen Tabellenkalkulationsprogramme die Erstellung von Trendlinien in Diagrammen an. Hier kann unter anderem zwischen linearer und nicht-linearer Regression gewählt werden. Es stehen aber auch gleitende Durchschnitte sowie logarithmische oder exponentielle Näherungen zur Auswahl.

4.4.1.3.4 Verfahren für sporadische Verläufe

Sporadische Verläufe zeichnen sich dadurch aus, dass nicht in jeder Periode Bedarfe auftreten – es kommt zu sog. *Nullbedarfen*. Bei der Anwendung der bisher vorgestellten Verfahren würden sich ggf. große Schätzfehler ergeben. Um derartige Verläufe, die insbesondere bei Ersatzteilen oder bei sog. „Langsamdrehern" zu finden sind, dennoch prognostizieren zu können, erfolgt die Prognose der Bedarfshöhe getrennt von der Prognose des Bedarfszeitpunktes. So wird bspw. nach der *Croston-Methode*[183] zunächst die Höhe des Bedarfes in Perioden mit konkreten Bedarfen mit der exponentiellen Glättung 1. Ordnung bestimmt - wobei nur diejenigen Perioden in die Berechnung eingehen, bei denen ein Bedarf aufgetreten ist. Weiterhin wird der Zeitpunkt des Bedarfes durch die – ebenfalls exponentiell geglättete - mittlere Zeitdauer (*Zwischenankunftszeit*) zwischen den Bedarfen der Vergangenheit bestimmt. Die prognostizierte Bedarfsmenge wird schliesslich gleichmäßig auf die prognostizierte Zeitdauer aufgeteilt.

4.4.1.4 Kausalverfahren

Während bei den Zeitreihenverfahren die Vergangenheitswerte die bestimmenden Einflussgrößen für den Schätzwert sind und eine mathematische Funktion damit abhängig von der Zeit ist, basieren Kausalverfahren auf logischen Ursache-Wirkungs-Zusammenhängen. Sie können eingesetzt werden, wenn andere Faktoren identifiziert werden können, die einen bedeutenden Einfluss auf den Nachfrageverlauf haben.[184] Faktoren können dabei Temperatur, Wechselkurse, demographische Daten, Inflationsrate oder andere Einflussgrößen sein. Haben die Faktoren jeweils einen linearen Einfluss auf die Nachfrage und sind sie untereinander unabhängig, so spricht man von multiplen linearen Regressionsmodellen.

Dieses Verfahren arbeitet ähnlich wie die lineare Regression beim Zeitreihenverfahren. Anhand von Vergangenheitsdaten wird ein linearer mathematischer Zusammenhang zwischen den Einflussfaktoren und der Nachfrage ermittelt. Werden dann die aktuellen Werte der Einflussfaktoren gemessen, geschätzt oder auf andere Weise ermittelt, so kann daraus die Nachfrage errechnet werden. So könnte bspw. ein Hersteller von Speiseeis die Nachfrage in Abhängigkeit der Tageshöchsttemperatur, der täglichen Sonnenstunden und den Ferienzeiten ermitteln. Zur Bestimmung der Abhängigkeiten wird die Methode der kleinsten quadratischen Abweichung gewählt. Zur Erstellung der mathematischen Funktion werden allerdings sehr viele Daten benötigt, da neben den Vergangenheitswerten der Nachfrage auch alle Vergangenheitswerte der Einflussfaktoren in die Berechnung eingehen. Die Leistungsfähigkeit dieser Art von Modellen geht über die reine Nachfrageprognose hinaus. Es können auch Fragestellungen nach dem erforderlichen Werbebudget oder einer erforderlichen Preisreduktion zum Erreichen einer angestrebten Nachfragehöhe beantwortet werden.

---

[183] Vgl. insb. Herrmann (2011), S. 85ff; auch Alicke (2005), S. 41; Hoppe (2007), S. 132f
[184] Vgl. Hoppe (2007), S. 142

4.4.1.5 Kombination von Verfahren

Prinzipiell können die unterschiedlichen Verfahren beliebig kombiniert werden. Häufig ist die Kombination der qualitativen Verfahren mit den Zeitreihenverfahren anzutreffen. Dabei werden zunächst die mit dem geeigneten Zeitreihenverfahren ermittelten Werte tabellarisch dargestellt. Diese Werte werden dann in einer separaten Zeile durch einen oder mehrere Experten angepasst. Der Prognosewert resultiert dann aus dem gewichteten Mittelwert der beiden Daten oder er wird vom Schätzer endgültig manuell festgelegt. Durch die übersichtliche und ausführliche Form der Datenspeicherung begünstigt dieses Verfahren Lerneffekte bei den Schätzern. Alternativ dazu können die Eingangsgrößen der Zeitreihenverfahren durch Experten manipuliert werden. Dies bezieht sich auf die manuelle Bereinigung der relevanten Datenbasis durch die Schätzer (Eliminierung von Ausreißern) aber auch auf die manuelle Korrektur von Saisonindizes oder Trendfaktoren. Dabei sollte allerdings beachtet werden, dass eine sehr gute Kenntnis der Zeitreihenverfahren erforderlich ist.

4.4.1.6 Auswahl und Überprüfung des Prognoseverfahrens

Wichtig bei der Anwendung eines Prognoseverfahrens ist die Betrachtung und Verfolgung des Prognosefehlers. Ausgehend vom „einfachen Prognosefehler" können eine Reihe weiterer Größen bei der Beurteilung der Prognosequalität herangezogen werden:[185]

Prognosefehler (Error) $E_t = P_t - V_t$ (4.30)

Absoluter Fehler (Absolute Error) $A_t = |E_t|$ (4.31)

Mittlerer quadratischer Fehler $MSE_{t+1} = \frac{1}{t} \sum_{\tau=1}^{t} E_\tau^2$ (4.32)
(Mean Squared Error)

Im Vergleich gelten Prognoseverfahren mit einem kleineren MSE i.d.R. als die besseren Verfahren.

Mittlere absolute Abweichung $MAD_{t+1} = \frac{1}{t} \sum_{\tau=1}^{t} A_t$ (4.33)
(Mean Absolute Deviation)

Auf *MAD* basierte Näherungsformel $\sigma \approx 1{,}25 \times MAD$ (4.34)
für die Standardabweichung

Mittlere absolute prozentuale
Abweichung $MAPE_{t+1} = \frac{1}{t} \sum_{\tau=1}^{t} \left| E_t \middle/ V_t \right| \times 100$ (4.35)
(Mean Absolute Percentage Error):

Kumulierter Prognosefehler $CE = \sum_{\tau=t-n+1}^{t} E_\tau$ (4.36)
(Cumulated Error)

CE sollte langfristig ± 0 sein, ansonsten besteht ein systematischer Fehler in der Prognose (andauernde Unter- oder Überschätzung).

Tracking Signal $TS_t = \frac{CE_t}{MAD_t}$ (4.37)

TS weist die Anzahl der Perioden aus, in denen eine einseitige Abweichung besteht – der Wert sollte im Bereich ± 6 liegen.

---

[185] Vgl. u. a. Chopra (2004), S. 191-192

Die vorgestellten Verfahren bieten sich jeweils für bestimmte Trendverläufe an und weisen die in **Abb. 4-9** aufgeführten Vor- bzw. Nachteile auf.

Verfahren	Geeignet für	Vorteile	Nachteile
Qualitative Verfahren oder Kombination der Verfahren	Alle Verläufe	Einfache, verständliche Methoden	Aufwändig in der Durchführung, Ergebnisse schlecht nachvollziehbar
Arithmetischer Mittelwert	Konstante Verläufe	Sehr einfach, gut verständlich	Schlechte Anpassung an Niveauänderungen
Gleitender Mittelwert	Konstante Verläufe	Sehr einfach, gut verständlich, wenige Vergangenheitsdaten erforderlich	Mäßige Anpassung an Niveauänderungen
Gewichteter gleitender Mittelwert	Konstante Verläufe	Sehr einfach, gut verständlich, wenige Vergangenheitsdaten erforderlich	Verzögerte Anpassung an Niveauänderungen
Exponentielle Glättung 1. Ordnung	Konstante Verläufe	Einfach, wenige Vergangenheitsdaten erforderlich	Bestimmung des Alpha-Wertes, starke Reaktion bei „Ausreißern"
Modell von Holt	Trendförmige Verläufe	Wenige Vergangenheitsdaten erforderlich	Bestimmung von α und β
Exponentielle Glättung 2. Ordnung	Trendförmige Verläufe	Wenige Vergangenheitsdaten erforderlich	Aufwändig, schlecht nachvollziehbar
Modell von Winters	Saisonale Verläufe, Saisonal trendförmige Verläufe	Für unterschiedliche Verläufe geeignet	Bestimmung von α, β und γ
Exponentielle Glättung 3. Ordnung	Saisonale Verläufe, Saisonal trendförmige Verläufe	Wenige Vergangenheitsdaten erforderlich	Sehr aufwändig, sehr schlecht nachvollziehbar
Einfache lineare Regressionsanalyse	Trendförmige Verläufe	Relativ einfach	Starke Reaktion bei „Ausreißern"
Nichtlineare Regressionsanalyse	Saisonale Verläufe, Saisonal trendförmige Verläufe	Für unterschiedlichste Verläufe geeignet	Sehr aufwändig, sehr schlecht nachvollziehbar
Multilineare Regression	Saisonale Verläufe, Saisonal trendförmige Verläufe	Berücksichtigung von kausalen Zusammenhängen	Sehr viele Vergangenheitsdaten erforderlich

Abb. 4-9:   Eignung von Prognoseverfahren

4.4.2 Produktionsprogrammplanung

Ziel der Produktionsprogrammplanung (Master Production Scheduling) ist es festzulegen, welche Mengen eines jeden Produktes in welcher Periode herzustellen sind. In vielen Fällen erfolgt diese Planung zunächst auf der Ebene von Produktgruppen und wird erst beim Vorliegen konkreter Aufträge auf der Ebene einzelner Artikel-/Materialnummern spezifiziert. Bei der lokalen Planung wird davon ausgegangen, dass die betrachtete Herstellung an einem Standort stattfindet und die Synchronisation mit vorgelagerten Wertschöpfungsstufen über Einkaufsprozesse mit den Lieferanten abgewickelt wird. Bei diesem Planungsschritt handelt es sich um die sog. operative Produktionsprogrammplanung. Davon abzugrenzen sind die sog. strategische Produktionsprogrammplanung, die die Tätigkeitsfelder der Unternehmung bestimmt, und die sog. taktische Produktionsprogrammplanung, welche die Breite und Tiefe der eigenen Fertigung festlegt. Diese beiden vorgelagerten Planungsschritte werden an dieser Stelle nicht näher betrachtet. Der Planungshorizont erstreckt sich üblicherweise über vier bis acht Quartale, wobei der Detaillierungsgrad für Perioden der nahen Zukunft höher ist als für zeitlich entferntere Perioden. Ausgehend von den Daten der Nachfrageplanung wird ein durchführbarer, mittelfristiger Fertigungsplan erstellt. Dabei werden sowohl die Absatzmöglichkeiten als auch die Produktionskapazitäten berücksichtigt. Anforderungen an die Produktionsprogrammplanung bestehen in den Punkten:[186]

■ **Realisierbarkeit**, d. h. können trotz Ausnutzung geeigneter Möglichkeiten zur Beeinflussung der Nachfrage durch Promotionen oder Rabattaktionen nicht alle vorliegenden oder erwarteten Kundenbedarfe erfüllt werden, müssen die wichtigsten Aufträge priorisiert werden (z. B. nach den Kriterien Deckungsbeitrag, Lebenszyklusphase, Umsatzanteil, Bedeutung des Kunden/Marktes, Bedeutung im Sortiment etc.).

■ **Vorteilhaftigkeit**, d. h. sollte die Nachfrage am Absatzmarkt unmittelbar auf die Produktion übertragen werden oder sollte eine ausgeglichene Belastung aller Kapazitäten von der Konstruktion bis zur Montage auf möglichst hohem Niveau angestrebt werden?

■ **Verlässlichkeit**, d. h. Qualität und Stabilität der Absatzprognose durch z. B. „Disziplin" des Vertriebes (u. a. Klärung und Rücksprache vor Auftragsbestätigung bzw. Festlegung eines Fixierungszeitraums, innerhalb dessen Auftragsbestandteile nicht mehr geändert werden) und ein frühzeitiges Erkennen von Kapazitätsengpässen bzw. –überschüssen.

Freiheitsgrade und Handlungsalternativen in Bezug auf die bestmögliche Erfüllung der Anforderungen bestehen hinsichtlich der folgenden Grund-Strategien:

■ **Synchronisation** bzw. Bedarfsverfolgung (Chase Strategy) – Anpassung der Kapazität durch z. B. Stilllegung bzw. Inbetriebnahme von Zusatzaggregaten, Personalaufbau bzw. –abbau, Planung von Zusatzschichten oder Kurzarbeit oder durch die Vergabe von Fremdfertigungsaufträgen. Diese Strategie führt zu niedrigen Bestandsniveaus - bei hohen Kosten für Kapazitätsanpassungsmaßnahmen wird diese Strategie allerdings unattraktiv.

■ **Emanzipation** (Level Strategy): Phasenweiser Auf- bzw. Abbau von Lagerbeständen für Fertigprodukte (z. B. bei saisonaler Schwankung der Nachfrage).

■ **Kapazitätsflexibilität** (Time Flexibility Strategy): Anpassung der Auslastung durch Nutzung von Reserve-Kapazitäten, entweder Maschinen bzw. Anlagen oder personelle Reserven in Form von Überstunden oder flexiblen Arbeitszeitmodellen/Zeitkonten.

---

[186] Vgl. u. a. Melzer-Ridinger (1994b)

Neben den Fertigungskapazitäten wird auch die Verfügbarkeit kritischer Rohstoffe über-prüft. Handelt es sich um eine Auftragsfertigung mit individuellen Preisen, so wird in diesem Planungsschritt anhand der erwarteten Deckungsbeiträge über Annahme oder Ablehnung der Aufträge entschieden. Die Durchführung der Planung erfolgt iterativ in mehreren Planungsrunden zwischen Vertrieb, Produktion und ggf. Beschaffung. Die im Rahmen der Nachfrageplanung ermittelten Mengen bilden die Basis für den ersten (machbaren) Entwurf des Fertigungsplanes durch die Produktion. Dabei können, aus Gründen der mittelfristigen Kapazitätsabstimmung oder der Verfügbarkeit von Rohstoffen, Veränderungen hinsichtlich Zeiten, Mengen oder geplanter Lagerbestände erfolgen. Zudem werden aus dieser Planung auch ökonomische Größen, wie geplante Deckungs-beiträge, abgeleitet. Dieser Plan wird dann gemeinsam mit dem Vertrieb so lange überarbeitet, bis der mittelfristige machbare Fertigungsplan aus Sicht aller Beteiligten und auf Basis der bisher verfügbaren Informationen optimiert ist. Das Ergebnis sind mittelfristig geplante Produktionsmengen pro Periode.

4.4.3 Mengenplanung

4.4.3.1 Grundlagen der Mengenplanung

Ziel der Mengenplanung ist die Ermittlung der Sekundär- und Tertiärbedarfe hinsichtlich Bedarfszeitpunkt und –menge. Dabei kann es sich um Fertigungsaufträge für eigen-gefertigte Zwischenprodukte oder um Einkaufsbedarfe für fremdbeschaffte Materialien handeln (siehe **Abb. 4-10**). Ausgangspunkt dieses, auch als „Material Requirements Planning" (MRP) oder Materialbedarfsplanung bezeichneten Planungsschrittes, sind die Primärbedarfe des Produktionsprogramms. Die Kenntnis der im Unternehmen vorhandenen Bestände ist ebenfalls Ausgangspunkt für die Materialbedarfsplanung. Nur der Teil der notwendigen Bruttobedarfe, der nicht aus den bereits in den Lägern verfügbaren Beständen abgedeckt werden kann, muss als Ergänzung (Nettobedarf) produziert oder beschafft werden.

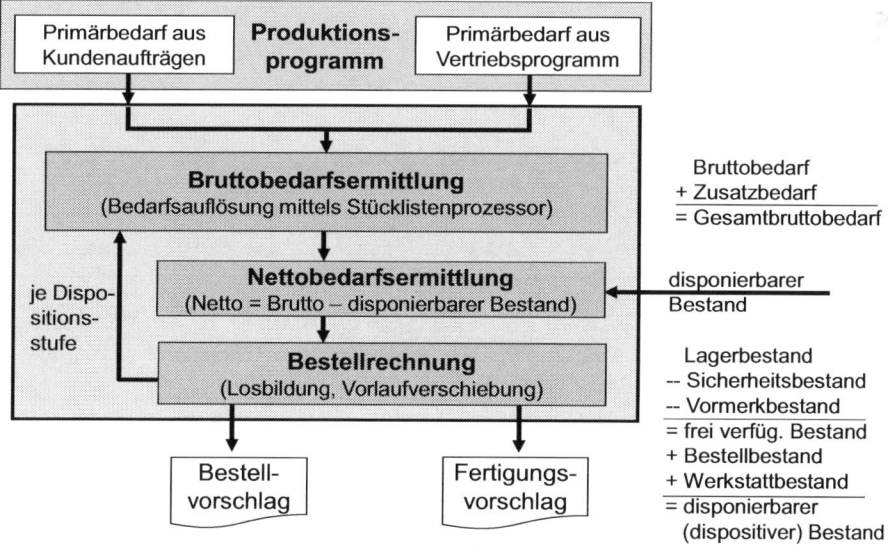

Abb. 4-10: Gesamtablauf der Materialbedarfsplanung (MRP)

Quelle: Vgl. Wiendahl (2005)

Der Zeitpunkt und der Zeithorizont der Mengenplanung hängen von den spezifischen Rahmenbedingungen ab. Generell sollte diese Planung so spät wie möglich, jedoch so früh wie nötig erfolgen. Idealerweise wird die Mengenplanung erst auf Basis realer Aufträge und nicht auf Basis unsicherer Prognosen durchgeführt. Die Mindestanforderungen an den zeitlichen Vorlauf bei der Mengenplanung ergeben sich aus den Beschaffungszeiten für fremdbeschaffte Materialien (der Zeitpunkt und die Menge müssen rechtzeitig bekannt sein, um die Beschaffung planen und durchführen zu können) bzw. aus der notwendigen Vorplanungszeit für die Produktionsplanung bei eigengefertigten Materialien. In der betrieblichen Praxis wird die Mengenplanung daher häufig für einen mittel- bis kurzfristigen Horizont durchgeführt, jedoch regelmäßig anhand der aktualisierten Gegebenheiten neu erstellt. Die kurzfristige Planung der Versorgung der Fertigung mit Erzeugnis- und Betriebsstoffen wird auch als Materialdisposition bezeichnet. Bei der Durchführung der Mengenplanung werden prinzipiell vier unterschiedliche Methoden herangezogen:

■ **Bedarfsgesteuerte, programmorientierte oder deterministische Bedarfsermittlung**
Die Methode beruht auf den Absatzzahlen (Primärbedarf definierter Kundenaufträge für Anlagenfertiger oder geplanter Produktionsprogramme für kundenanonyme Konsumgutfertiger), aus denen das Produktionsprogramm abgeleitet wurde und die kurzfristig ein unveränderliches Datum bilden. Es gibt dokumentierte Fertigungsabläufe und Erzeugnisstrukturen, aus denen die Sekundärbedarfe abgeleitet werden können. Für die Ermittlung von Tertiärbedarfen ist diese Methode normalerweise nicht geeignet, da der jeweilige Verbrauch dieser Materialien in den Erzeugnisstrukturen (z. B. Stücklisten) nicht enthalten ist (siehe Abschnitt 4.2.4).

■ **Verbrauchsorientierte oder stochastische Bedarfsermittlung**
Die Grundlage dieser Methode beruht nicht auf dem Produktionsprogramm, sondern auf Vergangenheitszahlen der Sekundär- und Tertiärverbräuche. Es wird unter Verwendung von Prognose-Modellen aus den Verbräuchen vergangener Planungsperioden auf die zukünftigen Verbräuche geschlossen. Die Verfahren werden im Allgemeinen für C-Materialien angewendet oder wenn die deterministischen Verfahren nicht möglich bzw. unwirtschaftlich sind. Für die Ermittlung von Tertiärbedarfen ist diese Methode ebenso geeignet wie für die Ermittlung der Sekundärbedarfe. Diese Prognose-Modelle und deren Anwendung entsprechen den Methoden der Absatzplanung und sind bereits ausführlich erläutert worden.

■ **Heuristische, auf Schätzungen beruhende, Bedarfsermittlung**
Heuristische Verfahren finden Anwendung, soweit keine aussagekräftigen Vergangenheitswerte vorliegen. Schätzungen können für Sekundär- und für Tertiärbedarfe Anwendung finden. Sie lassen sich allerdings nicht automatisieren und liefern im Allgemeinen sehr schlechte Planungsergebnisse.

■ **Bedarfsermittlung auf Basis von Lagerhaltungsstrategien**
Alternativ zur Planung der Sekundär- und Tertiärbedarfe können Bedarfe auch anhand eines Lagermodells auf Basis der Ist-Lagerbestände kurzfristig erzeugt werden. Diese Verfahren der Lagerhaltungsstrategie sind in der betriebswirtschaftlichen Literatur auch unter dem Begriff „Lagerhaltungspolitik" oder, sofern gleichzeitig Bestellungen ausgelöst werden, als „Bestellrechnung" beschrieben.

Der anschließende Planungsschritt, die sog. Bestellmengenplanung, beinhaltet die Zusammenfassung von Bedarfen zu sinnvollen Produktionsauftragsgrößen bzw. Bestellmengen. In modernen Planungssystemen erfolgt diese Berechnung häufig in einem Schritt mit der Bedarfsermittlung. Wegen der betriebswirtschaftlichen Bedeutung der Bestell-mengenplanung wird sie in diesem Kapitel allerdings gesondert beschrieben.

4.4.3.2 Deterministische Materialbedarfsermittlung

Die deterministischen Verfahren gehen im Allgemeinen analytisch vor und beruhen auf den Erzeugnisstrukturen, die schrittweise über die verschiedenen Baugruppen, Einzelteile und Rohstoffe aufgelöst werden (siehe **Abb. 4-11**). In jeder Stufe erfolgt dabei die Berücksichtigung der verfügbaren Lagerbestände in Form der Nettobedarfsrechnung.

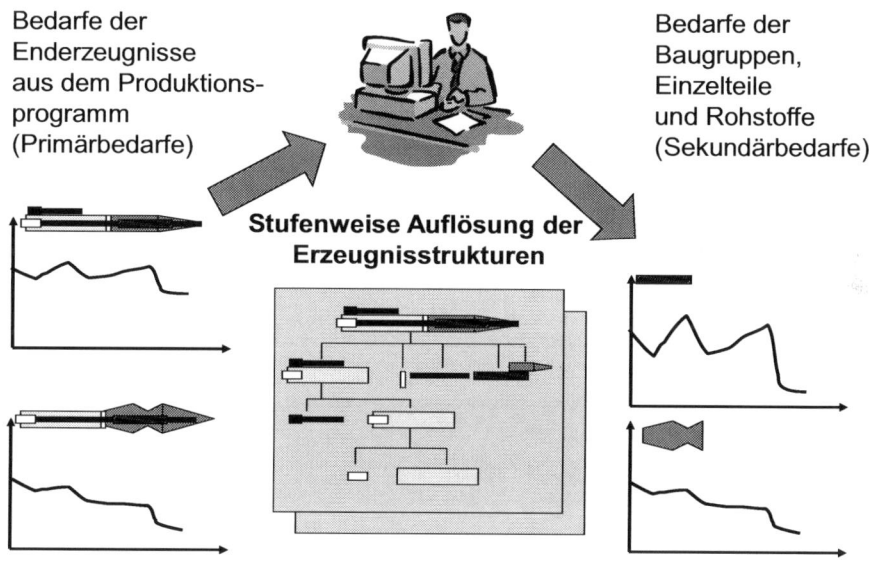

Abb. 4-11: Deterministische Verfahren der Mengenplanung

Die Darstellung der Erzeugnisstruktur erfolgt dabei in Form einer Liste, welche die EDV-gestützte Berechnung ermöglicht. Diese sog. Stückliste[187] (manchmal auch Materialliste genannt, in der prozessorientierten Industrie ist der Begriff Rezeptur geläufig) wird nicht nur in der Mengenplanung verwendet, sondern kann auch für die Kalkulation, die Materialbereitstellung, das Ersatzteilmanagement oder weitere Funktionen Anwendung finden. Daher gibt es die unterschiedlichsten Arten von Stücklisten, von denen an dieser Stelle nur die produktionsrelevanten Formen kurz vorgestellt werden (siehe **Abb. 4-12**). Generell bestehen Stücklisten, wie auch die meisten anderen betriebswirtschaftlichen Belege, aus einem Kopf und verschiedenen Positionen. Der Stücklistenkopf beinhaltet das Material, dessen Struktur beschrieben wird. Die Positionen beinhalten die einzelnen Strukturelemente.

- ▨ Bei einer **Mengenübersichtsstückliste** (auch Mengenstückliste oder Aufzählungsstück-liste genannt) erscheinen lediglich Materialien der untersten Ebene als Positionen. Die Baugruppen werden bei dieser Stücklistenform nicht aufgeführt, die Mengenangaben werden über alle Fertigungsstufen aggregiert.
- ▨ **Strukturstücklisten** beinhalten auch die Baugruppen und weisen zusätzlich die Ebene aus, in der die jeweilige Positionen in das Enderzeugnis eingeht.

---

[187] Im englischsprachigen Raum wird die Stückliste als „Bill of Materials" (BOM) bezeichnet.

■ Die gebräuchlichste Form der Stückliste ist die **Baukastenstückliste**. Dabei handelt es sich um eine Darstellung, die stets nur eine Ebene beinhaltet. Baugruppen erhalten dabei jeweils eine eigene Stückliste, die über die Materialnummer mit den Stücklisten der übergeordneten Strukturen verknüpft ist. Der wesentliche Vorteil der Baukastenstücklisten gegenüber den Strukturstücklisten liegt in dem geringeren Aufwand bei Änderungen. In vielen Fällen werden die Stücklisten daher in Baukastenform in den EDV-Systemen hinterlegt, sie können aber dennoch als Strukturstückliste oder als Mengenübersichtsstückliste angezeigt werden.

Bei Strukturstücklisten kann zusätzlich zur **Fertigungsstufe** auch die **Dispositionsstufe** angegeben werden. Unterschiede treten dabei lediglich auf, wenn ein Material mehrfach und an unterschiedlichen Stellen Bestandteil der Erzeugnisstruktur ist. Als Dispositionsstufe wird die unterste Fertigungsstufe angegeben, in der das jeweilige Material eingeht. Bei einer Bedarfsauflösung nach dem Dispositionsstufenverfahren können sich Unterschiede im Bedarfszeitpunkt mehrfach eingehender Materialien ergeben.

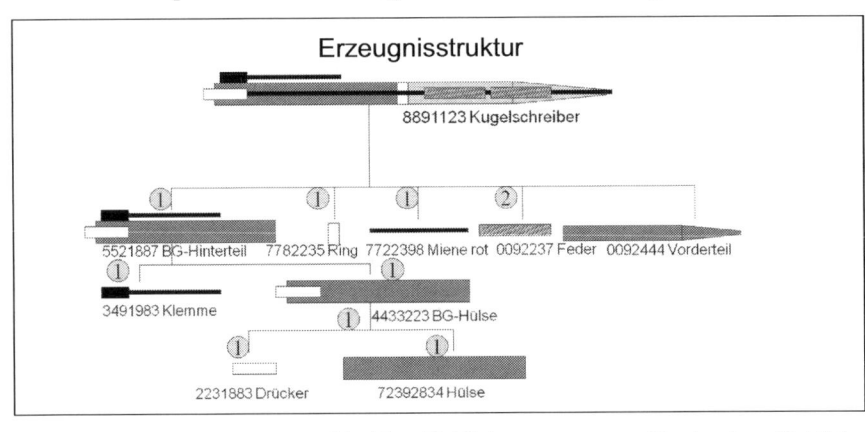

Abb. 4-12: Erzeugnisstruktur und Stücklistenarten

Bei der analytischen Bedarfsermittlung nach Fertigungsstufen erfolgt die Bedarfsauflösung beginnend mit der obersten Fertigungsstufe. Es werden zunächst die Brutto-Sekundärbedarfe ermittelt. Abzüglich des verfügbaren Lagerbestandes werden daraus die Netto-Sekundärbedarfe der ersten Fertigungsstufe errechnet. Diese bilden die Basis für die Bedarfsauflösung der zweiten Fertigungsstufe. Wird für die Fertigung oder Beschaffung der Materialien innerhalb einer Stufe eine gewisse Zeit benötigt (z. B. 1 Kalenderwoche), so muss diese sog. **Vorlaufzeit** in der Planung ebenfalls Berücksichtigung finden. Besteht z. B. in der 22. Kalenderwoche ein Bedarf von 5 Einheiten des Enderzeugnisses „E", so ist der Bedarf von 5 x „B1" und 5 x „B2" auf die 21. Kalenderwoche vorzutragen. Bei der weiteren Auflösung ist dann von diesem Bedarfszeitpunkt auszugehen.

Beim herkömmlichen Dispositionsstufenverfahren werden mehrmals eingehende Baugruppen oder Teile beim frühesten Bedarfszeitpunkt, also in der untersten vorkommenden Produktionsstufe, zusammengefasst (siehe **Abb. 4-13**). Bei modernen EDV-Systemen, welche nach dem Dispositionsstufenverfahren arbeiten, werden die Materialien zwar nach der Reihenfolge der Dispositionsstufen abgearbeitet, jedoch erfolgt die Bedarfsberechnung stets zum korrekten Zeitpunkt.[188]

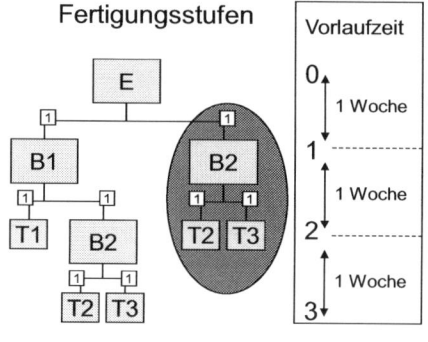
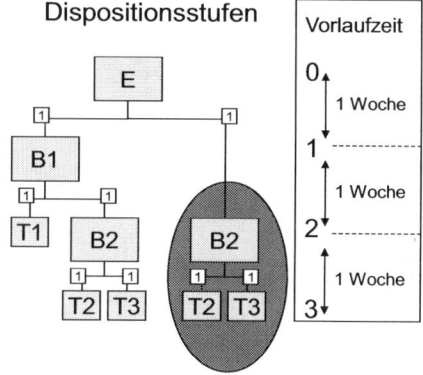

Die benötigten Mengen von B2, T2 und T3 werden zum Fertigungszeitpunkt berechnet. Die Fertigung/Beschaffung von B2, T2 und T3 wird nicht zusammengefasst. Evtl. Ungünstige Fertigungs-/Bestellmengen.

Die Fertigung/Beschaffung von B2, T2 und T3 wird zeitlich zusammengefasst. Die benötigten Mengen von B2, T2 und T3 werden zum Dispositionszeitpunkt berechnet also 1X (B2, T2 und T3) eine Woche vor dem Bedarf in der Fertigung.

Abb. 4-13: Fertigungsstufen und Dispositionsstufen

Die folgende Abbildung (**Abb. 4-14**) zeigt ein Beispiel der deterministischen Materialbedarfsermittlung. Die Notwendigkeit der Nettobedarfsrechnung auf jeder Stufe wird in der dritten Periode bei der Baugruppe B1 deutlich. Obwohl ein Bruttobedarf von 400 Einheiten vorliegt, erfolgt keine weitere Auflösung der Stückliste von B1, da der Nettobedarf in dieser Periode „0" ist.

Die Zusammenfassung der Bedarfe zu günstigen Fertigungs- bzw. Bestellmengen erfolgt dann anschließend auf Basis der ermittelten Bedarfsmengen und -zeitpunkte durch die Losgrössen- bzw. Bestellmengenplanung (siehe den Gesamtablauf der deterministischen Materialbedarfsplanung in Abb. 4-10).

In der betriebswirtschaftlichen Literatur finden sich noch weitere Verfahren der bedarfsorientierten Materialbedarfsermittlung, welche allerdings in der betrieblichen Praxis kaum verbreitet sind:

■ **Die synthetische Bedarfsermittlung auf Basis von Teileverwendungsnachweisen**
Ein Teileverwendungsnachweis ist eine Liste der Erzeugnisstruktur, bei der im Listenkopf ein Einzelteil steht und die Positionen aus den Materialien bestehen, in die dieses Material eingeht. Basierend auf diesen Listen kann der Bedarf des Kopfmaterials

---

[188] Vgl. Günther, Tempelmeier (2005), S. 190

Erzeugnis P1

Pos	Nr.	Menge	Bezeichnung
1	E1	2	Einzelteil I
2	B1	2	Baugruppe I
3	E2	2	Einzelteil II

Baugruppe B1

Pos	Nr.	Menge	Bezeichnung
1	E2	2	Einzelteil II
2	E3	1	Einzelteil II

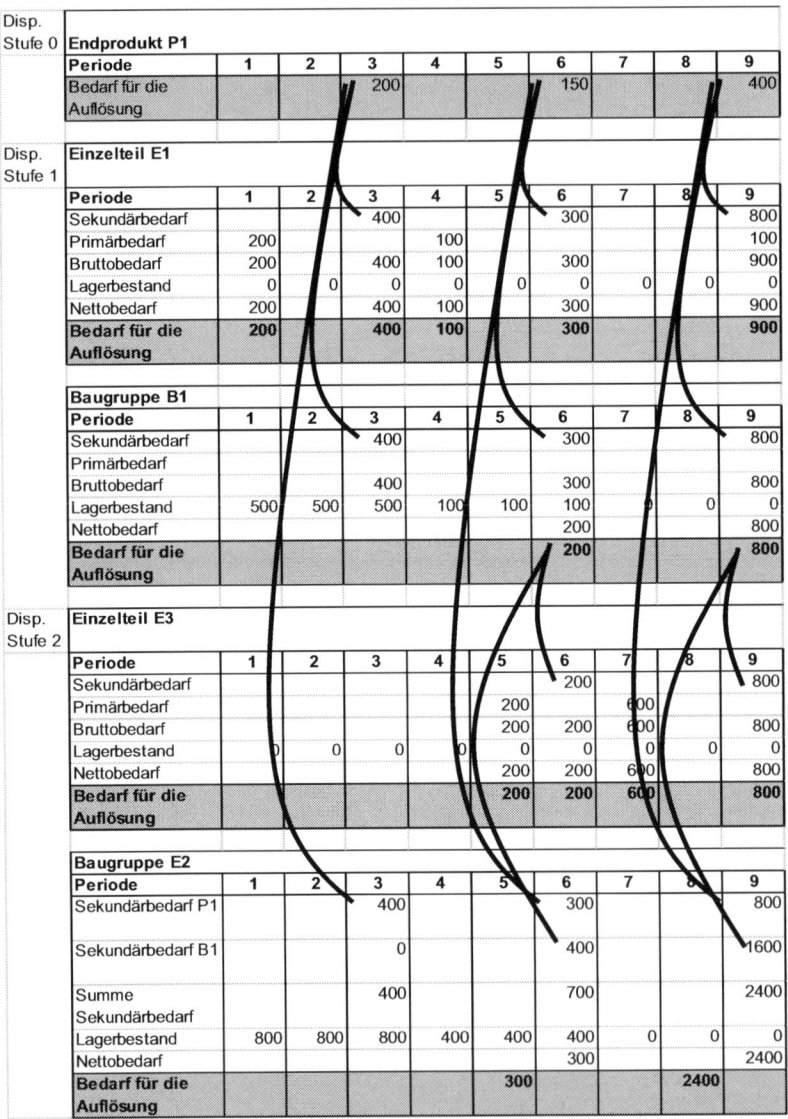

Disp. Stufe 0 — Endprodukt P1

Periode	1	2	3	4	5	6	7	8	9
Bedarf für die Auflösung			200			150			400

Disp. Stufe 1 — Einzelteil E1

Periode	1	2	3	4	5	6	7	8	9
Sekundärbedarf			400			300			800
Primärbedarf	200			100					100
Bruttobedarf	200		400	100		300			900
Lagerbestand	0	0	0	0	0	0	0	0	0
Nettobedarf	200		400	100		300			900
Bedarf für die Auflösung	200		400	100		300			900

Baugruppe B1

Periode	1	2	3	4	5	6	7	8	9
Sekundärbedarf			400			300			800
Primärbedarf									
Bruttobedarf			400			300			800
Lagerbestand	500	500	500	100	100	100	0	0	0
Nettobedarf						200			800
Bedarf für die Auflösung						200			800

Disp. Stufe 2 — Einzelteil E3

Periode	1	2	3	4	5	6	7	8	9
Sekundärbedarf						200			800
Primärbedarf					200		600		
Bruttobedarf					200	200	600		800
Lagerbestand	0	0	0	0	0	0	0	0	0
Nettobedarf					200	200	600		800
Bedarf für die Auflösung					200	200	600		800

Baugruppe E2

Periode	1	2	3	4	5	6	7	8	9
Sekundärbedarf P1			400			300			800
Sekundärbedarf B1			0			400			1600
Summe Sekundärbedarf			400			700			2400
Lagerbestand	800	800	800	400	400	400	0	0	0
Nettobedarf						300			2400
Bedarf für die Auflösung						300			2400

Abb. 4-14: Beispiel einer deterministischen Bedarfsermittlung

Quelle: Vgl. Günther, Tempelmeier (2005), S. 191

berechnet werden. In der industriellen Praxis werden Teileverwendungsnachweise allerdings kaum verwaltet.

Üblich ist die Dokumentation der Erzeugnisstrukturen als Stücklisten, aus denen das EDV-System dann dynamisch Teileverwendungsnachweise generieren kann. Zur

Anwendung kommen Teileverwendungsnachweise bspw. bei Materialknappheit, um schnell einen Überblick zu gewinnen, worin das knappe Material eingeht.

■ **Die Bedarfsermittlung mit dem Gozinto-Graphen**
Der Gozinto-Graph (the part that *goes into*) ist eine vereinfachte graphische Darstellung der Erzeugnisstruktur, die als Basis der Bedarfsermittlung genutzt werden kann.

4.4.3.3 Lagerhaltungsstrategie

Die Basis dieser Vorgehensweise ist ein Lagermodell (siehe **Abb. 4-15**). Man geht dabei nicht von einer auftragsspezifischen Beschaffung aus, sondern von Entnahmen der benötigten Materialien aus dem eigenen Lagerbestand.

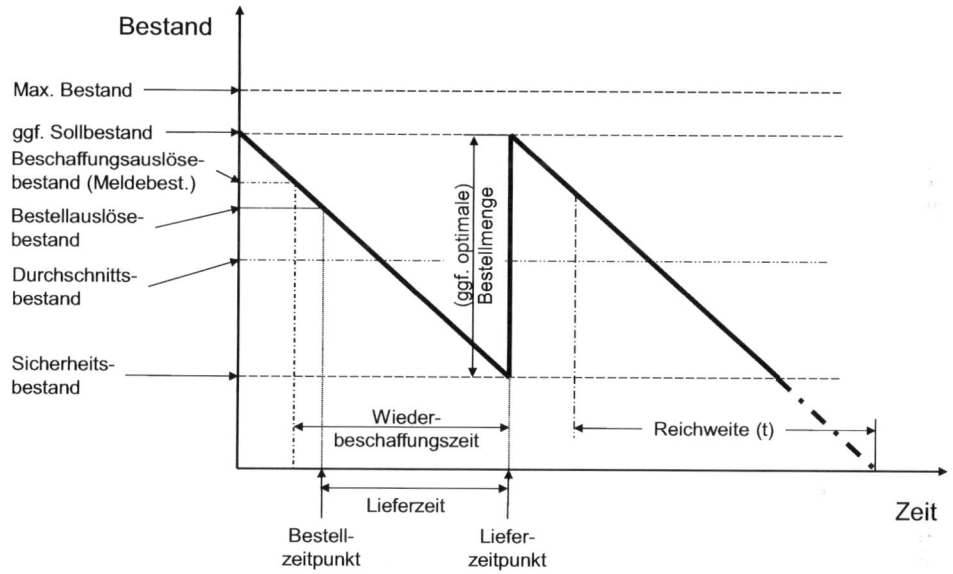

Abb. 4-15: Lagermodell

Quelle: Vgl. Wiendahl (2005)

Die Lagerhaltungsstrategien sind Entscheidungsregeln, um den Zeitpunkt und die Höhe eines Bedarfes (bzw. einer Bestellung) zum Auffüllen des Lagers festzulegen. Die Menge und der Zeitpunkt ergeben sich aus den erforderlichen Wiederbeschaffungszeiten (WBZ) bzw. Durchlaufzeiten. Zur Optimierung der jeweiligen Bestellmenge können dabei Verfahren der Bestellmengenplanung eingesetzt werden. Lagerhaltungsstrategien können für die Bedarfs- bzw. Bestellauslösung von Tertiär-, Sekundär- oder Primärbedarfen angewendet werden, wenn diese ständig im Lager verfügbar sein sollen (ship-to-stock). Der Bedarfs- bzw. Bestellzeitpunkt kann wie folgt ermittelt werden (siehe **Abb. 4-16**):

■ **Bestellrhythmus**-Verfahren - keine oder nur periodische Überprüfung der Bestände, Bestellung in festgelegten Zeitintervallen einer fixen Bestellmenge oder unter Ergänzung auf den Sollbestand.

■ **Bestellpunkt**-Verfahren - kontinuierliche (EDV-gestützte) Überwachung der Lagerabgänge und bei Erreichen des Bestellpunktes/Meldebestandes Auslösen einer Bestellung mit entweder kostenoptimaler Menge oder unter Ergänzung auf den Sollbestand.

■ **Optional**-Verfahren - periodische Überwachung der Lagerabgänge und bei Erreichen des Bestellpunktes Auslösen einer festen (kostenoptimalen) Bestellmenge oder Auffüllen bis zum Sollbestand. Diese Verfahren werden auch als Kontrollrhythmus-verfahren bezeichnet.

Bestellsystem		Lagerkontrolle	Bestellintervall	Bestellmenge
Bestell-rythmus-Verfahren	t,Q-System	keine	fix	fix
	t,S-System	periodisch	fix	variabel
Bestell-punkt-Verfahren	s,Q-System	kontinuierlich	variabel	fix
	s,S-System	kontinuierlich	variabel	variabel
Optional-Verfahren	t,s,Q-System	periodisch	variabel	fix
	t,s,S-System	periodisch	variabel	variabel

Abb. 4-16: Matrix der Bestellsysteme

Die Bestellmenge ist abhängig von der Vorgabe einer bestimmten Menge oder dem jeweiligen Auffüllen des Lagers auf einen Höchstbestand. Hieraus ergeben sich die folgenden Bestellstrategien, beschrieben durch t = Bestellintervall, s = Meldebestand, S = Sollbestand, Q = Bestellmenge:

■ **t,Q-System**
Bei diesem System wird in festgelegten Zeitintervallen t eine feste Menge Q bestellt. Bei mehreren Perioden von ungewöhnlich hohem Verbrauch besteht dabei die Gefahr in eine Fehlmengen-Situation („Out-of-stock") zu geraten. Treten mehrere Perioden von ungewöhnlich geringem Verbrauch auf, so steigen der maximale sowie der durch-schnittliche Lagerbestand kontinuierlich an.

■ **t,S-System**
Bei der t,S-Bestellpolitik wird ebenfalls in festgelegten Zeitintervallen t eine Bestellung ausgelöst, jedoch berechnet sich die Bestellmenge aus der Differenz des Sollbestandes S und dem aktuellen Lagerbestand zum Zeitpunkt der Bestellung t. Das Lager wird auf die Höhe des Sollbestandes aufgefüllt.

■ **s,Q-System**
Bei diesem Bestellpunkt-Verfahren wird die Bestellung beim Erreichen einer vorher definierten Bestandshöhe (Meldebestand s) ausgelöst. Die Bestellmenge Q ist fest.

■ **s,S-System**
Auch beim s,S-Verfahren erfolgt die Auslösung der Bestellung beim Erreichen des Meldebestandes s. Die Bestellmenge ist allerdings variabel, es wird bis auf den Sollbestand S aufgefüllt.

■ **t,s,Q-System**
Bei diesem Verfahren wird der Lagerbestand in festgelegten Zeitintervallen t kontrolliert, die Auslösung der Bestellung erfolgt aber nur, beim Erreichen des Melde-bestandes s. Die Bestellmenge Q ist fix.

■ **t,s,S-System**

Auch beim t,s,S-Verfahren wird der Lagerbestand in festgelegten Zeitintervallen *t* kontrolliert, die Auslösung der Bestellung erfolgt aber nur beim Erreichen des Meldebestandes *s*. Die Bestellmenge ist variabel, es wird bis auf den Sollbestand *S* aufgefüllt.

Bei den zeitintervallgesteuerten Systemen ist der Überprüfungsaufwand geringer, wird aber durch höhere Sicherheitsbestände (*SB*) erkauft, um Fehlmengen zu vermeiden. Aus theoretischer Sicht wäre das Auffüllen auf den jeweiligen Sollbestand (*S*) zwar sinnvoll, jedoch existieren in der Praxis Einschränkungen wie Mindestbestell- oder Transportmengen, die eine feste Bestellmenge erfordern.

Für die Bestellpunktverfahren ist der Meldebestand *s* festzulegen:

$$s = Tagesbedarf \times WBZ + SB$$

(4.38)

4.4.4 Bestellmengenplanung

4.4.4.1 Problematik und Verfahren der Bestellmengenplanung

Die notwendigen Bedarfsmengen und Zeitpunkte für die betrachtete Periode sind bekannt. Die Fragestellung, welche Mengen (Bestellmengen bzw. Losgrößen) der erforderlichen Materialien jeweils beschafft oder vorgefertigt[189] werden sollen, wird an dieser Stelle untersucht. Es wird also bestimmt, mit welchen jeweiligen Mengen die Bedarfe gedeckt werden sollen. Daraus resultiert unmittelbar die Häufigkeit der Produktions- bzw. Bestellvorgänge. Generell kann die Bestellmenge bestimmt werden durch:

■ **Statische** Verfahren: Die Mengenvorgabe wird i.d.R. einmalig manuell festgelegt und im Materialstamm hinterlegt.

■ **Periodische** Verfahren: Die Periodengröße, für die die Bedarfsmengen zusammengefasst werden, wird manuell im Materialstamm hinterlegt.

■ **Optimierende** Verfahren: Unter Berücksichtigung relevanter Kosten wird eine wirtschaftlich optimale Bestellmenge bzw. Losgröße (Economic Order Quantity, EOQ) ermittelt (siehe **Abb. 4-17**).

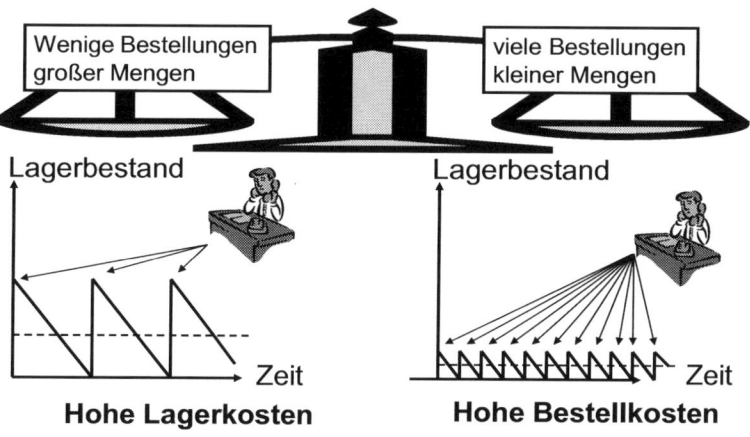

Abb. 4-17: **Wahl der Bestellmenge**

---

[189] Im Folgenden können die Probleme der Vorfertigung/Eigenfertigung und der Fremdbeschaffung wegen der Ähnlichkeiten der Problemstellung weitgehend gemeinsam betrachtet werden.

Da auch die nicht optimierenden Verfahren Auswirkungen auf die Bestände haben, gelten die betriebswirtschaftlichen Überlegungen der Optimierungsverfahren auch für die manuelle Vorgabe der Bestellmenge. Bei modernen EDV-Systemen erfolgt die Bestellmengenplanung häufig nicht in Form eines separaten Rechenschrittes, sondern ist in die Mengenplanungsrechnung integriert.

Werden Materialien auf Lager beschafft oder produziert, so beeinflusst die Bestell- bzw. Produktionsmenge die bevorratete Bestandsmenge und damit die Kapitalbindung. Die Fragestellung ist bei der Beschaffung von Handelswaren ebenso relevant wie bei der Fremdbeschaffung von Roh-, Hilfs- und Betriebsstoffen sowie bei der Planung der jeweiligen Auftragsgröße von Fertigungsaufträgen bei Eigenfertigung. Lediglich bei Einzelfertigung, der fallweisen Beschaffung oder einer extremen Form der produktionssynchronen Beschaffung (z. B. Line-to-line Belieferung) stellt sich die Frage nach der optimalen Bestellmenge nicht.

Im Mittelpunkt stehen damit das Lagermodell und die Kosten, die bei jeder Bestellung erneut auftreten (**Abb. 4-18**). Große Bestellmengen führen zu einem hohen durchschnittlichen Bestand und damit zu hohen Kapitalbindungskosten. Bei geringen Bestellmengen ist die Bestandsreichweite gering, es muss sehr häufig bestellt werden. Die Fixkosten pro Bestellung, wie bspw. Verwaltungskosten des Bestellprozesses, mengenunabhängige Transportkosten, Kosten der Warenannahme oder Kosten der Wareneingangsprüfung, treten häufiger auf und sind somit insgesamt höher. Bei der Wahl der sog. optimalen Bestellmenge wird ein Kostenminimum aller durch die Bestellmenge beeinflussten Kosten gesucht.

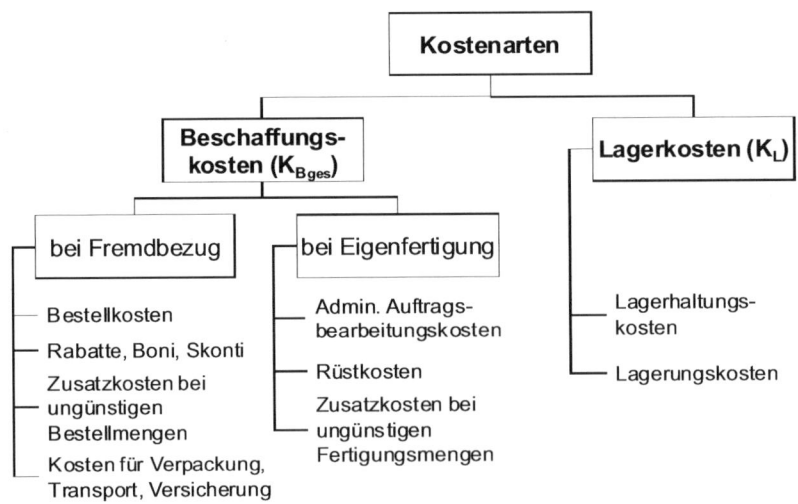

Abb. 4-18: Kostenarten zur Bestimmung der kostenoptimalen Beschaffungsmenge

Je nachdem welche Rahmenbedingungen in die Betrachtung einfließen, sind unterschiedliche optimierende Modelle zur Bestimmung der optimalen Losgröße entwickelt worden, von denen lediglich diejenigen genauer dargestellt werden, welche in der Praxis eine starke Verbreitung gefunden haben:

■ Statisches Grundmodell der Losgrößen-/Bestellmengenplanung nach Harris (1913) bzw. Andler (1927)
■ Optimallösung nach Wagner/Whitin (1958)
■ Part Period-Verfahren (1968)
■ Gleitende wirtschaftliche Losgröße (1968)
■ Groff-Verfahren (1979).

Obwohl diese Modelle teilweise schon langjährig bekannt sind und es inzwischen eine Vielzahl von abgewandelten und verbesserten Verfahren gibt, basieren die meisten Bestandsplanungssysteme auf den hier vorgestellten Verfahren.

4.4.4.2 Statische Verfahren

Bei den statischen Verfahren wird die Menge vorgegeben, wobei sich in der Praxis unterschiedliche Vorgehensweisen etabliert haben:

■ **Exakte Losgröße (Lot for Lot)**
Beim Verfahren der exakten Losgröße setzt das System genau die Unterdeckungsmenge (Nettobedarf: Bedarf minus verfügbarem Lagerbestand) als Losgröße in seine Berechnung ein. Der geplante Lagerbestand ist dann zum entsprechenden Bedarfstermin erreicht. Dieses Verfahren trägt auch die Bezeichnung Lot-for-Lot-Verfahren. Die Planung erfolgt tagesgenau, das bedeutet, dass Bedarfsmengen, die sich am gleichen Tag ergeben, zu einem Bestellvorschlag zusammengefasst werden.

■ **Feste Losgröße**
Eine feste Losgröße wird sinnvollerweise gewählt, wenn technische Besonderheiten, wie z. B. Container bzw. Tankinhalte oder Palettengröße, dies erfordern. Bei der Unterdeckung eines Materials wird die im Materialstammsatz definierte feste Losgröße wie folgt berücksichtigt: Kann die Unterdeckung eines Materials durch die Menge einer festen Losgröße nicht beseitigt werden, so werden mehrere Lose in Höhe der festen Losgröße zum gleichen Termin bestellt, bis keine Unterdeckung mehr vorliegt.

■ **Auffüllen bis zum festgelegten Sollbestand (Höchstbestand)**
Hierbei entspricht die Losgröße der Differenz zwischen dem verfügbaren Lagerbestand und dem im Materialstammsatz definierten Höchstbestand. Im Rahmen der verbrauchsgesteuerten Disposition ist dieses Verfahren nur für die Bestellpunktdisposition gültig. Dabei wird die Losgröße je nach Art der Bestellpunktdisposition berechnet. Bestellpunktdisposition ist sowohl ohne Berücksichtigung externer Bedarfe als auch mit Berücksichtigung externer Bedarfe möglich.

4.4.4.3 Periodische Verfahren

Hierbei werden die Bedarfsmengen einer oder mehrerer Perioden zu einer Losgröße bzw. zu einem Bestellvorschlag zusammengefasst. Die Anzahl der Perioden kann dabei beliebig festgelegt werden. Wird die Periodenlänge analog zu den Buchhaltungsperioden festgelegt, spricht man auch von einer Periodenlosgröße.

■ **Tageslosgröße**
Sämtliche Bedarfsmengen innerhalb eines Tages oder einer frei wählbaren Anzahl von Tagen werden zu einer Losgröße gebündelt.

■ **Wochenlosgröße**
Alle Bedarfsmengen innerhalb einer Woche oder einer frei wählbaren Anzahl von Wochen werden zu einer Losgröße addiert.

■ **Monatslosgröße**
Alle Bedarfsmengen innerhalb eines Monats oder einer frei wählbaren Anzahl von Monaten bilden eine Losgröße.

■ **Losgröße nach flexibler Periodenlänge**
Alle Bedarfsmengen innerhalb einer oder einer frei wählbaren Anzahl von flexibel definierbaren Perioden werden zu einer Losgröße zusammengefasst.

4.4.4.4 Optimierende Verfahren

Die optimierenden Verfahren beruhen auf der Betrachtung von Kostenverläufen:

■ **Bestellmengenplanung nach Harris/Andler**
Pioniere und Vorreiter bei der Entwicklung eines Verfahrens zur Bestimmung der optimalen Bestellmenge waren unabhängig voneinander in den USA F.W. Harris (1913) und in Deutschland K. Andler (1929). Der von ihnen entwickelte Ansatz dient bis heute als Grundlage für neuere Verfahren.[190] Der Ansatz basiert auf der mathematischen Formulierung der Kosten, die die optimale Beschaffungsmenge beeinflussen. Die Bestellmenge ergibt sich als ein Optimum, da sich die Kosten der Beschaffungs- und der Lagerungskosten gegenläufig entwickeln.

Beschaffungskosten: $\qquad K_{Bges} = \dfrac{x_{ges}}{x} \times K_B$ $\qquad\qquad\qquad$ (4.39)

Lagerkosten: $\qquad\qquad K_L = \dfrac{x}{2} \times K_f \times i_L$ $\qquad\qquad\qquad$ (4.40)

Die optimale Bestellmenge wird auf das Minimum der Kostensumme (Gesamtkosten) innerhalb der betrachteten Periode berechnet:

Opt. Bestellmenge $\qquad x^* = \sqrt{\dfrac{2 \times x_{ges} \times K_B}{K_f \times i_L}}$ $\qquad\qquad$ (4.41)

Es gehen folgende Größen in das Modell ein:

x^* = optimale Bestellmenge,
x_{ges} = Bedarfsmenge der gesamten betrachteten Periode (üblich: 1 Jahr),
K_f = Preis bzw. Wert pro Mengeneinheit,
i_L = Lagerkosten(zins)satz, bezogen auf die betrachtete Periode, angegeben als Dezimalzahl (z. B. 0,05 für 5%),
K_B = Kosten, die bei jeder Bestellung erneut auftreten (bestellfixe Kosten).

Das hier betrachtete Grundmodell gilt unter folgenden Randbedingungen, die in der Praxis jedoch selten vorliegen:

■ Die Bedarfsmenge der Planungsperiode ist bekannt, diese wird in gleichbleibende Teilmengen aufgeteilt und die Lagerabgänge sind gleichbleibend (stetig).
■ Die fixen und variablen Kosten pro Bestellung sind bekannt und für alle Aufträge für die Planperiode unveränderlich.
■ Die Beschaffungspreise sind von Bestellmenge und -zeitpunkt unabhängig.

---

[190] Die folgenden Betrachtungen beruhen auf den grundlegenden Untersuchungen von Stefanic-Allmayer (1927) und Andler (1929), die auf den genannten vereinfachten Voraussetzungen beruhen. Die Problemstellung wurde durch Veränderung der Randbedingungen, Voraussetzungen und Erweiterung der Inhalte ständig neu formuliert und algorithmisch gelöst.

- Die Lagerkosten bestehen aus den Lagerhaltungskosten und den Lagerungskosten (Kapitalbindungskosten, Wagniskosten u. a.).
- Mindestbestellmengen sind nicht vorgesehen.

Die gezeigte Lösung kann auch zur Ermittlung der wirtschaftlichen Losgrösse bei Eigenfertigung herangezogen werden, an die Stelle der Bestellkosten treten dann die Rüstkosten. Das von Harris/Andler formulierte Bestellmengenproblem wird innerhalb der optimierenden Verfahren als statisch bezeichnet, da der Lagerabgang als kontinuierlich angenommen wird und innerhalb der betrachteten Periode unverändert bleibt.

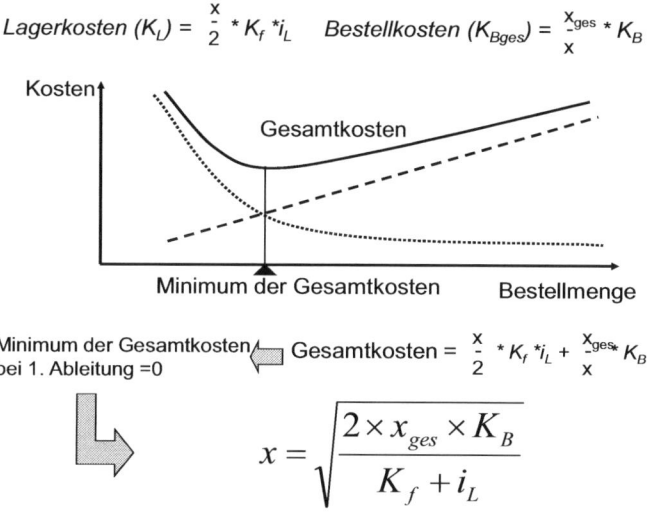

$$Lagerkosten\ (K_L) = \frac{x}{2} * K_f * i_L \quad Bestellkosten\ (K_{Bges}) = \frac{x_{ges}}{x} * K_B$$

$$Minimum\ der\ Gesamtkosten\ bei\ 1.\ Ableitung = 0 \quad Gesamtkosten = \frac{x}{2} * K_f * i_L + \frac{x_{ges}}{x} * K_B$$

$$x = \sqrt{\frac{2 \times x_{ges} \times K_B}{K_f + i_L}}$$

Abb. 4-19: Losgrößenmodell nach Harris bzw. Andler

- **Stück-Perioden-Ausgleich**

Beim Stück-Perioden-Ausgleich (auch Kostenausgleichs-Verfahren oder Part-period-Verfahren) handelt es sich um ein dynamisches Verfahren, da von schwankenden Bedarfen ausgegangen wird. Zudem gehört es zu der Gruppe der heuristischen Verfahren, bei denen nicht eine Optimallösung sondern eine Näherungslösung ermittelt wird. Bei den Rahmenbedingungen dieses Modells geht man von diskreten Bedarfen aus. Die Idee bei diesem Verfahren ist, dass bei Gleichheit von Bestellkosten und Lagerkosten die Gesamtkosten ihr Minimum erreichen. Mathematisch betrachtet ist dies zwar unter den gegebenen Bedingungen nur eine Näherungslösung, die aber für die Praxis dennoch akzeptable Ergebnisse bietet. Man fasst die Bedarfe nachfolgender Zeitpunkte bzw. Perioden stückweise zusammen, bis die Summe der für die zusammengefasste Menge anfallenden Lagerkosten die Bestellkosten erreichen:

Bestellkosten: K_B = bestellfixe Kosten

Die bestellfixen Kosten können der betrieblichen Kostenrechnung entnommen werden.

Lagerkosten: $K_L = \dfrac{x \times K_f \times i_L \times Lagerdauer\ (in\,Tagen)}{365 \times 100}$ (4.42)

Der Lagerkosten(zins)satz bezieht sich auf ein Jahr.

Die Lagerkosten werden für jeden diskreten Bedarf separat ermittelt und dann schrittweise kumuliert.

■ **Gleitende Bestellmenge**

Auch das Verfahren der gleitenden Bestellmenge (bzw. gleitende wirtschaftliche Losgröße) ist ein dynamisches heuristisches Verfahren für deterministische Bedarfsverläufe. Minimiert werden dabei die Gesamtkosten pro bestellter Mengeneinheit. Man fasst die Bedarfe nachfolgender Zeitpunkte bzw. Perioden nach und nach zusammen und errechnet jeweils die Summe aus den gesamten Lagerkosten und den Bestellkosten. Dieser Wert wird dann durch die Menge dividiert, um die Stückkosten zu erhalten. Beim Minimum der Stückkosten liegt die optimale Bestellmenge.

Bestellkosten = bestellfixe Kosten

Lagerkosten gemäß Formel (4.42)
Die Lagerkosten werden für jeden diskreten Bedarf separat ermittelt und dann schrittweise kumuliert.

Stückkosten: $K_{St} = \dfrac{K_B + kum. K_L}{x}$ (4.43)

■ **Groff-Verfahren**

Auch beim dynamischen, heuristischen Verfahren nach Groff werden die Bedarfe der nächsten Perioden schrittweise zusammengefasst. Das Kriterium zur Ermittlung der optimalen Bestellmange ist die Gleichheit der Steigung der Lagerkostenkurve und der Bestellkostenkurve (allerdings als negative Steigung). Das Optimum liegt also vor, wenn der (marginale) Lagerkostenanstieg K_L der (marginalen) Verringerung der Bestellkosten K_B entspricht:[191]

Bestellkostenverringerung: $K'_B = \dfrac{K_B}{t} - \dfrac{K_B}{t+1} = \dfrac{K_B}{t \times (t+1)}$ (4.44)

Lagerkostenanstieg: $K'_L = \dfrac{x(t+1) \times K_f \times i_L}{100 \times 365 \times 2}$ (4.45)

mit t = Anzahl der Perioden

■ **Wagner-Whitin-Algorithmus**

Dieses exakte dynamische Verfahren wurde 1958 von Wagner und Whitin vorgestellt. Es beruht auf einer dynamischen Optimierung. Dabei werden in einer Vorwärtsrechnung die minimalen losbedingten Kosten errechnet, um dann in einer Rückwärtsrechnung die optimalen Losgrößen und Fertigungstermine zu ermitteln, wobei jede einzelne Bedarfsmenge als Entscheidungsstufe betrachtet wird. Aufgrund der komplexen und zeitintensiven Berechnungen konnte sich dieses Verfahren, obwohl es unter der zugrunde liegenden Zielsetzung ein optimales Ergebnis liefert, in der Praxis nicht durchsetzen. Zur Berechnung werden die Zeitpunkte der Auflage eines Loses, die Fertigungszeitpunkte, einem laufenden Planungshorizont, der die Losbündelung zum Ausdruck bringt, tabellarisch gegenübergestellt. Vorausgesetzt wird bei diesem Verfahren, dass am Ende der Planperiode das Lager leer ist und dass sich die Daten während der Planperiode nicht ändern. Üblicherweise erfolgt die Planung allerdings rollierend, um Änderungen der Planungsdaten zeitnah berücksichtigen zu können. Dies widerspricht den Rahmenbedingungen des Wagner-Whitin-Verfahrens.

---

[191] Vgl. u.a. Günther, Tempelmeier (2005), S. 206

4.4.5 Sicherheitsbestandsplanung

4.4.5.1 Aufgaben des Sicherheitsbestandes

Bei den Bestellpunkt- und Optionalverfahren der Lagerhaltungsstrategien beeinflusst der Meldebestand die durchschnittliche Bestandshöhe und die Lieferfähigkeit. Die Aufgabe des Meldebestandes ist die Gewährleistung der Lieferfähigkeit während der Wiederbeschaffungszeit. Bei genauerer Betrachtung besteht der Meldebestand aus zwei Teilmengen. Der Teilmenge zur Befriedigung des geplanten Verbrauchs während der Wiederbeschaffungszeit und dem sog. Sicherheitsbestand. Diese, in der Praxis auch als „Eiserner Bestand" bezeichnete Teilmenge, dient dem Ausgleichen von Abweichungen zwischen dem geplanten und dem tatsächlichen Bestandsverlauf.[192] Wichtige Ursachen für Abweichungen sind:

- **Bestandsabweichungen**: Die Bestandsinformationen sind nicht korrekt, Bestände sind beschädigt, werden nicht gefunden oder stehen aus sonstigen Gründen nicht wie angenommen zur Verfügung.
- **Verbrauchsabweichungen**: Der tatsächliche Verbrauch stimmt mit dem geplanten Verbrauch nicht überein. Da die Verbrauchsplanung auf Annahmen und unsicheren Daten beruht, sind Verbrauchsabweichungen nie auszuschließen.
- **Lieferterminabweichungen**: Durch Verzögerungen in der Produktion beim Lieferanten oder durch Verspätungen während des Transportes kann sich die Wiederbeschaffungszeit erhöhen.
- **Liefermengenabweichungen**: Durch z. B. Kapazitätsengpässe, Qualitätsprobleme oder durch Fehlplanungen beim Lieferanten kann die Liefermenge von der Bedarfsmenge abweichen.

Wird der Sicherheitsbestand zu gering angesetzt, so erhöht sich das Risiko von sog. „Out-of-stock" Situationen, bei denen der Bestand auf null fällt und weitere Nachfragen nicht bedient werden können. Die Folge sind erhöhte Fehlmengenkosten. Wird der Sicherheitsbestand zu hoch angesetzt, so erhöhen sich die Bestandskosten.

4.4.5.2 Bestimmung des Sicherheitsbestandes

Einfache Algorithmen zur Bestimmung des Sicherheitsbestandes, wie eine Überbrückung einer zusätzlichen Wiederbeschaffungszeit durch Verdopplung des Meldebestandes oder prozentuale Aufschläge auf die geplanten Verbräuche, sind in der Regel nicht praxistauglich und führen zu deutlich überhöhten Beständen. In vielen Fällen erfolgt die Festlegung der Sicherheitsbestände durch individuelle Schätzung erfahrener Planer. Allerdings sind auch hierbei die Ergebnisse nicht befriedigend und der manuelle Aufwand dieses Vorgehens ist hoch.

Eine systematische und automatisierbare Methode, welche die materialspezifischen Unsicherheiten der Bedarfsverläufe berücksichtigt, basiert auf der Gauß'schen Glockenkurve (siehe **Abb. 4-20**). Dabei wird die Wahrscheinlichkeit des Nichteintretens einer Fehlmengensituation (Out-of-Stock) vorgegeben und daraus die Höhe des Sicherheitsbestandes abgeleitet. In der Dichtefunktion einer Normalverteilung besteht ein festgelegter Zusammenhang zwischen der Wahrscheinlichkeit, einen Wert innerhalb eines bestimmten Intervalls um den Mittelwert μ zu erwarten bzw. nicht zu überschreiten, und der Standardabweichung σ der Verteilung. Bezogen auf die Bestimmung des Sicherheitsbestandes bedeutet dies, dass bei einem Sicherheitsbestand von „0", also einem Meldebestand, der

---

[192] Vom Sicherheitsbestand abzugrenzen sind Restbestandsmengen, die in der Praxis auch als „Bodensatz" bezeichnet werden (und eine zusätzliche Fixkostenbelastung darstellen).

genau dem durchschnittlich zu erwartenden Verbrauch innerhalb der Wiederbeschaffungszeit *lt* entspricht, mit 50%iger Wahrscheinlichkeit eine Out-of-stock-Situation eintreten wird. Anders ausgedrückt: mit 50%iger Wahrscheinlichkeit wird weniger benötigt und mit 50%iger Wahrscheinlichkeit wird mehr benötigt als der zu erwartende Verbrauch.

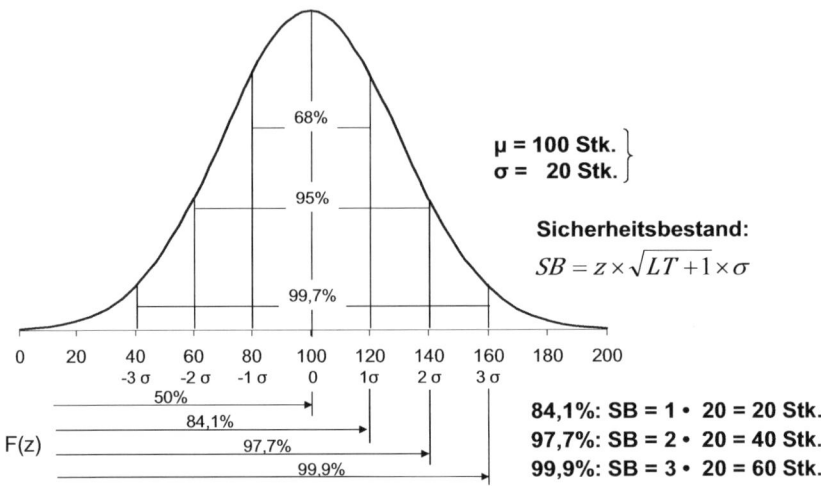

Abb. 4-20: Bestimmung des Sicherheitsbestandes (Beispiel)

Erhöht man den Meldebestand um die innerhalb der Wiederbeschaffungszeit auftretende Standardabweichung des Verbrauchs bzw. legt man den Sicherheitsbestand in Höhe der Standardabweichung fest, so besteht eine 84,1%ige Wahrscheinlichkeit, innerhalb der Wiederbeschaffungszeit nicht mehr als die damit vorhandene Menge zu benötigen. Bei einem Sicherheitsbestand der doppelten Standardabweichung erhöht sich die Wahrscheinlichkeit auf 97,7%, bei der dreifachen Standardabweichung auf 99,9%. Über die Gauß´sche Glockenkurve kann für jede Wahrscheinlichkeit der entsprechende Faktor zur Multiplikation mit der Standardabweichung errechnet bzw. aus statistischen Tabellen entnommen werden. Dieser Faktor wird als Sicherheitsfaktor *z* bezeichnet und ergibt durch Multiplikation mit der Standardabweichung den erforderlichen Sicherheitsbestand:

$$SB = z \times \sigma \qquad\qquad\qquad (4.46)$$

Weichen die Zeiteinheiten von Wiederbeschaffungszeit *lt*, Planungszeitraum *r* und Verbrauchsmesszeitraum (Bezugsgröße für Erwartungswert und Standardabweichung) voneinander ab, so ist dieser Umstand insofern zu berücksichtigen, dass die Standardabweichung dann in Bezug auf den Zeitraum bestehend aus Wiederbeschaffungszeit und Planungszeitraum, basierend auf der Standardabweichung im Verbrauchszeitraum, ermittelt wird:

$$SB = z \times \sigma_{lt+r} = z \times \sqrt{lt + r} \times \sigma \qquad\qquad (4.47)$$

Der Sicherheitsbestand sollte dynamisch bestimmt werden. Dazu ist (neben dem Mittelwert als Erwartungswert) auch die Standardabweichung periodisch zu überprüfen und fortzuschreiben, z. B. mit dem Verfahren der exponentiellen Glättung. Zunehmende Varianz im Verbrauchsverhalten führt damit zu höheren Sicherheitsbeständen, abnehmende Varianz führt zu niedrigeren Sicherheitsbeständen. Diese Methode löst zwar nicht die Problematik, den kostenoptimalen Sicherheitsbestand zu ermitteln - jedoch zeigt die praktische Erfahrung, dass das Management mit der Vorgabe der Wahrscheinlichkeiten die Bestände gut steuern kann.

Der als Steuerungsgrösse angegebene Wahrscheinlichkeitswert wird näherungsweise mit dem Lagerservicegrad (oder auch Lieferbereitschaftsgrad) gleichgesetzt. Dieser kann als Anzahl der ausgeführten Bestellungen dividiert durch die Anzahl der gesamten Bestellungen gemessen werden.[193] Mathematisch betrachtet ist diese Gleichsetzung zwar nur unter der Voraussetzung einer Nachfrage pro Periode korrekt, in der praktischen Anwendung wird aber auch bei vielen kleinen Kundenbestellungen der Lieferbereitschaftsgrad als Berechnungsgröße vorgegeben.

---

[193] Der Servicegrad kann auch als Anzahl der gelieferten Mengen dividiert durch die Anzahl der insgesamt nachgefragten Mengen definiert werden.

5 Beschaffen (Source)

5.1 Grundlagen der Beschaffung

Die Beschaffung hat die Aufgabe, einem Unternehmen die benötigten, aber nicht selbst hergestellten Güter verfügbar zu machen.[194] Im Sinne dieser Definition wurde die Beschaffung viele Jahre unter dem Hauptziel der Versorgungssicherheit betrieben. Die weltweite Wirtschaftssituation nach dem zweiten Weltkrieg war durch sogenannte Verkäufermärkte und Engpässe bei der Güterbeschaffung geprägt. Die Sicherstellung der Versorgung war folgerichtig eine schwierige Aufgabe, deren Bewältigung notwendig war, um bei einer hohen Fertigungstiefe die Unternehmensziele zu erreichen. Seit einigen Jahrzehnten hat sich die weltweite Versorgungslage allerdings grundlegend verändert. In vielen Bereichen besteht ein Kapazitätsüberschuss, die Märkte haben sich zu sogenannten Käufermärkten gewandelt, in denen die Käufer bedeutend mehr Verhandlungsspielraum haben. Zudem hat sich die Struktur der betriebsübergreifenden Arbeitsteilung dahingehend verändert, dass die Wertschöpfung in stärkerem Maße auf Wertschöpfungsnetzwerke verteilt ist. Dadurch weist jedes einzelne Unternehmen eine weit geringere Wertschöpfungsquote auf. In der Kostenstruktur des verarbeitenden Gewerbes nahm im Jahre 2006 der Materialverbrauch incl. Energie bereits einen Anteil von 44,8% des Bruttoproduktionswertes an. Addiert man Handelswaren, Lohnfertigung und sonstige produktionsnahen Dienstleistungen dazu, so ergibt sich ein Wert von deutlich über 50%. In einigen Branchen, wie dem Automobilbau, ist die Wertschöpfungsquote auf unter 25% gesunken.[195] Um die Bedeutung der Beschaffungspreise auf den Unternehmenserfolg unter den heutigen Rahmenbedingungen einschätzen zu können, dient folgendes Rechenbeispiel:

> *Ein Unternehmen mit dem Jahresumsatz von 100 Mio. € und einer Umsatzrendite von 6% hat einen Anteil an Materialkosten von 50% vom Umsatz. Gelingt es dem Beschaffungsmanagement, die Beschaffungskosten für die Materialien um lediglich 4% zu senken, so führt dies zu einer Gewinnsteigerung von 2 Mio. € also einer Steigerung um 33%. Wollte man die gleiche Gewinnsteigerung durch die Ausweitung des Umsatzes erwirtschaften, so müsste man (unter vereinfachten Annahmen) den Umsatz um ein Drittel steigern.[196]*

Natürlich könnte der gleiche Effekt auch durch eine Preiserhöhung von 2% erzielt werden, jedoch ist dieses Vorgehen unter den augenblicklichen Bedingungen der Weltwirtschaft nur in den seltensten Fällen erfolgversprechend. Auf der Beschaffungsseite jedoch ergeben sich durch vermehrten internationalen Handel, das Entstehen neuer Lieferanten in Schwellenländern und die starke Verhandlungsposition der Käuferseite vielfältige Potentiale, um die Ertragskraft des eigenen Unternehmens zu verbessern. Neben der Kostenbetrachtung spielen aber noch andere Aspekte, wie die Qualität, Zuverlässigkeit und Flexibilität der Lieferanten eine zunehmende Rolle für die Wettbewerbsfähigkeit des eigenen Unternehmens. Die Endkunden bewerten durch ihre Kaufentscheidung die Leistungsfähigkeit einer gesamten Wertschöpfungskette. Wenn bspw. ein Teilelieferant verspätet liefert, so wirkt sich diese Minderleistung unmittelbar auf die eigene Lieferfähigkeit und damit auf die eigene Wettbewerbsfähigkeit aus. Das Management der

---

[194] Vgl. Arnold (1997) S. 11
[195] Vgl. Large (2009) S. 2
[196] Vgl. Arnolds et.al. (2010) S. 13

Beschaffung hat sich unter den heutigen Rahmenbedingungen von einer Versorgungs-
funktion zu einem Wettbewerbsfaktor entwickelt.

Um die Aufgaben der Beschaffung zu strukturieren, haben sich unterschiedliche
Gliederungsmöglichkeiten etabliert. Bei einer prozessorientierten Gliederung der
Beschaffung kann diese in Prozesse des Einkaufs und in Prozesse der Beschaffungslogistik
unterteilt werden.

- Dem **Einkauf** werden dabei diejenigen Prozesse zugeordnet, welche zur rechtlichen
  Verfügbarkeit der Güter führen. Typische Tätigkeiten des Einkaufs sind dabei das
  Lieferantenmanagement, das Einholen von Angeboten, die Preisverhandlungen, die
  Vertragsgestaltung und die Vertragsverwaltung.
- Die **Beschaffungslogistik** beschäftigt sich damit, die faktische Verfügbarkeit der
  benötigten Güter zu gewährleisten. Sie soll die physische Verfügbarkeit der zu
  beschaffenden Güter in der richtigen Menge zum benötigten Zeitpunkt am benötigten
  Ort ermöglichen. Typische Tätigkeiten der Beschaffungslogistik sind die Disposition,
  der Transport und die Warenannahme.[197]

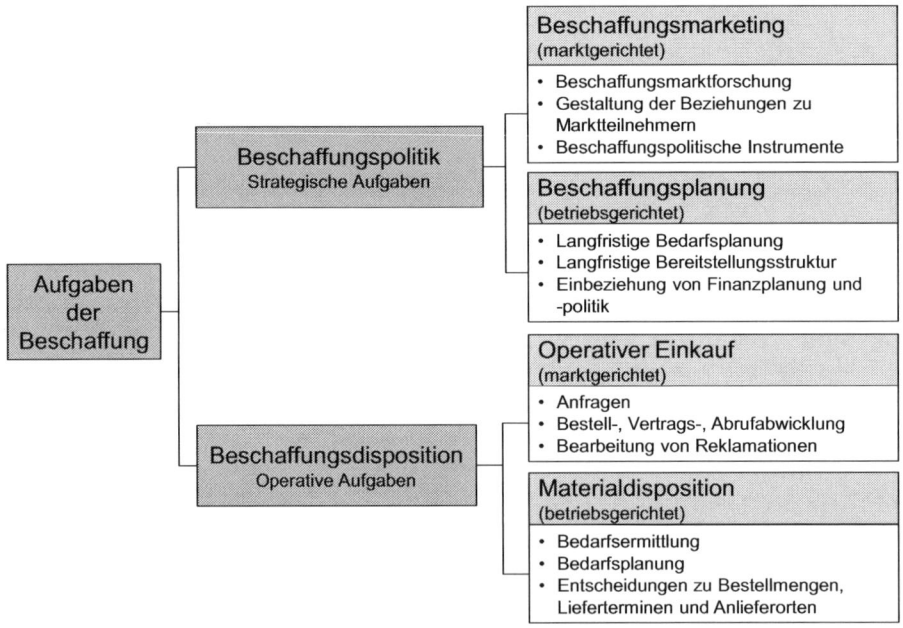

Abb. 5-1:   Aufgaben der Beschaffung

Quelle: Kohler (2005) in Anlehnung an Hartmann (1997)

Diese Einteilung ist aus theoretischer Sicht durchaus sinnvoll. Mit einem hohen Maß an
Abstraktion lassen sich die meisten Beschaffungstätigkeiten dem Einkauf oder der
Beschaffungslogistik zuordnen. Möchte man allerdings ein wirkliches Verständnis der
Zusammenhänge im Beschaffungsbereich erreichen, so ist die strikte Trennung in Einkauf
und Beschaffungslogistik nicht durchzuhalten. In der betrieblichen Praxis sind die Aspekte
des Einkaufs und der Beschaffungslogistik derart miteinander verwoben, dass eine
gemeinsame Betrachtung erforderlich ist. So finden bspw. bei der Vertragsgestaltung oder

---

[197] Vgl. Large (2009) S. 19

der Festlegung der Lieferantenstruktur auch Aspekte der Beschaffungslogistik Berücksichtigung.

Eine andere Möglichkeit die Aufgaben der Beschaffung zu strukturieren, ist die Einteilung in strategische und in operative Aufgaben, welche jeweils wiederum in marktgerichtete und betriebsgerichtete Aufgaben unterschieden werden (siehe **Abb. 5-1**). Zum Verständnis der logistischen Aspekte der Beschaffung ist diese Gliederung besser geeignet. Allerdings treten auch bei dieser Einteilung Probleme auf, wenn man bspw. die strategischen Aspekte einer Just-in-time-Versorgung von ihrer operativen Funktionsweise trennen würde. Daher bildet diese Einteilung zwar den Bezugsrahmen für dieses Kapitel, von einer strikten Gliederung nach den oben genannten Kriterien wird aber stellenweise abgewichen. Die strategischen Beschaffungsaufgaben werden als Beschaffungspolitik bezeichnet und bilden den Schwerpunkt der in diesem Buch aufgeführten Betrachtungen. Bei den strategischen marktgerichteten Aufgaben werden die Gestaltung der Beschaffungsstruktur, das Lieferantenmanagement und weitere marktgerichtete Elemente der Beschaffungsstrategie näher erläutert. Bei den strategischen betriebsgerichteten Aufgaben stehen die Versorgungskonzepte (auch Beschaffungsformen oder Anlieferungskonzepte genannt) im Mittelpunkt. Die Ausführungen zur Make-or-buy-Entscheidung beschreiben strategische Aufgaben, die sowohl markt- als auch betriebsgerichtet sind.

Bei den operativen marktgerichteten Aufgaben werden in diesem Buch unterschiedliche Prozesse dargestellt, mit denen die Beschaffung abgewickelt werden kann. Insbesondere die Ausführungen zum e-Procurement geben einen Einblick in neue Gestaltungsmöglichkeiten der operativen Beschaffungstätigkeiten. Aspekte der operativen betriebsgerichteten Aufgaben werden in diesem Kapitel nicht erläutert, sie sind im Abschnitt 4.4 ausführlich beschrieben.

Nicht alle Beschaffungsobjekte haben Relevanz für die Logistik (siehe **Abb. 5-2**): Rohstoffe und unfertige Erzeugnisse im Sinne der Beschaffung sind Materialien, die zugekauft werden und über die Wertschöpfungsprozesse in die Erzeugnisse eingehen. Sie

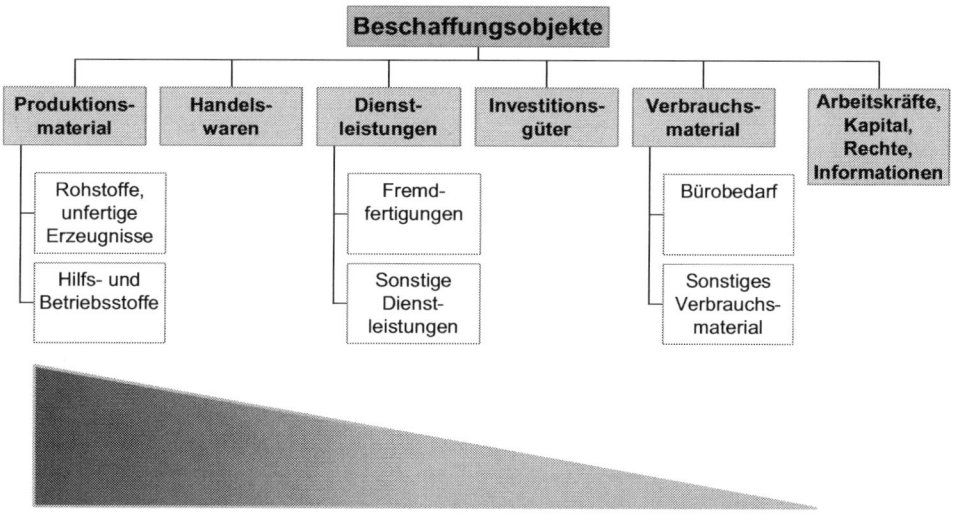

Relevanz für die Logistik

Abb. 5-2:   Einteilung der Beschaffungsobjekte

sind die materielle Basis, aus der die Fertigerzeugnisse hergestellt werden. Die Rohstoffe und zugekauften unfertigen Erzeugnisse (Komponenten, Baugruppen etc.) haben stets einen direkten Bezug zur Logistik. Die Ausgestaltung der Beschaffungsprozesse hängt dabei u. a. von der Spezifität dieser Stoffe ab. Handelt es sich um unspezifische Materialien, wie z. B. Normteile, so ermöglicht dies ein anderes Vorgehen in der Beschaffung als bei speziell für das Unternehmen gefertigten Materialien. Die Einteilung der Beschaffungsvorgänge aus dem SCOR-Modell in Beschaffung von Lagerware, auftragsgefertigter Ware und kundenspezifischer Ware, spiegelt letztendlich die Spezifität der Rohstoffe wider. Bei den Dienstleistungen steht vorwiegend die Fremdfertigung in einem engen Zusammenhang zur Logistik. Dabei werden unfertige Produkte durch ein anderes Unternehmen bearbeitet, um dann im eigenen Unternehmen weiterverarbeitet zu werden. Die Lieferung zum und vom fremdbearbeitenden Unternehmen, die sog. Beistellung, erfordert im Rahmen der Beschaffung von Fremdfertigungsdienstleistungen stets eine logistische Betrachtung. Die Beschaffung von Investitionsgütern erfordert den Transport und die Aufstellung dieser Güter, ist allerdings auf Grund der geringen Häufigkeit von nachgeordnetem logistischen Interesse. Auch die Verbrauchsmaterialien, wie Büromaterial, Labormaterial oder Hygieneartikel, müssen zwar entgegengenommen und verteilt werden, logistische Überlegungen stehen bei deren Beschaffung allerdings nicht im Vordergrund.

Die Ausführungen dieses Buches beziehen sich auf Beschaffungsobjekte, die eine besondere Relevanz für die Logistik aufweisen.

5.2 Strategische Gestaltung der Beschaffung (Beschaffungspolitik)

5.2.1 Make-or-Buy-Entscheidung (MOB)

Eine der wichtigsten strategischen Entscheidungen für den Beschaffungsbereich ist die Frage nach Eigen- oder Fremdfertigung der für Herstellung der betrieblichen Produkte notwendigen Teile und Komponenten. Die Make-or-Buy-Entscheidung (MoB-Entscheidung) ist ein tiefgreifender Einschnitt, wenn durch die Auslagerung von ursprünglich selbst erbrachten Leistungen nun Funktionen, Teile oder Baugruppen von leistungsstarken - spezialisierten – Fremdunternehmen zugekauft werden. In diesem Zusammenhang wird häufig der Begriff Outsourcing verwendet. Mit dem Kunstwort „Outsourcing" (**Out**side **Re**source **Us**ing)[198] wird die Nutzung von Quellen (Spezialistenangeboten) außerhalb des eigenen Unternehmens verstanden. Outsourcing beschreibt damit einen Trend zu partnerschaftlichen Kooperationen mit Zulieferern und Dienstleistern und bedeutet die Durchführung bestimmter Teilleistungen oder Funktionen durch externe Unternehmen.

Die MOB-Entscheidung wird im Allgemeinen sehr früh getroffen - oft bereits bei der Produktentwicklung - und wird über die Produktlebensdauer fortgeführt. Sie beruht auf einer Stärken-Schwächen-Analyse (SWOT-Analyse)[199] im Unternehmen. Trotz möglicher Kosteneinsparungen oder Risikominderungen bei Investitionen ist mit der externen

---

[198] In der Literatur wird der Begriff "Make-or-Buy" als übergeordneter Begriff zum "Outsourcing", aber auch als Entscheidung einer spontanen Fremdvergabe einer grundsätzlich eigenen Leistung verwendet.

[199] Analyse der Ausgangssituation: **S**trengths - Stärken und **W**eaknesses - Schwächen werden in Beziehung zu den **O**pportunities - Chancen und **T**hreats - Risiken des Marktes gesetzt.

Versorgung immer ein Verzicht auf eigenes Know-how und eigene Wertschöpfung verbunden.[200]

Das Outsourcing bedeutet eine Konzentrierung auf den wettbewerbsentscheidenden Teil des Wertschöpfungsprozesses (Kernkompetenzen) - aber auch eine sinnvolle Einbindung fremder Kompetenzen in die Gesamtleistung für den Kunden - und ist deshalb von strategischer Bedeutung (siehe **Abb. 5-3**).[201] Ein „Abmagern der Eigenfertigung" (Lean Production) kann auch durch die Ausgründung - insbesondere von kapitalintensiven, mechanischen Vorfertigungsbereichen oder lohnintensiven Gemeinkostenfunktionen mit großen Auslastungsschwankungen – erfolgen. Unter Einsparung von Stillegungskosten können diese durch Profit-Center-Management weitergeführt werden - mit den rechtlichen Risiken eines Betriebsüberganges mit Wahrung der Ansprüche der betroffenen Mitarbeiter aus bestehenden Arbeitsverträgen (Scheinselbständigkeit).

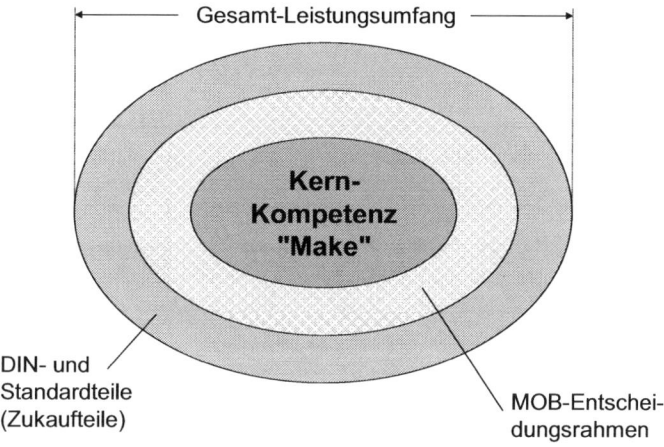

Abb. 5-3:   Bereiche der MoB-Entscheidung

Zur Unterstützung der Entscheidung über Eigen- oder Fremdfertigung von Teilen existieren unterschiedliche Methoden, die je nach Ausgangssituation einzeln oder ergänzend Anwendung finden. Zunächst geht es darum, eine Klassifizierung vorzunehmen, welche Teile tendenziell für den Zukauf in Frage kommen und welche eher für die Eigenfertigung geeignet sind. In den vergangenen Jahren wurde der Weg des Fremdbezugs als Folge der volks- und weltwirtschaftlichen Arbeitsteilung und der Spezialisierung immer häufiger begangen. Im Fertigungsbereich bedeutet die Fremdvergabe von Leistungen einen Abbau von Fertigungs- bzw. Wertschöpfungstiefe und die Konzentration auf die Kernkompetenz (Muss-Fertigung), die einen wesentlichen Teil der Wertschöpfung umfasst, hauptsächlich zum Kundennutzen beiträgt, schwer nachzuahmen ist und den Zugang zu den Absatzmärkten eröffnet. Die Entscheidung beruht auf Kosten- und Kapazitätsüberlegungen, aber auch auf Untersuchungen der Beschaffungsmärkte (Beschaffungsmarketing - Reverse Marketing); das sind Maßnahmen zur Sammlung und Aufbereitung

---

[200] Eine Tendenz zum **"Insourcing"** bedeutet einen Verzicht auf mögliche Kosteneinsparungen zugunsten einer höheren Lieferbereitschaft, steigender Flexibilität und besserer Qualitäten.

[201] Durch die Nutzung externer Leistungen ist auch logistische Kompetenz gefordert - aus der Vermehrung des externen Güterverkehrs und der Lagerhaltung kann auf eine Verlagerung betriebswirtschaftlicher Kosten auf volkswirtschaftliche Kosten geschlossen werden.

von Informationen zur Erhöhung der Transparenz auf den Beschaffungsmärkten, um mögliche Preise und Potentiale, aber auch Marktungleichgewichte und Stärken/Schwächen der vorhandenen Lieferanten oder Marktrisiken zu erkennen.

Die Entscheidung bzw. Klassifizierung kann mit der **Portfolio-Methode** abgeleitet werden. Für eine strategische Planung bietet sie die Möglichkeit - ausgehend von der Situation auf den Beschaffungsmärkten und der eigenen Situation - Grundrichtungen und Strategien für ein geeignetes Vorgehen zu entwickeln (siehe **Abb. 5-4**).

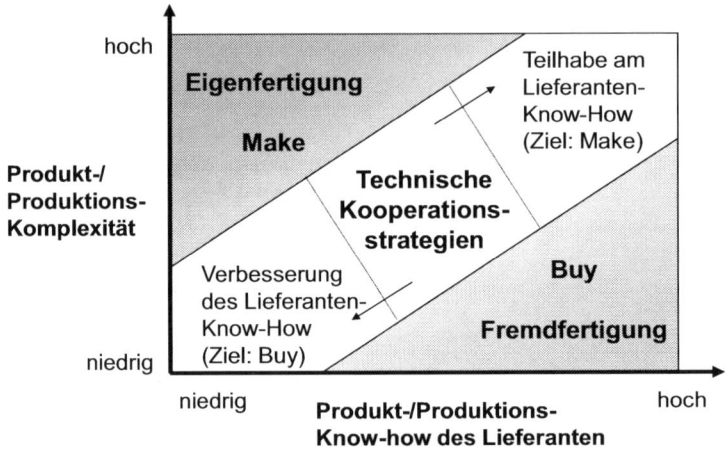

Abb. 5-4:   Portfolio-Betrachtung zur MoB-Entscheidung

Abhängig von der Produkt- oder Produktionskomplexität und des verfügbaren Produkt-/ Produktions-Know-how der Lieferanten können eindeutige Felder der Eigen- und Fremdfertigung erkannt werden. Für weitere Bereiche empfehlen sich technische Kooperationen mit möglichen Zulieferern mit dem Ziel, am Know-how des Lieferanten teilzuhaben und den Zugang zu neuen Technologien für eine spätere Eigenfertigung vorzubereiten, oder das Know-how des Lieferanten zu verbessern, um eine gänzliche Auslagerung zu erreichen. Die Portfolio-Methode eignet sich, um viele Teile mit begrenztem Aufwand hinsichtlich der MOB-Eignung zu klassifizieren. Das Ergebnis der Portfolio-Betrachtung sind Normstrategien, die im Einzelfall mit weiteren Methoden näher untersucht werden können.

Zur genaueren qualitativen Bewertung können Methoden wie die **Argumentenbilanz**, mit der Pro- und Contra-Argumente in einer Bilanz gegenübergestellt und gegeneinander abgewogen werden, oder die **Nutzwertanalyse** zur Anwendung kommen. Diese Methoden ermöglichen eine genauere Bertachtung der Einflussfaktoren, sie werden auf Grund des Aufwandes üblicherweise nur bei vorab ausgewählten Teilen angewendet.

Wie viele betriebswirtschaftliche Entscheidungen gründet die MOB-Entscheidung letztendlich auf der Rechenbarkeit quantitativer (Kosten-)Betrachtungen. Der Kostenvergleich kann bspw. in Form einer Break-even-Analyse durchgeführt werden (siehe **Abb. 5-6**). Durch die Umwandlung von fixen Kosten bei der Eigenfertigung in variable Kosten bei der Fremdfertigung entstehen in vielen Fällen Kostenverläufe, bei denen man die Vorteilhaftigkeit der Eigen- und Fremdfertigung in Abhängigkeit der benötigten Mengen ermitteln kann.

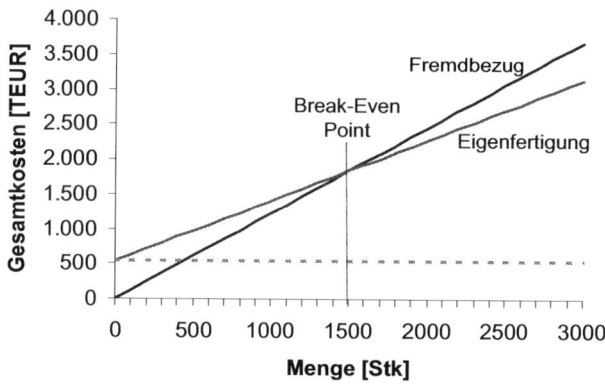

Abb. 5-6:   Kostenbetrachtung zur MoB-Entscheidung

Die wesentliche Schwierigkeit bei der Kostenberechnung liegt allerdings darin, alle anfallenden Kosten zu erfassen. Insbesondere bei den Kosten des Fremdbezuges müssen nicht nur die Materialpreise und die Transportkosten ermittelt werden sondern auch versteckte Kosten. Diese können durch zusätzliche Maßnahmen zur Sicherstellung der Qualität, erhöhte Lagerbestände zum Abpuffern von Lieferschwierigkeiten, Reisekosten für die Vertragsanbahnung oder –kontrolle oder sonstige Aktivitäten für die Aufrecht-erhaltung der Lieferbeziehung entstehen. Die Gesamtkosten werden als Total Cost of Ownership (TCO) bezeichnet, ihre genaue Berechnung ist oft sehr aufwändig.[202] Die Methode der Kostenvergleichsrechnung findet daher erst in der letzten Entscheidungsphase Anwendung - sie ist nicht geeignet, um alle Teile systematisch zu bewerten. Die rechen-bare Entscheidungsgrundlage wird ergänzt durch qualitative Betrachtungen aus einer Nutzwert-Analyse oder Argumentenbilanz.

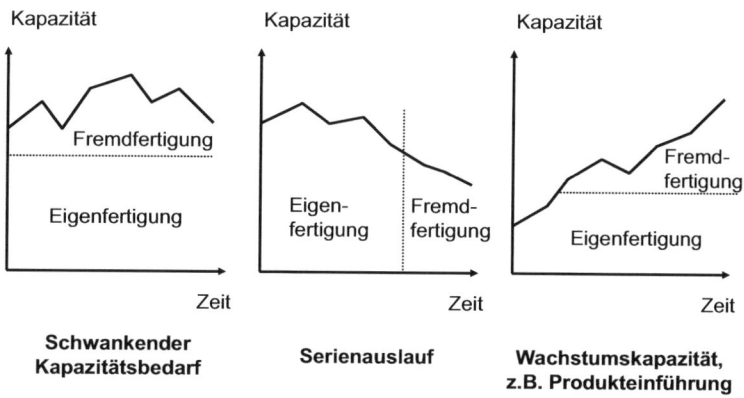

Abb. 5-5:   Beispiele zur Make-and-Buy-Entscheidung

---

[202] Der Begriff Total Cost of Ownership (TCO) stammt ursprünglich aus Kostenvergleichsrechnungen für die Anschaffung von IT-Investitionen. Da die Kostenstruktur von Großrechnersystemen und Client-Server Systemen sehr unterschiedlich ist, berechnet man mit dem TCO-Verfahren die Gesamtkosten pro Bildschirmarbeitsplatz. Auch bei der Eigenfertigungs-/Fremdbeschaffungs-Problematik ist die Kosten-struktur sehr unterschiedlich, daher wird der TCO-Ansatz häufig bei MOB-Kostenvergleichsrechnungen verwendet.

Die MOB-Entscheidung kann auch zu einer Make-**and**-Buy-Entscheidung modifiziert werden (siehe **Abb. 5-5**): Die Eigenfertigung wird zeitlich und/oder kapazitativ begrenzt, um die Fertigungskosten trotz Auslastungsschwankungen im Kostenoptimum und den eigenen Know-how-Stand zu halten. Im Sinne einer - horizontalen - Zusammenarbeit (Nebeneinander von Eigenfertigung und Fremdbezug) ist auch die Gründung von Gemeinschaftsunternehmen (Joint Venture) oder die Verlagerung der Wertschöpfungsleistungen in die Fertigungslinien des Assemblers denkbar - Industrieparkkonzepte oder Einbau gelieferter Module durch Mitarbeiter des Lieferanten.

5.2.2 Gestaltung der Beschaffungsstruktur

5.2.2.1 Gestaltungsoptionen für das Lieferantennetzwerk

Zu den strategischen marktgerichteten Entscheidungen der Beschaffung, welche besonders große Auswirkungen auf die Logistik haben, gehören Strategien hinsichtlich der Beschaffungsstruktur. Aus logistischer Sicht geht es dabei um die Gestaltung des vorgelagerten Wertschöpfungsnetzwerkes. Die klassischen Gestaltungselemente sind (siehe **Abb. 5-7**):

- Breite des Netzwerkes   in Form von Single-, Multiple- oder Dual Sourcing,
- Regionale Ausbreitung   in Form von Local-, Regional- oder global Sourcing sowie
- Tiefe des Netzwerkes   in Form von Unit- oder Modular Sourcing.

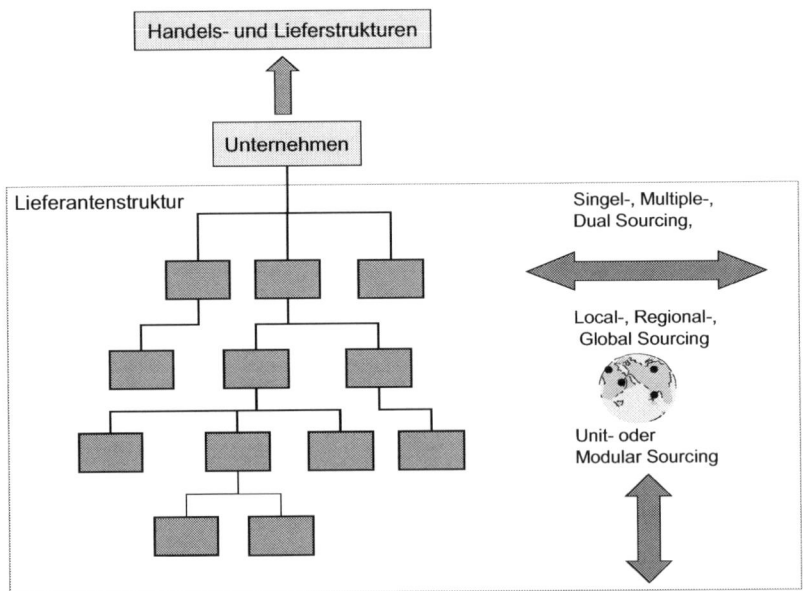

Abb. 5-7:   Beschaffungsstruktur

Da sich diese Strategien auf die Auswahl und die Nutzung von Bezugsquellen beziehen, werden sie auch als Sourcing-Strategien bezeichnet.

5.2.2.2 Single / Dual / Multiple Sourcing

Die Single-, Dual-, Multiple Sourcing-Strategie differenziert nach der Anzahl der Lieferanten, die bei der jeweiligen Auftragsvergabe in Betracht kommen.

Beim **Multiple Sourcing** existieren jeweils mehrere Lieferanten für einzelne Teile oder Baugruppen. Vorteile können sich durch den permanenten Wettbewerb zwischen den Lieferanten bei den Preisverhandlungen ergeben. Durch das gezielte Streuen von Aufträgen auf mehrere Abnehmer kann verhindert werden, dass sich die Preise zu Ungunsten der abnehmenden Unternehmung entwickeln oder die Marktübersicht verloren geht. Neue Fertigungstechnologien, neue Materialien oder sonstige Innovationen, welche die Leistungsfähigkeit der Zulieferer erhöhen, bleiben durch die ständige Beobachtung des Marktes nicht verborgen. Ein weiteres Argument für diese Strategie ist die Versorgungssicherheit. Störungen oder Unterbrechungen bei der Fertigung eines Lieferanten können kurzfristig durch die Veränderung der Auftragsvergabe ausgeglichen werden. Der Bildung eines einseitigen Abhängigkeitsverhältnisses wird vorgebeugt. Bei einem Mehrlieferantensystem ist zudem eine größere Beweglichkeit hinsichtlich kurzfristiger Bedarfsschwankungen gegeben.[203] In der betrieblichen Praxis werden die Beschaffungsmengen nicht gleichmäßig auf die Lieferanten verteilt. Entweder es gibt einen Haupt- bzw. Stammlieferanten, welcher sich durch besondere Leistungsfähigkeit auszeichnet und einen großen Anteil der Aufträge erhält, oder die Auftragsvergabe richtet sich ausschließlich nach dem jeweils angebotenen Preis.

Beim **Single Sourcing** konzentriert man sich lediglich auf einen Lieferanten pro Teil oder Baugruppe. Dadurch ist die abgenommene Menge bei diesem Lieferanten höher, was sich bei Mengenrabatten positiv auswirkt. Die Kosten für das Lieferantenmanagement, Qualitätsabsprachen, die DV-technische Anbindung an die eigenen Beschaffungssysteme oder den Aufbau von Transportketten für die Anlieferung können eine beträchtliche Höhe erreichen. Mit jedem zusätzlichen Lieferanten steigen diese Kosten an. Die Gleichmäßigkeit der Produktqualität ist bei der Konzentration auf nur einen Lieferanten bedeutend leichter sicherzustellen als beim Multiple Sourcing. Insbesondere bei einem starken Automatisierungsgrad der eigenen Fertigung bei Nutzung feinmechanischer Fertigungsmaschinen können kaum messbare Unterschiede der Einsatzmaterialien zu häufigen Produktionsstörungen führen.

Um die Vorteile des Single Sourcing nutzen zu können, ohne den wesentlichen Nachteil der Abhängigkeit in Kauf nehmen zu müssen, hat sich die Mischform des **Dual Sourcing** entwickelt. Dabei werden genau zwei Lieferanten ausgewählt.

Eine wirkliche Auswahl zwischen diesen Strategien besteht nicht in jedem Fall. Die Marktverhältnisse oder die Besonderheiten der Beschaffungsobjekte können die Möglichkeiten der bewussten Gestaltung einengen. Dennoch ist im Zuge der netzwerkorientierten Zusammenarbeit ein klarer Trend zur Verringerung der Lieferantenbasis zu erkennen. Die traditionelle Beschaffung der Industriebetriebe war gekennzeichnet durch ein Mehrlieferantensystem, in dem mehrere Anbieter Wettbewerbspreise und Versorgungssicherheit boten; heute ist - insbesondere für A-Teile/-Komponenten - eine Tendenz zum Einquellenbezug mit zunehmender Lieferanten-Bindung zu beobachten. Für das Versorgungsmanagement (strategisches Sourcing) werden mindestens für die Lebensdauer eines Produktes mehrstufige Zulieferstrukturen (Netzwerke) aufgebaut; diese „Pyramidisierung„ bedeutet eine Tendenz weg vom entscheidenden Beschaffungspreis hin zu einem ganzheitlichen Versorgungsmanagement. Die zunehmende Prozessorientierung führt zur Reorganisation des gesamten Beschaffungsbereiches - zu einer unternehmensübergreifenden Optimierung von Produkt, Fertigung und Logistik. Hierbei werden alle

---

[203] Vgl. Arnolds et.al. (2010) S. 221

Bereiche - Produktentwicklung, Lieferkettenmanagement und Logistik-Dienstleister – unternehmensübergreifend von IT-Systemen unterstützt.

5.2.2.3 Global / Regional / Local Sourcing

Die Global-, Regional-, Local Sourcing Strategie unterscheidet hinsichtlich der Standorte der Zulieferer. Beim **Global Sourcing** erfolgt die Suche und Auswahl der Bezugsquellen ohne regionale Einschränkungen weltweit. Der wesentliche Vorteil liegt in der Möglichkeit, weltweite Unterschiede der Lohnkosten auszunutzen und damit zu bedeutend niedrigeren Einkaufspreisen beschaffen zu können. Insbesondere in sog. Low Cost Countries (LCC) betragen die Stundenlöhne nur einen Bruchteil der hiesigen Werte. Aber auch Lohnnebenkosten, Steuern oder Umweltkosten sind Verursacher von erheblichen Unterschieden bei den Preisen weltweit. In einigen Fällen werden globale Bezugsquellen bevorzugt, um monopolistische oder oligopolartige Marktstrukturen der heimischen Zulieferer aufzubrechen und den Wettbewerb zu fördern. Es gibt auch Branchen, in denen bestimmte Produkte in Europa überhaupt nicht mehr oder nur in bestimmten Abnahmemengen angeboten werden. So sind mittelständische Unternehmen der Chemiebranche für die Beschaffung ausgewählter Feinchemikalien auf das Sourcing in Indien und China angewiesen. Ein weiterer Aspekt bei der Internationalisierung der Beschaffung ist die Erschließung neuer Absatzmärkte. In Regionen mit rechtlichen, politischen oder kulturellen Besonderheiten können Erfahrungen und Kontakte aufgebaut werden, die einen Marktzutritt für die eigenen Produkte erleichtern. In vielen Fällen bestehen handelspolitische Forderungen nach Kompensationsgeschäften. Einkaufsvolumina in Währungsregionen, in denen auch ein entsprechender Absatz getätigt wird, senken zudem das Währungsrisiko. Die Nachteile und Risiken beim weltweiten Einkauf hängen vorwiegend von der jeweiligen Region ab. Neben politischer Instabilität, welche die Versorgungssicherheit in Frage stellt, ist die Rechtslage ggf. ungewiss. Die rechtlichen Rahmenbedingungen müssen erst aufwändig geklärt werden, da sie sich unmittelbar auf die angestrebte Geschäftsbeziehung auswirken. Kulturelle Unterschiede sowie Sprachbarrieren oder eine Zeitverschiebung bereiten nicht nur bei der Anbahnung der Geschäftsbeziehung Schwierigkeiten, sie können auch während einer andauernden Lieferbeziehung zu erheblichen Reibungsverlusten führen. Risiken bestehen durch die langen und ggf. komplexen Transportwege. Einerseits ist die Schwankung der Transportzeiten problematisch, andererseits sinkt bei langer Transportzeit die Flexibilität hinsichtlich kurzfristiger Mengenanpassung.

Das **Regional Sourcing** konzentriert sich auf Bezugsquellen innerhalb der Region des Abnehmers. Der Begriff „Region" ist dabei nicht eindeutig definiert. Es kann sich auf das Bundesland, auf eine gemeinsame Industrieregion, auf die Bundesrepublik Deutschland oder auf gemeinsame Währungs-, Zoll- oder Wirtschaftsräume beziehen.

Unter **Local Sourcing** versteht man die Auswahl von Bezugsquellen aus der unmittelbaren Umgebung des Abnehmers. Eine genaue Abgrenzung, ob damit der Ort, der Landkreis oder die Stadt gemeint ist, existiert auch in diesem Fall nicht. Durch die geringe Entfernung eignet sich diese Strategie insbesondere bei Materialien, deren Transport besonders teuer oder schwierig ist. Die räumliche Nähe zum Lieferanten bedingt auch Vorteile, wenn es einen hohen kurzfristigen Abstimmungsbedarf gibt. Dieser kann aus besonderen Qualitätsanforderungen, Besonderheiten bei der Verpackung oder gemeinsame Aktivitäten bei der Produktentwicklung resultieren. Intensive Kooperationen werden durch die gleiche Sprache und Kultur sowie die Möglichkeit der persönlichen Präsenz im Unternehmen des Geschäftspartners wesentlich erleichtert. Die geringen und damit gut zu planenden Transportzeiten erlauben eine sehr kurzfristige Reaktion auf Bedarfsschwankungen. Sie sind damit eine zwingende Voraussetzung für das Funktionieren verbrauchssynchroner Versorgungskonzepte.

Als Trend ist in den vergangenen Jahren die verstärkte Nutzung des Global Sourcing zu erkennen. Durch den Abbau internationaler Handelsbarrieren, wie Zölle, Einfuhrbeschränkungen und bürokratischen Hindernissen sowie der industriellen Entwicklung in Osteuropa, Asien, Indien, China und Südamerika eröffnen sich in diesen Märkten zunehmend Potentiale für die Beschaffung. Auch die Verbreitung des Internet verbessert die Kommunikationsmöglichkeiten und ermöglicht zunehmend einen Marktüberblick in fremden Regionen zu erhalten.

5.2.2.4 Unit / Modular Sourcing

Unter einer Unit- bzw. Modular Sourcing-Strategie versteht man die Entscheidung, ob Einzelteile oder kleinere Komponenten (sog. Units) zugekauft werden (um dann im eigenen Unternehmen zu komplexen Baugruppen vormontiert und später verbaut zu werden) oder ob komplexe Baugruppen mit großem Funktionsumfang (sog. Module oder Systeme, wie komplette Bremssysteme oder bereits vormontierte Armaturenbretter im Automobilbau) als Ganzes zugekauft werden (siehe **Abb. 5-8**). In einigen Industriezweigen sind in den vergangenen Jahrzehnten die technische Komplexität der Endprodukte und die Anzahl der verbauten Teile stark angestiegen. Zudem hat sich die Anzahl der möglichen Varianten erhöht, was sich wiederum auf die Anzahl der Zulieferteile auswirkt.

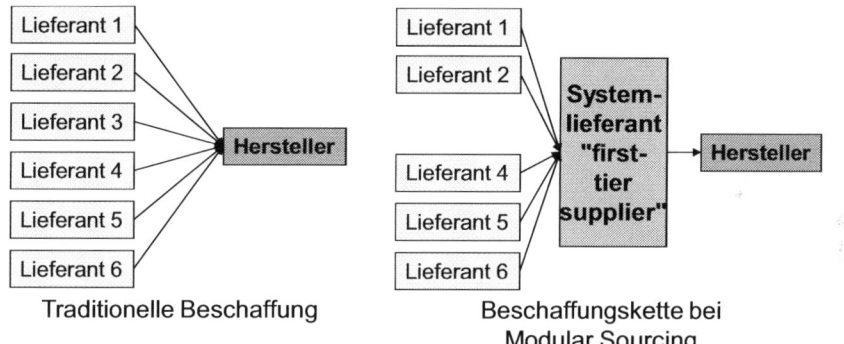

Abb. 5-8: **Prinzip des Modular Sourcing**

Die zusätzlichen Fertigungsschritte für die Vormontage der Einzelteile sowie die aufwändige Koordination der Unit-Lieferanten werden in vielen Fällen ausgelagert und an sog. System- oder Modul-Lieferanten vergeben. Aus Sicht des Assemblers verringert sich damit die eigene Fertigungstiefe und frei werdendes Kapital sowie Managementkapazität können für die Kernaktivitäten verwendet werden. Aus Sicht der Lieferantenstruktur ist eine zusätzliche Lieferantenebene eingefügt. Die Unit-Lieferanten beliefern den Assembler nicht mehr direkt, sondern haben ihre Geschäftsbeziehung mit dem Modul-Lieferanten. Die Abwägung der Vor- und Nachteile sind in der Beschreibung des Outsourcings bereits beschrieben.

5.2.3 Ableitung von Beschaffungsstrategien

5.2.3.1 Elemente von Beschaffungsstrategien

Grundlage für die Strategiefindung der Beschaffung sind stets die Unternehmensziele und die daraus abgeleitete Wettbewerbsstrategie des Unternehmens. „Das strategische Beschaffungsmanagement ist jener Teil des Beschaffungsmanagements, der auf das

Eröffnen und Sichern von internen und externen Erfolgspotentialen ausgerichtet ist." [204] Dieser Abschnitt beschäftigt sich zwar mit den externen Potentialen, insbesondere mit der Ableitung von Strategien hinsichtlich der Lieferantenstruktur, dennoch lassen sich gewisse intern gerichtete Strategieelemente nicht vollständig ausklammern. Um bei der Vielzahl der zu beschaffenden Teile die Strategiefindung effizient und übersichtlich zu gestalten, basieren die etablierten Vorgehensweisen zunächst auf einer Klassifizierung der strategierelevanten Objekte (Materialien oder Lieferanten). In einem zweiten Schritt werden dann Normstrategien für die identifizierten Gruppen abgeleitet. Strategien mit logistischen Auswirkungen lassen sich durch die Segmentierung der Beschaffungsobjekte mit dem Beschaffungs-Portfolio[205] oder durch die Segmentierung der Lieferanten mit dem Lieferanten-Portfolio erreichen. Es besteht zudem die Möglichkeit beide Methoden in einem Beschaffungsgüter-/Beschaffungsquellen-Portfolie zu kombinieren. Die Beschaffungsstrategie bildet die Grundlage für die Lieferantenentwicklung.

5.2.3.2 Beschaffungsobjekte: Beschaffungs-Portfolio

In einer Portfolio-Betrachtung können die Marktstrukturen[206] beleuchtet werden: Die Gegenüberstellung der Beschaffungssituation, die vorrangig durch das entstehende Versorgungsrisiko charakterisiert ist, und der wirtschaftlichen Bedeutung, die vor allem durch die Marktmacht des Lieferanten beschrieben wird, können unterschiedliche Güterklassen erkannt und Normstrategien abgeleitet werden (siehe **Abb. 5-9**).

Eine dritte Dimension bezieht ABC-Ausprägungen der Materialien (ABC-Analyse) in die Betrachtung mit ein und definiert:

- **Strategische Kaufteile** (Schlüsselprodukte - Key Products) sind A-Artikel im Unternehmen, die durch eine komplexe Beschaffungssituation und einen hohen betriebswirtschaftlichen Einfluss gekennzeichnet sind. Üblicherweise handelt es sich dabei um Produkte hoher technischer Komplexität, wie umfangreiche Module. Um Wirtschaftlichkeit und Versorgungssicherheit zu gewährleisten, sind langfristige Bedarfsvorhersagen und Verfügbarkeitsprognosen aber auch Kooperationsstrategien (etwa Wertschöpfungspartnerschaften mit ausgesuchten, innovationsbereiten Unternehmen) möglich. Das Ziel für das Lieferantenmanagement besteht darin, eine stabile und zuverlässige Beziehung aufzubauen. Hinsichtlich der Lieferantenstruktur ist daher Single- oder Dual Sourcing geeignet.
- **Kern- oder Hebel-Kaufteile** sind A-Artikel, deren Versorgungsrisiko nicht sehr hoch ist. Diese Teile verfügen meist über eine geringe technische Komplexität, haben aber dennoch einen hohen Ergebniseinfluss. Indem Preis- und Leistungsverhältnisse verbessert werden, kann hier ein wesentlicher Beitrag zum Ergebnis erwirtschaftet werden. Hinsichtlich der Preisgestaltung sollte das verfügbare Marktpotential voll ausgeschöpft werden, woraus sich das Global Sourcing ableitet. Das Multiple Sourcing erlaubt es dabei in den meisten Fällen, die Einkaufspreise am besten zu senken. In Einzelfällen, bei geringer Preisdynamik, kann es aber durchaus sinnvoll sein, das Dual Sourcing zu bevorzugen und durch Optimierung der Materialflüsse zusätzliche Einsparungen bei den Lagerkosten zu realisieren.

---

[204] Large (2009) S. 40
[205] In einigen Literaturquellen auch als Materialportfolio bezeichnet.
[206] In diesem Zusammenhang ist auch die geplante - internet-basierte - Einkaufskooperation großer Automobilhersteller zu sehen, die einen transparenten Weltmarkt für Autoteile, vergleichbare Preise, weltweit standardisierte Qualitäten u. a. erreichen soll (Virtueller Weltmarkt). Diese Zusammenarbeit wird gelegentlich als "Coopetition" bezeichnet.

■ **Engpass-Kaufteile** (Kritische Kaufteile) sind Artikel der Kategorie B und C, deren Verfügbarkeit - wegen der geringeren Wertigkeit - durch großzügige Preiszugeständnisse oder höhere Lagerbestände gewährleistet werden kann. Die Sicherstellung der Versorgung steht im Vordergrund, das Global Sourcing bietet dafür die besten Voraussetzungen.

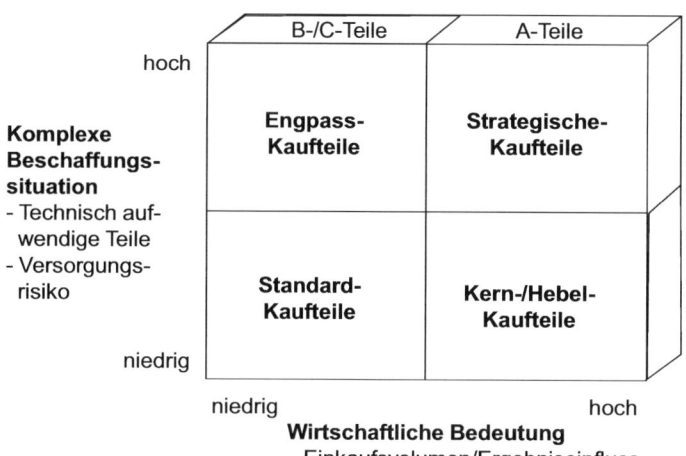

Abb. 5-9:   Beschaffungs-Portfolio

■ **Standard-Kaufteile** (Unkritische Kaufteile) sind B- oder C-Artikel mit niedrigem Versorgungsrisiko, deren Beschaffung durch rationelle Bestellabwicklung und geringe Kontrollroutinen gekennzeichnet ist. Im Fokus dieser Strategie stehen die Prozesskosten der Beschaffungsabwicklung, die bei ungeeigneten Prozessen höher sein können als die Materialwerte.[207] Typische Produkte sind Normteile oder indirekte Materialien. Um die Logistikkosten zu senken, sind Bewirtschaftungsverträge mit Großhandlungen oder logistischen Dienstleistern (Warehouse-Konzept) denkbar, die die Verfügbarkeit und Versorgung gewährleisten (C-Teile-Logistik). Preisverhandlungen werden nicht intensiv betrieben. Sie werden oft auf Ebene von Warengruppen in Form von Rabatten auf Standardpreise geführt. Um die Abwicklung der Beschaffung zu optimieren, werden zunehmend Katalog-Beschaffungssysteme eingesetzt. Damit können die Bedarfsträger im internen EDV-System auf Materialkataloge zugreifen und damit selbständig den Beschaffungsvorgang ausführen. Zuvor ausgehandelte Rabatte je Warengruppe sind ebenfalls im Katalog hinterlegt.

5.2.3.3 Beschaffungsmarkt: Lieferanten-Portfolio

Beim Lieferanten-Portfolio werden das Versorgungsrisiko und das Einkaufsvolumen je Lieferant analysiert. Das Ergebnis ist dabei eine Vier-Felder-Matrix, bei der für jede Gruppe von Lieferanten wiederum Normstrategien abgeleitet werden können (siehe **Abb. 5-10**):

■ Bezüglich der **Engpass-Lieferanten** (kritische Lieferanten), welche einen geringen Ergebniseinfluss, jedoch eine hohes Versorgungsrisiko aufweisen, existieren zwei unterschiedliche strategische Optionen. Diese können einerseits durch Bedarfs-

---

[207] Nach einer durch den BME im Jahr 2010 durchgeführten Befragung bei deutschen Industrieunternehmen betrugen die durchschnittlichen Kosten je Bestellvorgang 119,- Euro.

bündelung enger an das eigene Unternehmen gebunden werden. Ziel ist es dabei den Einfluss auf diesen Lieferanten zu vergrößern und ihn ggf. zu einem strategischen Lieferanten zu entwickeln. Andererseits besteht die Möglichkeit, kritische Lieferanten zu eliminieren und die dort bezogenen Beschaffungsobjekte bei strategischen Lieferanten zu beschaffen bzw. die Einzelteile (Units) nicht mehr direkt zu beschaffen, sondern indirekt in Form von Modulen.

- **Standard-Lieferanten** (Klein-Lieferanten) werden hinsichtlich einer Lieferanten-konzentration überprüft. Der Fokus liegt dabei auf der Minimierung des Aufwandes für die administrativen Vorgänge.
- **Strategische-Lieferanten** (Schlüssel-Lieferanten) bieten sich als Partner beim Modular Sourcing an. Kooperationen bei Entwicklungen, verbesserten Fertigungs-/Montage-Abläufen oder gemeinsame Programme zur Qualitätssteigerung sollten bei diesen Partnern in Betracht gezogen werden.
- **Hebel-Lieferanten** sind insbesondere hinsichtlich ihrer Preisentwicklung zu beobachten. Eine regelmäßige Marktbeobachtung kann dabei große Einkaufspotentiale eröffnen.

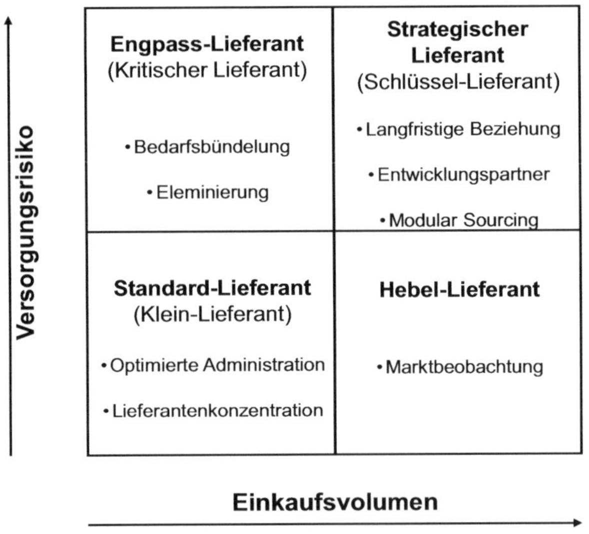

Engpass-Lieferant (Kritischer Lieferant) • Bedarfsbündelung • Eleminierung	**Strategischer Lieferant** (Schlüssel-Lieferant) • Langfristige Beziehung • Entwicklungspartner • Modular Sourcing
Standard-Lieferant (Klein-Lieferant) • Optimierte Administration • Lieferantenkonzentration	**Hebel-Lieferant** • Marktbeobachtung

(Vertikale Achse: Versorgungsrisiko; Horizontale Achse: Einkaufsvolumen)

Abb. 5-10: Lieferanten-Portfolio

5.2.3.4 Kombiniertes Beschaffungsgüter-/Beschaffungsquellen-Portfolio

Bei dem kombinierten Beschaffungsgüter-/Beschaffungsquellen-Portfolio werden das Beschaffungs-Portfolio mit den Achsenbezeichnungen Versorgungsrisiko und Einkaufs-volumen sowie das Lieferanten-Portfolio mit den Achsenbezeichnungen Versorgungsrisiko und Lieferantenentwicklungspotential miteinander kombiniert (siehe **Abb. 5-11**). Die vier Normstrategien „Effizient beschaffen", „Sicherstellung der Versorgung", „Marktpotential nutzen" und „Wertschöpfungspartnerschaft" entsprechen den bereits beschriebenen Strategien im Beschaffungs-Portfolio. Zusätzlich dazu bestehen Gestaltungsempfehlungen hinsichtlich Informationsfluss, Materialflussgestaltung, Lieferantenauswahl und –kontrolle, Vertragsgestaltung, Qualitätssicherung, Forschung&Entwicklung, Organisation sowie der Nutzung elektronischer Märkte.[208]

---

[208] Vgl. Wildemann (2008b)

Die erweiterte Betrachtung von Beschaffungsobjekten und Lieferantenentwicklungs-potential in einer 16-Felder Matrix erlaubt eine detailliertere Betrachtung der Beschaffungssituation als die separaten Portfolio-Darstellungen. Insbesondere bei „Unstimmigkeiten" im kombinierten Portfolio ermöglicht diese Darstellung eine schnelle Identifikation von Handlungsbedarf. Zeigt sich bspw., dass Standard-Materialien bei Engpass-Lieferanten bezogen werden oder dass strategische Materialien bei Standard-Lieferanten gekauft werden, so besteht Handlungsbedarf hinsichtlich der Sourcing-Strategie für diese Teile.

Abb. 5-11: Beschaffungsgüter-Beschaffungsquellen-Portfolio

Quelle: Vgl. Wildemann (2008b)

5.2.4 Entwicklungsstrategien aus Sicht der Zulieferer

Durch die systematische Anwendung von Sourcing-Strategien seitens der Assembler hat sich das Marktumfeld für deren Zulieferbetriebe wesentlich geändert. Wollen diese Unternehmen ihren Fortbestand dauerhaft sichern, so müssen sie sich innerhalb des Wertschöpfungsnetzwerkes aktiv positionieren. Zulieferer sind Hersteller technischer Teile oder Systeme, die im Allgemeinen nicht eigenständige Produkte und - für einen End-Konsumenten - nicht marktfähig sind; die technischen - oft standardisierten - Teile werden nach Angaben, Zeichnungen oder Mustern des Abnehmers hergestellt. Zulieferbetriebe sind traditionell mittelständische Betriebe, die eine gute Ausstattung und hohe Spezialkenntnisse haben. Sie beliefern verschiedene Abnehmer und Branchen.

Das Spezialwissen, die partnerschaftliche Zusammenarbeit und das Qualitätsniveau sichern den Zulieferern ihre Marktstellung; der Marktzugang erfolgt über den direkten Kontakt oder durch Selbstdarstellung auf Messen; die Marktzugangsbarrieren beispielsweise des Teilefertigers sind nicht sehr hoch. Seine Angebote können zudem seiner Homepage im Internet entnommen werden.

Der Zulieferer hat verschiedene strategische Möglichkeiten, sich zu entwickeln und zu qualifizieren, um langfristige Perspektiven und Zukunftssicherung zu gewinnen; hierbei werden den meist mittelständischen Unternehmen Hilfestellungen und Patenschaften gewährt - wie beispielsweise das „Tandem-Konzept" der Daimler AG.

Der **Teilefertiger** (Jobber) ist die verlängerte Werkbank des Abnehmers und die klassische Form der Zulieferung; er fertigt vom Abnehmer entwickelte und vorgegebene Teil-Produkte. Zur Herstellung werden häufig Finanzierungshilfen oder Werkzeugbeistellungen gewährt, um die Liefersicherheit auch bei wirtschaftlichen Schwierigkeiten zu gewähr-leisten. Der Teilefertiger ist leicht austauschbar; er hat nur Entwicklungs- oder Überlebens-chancen - insbesondere bei den herrschenden Tendenzen zum Global- oder System-Sourcing - wenn er die Kostenführerschaft anstrebt oder andere Entwicklungsstrategien verfolgt.[209]

Entwicklungsstrategien für Teilefertiger

- Strategie I   Vom Teilefertiger zum Produktionsspezialisten
- Strategie II   Vom Teilefertiger zum Entwicklungspartner
- Strategie III   Vom Teilefertiger zum Wertschöpfungspartner

Der **Produktionsspezialist** beherrscht Technologien, deren Aufbau für den Abnehmer teuer ist und wenig Synergien bietet; der Know-how-Vorsprung wird vom Abnehmer bezahlt und schützt seine Existenz. Er liefert komplexe - auch qualitätskritische - Teile, die ein hohes Produktions-Know-how und eine große Produktionssicherheit aus ständig innovierten Produktionsprozessen erfordern. Ein hohes und gesichertes Qualitätsniveau, Flexibilität, Termintreue, Lieferservice und organisatorische Belastbarkeit kennzeichnen den Partner. Seine technische Problemlösungskompetenz erlaubt es, den Abnehmern zusätzlich Beratungsleistungen anzubieten.

Zur Senkung der Entwicklungszeiten stützt sich der Abnehmer zunehmend auf **Entwicklungspartner**. Im Zuge des Abbaus des eigenen Entwicklungspotentials und Konstruktionskapazitäten und der Beschleunigung von Entwicklungszeiten (Simultaneous Engineering - Collaborative Engineering) sucht der Abnehmer Entwicklungspartner-schaften; sie verfolgen das Ziel, durch fertigungsgerechte Konstruktion - nach klarer Definition der Funktionen und Schnittstellen - von Bauteilen/Komponenten eine kosten-günstigere Produktion auf verbessertem Qualitätsniveau - auch für stückzahlschwache Varianten - innerhalb des Fertigungsverbundes zu erreichen. Die möglichen Erfolgs-potentiale und Zukunftssicherung des Entwicklungspartners liegen in der Chance, nach der Bewertung seiner Entwicklungsleistung, Serienlieferant zu werden und einen Liefervertrag für die Lebensdauer (Life-Cycle-Contract) des Produktes zu erhalten. Es entstehen enge Vernetzungen zum Abnehmer und Lieferpartnerschaften - oft als Einquellenbelieferungen (Single Sourcing).

Zulieferer als **Wertschöpfungspartner** bieten gemeinsam System- und Problemlösungs-kapazität für Produkte, Bauteile oder Prozessinnovation; Wertschöpfungspartner sind selbständige Unternehmen, die zur Erreichung ihrer Ziele eine enge vertragliche Bindung eingehen (horizontale Verbundsysteme) - ein intensiver Erfahrungsaustausch und gemeinsame Schulungsmaßnahmen sorgen für gleichbleibenden Know-how-Standard.

---

[209] Die Verlagerung zunehmender Wertschöpfung auf immer weniger Zulieferanten erfordert von den traditionell mittelständischen Betrieben enorme Anpassungsmaßnahmen und sollte insbesondere in konjunkturschwachen Zeiten nicht gleichzeitigen Preisdruck der Abnehmer bedeuten (Ökonomisches Faustrecht der Assembler).

5.2.5 Entwicklungstrends bei Zuliefer-/Produktionsnetzwerken

Durch die Reorganisation der Beschaffungsabläufe hat sich - unter Führung der Automobilindustrie - der Beschaffungsmarkt neu formiert. Die Entwicklungen sind durch mehrere Strömungen charakterisiert:

▪ Bildung **mehrstufiger Zulieferstrukturen** (Pyramidisierung): Die verkürzte Fertigungstiefe - das ist die Forderung der Abnehmer/Assembler, das Endprodukt in kurzen Durchlaufzeiten aus vormontierten Komponenten (Systemen, Modulen) zusammenzusetzen - führt zu einem größeren Leistungsumfang des Zulieferers (first tier supplier). Soweit diese Baugruppen nicht im eigenen Haus hergestellt werden, müssen sie von Vorlieferanten (second tier supplier) bezogen werden, die im Allgemeinen sehr innovativ sind. Hierdurch wird die Entwicklung gefördert, dass die Assembler sich zunehmend auf die Aktivitäten - Marke, Design, Vertrieb und Dienstleistungen (Versicherungen, Finanzierung, After Sales Services) - konzentrieren.[210]

▪ **Einstieg großer Unternehmen** in den mittelständisch dominierten Markt - neben den traditionellen großen Zulieferern (BOSCH, CONTINENTAL, KNORR BREMSE, MAGNA, SIEMENS, ZF, u. a.) treten Konzerne aus anderen Geschäftsfeldern in den Zuliefermarkt ein. Diese Lieferanten versorgen im Allgemeinen alle Abnehmer der Branche, so dass die Innovationen der Marktführer allen gleichermaßen zur Verfügung stehen und gelegentlich Entscheidungen zum „Insourcing" in eigenen Spezialabteilungen hervorrufen. Der Markteintritt dieser „Megalieferanten" ist eine Folge des Globalisierungstrends. Die weltweit tätigen Abnehmer erwarten eine Belieferung an allen Standorten - die erforderlichen Investitionen sind von mittelständischen Unternehmen mit begrenzten Finanzierungsmöglichkeiten und fehlendem Zugang zu den Kapitalmärkten oft nicht zu leisten - sie treten aus dem Markt aus oder fusionieren. Fusionen bedeuten - vor der Umsetzung der Rationalisierungseffekte - ein hohes Maß an Anpassungs- und Integrationsfähigkeit.

▪ **Bildung von Einkaufskooperationen** (Cooperative Sourcing): Kosten- und Konditionenverbesserungen werden durch die Bündelung von Einkaufsaktivitäten erreicht, da sich beispielsweise auch Lieferanten von Rohstoffen formiert haben. Der horizontale Zusammenschluss von mehreren – kleinen oder mittelständischen – Abnehmern bedeuten ein höheres – für den Lieferanten interessantes – Einkaufsvolumen. Die Kooperation durch Abstimmung der Rahmenbedingungen, der Bedarfe oder der Qualitäten beziehen sich meist auf DIN-/Normteile oder normiertes Rohmaterial. Strategische Kaufteile, die im Allgemeinen mit den Zulieferern entwickelt werden, eignen sich kaum für Kooperationen.

▪ **Bildung virtueller Zulieferstrukturen**: eine besondere Art der Zusammenarbeit im Zulieferbereich sind virtuelle Unternehmen - das sind zeitlich befristete, zwischenbetriebliche Kooperationen mehrerer rechtlich unabhängiger Unternehmen in einem informationstechnisch unterstützten Wertschöpfungsnetzwerk. Aus einer Kooperationsplattform – im Innenverhältnis als Verein oder Genossenschaft organisiert – werden projekt-/auftragsbezogen temporäre Konfigurationen gebildet, die im Außenverhältnis als ARGE (Arbeitsgemeinschaft) oder Kapitalgesellschaft auf Zeit auftreten, um kundenspezifische Problemlösungen oder Aufträge abzuwickeln. Der gemeinsame Kompetenz-Standard der Kooperationsplattform wird durch Koordinatoren bzw. Netzwerkcoaches und Auditoren entwickelt; das Netzwerk wird nach außen durch Broker

---

[210] In diesem Zusammenhang ist die Frage der Produkthaftung vertraglich zwischen den Beteiligten an einer Lieferkette festzulegen.

oder Projektmanager vertreten. Durch die Virtualisierung wird die Zulieferleistung durch Vertrags- und Wertschöpfungsnetzwerke erbracht.

■ **Kooperationen mit logistischen Dienstleistern**: Als „dritte Partei" (3PL) für Kooperationen im Zulieferbereich treten „Dienstleister der Logistik" auf. Sie bringen ihre logistischen Kompetenzen für verbrauchssynchrone oder sequenzgenaue Anlieferungen ein. Die im Allgemeinen langfristigen strategischen Partnerschaften (*Kontraktlogistik*) sind nicht auf einzelne Leistungsarten oder nationale Grenzen beschränkt. Große Anbieter sind weltweit tätig und bieten ganzheitliche Leistungen aus einer Hand an (Integrator oder Multimodal Transport Operator (MTO)).[211]

Als Ergebnis dieser Entwicklung kann festgehalten werden, dass auf den Beschaffungsmärkten nicht mehr einzelne Unternehmen konkurrieren, sondern leistungsfähige Netzwerke strategischer Win-Win-Partnerschaften. Das gesamte Know-how des Netzwerkes wird zur strategischen Ressource - leistungsfähige Netzwerke sind schwer nachzuahmen. Die Integration externen Know-hows in das eigene Produkt hilft, Kosten, Durchlaufzeit und Qualität zu optimieren und Flexibilität und Innovationen umzusetzen. Marktführer können zukünftig Unternehmen werden, die ihre Lieferanten und logistischen Dienstleister geschickt in ihren eigenen Wertschöpfungsprozess integrieren (Process Sourcing). Die „Economies of scale„ wird ergänzt durch die „Economies of scope„. Ein Teil der Produktionslogistik wird zu einer vielgliedrigen, anspruchsvollen Beschaffungslogistik (Supply Management).

Allerdings müssen auch einige Nachteile/Risiken erkannt und überdacht werden. Durch das Outsourcing wird die Fertigungstiefe verkürzt, es wachsen die Zahlen der Glieder entlang der logistischen Kette und externe Materialflüsse werden länger - es nehmen die Risiken von Leistungsstörungen und anderer Einflüsse[212] zu. Dies erfordert die Entwicklung von Frühwarnsystemen oder das Vorsehen organisatorischer Konzepte zur Versorgungssicherung. Die Fremdvergabe logistischer Dienstleistungen birgt rechtliche Risiken in den gesetzlichen Regelungen zum Lagerrecht und in den Haftungsordnungen der ADSp (Allgemeine Deutsche Spediteurbedingungen) oder AGB (Allgemeine Geschäftsbedingungen), die anhand einer juristischen Risikoanalyse geklärt und für eine angemessene Risikoverteilung/-verhütung (Loss Prevention - Schadensvermeidung durch Risk-Management) aufbereitet werden müssen.

Weltweite Beschaffungsquellen, veränderte Beschaffungsinhalte, internationale Fertigungsstandorte für Endprodukte (Montagewerke) und die Tendenz zum Abbau von Eigenleistungen haben Gedanken gefördert, ausgeweitete Logistikleistungen an externe Dienstleister zu vergeben. Dies führt zu einer Umstrukturierung der außerbetrieblichen Waren- und Materialflüsse. Form, Inhalt und Zuordnung auf die Aufgabenträger führen zu veränderten Organisationsstrukturen/Vernetzungen, neuen Partnerschaften und machen Bündelungen der Leistungen erforderlich, um alle möglichen Rationalisierungspotentiale auszuschöpfen und umweltverträgliche Lösungen zu finden.

Auch in Krisenzeiten sollten vertraglich vereinbarte Kaufpreise nicht durch Preisdrückerei der Abnehmer nachträglich korrigiert werden - sie erlauben nur kurzfristige Erfolge; ruinöse Preissenkungen führen zu „strategischen Allianzen" oder Fusionen der Zulieferer

---

[211] Vgl. hierzu die Beschreibung veränderter und neuer Aufgabenfelder (Value added Services) der "Third Party Logistics Provider" (3PL) unter Abschnitt 9.3.1

[212] Zu denken ist zunächst an naturbedingte Gefahren (z. B. des Wetters, aber auch durch Naturkatastrophen wie z. B. Ausbruch des Eyjafjallajökull), an Verkehrsverhältnisse, aber auch an Störungen durch Streiks oder politischer Einflüsse.

und drängen kompetente Lieferanten in die zweite Ebene unter leistungsstarken System-lieferanten oder zu einer Zuwendung zu anderen Märkten (Diversifikation).

5.2.6 Versorgungskonzepte / Beschaffungsformen

5.2.6.1 Überblick

Zu den Aspekten der strategischen betriebsgerichteten Aufgaben der Beschaffung gehört die Planung der Bereitstellungsprinzipien, welche auch als Versorgungskonzepte, Anliefer-konzepte oder Beschaffungsformen bezeichnet werden. Ziel der Bereitstellung ist es, die physische Verfügbarkeit der Materialien am Ort der Produktion unter geringem logistischen Aufwand und mit niedrigen Beständen zu realisieren. Insbesondere bei Montagevorgängen ist die Anzahl der unterschiedlichen Materialien groß. Deren zeit-, orts- und mengengenaue Bereitstellung hat dabei einen starken Einfluss auf die Effizienz dieser Wertschöpfungsstufe. Traditionell erfolgt der Transport der bestellten Materialien durch die Zulieferer durch **Direktanlieferung** im Werksverkehr in einem ungebrochenen Transport (siehe Abschnitt 3.6.8). Die Güter werden vom Zulieferer mit eigenen Fahr-zeugen auf eigene Rechnung angedient. Zunehmend werden allerdings für den Transport auch logistische Dienstleister in Anspruch genommen. Der Belieferungsrhythmus, die Liefermenge und die Art der Bedarfsauslösung sind zunächst abhängig von der Art des Bedarfes des Abnehmers, aber auch weitere Faktoren beeinflussen die Wahl des Versorgungskonzeptes. Die hier beschriebenen Konzepte können bei einem Abnehmer durchaus parallel zum Einsatz kommen. Die Entscheidung über das Versorgungskonzept wird je nach Materialklasse getroffen. Grundsätzlich können alle vorgestellten Konzepte ebenso bei Handelsunternehmen Anwendung finden wie bei Fertigungsunternehmen.

5.2.6.2 Randbedingungen bei der konventionellen Lieferung/Einzelbeschaffung

Unternehmen, die unregelmäßig für Kunden in Einzelfertigung produzieren (z. B. im Anlagenbau, wie Turbinenbau, Spezialmaschinenbau etc.), können ihre Bedarfe für Material aus den vorgelagerten Stufen des Netzwerkes nur schwer vorhersagen. Die Bedarfe entstehen erst bei Vorliegen des eigenen Kundenauftrages. Es besteht zwar eine hohe Übereinstimmung von Bedarf (nach Menge und Zeitpunkt) und Verbrauch, durch die innerbetrieblichen Planungsprozesse steht zum Zeitpunkt der Bestellung der genaue Verbrauchstermin jedoch noch nicht fest. Im Rahmen der kurzfristigen Produktions-planung bzw. der Produktionssteuerung ergeben sich üblicherweise noch kleinere Änderungen des genauen Produktionstermins. Daher bestellt der Abnehmer die benötigte Menge aus Sicherheitsgründen etwas vor dem geplanten Verbrauchstermin. Je länger die Lieferzeit, desto ungenauer ist der Produktionsplan zum Zeitpunkt der Bestellung und desto grösser ist der zeitliche Puffer zwischen Liefertermin und Verbrauchstermin.

Der Zulieferer fertigt die bestellten Materialien oder kann sie direkt aus seinem Fertigwarenlager entnehmen. Auch bei einer auftragsspezifischen Fertigung der bestellten Materialien werden diese i. A. beim Zulieferer noch einmal gelagert. Er hat sich in seiner eigenen Planung einen zeitlichen Puffer gelassen, um den geforderten Liefertermin auch bei kleineren Störungen halten zu können. Nach dem Transport zum Abnehmer wird das Material dort erneut für kurze Zeit eingelagert, bis es in der Fertigung wirklich benötigt wird. Je nach Struktur und Organisation der Fertigung können die Materialien auch direkt zum Produktionsort gebracht werden. In solchen Fällen entfällt die Lagerung beim Zulieferer. Der Vorteil dieses Konzeptes liegt in den kurzen Lagerzeiten, was zu einer relativ geringen Kapitalbindung führt. Die Durchlaufzeit des gesamten Prozesses ist allerdings sehr groß. Die Flexibilität hinsichtlich zeitlicher oder mengenmäßiger Bedarfsänderungen ist sehr gering. Zudem erfolgt keine Optimierung der Transportkosten oder der Einkaufskonditionen durch Mengenbündelung.

5.2.6.3 Randbedingungen bei Vorratsbeschaffung

Der Hersteller von kleineren Losgrößen mit Wiederholungen wird die Beschaffung periodisch - gelegentlich auch spekulativ – vornehmen. Hier wird im Allgemeinen eine Vorratsbewirtschaftung mit einem Lager gewählt. Die benötigten Materialien werden auf der Grundlage geplanter Verbräuche disponiert und von den Lieferanten zugeführt (ship-to-stock), wobei für den Transport auch die Kompetenzen logistischer Dienstleister in Anspruch genommen werden sollten. Der Abnehmer entnimmt die in seiner Produktion benötigten Materialien von seinem eigenen Lager, die Bedarfsauslösung zum Auffüllen des Lagerbestandes erfolgt mit Blick auf den jeweiligen Lagerbestand und nicht erst, wenn ein konkreter Produktionsauftrag vorliegt. Nachteilig wirken sich bei diesem Konzept die hohen Kosten für Kapitalbindung und Lagerbewegungen aus. Der Vorteil liegt in der hohen Flexibilität für die Versorgung der eigenen Fertigung. Zudem lassen sich durch die Entkopplung vom Verbrauch Vorteile beim Transport und den Einkaufskonditionen realisieren.

5.2.6.4 Konzepte verbrauchssynchroner Beschaffung

Hersteller von Konsumgütern in Serien- bzw. Massenfertigung können vorhandene Rationalisierungspotentiale durch kontinuierliche, verbrauchsorientierte Organisationskonzepte - bei häufigen Anlieferungen nach dem Pull-Prinzip (Abrufverfahren) ausschöpfen (ship-to-line/line-to-line). Beim **ship-to-line-Konzept** (siehe **Abb. 5-12**) werden die benötigten Materialien vom Lager des Zulieferers in den benötigten Mengen angeliefert und ohne eine weitere Lagerung seitens des Abnehmers direkt an den Ort der Weiterverarbeitung verbracht. Der Vorteil der geringen Kapitalbindung durch die entfallende Lagerung kann allerdings nur realisiert werden, wenn die Abstimmung zwischen Zulieferer und Abnehmer gut funktioniert. Eine bloße Verschiebung der Lagerbestände vom Abnehmer zum Zulieferer ist nicht Sinn dieses Konzeptes. Beim **line-to-line-Konzept** werden die Fertigung des Zulieferers und des Abnehmers derart gut synchronisiert, dass auch die Lagerung beim Zulieferer entfallen kann. Die gefertigten Materialien werden nach der Produktion unverzüglich zum Abnehmer transportiert und dort direkt an den Ort der Fertigung angeliefert. Hierbei muss allerdings untersucht werden, ob der Lieferant auch im gleichen Rhythmus fertigen kann wie der Abnehmer. Möglicherweise führen technologische Probleme (Flexibilität der maschinellen Ausstattung, Zwang zu wirtschaftlichen Losgrößen beispielsweise für Guss- und Schmiedeteile der Stahlindustrie) dazu, dass der Zulieferer nach anderen Gesichtspunkten fertigen muss als der Abnehmer.

In der betrieblichen Praxis wird man selten den kompletten Verzicht auf Lagerbestände realisieren können. Das Bestreben einem kontinuierlichen Materialfluss und einer bestandsarmen Fertigung durch eine produktionssynchrone Anlieferung nahe zu kommen wird als **Just-in-time-Strategie** (JIT) bezeichnet.[213] Das bedeutet eine flussorientierte Versorgung. Es soll eine bestandsarme und lagerlose Versorgung der Leistungserstellung erreicht werden. Die Einschränkung von Zeit- und Materialpuffern erfordert bei der Auswahl von Lieferanten, bei der organisatorischen und informationstechnischen Strukturierung des Unternehmens und seiner Zulieferungspartner große Anstrengungen und

---

[213] Der Begriff „Just-in-sequence" beschreibt eine Verfeinerung der JIT-Strategie mit genauer Reihenfolge der Varianten-Teile bei der Anlieferung.

Perfektion.[214] Es werden Einsparungen an Kapitaleinsatz und Umschichtungen vom Umlaufvermögen[215] zum Anlagevermögen (Kapazitätserweiterungen) möglich. Die JIT-Strategie hat zwei Blickrichtungen:

- Kostensenkung durch Bestandsreduzierung in der Versorgungskette;
- Absatzmarktorientierte Maßnahmen durch Verkürzung der Durchlaufzeiten und damit Erhöhung der Lieferbereitschaft.

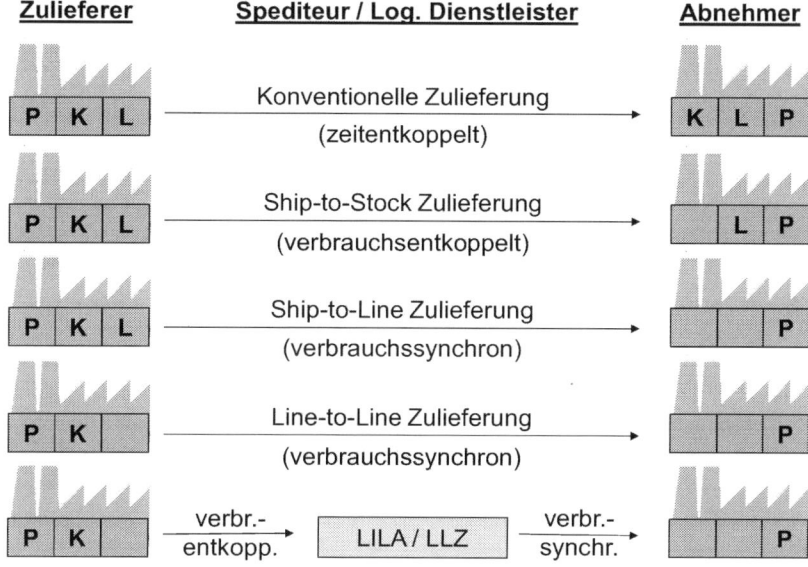

P – Produktion, L – Lagerung, K – Kontrolle
LILA – Lieferanten-Lager, LLZ – Lieferanten-Logistik-Zentrum

Abb. 5-12: Versorgungskonzepte

Das Entstehen dieses Prinzips geht auf TOYOTA in Japan zurück, wo nach dem 2. Weltkrieg Kapitalmangel, aber auch Raumknappheit herrschten und kann als Produktion auf Abruf bezeichnet werden. Es wird mit dem Supermarktprinzip verglichen, wobei nach Materialentnahmen Lücken oder die Unterschreitung eines Mindestbestandes entdeckt und aufgefüllt werden. Das Holprinzip gilt sowohl für betriebsinterne als auch für fremdbezogene Leistungen. JIT-Strukturen müssen als ganzheitliche Versorgungsstrategien aufgefasst werden. JIT kann beispielsweise nicht bedeuten, dass etwa das Lagerrisiko auf die Zulieferanten verlagert wird. Mögliche egoistische Maßnahmen einzelner Unternehmen als Einsparungshysterie, die wahrscheinlich zudem zu erhöhten – umweltbelastenden – Transportfrequenzen der Anlieferung führen, müssen durch kooperative, partnerschaftliche, ganzheitlich optimierende Strukturen ersetzt werden. Hierbei sollten nicht nur die Belange und Bedürfnisse des Abnehmers (Assemblers) berücksichtigt werden sondern auch kapazitative oder technologische Sachzwänge der Lieferbetriebe und Dienstleister.

---

[214] JIT-Verhältnisse können auch als Beschaffung mit langfristiger Wertschöpfungspartnerschaft angesehen werden.

[215] Das JIT-Prinzip wird für AX-, AY-, BX- und BY-Teile angewendet. (siehe Abschnitt 4.2.2)

Ökologische Kritik ist berechtigt, wenn JIT-Systeme als „rollende Lager" auf der Landstraße verstanden werden. Auch ökonomische Nachteile der JIT-Philosophie sollten nicht verkannt werden:

■ Tausch von Sicherheit gegen mögliche Rentabilitätsverbesserung;
■ Kostenumschichtung von Bestandskosten in Risikokosten (Fehlteile, Preisrisiko);
■ Aufbau zusätzlicher Kosten in Aufbau- und Ablauforganisation.

JIT ist keine Modeerscheinung, sondern ein Bestandssenkungsprogramm mit ganzheitlichem Anspruch. Die Gestaltung des Zuliefernetzwerkes, der Informations- und Kommunikationsstrukturen, der Qualitätsmanagement-Prozesse, des Versorgungskonzeptes sowie der Transporte müssen dabei aufeinander abgestimmt werden. Es ist ein Instrument, die Fertigung kundennah den Absatzmarkterfordernissen anzupassen, ohne gleichzeitig die Bestände des Umlaufvermögens steigern zu müssen.

Bei der Optimierung der Zuliefer-Strukturen im Sinne von JIT-Strategien wird im Allgemeinen zunächst an die Lösung des direkten Verkehrs vom Lieferanten zum Abnehmer zu denken sein: Der Lieferant versorgt den Abnehmer verbrauchssynchron (ship-to-line oder line-to-line). Die direkte JIT-Anlieferung ist allerdings eine Frage der räumlichen Entfernung; die Erfahrung lehrt, dass in heutigen Verkehrssituationen eine Direktbelieferung nur im Umkreis von bis zu 30, maximal bis zu 100 km sinnvoll ist. Daher haben sich weitere - ganzheitlich optimierende - Konzepte etabliert, die große Chancen für logistische Dienstleister bedeuten. Es werden verbrauchernahe externe Versorgungsläger **(Logistik-Lieferanten-Zentren)** errichtet, die von Lieferanten **(Lieferanten-Lager)** und/oder dem Abnehmer oder von Dritten betrieben werden.[216] Die Belieferung des Abnehmers kann von dort aus problemlos verbrauchssynchron erfolgen. Durch die räumliche Nähe ist das Risiko schwankender Transportzeiten ebenso verringert, wie die Problematik der Transportkosten bei häufigen Transporten mit geringen Mengen.

Bei der Ausgestaltung solcher Konzepte stellt sich grundsätzlich die Frage des „Make-or-Buy„. Zur indirekten Versorgung von Abnehmerbetrieben sind beispielsweise folgende Konzepte denkbar, bei denen auch unterschiedliche Verkehrsträger berücksichtigt werden können und eine informationstechnische Anbindung aller Beteiligten notwendig ist:

■ Ein Zulieferer oder mehrere Zulieferer - gelegentlich auch gemeinsam mit dem Abnehmer in einer Betreibergesellschaft - unterhalten in räumlicher Nähe zum Abnehmer ein externes Versorgungslager oder -zentrum. Dieses Lager wird von den Zulieferern nach eigenen Kriterien beschickt; die Entnahme erfolgt durch den Abnehmer verbrauchssynchron. Bei diesem Konzept müssen grundsätzlich Fragen der Verteilung der Betriebskosten, des Eigentums-/Gefahrenübergangs, der Qualitätskontrolle, des Fälligkeitszeitpunktes des Kaufpreises geklärt werden.[217]
■ Bei der Inanspruchnahme externer Dienstleister wird die gesamte Versorgung in die Hand eines spezialisierten Anbieters gegeben, der auf der Grundlage seiner welt- oder europaweiten Präsenz die von Zulieferbetrieben hergestellten Teile, Baugruppen oder Komponenten sequenz- und terminorientiert (Just-in-sequence) einsammelt, bündelt, zwischenlagert - möglicherweise in einem eigenen Versorgungslager – verbrauchssynchron kommissioniert, gelegentlich vormontiert und dem Abnehmer zuliefert

---

[216] In diesen Konsignationslägern vergleichbaren Zentren können Kleinteile und Gemeinkostenmaterialien vorgehalten werden; C-Teile-Logistik - heute im e-procurement.
[217] Die räumliche Nähe der Versorgungsläger zum Abnehmer ermöglicht die Verlagerung der JIT-Versorgung auf die Kurzstrecke; die Zulieferer bleiben rechtlich bis zur tatsächlichen Montage Eigentümer ihrer Ware.

(Postponement-Strategie, siehe Abschnitt 2.2.3). Es ist auch denkbar, dass sich die Dienstleistungen bis zum Einbauort und damit bis in den abnehmenden Betrieb hinein erstrecken (interne Versorgungsläger/-zentren). Der Dienstleister trägt hier eine hohe Verantwortung für Termine und Qualitäten, da durch diese unternehmensübergreifenden Strukturen Störungen unmittelbar zum Produktionsstillstand führen - aber auch für die Rückführung der aufwendigen Mehrweg-Spezialverpackungen (Leergut-Management).

▪ Neuerdings werden Zulieferer noch enger in das Produktionskonzept der Abnehmer eingebunden - sie werden auf dem Werksgelände des Assemblers angesiedelt. Dieses Industriepark-Konzept bedeutet eine ausgereifte Arbeitsteilung und enge Zusammenarbeit zwischen Zulieferer- und Abnehmerunternehmen - mindestens für die Lebensdauer eines Produktes an dem gemeinsamen Standort, um insbesondere bei großvolumigen, komplexen und variantenreichen Modulen Flexibilitäts-, Bestands- und Zeitziele zu gewährleisten. Das Industriepark-Konzept eliminiert die Transportproblematik bei einem line-to-line Versorgungskonzept.

Neben der Organisation der Transporte sind bei einer JIT-Strategie die Informationsbeziehungen von besonderer Bedeutung, da sie die Basis für die Synchronisation der beiden Wertschöpfungsstufen innerhalb des Netzwerkes sind (siehe **Abb. 5-13**). Grundlage der Zulieferbeziehungen ist ein vertragliches Geflecht, das in der Regel langfristig angelegt ist und die Arbeitsteilung der beteiligten Unternehmen festlegt[218]; die „strategische Beschaffung„ hat das gewünschte Konzept des Unternehmens umzusetzen und die Versorgungssicherheit, den Qualitätsstandard, Flexibilität u. a. zu gewährleisten. Die in Rahmenverträgen niedergelegten Vereinbarungen der Bestellungen umfassen: Beschaffenheit des Materials, Gesamtmengen, Verpackung, Erfüllungsort, Preis, Liefer- und Zahlungsbedingungen; Abrufe und Terminvereinbarungen erfolgen durch die operative Versorgung, wobei auch Rationalisierungen durch Zusammenfassung und Resequenzierung genutzt werden.

Die logistische Abstimmung hinsichtlich Menge und Termin der Lieferungen erfolgt durch bestmögliche Informationsweitergabe über den jeweiligen Planungsstand des Abnehmers.[219] Im Zuge des Rahmenvertrages bekommt der Lieferant mittelfristig eine grobe Liefereinteilung; sie entspricht dem gegebenen Informationsstand des Abnehmers. Der Zulieferbetrieb führt auf dieser Basis seine eigenen Dispositionen durch. Zwischenzeitlich konkretisieren sich die Bedarfe des Abnehmers - in Form eingehender Kundenaufträge, aus denen ein definiertes Fertigungsprogramm - mit kapazitäts- und ablauforientierter Sequenzoptimierung - abgeleitet wird. Diese genaueren aber kurzfristigen Pläne werden wiederum dem Zulieferer übermittelt und regelmäßig aktualisiert. Mit den notwendigen Zeitpuffern können sich die Zulieferer aufgrund des aktualisierten Informationsstandes auf die Montagereihenfolge des Abnehmers einstellen und produktionssynchron liefern (JIT-Synchronisation).

---

[218] In logistischen Verbünden ist derzeit eine Tendenz zu Mehrjahresverträgen über die gesamte Lebensdauer eines Produktes/Modells (Life-Cycle Contract) zu beobachten - unter Einbeziehung logistischer Dienstleister (Kontraktlogistik – siehe Abschnitt 9.3)

[219] Die Form der Abwicklung hat auch Konsequenzen für die Wertstellung in der jeweiligen Finanzbuchhaltung – ohne klassische Rechnungstellung.

Die Steuerung der Materialflüsse erfolgt durch die elektronische Anbindung der Zulieferer/Versorgungsläger an das Fertigungssteuerungssystem des Abnehmers und ist eine dem Kanban-System vergleichbare externe Abrufmethode (Lieferanten-Kanban, Signal-Kanban). Die impulsgesteuerten Abrufe signalisieren die Bedarfe des Abnehmers und führen zu produktionssynchroner Herstellung der Teile/Komponenten, sequenzgenauer Bereitstellung und Direktbelieferung ohne Zwischenpuffer (SILS - Supply in Line Sequence). Insgesamt werden eine hohe Materialverfügbarkeit, niedrige Beschaffungsvorlaufzeiten, niedriger Beschaffungsaufwand, geringes Materialhandling und niedrige Bestandshaltung erreicht. Das Bestandsmanagement wird zum Bewegungsmanagement.

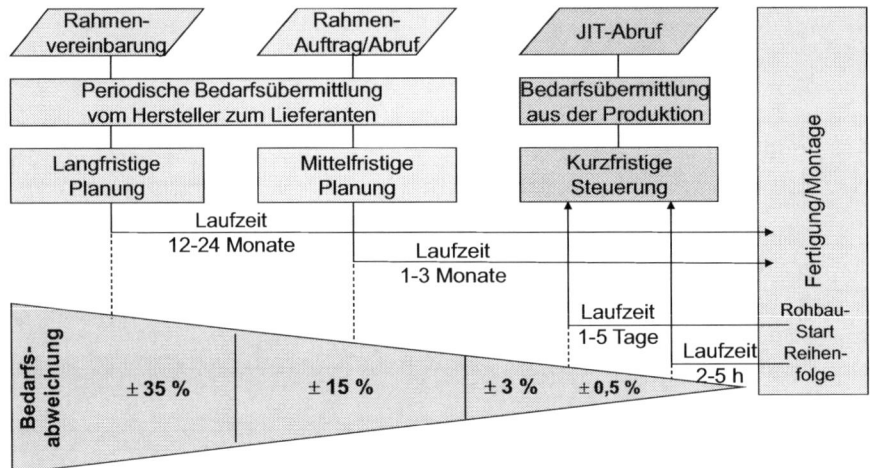

Abb. 5-13: JIT-Synchronisation

Quelle: Schulte (2009), siehe auch Volkswagen AG

5.3 Operative Prozesse der Beschaffung

Die an dieser Stelle beschriebenen operativen Prozesse der Beschaffung sind überwiegend marktgerichtet. Die betriebsgerichteten Prozesse der Bedarfsplanung und der Gestaltung des Wareneingangs werden im Kapitel „lokale Planung" bzw. bei den logistischen Kernprozessen behandelt. In der betriebswirtschaftlichen Literatur findet man die Inhalte unter dem Stichwort „Einkauf", da der akquisitorische Aspekt (Herstellung der rechtlichen Verfügbarkeit der Güter) meist im Mittelpunkt der Betrachtung steht. Innerhalb der letzten Jahre haben sich die Abläufe des Einkaufs grundlegend gewandelt (siehe **Abb. 5-14**). Durch die gestiegene Bedeutung der Beschaffung und die zunehmende Anzahl der zu beschaffenden Teile, steigt auch die Notwendigkeit die Ressourcen des Einkaufs effizient einzusetzen. Die operativen Prozesse werden bei jedem Beschaffungsvorgang und daher sehr häufig durchlaufen. Im Sinne einer effizienten Beschaffung sollten diese möglichst gut strukturiert und automatisiert werden.

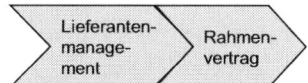

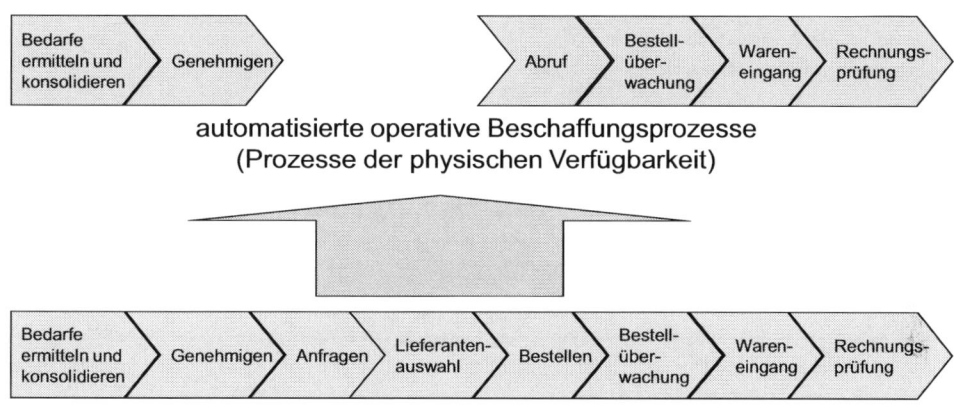

Abb. 5-14: **Wandel der operativen Beschaffungsprozesse**

Beim „klassischen" operativen Beschaffungsprozess werden zunächst die Bedarfe ermittelt. Dies kann je nach Beschaffungsgut durch einen computergestützten Planungslauf (z. B. MRP, siehe Abschnitt 4.4.3) oder durch manuelle Erfassung von Bedarfen geschehen. Insbesondere die manuell erfassten Bedarfe durchlaufen eine Genehmigung durch den Vorgesetzten und/oder das Controlling, um die Einhaltung des Budgets bzw. die Zuordnung zu den richtigen Kostenstellen zu gewährleisten. Auf Basis dieser genehmigten Bedarfe erstellt der Einkauf Anfragen, um von den potentiellen Lieferanten Angebote zu erhalten. Die Angebote werden dann vom Einkauf ausgewertet, und es erfolgt die Auswahl des Lieferanten sowie die Bestellung. Steht der Lieferant bereits vorher fest, so wird er durch den Einkauf lediglich zugeordnet und in die Bestellung eingetragen. Bei der Bestell-überwachung wird die Einhaltung des Liefertermins überprüft und ggf. gemahnt. Falls notwendig, beinhaltet dieser Schritt auch das Änderungsmanagement von Bestellungen hinsichtlich Art, Menge oder Zeitpunkt der zu liefernden Güter. Da beim „klassischen" Prozess nur die Einkaufsabteilung im Kontakt zum Lieferanten steht, wird auch die Bestellüberwachung durch den Einkauf durchgeführt. Der Wareneingang erfolgt im Lager oder direkt am Ort des Bedarfs. Den letzten Schritt bildet die Prüfung und Buchung der Rechnungen, welche durch die Finanzbuchhaltung durchgeführt werden.

An diesem Prozess sind viele unterschiedliche Organisationseinheiten beteiligt. Warte-zeiten, Missverständnisse zwischen den beteiligten Personen und Medienbrüche beim Übergang zwischen Abteilungen führen dazu, dass der Gesamtprozess lange dauert, störungsanfällig ist und einen großen Anteil reiner Verwaltungstätigkeiten beinhaltet. Um die Beschaffungsprozesse effizienter zu gestalten, werden die Tätigkeiten der Einkaufs-abteilungen (Prozesse der rechtlichen Verfügbarkeit) von den operativen Beschaffungs-prozessen mit logistischem Fokus getrennt und nicht bei jedem Beschaffungsvorgang erneut durchgeführt. Der Einkauf kümmert sich verstärkt um den Abschluss von Rahmen-verträgen, seine Arbeit wird damit zunehmend von den operativen Beschaffungsvorgängen entkoppelt. Bei den operativen Beschaffungsvorgängen wird dann in Form von Abrufen auf die vorher verhandelten Konditionen des Rahmenvertrages zurückgegriffen. Die verbleibenden Funktionen der operativen Beschaffungsprozesse werden durch Automatisierung (z. B. automatische Budgetprüfung oder automatische Abrufgenerierung) und Prozessverschlankung (z. B. Eliminierung von Genehmigungsverfahren) verbessert. Je nach Art der Beschaffungsgüter können dabei in einem Unternehmen unterschiedliche Ausprägungen der operativen Beschaffungsprozesse realisiert werden. Insbesondere im Rahmen des e-Procurement haben sich in den vergangenen zehn Jahren veränderte Beschaffungsprozesse etabliert, weswegen diesem Aspekt ein separater Abschnitt gewidmet wird.

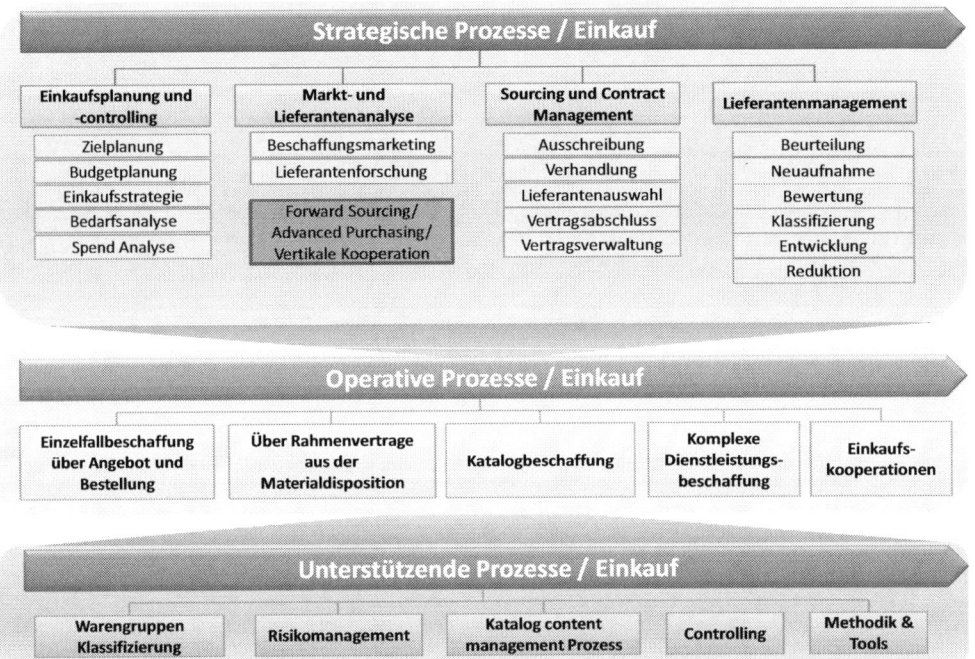

Abb. 5-15: Übersicht der Prozesse im Einkauf

Die Aufgaben des Einkaufs können werden heute eingeteilt in (siehe **Abb. 5-15**):

- **Strategische Prozesse**
  Dabei geht es um die Planung des Einkaufsbudgets, die Erarbeitung der Einkaufsstrategien, die Bedarfsanalyse sowie die Gestaltung und Durchführung des Einkaufsreportings. Auch die Zielplanung, in der bspw. festgehalten wird, welche Preisreduktionen pro Produkt-/Lieferantengruppe vom Einkauf zu erzielen sind, gehört zu diesem Tätigkeitsfeld. Für regelmäßige Bedarfe werden Anfragen bzw. Ausschreibungen getätigt, die Lieferanten werden ausgewählt und es werden Rahmenverträge geschlossen. Die Rahmenverträge müssen verwaltet und überwacht werden. Unabhängig von aktuellen Bedarfssituationen werden potentielle Lieferanten identifiziert, analysiert und bewertet. Auch die Leistungen der bisherigen Lieferanten werden dabei gemessen und bewertet. Es erfolgt die Auswahl, Klassifizierung und Lieferantenentwicklung, was z. B. eine Lieferantenreduktion oder die Neuaufnahme von Lieferanten zur Folge haben kann.

■ **Operative Prozesse**

Neben dem bereits beschriebenen „klassischen" Beschaffungsprozess, der in der Einzelfallbeschaffung nach wie vor Anwendung findet, kann bei Rohstoffen die Beschaffung über Abrufe innerhalb von Rahmenverträgen aus der Materialplanung heraus automatisiert durchgeführt werden. Weitere Ausgestaltungsmöglichkeiten der operativen Beschaffungsprozesse haben sich durch erweiterte Möglichkeiten der Informations- und Kommunikationstechnik etabliert und werden unter dem Kapitel e-Procurement gesondert beschrieben.

Die operativen Prozesse finden sich auch im SCOR-Modell wieder und sind dort in Angebotsbearbeitung (Purchase Inquiries), Rahmenverträge (Purchase Contracts) und Bestellungen (Purchase Orders) unterteilt.

■ **Unterstützende Prozesse**

Damit die operativen Prozesse der Beschaffung automatisiert durchgeführt werden können, sind einige unterstützende Tätigkeiten notwendig. Neben der Klassifizierung der Beschaffungsgüter und der Bildung von Warengruppen sollte ein Risikomanagement betrieben werden. Es müssen Festlegungen hinsichtlich der genutzten Methoden und Tools getroffen werden und bei Nutzung von Katalogen ist ein „Catalog Content Management" erforderlich.

5.4 E-Procurement

5.4.1 Grundlagen des e-Procurement

Beschaffungsprozesse werden heute zunehmend über Datennetze abgewickelt. Das Internet und andere Computernetze erlauben veränderte Transaktions- und Organisationsmodelle. Innerhalb des e-Business ist das e-Procurement den sog. Business-to-business (B2B) Geschäftsprozessen zuzurechnen, worunter Beziehungen zwischen Unternehmen verstanden werden. Davon abzugrenzen sind die folgenden Strukturen:

■ Business-to-customer (B2C)
■ Administration-to-customer (A2C)
■ Business-to-administration (B2A)
■ Business-to-customer (B2C)
■ Business-to-employer (B2E)
■ Customer-to-customer (C2C).

Versteht man innerhalb der Durchführung von Geschäftsprozessen zwischen Unternehmen (B2B) unter **B2B e-commerce** den Handel von Produkten und Diensten über das Internet (Sicht des verkaufenden Unternehmens), bezieht sich das **e-procurement** auf die Unterstützung der Beziehungen und Prozesse eines Unternehmens zu seinen Lieferanten mit Hilfe von elektronischen Medien (Sicht des einkaufenden Unternehmens).

Als Basis für die Ausgestaltung des e-procurement gibt es vier grundlegende Systemlösungen:[220]

■ Sell-side-Lösungen (Anbieterportal)
■ Buy-side-Lösungen (Nachfragerportal)
■ Elektronische Marktplätze
■ EDI-Verbindungen[221].

---

[220] Vgl. Schubert et. al. (2002), S. 5

Konkrete Ausprägungen dieser Lösungen (z. B. das Anbieterportal der Volkswagen AG) werden auch als Plattformen bezeichnet und stellen einen virtuellen Ort des Handels dar. Auf Basis dieser Systemlösungen können die Prozesse auf unterschiedliche Weise gestaltet werden. Man spricht dabei von Funktionen oder, wegen der Nutzung bestimmter Software, von Instrumenten.[222] Die wesentlichen Instrumente des e-Procurement sind:

- Katalog- und Bestellsysteme
- Online-Ausschreibungen (e-Bidding)
- Online-Auktionen
- Abwicklung komplexer Dienstleistungen
- Supplier-self-service.

5.4.2 Systemlösungen

5.4.2.1 Sell-side-Lösungen

Traditionell findet die Datenverwaltung für Verkaufs- und Einkaufsprozessen (Kundenstammsatz, Auftrag, Artikelstammsatz, Bestellung, Rechnung, Forderung, Zahlung, …) in der betriebswirtschaftlichen Anwendungssoftware des jeweiligen Unternehmens statt.[223] Aus Sicherheitsgründen haben die Kunden keinen direkten Zugriff auf die Systeme ihrer Lieferanten. Hinzu kommt, dass viele Systeme technisch nicht in der Lage sind direkt aus dem Internet bedient zu werden und die Kunden auch nicht die Kenntnisse der Systembedienung hätten. Die Eingabe der Daten, z. B. einer Bestellung, erfolgt ausschließlich durch die Mitarbeiter des eigenen Unternehmens.

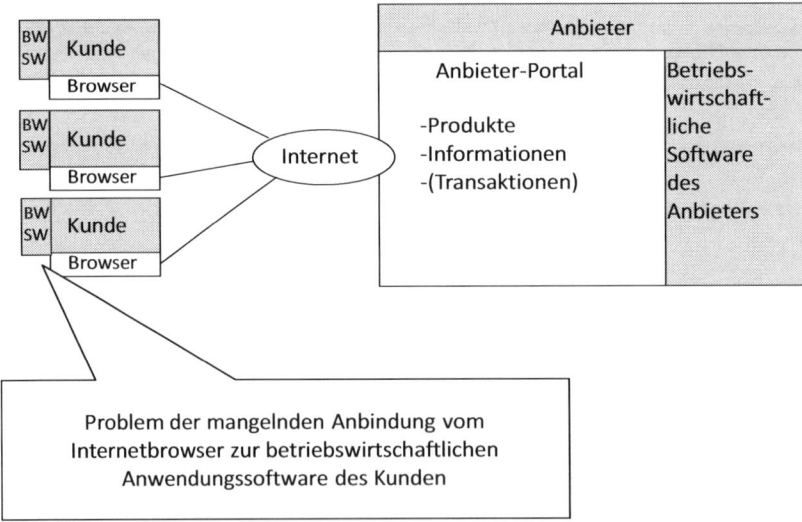

Abb. 5-16: Sell-side-Lösung

Bei der Sell-side-Lösung (siehe **Abb. 5-16**) werden die Informationen und Daten der angebotenen Produkte und die Funktionalitäten zur Geschäftsabwicklung (Transaktionen) von einer speziellen Software des Anbieters zur Verfügung gestellt (Anbieter-Portal). Eine

---

[221] Electronic Data Interchange
[222] Vgl. Schulte (2009), S. 319
[223] Diese Systeme werden auch als Back-end-systeme oder als OLTP-Systeme (Online Transaction Processing Systeme) bezeichnet.

Sell-side-Lösung kann über das Internet von den Kunden erreicht werden, welche als softwaretechnische Voraussetzung lediglich einen Internetbrowser benötigen. Seitens des Anbieters werden die Daten dieses Systems über automatisierte Schnittstellen mit der eigenen betriebswirtschaftlichen Anwendungssoftware verbunden. Es bietet also einen indirekten und besonders geschützten Zugriff auf die internen Daten des Anbieters und wird auch als Anbieterportal bezeichnet. Die Verkaufsabwicklung findet im Anbieterportal statt, die Datenverwaltung wird automatisch in der betriebswirtschaftlichen Anwendungssoftware des Anbieters aktualisiert.

Der Kunde greift auf die Sell-side-Lösung mit seinem Internetbrowser zu. Dies hat zwar den Vorteil mit geringen Kosten viele unterschiedliche Anbieter zu erreichen, jedoch existiert keine Kopplung zwischen der betriebswirtschaftlichen Anwendungssoftware des Kunden und seinem Browser. Tätigt er einen Einkaufsvorgang auf einem Anbieterportal, so muss parallel dazu, meist manuell, die Bestellung in der eigenen Anwendungssoftware nachgepflegt werden. Ohne die manuelle Datenpflege in den eigenen Systemen oder bei Übertragungsfehlern kommt es bei den darauffolgenden Prozessschritten des Kunden, wie dem Wareneingang und der Rechnungsprüfung, zu erheblichen Problemen. Zudem muss sich das einkaufende Unternehmen bei jedem Lieferanten neu einloggen und mit unterschiedlichen Design- und Navigationsstrukturen auseinandersetzen.

5.4.2.2 Buy-side-Lösungen

Bei Buy-side-Lösungen werden die internetfähige Einkaufssoftware und die Darstellung der Produkte vom einkaufenden Unternehmen betrieben (siehe **Abb. 5-17**). Die Lieferanten benötigen lediglich einen Browser und können über das Internet auf das Einkaufsportal zugreifen bzw. bekommen Bestellungen per e-Mail oder über andere Datenkanäle zugesendet.

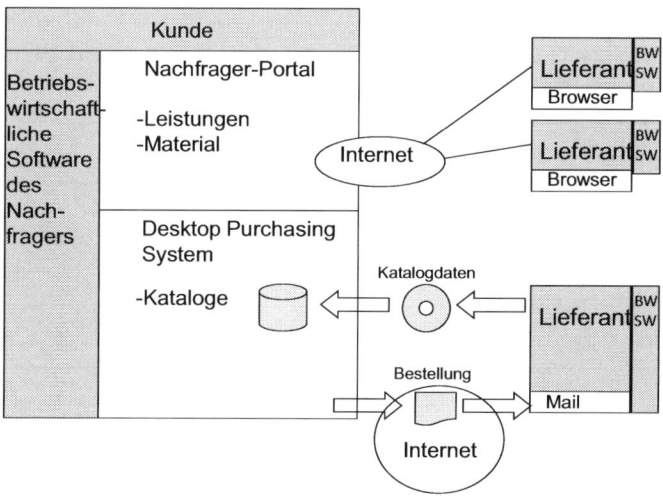

Abb. 5-17: Buy-side-Lösung

Das einkaufende Unternehmen hat bei dieser Lösung der Vorteil der Integration der Einkaufsvorgänge in die eigenen Unternehmensprozesse. Durch die Anbindung der Einkaufssoftware an die betriebswirtschaftlichen Anwendungssysteme können z. B. Bedarfe aus den Planungssystemen übernommen, Bestellungen in der unternehmensinternen Software transparent gemacht sowie Kostenstellen und Genehmigungsregeln verbindlich vorgeschrieben werden.

Entweder stellt der Kunde die zu beschaffenden Materialien und Dienstleistungen in seiner Einkaufslösung dar, und die Lieferanten können dann über das Internet Angebote dafür abgeben (Einkaufsportale), oder es werden elektronische Produktkataloge von ausgewählten Lieferanten geladen (Desktop Purchasing Systeme) und die Bestellung erfolgt über speziell formatierte Mails an den Lieferanten. Nachteilig aus Kundensicht sind die hohen Kosten für Aufbau und Betrieb dieser Lösung. Zudem ist die Veröffentlichung der Bedarfe in einem Einkaufsportal zwecks Geschäftsanbahnung nur für Großunternehmen mit hohem Bekanntheitsgrad und Marktpotential erfolgversprechend.

Der Lieferant hat den Vorteil geringer Kosten und den Nachteil der fehlenden Anbindung des Prozesses an die eigenen betriebswirtschaftlichen Anwendungssysteme.

5.4.2.3 Elektronische Marktplätze

Werden die für die Bestellabwicklung erforderlichen Funktionen und Daten durch ein drittes Unternehmen betrieben und wird dessen Plattform von mehreren kaufenden sowie mehreren verkaufenden Organisationen genutzt, so handelt es sich um einen elektronischen Marktplatz. Diese Plattformen können offen sein und jedem Zugang gewähren oder es handelt sich um geschlossene Marktplätze, bei denen der Zugang beschränkt ist. In der praktischen Ausgestaltung nimmt oft eine Gruppe von kaufenden oder verkaufenden Unternehmen eine federführende Rolle ein.[224] Hinsichtlich der angebotenen Produkte unterscheidet man zwischen horizontalen und vertikalen Marktplätzen. Horizontale Plattformen sind branchenübergreifend ausgelegt, vertikale Marktplätze haben einen Branchenbezug. Für das einkaufende Unternehmen bietet ein Marktplatz die Vorteile einer Sell-side-Lösung, verringert jedoch die Nachteile sich bei jedem Lieferanten neu einloggen zu müssen sowie der unterschiedlichen Benutzeroberflächen.[225] Der wesentliche Nachteil liegt in der mangelnden Integration in die Prozesse und die betriebswirtschaftliche Anwendungssoftware auf der Seite des Anbieters und auf der Seite des Nachfragers. Neben der Darstellung der Produkte und den Funktionen der Geschäftsabwicklung können Marktplätze auch Informationen über die angeschlossenen Geschäftspartner enthalten. Diese Informationen entstehen durch eine Prüfung seitens des Marktplatzbetreibers oder durch Bewertungen anderer Geschäftspartner.[226]

5.4.2.4 EDI Verbindungen

Bei dieser Art der Geschäftsabwicklung handelt es sich um den vollautomatischen Versand von strukturierten Nachrichten zwischen Anwendungssystemen (siehe auch Abschnitt 10.3.3). Eine durch EDI übermittelte Bestellung des Kunden wird beim Lieferanten ohne weitere menschliche Arbeitsschritte direkt als Auftrag in seinem betriebswirtschaftlichen Anwendungssystem verbucht (siehe **Abb. 5-18**). Im Vordergrund stehen dabei die Verringerung der Transaktionskosten, die Beschleunigung der Geschäftsabwicklung und die Vermeidung von Fehlern durch manuelle Dateneingaben. Die Auswahl der Lieferanten und die Festlegung der Konditionen muss bereits vorher erfolgt sein, es werden nur wenige Geschäftspartner auf diese Weise angebunden. Der Aufbau von EDI-Verbindungen ist aufwändig und wird in seiner Komplexität häufig unterschätzt.

---

[224] Schubert et. al. (2002) S. 5
[225] Vgl. Kolmann (2009) S. 101
[226] Vgl. Bundesministerium für Wirtschaft und Technologie,
       http://www.bmwi.de/BMWi/Navigation/Mittelstand/e-business,did=195978.html, Abruf vom 23.02.2010

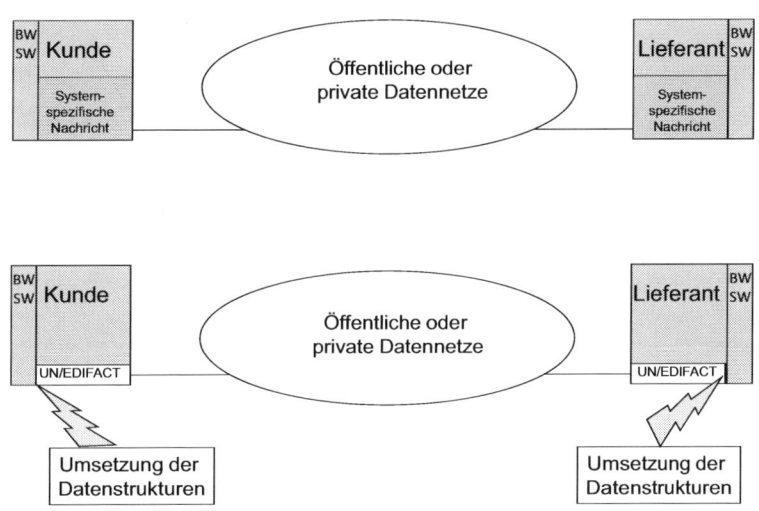

Abb. 5-18: EDI-Verbindungen

Falls beide Geschäftspartner über das gleiche betriebswirtschaftliche Anwendungssystem (z. B. SAP-ERP) verfügen, ist die Systemkopplung bedeutend einfacher. Die formalen Datenstrukturen sind gleich und die Systemhersteller bieten für diese Art der Kommunikation systemspezifische Nachrichtenformate incl. der Eingangs- und Ausgangsverarbeitung an. Dennoch kann die inhaltliche Abstimmung solcher Szenarien aufwändig sein, wenn bspw. unterschiedliche Materialnummern verwendet werden. Falls unterschiedliche EDV-Systeme vollautomatisch miteinander kommunizieren sollen, müssen die jeweiligen Daten zunächst in eine abgestimmte Formalstruktur überführt werden. Abhängig von Art der Geschäftsbeziehung, Branche und Region haben sich dafür viele unterschiedliche Standards entwickelt.[227] Eine Bestellung des Kundensystems würde durch ein Konvertierungsprogramm zunächst vollautomatisch in das vereinbarte Format (z. B. UN/EDIFACT) umgewandelt, in dieses Format übertragen und dann wiederum vollautomatisch durch ein Konvertierungsprogramm in das passende Format des Lieferantensystems umgesetzt werden. Erst dann kann die Verarbeitung in der betriebswirtschaftlichen Anwendungssoftware des Lieferanten erfolgen. Daher sind EDI-Anwendungen nur geeignet, wenn die Geschäftsvorgänge gleichartig und häufig sind. Dies gilt bspw. für Abrufe von Rohmaterialien, die über Monate oder Jahre immer gleich sind. Handelt es sich um Abwicklungen mit stets anderen Materialien, anderen Lieferanten oder schwankenden Preisen, so ist diese Lösung nicht geeignet.

5.4.3 Prozesse / Instrumente

5.4.3.1 Katalog- und Bestellsysteme

Bei der Katalogbeschaffung hat das einkaufende Unternehmen direkten Zugriff auf eine große Produktpalette. Ähnlich wie bei einem gedruckten Katalog, stehen beschreibende Daten, Bilder und Preisinformationen zur Verfügung. Im Unterschied zu herkömmlichen Einkaufsabwicklungen sind diese Daten nicht in Form von Materialstammdaten, Einkaufs-

---

[227] Beispielhaft sei an dieser stelle genannt: EDIFACT als ein branchenübergreifender internationaler Standard für das Format elektronischer Daten im Geschäftsverkehr, FORTRAS - für den Datenaustausch zwischen Speditionen oder VDA als Standard der deutschen Automobilindustrie.

informationssätzen oder Kontrakten in den sog. Back-end-Systemen hinterlegt, sondern in einer separaten Katalog-Komponente. Die wesentlichen Funktionen dieser elektronischen Kataloge sind die Darstellung und die Verwaltung der Inhalte sowie Such- und Auswahlfunktionen. Die zweite Komponente, die Bestellkomponente, beinhaltet die Funktionen der Bestellabwicklung. Ist ein Katalog- und Bestellsystem als Sell-side-Lösung aufgebaut, so spricht man auch von einem **Shop-System**. Dabei ist der Lieferant für die Darstellung und Pflege der Daten verantwortlich. Bei offenen Systemen, bei denen jeder zugreifen kann, erfolgt die Suche und Abwicklung des Einkaufs seitens des Kunden über einen Internetbrowser. Die Preise werden durch den Anbieter einseitig festgelegt, die Funktionsweise der Geschäftsabwicklung entspricht den Internet-Shops bei B2C-Lösungen. In zunehmendem Maße etablieren sich aber auch geschlossene Systeme, bei denen personalisierte Bereiche für eingeschränkte Nutzerkreise festgelegt werden. Dabei besteht die Möglichkeit kundenspezifische Konditionen darzustellen. Da bei dieser Form des Einkaufs keine automatische Übertragung der Bestellung in das Back-end-System des einkaufenden Unternehmens erfolgt, werden Bestellungen bei Sell-side-Katalogen nur bei gelegentlichen Bedarfen und ausschließlich durch die Einkaufsabteilung durchgeführt.

Wird die Katalogbeschaffung auf Basis einer Buy-side-Lösung betrieben, so spricht man auch von **Desktop Purchasing Systemen**. Das Management der Katalogdaten und die Funktionalität der Bestellabwicklung werden in einem System des einkaufenden Unternehmens betrieben. Die Katalogdaten werden per CD oder per Schnittstelle vom Lieferanten zur Verfügung gestellt und im Desktop Purchasing System durch betriebsindividuelle Daten, wie individuelle Rabatte oder Lieferkonditionen, ergänzt. Es besteht auch die Möglichkeit sog. Multilieferantenkataloge zu erstellen, wobei die Angebote mehrerer Lieferanten zusammengefasst werden. Allerdings ist die Auswahl, Strukturierung, Harmonisierung und Darstellung der Daten (Content-Management) in diesem Fall besonders aufwändig. Der Einkaufsprozess ist durch automatisierte Schnittstellen mit dem Back-end-System weitgehend integriert. So können bei der Eingabe der Bestellung Budgetgrenzen oder Kostenstellenzuordnungen kontrolliert sowie Genehmigungsworkflows eingebunden werden. Alle Daten der Bestellung werden online auch im Back-end-System gespeichert. Der Fokus dieser Lösung liegt in der Optimierung des Bestellprozesses, er findet Anwendung bei Gütern die häufig bestellt werden und einen geringen Wert haben. Durch die einheitliche Benutzeroberfläche und die guten Kontrollmöglichkeiten des Prozesses kann die Durchführung der Bestellung direkt durch die Bedarfsträger erfolgen. Dies führt zu einer erheblichen Beschleunigung des Beschaffungsprozesses und zu einer Senkung der Prozesskosten je Beschaffungsvorgang. Falls lediglich die Katalogdaten beim Anbieter oder bei einem Marktplatzbetreiber gespeichert sind, der Zugriff und die Abwicklung der Bestellung hingegen per Schnittstelle durch ein Desktop Purchasing System des Kunden erfolgt, so ist diese Konstellation ebenfalls als Buy-side-Lösung zu betrachten.

Die Katalogbeschaffung über Marktplätze wird auch als Beschaffung über **3rd-party-Kataloge** bezeichnet. Der Marktplatzbetreiber übernimmt dabei die Zusammenstellung und Pflege der Kataloginhalte und stellt Funktionalität für die Geschäftsabwicklung zur Verfügung.

5.4.3.2 Online Auktionen

Auktionen können sowohl in der Beschaffung als auch im Vertrieb eingesetzt werden. Sie sind spezielle Formen der Preisverhandlung, die sehr wenig Zeit in Anspruch nehmen. Traditionell werden Auktionen im Vertrieb von leicht verderblichen Waren (z. B. Fische, Blumen oder Früchte) oder bei schwierig zu bewertenden Gütern (z. B. Kunstwerke,

Fundsachen, Hausrat) eingesetzt. Bei Online Auktionen sind die Teilnehmer nicht physisch anwesend, stattdessen findet die Durchführung über elektronische Medien und Softwareanwendungen statt. Die Bieter können über einen bestimmten Zeitraum Gebote abgeben, welche grafisch dargestellt und anschließend ausgewertet werden. Im Beschaffungsbereich kommen prinzipiell zwei Nutzungsmöglichkeiten von Auktionen in Betracht:

■ Das einkaufende Unternehmen beteiligt sich als Bieter an Auktionen.
■ Das einkaufende Unternehmen bietet seinen Bedarf in einer sog. Reverse-auction an und die potentiellen Auftragnehmer unterbieten sich mit dem Preis für die Erfüllung der Bedarfe. Diese Art der Auktion wird auch als Beschaffungsauktion bezeichnet und bildet den Fokus der folgenden Betrachtungen.

Es gibt bei Reverse-auctions unterschiedliche Grundformen für die Preisermittlung. Bei der „Englischen Auktion" unterbieten sich die Lieferanten schrittweise gegenseitig, wobei jeder Lieferant beliebig oft Gebote abgeben kann. Den Zuschlag erhält das niedrigste Gebot. Eine Variante besteht darin, dass der Preis schrittweise so lange gesenkt wird, bis er nur noch von einem Anbieter akzeptiert wird. Üblicherweise findet die „Englische Auktion" in offener Form statt, so dass alle Bieter alle Gebote sehen können. Um Absprachen zu vermeiden sollten keine weiteren Informationen über die anderen Bieter veröffentlicht werden. In einigen Fällen ist es vorteilhaft nicht die Gebote sondern nur den Rang der jeweiligen Bieter bekannt zu geben. Die „Holländische Auktion" beginnt mit einem niedrigen Preis, der schrittweise erhöht wird. Der Zuschlag wird erteilt, wenn der erste Bieter den aktuellen Preis akzeptiert, somit erfolgt nur ein Gebot. Bei verdeckten Auktionen werden die Gebote der anderen Bieter nicht bekannt gegeben. Sie werden einmalig abgegeben und der Anbieter mit dem geringsten Preis erhält den Zuschlag. Bei der sog. Vickrey-Auktion erhält zwar das geringste Angebot den Zuschlag, jedoch zum Preis des zweitniedrigsten Angebotes. Verdeckte Auktionen mit einmaliger Angebotsabgabe ähneln dem Verfahren einer Ausschreibung, wobei bei der Auktion der Preis das ausschließliche Zuschlagskriterium darstellt.

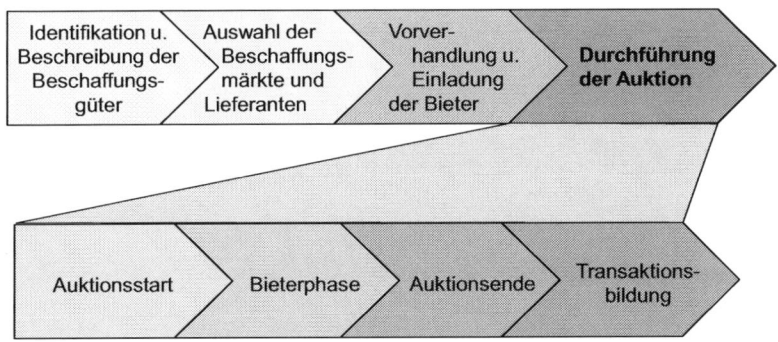

Abb. 5-19: Prozessablauf einer Auktion

Unabhängig von der gewählten Form müssen bei einer Online-Auktion stets mehrere Phasen durchlaufen werden (siehe **Abb. 5-19**). Die Auktion wird unterteilt in den Auktionsstart, die Bieterphase, das Auktionsende und die Transaktionsbildung. Für den Erfolg der Auktion ist allerdings die Vorbereitung von wesentlicher Bedeutung. Dabei müssen zunächst die für diese Beschaffungsform geeigneten Güter ausgewählt werden. Ein geeignetes Instrument dafür ist bspw. die sog. Power-Partner-Matrix, bei der die Beschaffungsgüter nach den Kriterien „Wettbewerbsdruck" und „Spezifität der

Anforderungen" eingeteilt werden.[228] Je geringer die Spezifität der Güter und je größer der Wettbewerbsdruck ist, desto eher ist eine Online-Auktion erfolgversprechend. Die Güter müssen in elektronischer Form beschrieben werden, wobei die Sichtweise der Bieter für den Detaillierungsgrad der Beschreibung entscheidend ist. Bei der Auswahl der einzuladenden Lieferanten müssen zunächst Entscheidungen über Anzahl, Qualität und regionale Zuordnung der potentiellen Bieter getroffen werden. Dann erfolgt die Kontaktaufnahme, Information und Auswahl der Bieter. Bei Bedarf werden vor dem Start der Auktion bereits Vorverhandlungen über Qualität und Lieferkonditionen geführt.

Analysiert man die Erfolgsfaktoren für bei Online-Auktionen, so kann in situative Faktoren, die durch das einkaufende Unternehmen kurzfristig nicht beeinflusst werden können und in Gestaltungsfaktoren, die durch den Einkäufer selbst aktiv beeinflusst werden können, unterschieden werden:

- **Situative Erfolgsfaktoren:**
  - Beschreibbarkeit des Auktionsobjektes
  - Marktmacht des beschaffenden Unternehmens

- **Gestaltungsfaktoren:**
  - Anzahl der Bieter
  - Qualität der Bieter
  - Geografische Lage der Bieter
  - Qualität des Startgebotes
  - Transparenz der Auktion

Online Auktionen können als Buy-side Lösung realisiert werden. Allerdings entstehen dem einkaufenden Unternehmen dadurch erhebliche Kosten für Aufbau und Betrieb der geeigneten EDV-Systeme. Daher haben sich sog. „On-Demand-Lösungen" etabliert, bei denen die Software von einem Dienstleister gegen Gebühr betrieben und betreut wird. Die Nutzung elektronischer Markplätze, bei denen die Funktionalität seitens des Marktplatzbetreibers zur Verfügung gestellt wird, empfiehlt sich bei selten durchgeführten Auktionen oder wenn das einkaufende Unternehmen zunächst Erfahrungen mit diesem Instrument des e-Procurement sammeln will. Im Gegensatz zu On-Demand-Lösungen sind die Individualisierungsmöglichkeiten bei Marktplätzen geringer.

5.4.3.3 Online Ausschreibungen

Eine Ausschreibung ist eine Aufforderung zur Abgabe eines Angebotes. Ein wesentlicher Aspekt dabei ist die exakte Beschreibung der zu vergebenden Leistung. Bei Online Ausschreibungen werden diese Unterlagen elektronisch zur Verfügung gestellt. Dabei können die unterschiedlichsten Datenformate für Texte, Tabellen, Datenbanken und Zeichnungen den Ausschreibungsteilnehmern auf schnelle, einfache und preiswerte Weise übermittelt werden. Die Interessenten benötigen lediglich einen Internetbrowser und die passende Anwendungssoftware zum öffnen der Ausschreibungsunterlagen. Neben der Veröffentlichung können auch die Angebote durch das Online Ausschreibungssystem elektronisch erfasst werden. Eine automatische Dokumentation der Metadaten (Zeitpunkt der Angebotsabgabe, Absender, Umfang der gesendeten Daten usw.) erhöht die Transparenz des Verfahrens. Einige Systeme bieten zusätzlich Funktionalitäten zum Bewerten der Angebote. Im Gegensatz zu einer verdeckten Auktion erfolgt die Angebotsbewertung nicht nur nach dem Preis. Es besteht zudem die Möglichkeit auf Basis der Angebote weitere Verhandlungen zu führen. Ausschreibungen können von privat-

---

[228] Vgl. Fuchs, Kaufmann (2008), S. 193

rechtlichen Unternehmungen durchgeführt werden, welche in der Form und Durchführung frei sind. Bei öffentlichen Unternehmen hingegen existieren genaue Vorgaben und Richtlinien zur Durchführung von Ausschreibungen (Vergaberecht). Die Missachtung dieser Vorschriften kann zu erfolgreichen Schadensersatzklagen der unterlegenen Anbieter führen. Nicht alle angebotenen Softwarelösungen unterstützen sämtliche Rahmenbedingungen für öffentliche Ausschreibungen. Die Durchführung von Online Ausschreibungen im Rahmen einer Buy-side-Lösung hat den Vorteil, dass die Funktionen zur Bewertung der Angebote betriebsindividuell ausgestaltet werden können. Marktplatzlösungen hingegen bieten den Zugang zu mehr Anbietern.

6 Herstellen (Make)

6.1 Logistische Grundlagen des Industriebetriebes

6.1.1 Inhaltliche Abgrenzungen

Der Industriebetrieb ist charakterisiert durch seine Leistung (siehe **Abb. 6-1**): Im Allgemeinen werden in industriellen Fertigungen durch Wertschöpfung Sachleistungen erstellt - dies sind vorrangig Veredelungen oder die Umwandlung von Gütern in höherwertige Güter. Die Leistungen werden erbracht durch materielle und technische Transformation unter Beachtung der Wirtschaftlichkeit. Die betriebswirtschaftliche Theorie spricht von der „Kombination der Produktionsfaktoren": Betriebsmittel, Werkstoffe (Material) und ausführende bzw. dispositive menschliche Arbeit.

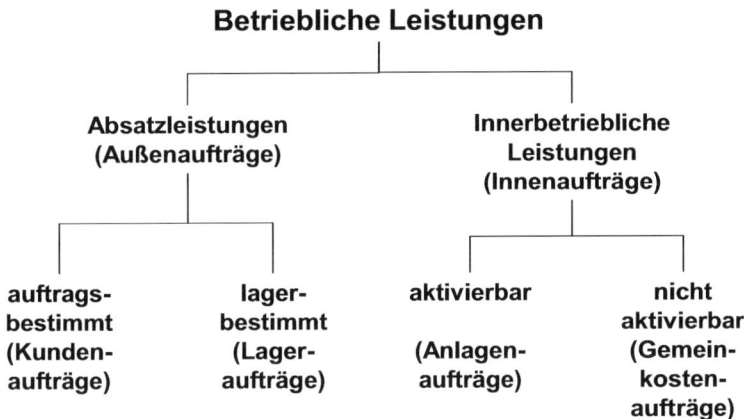

Abb. 6-1: Arten betrieblicher Leistungen

Absatzleistungen oder Außenaufträge sind für den Absatz bestimmt. Es wird dabei unterschieden (siehe Abschnitt 2.2.3), ob:

- die Leistungen für einen bestimmten Kunden bestimmt sind und aufgrund seines Auftrages speziell - und meist in kleinen Stückzahlen oder in Einzelfertigung - erstellt werden (**Auftragsfertigung**) oder
- die Erzeugnisse - im Allgemeinen in größeren Stückzahlen - auf der Grundlage eines vermuteten oder prognostizierten Marktbedarfes für anonyme Kunden hergestellt werden (**Lagerfertigung**).

Die Art der Leistung charakterisiert das Unternehmen; es ergeben sich eine Vielzahl von Vorgaben und Einschränkungen im Entscheidungs- und Gestaltungsrahmen des Produktentstehungs- und Wertschöpfungsprozesses.

In den vorherrschenden Käufermärkten muss es Ziel der in der Fertigung umgesetzten Anpassungsfähigkeit sein, möglichst individuelle Produkte unter Serienbedingungen herzustellen (z. B. im Rahmen einer kundenorientierten Massenfertigung - mass customization)[229]: Die Herstellung nach Markteinschätzungen mit Lagerbeständen (make-

---

[229] Vgl. Pine (1993)

to-stock) wird ersetzt durch die Fertigung nach Kundenwunsch (make-to-order bzw. assemble-to-order) – bei dennoch kurzen, durch die Auftragsabwicklung bedingten Lieferzeiten. Gleichzeitig wird geprüft, in wieweit bisher kundenindividuelle Aufträge (engineer-to-order) überführt werden können in standardisierte bzw. in Varianten organisierte Erzeugnis- und Fertigungsprogramme (siehe auch Abschnitt 2.2.3).

Innerbetriebliche Leistungen oder Innenaufträge werden betriebswirtschaftlich nach aktivierbaren (aktivierungsfähigen oder aktivierungspflichtigen) Aufträgen (z. B. Anlagenaufträgen oder Großreparaturen) und (nicht aktivierbaren) Gemeinkostenaufträgen unterschieden. Auch die innerbetrieblichen Leistungen tragen zur Gesamt-Wertschöpfung eines Unternehmens bei.

Der im ersten Kapitel bereits definierte Begriff „Produktionslogistik„ umfasst die Gesamtheit aller logistischen Aufgaben und Maßnahmen bei der Gestaltung und Durchführung der Produktion - das beinhaltet insbesondere:

- **Strukturierung** des Produktionsbereiches (Layoutplanung) nach logistischen – ganzheitlichen, prozessorientierten und bereichsübergreifenden – Gesichtspunkten;
- **Gestaltung** der physischen und informationstechnischen Flüsse – d. h. Prozesse und Abläufe – in den Fertigungs-, Lager- und Transport-Systemen (siehe auch Kapitel 3);
- **Planung** und **Steuerung** der Produktionsabläufe durch Produktionsplanung und -steuerung (PPS) sowie die entsprechenden Systeme (siehe Abschnitt 10.4.2.3).

Der Begriff der Produktionslogistik erweitert die betriebswirtschaftliche Produktionswirtschaft als Analyse, Planung und Steuerung der Leistungserstellung unter Beachtung ökonomischer und sozialer Ziele;[230] das sind: **Wirtschaftlichkeit**, **Produktivität**, **Flexibilität** und **Wandlungsfähigkeit/Agilität**[231] sowie die **Humanisierung des Arbeitslebens**. Die Produktionslogistik bezieht sich auf den industriellen Leistungserstellungsprozess und ist eingeschränkt auf die - isolierte funktionsbezogene - Betrachtung des Produktionsbereiches.

6.1.2 Produkte und Produktgestaltung

6.1.2.1 Definitionen

Produkte sind betriebliche (Sach-)Leistungen[232] und dienen einer konkreten oder angenommenen Bedürfnisbefriedigung bei einem bekannten oder einem unbekannten (anonymen) Kunden. Sie vereinen in sich ein Bündel von Eigenschaften und Merkmalen, die als Komplex oder spezifische Kombination gewünschte oder erwartete Funktionen beim Abnehmer erfüllen. Die Gesamtheit der Eigenschaften und Merkmale, deren Beschaffenheit und deren subjektive Wahrnehmung beim Kunden macht es für den Gebrauch und die Bedürfnisbefriedigung geeignet und bestimmt den Gebrauchsnutzen eines Produktes. Der Absatzerfolg ergibt sich, wenn ein Kundeninteresse vorliegt, geweckt werden kann und zum Kauf anregt.

Die Art der Produkte bestimmt das Vorgehen bei der Produktentwicklung und die Organisation der Auftragsabwicklung (siehe **Abb. 6-2**):

- **Investitionsgüter** werden i.d.R. auf der Grundlage konkreter Kundenwünsche (z. B. formal kommuniziert über eine Anfrage) und Anforderungen (z. B. formal beschrieben

---

[230] Vgl. Heinen (1983)
[231] Wandlungsfähigkeit ist Reaktionsfähigkeit und Flexibilität zusammen und ein Maß für die Fähigkeit von Unternehmen, sich an das turbulente Umfeld anzupassen. Vgl. u. a. Reinhart (1999)
[232] Zur Abgrenzung von Sach- und Dienstleistungen siehe Abschnitt 9.1

in einem Pflichtenheft) für einen bekannten Abnehmer entwickelt (oder zumindest in Teilbereichen kundenspezifisch konfiguriert) und kundenbezogen hergestellt (Engineer-to-Order) sowie produktiv eingesetzt und unterliegen einem langfristigen Amortisationsprozess. Hierbei muss jeweils besonders auf die Umsetzung der Kundenwünsche (Spezifikationen zu Funktionen, Qualität, Leistung etc.) geachtet werden, die durch sorgfältige Kundengespräche (technische Auftragsklärung) erkundet und in die Funktionen des Produktes umgesetzt werden müssen. Bereits zur Erstellung eines Angebotes sind häufig Entwicklungen und Konstruktionen notwendig, um auf der Grundlage von Zeichnungen und Stücklisten eine Arbeitsplanung (Kapazitäts- und Ablaufplanung) und eine Vorkalkulation durchführen zu können. Neben den technischen Spezifikationen stehen die Termin- und Preisermittlungen im Mittelpunkt des Kundenangebotes. Vergebliche Vorarbeiten bei Ablehnung des Angebotes werden durch schnellere Abwicklungen (Durchlaufzeit) angenommener Angebote wettgemacht. Zur Reduzierung des Zeitaufwandes in den der Produktion vorgelagerten Prozessen empfiehlt sich eine übergreifende - parallelisierte und vernetzte - Vorgehensweise im Sinne einer Projektorganisation und eines Projektmanagements, das u. a. Elemente des *Simultaneous Engineering* und eine arbeitsteilige Zusammenarbeit mit Lieferanten (*Collaborative Engineering*) einbezieht.

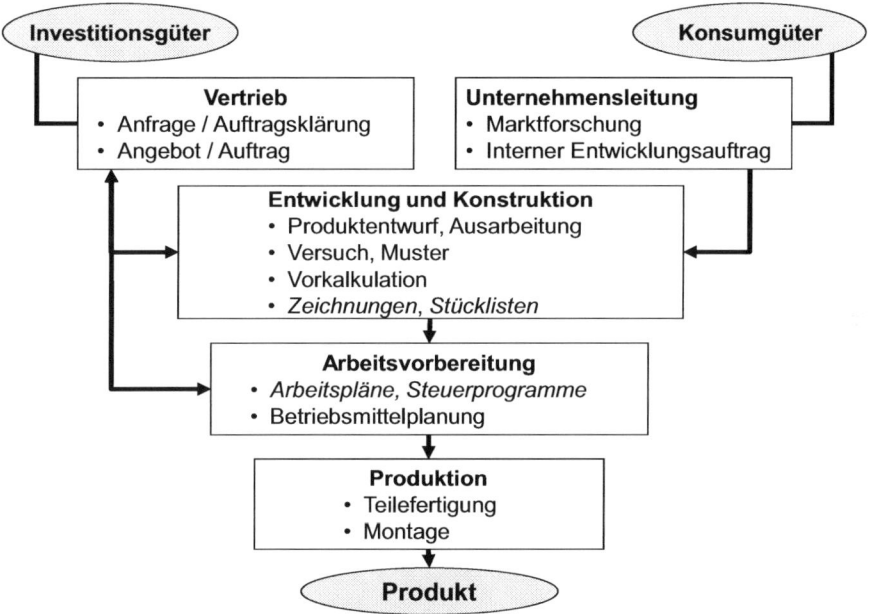

Abb. 6-2:   Entstehungs-/Herstellungsprozess bei Investitions- und Konsumgütern

■ **Konsumgüter** werden aufgrund eines vermuteten (besser: aufgrund eines prognostizierten) oder zu weckenden Kunden-/Marktbedürfnisses für einen anonymen Markt entwickelt, produktions- und marktreif gemacht und hergestellt. Sie sind im Allgemeinen für den Konsum beim Endverbraucher bestimmt, kurzlebig und dienen der Befriedigung privater Bedürfnisse des Abnehmers. Der Anstoß kann zunächst ein reines Reagieren auf bereits vorhandene Kundenwünsche in einem anonymen Markt sein. Besser ist ein aktives Angehen des Marktgeschehens: Die Produktpolitik steht hier im Mittelpunkt der Marketing-Aktivitäten, eine innovative Produktentwicklung wird zum vorrangigen Faktor und hilft, aktiv auf verkürzte Lebenszyklen am Markt zu reagieren.[233] Im Verhältnis von Kosten - Zeit - Qualität werden im Allgemeinen in einer Projektorganisation die in den nachfolgenden Abschnitten beschriebenen Methoden angewendet, um neue Produkte zu entwickeln, fertigungs- und marktreif zu machen. Ziel ist es, in einer Zeit verkürzter Lebenszyklen bei hoher Qualität der Produkte und zunehmenden Konkurrenz- und Kostendrucks auf internationalen Märkten bestehen zu können.[234] Kosten-, Zeit- und Qualitätsmanagement sind damit entscheidende Wettbewerbsfaktoren. Dadurch können in immer kürzeren Zyklen immer ausgereiftere Produkte (ohne Nachbesserungen) zu marktgerechten Kosten an den Markt gebracht werden.

Die Produkte des Erstanbieters können auch zu günstigen Preisen angeboten werden: Die notwendigen Erträge ergeben sich ohne Abschöpfungsstrategie des Marktführers allein aus dem Vorsprung durch die Erfahrungskurve (langfristige Wiedergewinnungsstrategie). Diese sichert dem Pionier über eine aggressive Preispolitik die größtmögliche kumulierte Menge und damit die niedrigsten Stückkosten.

Die Produktangebote unterschiedlicher Konsumgüterhersteller sind im Allgemeinen sehr homogen, die einzelnen Produkte unterscheiden sich nur marginal. Um einem direkten Preiswettbewerb auszuweichen, können die Erzeugnisse individualisiert und mit bestimmten - subjektiven - Zusatznutzen (Präferenzstrategie) ausgestattet werden – beispielsweise durch Markenbildung oder zielgruppenorientierter Kombinationen wählbarer Produkteigenschaften (Produktdifferenzierung). Die individualisierten Produkte bedeuten eine – kundenauftragsbezogene – Variantenfertigung (Assemble-to-order) ab dem Order penetration point (siehe Abschnitt 2.2.3) und erhöhen im Allgemeinen die Kundenwartezeit, senken aber Risiken „falscher", d. h. nicht nachgefragter, Lagerbestände (Assembly/Value added Postponement). Logistisch sind beschaffungsseitig die variantenspezifischen Teile und Baugruppen kurzfristig bereitzustellen und absatzseitig die fertigen Erzeugnisse dem Kunden termingerecht zuzuführen.

6.1.2.2 Methoden der Produktentwicklung

Seit Jahren werden Produktlebenszyklen kürzer und kürzer. Es führt daher kein Weg daran vorbei, die Phase der Produktentwicklung einerseits zu beschleunigen und andererseits kunden- bzw. marktortientiert zu entwickeln – und gleichzeitig eine marktgerechte Qualität sicherzustellen und unnötige Kosten zu vermeiden. Zur Unterstützung des Produktentwicklungsprozesses stehen einige Methoden, Vorgehensweisen und Werkzeuge zur Verfügung, von denen einige kurz angesprochen werden sollen:

■ **Ideenfindungs-Methoden**
Zum Auffinden von - insbesondere innovativen - Produktideen werden teamorientierte Kreativitätstechniken angewandt, die die Fähigkeit des Menschen nutzen, Denkergebnisse hervorzubringen und Sachverhalte miteinander zu verknüpfen, die neu sind oder in ihrer Kombination vorher unbekannt waren. Die Ergebnisse entspringen der Imagination oder Gedankensynthesen, die mehr als eine bloße Zusammenfassung sind

---

[233] Kunden sind die ergiebigste Quelle für Produktideen, deren systematische Auswertung, Bewertung und Verdichtung zur Produktdefinition führt. Im Allgemeinen ergeben sich lediglich Perfektionierungen oder ein "Uptrading" (s. Automobilindustrie) vorhandener Produkte und nicht ein Vordringen in zukünftige Schlüsseltechnologien.

[234] Die Produktentwicklung, die Bewältigung reibungsloser Produktionsanläufe (Time to Market), die Optimierung der Fertigungsabläufe und die Betreuung des Produktrecyclings wird gelegentlich als "New Product Logistics" bezeichnet.

und Synergien freisetzen. Ideenfindungsverfahren beruhen entweder auf einer systematischen Auswertung möglicher Informationsquellen (Sammlung von Ideen) oder auf einer - kreativen, methodisch-systematischen - Suche nach innovativen Produktideen (Suche und Selektion der Ideen). Die wichtigsten Verfahren sind:

- *Kreativitäts-Methoden*: z. B. Brainstorming, Brainwriting, Methode 6-3-5, oder auch Synektik, Delphi-Methode
- *Systematische Ideensuchverfahren*: Fragenkataloge, strukturierte Verfahren wie beispielsweise die Wertanalyse[235] u. a.

Simultaneous / Web-Engineering – Rapid Prototyping – Virtual Reality

Die herkömmliche Produktentwicklung erfolgte arbeitsteilig und sequentiell in den einzelnen Fachabteilungen - mit dem Nachteil eines hohen Zeit-, Abstimmungs- und Änderungsaufwandes durch notwendige Rückkoppelungs-Schleifen. Simultaneous bzw. Collaborative Engineering versucht, alle an der Produktentwicklung beteiligten Stellen und Bereiche – einschließlich Zulieferer (Entwicklungspartner) und Kunden – projektorientiert als verantwortliche Gruppe (cross-functional-team) in den Entstehungsprozess, in den Engineering Workflow zu integrieren. Durch Parallelisierung der Aufgaben werden Zeitgewinne für die Lieferbereitschaft - im Sinne der Gesamt-Durchlaufzeit - erreicht und nachträglicher Änderungsaufwand als Kostentreiber wird minimiert. Simultaneous Engineering ist nicht nur ein organisatorisches Vorgehen, das seine Vorteilhaftigkeit aus der Strukturauflösung und Prozessorientierung ableitet, es nutzt auch moderne, rechnergestützte Werkzeuge wie CAD-Anwendungen in der Konstruktion, CAP in der Arbeitsplanung, Einsatz von Simulationstechniken, Nutzung von Wissens- und Ingenieurdatenbanken, die virtuelle Einbindung von Zulieferern und Ingenieurbüros u. a. sowie Methoden der präventiven Fehlervermeidung – beispielsweise die FMEA-Methode (Failure Mode and Effects Analysis), DFMA (Design for Manufacturing and Assembly - fertigungsgerechtes Konstruieren), Rapid Prototyping, Virtual-Reality-Techniken, Simulation u. a. Die Entwicklungsprozesse - insbesondere für teure und komplexe Produkte und Produktionsabläufe - werden beschleunigt, Kosten gespart und mögliche Fehler am Produkt vorbeugend aufgedeckt und vermieden.

Total Quality Management (TQM)

TQM ist eine auf der Mitwirkung aller ihrer Mitglieder beruhende Führungsmethode einer Organisation, die Qualität in den Mittelpunkt stellt und durch Zufriedenstellung der Kunden auf langfristigen Geschäftserfolg sowie auf Nutzen für die Mitglieder der Organisation und für die Gesellschaft zielt (DIN EN ISO 8402); es nutzt zur Durchsetzung der betrieblichen Qualitätspolitik und deren Ziele gruppenbezogene Arbeitsformen und kontinuierliche Verbesserungsprozesse zur Vermeidung von Verschwendungen in der gesamten Wertschöpfungskette - insbesondere bei den Qualitätskosten. Für die Produktentwicklung und Arbeitsplanung bieten sich Methoden wie Quality Function Deployment (QFD), Taguchi-Methode u. a. an, um eine qualitätsgerechte Gestaltung der Produkte und Prozesse zu erreichen. Die Qualitätsorientierung der Produkte und Fertigungsabläufe (Herstellung von Qualität durch beherrschte Prozesse) haben auch eine juristische Dimension: Den Abbau von Gewährleistungsansprüchen auf Nacherfüllung und die Abwehr von Produkthaftungsansprüchen (siehe VDI 5500).

---

[235] Ursprünglich genormt in DIN 69910, im Rahmen der Weiterentwicklung zum Value Management verteilt auf die Normen DIN 1325 und DIN 12973, als Einzelverfahren beschrieben beschrieben in den VDI-Normen VDI 2800 – 2806.

6.1.2.3 Logistikrelevanz der Entwicklung (New Product Logistics)

In der Entwicklung werden die späteren logistischen Strukturen und Abläufe bereits weitgehend bestimmt. Im Rahmen von Konstruktion und Entwicklung sind also „logistik-gerechte" Konzepte einzubeziehen und zu bewerten.

■ **Target Costing**

Bei der marktorientierten Produktentwicklung ist neben der Verfolgung von Qualitäts- und Zeitzielen auch die Ausrichtung der Aktivitäten auf - wettbewerbskonforme - Kostenziele unabdingbar. Der Ansatz des Target Costing[236] (Zielkostenrechnung) beruht auf umfassenden Kostenplanungs-, Kostensteuerungs- und Kontrollüberlegungen während des Gesamtprozesses der Produktentstehung. Grundlage der Aktivitäten ist die Ausrichtung der Handlungen an den vom Markt gewünschten Produkteigenschaften und -merkmalen und deren Umsetzung in Produktfunktionen und deren Herstellung. Die Ermittlung der Zielkosten als vom „Markt erlaubte Kosten" ergibt sich aus dem Zielpreis abzüglich eines Zielgewinns (Subtraktionsmethode - „Market into Company" oder „Out of Competitor"); sie werden zunächst für das Produkt als Ganzes definiert und müssen anschließend mit Dekompositionsmethoden detailliert werden. Die praktische Operationalisierung erfolgt durch Aufspaltung der Kosten auf Funktions-kosten des vom Markt definierten Leistungsprofils,[237] Komponentenkosten für Haupt- und Teilbaugruppen und Teilekosten und deren Gewichtung (relative Anteile); hierbei gibt es Abweichungen zwischen Wertvorstellungen der Kunden und den Kosten zur Herstellung des Produktes und der Teilfunktionen.

■ **Variantenmanagement**

Im Rahmen der Kundenorientierung muss auch über die Kostenwirkungen von Varianten nachgedacht werden. Die beispielsweise in der Automobilindustrie beobachtete Variantenvielfalt bedeutet einen starken Einfluss auf die Kosten zur Herstellung der Varianten, deren Auswirkungen auf die materialwirtschaftlichen Prozesse in der gesamten Wertschöpfungskette (Bestandscontrolling) und auf die Ersatzteilversorgung des Marktes. Beispielsweise können mit dem „Plattformkonzept" auf der Basis fertigungs- und montagegerechter Standardbaugruppen den Kunden individuelle Varianten angeboten werden. Im Sinne der Nachhaltigkeit sollte während der Produktentwicklung bereits über ökologische Wirkungen des Produktes und auch über dessen Entsorgung und dessen Entsorgungskosten nachgedacht werden: Produktrücknahme, Demontage, Produkt-/Wertstoff- Recycling u. a. (Design for Disassembly and Recycling).

■ **Markt- und Lebenszyklus-Betrachtung**

Die Art des Produktes bestimmt im Allgemeinen auch die Lebensdauer am Markt, die strategische Beurteilung und die Ableitung von notwendigen Produktpolitiken. Ein Instrument zur Abschätzung der Position eines Produktes, seiner Chancen und Risiken am Markt ist die Marktwachstum-Marktanteils-Portfolioanalyse auf der Grundlage von PIMS - Modellen (profit impact of market strategy).[238] Dahinter sind auch Erkenntnisse für den Lebenszyklus erkennbar: Das ist die Entwicklung vom *Nachwuchsprodukt*

---

[236] Die Marktorientierung des Target Costing macht sich in der Veränderung der Fragestellung bemerkbar: Früher lautete die Frage "Was wird ein Produkt kosten?" - heute wird aus der Frage "Was darf ein Produkt kosten?" der strategische Marktpreis abgeleitet.

[237] Bei der Definition der Funktionen wird in - Harte Funktionen - sie bestimmen die technische Leistung des Produktes und - Weiche Funktionen - dienen den Benutzerfreundlichen und der Wertschätzung durch den Kunden unterschieden.

[238] Zur Vorgehensweise vgl. Kerth u. a. (2009), S. 84ff

(Question Mark) über *Sterne* (Stars) zur *Melkkuh* (Cash Cow) bis zum Problemprodukt „*Armer Hund*" (Poor Dog) und dessen Ausscheiden aus dem Markt. Für die einzelnen Bereiche (Geschäftsfelder bzw. Einzelprodukte) werden jeweils Normstrategien für sinnvolle Entscheidungen und Verhaltensweisen vorgeschlagen, die jedoch im Einzelfall kritisch überprüft und angepasst werden müssen. Der größte Deckungsbeitrag der Produkte wird im Allgemeinen im Bereich der „Cash Cow" – in der Phase der Reife und Marktsättigung – erreicht.

■ **Flexibilität und Agilität der Produktion**
Die Art der Produkte bestimmt auch die notwendige Flexibilität der Produktion: Die Fähigkeit, sich auf unterschiedliche Wünsche und Anforderungen des Marktes und des zu erstellenden Produktionsprogrammes einzustellen. Für Investitionsgüter müssen auf - meist universell nutzbaren - Betriebsmitteln alle denkbaren Wünsche der Kunden herstellbar sein. Für Konsumgüter bedeutet Flexibilität die Anpassungsfähigkeit an wechselnde Fertigungsprogramme - insbesondere Mengenschwankungen und Varianten-Mixe. Die Produktlebensdauer bestimmt die notwendigen Amortisations-zeiten der Betriebsmittel (Pay-off-Period) - zumal, wenn die Produktlebensdauer geringer ist als die Nutzungsdauer der Betriebsmittel, auf denen sie gefertigt werden. Hier bedeutet Flexibilität die Anpassungsmöglichkeit (Umrüstmöglichkeit oder Umprogrammierbarkeit) der Betriebsmittel an die Herstellung neuer Produkte und Produktgenerationen - im Sinne der nach Art und Menge wandlungsfähigen Fabrik.

Die Art der Produkte bzw. die Märkte und Kunden der Produkte bestimmen auch die notwendige Agilität der Produktion: Die Fähigkeit und Schnelligkeit, mit der auf Veränderungen des Marktes und der Kundenwünsche reagiert werden kann.

6.1.3 Informationsträger

Zur Organisation der Herstellungsprozesse in einem industriellen Umfeld wird auf standardisierte Informationsträger zurückgegriffen:

■ **Zeichnungen** - Technische Zeichnungen dokumentieren wichtige Ergebnisse des Konstruktionsprozesses, gemeinsam mit den Stücklisten und Arbeitsplänen stellen sie die grundlegenden Informationsträger eines Fertigungsbetriebes dar. Zeichnungen dienen allen an der Produktentstehung beteiligten Stellen bzw. Personen als Verständigungsmittel. Nach dem Zweck sind zu unterscheiden:

  ■ *Zusammenbauzeichnungen*, die sich auf eine Baugruppe oder auf ein gesamtes Erzeugnis beziehen. Sie werden insbesondere für die Montage benötigt, um sicher-zustellen, dass die enthaltenen Komponenten auch zusammenpassen und montiert werden können.

  ■ *Einzelteilzeichnungen*, die für die Teilefertigung alle notwendigen Angaben wie Material, Form, Abmessungen, Toleranzen, Oberflächenangaben u.a.m. enthalten.

■ **Erzeugnisgliederung**/Stücklisten - Die Erzeugnisgliederung spiegelt die hierarchische Struktur eines Erzeugnisses wider. Die formale Abbildung erfolgt über Stücklisten (siehe auch Abschnitt 4.4.3.2), dazu die Definition nach REFA: „Die Stückliste ist ein für den jeweiligen Zweck vollständiges, formal aufgebautes Verzeichnis für einen Gegenstand, das alle zugehörigen Gegenstände unter Angabe von Bezeichnung (Benennung, Sachnummer), Menge und Einheit enthält."

■ **Arbeitsplan** - Arbeitspläne dokumentieren den Arbeitsablauf und beschreiben die benötigten Ressourcen und deren Daten. Die Definition nach REFA lautet: „Im Arbeitsplan ist die Vorgangsfolge zur Fertigung eines Teils, einer Gruppe oder eines

Erzeugnisses beschrieben: Dabei sind mindestens das verwendete Material sowie für jeden Arbeitsgang der Arbeitsplatz, die Betriebsmittel, die Vorgabezeiten und gegebenenfalls die Lohngruppe angegeben."

6.2 Gestaltung der Fertigungstiefe

Unter Abschnitt 5.2.1 wurde bereits im Bereich der Beschaffung über die Gestaltung der Fertigungstiefe und das Outsourcing (Arbeitsteilung mit Zulieferern) berichtet. Die dort aufgeführten Maßnahmen unterstützen das Ziel der Materialbestandsoptimierung in der gesamten Lieferkette. Die Gestaltung der Fertigungstiefe und der Fertigungsstrukturen im Bereich der Produktionslogistik hat die strategische Aufgabe, die Material- und die zugehörigen Informationsflüsse durch die notwendigen Stufen des Fertigungsprozesses zu lenken. Dies dient - neben der Bestandsoptimierung in allen anfallenden Transport- und Lager-Prozessen (TUL-Prozesse) – dazu, den Materialfluss[239] bei der Produktentstehung zu optimieren und die Durchlaufzeit der Aufträge zu minimieren (Materialfluss-optimierung). Ansatzpunkt zum Abbau der Fertigungstiefe ist vor allem der – maschinen-orientierte und kapitalintensive - Bereich der Vorfertigung oder Teilefertigung.

Ein Abbau von Fertigungstiefe und damit der Abbau von Wertschöpfungsstufen entspricht der Philosophie der „schlanken Produktion" (Lean Production[240]). Die Reduzierung der organisatorischen Hierarchiestufen und Rückdelegation von Arbeitsinhalten zu den Arbeitsprozessen bewirkt eine Veränderung der - von Taylor[241] geprägten - Arbeitsteilung und Arbeitsspezialisierung - der Mitarbeiter rückt wieder in den Mittelpunkt des Geschehens.[242] Betriebswirtschaftlich wird durch die Arbeitsverdichtung, durch die Übernahme von Kompetenz und Verantwortung, durch Gruppenorientierung, Durch-setzung des JIT-Prinzips im gesamten Wertschöpfungsprozess und durch Segmentierung[243] in eigenverantwortlichen Fertigungsinseln jegliche Art von Ressourcen-Verschwendung (im Sinne des japanischen „Muda") vermieden. Die Wirtschaftlichkeit ergibt sich auch aus dem Abbau von Anlage- und Umlaufvermögen (siehe die Erläuterungen zum ROI in Abschnitt 1.4.3) der Verminderung der Kapitalbindung und aus der Erhöhung des Kapitalumschlags mit dem Ziel internationaler Konkurrenzfähigkeit.[244] Die schlanke Produktion ist kein Patentrezept, Modetrend oder Zauberformel und darf nicht die kritiklose Übertragung japanischer Erfolge auf deutsche Verhältnisse bedeuten - Ziel muss es vielmehr sein, die gegebene Produktivitätslücke gegenüber dem weltweiten Wettbewerb zu schließen und die Kosten den am Markt erzielbaren Preisen (Target-Pricing) anzupassen. „Lean Production" ist damit nicht Methode sondern Ziel - die Erhöhung der Produktivität durch schlanke, schnelle, beherrschte und qualitätsorientierte Prozesse.

---

[239] Entsprechend den Definitionen zur Logistik gehört hierzu auch die Vermeidung von Reibungsverlusten an den Schnittstellen des Wertschöpfungsprozesses - Vgl. Abschnitt 1.2.4.

[240] Taiichi Ohno (TOYOTA) ist der Begründer der "Lean Production".

[241] F. W. Taylor (1856 - 1915) ist der Begründer der wissenschaftlichen Betriebsführung (Scientific Management) und Vordenker der betrieblichen Arbeitsteilung. Andere Namen sind H. Fayol, H. Ford und F. B. Gilbreth. In der Zeit der klassischen Nationalökomomie hat bereits Adam Smith (1723 - 1790) in seinem "Stecknadelbeispiel" auf die Produktivitätsgewinne der Arbeitsteilung hingewiesen - auch Charles Babbage (1792 - 1871) hat die Vorteile der Arbeitsteilung beschrieben.

[242] Praktikeraussage hierzu: "Der Mensch steht im Mittelpunkt - und damit immer im Wege!"

[243] Nach Warnecke (1992) besteht die Fabrik der Zukunft aus "Fraktalen" - grundsätzlich verselbständigten, selbstähnlichen, eigenverantwortlichen, kommunikativ in Kunden-Lieferanten-Beziehungen miteinander verflochtenen "Sub-Unternehmen" und stützt sich auf qualifizierte Mitarbeiter mit selbständigen Zielvorgaben in komplexen, dynamischen Systemen.

[244] Vgl. die MIT-Studie von Womack/Jones/Roos "The machine that changed the World" - (1990)

Kundenorientierung erfordert eine Anpassungsfähigkeit an wechselnde Markterfordernisse und Kundenwünsche, sie muss im Fertigungsbereich umgesetzt werden als die „maßgeschneiderte Massenfertigung"[245] - sie wird erreicht durch eine Verbindung von Management-Methoden und dem Einsatz neuer Technologien; die Anpassungsfähigkeit wird umgesetzt durch flexible Gestaltung der Fertigungseinrichtungen und der Fertigungsabläufe. Anpassungsfähigkeit oder Flexibilität ist damit die Fähigkeit eines Maschinen- und des Materialflusssystems, sich qualitativ und quantitativ wechselnden Fertigungsprogrammen anzupassen, neue oder veränderte Produkte zu fertigen oder neue Technologien in den Fertigungsprozess zu integrieren. Flexibilität hat eine strategische Komponente - sie wird bei der Gestaltung der Fertigungsstrukturen und der Fertigungsabläufe in den Systemen vorgesehen. (Wunschvorstellung und Ziel ist das wirtschaftliche Fertigen der Losgröße „1" mit einer Rüstzeit „0"!). Im Mittelpunkt heutiger Strukturen der Vor- oder Teilefertigung steht die computergesteuerte Technik - die flexible Automatisierung der Werkzeugmaschinen und der Materialfluss- und Lagereinrichtungen (siehe Kapitel 3). Die Arbeitsprozesse laufen weitgehend selbsttätig ab - der Mensch übt lediglich eine zeitlich ungebundene Überwachungstätigkeit aus. In den Montagebereichen rückt der Produktionsfaktor Mensch weiter in den Mittelpunkt; personelle Flexibilität wird erreicht durch die (Mehrfach-)Qualifikation der Mitarbeiter (Humankapital), flexiblen Arbeitseinsatz ohne feste Arbeitsplatzzuordnung und flexible Arbeitszeiten, sie wird unterstützt durch anforderungs- und leistungsorientierte Entlohnungssysteme. Im operativen Bereich werden Produktionsplanungs- und Steuerungs-Systeme bzw. ERP-Systeme (siehe Abschnitte 6.5 und 10.4.2.1) eingesetzt, um kurzfristige Fertigungsprogramme umzusetzen, Durchlaufzeiten zu verringern, Bestände zu senken und Störungen in den Prozessen zu beseitigen.

6.3 Gestaltung der Produktionsstrukturen (Fabrikplanung)

6.3.1 Verständnis und Gestaltungsfelder der Fabrikplanung

Das in Kapitel 4 zugrunde gelegte Planungsverständnis bezog sich vorrangig auf die Organisation der operativen Prozesse. Es ist daher zu ergänzen um das Verständnis von Planung, die sich auf die Gestaltung der Strukturen eines Unternehmens, einer Fabrik oder einer Produktion bezieht. Gemäß VDI-Richtlinie 2385 wird Planung beschrieben als die „Suche nach einer realisierbaren Lösung für eine Aufgabe in befristeter Zeit mit vorgegebenem Kostenaufwand unter Berücksichtigung aller wesentlichen Faktoren und Einflussgrößen"[246] Speziell die Fabrikplanung „hat die Aufgabe, bei Beachtung sämtlicher Rand- und Rahmenbedingungen die technischen, wirtschaftlichen und sozialen Voraussetzungen für eine effiziente Erfüllung der betriebsspezifischen Produktionsaufgabe zu schaffen."[247] Mit erfolgreicher Planung können so z. B. bestehende Betriebsstrukturen verbessert, zukünftige Strukturen entwickelt und Fehlinvestitionen vermieden werden.

---

[245] Ein Beispiel ist die Automobilherstellung individualisierter Erzeugnisse in kombinierter Einzel- und Massenfertigung (kundenindividuelle Massenfertigung).
[246] VDI 1989: VDI-Richtlinie 2385, S. 2
[247] Kettner, Schmidt, Greim (1984)

Neben dem Standort des gesamten Produktionsbetriebes ist für die Fertigungslogistik der innerbetriebliche Standort wichtig - das ist die räumliche Lage und Verkettung der einzelnen Teile und Funktionen der Unternehmung, von Werkstätten oder von Abteilungen auf einem Betriebsgrundstück (Layout). Dies beinhaltet Entscheidungen über die - fluss-bzw. logistik-orientierte - Anordnung von Funktionsbereichen der Fertigung, über die Material- und Informationsflusseinrichtungen und die Integration der Verwaltung und über den Ablauf der Fertigung und des Materialflusses, die Einbeziehung von Fertigungs-, Transport- und Lagersystemen, der Informationssysteme und über die Zuordnung der Mitarbeiter zu den Arbeitsplätzen.

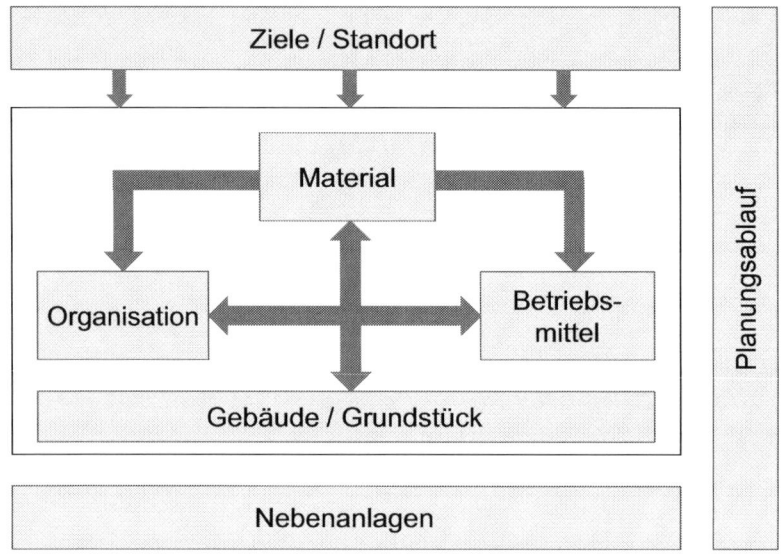

Abb. 6-3:   Gestaltungsfelder der Fabrikplanung

Als **Gestaltungsfelder** der Fabrik sind damit – stets im Zusammenspiel mit dem Aspekt „Mensch" - zu planen (siehe **Abb. 6-3**):

- **Fläche/Raum**:   Grundstücks- und Gebäudeplanung, d. h. vom Grundstück über Gebäude bis zu Gebäudeflächen und Außenanlagen.
- **Material**:   Materialfluss- und Logistikplanung, d. h. Gestaltung der Material-flüsse auf der Basis einer Logistik-Konzeption.
- **Mitarbeiter**:   Personal- und Organisationsplanung, d. h. Personalbedarfe, Aufbau- und Ablauforganisation.
- **Betriebsmittel**:   Prozess- und Einrichtungsplanung, d. h. Fertigungs- und Montage-mittel genau wie Lager- und Transportmittel.

Die (Werk-)**Struktur- und Layoutplanung** (Masterplan, Leitplan, Generalrichtlinie) ist die Zusammenfassung von Maschinen und Arbeitsplätzen zu fertigungstechnischen, räum-lichen Einheiten unter Beachtung des Organisationstyps und hat das Ziel, unter den gegebenen Umständen und Vorgaben ein Layout zu erstellen, das:

- die gegebenen Verhältnisse des Grundstücks optimal nutzt, unter Beachtung baulicher und sicherheitstechnischer Vorschriften und Auflagen;
- die Fertigungs- und Lagerbereiche funktions- und fluss-/logistikgerecht anordnet;
- das absehbare Produktionsprogramm und das Mengengerüst einbezieht;

- die innere Infrastruktur (Versorgungswege/-flächen, Verkehrswege/-flächen, Flächen für Hilfsbetriebe - einschließlich Sozialbereichen) berücksichtigt;
- die Anbindung an externe Verkehrs- und Versorgungssysteme ermöglicht - vor allem Zulieferungen an vielen Stellen der Außenwände zulässt und
- genügend Möglichkeiten lässt für spätere Erweiterungen sowie Nutzungsentwicklungen bzw. –veränderungen von Bauten, Anlagen und Einrichtungen.

Die Planung erfolgt projektorientiert in einem interdisziplinären Team, dessen Mitglieder Fabrikations- und Fertigungstechnik, Materialfluss- und Lagertechnik, Bauplanung, Bautechnik und Architektur sowie Betriebswirtschaft beherrschen müssen. Das Ergebnis ist der Layout-Plan - die Darstellung der operativen Wertschöpfungsprozesse und der Lager- und Transportprozesse in Abhängigkeit der festgelegten **Planungsebene** (Standortplanung, Generalbebauungsplanung, Gebäudelayoutplanung, Geschossflächenplanung, Maschinen- u. Einrichtungsplanung). in Form von Funktionsblöcken ohne Details für Ausstattung, Automatisierung oder die Besetzung mit Mitarbeitern.[248]

Die Methoden der Fabrikplanung sind zunächst statisch (Materialfluss-Matrix, Sankey-Diagramm, Methoden des Operations Research), zunehmend wird aber auch der Faktor Zeit in dynamischen Methoden berücksichtigt: Die **Simulation** (VDI 3633) ermöglicht, das prozessorientierte Verhalten der einzelnen Bereiche im Zusammenwirken, die Wirkungen von Layout-Varianten oder den Einfluss zukünftiger Ereignisse und Veränderungen (Innovations- und Anpassungsprozesse) darzustellen, Abläufe zu optimieren, Produktionsanläufe zu beschleunigen, Planungsfehler und Schwachstellen am Computer-Modell zu erkennen und zu vermeiden. Neuerdings werden Layout und betriebliche Abläufe mit Hilfe von Computeranimationen im „Cyberspace" (Virtual Reality) visualisiert und getestet.

6.3.2 Analyse

In Abhängigkeit der festgelegten Ziele gilt es, die relevanten Ausgangs- und Rahmenbedingungen zu erfassen und zu untersuchen. Die Datenaufnahme und Analyse wird z. B. bezogen auf Produkte und Varianten, Produktionsabläufe, Strukturen und Flächen sowie auf die Aufbau- und Arbeitsorganisation.

Die Materialfluss- und Transportintensitäten (Mengenstrom-Analyse) werden ermittelt auf Basis z. B. des Produktionsprogramms, ggf. unter Bestimmung von Repräsentanten durch z. B. ABC- oder PQ-Analysen[249]. Im Allgemeinen ergibt sich die folgende Vorgehensweise:

- Ermittlung der Teilestruktur (z. B. aus den Stücklisten)
- Berechnung der Fertigungsmengen
- Ermittlung der Arbeitsgangsfolgen (z. B. aus den Arbeitsplänen)
- Berechnung der Materialflüsse von Strukturelement zu Strukturelemet (Materialflussbeziehungen, Mengenströme)
- Umrechnung in *Transporteinheiten* auf der Basis des jeweiligen Fassungsvermögens der Ladeeinheiten, durchschnittlicher Füllgrade und der Anzahl der Ladeeinheiten.
- Ggf. weitere Umrechnung in *Transportfahrten, Transportleistung, Transportkosten*, was jedoch jeweils die Erhebung umfangreicher Datenbestände voraussetzt.

---

[248] Die logistikgerechte Fabrik hat ggf. sternförmige oder ringförmige Grundrisse, um viele "Außenflächen" für den Zufluß von Materialien und Komponenten auf kurzen Wegen von externen Zulieferern zu bieten. Logistik ist ein wichtiger Treiber des gesamten Fertigungsprozesses und der Gebäudeauslegung.

[249] Produkt-Quantum-Analysen: Ermittlung produktgruppen- oder erzeugnisbezogener Jahresmengen.

Die Darstellung der Ergebnisse kann erfolgen als mathematische Darstellung z. B. als Materialflussmatrix (von/nach-Diagramm, siehe **Abb. 6-4**), als zweidimensionale graphische Darstellung z. B. als Kreisdiagramm oder Sankey-Diagramm (siehe **Abb. 6-5**) oder als räumliche Darstellung z. B. als maßstäblichdes Modell.

Von \ Nach	Wareneingang	Rohstofflager	Fertigung	Montage	Fertigwaren-lager	Abfälle, Verschnitt	Versand	Schrott	Summe
Wareneingang									
Rohstofflager									
Fertigung									
Montage									
Fertigwarenlager									
Abfälle, Verschnitt									
Versand									
Schrott									
Summe									

Abb. 6-4:   Materialflussmatrix

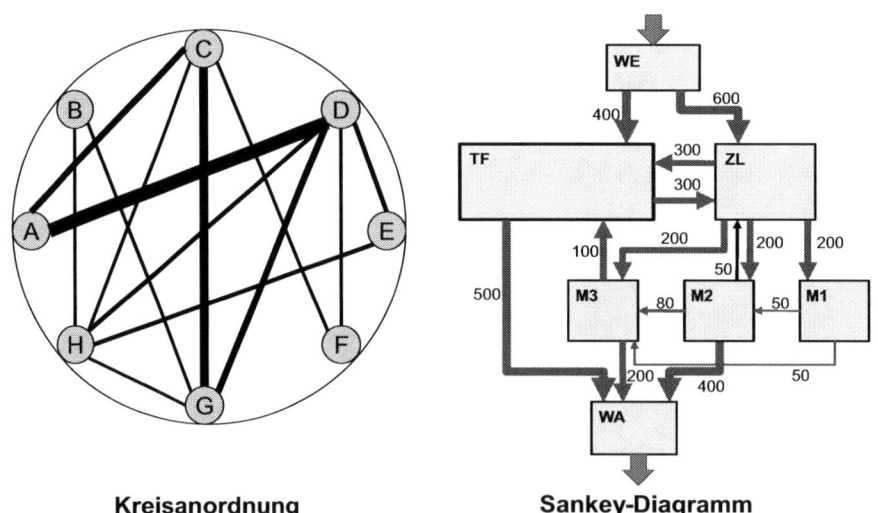

Kreisanordnung   **Sankey-Diagramm**

Abb. 6-5:   Kreisanordnung bzw. Sankey-Diagramm

6.3.3 Strukturdesign

6.3.3.1 Organisationstyp

Die Art des Produktes und die Häufigkeit der Wiederholung bestimmen die Organisation der Fertigungsstruktur und des Fertigungsablaufes. Zur Gestaltung der Raum- und Zeitstruktur des Betriebsmitteleinsatzes stehen die klassischen Organisationstypen zur Verfügung (Fertigungsprinzipien):

■ **Werkstattfertigung**: Die Maschinen werden nach Funktionen (gleichartige Arbeitsverrichtungen, funktionelle Fertigungsorganisation oder Verrichtungsprinzip) räumlich zu Werkstätten zusammengefasst. Der Fertigungsablauf wird bestimmt von der räumlichen Anordnung und den innerbetrieblichen Standorten der Maschinen. Logistisch bedeutet dieser Ablauf viele Transportvorgänge und -wege und Probleme bei der Maschinenbelegung und Festlegung der Reihenfolgen der Bearbeitung (Zuordnungs- und Reihenfolgeproblem).

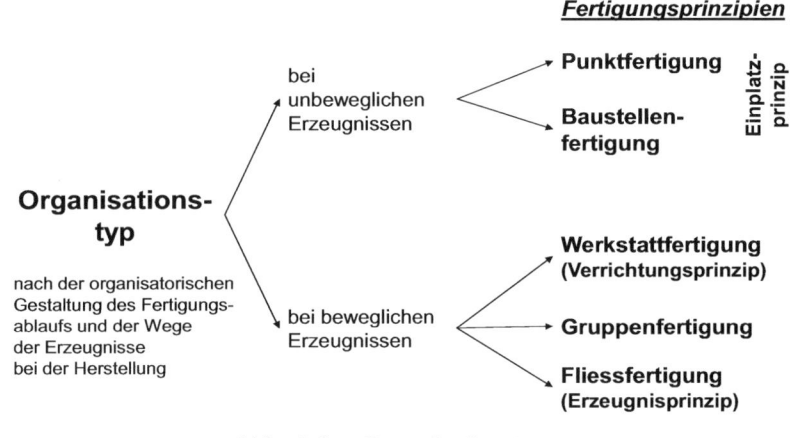

Abb. 6-6:   Organisationstypen

■ **Fließfertigung**: Die Maschinen und Arbeitsplätze werden nach der Reihenfolge (Fließ- oder Prozessprinzip) der - sich wiederholenden - Arbeitsvorgänge einer definierten Teile- oder Produktgruppe (objektorientiert) angeordnet. Die Transportvorgänge und -wege werden minimiert. Je nach der Verkettung und zeitlichen Abstimmung (Taktung) der Arbeitsvorgänge unterscheidet man:

  ■ *Linien- oder Straßenfertigung*: Die Werkstücke/Aufträge durchlaufen die nach dem Arbeitsablauf angeordneten Arbeitsschritte ohne zeitliche Bindung.
  ■ *Fließbandfertigung*: Die Arbeitsplätze/Fertigungsmittel sind durch Fördereinrichtungen miteinander verkettet, eine strenge zeitliche Bindung (Taktung) ist möglich.
  ■ *Transferstraße*: Dieses System ist gekennzeichnet durch eine starre Verkettung und abgestimmte Zeitbindung. Ein geschlossenes System mit hoher räumlicher Konzentration ist die Rundtaktmaschine als Sondermaschine.
  ■ *Sonderformen*: Neben den Grundformen sind für besondere Herstellungsprozesse weitere Ablaufformen denkbar:

■ **Gruppenfertigung**: Fertigungsmittel und Arbeitsplätze werden zu Funktionsgruppen zusammengefasst, in denen Teile oder standardisierte Baugruppen hergestellt werden, die in verschiedene Produkte einfließen; innerhalb der Bereiche ist das Fließprinzip realisiert - es werden die Vorteile des Werkstatt- mit denen des Fließprinzips verbunden; diese Form tritt in manchen Branchen auch als *Nestfertigung* auf.

■ **Baustellenfertigung**: Bei diesem Organisationstyp bleibt das Werkstück ortsfest in allen notwendigen Arbeitsvorgängen und die übrigen, notwendigen Produktionsfaktoren werden zu diesem Ort gebracht (beim Anlagen- und Großmaschinenbau wird von *Punktfertigung* gesprochen).

6.3.3.2 Fertigungstyp / -prinzipien

Traditionell werden Fertigungsstrukturen und Fertigungsabläufe nach verschiedenen Kriterien gegliedert. Unterscheidet man beispielsweise nach der Menge der Produkte, die jeweils in einem Los gefertigt werden können, so ergeben sich folgende Fertigungstypen - mit Auswirkungen auf den Organisationstyp einer Fertigung:

■ **Einzelfertigung**

Einzelne oder wenige Erzeugnisse werden nur einmal (Einmalfertigung) oder in größeren Abständen wiederholt (Wiederholfertigung) gefertigt (Beispiele: Schiff-, Großmaschinen-Bau, Baugewerke u. a.)

■ Mehrfachfertigung

  ■ **Serienfertigung**: Von einer oder mehreren – konstruktiv gleichen – Erzeugnisarten werden gleichzeitig oder unmittelbar aufeinanderfolgend definierte Mengen (Lose, Auflage) hergestellt. Je nach der Menge kann beispielsweise Kleinserie und Großserie unterschieden werden, Sonderformen sind die Sorten-, Chargen- und Variantenfertigung. *Beispiele: Apparatebau, Geräte des Haushalts und der Unterhaltungselektronik, Fotoapparate, Textilien u. a.*

  ■ **Massenfertigung**: Große Mengen gleichartiger Produkte werden in häufiger Prozesswiederholung stetig oder wechselnd auf Lager für anonyme Kunden gefertigt. *Beispiele: Streichhölzer, Waschmittel u. a.*

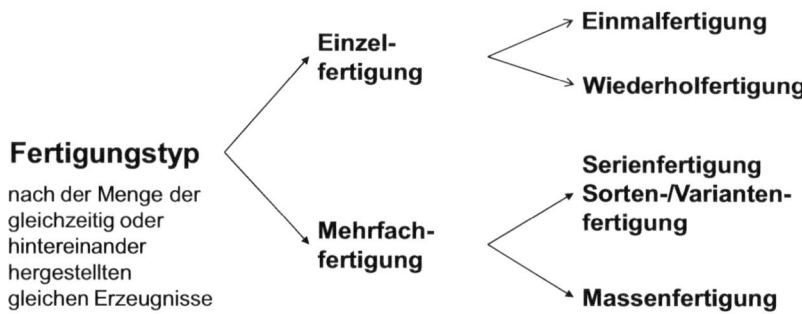

Abb. 6-7:   Fertigungstypen

6.3.4 Fertigungsstrukturierung

Insbesondere die Organisationsformen der Fließfertigung mit traditionellen Werkzeugmaschinen sind dadurch gekennzeichnet, dass sie fertigungstechnisch sehr starr und daher wenig geeignet sind für die Anforderungen kundenorientierter Fertigungsprozesse (Variantenvielfalt und Typenwechsel). Sie erlauben wenig Abweichungen für Veränderungen am Produkt oder an den Arbeitsschritten - sie sind also nicht sehr flexibel und sind typische Gestaltungsformen zur Herstellung gleichartiger Güter in großen Stückzahlen für einen anonymen Markt.

Der Einsatz moderner - computergesteuerter und flexibel automatisierter - Fertigungsmittel lässt eine erweiterte Anpassungsfähigkeit zu. Allgemein sind „flexible Fertigungssysteme" dadurch charakterisiert, dass sie die Integration[250] von Bearbeitungsvorgängen, Material-flussbewegungen (Lager/Transport-Prozesse) und Informationsflüssen zur Steuerung und Kontrolle der TUL-Prozesse ermöglichen. Durch die technischen Möglichkeiten ist eine Leistungssteigerung durch die - EDV-gesteuerte - automatische Bearbeitung unterschied-licher Werkstücke in wahlfreier Folge mit automatisiertem Werkstück- und Werkzeug-wechsel erreicht. Die klassische Gliederung der Organisationsformen der Fertigung muss erweitert werden; in Abhängigkeit von der Anordnung einzelner Maschinen oder verketteter Mehrmaschinen-Konzepte werden als Zentrenproduktion nach dem Objektprinzip für Teilefamilien unterschieden:

- **Flexible Fertigungszelle** - zielt auf eine möglichst vollständige Bearbeitung auf einer Maschine (Bearbeitungszentrum) bei weitgehender Aufteilung der Operationen auf mehrere Bearbeitungsstationen mit Werkstückspeicher und automatischem Werkzeug-wechsel. Komplizierte Werkstückgeometrien mit mehrseitiger Bearbeitung - durch mehrschneidige und mehrspindlige Bearbeitung - sind möglich.
- **Flexible Fertigungsinsel** - Merkmal dieses Mehrmaschinensystems ist die möglichst vollständige Bearbeitung der Werkstücke in einem weitgehend autonomen Bereich, der mit Maschinen unterschiedlichen Automatisierungsgrades ausgestattet ist, mit Bedienern, die für ihnen zugeordnete Aufgaben eigenverantwortliche Entscheidungs-spielräume haben (dezentrale Organisation). Mehrere Inseln können wiederum flexibel miteinander verkettet und in einem Kommunikationsverbund vernetzt sein.
- **Flexibles Fertigungssystem** - Mehrmaschinensystem mit mehreren – computer-gesteuerten – Bearbeitungsmaschinen, die durch ein Transport- und Lagersystem miteinander verkettet sind und deren Informations- und Materialfluss automatisch gesteuert und kontrolliert wird, zur ein- oder mehrstufigen Bearbeitung von Werkstücken. Die Koordination der einzelnen NC/CNC-Steuerungen, der Transport- und Lagersteuerung übernimmt ein übergeordneter Rechner, Verkettungen mit anderen Systemen sind möglich.

Durch den Wandel im Fertigungsbereich, durch den Einsatz der rechnerintegrierten Technik und durch die Tendenz zur Verfahrensintegration und Komplettbearbeitung ermöglichen die „intelligenten" Einrichtungen in der Prozesskette der Wertschöpfung bei kurzen Rüstzeiten[251] die wirtschaftliche Fertigung von Kleinserien und Einzelprodukten. Damit können die Herstellung „optimaler" Losgrößen vermieden, Bestände reduziert und die Produktion an das Vertriebsgeschehen angekoppelt werden. War die rasche Befriedigung von Kundenwünschen früher nur aus vorhandenen Lagerbeständen möglich, können die hier freigesetzten Kapitalien in Anlagevermögen der hohen Automatisierung überführt werden. Betriebswirtschaftliche Vorteile der flexiblen Automatisierung liegen weiter in der Steigerung der Produktivität - ohne Lohnsteigerungen[252] bei der Gegen-überstellung von Personal- und Kapitalkosten oder Einsparungen beim Bedienungs-personal. Zusatznutzen und indirekte Kostenwirkungen liegen in der Verkürzung der

---

[250] Der Begriff "Integration" wird heute durch den Begriff "Koppelung" ersetzt, um zu verdeutlichen, daß autarke Prozesse zu einem gesamten Konzept/System bei Beherrschung der Systemtauglichkeit der Einzelkomponenten und der Schnittstellen zusammengefaßt werden können.

[251] Die Maschinenprogrammierung, die Werkzeugvoreinstellung, die Werkstückbestückung auf Werkstückträger, u. a. kann bereits während der Hauptzeit anderer Aufträge außerhalb der Einrichtungen vorgenommen werden, führt zu Einsparungen in den Nebenzeiten und verkürzt die Durchlaufzeiten; weitere Leistungssteigerungen liegen in der mehrachsigen Bearbeitung in einer Aufspannung.

[252] Bei der Einführung neuer Technologien sind der § 87 BVG und europäische Vorschriften zu beachten.

Durchlaufzeit, Transparenzerhöhung, Qualitätsverbesserungen durch gegebene Wiederhol-genauigkeiten und Prozessbeherrschung, Know-how-Zuwachs u. a. Kapitalintensität und Fixkostenbelastung verlangen aber hohe Kapazitätsauslastungen und Beschäftigungen.

6.3.5 Layoutgestaltung

Unter Layout wird die räumliche Anordnung von betrieblichen Struktureinheiten verstanden. Zur Layoutentwicklung wird häufig auf ein Phasenkonzept zurückgegriffen: ausgehend von zunächst idealisierten Anordnungsvarianten (ohne Beachtung von Rand-bedingungen) werden mögliche Real-Layouts entwickelt, von denen ausgewählte Vorschläge als Fein-Layout ausgearbeitet werden.

6.3.5.1 Ideal-Anordnung

Beim Ideallayout erfolgt die Anordnung der Struktureinheiten ohne Beachtung von Einflüssen der realen Randbedingungen. Als Einflussfaktoren sind zu berücksichtigen: ggf. die überlagerte Fabrikstruktur, Materialflussformen, Personal-, Informations- und Kommunikationsflüsse, Strukturflexibilität bzgl. Erweiterbarkeit und Reduzierbarkeit, Beschaffungs- und Steuerungskonzept, Anbindung indirekter Bereiche. [253]

Zur Ableitung eines sog. **idealen Funktionsschemas** ist – ggf. unter Berücksichtigung weiterer Kriterien und Forderungen – die folgende Zielfunktion zu lösen:[254]

$$Z = \sum_{i=1}^{n} \sum_{j=1}^{n} m_{ij} \times s_{ij} \times k_{ij} \qquad\qquad (6.1)$$

mit: m Transportmengen
  s Entfernungen
  k Kostensätze
  n Anzahl der Strukturelemente

Aufgrund der Problematik bei der Ermittlung von Kostensätzen wird die Zielfunktion häufig reduziert auf die Minimierung der Transportleistung (Produkt aus Menge und Entfernung).

Dabei kommen je nach Anwendungsfall unter-schiedliche Zuordnungsverfahren zum Einsatz:[255]

■ **Graphische Verfahren:** Sankeydiagramm, Probier-verfahren, Kreisverfahren

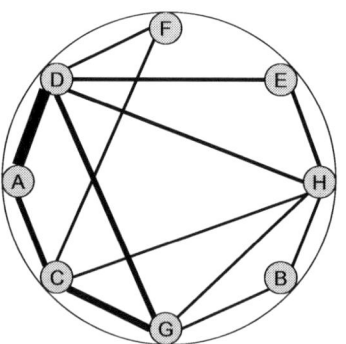

Abb. 6-8: Kreisverfahren

Auf zeichnerischem Wege werden Zuordnungsalter-nativen erstellt. Beim Kreisverfahren nach Schwerdt-feger (siehe **Abb. 6-8**) werden die Strukturelemente auf einem Kreis angeordnet, die Beziehungen werden durch Verbindungslinien in der Stärke der Beziehung dargestellt. Die Strukturelemente werden nun so umgruppiert, dass die Elemente mit den intensivsten Transportbezie-hungen nebeneinander angeordnet sind. Weiterhin gilt, dass die mengenmäßig stärksten Materialflüsse nicht durch den Kreis verlaufen sollten.

■ Die **mathematischen** Zuordnungsverfahren werden unterschieden in

―――――――――――――――――

[253] Vgl. Schenk, Wirth (2004)
[254] Vgl. u. a. Kettner et. al. (1984)
[255] Vgl. ebd.

- *Analytische Verfahren* (bei denen die optimale Lösung durch exakte Berechnung ermittelt wird) und
- *Heuristische Verfahren* (bei denen eine günstige Lösung mittels vereinfachter Algorithmen und bestimmter Annahmen bestimmt wird). Diese werden weiter unterteilt nach:

  - *Aufbau- bzw. Konstruktionsverfahren* - schrittweise Anordnung der Systeme, die zu den bereits platzierten die größte Transportintensität aufweisen.
  - *Vertauschungsverfahren* - schrittweises Vertauschen einzelner Systeme, ausgehend von einer anfänglichen Anordnung.

  In beiden Verfahrensgruppen wird unterschieden, ob gleich große Flächen anzuordnen sind oder ungleich große Flächen. Bei den Aufbauverfahren für gleich große Flächen hat in der Praxis das *Dreiecksverfahren* eine größere Bedeutung erlangt, bei den Vertauschungsverfahren das *Verschiebeverfahren*. Häufig werden Aufbau- und Vertauschungsverfahren auch in Kombination angewendet.

Als Beispiel für ein heuristisches Verfahren wird nachfolgend der Ablauf des modifizierten **Dreiecksverfahrens** nach Schmigalla[256] beschrieben:

- *Anordnen der beiden ersten Strukturelemente:*
  Es werden die beiden Strukturelemente ausgewählt, zwischen denen die höchste Transportintensität besteht. Sollte es mehrere Paare mit der gleich hohen Transportintensität geben, so wird das Paar ausgewählt, das die größere Anzahl von Beziehungen zu anderen Strukturelementen aufweist (sollten auch hier Paare mit gleichen Werten vorhanden sein, so wird davon ein beliebiges Paar ausgewählt). Die beiden Strukturelemente werden in der Mitte des Dreieckrasters auf benachbarten Punkten platziert.
- *Anordnen aller weiteren Strukturelemente*:
  - Für alle noch nicht platzierten Elemente werden die Transportintensitäten zu den bereits platzierten Elementen einzeln aufsummiert.
  - Das Element mit der größten Summe wird ausgewählt. Gibt es mehrere Elemente mit maximaler Summe, dann erfolgt die Auswahl wie bei Schritt 1.
  - Die Positionierung des gewählten Elements richtet sich nach der folgenden Fallunterscheidung:
    - Es besteht eine Beziehung mit einer angeordneten Einheit:
      Alle benachbarten Kreuzungspunkte kommen in Frage. Die genaue Festlegung erfolgt erst bei den nachfolgenden Schritten.
    - Es besteht eine Beziehung mit 2 angeordneten Einheiten:
      Die Anordnung erfolgt auf den unmittelbar benachbarten zwei Kreuzungspunkten. Falls diese besetzt sind, wird aus den benachbarten Standorten der Standort mit dem günstigsten Teilzielwert ermittelt. Dazu wird für jeden in Frage kommenden Standort die Zielfunktion bezogen auf das ausgewählte und die bereits angeordneten Elemente ausgewertet.
    - Es besteht eine Beziehung mit mehr als 2 angeordneten Einheiten:
      Es wird der Standort mit dem günstigsten Teilzielwert ermittelt.

Bei der Bewertung alternativer Idealayouts spielen – neben der Minimierung der Transportleistung – häufig die folgende Kriterien eine wichtige Rolle:[257]

---

[256] Vgl. Schmigalla (1995)
[257] Vgl. Enghardt (1987), S. 64ff

- **Richtungsorientierung der Materialflüsse:** Maß, ob Transporte vorwiegend parallel stattfinden oder ob sich ein eher unübersichtlicher Materialfluss einstellt.
- **Kreuzungsfreiheit:** Maß für die Entflechtung wesentlicher Materialflüsse.
- **Gewünschte Nachbarschaft oder Trennung von Organisationseinheiten:** Müssen bestimmte Organisationseinheiten benachbart zueinander angeordent werden oder müssen sie zwingend voneinander getrennt angeordnet sein.
- **Randlage:** Sollen bestimmte Organisationseinheiten – z. B. aufgrund ihrer Beziehungen zur „Außenwelt" oder anderer Anforderungen – vorwiegend am Rand des Layouts angeordnet werden.

6.3.5.2 Realanordnung

Um von einer prinzipiellen Anordnung zu einem realen Layout zu gelangen, werden in einem ersten Schritt die Materialflussstellen in ein gegebenes oder in ein gewünschtes Hallenlayout eingezeichnet und in der jeweiligen Stärke der Materialflüsse auf direktem Wege miteinander verbunden. Auf diese Weise entsteht ein Groblayout (siehe **Abb. 6-9**). Unter Berücksichtigung der Distanzen zwischen den Materialflussstellen können nun ggf. Optimierungen in der Anordnung vorgenommen werden.

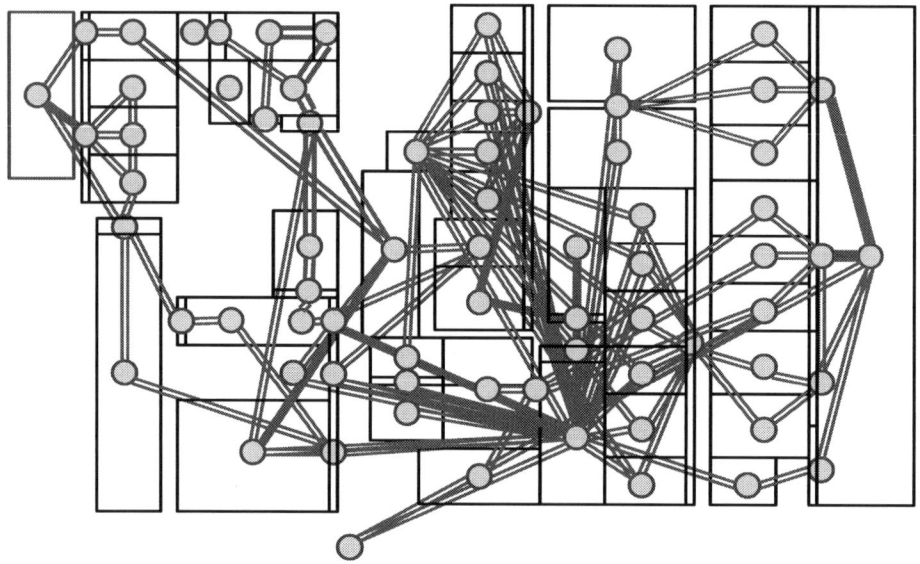

Abb. 6-9 : Groblayout mit Materialflussbeziehungen (Beispiel)

In einem zweiten Schritt werden dann die Materialflussstellen bzgl. ihrer detaillierten Abmessungen ausgearbeitet, es werden Wege und Förderstrecken eingeplant und die Materialflüsse werden über die Wege bzw. Förderstrecken geleitet (siehe **Abb. 6-10**).

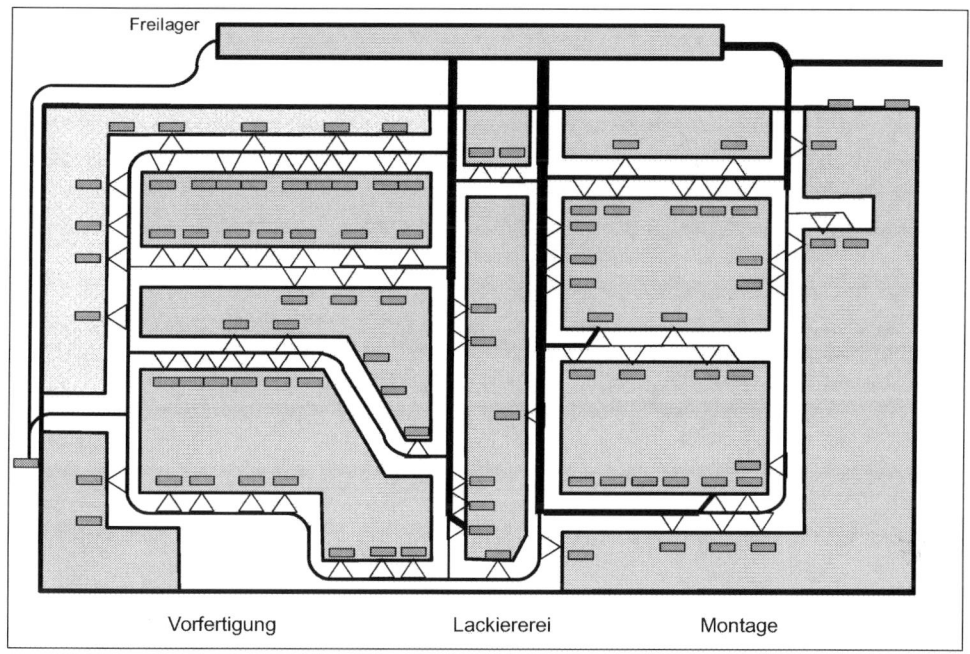

Abb. 6-10: Fein-Layout mit Materialflüssen (Beispiel)

6.4 Gestaltung der Arbeitsstrukturen

6.4.1 Arbeitswissenschaftliche Grundlagen

In den Montagebereichen ist weitgehend der Mensch eingesetzt, wenn auch hier umfäng-liche Ansätze zur Automatisierung möglich sind. In der klassischen Betriebswirtschafts-lehre war der Mensch Produktionsfaktor (Gutenberg), der sein Potential zur Verfügung stellte, das der Betrieb nutzte; die menschliche Arbeit wurde untergliedert in – objekt-bezogene - ausführende Tätigkeit und - dispositive oder gestaltende - Tätigkeit als derivativer Faktor. Im Sinne des „Scientific Management" Taylors wurde der Mensch in der Arbeitswissenschaft systematisch auf physiologische und technologische Gesetzmäßig-keiten untersucht, um seine Arbeitskraft besser zu nutzen, Arbeit ausführbar und erträglich zu machen; Arbeitswissenschaft ist die anwendungsorientierte Lehre von der Gestaltung und Organisation der Arbeitssysteme und Arbeitsprozesse nach humanen und ökono-mischen Kriterien - unter Einbeziehung sozialer und psychologischer Gesichtspunkte für Motivation und Arbeitszufriedenheit oder das Schaffen von Bedingungen für das Zusammenwirken von Mensch, Technik, Information und Organisation im Arbeitssystem. Ziel ist die Erfüllung der Arbeitsaufgabe unter Berücksichtigung der menschlichen Eigenschaften und Bedürfnisse und der Wirtschaftlichkeit des Systems (REFA). Die praktische Arbeitsgestaltung ist die Umsetzung der gesicherten Erkenntnisse der Arbeitswissenschaft[258] entsprechend §§ 90/91 des Betriebsverfassungsgesetzes (1972, 2001, 2009) und Europarecht seit 1993.

---

[258] Vgl. Luczak/Volpert (1987)

In interdisziplinärer Betrachtung ist menschliche Arbeit heute nicht mehr ein abstrakter Produktionsfaktor, Menschen stehen vielmehr im Mittelpunkt von soziotechnischen Systemen, in denen die Menschen arbeitsteilig und kooperativ zusammenarbeiten (Human-Relations-Betrachtung - Human Resource Management)[259]. Die Gestaltung der Arbeitswelt und der Arbeitsprozesse vollziehen sich in einem Spannungsfeld unterschiedlicher Interessengruppen (dualistischer Ansatz) - in der Arbeitswelt besteht ein Konflikt zwischen individuellen und betrieblichen Interessen.[260] Kompromisse der verschiedenen Einzel-interessen oder Interessengruppen können an den Gestaltungsbereichen der Arbeitsplätze, der Arbeitsstrukturen und der Arbeitszeit verdeutlicht werden.

Innerhalb der Entwicklung der industriellen Arbeitsgestaltung und Arbeitsorganisation wandelt sich der Mensch vom „Technikersatz" und Kostenfaktor zum mitdenkenden, gestaltenden und verantwortlichen Mitarbeiter als Träger der Unternehmenspotentiale. Am Beginn steht die Arbeitsteilung Taylors - die Trennung von Planung und Ausführung der Arbeiten und die Unterteilung der Gesamtaufgabe in anlernbare Teilaufgaben im Arbeits-prozess; dies führte zu preiswerten Massenprodukten und zu der ersten industriellen Revolution. Dieser Ansatz wurde nach dem 1. Weltkrieg in Europa übernommen (OPEL 1924, FORD 1925) und nach dem 2. Weltkrieg weiterentwickelt und zum „Taylorismus" perfektioniert. Erst in den 70er Jahren erhielt der Faktor Arbeit einen veränderten Stellen-wert[261] und führte - angeregt von den japanischen Erfolgen - zu den Entwicklungen und zum Paradigmen-Wechsel im Zuge der „Schlanken Produktion" (Lean Production) und zu Produktivitätssteigerungen in gruppenorientierten Arbeitsstrukturen der zweiten indu-striellen Revolution.

6.4.2 Arbeitsplatz, Arbeitsstruktur, Arbeitsgestaltung

Arbeitsgestaltung ist zunächst die Gestaltung des einzelnen Arbeitsplatzes (Mikro-Arbeits-system) - durch ergonomische Arbeitsplatzgestaltung; das ist die menschengerechte Gestaltung der technischen und organisatorischen Umgebung (Arbeitssystem) des arbeitenden Menschen mit dem Ziel der Schaffung optimaler Bedingungen zur Nutzung der menschlichen Fähigkeiten und der Verbesserung der Attraktivität und dem Motivationscharakter der Arbeitsplätze durch:

- Anthropometrische und physiologische Arbeitsplatzgestaltung - dient der Anpassung des Arbeitsplatzes und der Arbeitsaufgabe an den Aufbau und die Funktionsweise des menschlichen Körpers (Beispiele: Gestaltung des Sitzes, der Körperhaltung/-stellung, des Greifraumes, der Belastung/Beanspruchung, der Umgebungseinflüsse u. a.).
- Psychologische Arbeitsplatzgestaltung - dient der Verbesserung der Motivation und der Arbeitszufriedenheit (etwa durch Gestaltung der Arbeitsumgebung: Design, Farbe, Raumklima, Musik u. a.).
- Informationstechnische Arbeitsplatzgestaltung - dient der eindeutigen und fehlerfreien Aufnahme der Informationen zur sicheren Ausführung der Arbeitsaufgabe (Beispiele: Sehen und Beleuchtung, Eliminierung störenden Lärms, Software-Ergonomie).
- Organisatorische Arbeitsplatzgestaltung - dient dem Abbau aus Belastungen durch organisatorischen Zwang (Beispielsweise Abbau von Monotonie, Arbeitszeitgestaltung zur Anpassung an den biologischen Tagesrhythmus (Pausengestaltung, Gleitzeit u. a.)).

---

[259] Die Mitarbeiter bilden im Unternehmen ein Vermögen (Human Capital - G. Becker, Chicago), das nur als Kostenfaktor in der Gewinn- und Verlustrechnung erscheint - im übrigen betriebswirtschaftlichen Zahlenwerk jedoch nicht bilanziert wird.

[260] Absatzmarktseitig treten die Kundeninteressen diesem Spannungsfeld hinzu.

[261] Nach den Erkenntnissen von u. a. Mayo, Maslow, Herzberg oder Womack

■ Sicherheitstechnische Arbeitsplatzgestaltung - gewährleistet die Sicherheit am Arbeitsplatz durch Gestaltung der Arbeitsmittel und der Schutzeinrichtungen.

Neben die Arbeitsplatzgestaltung tritt die Gestaltung der Abläufe am einzelnen Arbeitsplatz - die Arbeitsmethode. Hierdurch werden die Bewegungsabläufe im Greifraum im Sinne der Fertigungsrationalisierung optimiert, es werden Wege, Kräfte und Bewegungen minimiert. Bei großer Teilungstiefe (Artteilung) kommt es zu „kurzzyklischen, repetitiven" - monotonen - Tätigkeiten der einzelnen Mitarbeiter, zu einseitigen Belastungen, körperlichen Zwangshaltungen und Bewegungsarmut. Die Summe der – grundsätzlich richtigen - Detaillösungen kann zu suboptimalen Gesamtlösungen führen, da Arbeitsgestaltung auch Belastungswechsel im individuellen Bewegungsraum zulassen muss, um durch Kombinationen von Sitzen oder Stehen, durch Arbeitsunterbrechungen und soziale Kontakte gesundheitliche und psychologische Beeinträchtigungen zu vermeiden.

Die arbeitsteilig zusammenwirkenden Arbeitsplätze werden organisatorisch zu größeren Arbeitssystemen zusammengefasst, in denen ein oder mehrere Menschen mit Betriebsmitteln, Informationen und Arbeitsgegenständen Baugruppen oder Gesamtprodukte herstellen. Durch Arbeitsstrukturierung werden die Arbeitsinhalte und Arbeitsabläufe, die technische, ergonomische und organisatorische Situation nach bestimmten Strukturierungsprinzipien festgelegt, wobei die gewünschte betriebliche Leistung - nach Menge und Güte - den Fähigkeiten und Zielen der Mitarbeiter und des Unternehmens entsprechen muss. Unter Arbeitsstrukturierung werden demnach Maßnahmen der Gestaltung von Technik, Organisation und Ergonomie mit dem Ziel einer optimalen Flexibilität bei gegebenen Randbedingungen verstanden.

■ Die klassische Form der (Ablauf-)Organisation in größeren Arbeitssystemen ist die arbeitsteilige Fließfertigung (siehe **Abb. 6-11**): die einzelnen Arbeitsvorgänge mit begrenzten Arbeitsinhalten (hohe Teilungstiefe, Arbeitszerlegung) werden an Einzelarbeitsplätzen oder Partnerarbeitsplätzen - durch ein Materialflusssystem verbunden und in enger Zeitbindung (Taktbindung) - ausgeführt.

Diese Organisationsform ist gekennzeichnet durch hohe Ausbringung gleichartiger Leistungen (Produktivität), hohe Störanfälligkeit, geringe quantitative und qualitative Flexibilität u. a. Wenige Mitarbeiter sind produktiv an der Wertschöpfung tätig - es sind viele zusätzliche Mitarbeiter („Gemeinkostenlöhner") nötig, die immaterielle Dienstleistungen erbringen: Disponieren, Leiten, Verwalten, Rüsten und Programmieren, Instandhalten, Material-Handling (Materialver- und -entsorgung u. a.), Planen, Steuern und Kontrollieren und Qualität sichern.

■ Der menschengerechte Einsatz der - qualifizierten - Mitarbeiter und die wünschbare Flexibilität werden in veränderten Arbeitsstrukturen erreicht, wobei die Mitarbeiter in räumlich und funktional begrenzten - gruppenorientierten - Arbeitssystemen ganzheitliche Arbeitsinhalte ausführen; methodisch werden ihnen in diesen Arbeitssystemen durch erweiterte und bereicherte Inhalte vermehrte Primär- und Sekundäraufgaben übertragen, die durch selbstorganisierten Aufgabenwechsel von allen beteiligten Mitarbeitern ausgeführt werden können. Die Gruppen sind weitgehend autonom (teilautonom) - sie sind nur bedingt abhängig von angrenzenden vor- oder nachgelagerten Arbeitssystemen des Wertschöpfungsprozesses und dienen übergeordnet abgestimmten Zielvorgaben: Schnelligkeit, Flexibilität, Qualitätsverantwortung, Innovation u. a.

Abb. 6-11: Linienfertigung in der Montage

In aktuellen Restrukturierungs- oder Reengineeringsprozessen werden die Arbeitssysteme umgestaltet - unter dem Gesichtspunkt schlanker, hochverdichteter und flexibler Arbeitsabläufe. Reengineering ist das grundlegende Überdenken und radikale Umgestalten der betrieblichen Strukturen, Abläufe und Führungsverantwortung mit dem Ziel, Anpassungsfähigkeit, Kosten und Qualität zu verbessern und die Geschäftsprozesse (Durchlaufzeiten) deutlich zu beschleunigen. Durch konsequente Dezentralisierung werden die Leistungen in kleinen, hochspezialisierten - teamorientierten - Einheiten erbracht, in die in flachen Hierarchien auch Verantwortung und Entscheidungskompetenz delegiert sind. In diesen neuen Produktions- und Kommunikationsformen stehen nicht mehr Belastungen durch körperliche Arbeit, monotone Bewegungsabläufe in Zwangshaltungen, durch Umgebungseinflüsse o. ä. im Vordergrund, sondern geistige, emotionale und soziale Anforderungen.

Die Gruppenmitglieder sollen entscheidungsfreudig, teamfähig und kooperationsbereit sein und ihre Arbeit im betrieblichen Zusammenhang beurteilen und einsetzen können (prozessorientierte Teamstrukturen). Der einzelne Mitarbeiter erhält die Möglichkeit zu individueller Leistungsentfaltung und laufender Höherqualifizierung, wobei auch Platz sein sollte für weniger anspruchsvolle Umfeldarbeiten für geringer qualifizierte Gruppenmitglieder und zeitliche Freiräume. Die Akzeptanz dieser Systeme nimmt mit der Abwechslung der Arbeit und den Lernchancen zu.

Ein besonderes Problem ist die veränderte Rolle der Meister im Industriebetrieb - klassisch die Nahtstelle zwischen Betriebsinteressen und den Bedürfnissen der Mitarbeiter. In schlanken Strukturen muss er sich entweder als Führungskraft hochqualifizierter Mitarbeiter in den Gruppen oder als Gruppenmitglied bewähren - als Planer, Impulsgeber, Berater und Motivator mit sozialer Kompetenz und Führungsautorität. Er trägt die Verantwortung für die Produktionsziele - trotz eingeschränkter disziplinarischer Instrumente.

Der Beitrag der Logistik liegt im Versorgungsmanagement; sie kann bereichs- und unternehmensübergreifend die - vertikale und horizontale - Integration der einzelnen Elemente (Arbeitsgruppen, Zulieferer, Dienstleister) vorantreiben und konsequent am Markt orientieren; Folgewirkungen aus verbesserten betrieblichen Abläufen und Verbesserung des Zusammenwirkens der einzelnen Funktionsbereiche decken weitere Rationalisierungspotentiale auf (Prozessorientierung).

Die in der Automobil- und Elektroindustrie beobachteten Umstrukturierungsmaßnahmen der letzten Jahre haben - soweit es nicht bloße Kostensenkungs- oder Schrumpfkuren waren - strukturelle Veränderungen und Wettbewerbsverbesserungen gebracht. Die Dezentralisierung, Transparenzverbesserung durch konsequente Nutzung von Informations- und Kommunikationstechnologien und Erhöhung der Mitarbeiterqualifikation haben zu Verbesserungen der Produktivität, Flexibilität, Kundenorientierung, Produktqualität, Innovationsfähigkeit und Durchlaufzeit geführt. Beispiele sind die neu errichteten Werke im In- und Ausland: OPEL (Bochum, Eisenach, Rüsselsheim), VW (Zwickau), BMW (Leipzig), Daimler (Rastatt); hinzu kommen die Manufakturen für „Nobelmarken": Dresden - VW-Phaeton, Goodwood - BMW/Rolls Royce mit der Fähigkeit zur Herstellung hochwertiger, variantenreicher Kleinserien.

Bei der Abkehr von den verrichtungsorientierten Arbeitsstrukturen Taylors gibt es neben dem Weg der – menschzentrierten, gruppenbezogenen und flussoptimierten - schlanken Arbeitsabläufe naturgemäß auch die Möglichkeit der Automatisierung. Betriebswirtschaftlich ist hier die bloße Automatisierung wegen der Fixkostenbelastung und der hohen Nutzschwelle allein selten ein Rationalisierungsinstrument. Zur - flexiblen – Automatisierung dienen Handhabungsgeräte oder Industrieroboter[262], die in mehreren Bewegungsachsen frei programmierbar, mit Greifern oder Werkzeugen bestückt sind und in industriellen Fertigungsprozessen automatische Bewegungsabläufe ausführen. Ablauffolge und Richtung der Bewegungsachsen sind computergesteuert, frei programmierbar und veränderbar. Die Programmierung erfolgt im Allgemeinen mit der „Teach-in-Methode"

---

[262] Der Begriff "Roboter" stammt von dem slawischen Wort "Robota" und bedeutet "Arbeit". Er wird allgemein für technische Geräte (Handhabungshilfen) verwendet, die menschenähnliche Bewegungen ausführen können. In der Mikromontage - etwa für die Bestückung elektronischer Baugruppen oder Produkte - kann die Automatisierung mit Hilfe der SMD-Technologie (Surface Mounted Devices) wirtschaftlich auch für kleine und mittlere Serien eingeführt werden.

und kann mit Sensoren unterstützt werden. Einsatzgebiete in der Fertigung sind Handhabungs- und Montageaufgaben.

Vollautomatische Strukturen sind wegen der möglichen technischen Änderungen, vielfältiger Kundenwünsche oder der zahlreichen Varianten schwer umsetzbar. Die Investition von Handhabungsgeräten und Montageautomaten setzt automatengerechte Werkstücke voraus, entlastet die Mitarbeiter von schweren, monotonen oder gesundheitsbelastenden Tätigkeiten (Beispiel: Lackiererei) und erbringen eine hohe Produktivität.

Risiken liegen beispielsweise bei zahlreichen Varianten oder raschem Produktwechsel, die jeweils aufwendige Um- oder Neu-Programmierungen und flexible Strukturen mit „Plug-and-Produce-Komponenten" erfordern. Hier kann es günstiger sein, qualifizierte Mitarbeiter einzusetzen und mit automatisierten Modulen zu kombinieren (siehe **Abb. 6-12**). Das bedeutet, dass ein sinnvoller Einsatz von Automatisierung in der Montage mit gemischten - automatisierten und manuellen – Fertigungsabläufen liegt. Durch eine geschickte Sequenzbildung (Resequenzierungs-Systeme) an den Montagebändern bei Variantenfertigung werden Belastungsspitzen vermieden, eine gleichmäßige Auslastung der Produktionslinien und der Mitarbeiter - ohne Leerzeiten - erreicht und ein hohes Produktivitätsniveau umgesetzt. Der Schritt zur traditionellen Fließ(band)arbeit mit erweiterten Taktzeiten und vorgegebenen Produktsequenzen ist dann nicht mehr weit.

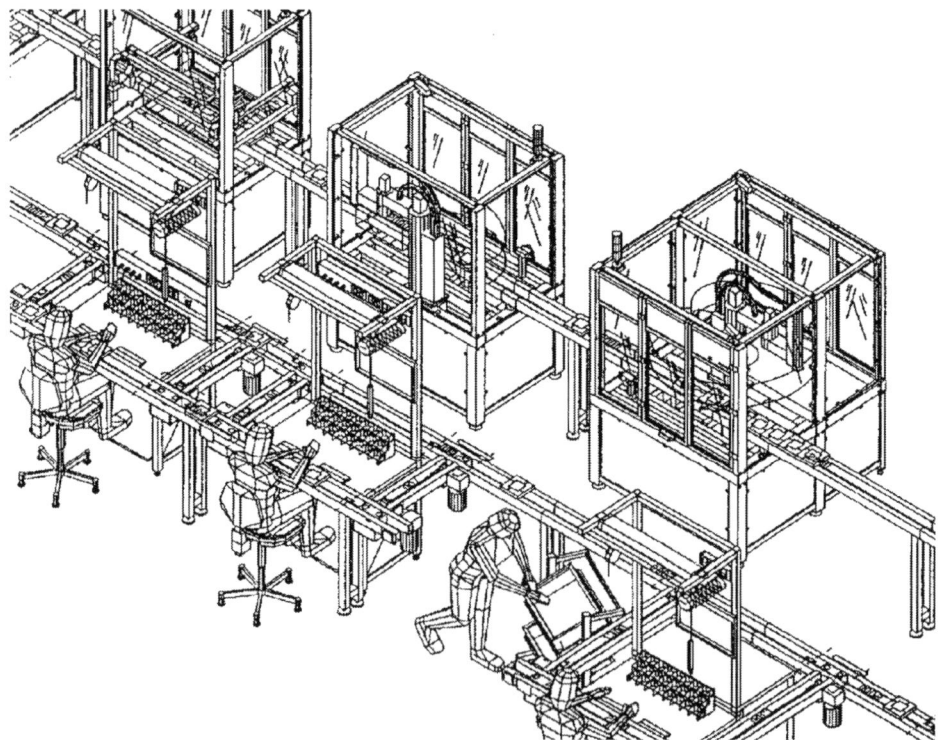

Abb. 6-12: Automatisierte und manuelle Abläufe in der Montage

Quelle: Robert Bosch GmbH

6.5 Produktionsplanung und -steuerung (PPS)

6.5.1 Gesamtablauf

In Abschnitt 4.4 wurde bereits der Ablauf zur Planung der Produktion unter Beachtung der in Abschnitt 1.3.4.2 dargelegten Ziele und Zielkonflikte der Logistik erläutert. **Abb. 6-13** zeigt dazu den Gesamtablauf der Produktionsplanung und –steuerung (PPS), wie er in gängigen ERP-/PPS-/MES-Systemen realisiert ist (siehe dazu Abschnitt 10.4.2). Die Funktionen auf den bereits behandelten Ebenen *Produktionsprogrammplanung* und *Mengenplanung* wurden ergänzt um die Funktionen zur detaillierten Planung und Steuerung der Produktion, unterschieden in die Ebenen *Termin- und Kapazitätsplanung* sowie *Auftragsveranlassung und -überwachung*.

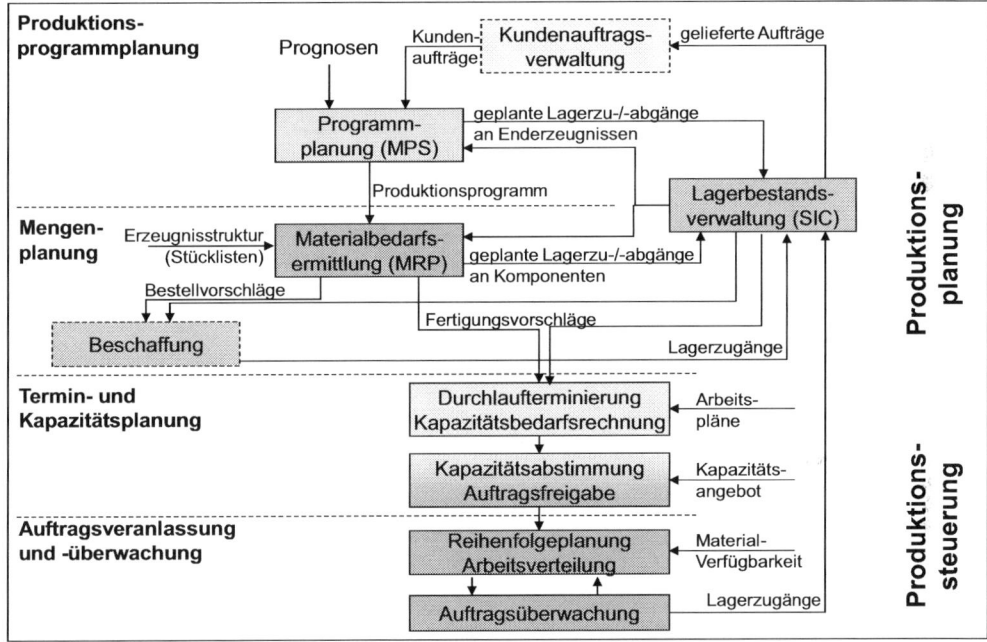

Abb. 6-13: Gesamtablauf der PPS

Quelle: Vgl. u.a. Schulte (2009)

Es wird deutlich, dass es sich bei der klassischen Produktionsplanung und –steuerung um eine Sukzessivplanung handelt, in der die Planungsstufen zeitlich nacheinander durchlaufen werden. Aus der Darstellung wird auch deutlich, dass auf der Ebene der Produktionssteuerung nur noch ein eingeschränkter Entscheidungsspielraum besteht: Auf der Basis von konkreten Kundenaufträgen und/oder von Prognosen wurden Primärbedarfe ermittelt und – unter Beachtung von Zielen und Restriktionen – als Produktionsprogramm verabschiedet. Im Rahmen der Mengenplanung wurden Sekundärbedarfe abgeleitet und – unter Berücksichtigung von Wiederbeschaffungszeiten und ggf. unter Kostengesichtspunkten zusammengefasst – als Fertigungsvorschläge vorgegeben. Bestätigte Vorschläge, die in Fertigungsaufträge überführt wurden, müssen nun über die Ebenen der Termin- und Kapazitätsplanung und der Auftragsveranlassung in der Produktion veranlasst werden. Als **Fertigungsauftrag** wird hierbei die Menge gleichartiger Teile oder Baugruppen verstanden, die zeitlich in unmittelbarer Reihenfolge nacheinander und/oder parallel gefertigt werden müssen, um das geplante Fertigungsprogramm herzustellen.

Insbesondere vor dem Hintergrund des eingeschränkten Handlungsspielraums sind aus der Produktion bzw. der Produktionssteuerung heraus Anforderungen an die Beachtung der Zielgrößen der PPS zu stellen, deren Bestimmungsgrößen in den meisten Fällen bereits auf den höheren Ebene der PPS festgelegt wurden. Beispiele (siehe **Abb. 6-14**):

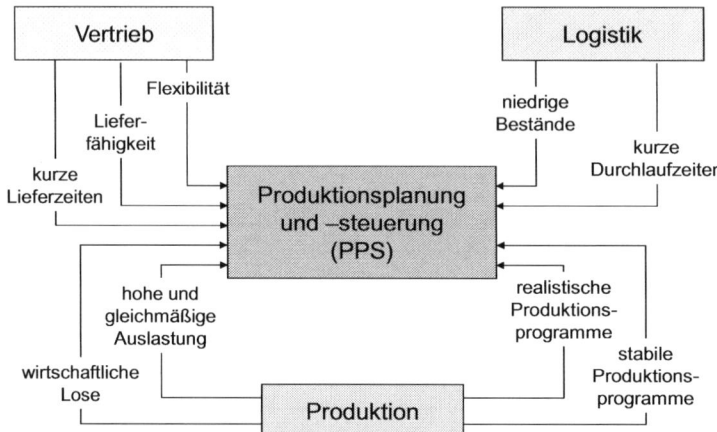

Abb. 6-14: Ziele der Produktionsplanung und -steuerung

Quelle: Melzer-Ridinger (1994)

■ Bei einer über die Ergebnisse aus der Fabrikplanung und über gesetzliche Festlegungen und betriebliche Vereinbarungen kurz- und mittelfristig gegebenen Flexibilität ist die Produktion darauf angewiesen, dass in der Programmplanung realistische und auch – in Grenzen – stabile Produktionsprogramme erzeugt wurden.

■ Die mittlere Bestandshöhe in der Produktion ist durch die im Rahmen der Mengenplanung vorgenommene Bildung von Fertigungsaufträgen bereits festgelegt und kann nicht mehr beeinflusst werden.

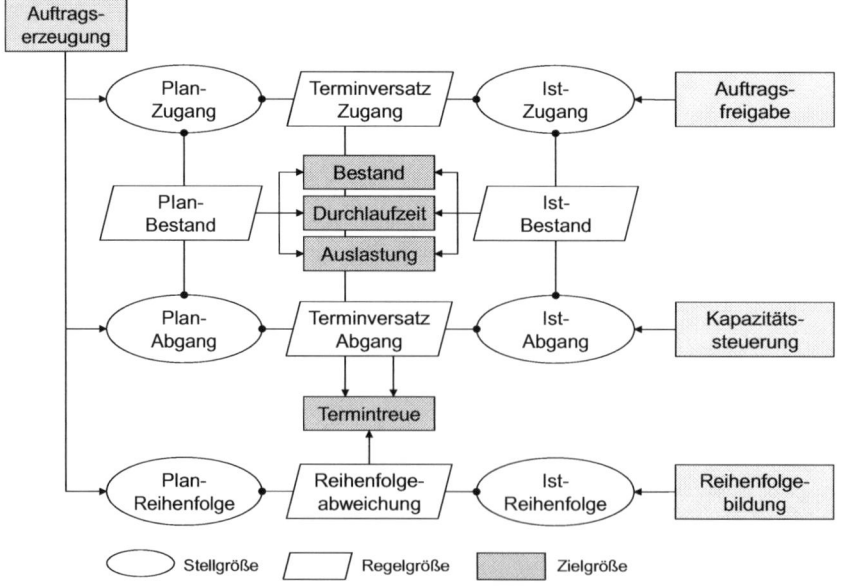

Abb. 6-15: Modell zur Produktionssteuerung

Quelle: nach Lödding (2008) S. 7

Wesentliche Erkenntnisse aus der Modellierung logistischer Zielgrößen und aus der Ableitung von Theorien zur Produktionsregelung lassen sich gemäß **Abb. 6-15** zu einem Modell verdichten. Demnach werden die Zielgrößen Bestand, Durchlaufzeit, Auslastung und Termintreue zum einen über die auf den Ebenen Produktionsprogrammplanung und Mengenplanung erzeugten Aufträge, zum anderen durch die Art und Weise der Auftragsfreigabe, der Kapazitätssteuerung und der Reihenfolgeplanung auf den Ebenen Termin- und Kapazitätsplanung und Auftragsveranlassung beeinflusst.

6.5.2 Termin- und Kapazitätsplanung

6.5.2.1 Durchlaufterminierung (Order Scheduling)

Im Rahmen der Mengenplanung wurden die Fertigungsaufträge durch Berücksichtigung der Vorlaufverschiebung mit geplanten Eckterminen versehen, daraus resultiert die Plan-Fertigungsdurchlaufzeit. Im nächsten Schritt, der Durchlaufterminierung, werden je Arbeitsgang Zwischentermine ermittelt. Diese ergeben sich aus der je Arbeitsgang benötigten *Durchlaufzeit ZDL*. Diese setzt sich zusammen aus der *Belegungszeit ZB* (*Rüstzeit t_R* und *Bearbeitungszeit t_B*) einer Fertigungsstelle sowie der *Übergangszeit ZUE* (organisatorisch oder technisch bedingte *Wartezeiten* vor und/oder nach der Bearbeitung, nicht im Arbeitsplan enthaltene *Kontrollzeiten, Transportzeiten*). Organisatorisch bedingte Wartezeiten sind häufig darauf zurückzuführen, dass mehrere Fertigungsaufträge gleichzeitig an einer Arbeitsstation auf die Bearbeitung warten und sich somit eine sogenannte *Warteschlange* einstellt. Bei der Terminierung sollten demnach im Idealfall die Übergangszeiten unter Berücksichtigung der sich wahrscheinlich einstellenden Wartezeiten an den Arbeitsstationen festgelegt werden.

Die Durchlaufterminierung kann auf drei verschiedene Arten erfolgen:

■ **Rückwärtsterminierung (Retrograde Terminierung)**
Ausgehend vom geplanten Bedarfstermin *TAES* (Termin Auftragsende spätestens) wird der jeweils späteste Start-/Beginntermin der einzelnen Arbeitsvorgänge und letztlich des gesamten Fertigungsauftrags *TABS* (Termin Auftragsbeginn spätestens) berechnet (siehe **Abb. 6-16**):

$$TABS = TAES - \sum_{j=1}^{n} (TAES_{AG_j} - ZDL_j) \tag{6.2}$$

■ **Vorwärtsterminierung (Progressive Terminierung)**
Ausgehend von heute oder einem fixen Starttermin *TAB* (Termin Auftragsbeginn) wird der frühest mögliche Fertigstellungstermin der einzelnen Arbeitsvorgänge und letztlich des gesamten Fertigungsauftrags *TAEF* (Termin Auftragsende frühestens) berechnet:

$$TAEF = TAB + \sum_{j=1}^{n} (TAB_{AG_j} + ZDL_j) \tag{6.3}$$

■ **Mittelpunktterminierung**
Ausgehend von der terminlichen Einplanung für einen ausgewählten Arbeitsgang (sinnvoll ist die Auswahl eines Arbeitsgangs an einem Engpass-Arbeitsplatz - soweit dieser bekannt ist oder vermutet wird) wird sowohl eine Vorwärts- als auch eine Rückwärtsterminierung durchgeführt.

Die Differenz zwischen den frühesten und spätesten Start- bzw. Endterminen ergibt die *Pufferzeit* der einzelnen Arbeitsgänge und letztlich des gesamten Fertigungsauftrags. Die folgenden Fallunterscheidungen sind zu treffen:

- Die Pufferzeit des Fertigungsauftrags ist größer als eine festgelegte Zeitspanne:
  Der Fertigungsauftrag ist noch nicht dringlich.
- Die Pufferzeit ist nicht negativ und liegt innerhalb eines festgelegten Zeitfensters:
  Der Fertigungsauftrag ist unkritisch.
- Die Pufferzeit ist negativ:
  Der Fertigungsauftrag ist kritisch bzgl. seiner termingerechten Fertigstellung, da der frühest mögliche Endtermin später liegt als der Bedarfstermin.

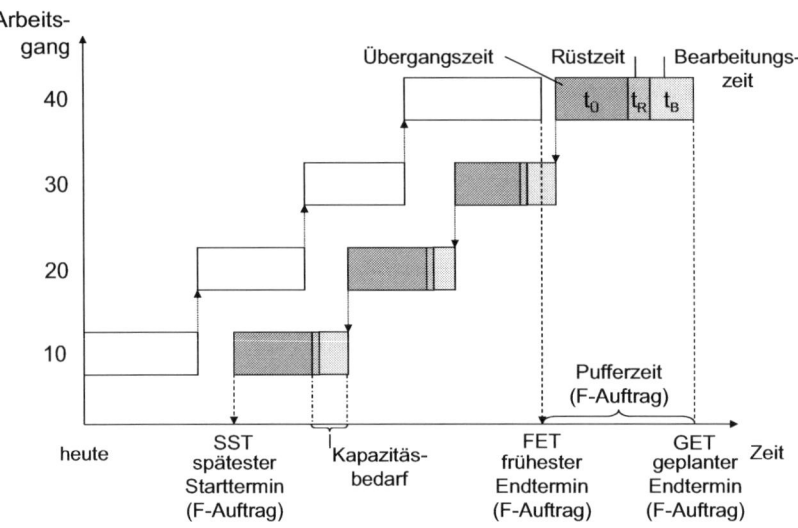

Abb. 6-16: Durchlaufterminierung

Die als kritisch eingestuften Fertigungsaufträge werden gesondert in Form von „Ausnahmemeldungen" ausgewiesen. Für die Aufträge auf dieser Liste wird nun geprüft, ob und welche Maßnahmen ergriffen werden sollen. Als Maßnahmen kommen in Frage:

- **Reduzierung der Übergangszeiten**
  Verringerung der eingeplanten Liege- und/oder Transportzeiten durch Priorisierung und damit bevorzugte Abarbeitung an den einzelnen Stationen im Fertigungsdurchlauf (siehe Abschnitt 6.5.3.1).

- **Splittung**
  - Fertigungsauftragssplittung: Teilung des gesamten Fertigungsauftrags in mehrere Teilmengen, so dass eine erste Teilmenge zum Bedarfstermin zur Verfügung steht.
  - Arbeitsvorgangssplittung: Mengenteilung eines einzelnen Arbeitsvorgangs und parallele Bearbeitung an gleichartigen Arbeitsplätzen.

- **Überlappung**
  Weiterleitung von Teilmengen an den nachfolgenden Arbeitsplatz und damit Reduzierung der losbedingten Wartezeit.

Die Arbeitsplandaten sind entweder in Form von Standardarbeitsplänen in den Stammdaten-Dateien vorhanden (MTS, MTO) oder werden für Kunden-Sonderaufträge neu erstellt (ETO). Die nicht in den Arbeitsplandaten enthaltenen Übergangszeiten sind als wichtige Planungsparameter ebenfalls zu hinterlegen und regelmäßig auf Aktualität zu überprüfen. Planungsmethodisch liegt hier ein Problem des üblichen PPS-Planungsablaufs, da Wartezeiten von der Belastung der einzelnen Arbeitssysteme abhängen und sich somit dynamisch aus der jeweiligen Situation beim Auftragsdurchlauf ergeben.

6.5.2.2 Kapazitätsbedarfsermittlung

Aus der Durchlaufterminierung ergibt sich die terminliche Zuordnung der Arbeitsgänge aller Fertigungsaufträge auf die verfügbaren Kapazitäten der einzelnen Fertigungsstationen. Die in einem Zeitraster (z. B. Tag, Woche) aufsummierten Belegungszeiten ergeben den **Kapazitätsbedarf** oder die **Kapazitätsbelastung** (kurzfristige Kapazitätsplanung); sie wird auch als Betriebsmittelbelegung (REFA) bezeichnet.

Grafisch kann die Kapazitätsbelastung einzelner Kapazitätseinheiten (Arbeitsplatz, Maschinen- und Maschinengruppe) als Belastungsprofil oder Belastungsgebirge dargestellt werden (siehe **Abb. 6-17**).

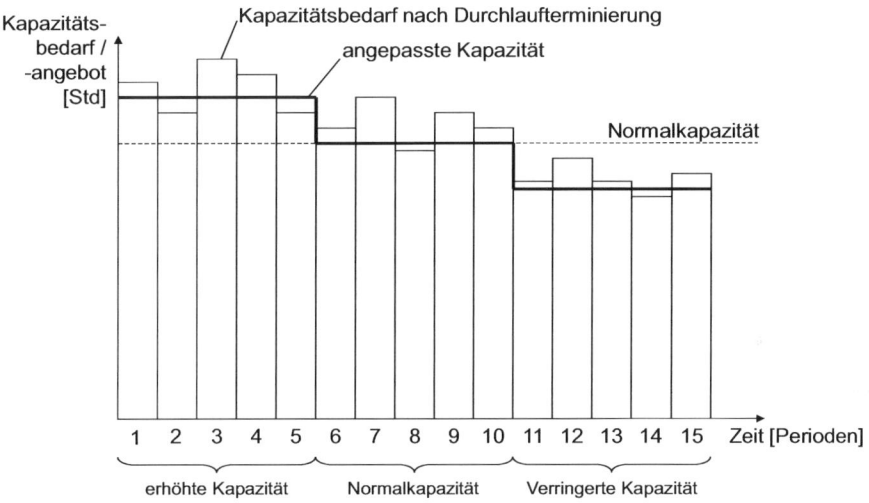

Abb. 6-17: Belastungsprofil einer Kapazitätsstelle

Quelle: Wiendahl (1997) S. 322

6.5.2.3 Kapazitätsabstimmung

Ziel der kurzfristigen Kapazitätsplanung ist die gleichmäßige und hohe Auslastung der vorhandenen Kapazitäten. Dies wird durch die Abstimmung zwischen dem aktuellen Kapazitätsangebot (z. B. ermittelt auf Basis von Schichtmodellen und –zeiten sowie geplanter Instandhaltungszeiten) und dem terminorientierten Kapazitätsbedarf erreicht. Dabei kann sowohl das Kapazitätsangebot an die Nachfrage (Kapazitätsanpassung) als auch die Nachfrage an das Kapazitätsangebot (Kapazitätsabgleich) angepasst, d. h. jeweils erhöht oder verringert, werden (siehe **Abb. 6-18**).

Bei nicht zeitkritischen Arbeitsvorgängen kann z. B. ein Kapazitätsabgleich durch zeitliches Verschieben vorgenommen werden - hierdurch werden aber die Kapitalbindung durch Liege-/Wartezeiten und die möglichen Durchlaufzeiten beeinflusst.

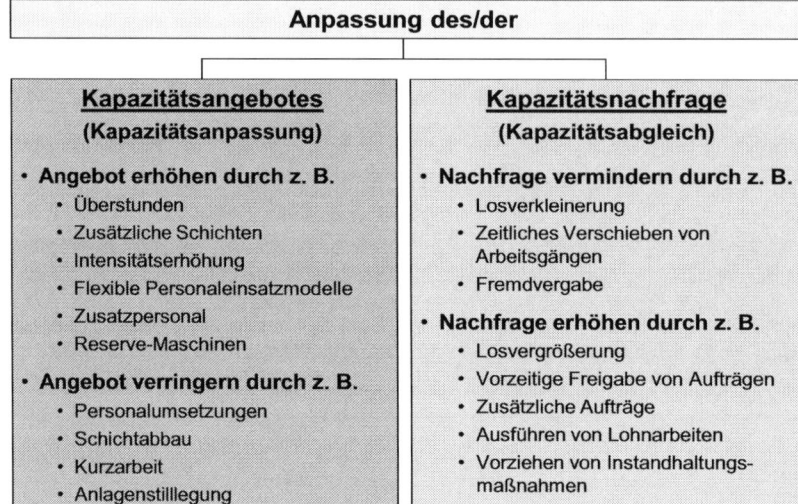

Abb. 6-18: Anpassungsmöglichkeiten im Rahmen der Kapazitätsabstimmung

Quelle: Vgl. Zäpfel (1982) S. 233

Ergebnis dieser Kapazitätsabstimmung ist die Vorgabe des an den einzelnen Kapazitätseinheiten abzuarbeitenden Volumens an Fertigungsaufträgen bei gleichzeitigem Festlegen der Anfangs- und Endtermine (kapazitätsorientierte Terminermittlung).

Über sinnvolle, z. B. flussorientierte Reihenfolgen der Auftragsbearbeitung an den einzelnen Arbeitsstationen, um für alle Kundenaufträge möglichst kurze Durchlaufzeiten zu erreichen, gibt es in der Praxis oft keine Vorgaben. Sofern die Reihenfolge eine Rolle spielt, stehen entsprechende Planungsmethoden zur Verfügung.

6.5.2.4 Auftragsfreigabe

Zum Abschluss der Planung können die terminlich anstehenden Fertigungsaufträge in den Verantwortungsbereich der Fertigungssteuerung übergeben werden. Hierzu wird ggf. noch einmal aufgrund der aktuell vorliegenden Daten und Informationen geprüft, ob die zur Ausführung eines Auftrags benötigten Ressourcen (Material, Personal, Maschinen, ggf. auch Werkzeuge, Vorrichtungen und sonstige Hilfsmittel) tatsächlich verfügbar sind bzw. kurzfristig verfügbar sein werden.

Die Fertigungsplanung kann als Grobplanung von Fertigungsabläufen bezeichnet werden; die Fertigungssteuerung übernimmt die kurzfristige Feinplanung, die nun beispielsweise die Arbeitsvorgaben in detaillierte Maschinenbelegungs-, Termin- und Reihenfolgepläne an den einzelnen Kapazitätseinheiten umsetzen muss.

6.5.3 Auftragsveranlassung und -überwachung

6.5.3.1 Belegungs- und Reihenfolgeplanung (Scheduling)

Die Aufgabe der genauen Einplanung und Belegung von personellen und/oder maschinellen Ressourcen (siehe **Abb. 6-19**) kann in zwei Teilbereiche untergliedert werden:

■ **Zuordnungsproblem**: Die vorhandenen „*n*" Aufträge müssen „*m*" Kapazitätseinheiten (Maschinen/Maschinengruppen, Arbeitsplätzen) zugeordnet werden.

■ **Reihenfolgeproblem**: Vor jeder Kapazitätseinheit warten eine Anzahl „*k*" Aufträge, die einem Arbeitsplatz, einer Maschine/Maschinengruppe zugeordnet sind und eine Warteschlange bilden. Das Problem stellt sich besonders an Engpass-Maschinen.

Wegen der Vielzahl der möglichen Lösungen ist eine Vollenumeration der optimalen Lösungen im Allgemeinen nicht möglich. Es muss versucht werden, mit überschaubarem Rechenaufwand eine - im Sinne einer vorab festzulegenden Zielsetzung - optimale Lösung zu finden.

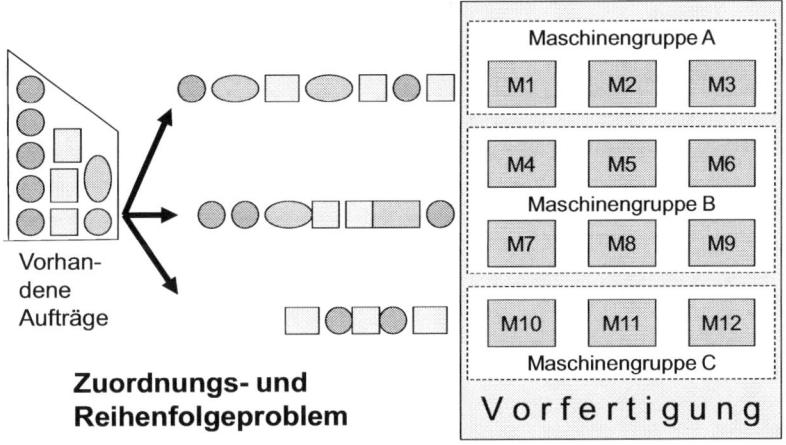

Abb. 6-19: **Belegungs- und Reihenfolgeplanung**

Als Lösungsansätze des Operations Research (OR) werden mathematisch-analytische und heuristische Verfahren angeboten (siehe Abschnitt 4.5.3).[263] In der Praxis werden zur Reihenfolgeplanung häufig Prioritätsregeln eingesetzt. Diese lassen sich in verschiedene Klassen einteilen:[264]

■ **Eingangszeitregeln** - Die Auftragspriorität wird nach dem Zeitpunkt des Zugangs an einer Arbeitsstation bestimmt, z. B.:

  ■ *FIFO/FCFS*: Nach der Regel „First-in-first-out" oder auch „First-come-first-served" wird der Auftrag bearbeitet, der als erster an dieser Arbeitsstation eingetroffen ist (und damit am längsten in der Warteschlange verweilt).
  Wirkung: Geringe Durchlaufzeitstreuung

■ **Bearbeitungszeit-/Rüstzeitregeln** - Die Auftragsreihenfolge richtet sich nach der Länge der Bearbeitungszeit bzw. nach der Länge der Rüstzeit, z. B.:

  ■ *KOZ*: Die „Kürzeste Operationszeit-Regel" bedeutet, dass der Auftrag mit der kürzesten Bearbeitungszeit an dieser Arbeitsstation zuerst bearbeitet wird.
  Wirkung: Über die KOZ-Regel können tendenziell die Ziele kurze Durchlaufzeiten, hohe Auslastung und hohe Termintreue unterstützt werden. Nachteilig wirken sich die starken Streuungen der Durchlaufzeit aus, da Aufträge mit langen Bearbeitungszeiten lange in den Warteschlangen verbleiben.

---

[263] Es bieten sich z. B. an: Lineare Programmierung, Iterationsverfahren, Branch-and-Bound, Fuzzy-Logik, genetische Algorithmen etc.

[264] Vgl. Rohweder (1996) S. 174, mit Verweisen auf Berg (1979), Wiendahl (1989), Schneeweiß (1993)

- *LOZ*: Die „Längste Operationszeit-Regel" besagt, dass der Auftrag mit der längsten Bearbeitungszeit an dieser Arbeitsstation höchste Priorität erhält.
- *KRB*: Bei der Regel „Kürzeste Rest-Bearbeitungszeit" wird der Auftrag mit der kürzesten noch verbleibenden gesamten Bearbeitungszeit aus allen noch offenen Arbeitsgängen ausgewählt.
  Wirkung: Unterstützung einer hohen Auslastung und kurzen Durchlaufzeiten.
- *GRB*: Bei der Regel „Größe Rest-Bearbeitungszeit" wird der Auftrag mit der längsten noch verbleibenden gesamten Bearbeitungszeit aus allen noch offenen Arbeitsgängen ausgewählt.

Termin-/Verspätungsregeln:

- *FLT*: Bei der Regel „Frühester Liefertermin" erhält der Auftrag mit dem frühesten Liefertermin die höchste Priorität.
- *SCHLUPF*: Bei der „Schlupfzeitregel" erhält Vorrang der Auftrag mit der geringsten Schlupfzeit. Das ist die Differenz zwischen dem Endtermin und der noch ausstehenden Mindest-Restfertigungszeit - und entspricht damit der Pufferzeit.
  Wirkung: Positiver Einfluss auf die Termineinhaltung, allerdings bei gleichzeitig größerer Streuung der Durchlaufzeiten.

Auftragswertregeln – Die Auftragspriorität wird aus dem Wert des Fertigungsauftrags oder aus dem mit diesem Fertigungsauftrag ggf. verbundenen Kundenauftrag bzw. -aufträgen und dessen/deren Umsatz oder Deckungsbeitrag abgeleitet, z. B.:

- *WERT*: Die „Wert-Regel" bestimmt die Priorität eines Fertigungsauftrags nach dem Produktendwert oder – bei der dynamischen Wertregel – nach dem aktuell erreichten Produktwert.
  Wirkung: Positiver Einfluss auf die Höhe der Kapitalbindung.

Aus theoretischen Überlegungen heraus und abgesichert durch Simulationsuntersuchungen steht jedoch fest, dass mit Hilfe von Prioritätsregeln nicht grundlegende Probleme in der Produktionssteuerung gelöst werden können.[265] Insbesondere können die Ergebnisse falscher bzw. ungünstiger Planungsmethoden und/oder falscher bzw. ungünstiger Planungsparameter auf den höheren Ebenen der PPS nicht bzw. nur sehr schwer und sicher nicht vollständig mit Hilfe von Prioritätsregeln ausgeglichen werden.

6.5.3.2 Arbeitsverteilung

Die Arbeitsverteilung ist die Schnittstelle zwischen der Planung und der Durchsetzung. Zu den Aufgaben gehören z. B. das Verwalten des freigegebenen Auftragsbestandes, das Zuordnen (Veranlassen) der einzelnen Arbeitsvorgänge zu den Arbeitsplätzen einer Arbeitsplatzgruppe, das Ausgeben von Arbeitsunterlagen[266] (Auftragsbegleitschein, Zeichnungen, Arbeitspläne, Materialentnahmeschein, sonstige Informationen) – sofern diese nicht in elektronischer Form erzeugt, verteilt und verarbeitet werden, das Auslösen der Materialbereitstellung am Arbeitsplatz und das Reagieren auf kurzfristige Störungen.[267]

Von der Fertigungssteuerung werden - insbesondere in der kundenbezogenen Auftragsfertigung (MTO/ETO) - durch das Auftreten von Eilaufträgen oder Störungen Auskunftsfähigkeit, hohe Flexibilität und schnelle Reaktionen erwartet. Ein integrierter, ggf. rechnergestützter Leitstand bzw. ein sog. Manufacturing Execution System (MES) kann hier eine

---

[265] Vgl. Wiendahl (2005)
[266] Diese werden gelegentlich auch als Werkstattpapiere bezeichnet.
[267] Vgl. u. a. Wiendahl (2005)

Lücke schließen (siehe dazu Abschnitt 10.4.2.5). Der Fertigungssteuerer/Disponent passt auf der Grundlage aktualisierter Informationen auf seiner (Bildschirm-)Plantafel die jeweiligen Vorgaben der Fertigungsplanung an, um die Grobplanung transparent zu machen, mit detaillierten Maschinen-, Termin- und Reihenfolgeplanungen in Einklang zu bringen und durchzusetzen. Ein Datenaustausch mit einem überlagerten PPS/ERP-System und ggf. mit Systemkomponenten einer Betriebsdatenerfassung (BDE-Systeme) in der Fertigung kann dabei dafür sorgen, dass die Aktualität der Daten sichergestellt wird. Wenn auch eine übergeordnete Optimierung von Durchlaufzeiten, Beständen und Auslastungen fehlt, können Leitstände/MES sinnvoll zur Sicherung der Liefertermine, Flexibilitätssteigerung für Marktanforderungen, Erhöhung der Transparenz der Fertigungsabläufe, Verringerung des Planungs- und Steuerungsaufwandes eingesetzt werden und dienen damit den logistischen Zielsetzungen.

6.5.3.3 Materialbereitstellung

Bei der Bereitstellung des Materials am einzelnen Arbeitsplatz werden unterschieden:

- **Steuerung der Materialbereitstellung**
  - *Bedarfsgesteuert*: Es erfolgt eine auftragsbezogene Kommissionierung und Bereitstellung der Materialien.
  - *Verbrauchsgesteuert*: Die Materialien werden entsprechend dem erwarteten Verbrauch bereitgestellt.
- **Physische Durchführung der Materialbereitstellung (Bring-/Holprinzip)**
  - *Bringprinzip*: Das Material wird zum Verbrauchsort gebracht.
  - *Holprinzip*: Mitarbeiter aus der Produktion holen sich das Material am Lager ab.
- **Quelle:**
  - *Lager*: Die Verbrauchsorte werden einzelnen aus einem Lager mit dem benötigten Material bedient.
  - *Supermarkt*: Ein zwischen einem Lager (das sich dann z. B. nicht physisch auf dem Betriebsgelände befinden muss) und den Verbrauchsorten platzierter Bereich, der zur kurzfristigen Versorgung der Fertigungs- bzw. Montageanlagen dient.

6.5.3.4 Fertigmeldung

Die Fertigung erhält ihre Informationen aus den vorgelagerten Bereichen (Konstruktion, Arbeitsvorbereitung) - das sind Vorgabe-Informationen zum Plan-Vollzug der Fertigung im Allgemeinen als Zeichnung, Arbeitsplan, NC-Programm - dazu Lohn- und Materialentnahmeschein sowie Informationen über Mengen und Termine. Die Fertigung informiert über den Ist-Zustand der Fertigungsabläufe. Betriebsdaten sind die während des Fertigungsablaufes anfallenden Daten, die Auskunft über Verhalten und Zustand des betrieblichen Geschehens geben. Betriebsdatenerfassung und -verarbeitung (BDE) ist die Rückmeldung der Produktionsergebnisse durch Ist-Daten - in maschinell aufbereiteter Form - zum Abgleich mit den Vorgabedaten (Soll-Daten). Damit wird der Regelkreis der Fertigungssteuerung geschlossen. Der Fertigungssteuerer erhält über diese Rückmeldung tatsächlicher Betriebsdaten ein organisatorisches Instrument, um Aussagen über Mengen, Zeiten, Termine, Kosten und Qualitäten während der Auftragsdurchführung machen und Entscheidungen über Prozess-, Bestands-, Kosten-, Qualitäts- und Terminsicherung für eine optimale Auftragsabwicklung ableiten zu können. Teilweise werden die BDE-Daten auch zur Lohnermittlung herangezogen.

■ **Arbeitsgang**: Jeder Arbeitsgang wird als fertig gemeldet, wenn er beendet ist. Rückmeldedaten: Auftragsnummer, Sachnummer, Arbeitsvorgangsnummer, Ist-Menge, Ist-Zeiten, Fertigstellungstermin. Bei großen Losen mit langen Bearbeitungsdauern erfolgen ggf. Teil-Rückmeldungen.

■ **Arbeitsgänge kollektiv:** Mit der Fertigmeldung eines Arbeitsgangs werden auch alle vorangegangenen Arbeitsgänge kollektiv als fertig gemeldet.

■ **Retrograd**: Mit der Bestandsbuchung eines Teils oder einer Baugruppe werden alle Arbeitsgänge (und ggf. auch über einen Netzplan zugehörige Fertigungsaufträge) retrograd als fertig gemeldet. Auf dieser Grundlage erfolgen dann auch erst die Material-entnahmebuchungen (mit Ist-Mengen gleich Soll-Mengen).

6.6 Datenverwaltung

Die dargestellten Abläufe zur Auftragsabwicklung stützen sich in der Regel auf ein Datenverarbeitungssystem. Das informationstechnische Zusammenwirken der einzelnen Bereiche des Unternehmens bzw. eine Zusammenarbeit mit Wertschöpfungspartnern erfordert eine bereichs- und unternehmensübergreifende Nutzung der Datenbasis. Die Daten - insbesondere Stammdaten – werden von der jeweils zuständigen Fachabteilung vorgegeben, gepflegt und von allen Beteiligten genutzt.

Die zunehmende Dezentralisation der Aufbauorganisation und die damit verbundene Eigenständigkeit der einzelnen, bei der Auftragsabwicklung zusammenwirkenden Funktionsträger, ermöglichen eine Dezentralisierung der Datenverarbeitung. Dieser Ansatz findet seine Grenzen dort, wo es auf eine redundanzfreie Datenhaltung ankommt.

Aktuelle Daten, die in einem vernetzten System verfügbar sind, erhöhen die Auskunfts-fähigkeit bei einer kundennahen Auftragsabwicklung, erlauben eine schnelle Abschätzung der verfügbaren Ressourcen und eine umgehende Reaktion auf mögliche Störgrößen und Marktveränderungen.

6.7 Spezielle Verfahren innerhalb der PPS

Es wurden detaillierte Methoden entwickelt, um das komplexe Geschehen der Auftrags-abwicklung abzubilden und der Praxis zugänglich zu machen. Als Beispiele seien genannt:

■ Das **Kanban-Konzept** unterstützt vornehmlich die Fertigung von Großserien und Massenfertigung mit hohem und stetigem Verbrauch von Teilen - es unterstützt prinzipiell auch die Fertigung standardisierter Varianten. Die Kanban-Steuerung (siehe dazu auch 10.4.2.4) hilft, insbesondere Bestände und Durchlaufzeiten zu senken (für kundenindividuelle Varianten- oder Auftragsfertigung - mit vorausgehender Konstruktion - ist Kanban nicht geeignet).

■ Das **BOA-Konzept** - belastungsorientierte Auftragsfreigabe - unterstützt in der Weiterentwicklung als „Belastungsorientierte Fertigungssteuerung" bei der Opti-mierung des Zielkonfliktes zwischen den Größen Kapazitätsauslastung, Bestand und Durchlaufzeit - hauptsächlich bei Fertigung nach dem Werkstattprinzip. Es ist ein bestandsorientiertes Steuerungsverfahren.

■ Das **Fortschrittszahlen-Konzept** unterstützt den Herstellungsablauf mittelgroßer und großer Serien aus eigener Fertigung oder fremder Zulieferung. Dazu werden Bedarfs- und Fertigungsmengen mit Hilfe von Fortschrittszahlen vorgegeben - das sind über der Zeit kumulierte Produktionsmengen (Zeit-Mengen-Relationen).

6.7.1 Belastungsorientierte Fertigungssteuerung

6.7.1.1 Grundlagen

Sowohl bei der Materialbedarfsermittlung (siehe Abschnitt 4.4.3.2) als auch bei der Durchlaufterminierung werden in den klassischen Planungsverfahren häufig festgelegte Übergangszeitmatrizen zur Terminierung des Starttermins der Fertigungsaufträge bzw. jedes einzelnen Arbeitsvorgangs verwendet. Auf der Basis dieser Starttermine werden für die verschiedenen Kapazitätseinheiten Belastungsprofile erzeugt, die dann im Rahmen eines Belastungsabgleichs geglättet werden. In zahlreichen Untersuchungen wurde aber ermittelt, dass der bei dieser Berechnung der Starttermine benutzte Mittelwert der Durchlauf- oder Übergangszeit stark streut und nur für einen kleinen Teil der Arbeitsvorgänge zutrifft. Daher ergeben sich zwangsläufig Differenzen zwischen den „genau" geplanten und den realisierten Abläufen.

Die am Institut für Fabrikanlagen und Logistik (IFA) der Leibniz-Universität Hannover entwickelte Planungsmethodik der „Belastungsorientierten Fertigungssteuerung „ geht von dem Grundgedanken aus, den - in Fertigungsstunden gemessenen - Bestand der vor einem Arbeitsplatz wartenden Aufträge als Steuerungsparameter zu verwenden. Dabei werden die Fertigungsaufträge nicht mehr hinsichtlich der terminlichen Aneinanderreihung der einzelnen Arbeitsvorgänge betrachtet, sondern nur global über die Kenngrößen Kapazität, Bestand und Durchlaufzeit an den von ihnen betroffenen Arbeitsplätzen. Diese Vorgehensweise berücksichtigt damit den stochastischen Charakter des Fertigungsprozesses.

Eine anschauliche Darstellung dieses Ansatzes kann in allgemeiner Form durch das Modell eines Trichters vorgenommen werden (**Abb. 6-20**). Dieser Trichter symbolisiert ein Arbeitssystem, das einem einzelnen Arbeitsplatz, einem Betriebsbereich oder einem gesamten Betrieb entsprechen kann. Eine gesamte Werkstatt kann wiederum durch ein vernetztes System von Trichtern abgebildet werden, die Verbindungen stellen dann den Durchfluss der Aufträge dar. Die in den Trichter eingehenden Aufträge bilden einen Bestand, der sukzessive abgearbeitet wird. Diese Vorgänge lassen sich nun als sogenanntes Durchlaufdiagramm abbilden, welches die dynamischen Verhältnisse an einem Arbeitsplatz aufzeigt. Hierzu werden die Zu- und Abgänge von Aufträgen mit ihrer Auftragszeit über der Zeit kumuliert dargestellt. Aus dieser Abbildung lässt sich dann die grundlegende

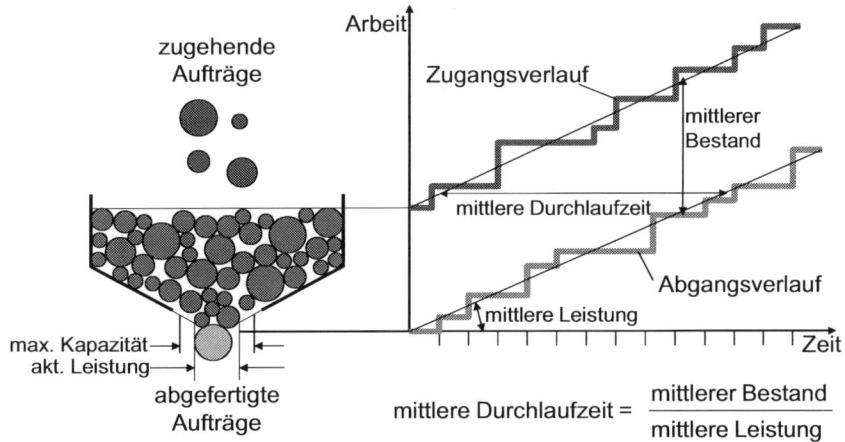

Abb. 6-20: Trichtermodell eines Arbeitssystems

Quelle: Wiendahl (2005)

Beziehung ableiten, dass sich die Durchlaufzeit an einem Arbeitsplatz proportional zum Bestand und umgekehrt proportional zur Leistung (Abgang im betrachteten Zeitraum) verhält.

Diese grundlegende Beziehung zwischen der mittleren Durchlaufzeit und dem mittleren Bestands-Leistungs-Verhältnis an einem Arbeitsplatz führt auf das Prinzip der Belastungssteuerung: Danach werden Zugang, Abgang, Bestand und Durchlaufzeit an den Arbeitsplätzen mit Hilfe einer Belastungsschranke geplant (**Abb. 6-21**).

Bei einer festen Planperiode, einer ange-strebten Plan-Durchlaufzeit und einer verplanbaren Kapazität bzw. Plan-Leistung ergeben sich auch ein Plan-Bestand und eine Plan-Belastung. Dabei wird die Plan-Belastung durch die Belastungsschranke (BS) gekennzeichnet. Diese lässt sich als ein prozentuales Vielfaches der Kapazität der Planperiode definieren und wird dann als Einlastungsprozentsatz (EPS) bezeichnet.

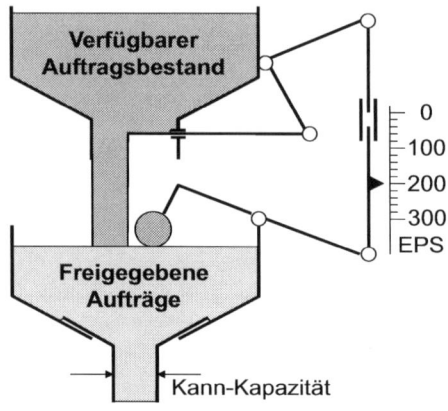

Abb. 6-21: Wirkprinzip der belastungsorientierten Auftragsfreigabe

Quelle: Wiendahl (2005)

Die Belastungsschranke dient als variabler Steuerungsparameter, womit über das Bestands-Leistungs-Verhältnis die mittlere Durchlaufzeit an den Arbeitsplätzen beeinflusst werden kann. Dabei soll zur Vereinfachung (aber auch im Interesse eines gleichmäßigen und planvollen Fertigungsablaufs) die Durchlaufzeit an allen Arbeitsplätzen im Mittel gleich groß sein. Dann entsprechen beispielsweise bei einer Planperiode von einer Woche (5 Arbeitstagen) die Einlastungsprozentsätze von 200%, 250% und 300% den angestrebten Plan-Durchlaufzeiten von 5 Tagen, 7,5 Tagen und 10 Tagen pro Arbeitsvorgang.

Die angestrebte Plan-Durchlaufzeit gilt keineswegs als Vorschrift, die für jeden einzelnen Arbeitsvorgang genau einzuhalten ist, sondern als Richtgröße, die im Mittel mit einer statistisch abgesicherten Streuung zutreffen soll. Die eigentliche Funktion liegt eben darin, an allen Arbeitsplätzen einen angemessenen Arbeitsvorrat als Puffer sicherzustellen. Wie hoch dieser Puffer im Mittel sein muss, um eine gute Auslastung der Arbeitsplätze bei gleichzeitig raschem Durchlauf der Aufträge sicherzustellen, hängt von der jeweiligen Auftragszusammensetzung, den verfügbaren Kapazitäten und den unternehmerischen Ziel-setzungen ab. Eine realistische Bemessung des Puffers kann entweder auf heuristischem Wege, z. B. durch Simulationen, oder durch ein mathematisches Abschätzungsverfahren[268] ermittelt werden.

6.7.1.2 Prinzipieller Verfahrensablauf

Zur Verwirklichung des Prinzips der Belastungssteuerung ist am IFA das Fertigungs-steuerungsverfahren der belastungsorientierten Auftragsfreigabe entwickelt worden. Das Verfahren hat den Zweck, regelmäßig zu Beginn einer Planperiode über die Freigabe anstehender Aufträge zu entscheiden, für die dann mit der Bereitstellung des Rohmaterials, der notwendigen Unterlagen und Hilfsmittel die eigentliche Fertigung in der folgenden Planperiode beginnen soll.

---

[268] Vgl. Nyhuis, Wiendahl (2003)

Die Auftragsfreigabe geht dabei von den folgenden Randbedingungen aus:

▓ Die Liefertermine für die Aufträge stehen fest.
▓ Das benötigte Material ist vorhanden.
▓ Die erforderlichen Werkzeuge und Vorrichtungen sind vorhanden.
▓ Die verplanbaren Kapazitäten der anstehenden Planperiode sind bekannt.
▓ Die Restbelastung durch bereits freigegebene und angearbeitete Aufträge ist aufgrund von Rückmeldungen bekannt.

Abb. 6-22 verdeutlicht den Ablauf der belastungsorientierten Auftragsfreigabe. Dieser Ablauf soll nachfolgend in seiner prinzipiellen Logik beschrieben werden. Hierbei erfolgt bewusst keine vollständige Darlegung der gesamten theoretischen Grundlagen oder spezifischer Ausprägungen, Feinheiten sowie von Erweiterungen im Verfahrensablauf.[269]

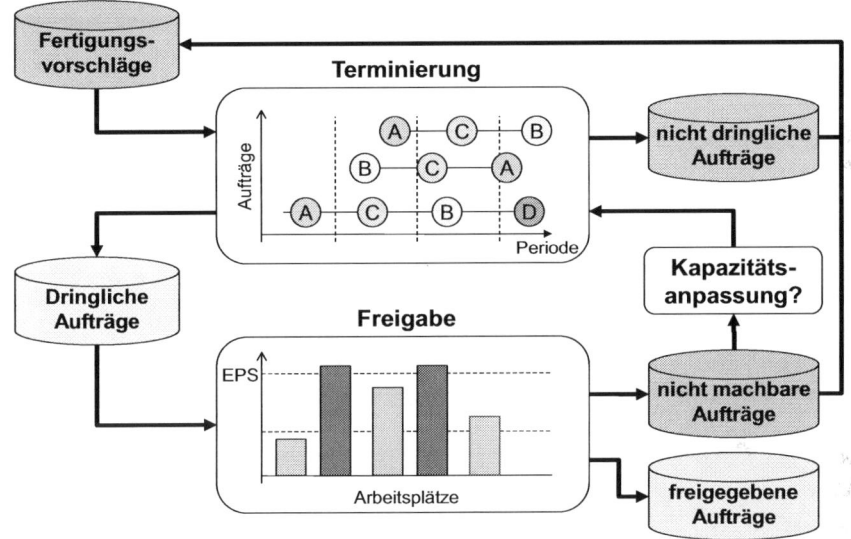

Abb. 6-22: Ablauf der belastungsorientierten Fertigungssteuerung

Quelle: Vgl. Wiendahl (2005)

▓ Zu Beginn jeder Planungsperiode werden diejenigen Fertigungsaufträge gesammelt, die zum aktuellen Zeitpunkt bekannt und für das Planungsverfahren relevant sind. Dies sind zum einen diejenigen Aufträge, die bisher noch nicht zur Fertigung freigeben worden sind (aufgrund mangelnder Dringlichkeit oder Überlastung). Zum anderen sind es neue, disponierte Aufträge (aufgelöst z. B. aus neuen Kunden- oder Vorratsaufträgen).

▓ Als erster Schritt des eigentlichen Verfahrensablaufs schließt sich eine Durchlaufterminierung an. Diese soll das Ziel einer hohen Termintreue gewährleisten und die terminlich dringlichen Aufträge ermitteln. Dazu wird mit der aus den Werten für die Belastungsschranke und die Periodenlänge errechneten Plandurchlaufzeit pro Arbeitsvorgang eine Rückwärtsterminierung durchgeführt. Ausgehend vom Soll-Endtermin der Aufträge wird so der Soll-Starttermin jedes Auftrags errechnet. Der Steuerungsparameter der Terminschranke setzt nun einen höchstzulässigen terminlichen Vorgriff auf freizugebende Aufträge fest. Damit soll erreicht werden, dass einerseits Belastungs-

---

[269] Zu den verfahrensspezifischen Details und praktischen Anwendungen sei auf die angeführten Quellen verwiesen.

schwankungen aufgefangen werden und genügend Aufträge zur gleichmäßigen Auslastung der Werkstatt zur Verfügung stehen. Anderseits sollen die Arbeitsplätze auch nicht zu hoch belastet (wegen der Einflüsse auf Termineinhaltung und Durchlaufzeit) und die Aufträge nicht zu früh gefertigt werden (aus Gründen der Kapitalbindung). Werden Aufträge weit vorgezogen, blockieren sie außerdem die Kapazität der Arbeitsplätze für dringlichere Aufträge, die in der oder den nachfolgenden Planperioden erst bekannt werden. Diese müssen dann eventuell zurückgestellt werden. Abschließend werden die Aufträge entsprechend ihrer terminlichen Dringlichkeit, also nach ihrem Soll-Starttermin, sortiert.

■ Mit den so ermittelten, dringlichen Fertigungsaufträgen wird nun der zweite Schritt, die eigentliche Auftragsfreigabe, durchgeführt. Diese soll das Ziel eines angemessenen (Umlauf-)Bestandes und einer angemessenen Durchlaufzeit verfolgen. Zu diesem Zweck wird ein Auftrag nur dann freigegeben, wenn bei jedem der im Arbeitsplan zu den einzelnen Arbeitsgängen angegebenen Arbeitsplatz die kumulierte Belastung unter einem durch die sogenannte Belastungsschranke (bzw. Einlastungsprozentsatz) gegebenen Wert liegt. Ist dies der Fall, wird der Auftrag freigegeben. Bei der Einlastung der Auftragsstunden auf die einzelnen Arbeitsplätze kommt dabei ein Abwertungsverfahren zum Tragen, das zur Umrechnung der in der Mehrzahl ja erst zukünftig auftretenden Belastungen auf die aktuelle Periode dient. Es berücksichtigt hierbei den zeitlichen Abstand der Belastung dieser Arbeitsgänge im Verhältnis zum Einlastungsprozentsatz.

Für jeden Arbeitsplatz existiert ein Konto, in dem die jeweilige kumulierte Auftragsbelastung geführt wird. Zu Beginn der Freigabe wird der, erforderlichenfalls abgewertete, Arbeitsstundeninhalt aller Arbeitsgänge kumuliert, die sich für diesen Arbeitsplatz aus der vorhergehenden Periode noch in der Fertigung befinden. Dies stellt die zu Beginn des Verfahrens vorhandene Werkstattbelastung dar. Anschließend wird bei jedem Auftrag, beginnend mit dem dringlichsten, für jeden einzelnen Arbeitsgang nacheinander überprüft, ob die vereinbarte Belastungsschranke (Produkt aus Einlastungsprozentsatz und Arbeitsplatz-Kapazität) am jeweiligen Arbeitsplatz überschritten ist. („Freigabe" in Abb. 6-22).

Ist bei keinem Arbeitsplatz eine Überschreitung festzustellen, wird der Auftrag freigegeben und die Konten werden mit dem vollen (beim ersten Arbeitsgang) bzw. abgewerteten (bei den nachfolgenden Arbeitsgängen) Arbeitsstundeninhalt (Auftragszeit aus dem Arbeitsplan) belastet. Überschreitet bei dieser Buchung ein Kontoinhalt die Belastungsschranke, wird das Konto fortan für weitere Belastungen gesperrt (die erstmalige Überschreitung wird also zugelassen). Der exakte Freigabetermin in die Werkstatt wird aufgrund der Belastungssituation am ersten Arbeitsplatz des freigegebenen Auftrags bestimmt.

Wird bei der Überprüfung der Belastungskonten an einem Arbeitsplatz eine Überschreitung der Belastungsschranke festgestellt, wird der gesamte betrachtete Auftrag zunächst als „nicht machbar" gekennzeichnet. Sofern Möglichkeiten der Kapazitätsanpassung an dem auf diese Weise identifizierten Engpass-Arbeitssystem bereits ausgeschöpft oder organisatorisch nicht umsetzbar sind, wird der Auftrag bis zur nächsten Periode zurückgestellt. Er hat dann aufgrund der entsprechend höheren Dringlichkeit (Starttermin = Priorität) größere Chancen zur Freigabe.

Nach Abschluss der Freigabe steht fest, welche Aufträge aufgrund der eingestellten Parameter in der nächsten Periode in die Fertigung eingesteuert werden.

Das besondere Kennzeichen des Verfahrens ist die Tatsache, dass die gesamte Planung quasi auf die anstehende Periode bezogen wird. Denn nur für diesen Zeitraum können ausreichend sichere Aussagen gemacht werden. Die „Bearbeitungswahrscheinlichkeit" eines Arbeitsvorgangs für diese Periode hängt von seiner Position im jeweiligen Auftragsdurchlauf und der eingestellten Bestandshöhe ab und wird mit Hilfe der angesprochenen Belastungsabwertung (Abzinsung) berücksichtigt. Durch diese Vorgehensweise wird dem Umstand Rechnung getragen, dass die einzelnen Arbeitsplätze häufig eine unterschiedliche Stellung im Fertigungsfluss einnehmen, je nachdem, ob sie überwiegend am Beginn der Fertigung, am Ende oder dazwischen liegen.

Die Abweisung von Aufträgen geschieht dann aus der Überlegung, dass die Freigabe eines Auftrags, auch eines dringlichen, wenig sinnvoll erscheint, wenn er, vielleicht nach Passieren der ersten Bearbeitungsstationen, vor einem Engpass liegenbleibt, den Bestand über das geplante Maß erhöht und die Fertigung aufhält.

6.7.2 Fortschrittszahlen

Das Fortschrittszahlenkonzept ist ein vor allem in der Großserienproduktion ursprünglich zwischen Automobilfirmen und ihren Zulieferern vereinbartes Verfahren zur Steuerung von Lieferungen zwischen einem Abnehmer und seinen Lieferanten. Mit Hilfe der Fortschrittszahlen (FZ) lassen sich Änderungen von Terminen und Mengen übersichtlich darstellen. Eine Bedarfsunterdeckung (Lieferrückstand) lässt sich unmittelbar nach Aktualisierung der Bedarfszahlen darstellen und auf die interne Produktion und externe Lieferanten übertragen.

Fortschrittszahlen sind kumulierte Mengengrößen zu einem Fertigungsteil und beziehen sich auf einen definierten Kontrollpunkt innerhalb des Wertschöpfungsprozesses zu einem definierten Zeitpunkt.[270] Für den Einsatz des Fortschrittszahlenkonzepts wird der Fertigungsprozess in Kontrollblöcke (Teilprozesse) unterteilt, die – je nach Detaillierungsgrad – einzelne Arbeitsschritte, Maschinengruppen, Fertigungsstufen oder ganze Produktionssysteme umfassen können.[271] Ein Kontrollblock wird als Black-Box betrachtet, d. h. für das FZ-Konzept interessiert allein der Input und Output.[272] Die Eingänge und Ausgänge dienen als Messpunkte der Fortschrittszahlen (Zugangs- und Abgangsfortschrittszahlen, wobei die Abgangsfortschrittszahl eines Kontrollblocks zugleich der Zugangsfortschrittszahl des nachfolgenden Kontrollblocks entspricht).[273] Es gilt:

- ▨ Pro Kontrollblock werden die Produktionsbedarfe vorab bestimmt (Soll-Fortschrittszahlen).
- ▨ Pro Kontrollblock werden die tatsächlichen Produktionsmengen periodengenau erfasst (Ist-Fortschrittszahlen).
- ▨ Zur Überwachung und Steuerung des Produktionsprozesses werden Soll- und Ist-Fortschrittszahlen pro Kontrollblock miteinander verglichen und entsprechende Steuerungsmaßnahmen eingeleitet. Dabei unterscheidet man: Vorlaufsituationen, wenn die Ist-Fortschrittszahl die Soll-Fortschrittszahl übersteigt, d. h. ein Lagerbestand vorliegt und Rückstandsituationen, wenn umgekehrt der Ist-Fortschritt unter dem Soll liegt und somit ein Fehlbestand zu erwarten bzw. bereits zu verzeichnen ist.

---

[270] Vgl. Heinemeyer (1994), S. 221-236
[271] Vgl. Kurbel (1993)
[272] Vgl. Schenk 2004, S. 99-100
[273] Vgl. Arnold et al. 2008, S. 338

Fasst man Fortschrittszahlen als Zeit-Mengen-Relationen auf, so lassen sie sich in einem zweidimensionalen Diagramm als Funktionen veranschaulichen (siehe **Abb. 6-23**). Mit Hilfe des Abstands zwischen den Funktionen lassen sich die Vor- und Rücklaufsituation bestimmen, wobei diese entweder in Tagen (horizontale Differenz) oder in Mengeneinheiten (vertikale Differenz) ausgedrückt werden können.

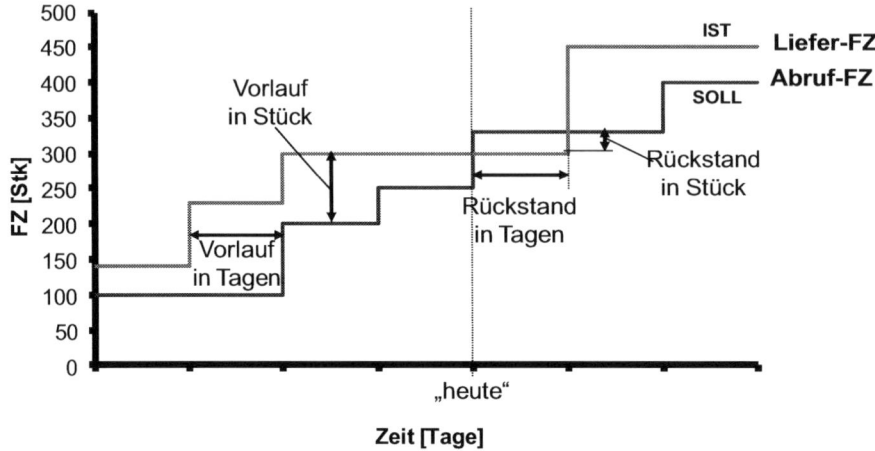

Abb. 6-23:   Fortschrittszahlendiagramm

Eine Fortschrittszahl bezieht sich auf genau eine Teilenummer. Daher eignet sich das Konzept insbesondere für Situationen, wo ein möglichst kontinuierlicher Bedarf entlang der gesamten Wertschöpfungskette besteht – also in der Massen- und Serienfertigung von Standardteilen mit begrenzten Varianten. Dort ist das Konzept auf allen Ebenen eines Unternehmens und darüber hinaus zur Steuerung der Lieferanten anwendbar. Dabei werden, wie dargestellt, nur Input und Output eines Kontrollblocks gesteuert – die interne Steuerung kann auf jeder Ebene und für jeden Kontrollblock angepasst erfolgen. Da nur wenige Zahlen ausgetauscht werden müssen, sind Fortschrittszahlen häufig Grundlage für die Kommunikation in JIT-/JIS-Verfahren.

6.7.3   Kanban

6.7.3.1   Einführung

„In einem Supermarkt kann ein Kunde bekommen, was er braucht, wann er es braucht, und in der Menge, die er braucht"[274]. Dieses Zitat von Taiichi Ohno (Toyota) spiegelt den Grundgedanken von Kanban wieder: Jeder Kunde kann im Supermarkt die Sachen erwerben, die er – aus einem definierten Sortiment – benötigt. Dazu entnimmt er seine erforderliche Menge aus den Regalen und legt sie in seinen Einkaufswagen. Das Supermarktpersonal befüllt die leeren Regalplätze dann wieder mit neuen Waren. Diese werden meistens aus einem angelagerten Zwischenlager entnommen. Bei der täglichen Überprüfung des noch vorhandenen Warenangebotes kann dann eine entsprechende Nachbelieferung mit Waren durch das Personal angefordert werden. Aus einem Zentrallager oder direkt durch einen Lieferanten werden die Bestände des Zwischenlagers erneut mit Waren aufgefüllt. Diese Vorgehensweise überwindet Engpässe bei schwankenden Verbräuchen, erhöht allerdings die Kosten des Auffüllens.

---

[274] Ohno (1993), S. 52f

Überträgt man nun dieses Prinzip auf einen industriellen Fertigungsprozess, so ergibt sich bei enger Zusammenarbeit des Lieferanten mit dem Kunden eine Vereinfachung. Ein vorhandenes Zwischenlager beim Kunden kann durch die Möglichkeit eines schnellen Nachproduzierens eingespart werden und die leeren Regalplätze könnten direkt vom Zulieferer selbst aufgefüllt werden. Durch diesen Prozess kommt es zum einen zur Einsparung von Lagerplätzen und zum anderen zur Verkürzung des Lieferprozesses. Wegen der gleichen Funktion spricht man auch in der Produktion, wie im Alltagsleben, von Supermärkten.

Kanban unterscheidet sich in wesentlichen Elementen von der allgemein üblichen zentralen Produktionsplanung und -steuerung, die in einem tayloristisch geprägten Umfeld entstanden ist. Der Kerngedanke des Taylorismus ist es, die Produktivitätssteigerung durch ein effizientes System der organisatorischen Arbeitsteilung und Arbeitsführung zu ermöglichen. Den auszuführenden Stellen wird somit die dispositive Verantwortung ihrer Tätigkeit entzogen, da sie nicht selbständig planen und steuern. Die einzelnen Fertigungsstellen, z. B. Rohbearbeitung, Endbearbeitung, werden nur durch Anweisungen der zentralen Produktionsstelle gesteuert. Dies kann zu falschen Entscheidungen führen, die den gesamten Prozess beeinflussen. Die einzelnen Fertigungsstellen haben untereinander keine Kommunikation, die bei Über- oder Unterproduktion notwendig wäre, um in die Prozesse einzugreifen und gegenzusteuern. Der Entscheidungsprozess der zentralen Produktionsstelle stimmt nicht mit den betrieblichen Realitäten bzw. mit den Kundenanforderungen überein und führt – mehr oder weniger zwangsläufig - zu schwankenden Beständen.

Die Planung der zentralen PPS-Stelle erfolgt oft auf der Basis von Absatzprognosen. Ein wichtiges Ziel ist dabei, eine hohe Kapazitätsauslastung der Produktionsmittel zu erreichen. Das wiederum führt zu großen Losgrößen und langen Durchlaufzeiten (siehe Abschnitt 1.4.2). Die komplexen Wechselbeziehungen zwischen den Elementen der PPS führen zu einem hohen Koordinationsaufwand, der durch zentrale Funktionen i. d. R. nicht gut zu handhaben ist. Mit der zentralen PPS ist das Push-Prinzip verbunden (siehe Abschnitt 2.2.2). Dies bedeutet, dass ein Auftrag zentral in Teilaufträge zerlegt wird, um diese anschließend durch den Produktentstehungsprozess zu „schieben". Die Aufnahme einer Tätigkeit geschieht also nicht selbständig durch das Erkennen eines Bedarfes in einer nachfolgenden Produktionsstufe, sondern durch die Vorgabe der zentralen Produktionsplanung und –steuerung (siehe **Abb. 6-24**).

Das Kanban–System ist ausschließlich ein Steuerungssystem. Es beruht auf der *Holpflicht*. Das heißt, ein nachgelagerter Arbeitsprozess entnimmt bei Bedarf aus einem definierten Puffer nur die für einen Auftrag benötigten Teile in der benötigten Menge (Just-in-Time Prinzip). Der nachgelagerte Vorgang erkennt selbst den Bedarf an Material und bestellt dies beim vorgelagerten Arbeitsprozess. Dadurch kann der Ist-Bestand mit dem Soll-Bestand an Material auf einem gleichmäßigen Niveau gehalten werden. Die Voraussetzung ist eine Vereinfachung der Kommunikation durch eine eindeutige Bezeichnung, was in welcher Menge benötigt wird.

Wenn Material benötigt wird (z. B. weil ein Mindestbestand unterschritten wurde) und nur dann wird die zuliefernde Stelle aufgefordert, neues Material anzuliefern. Daraus ergibt sich ein Produktionsablauf wie er in Abb. 6-24 unten zu sehen ist: Die Produktionssteuerung reguliert lediglich die Endmontage, um die benötigte Auftragsmenge zu bevorraten. Dies hat dann wiederum Auswirkungen auf alle vorgelagerten Bereiche der Produktion. Erkennt z. B. die Vormontage den Bedarf an Material, führt dies zur

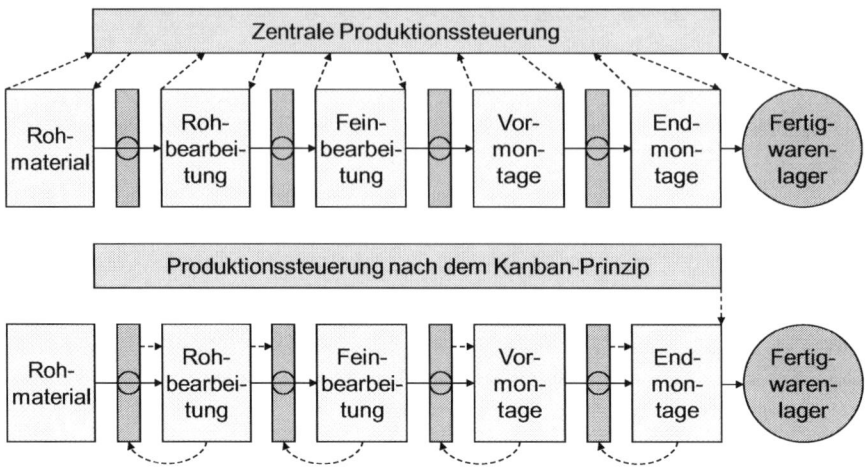

Abb. 6-24: Produktionssteuerung bei zentraler PPS und bei Kanban

Quelle: Wildemann (2008a)

Übermittlung einer Bestellung an die Feinbearbeitung, dass sie eine vorgeschriebene Menge an bearbeitetem Material in den Bestandspuffer liefert. Daraus resultiert ein Arbeitsauftrag für die Feinbearbeitung. Das heißt, erst nachdem eine Bestellung von der Vormontage übermittelt wurde, wird der Bearbeitungsprozess begonnen und nicht früher. Ist der Arbeitsprozess beendet, wird die erneute Fertigung dieser Teilenummer erst nach Eintreffen einer neuen Bestellung begonnen.

Die Aufforderung wird durch einen *Kanban*[275] erteilt, der grundsätzlich mit der Ware mit jedem Los transportiert wird und z. B. bei Anbruch des Loses zur neuen Anlieferung zurückgegeben wird. Ein Kanban dient somit als Bestellmedium und auch zur Identifizierung der Ware. Es gelten strenge Regeln für die Fertigung. Besonders der Grundsatz, dass nur gefertigt werden darf, wenn ein Kanban zur Fertigung vorliegt und dass nur einwandfreie Teile angeliefert werden dürfen. Damit wird die terminorientierte Steuerung herkömmlicher Methoden durch die bedarfsorientierte Steuerung ersetzt.[276]

Die angestrebte Vermeidung von Verschwendung wird indirekt dadurch erreicht, dass mit Kanban der Materialbestand fest bestimmt und dem jeweiligen Bedarf angepasst werden kann. Damit hat man unter anderem ein Instrument, durch Senkung des Bestandes Störungen im Materialfluss aufzuzeigen. Wenn man dann vorübergehend den Bestand wieder erhöht, die Ursache für die Störung beseitigt und den Bestand wieder senkt, schafft man eine kontinuierliche Verbesserung des Materialflusses (im Sinne des Kaizen-Prinzips[277]). Störungsursachen können z. B. sein lange Rüstzeiten, fehlerhafte Produktion, ungleichmäßige Fertigungsgeschwindigkeit, hoher Bearbeitungsaufwand, geringe Kapazität, unübersichtliche Reihenfolge.

---

[275] Japanisch für Schild, Karte, Zettel, Beleg, Tafel
[276] Wildemann (2008a)
[277] Kaizen: Japanische Lebens- und Arbeitsphilosopie, mit der Leitidee „Veränderung zum Besseren". Grundlage für Managementsysteme der Wirtschaft, z. B. als „Continous Improvement Process (CIP)" oder in Deutschland „Kontinuierlicher Verbesserungsprozess (KVP)".

Im Einzelnen ist abzuwägen, wie wirtschaftlich es ist, die Ursache zu beheben. Dabei hat sich gezeigt, dass erkannte Ursachen häufig mit sehr einfachen Maßnahmen beseitigt werden können.

Durch die genannten Eigenschaften hat sich Kanban auch in den Zeiten aufwändiger ERP-Systeme (siehe Abschnitt 10.4.2.1) bewährt und wird als Ergänzung, in bestimmten Fällen sogar als einziges Steuerungssystem angewandt, sowohl im inner- als auch im zwischenbetrieblichen Einsatz.

6.7.3.2 Voraussetzungen, Vorteile, Risiken

Über die Voraussetzungen zum Einsatz von Kanban gibt es unterschiedliche Ansichten, die sich von unterschiedlichen Zielen herleiten lassen. Weitgehende Übereinstimmung herrscht darüber, dass es für die Serienfertigung sehr geeignet ist - die Anwendbarkeit bei Variantenfertigung dagegen ist strittig. Es kann jedoch bei Produktion kleiner Losgrößen sinnvoll genutzt werden, wenn man bereit ist, Maßnahmen zur Verbesserung des Materialflusses zu ergreifen. Man kann die Voraussetzungen für Kanban als statisch betrachten (vorhanden oder nicht vorhanden) oder mit der Einführung den Zwang bewirken, die entsprechenden Voraussetzungen zu schaffen. Durch die erforderlichen Maßnahmen wird dann ein Fortschritt in den Fertigungsabläufen, also eine Annäherung an die Ziele, erreicht.

Im Allgemeinen werden die nachfolgenden Punkte (und deren Umsetzung in Maßnahmen) als hilfreich bzw. als erforderlich für einen erfolgreichen Einsatz von Kanban benannt:[278]

- Geringe Nachfrageschwankungen und regelmäßiger, konstanter Verbrauch.
- Aufeinander folgende Dispositionsstufen sollten ausgeglichene Leistungsquerschnitte haben.
- Jede Produktionsstelle sollte nur einen unmittelbaren Nachfolger haben.
- Hohe Zuverlässigkeit und Stabilität der Produktion.
- Kleine Losgrößen, kurze Durchlaufzeiten.
- Flexible Produktionsmittel und kurze Rüstzeiten.
- Fehlerfreie Lieferungen.
- Akzeptanz von Leerlauf bei Mitarbeitern und Anlagen bzw. Flexibilität der Arbeitnehmer im Hinblick auf Arbeitszeit, Arbeitsinhalte und Arbeitsplätze.
- Sofortige Ursachenanalyse bei Störungen, danach schnelle Beseitigung der Störungen.

Im Allgemeinen werden bei Anwendung des Kanban-Prinzips die folgenden Vorteile erwartet:

- Verkürzung der Durchlaufzeiten durch kleinere Losgrößen.
- Bei den vorausgesetzt geringen Rüstzeiten bedeuten kleine Losgrößen eine schnellere und flexiblere Abarbeitung der Aufträge und damit weniger Wartezeit, die einen wesentlichen Anteil der Durchlaufzeit ausmacht.
- Eine kurze Durchlaufzeit bedeutet auch, dass Termine leichter eingehalten und auf Änderungen flexibel reagiert werden kann, wodurch sich die Lieferbereitschaft erhöht.
- Niedrige Materialbestände und geringe Kapitalbindungskosten des Umlaufvermögens, keine Überproduktion an Material sowie geringe Lagerhaltungskosten. Freigesetzte Flächen können für andere Zwecke genutzt werden.
- Die Bestände lassen sich leichter kontrollieren und dank der kurzen Durchlaufzeiten ist der Materialfluss gut überschaubar: Höhere Transparenz als beim Push-System.

---

[278] Vgl. u. a. Takeda (1999)

- Minimaler zentraler Steuerungsaufwand für Kanban Regelkreise. Bei der Implementierung des Systems werden durch die Planung alle Parameter des Regelkreises festgelegt. Diese werden danach nur noch ein bis zweimal im Jahr überprüft, falls keine signifikante Änderung der Bedingungen eintritt. Das gesamte Kanbansystem stellt einen schlanken sich selbst regelnden Kreislauf dar.

- Durch die geringen Bestände werden operative Probleme im Bereich der Fertigung schneller erkannt und gelöst, da die Verantwortung für den reibungslosen Ablauf in der Produktion selbst liegt.

- Die Motivation der Mitarbeiter erhöht sich durch die gestiegene Verantwortung und führt zu erhöhter Arbeitsproduktivität, sowie das Engagement zur ständigen Verbesserung der Prozesse. Dies wirkt sich wiederum positiv auf die Durchlaufzeiten aus.

Risiken bei der Anwendung von Kanban liegen in den folgenden Punkten:

- Bei Schwankungen der Nachfrage, der Produktionszeit etc., treten ähnliche Reaktionen wie bei Push-Systemen auf.

- Störungen an einer Produktionsstelle, einem Arbeitsplatz oder einem Betriebsmittel wirken sich wegen der geringen Pufferbestände sehr schnell auf weitere Produktionsstellen oder den gesamten Produktionsbereich aus, Produktionsverzögerungen und -stillstände sind die Folge.

- Erhöhung der Transportkosten sowohl im Bereich der Produktion als auch in der produktionssynchronen Beschaffung aufgrund der kleinen Lose.

- Erhöhung der Rüstkosten durch häufigeres Auflegen kleiner Lose. Diesem Effekt kann durch Rüstzeitreduzierung und der kontinuierlichen Verbesserung entgegengewirkt werden.

- Die erforderliche Flexibilität der Kapazitäten wird in Japan hauptsächlich durch Anpassung der Ressource Personal erreicht. Ein nachfragegebundener Auf- bzw. Abbau von Überstunden sowie der Einsatz von befristeter Zeitarbeit werden jedoch nicht überall durchsetzbar sein.

- Ein ständiges Bereithalten von Überkapazitäten wird aufgrund der getätigten Investitionen in Anlagevermögen auf Kritik stoßen. Vor der Einführung von Kanban sind bereits vorhandene Maschinen oft auf große Lose mit hoher Stückzahl ausgerichtet und müssen erst durch Rüstzeitreduzierung flexibler gemacht werden. Bei Neuinvestitionen geht Flexibilität vor Masse, wozu bei vielen Unternehmen erst ein Umdenken stattfinden muss.

- Lagerhaltung wird ggf. auf die Zulieferer abgewälzt. Langfristig soll jedoch auch die Produktion des Lieferanten JIT-fähig werden (angestrebte langfristige Partnerschaft zwischen Abnehmer und Zulieferer).

7 Liefern (Deliver)

7.1 Einordnung und Abgrenzung

Mit der Fertigstellung industrieller Produkte ist die Schnittstelle zum Absatzmarkt bzw. zum Kunden erreicht: Die betriebliche Leistung muss nun verwertet werden, um durch Verkauf bzw. Lieferung das im Produktionsprozess eingesetzte Kapital durch Umsatz wiederzugewinnen. Die Aufgabe des Absatzes beschränkt sich aber nicht lediglich auf das Verkaufen und Liefern der Erzeugnisse zur Sicherung beispielsweise der Liquidität, des Erfolges und des Bestandes der Unternehmung. Sondern in den Absatzfunktionen sind alle Entscheidungen und Handlungen gebündelt, die die Gestaltungen und Dispositionen eines Industriebetriebes bzw. einer Wertschöpfungsgemeinschaft am Absatzmarkt zum Inhalt haben. Diese Aktivitäten werden heute unter dem Begriff „Marketing" zusammengefasst: Marketing ist somit ein Instrument der Unternehmensführung zur Ausrichtung des Unternehmens auf den - heute im Allgemeinen gesättigten - Absatzmarkt eines Überflussangebotes (Käufermarkt) und auf die Bedürfnisse der Käufer. Marketing umfasst dabei nicht nur die technisch-organisatorische Auftragsabwicklung, sondern die Führung der Unternehmung vom Markte her als Unternehmensphilosophie. Marketing ist damit eine marktorientierte unternehmerische Denkhaltung. Ein Produkt wird gekauft, weil Leistung und Technik, Design und Qualität, Service und auch der Preis mit den Kundenwünschen übereinstimmen bzw. entsprechende Wünsche geweckt und bedient werden.

Am Anfang absatzmarktorientierter Entscheidungen steht die Formulierung langfristiger Unternehmens- und Marketingziele sowie der erforderlichen Strategien. Sie werden aus den Stärken und Schwächen des Unternehmens (Stellung des Unternehmens am Markt) und den prognostizierten Tendenzen und Entwicklungen der Technik, der Abnehmer und der Mitbewerber abgeleitet. Die erarbeiteten Ziele sind qualitative (Marktanteil, Bekanntheitsgrad, Image, Kundenbindung u. a.) und quantitative Ziele (Preise, Mengen, Deckungsbeiträge u. a.). Die strategischen Entscheidungen bilden den Rahmen für die operativen Maßnahmen. Sie werden umgesetzt durch den gezielten Einsatz des Marketing-Instrumentariums[279] als absatzpolitische Mittel zur aktiven Gestaltung des Absatzmarktes und bilden die Marketing- Konzeption:[280]

- ▦ **Produktpolitik** - umfasst alle Entscheidungen zur Gestaltung der Absatzleistungen, beispielsweise bei Sachleistungen eines Industriebetriebes: Die kunden- bzw. marktorientierte Definition und Gestaltung der Produkte und seiner Varianten, der Namensgebung und der Markenstrategie, der Verkaufsverpackung, des Produktsortimentes nach Art (Tiefe und Breite des Leistungsprogramms) und nach mengenmäßiger Zusammensetzung, Zusatzleistungen u. a.
- ▦ **Preis- und Konditionenpolitik** (Kontrahierungspolitik) - ist die Gesamtheit aller Maßnahmen, um einen Kaufabschluss (Kontrakt) zu bewirken. Dazu gehören z. B. vertragliche Vereinbarungen über das Leistungsangebot, Entscheidungen über die Gestaltung der Preise, Rabatte, Liefer- und Zahlungsbedingungen, Finanzierungen, Leasingkonditionen etc.

---

[279] Der Marketing-Mix ist nicht eine Kombination unabhängiger Einzelmaßnahmen, sondern ein interdependentes Maßnahmen-Paket und ist wegen der Synergie-Effekte ganzheitlich einzusetzen. Es ist die zu einem bestimmten Zeitpunkt getroffene Auswahl von Marketinginstrumenten in einer bestimmten Ausprägung.

[280] Vgl. Kotler u. a. (2011); Meffert (2008); Specht, Fritz (2005) S. 36; Weis (2009) S. 86ff.

■ **Distributionspolitik** - beinhaltet alle Entscheidungen zur Ausgestaltung und zur Organisation des Weges eines Produktes von der Produktion bzw. vom Fertigwarenlager zum (End-)Abnehmer. Dies betrifft insbesondere die Wahl der Absatzkanäle (distribution channels) und die Organisation der physischen Distribution. Darunter fallen auch alle mit der Güterverteilung verbundenen Verpackungs-, Versand-, Transport- und Lagerprozesse, ausgehend von der Entscheidung für den „richtigen" Lieferservice bei Beachtung der entstehenden Kosten.

■ **Kommunikationspolitik** - umfasst die Gestaltung der auf den Absatzmarkt gerichteten Informationen zum einzelnen Abnehmer oder Abnehmergruppen mit dem Ziel, durch Werbung (Direktansprache, Messen, Ausstellungen etc.), Verkaufsförderung (sales promotion) oder allgemeine Öffentlichkeitsarbeit (public relations) das Verhalten der Marktpartner zu beeinflussen.

Der Prozess „Liefern" steht im engen Zusammenhang mit dem Themenfeld Distributionspolitik. Die logistischen Aspekte werden hauptsächlich unter dem Begriff **Distributionslogistik** behandelt. Die Distributionslogistik kann helfen, den Unternehmenserfolg zu sichern, indem:

■ Die Marktpenetration unterstützt wird durch die marktgerechte Gestaltung von Systemen der Güterverteilung und der damit verbundenen Informationsstrukturen.

■ Der Absatzvorgang flexibel, schnell und kostengünstig bei hoher Qualität abgewickelt wird durch entsprechende Planung, Steuerung und Kontrolle der physischen Verteilung der Produkte von der Übernahme aus der Fertigung bis zum Abnehmer - einschließlich der dazugehörenden Informationsflüsse.

Es bestehen darüber hinaus Abhängigkeiten der Distributionslogistik:

■ Von der Produktpolitik dahingehend, dass das Produktsortiment nach Art und Menge sowohl die Gestaltung der Distributionsstrukturen und deren kapazitive Auslastung beeinflusst.

■ Von der Preis- und Konditionenpolitik dadurch, dass darüber die Nachfrage gesteuert wird und Lieferbedingungen festgelegt werden, die von der Distributionslogistik umzusetzen sind.

■ Von der Kommunikations-Politik durch das Wecken von Erwartungen, die über das Distributionsnetzwerk dann auch zu erfüllen sind. Eine große Herausforderung stellen hierbei Aussagen bzgl. des Lieferservice (Lieferzeit, Lieferqualität als Differenzierungskriterium)[281] und verkaufsfördernde Maßnahmen dar, die ggf. zu punktuellen Spitzenbelastungen im gesamten Wertschöpfungsnetzwerk führen können.

7.2 Distributionspolitik

Zur Umsetzung der Distributionspolitik ist ein Distributionssystem zu implementieren, das zunächst in den Bereich der akquisitorischen Distribution und damit in die Gestaltung der Absatzkanäle und in den Bereich der physischen Distribution, der Distributionslogistik, unterschieden werden kann (siehe **Abb. 7-1**).

Die **akquisitorische Distribution** ist die Gesamtheit der Aktivitäten, die zum Abschluss eines Kaufvertrages führen. Dabei sind zu unterscheiden:

■ **Absatz-/Distributionswege**
Mit dem Absatzweg entscheidet sich das Unternehmen für den direkten oder indirekten Absatz, um alle Aufgaben auszuführen, die ein Produkt und das Eigentum an ihm vom

---

[281] Vgl. Meffert (2008)

Hersteller zum Endabnehmer überträgt. Die Wahl ist zunächst eine Kostenfrage, sie ist aber auch produktorientiert zu fällen:

- **Direkte Distributions-/Absatzwege** (Nullstufenkanal) - liegen vor, wenn ein Hersteller seine Produkte unmittelbar an seine Abnehmer verkauft. Dies schließt den Verkauf über das Internet, über TV-Werbesendungen oder über Call-Center ein, solange dieser direkt durch den Hersteller organisiert wird. Mit dem Verkauf einhergehende Beratungs-, Finanzierungs-, Belieferungs-, Gewährleistungs- oder Kundendienstaufgaben können entweder durch unternehmenseigene Absatzorgane oder unter Mithilfe von Absatzhelfern erbracht bzw. ausgeführt werden. Als ein bekanntes Beispiel gilt der Absatz des Computerherstellers DELL.

- **Indirekte Distributions-/Absatzwege** (Ein- und Mehrstufenkanal) - zur raum-/zeitlichen Überbrückung des Abstandes zwischen dem Hersteller und dem Endverbraucher kann der Hersteller die Dienstleistungen des institutionalisierten Handels (Groß- und/oder Einzelhandel) nutzen. Der Handel übernimmt neben der Verteil- und Verkaufsfunktion auch die Sammel- und die Sortimentsfunktion und die Lagerhaltung. Je nach Fall können auch die Beratungsfunktion, die Finanzierungsfunktion, der Kundendienst/Service u. a. hinzu kommen. Typische Beispiele sind Kaufhäuser, Discounter (ohne Beratungs-/Finanzierungsangebote etc.), Autohäuser usw.

Für erklärungsbedürftige Investitionsgüter, deren Definition einen unmittelbaren Kontakt zum Kunden erfordert (technische Auftragsklärung), bietet sich der Direktabsatz an. Denn nur qualifizierte, technisch geschulte Verkäufer mit den notwendigen Fachkenntnissen - und mit der Möglichkeit des direkten Einbezugs von

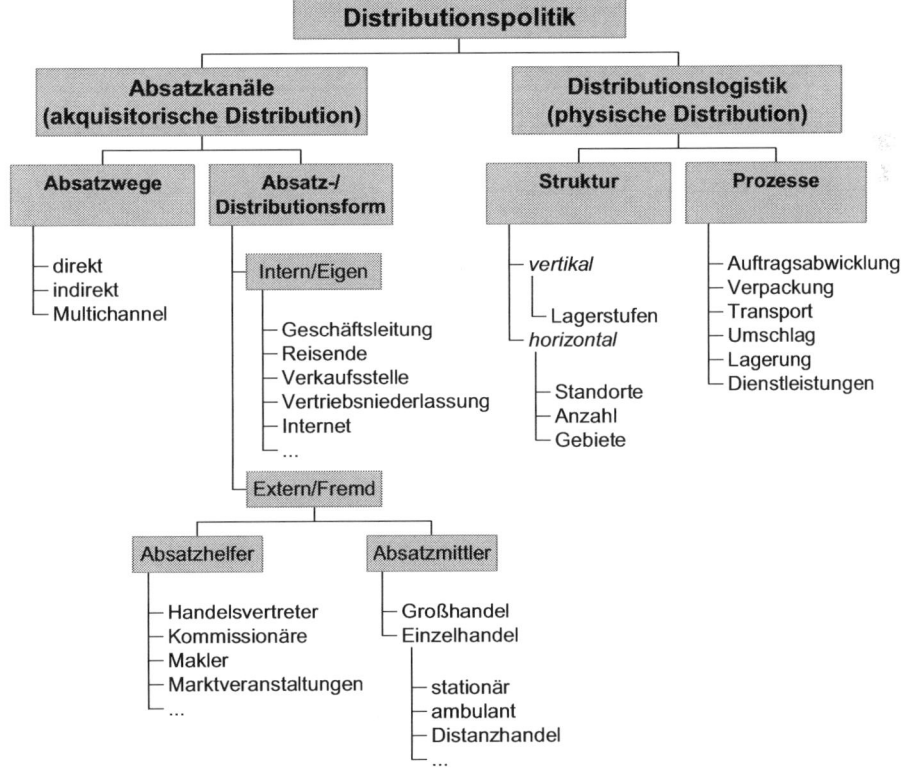

Abb. 7-1:   Entscheidungsbereiche der Distributionspolitik

Spezialisten aus Entwicklung und Konstruktion – können die unabdingbare technische Beratung des Bestellers bei der Erarbeitung des Pflichtenheftes der zu erstellenden Leistung gewährleisten (Projektorganisation nach dem Prinzip „One face to the customer").

Für die Vielzahl der Konsumgüter wird i.d.R. der indirekte Absatzweg[282] - auch über mehrere Stufen - gewählt. Die Erzeugnisse sind in der Regel leicht transportierbar, standardisiert und längere Zeit haltbar (unverderblich) - die notwendige Beratung übernimmt der Fachhandel. Besonderheiten ergeben sich jeweils für Markenartikel oder leicht verderbliche Massengüter, die sinnvoll, direkt und zeitnah den Kunden erreichen sollen.

Bei nicht erklärungsbedürftigen Massenprodukten muss in allen Stufen eine breite Streuung erreicht werden, exklusive Produkte können über ausgewählte Händler oder über Haus-zu-Haus-Verkauf vertrieben werden.

■ Im Bereich der Absatz-/Distributionsform wird ein – aus Sicht der Hersteller – eigener (interner) oder ausgegliederter (externer) Vertrieb gewählt:

■ *Eigengestaltung* durch **Absatzorgane der Hersteller,** z. B. Vertriebsabteilungen, Verkaufsniederlassungen, einzelne Reisende oder Verkaufsfilialen. Diese organisatorischen Einheiten sind i.d.R. betriebszugehörig und rechtlich unselbständig. Die Gründung rechtlich selbständiger Vertriebsgesellschaften ist ebenfalls möglich (Inhouse-Partnerschaft).

■ *Fremdgestaltung* unter Einschaltung von:

  ▪ **Absatzhelfern,** das sind rechtlich selbständige, wirtschaftlich aber unselbständige (werksgebundene) Unternehmen. Diese können wiederum differenziert werden nach:

    ▪ akquisitorischen Helfern, d. h. Akteure, die den Warenabsatz fördern, z. B. Handelsvertreter (§ 84 HGB), Handelsmakler (§ 93 HGB), Kommissionäre (§ 383 HGB) und vertraglich gebundene, selbständige Unternehmen des Groß- und Einzelhandels (Vertragshändler);

    ▪ leistungsergänzenden Helfern, d. h. Akteure, die den Warenabsatz durch Erbringen anderweitiger Dienstleistungen begleiten (Finanzdienstleistungen, Versicherung, Informationsdienste, Beratung etc.).

  ▪ **Absatzmittlern,** d. h. rechtlich und wirtschaftlich selbständigen (werksungebundenen) Unternehmen. Beispielhaft sind hier die betriebsfremden Vertriebsorgane des Groß- und Einzelhandels zu nennen.

Die Distributionslogistik bezieht sich auf die **physische Distribution** und hat als Aufgaben die Gestaltung und den Betrieb des logistischen Distributionssystems.[283]

Die fertiggestellten Produkte werden direkt (als Direktgeschäft, Streckengeschäft oder Vermittlungsgeschäft) oder indirekt über ein Netz von abgestimmten Transportkanälen, Lager- und Umschlagpunkten dem Endabnehmer zugeführt (siehe **Abb. 7-2**), wobei auch Dienstleister der Logistik (siehe Kapitel 9) und die Angebote der verschiedenen Verkehrssysteme (siehe Kapitel 3) eingesetzt werden können.

---

[282] Bei klaren Strategien mit Produktdifferenzierung und Marktsegmentierung kann auch ein Mehrwegabsatz eingerichtet werden.

[283] Die physische Distribution hat P. D. Converse bereits 1954 "die andere Hälfte des Marketing" (the other half of marketing) bezeichnet.
Der aus dem Marketing stammende Begriff „Marketinglogistik" kann damit gleichgesetzt werden mit dem in der Logistik gebräuchlichen Begriff „Distributionslogistik".

Neben der Auslegung der Struktur des Distributionssystems beinhaltet dies Auftrags-abwicklung, Verpackung, Transport, Umschlag und Lagerung (TUL-Prozesse) des Gutes vom Hersteller bis zum Abnehmer. Dieses als *„Fulfillment"* bezeichnete Aufgabenpaket bedeutet die logistische Unterstützung der Auftragsabwicklung von der Auftragsannahme bis zur Abrechnung mit dem Kunden. Hieraus kann sich eine komplexe Dienstleistung mit Abhol-, Beschaffungs-, Entsorgungs- und Retourenprozessen ergeben. Dies ist auch beim E-Commerce notwendig und wird dann als *e-Fulfillment* bezeichnet (siehe Abschnitt 9.3.4).

Grundlage für die Auftragsabwicklung und die dazu erforderliche Planung und Durch-führung der Distribution sind die Kundenaufträge. Die wesentlichen Aufgaben der mit der Auftragsabwicklung betrauten Stelle liegen in der Annahme, Aufbereitung, Umsetzung, Weitergabe und Dokumentation der Auftragsdaten. Dazu kommen die Information der Kunden und betroffener Funktionsbereiche und ggf. die Kommunikation mit den Kunden (z. B. zur Auftragsklärung) und allen relevanten Stellen. Integrierte Auftragsabwicklungs-systeme ermöglichen es, die Datenerfassung und –verarbeitung an einer Stelle zu konzentrieren und redundante Aufwände zu vermeiden.

Transportmittel und -wege: Die Wahl eines - teureren - Transportmittels (z. B. Fracht-flugzeug) verkürzt ggf. die Transportzeiten und erhöht die Lagerumschlagsgeschwindig-keit, vermindert den durchschnittlichen Lagerbestand und damit die Gesamt-Lagerkosten. Die Zusammenfassung von Aufträgen unterschiedlicher Kunden zu Touren und deren optimale Planung, Steuerung und Durchführung – z. B. mit Hilfe der Instrumente der Unternehmensforschung (Operations-Research) und deren Lösungsalgorithmen – rationali-sieren die notwendigen Bewegungen.

In den letzten Jahren sind durch Zusammenschlüsse im Einzelhandel große Handelsunter-nehmen entstanden (ALDI, EDEKA, LIDL, METRO, REWE, TENGELMANN u. a.), die als starke Marktpartner den Industriebetrieben gegenüberstehen. Dies hat zu veränderten Strukturen und Arbeitsteilungen im Absatzbereich für Konsumgüter und zu einer eigenständigen Handelslogistik mit Beschaffungs-, Distributions- und Entsorgungs-problemen geführt.

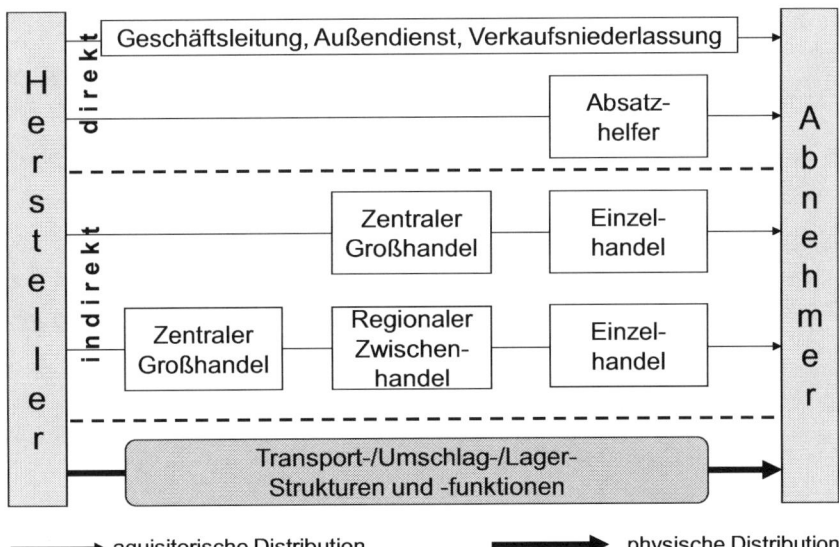

aquisitorische Distribution   physische Distribution

Abb. 7-2:   Distributionskanäle und Distributionslogistik

Die Vielzahl der praktischen Gestaltungsformen ist branchenbedingt. Die Lösungsansätze entspringen dem Drang zu neuen - auch unkonventionellen - Beschaffungs-/Distributionswegen. Sie dienen vor allem der Ausschöpfung möglicher Rationalisierungspotentiale bei der Kundenversorgung: Es werden die Ziele niedriger Preise, umfangreicher Sortimente, hoher Qualität und großer Serviceangebote angestrebt. Möglicherweise wird z. B. in bestimmten Marktsegmenten die Handelsbelieferung durch zunehmende Endkundenbelieferung im Direktgeschäft ersetzt.

7.3 Gestaltung der (logistischen) Distributionsstrukturen

7.3.1 Allgemeine Aufgabe

Das Produkt - ausgestattet mit den Kundenwünschen und marktgerechten Preisen - muss in den Markt bzw. zum Endabnehmer gebracht werden. Die Instrumente des Marketings bzw. des Vertriebes sind darauf gerichtet, durch Kommunikation Kunden zu erreichen und letztendlich Umsätze zu erzielen (akquisitorische Distribution). Die physische Distribution beinhaltet vorrangig die Aufgaben der Warenbewegung und Warenverteilung auf der Absatzseite, die logistischen Leistungen bzw. die logistischen Produkte sind Lager-, Umschlag und Transportvorgänge im Materialfluss und die ihn begleitenden Informationsflüsse. Sie unterstützen und ergänzen die Aufgaben im akquisitorischen Absatzkanal. Welche Wege im Einzelnen gewählt werden ist abhängig vom Produkt, den Möglichkeiten und Zielen des anbietenden Unternehmens und dem Verhalten der Abnehmer und der Mitbewerber – und immer eine Frage der Kosten.

Mit der Wahl des Absatzweges werden die Stellung und das Potential eines Unternehmens am Markt beeinflusst. Die Möglichkeiten, einen Auftrag zu erlangen, ist von der Höhe des Preises und der Qualität der Leistung - aber auch von der Lieferbereitschaft und Lieferschnelligkeit bzw. Lieferzeit bestimmt. Der Gestaltungsraum der Logistik liegt in der Lösung dieser Entscheidungsprobleme.

Der Einsatz der logistischen Instrumente und Methoden ist im Rahmen einer ganzheitlichen Konzeptentscheidung zu suchen, wobei Interdependenzen innerhalb der logistischen Informations- und Materialflüsse und im Zusammenhang mit den anderen Marketing-Instrumenten berücksichtigt werden müssen - wegen gegebener Zielkonflikte eventuell als Simultanentscheidung.

In der Praxis haben sich einige Ansätze entwickelt, deren sich die Distributionslogistik bedienen kann, um ihren Beitrag zu den genannten – kundenorientierten - Forderungen des Marketing zu leisten. Das sind Eigenleistungen, aber auch die Inanspruchnahme von Dienstleistungen im Absatzbereich - im Sinne des „Outsourcing", der Technikeinsatz, der Informationsfluss zur Unterstützung der Auftragsabwicklung - einschließlich des Einsatzes moderner Methoden der DV-Unterstützung und des Operations-Research. Der Trend in Industrie und Handel, sich auf originäre Kernkompetenzen zu besinnen, eröffnet den logistischen Dienstleistern die Möglichkeit, sich aus dem Nischenbereich zum strategischen Systempartner in vertikalen Prozessketten zu entwickeln (siehe Abschnitt 9.3.4). Ein weiteres Segment sind die direkten Zustelldienste individualisierter Sendungen im E-Commerce, ausgelöst über das Internet.

7.3.2 Strukturparameter und Einflussgrößen

Die Absatzwege werden vor allem bestimmt durch die notwendige Lagerhaltung. Das bedeutet die Bestimmung der Lagerstufen und der Lagerbestände. Die dadurch erreichbare Lieferbereitschaft verursacht Kosten. Das sind Kosten für die Lagerhaltung und die Kosten für Lagerbestände. Hinzu kommen Kosten aus Fehlmengen (Opportunitätskosten aus entgangenen Gewinnen oder Deckungsbeiträgen, Imageverlusten etc.).

Zur Kostenoptimierung wird die Lieferung der Erzeugnisse häufig gestuft über eine Struktur unterschiedlicher Läger ausgeführt. Die in der Literatur üblicherweise definierten Lagerstufen sind in **Abb. 7-3** bzgl. ihrer Positionierung und Aufgaben unterschieden.

Lagerstufe	Beschreibung
Werksläger (WL)	• Fertigwarenläger in der Nähe der Produktion • Enthalten nur die am Ort produzierten Erzeugnisse • Aufgabe: kurzfristiger Mengenausgleich
Zentralläger (ZL)	• Anzahl begrenzt, nehmen gesamte Sortimentsbreite auf • Aufgabe: Auffüllen der Bestände nachgeordneter Lagerstufen • Bei zentralisierter Distributionsstruktur stellen ZL die Waren in den vom Kunden bestellten Mengen zur Auslieferung bereit
Regionalläger (RL)	• Aufgabe: Puffer schaffen zu Produktion und regionalem Absatzmarkt • Entlastung vor- und nachgelagerter Lagerstufen • Nur Teil-Sortimente entsprechend Absatzgebiet
Auslieferungs-läger (AL)	• Unterste Stufe der Lagerhierarchie • Aufgabe: Vereinzelung der Mengen zu den vom Abnehmer georderten Einheiten und deren Bereitstellung zur Kundenbelieferung • Enthalten i.d.R. nur die absatzstarken Produkte eines Verkaufsgebiets

Abb. 7-3:   Lagerstufen

Die sich daraus ableitende logistische Distributionsstruktur wird beschrieben durch:

- Die **vertikale** Distributionsstruktur, d. h. die Zahl der unterschiedlichen Lagerstufen.
- Die **horizontale** Distributionsstruktur, d. h. die Zahl der Läger auf jeder Stufe, die Standorte der Läger und deren Zuordnung zu Absatz- bzw. Liefergebieten.

Bei der Auslegung der Distributionsstruktur sind vielfältige Einflussgrößen zu beachten:[284]

- *Lieferzeit/-bereitschaft*, d. h. die Gewährleistung der Belieferung innerhalb einer zugesicherten Frist, z. B. 24 h nach der Bestellung. Kurze Lieferzeiten lassen sich i.d.R. nur mit einer relativ hohen Anzahl an Auslieferungslägern erreichen, die in der Nähe der Kunden angesiedelt sind. Spielt die Lieferzeit keine große Rolle, kann die Struktur auf einigen wenigen Zentral- oder Regionallagern aufbauen. Dem Nachteil der dann zum Teil großen Entfernungen zu den Kunden steht als Vorteil die auf wenige Standorte gebündelte Kapazität gegenüber, was zu positiven Effekten bzgl. Auslastung und Kostenstruktur (z. B. durch Automatisierung) führt.
- *Unsicherheiten*, z. B. durch Nachfrageschwankungen, die auf vielfältige Ursachen zurückgeführt werden können.
- *Kundenbezogene Merkmale*, wie z. B. Homogenität bzw. Heterogenität der Kundenstruktur, geographische Verteilung, Ausmaß von Sonderwünschen, Ansprüche an die Bestell- bzw. Auftragsabwicklung etc.

---

[284] Vgl. u. a. Krampe, Lucke (1993), S. 269, Chopra, Meindl (2004), S. 73

- ■ *Eigenschaften der Erzeugnisse*, wie z.B. Sorten, Mengen, Volumina der Güter, deren Empfindlichkeit und deren Verträglichkeit untereinander. Zunehmend aber auch Anforderungen, die die Rückführung von Erzeugnissen nach Gebrauch betreffen.
- ■ *Kostenstruktur*, d. h. wie setzen sich die Kosten zusammen für die operative Realisierung der Warenflüsse (also die Kosten für Transport, Umschlag, Lagerung und Bestände) und für das Management der Warenflüsse (also die Kosten für Informationsprozesse, -systeme und deren operativer Betrieb).

In der Praxis wird i.d.R. zunächst die Frage der vertikalen Struktur betrachtet, was insbesondere auf die Frage einer eher **zentralen,** einer eher **dezentralen** oder einer aus beiden Ansätzen gemischten Organisation der Distributionsstruktur führt. Je nach Ausprägung der genannten Einflussgrößen ergeben sich Vor- und Nachteile für die jeweils eine bzw. andere Seite.[285] Eine Antwort auf diese Fragestellung kann demnach nur fallspezifisch über die Bewertung und Gewichtung der jeweils relevanten Kriterien erfolgen. Im zweiten Schritt werden dann die Entscheidungen bzgl. der horizontalen Distributionsstruktur herbeigeführt – ggf. unter Rücksprung in die Frage der vertikalen Struktur und iterativem Durchlauf des Entscheidungsprozesses.

Im Rahmen der Entscheidungsfindung sind neben allgemeinen Standortfaktoren und -kosten die Prozesse des Lagerns und Transportierens (einschließlich des Ent-/Beladens, des Verpackens und der Ladeeinheitenbildung, siehe Abschnitt 3.2) in angemessener Detaillierung und Genauigkeit zu bestimmen und bzgl. ihrer Kosten und ihres Beitrags zum vom Kunden wahrgenommenen (und honorierten) Lieferservice zu bewerten. Bei den Kosten für Lagern und Transportieren bestehen folgende, generelle Zusammenhänge:[286]

- ■ *Lagerhaltungs-/Bestandskosten*: Mit einer abnehmenden Anzahl Läger sinken die zum Erreichen einer definierten Lieferbereitschaft notwendigen Bestände und damit die Bestandskosten, da Nachfrageschwankungen verschiedener Regionen bzw. Kunden gegenseitig aus einem gemeinsam (zentral) gehaltenen Bestand ausgeglichen werden können. Dies führt zu einem insgesamt niedrigeren Platzbedarf (Lagerhaltungskosten) und zu einer insgesamt geringeren Kapitalbindung. Da außerdem in jedem Lagerstandort größere Mengeneinheiten ein- und ausgelagert werden, ist eine Rationalisierung und Automatisierung der technischen Materialflussmittel und der IT-Systeme wirtschaftlich besser darstellbar. Im Gegenzug kann bei einer größeren Anzahl an Auslieferungslägern eine größere Kundennähe und eine einfachere Anpassung an spezifische Erfordernisse (produkt- oder auftragsbezogen) erreicht werden.[287]
- ■ *Transportkosten*: Die gesamten Transportkosten sind zu unterscheiden in Kosten, die für den Nachschub (Vorrats-/Lagerergänzung - replenishment) innerhalb der Distributionsstruktur entstehen und Kosten, die bei der Auslieferung an Kunden anfallen. Es bestehen die folgenden Zusammenhänge:
  - ■ Die Summe der Transportkosten innerhalb des Netzwerks steigt mit zunehmender Zahl von Lägern – u. a. aufgrund der zusätzlich notwendigen Wareneingangs- und Warenausgangsprozesse. Sie steigt umso stärker, wenn wirtschaftlich sinnvolle Transportmengen unterschritten werden, d. h. insbesondere, wenn keine ausgelasteten Transporte mehr zustande kommen.

---

[285] Eine qualitative Bewertung von Kriterien sowie ein exemplarischer Entscheidungsbaum finden sich in Krampe, Lucke (1993). Mathematische Ansätze sind aufgezeigt in Alicke (2005), S. 159ff

[286] Vgl. Krampe, Lucke (1993); Chopra (2004), S. 74-77

[287] Vgl. Koether (2007)

- Die Summe der Transportkosten zu den Kunden sinkt – aufgrund der geringer werdenden Entfernung - mit einer zunehmenden Anzahl an Auslieferungslägern.
- Die Stückkosten im Bereich Auslieferung sind aufgrund der geringeren Mengen i.d.R. höher sind als diejenigen innerhalb des Netzwerks. Die sich aus der Addition der beiden einzelnen Transportkostenanteile ergebende gesamte Transportkostenkurve hat daher mit einer zunehmenden Zahl von Lagerstandorten einen zunächst fallenden Verlauf, bis aufgrund der zu bedienenden Relationen die Transportmengen innerhalb des Netzwerks beginnen unwirtschaftlich zu werden und die Transportkosten daher steigen.

- *Gesamtkosten*: In der Summe der Lagerhaltungs-/Bestandskosten und der Transportkosten ergibt sich ein Verlauf, der mit zunehmender Zahl von Lägern zunächst sinkt – ab einem bestimmten Bereich jedoch wieder ansteigt. Beim Minimum der Gesamtkostenkurve liegt der Punkt mit der kostenoptimalen Anzahl an Lägern.

Zu beachten ist, dass mit der kostenoptimalen Distributionsstruktur ein ganz bestimmter Lieferservice erreicht werden kann. Über die reine Kostenfrage hinaus sollte daher z. B. bewertet werden, ob ein besserer Lieferservice mehr zum Umsatz beiträgt als dadurch zusätzliche Kosten verursacht werden oder ob strategische Ziele (z. B. Positionierung gegenüber dem Wettbewerb) nur über einen höheren Lieferservice zu erreichen sind.

7.4 Distributionsplanung und -steuerung

7.4.1 Distribution Requirements Planning

Die Verteilungsplanung der Erzeugnisbestände gehört zu den Kernaufgaben der Logistik im Bereich Liefern/Distribution. Die Waren aus den vorgelagerten Lagerstufen sollen auf der einen Seite bedarfsgerecht und auf der anderen Seite möglichst effizient an die einzelnen Bedarfsstellen geliefert werden.

Bei kundenanonymer Produktion und einer über mehrere Stufen gehenden Distributionsstruktur müssen zur Sicherstellung des Lieferservice ausreichend Bestände innerhalb der Struktur verfügbar sein. Andererseits sollen die Kosten für Lagerung und Transport gering gehalten werden. Es kommt also darauf an, die Lagerergänzungen innerhalb der Struktur periodenweise entsprechend des vorliegenden Bedarfs zu koordinieren.

Ein derartiges Konzept zur koordinierten Belieferung von hierarchisch gestuften Lägern einer Distributionsstruktur ist als „Distribution Requirements Planning (DRP)" bekannt. Um nicht nur die Anforderungen (Bedarfe) zu berücksichtigen, sondern auch die ggf. durch eingeschränkte Ressourcen begrenzten Möglichkeiten der Belieferung zu berücksichtigen, wurde das Konzept später zum „Distribution Resource Planning (DRP II) ausgebaut.

Bei einer gestuften Distributionsstruktur stellt DRP das Bindeglied dar zwischen Absatz am Point-of-Sale und der Produktion beim Hersteller (siehe **Abb. 7-4**): Es ermittelt die Bedarfsmengen und Zeitpunkte für fertige Erzeugnisse, die dann von der Produktionsplanung entsprechend berücksichtigt werden können.

Grundlage des DRP-Konzeptes ist die Abbildung der sog. Erzeugnisflussstruktur. Diese beschreibt die Verbindungen zwischen den Stufen und den einzelnen Lägern in der Distribution, ausgehend vom Werkslager über Verteilläger bis zu den Auslieferungslägern. Aufgrund der Analogie mit der Erzeugnisstückliste (Bill of Material) wird dabei auch von der „Bill of Distribution" gesprochen.

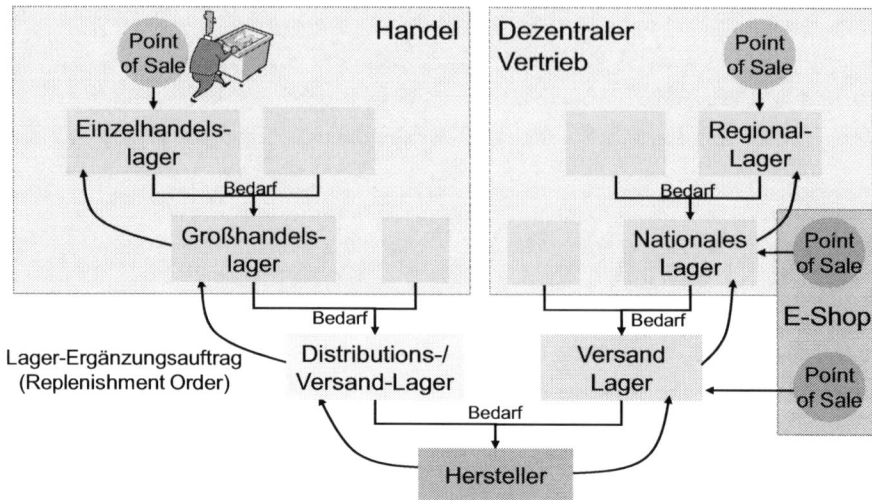

Abb. 7-4:   Erzeugnisflußstruktur im DRP-Konzept

Die weiteren Verfahrensschritte sind dann wie folgt:

- Abstimmung der Bestellmengen und der Sicherheitsbestände auf jeder Ebene
- Ableitung der Bedarfe der übergeordneten Lager an einem Erzeugnis aus den erwarteten Bedarfen der nachgeordneten Lager
- Vorausschau der zukünftigen Bestellungen auf jeder Ebene
- Optimierung der Nachliefertransporte

Dabei sind situativ verschiedene Restriktionen zu berücksichtigen, z. B. maximale Lager-kapazitäten an den einzelnen Lagerstandorten, die Verfügbarkeit von Transportmitteln, geeignete bzw. geforderte Zusammenstellungen von Waren, maximale Lagerdauern der Erzeugnisse etc.

7.4.2 Transportplanung

Abgeleitet aus dem Distribution Requirements Planning ergibt sich die Aufgabe, die Belieferung von Endkunden und die Nachlieferungen im Distributionsnetzwerk unter bestimmten Gesichtspunkten (z. B. Kosten) zu optimieren. Von besonderer Bedeutung ist das Entscheidungsproblem, wenn bestimmte Produkte an mehreren Standorten verfügbar sind und an mehrere, verteilte Empfänger ausgeliefert werden sollen. Hier ist zu entscheiden, von welchem Standort mit welcher Menge ein empfangender Standort beliefert werden soll.[288] In der Transportplanung wird diese Aufgabe zunächst auf der Ebene aggregierter Transportströme behandelt. Konkrete, häufig tägliche, Auslieferungs-touren werden dann innerhalb der Touren- und Routenplanung gebildet.

7.4.2.1 Das klassische (lineare) Transportproblem

Das klassische Transportproblem (TPP), das sich auf die Minimierung der Kosten bezieht, kann mathematisch als lineares Optimierungsproblem wie folgt beschrieben werden:[289]

---

[288] Vgl. u. a. Günther, Tempelmeier (2005), S. 266; Feige, Klaus (2007), S. 149
[289] Vgl. u. a. Domschke/Drexel () S. 81; Feige/Klaus (2008) S. 152

$$Min\ Z = \sum_{i=1}^{m} \sum_{j=1}^{n} c_{ij} \times x_{ij} \tag{7.1}$$

mit c_{ij} Kostensätze für den Transport einer Mengeneinheit
x_{ij} Transportmengen (zu bestimmen, d.h. Entscheidungsvariable)
m Anzahl der versendenden Standorte (Versender)
n Anzahl der empfangenden Standorte (Empfänger)
wobei die folgenden Nebenbedingungen gelten sollen:

■ Alle Angebotsmengen a_i der Versender sollen ausgeliefert werden:

$$\sum_{j=1}^{n} x_{ij} = a_i, \quad i = 1,...,m \tag{7.2}$$

■ Die Bedarfe b_j aller Empfänger sollen vollständig beliefert werden:

$$\sum_{i=1}^{n} x_{ij} = b_j, \quad j = 1,...,n \tag{7.3}$$

■ Transportmengen können nicht negativ sein:

$$x_{ij} \geq 0, \quad i = 1,...,m,\ j = 1,...,n \tag{7.4}$$

■ Die Summe der Angebotsmengen entspricht den Bedarfen (Bilanzbedingung):

$$\sum_{i=1}^{m} a_i = \sum_{j=1}^{n} b_j \tag{7.5}$$

Als Lösungsverfahren stehen sowohl exakte Verfahren als auch heuristische Verfahren zur Verfügung. Exakte Verfahren basieren zumeist auf dem Simplex-Verfahren. Bei den heuristischen Verfahren sind weiter zu unterscheiden Eröffnungsverfahren wie z. B. die Nord-West-Ecken-Regel (unter Nichtbeachtung der Transportkosten), das Zeilen-/Matrixminimumverfahren oder die Vogel'sche Approximationsmethode (VAM). Diese liefern recht schnell eine Ausgangslösung, i.d.R. jedoch nicht die optimale Lösung. Daher wird mit Hilfe von Verbesserungsverfahren wie z. B. der Stepping-Stone-Methode oder der MODI-Methode versucht, sich der optimalen Lösung zu nähern bzw. die zu erreichen.

In der Realität treten häufig Randbedingungen auf, die in geeigneter Weise zu modellieren sind:[290]

■ *Sperrung von Lieferbeziehungen*: Sind nicht alle Verbindungen zwischen Versendern und Empfängern zugelassen, können diese z. B. über die Festlegung extrem hoher Kostensätze ausgeschlossen werden.
■ *Angebots- oder Bedarfsüberschuss*: Weicht die Summe der Angebotsmengen von der Summe der Bedarfsmengen ab, kann zusätzlich ein „fiktiver" Anbieter oder Empfänger definiert werden, bei dem entweder ein Fehlbedarf ausgewiesen wird oder der Restmengen aufnimmt.
■ *Kostenmodellierung*: Sind die Transportkosten nicht nur von den Transportmengen, sondern z. B. auch von den Entfernungen abhängig, so kann daraus für jede Lieferbeziehung ein konstanter Kostensatz berechnet werden.

---

[290] Vgl. Feige/Klaus (2007), S. 169ff

Des Öfteren treten in der Praxis Bedingungen auf, die teilweise nur sehr aufwändig auf Basis des klassischen Transportproblems formuliert und gelöst werden können. Nachfolgend einige Beispiele für erweiterte Problemstellungen, die mit spezialisierten Algorithmen effizienter gelöst werden können:[291]

- *Kapazitätsbeschränkungen*: Die Belegung einzelner Verbindungen ist nur bis zu einer Höchstgrenze erlaubt.
- *Offene Transportprobleme*: Zur Ausnutzung von Mengeneffekten werden die Begrenzungen der Angebots- bzw. der Bedarfsmengen aufgehoben.
- *Mehrstufige Transportprobleme*: Die Transporte zwischen Versendern und Empfängern erfolgen nicht direkt, sondern über Umschlagpunkte.
- *Mehrsorten-Transportprobleme*: Es bestehen Abhängigkeiten der zu transportierenden Güter untereinander, z. B. werden Kapazitäten gemeinsam genutzt oder verschiedene Güter sind untereinander austauschbar.

7.4.2.2 Nichtlineare Transportprobleme

Einige praktische Aufgabenstellungen lassen sich nicht als lineare Optimierungsaufgabe formulieren. Dazu gehören Transportprobleme, in denen die Belieferung der Kunden in der kürzest möglichen Zeit erfolgen soll (Bottleneck-Problem), Transportprobleme, in denen Empfänger stets nur von einem Versender beliefert werden sollen (Single-Source-Transportproblem SSTP) oder Transportprobleme, in denen Fixkosten für in Anspruch genommene Verbindungen zu berücksichtigen sind (Fixed-Charge-Transportation Problem).[292]

7.4.3 Touren- und Routenplanung

7.4.3.1 Grundlagen

Die Touren- und Routenplanung umfasst die kostenoptimale und meist EDV-gestützte operative Planung und Durchführung (inner- und) außerbetrieblicher Transportaufgaben. Logistische Ziele wie Lieferservice, Lieferzeiten, niedrige Bestände usw. sind zu beachten und gegebene Restriktionen, wie z. B. der verfügbaren personellen und sachlichen Kapazitäten, sind zu berücksichtigen. Kostensenkungspotentiale werden erreicht durch Weg- und Zeitoptimierungen, die zu einer Senkung der jährlichen Laufleistung der Fahrzeuge, einer Reduzierung des Kraftstoffverbrauchs und zu einer Verminderung des Personalbedarfs führen. Daneben muss bedacht werden, dass weitere Effekte zur Rationalisierung beitragen: Senkung des Fahrzeugverschleißes und der Instandhaltungszyklen, veränderte Arbeitsbedingungen durch Entlastung der Mitarbeiter von Routineaufgaben, Abbau von Fehlermöglichkeiten, Verminderung der Leerfahrten u. a. - soweit die Nutzung der in Abschnitt 10.3.3.5 beschriebenen Bordcomputer bzw. Fahrerassistenzsysteme in die Planung und Durchführung integriert werden.

Allgemein gelten zunächst folgende Definitionen:[293]

- **Tour** - Eine Tour wird beschrieben durch die Angabe der Menge der Kunden, die auf einer in einem Depot beginnenden und in einem Depot endenden Fahrt bedient werden (siehe Abschnitt 3.6.3). Die Menge von Aufträgen, die in einer bestimmten Reihenfolge einem Fahrzeug zugeordnet werden, bildet eine Tour. Eine Tour besteht aus mehreren Teilstrecken, wobei jede Teilstrecke jeweils zwei Orte miteinander verbindet. Sind

---

[291] Vgl. Feige/Klaus (2007), S. 181ff
[292] Vgl. Feige/Klaus (2007), S. 227ff
[293] Domschke (1997), S. 206; Vahrenkamp (1998), S. 186

Start- und Zielort identisch, spricht man von einer geschlossenen Tour, ansonsten von einer offenen Tour.

■ **Depot** - ist ein „Aufbewahrungsort/Lager" und wird als der Ort bezeichnet, an dem die Auslieferungsfahrten, Einsammelfahrten, Pendeltouren u. a. beginnen bzw. enden.

■ **Route** - bezeichnet die Reihenfolge, in der die Kunden einer Tour zu bedienen sind.[294]

Anzahl und Standorte der Depots sowie Anzahl und Zusammensetzung der Fahrzeugflotte sind durch die strategische Strukturplanung bzw. die Transportplanung gegeben. Im Rahmen der Tourenplanung sind für Tour und Route unterschiedliche Konstellationen und Kombinationen zu unterscheiden: Tour und Route können „fest" im Sinne von „festgelegt" sein (d. h. festgelegte Kunden, festgelegte Reihenfolge) oder sie können „variabel" sein. Grundsätzlich lassen sich die in Abbildung **Abb. 7-5** dargestellten Unterscheidungen treffen. Es wird sich bei Auslieferungsfahrten (von Sammelladungen) regelmäßig um eine Kombination aus variabler Tour und variabler Route handeln, da arbeitstäglich bei wechselnden Kunden jeweils unterschiedliche Bedarfe zu befriedigen sind.

		Tour	
		fest	variabel
R o u t e	fest	• Briefkastenleerung • Linienbusverkehr • Stadtreinigung	• Briefzustellung • Stadtbeleuchtungs- kontrolle
	variabel	• Wachdienst	• Auslieferungsfahrten • Reparaturdienst

Abb. 7-5:   **Kombinationen aus Tour und Route (Beispiele)**

Eine kostenoptimale Tourenplanung ergibt sich aus der Zuordnung von Aufträgen und damit Gütern zu einem Auslieferfahrzeug der Fahrzeugflotte und aus der weg-/zeit- bzw. kosten-optimierten Reihenfolge der zu bedienenden Kunden.

Es kann versucht werden, gleichbleibende Standard-/Rahmentouren zu definieren, z. B. auf der Basis typischer Auftragsprogramme nach Wochentagen differenzierte Standardtouren zu bilden. Bei nur geringen Schwankungen des Auftragsprogramms reduziert dieses Vorgehen den täglichen Aufwand - falls erforderlich, werden die Standardtouren den tatsächlich vorliegenden Aufträgen angepasst. Die operative Tourenplanung kann sich dann auf die arbeitstägliche Zuordnung und Reihenfolge wechselnder Touren beschränken.

Eine dynamische Lösung praktischer Fragestellungen muss unter täglich veränderten Randbedingungen (Restriktionen) und Störgrößen gefunden werden, was erhebliche Anforderungen an den gesamten Planungsprozess stellt.

Als einfaches, überschaubares Beispiel für eine Optimierung aus der Zuordnung von Tour, Fahrzeugen/Fahrern und Strecken kann - unter Beachtung der personellen Restriktionen - die in **Abb. 7-6** dargestellte Entscheidungssituation dienen:

---

[294] Die Reihenfolge innerhalb einer Tour wird teilweise auch dem Begriff „Tour" zugeordnet. Die „Route" beschreibt dann den genauen Verbindungsweg zwischen den Kunden.

Eine Anzahl von Kunden eines Gebietes, deren Bedarfe und Standorte bekannt sind, soll mit einer Anzahl von Fahrzeugen (mit bestimmten Ladekapazitäten) von einem Depot aus mit bestimmten Gütern beliefert werden. Es gilt nun die Kunden so zu beliefern, dass unter Einhaltung aller Restriktionen (z. B. Ladekapazität, Zeit etc.) die Gesamttransportkosten minimiert werden.

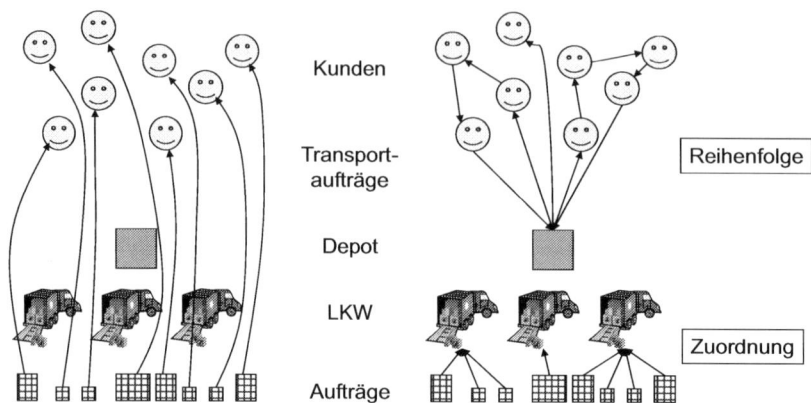

Abb. 7-6:   Ein-Depot-Problem der Touren-/Routenplanung

Eine Einzelbelieferung, bei der die Aufträge einzeln zu den Zielorten transportiert werden (wie im linken Bildteil von Abb. 7-6 dargestellt), ist nur dann eine sinnvolle Lösung, wenn die Aufträge jeweils ein Fahrzeug auslasten (Komplettladung, „Full Truck Load" (FTL)). Sind die Aufträge im Verhältnis zur Fahrzeugkapazität klein, ist eine Sammelbelieferung zu planen. Für die Tourenplanung ergeben sich daraus die folgenden Teilprobleme:

- ▪ **Zuordnungsproblem**: Zuordnung von Kunden und damit Lieferorten zu einer Tour (Clusterung, Allokation). Die einzelnen Bedarfsmengen werden dabei zu Fahrzeugladungen zusammengefasst.
- ▪ **Reihenfolgeproblem**: Für jede gebildete Tour ist die kürzeste, schnellste, kostengünstigste Rundreise zu bestimmen, also die Reihenfolge und der Weg, in der bzw. über den die Kundenstandorte angefahren werden (Routing).

Mögliche Restriktionen/Nebenbedingungen sind beispielsweise (siehe **Abb. 7-7**):

- ▪ *Kapazitätsrestriktionen* - begrenzte Kapazitäten der Fahrzeuge nach Art und Größe, begrenzte Anzahl von Hilfsmitteln zum Be- bzw. Entladen, eingeschränkter Kapitaleinsatz in Anlage- und Umlaufvermögen u. a.
- ▪ *Heterogener Fuhrpark*: Unterschiedliche Fahrzeuge mit unterschiedlicher Ausstattung (Laderaum, Hebebühne).
- ▪ *Zeitrestriktionen* - wie Kundenzeitfenster, Fahrzeugzeitfenster (Fahrverbote für LKW), Streckenzeitfenster (Befahrbarkeit von Fußgängerzonen), u. a.
- ▪ *Personalrestriktionen* – wie arbeitsrechtliche Vorschriften (z. B. Regelungen für Lenk- und Arbeitszeiten, Unterbrechungen und Ruhezeiten), Einsatzmöglichkeiten etc.
- ▪ *Ladungs-Restriktionen:* Ladeebestimmungen, Homogenität/Heterogenität der Ladung.

Hinzu kommen Störgrößen der arbeitstäglichen Praxis:

- ▪ Technische, organisatorische und personelle Störgrößen wie Fahrzeugausfall, Wartezeiten, Falschbestellung/-lieferung, Fehlteile, Personalausfall durch Krankheit oder Unfall u. a.

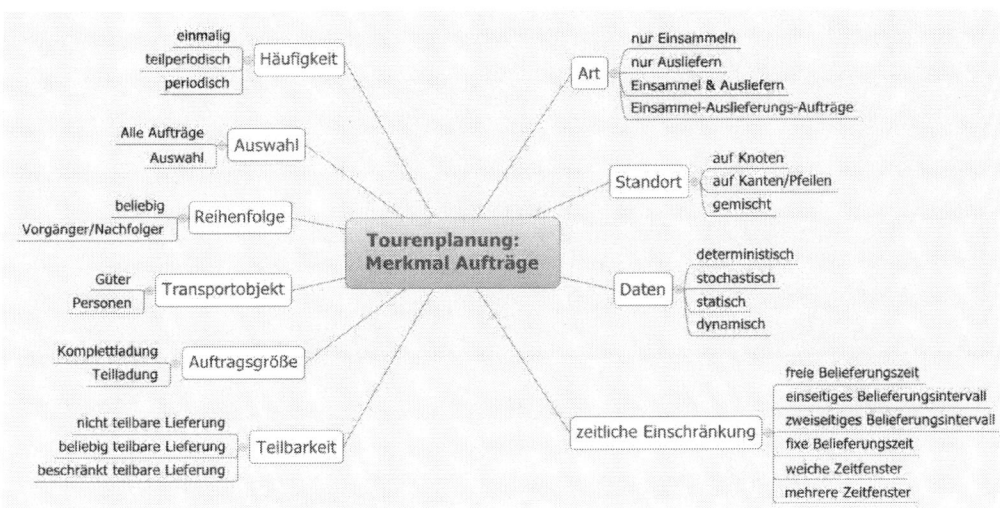

Abb. 7-7:   Merkmale von Tourenplanungsproblemen

Quelle: Vgl. u. a. Richter (2005), S. 22

■ Verkehrs- und witterungsbedingte Störungen: Baustellen, Stau, Unfälle, Umleitungen, Nebel, Schnee- und Eisglätte u. a.

■ Spontane Aufträge von Kunden (Eilaufträge), die eine zügige Bearbeitung erfordern.

7.4.3.2 Beschreibungsmodelle

Tourenplanungsprobleme (Vehicle Routing Problem - VRP) gehören zur Klasse der kombinatorischen Optimierungsprobleme.

Bei der Problemlösung wird unterschieden in:

■ Knotenorientierte Probleme (TSP - Traveling Salesman Problem):
Gesucht wird hier eine Rundreise mit minimaler Wegstrecke unter der Randbedingung, dass jeder Punkt mindestens einmal besucht werden muss.

■ Kantenorientierte Probleme (Chinese Postman Problem):
Gesucht wird eine Rundreise mit minimaler Wegstrecke unter den Randbedingungen, dass jeder Weg mindestens einmal durchlaufen werden muss, aber möglichst wenig Wege doppelt gelaufen werden.

Durch Variation des Grundproblems lassen sich diverse fallbezogene Problemstellungen ableiten, wie z. B. Ein-Depot-Problem, Mehr-Depot-Problem, Depotfreie Auslieferung und Spezialformen.

Des Weiteren wird unterschieden in statische und dynamische Problemstellungen. Während bei statischen Problemen zum Zeitpunkt der Lösungsermittlung alle Eingangsdaten und Restriktionen bekannt sind, besteht bei dynamischen Problemen hinsichtlich eines oder mehrerer Eingangsdaten oder Restriktionen noch Unsicherheit.

7.4.3.3 Planungs- und Optimierungsverfahren

Die zu lösende praktische Problematik der Tourenplanung (engl. VRP - Vehicle Routing Problem) wird im Allgemeinen zu umfangreich sein, um mit exakten mathematischen Verfahren kombinatorisch (z. B. durch Vollenumeration) lösbar zu sein (siehe **Abb. 7-8**). Heuristische Verfahren liefern im Allgemeinen nur suboptimale Ergebnisse, deren Qualität jedoch für die Praxis i.d.R. ausreichend ist. Zur Lösung des grundlegenden Problems stehen Algorithmen zur Verfügung, die Anfangslösungen erzeugen (Eröffnungsverfahren wie Savings- oder Sweep-Verfahren). Mit Verbesserungsverfahren wird dann getestet, wo und wie sich ggf. die Anfangslösung noch verbessern lässt. Die Methoden aus dem Bereich der heuristischen Meta-Strategien haben sich in der Praxis bisher eher wenig durchsetzen können.

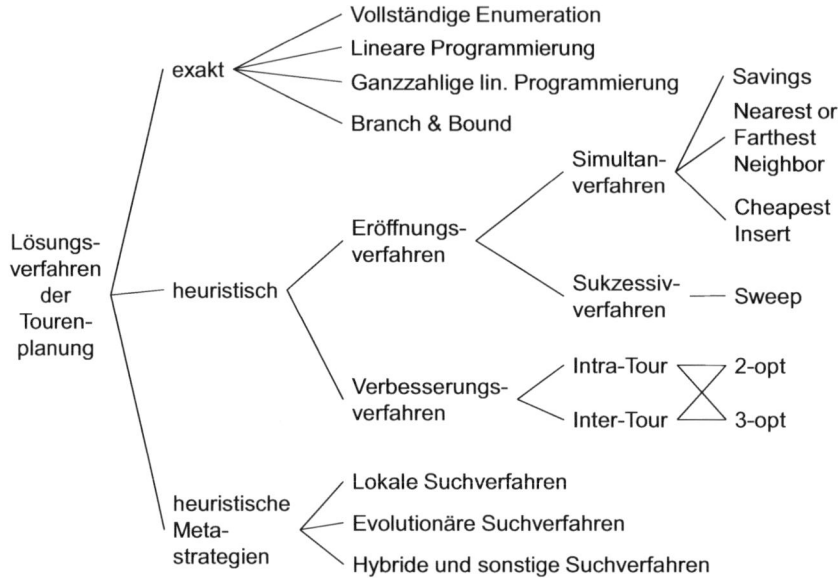

Abb. 7-8:   Klassifizierung der Lösungsverfahren zur Tourenplanung

Quelle: Vgl. u.a. Novak (1999)

Zu den theoretischen Grundlagen, Einzelheiten und Besonderheiten der Verfahren sei auf die entsprechende Literatur aus dem Bereich Operations Research verwiesen.[295] Zum generellen Verständnis sei hier nur kurz der Ansatz und Ablauf des Savings-Verfahren skizziert:

■ Prinzip: Zwei Teil-Routen werden verbunden, wenn dadurch keine Kapazitäts- oder sonstigen Restriktionen verletzt werden und geringere Entfernungen bzw. Kosten auftreten. Dazu werden Savings S (Einsparungen/Mehraufwand) wie folgt berechnet:

$$S_{ij} = t_{0i} + t_{0j} - t_{ij}, \tag{7.6}$$

wobei 0 der Ausgangspunkt (Depot) und i und j die letzten Knoten von jeweils zwei Routen sind.

■ Benötigte Daten: Entfernungs- oder Fahrzeit-Matrix
■ Start:

■ Anfangslösung bestehend aus n Routen $\{0\text{-}i\text{-}0\}$, $i=1$, n
■ Bilde Liste mit allen Einsparungen (positiven Savings) in abnehmender Folge.

---

[295] Zu den exakten und heuristischen Verfahren siehe z. B. Domschke, Drexel (1997) und Weissermel (1999). Zu den heuristischen Metastrategien siehe z. B. Lackner (2004) und Sträter (2007)

■ Durch Iteration wird jeweils das größte Element der Liste eliminiert. Die zugehörigen Routen werden verbunden, falls dies aufgrund der Restriktionen zulässig ist. Die Iteration wird solange fortgeführt, bis die Liste leer ist. Zu beachten hierbei ist, dass Routen nur an ihren jeweiligen Anfangs- bzw. Endpunkten zu verbinden sind.

Die EDV-gestützte Durchführung komplexer Tourenplanungen verknüpft die gegebenen Auftrags-, Kunden- und Produktions-/Lagerdaten (Bestandsplanung) mit den vorhandenen Daten der Fahrer, Fahrzeuge, Kunden und Örtlichkeiten und entwickelt daraus Vorschläge jeweiliger Tour- und Ladepläne (Stauraumplanung) unter Beachtung der Restriktionen/ Nebenbedingungen; zusätzliche Auswertungen für die Betriebsabrechnung, Kosten- rechnung, Werkstattplanung und betriebliche Informationssysteme sind denkbar. Eine Schnittstelle zu den Fahrzeuginformations-Systemen ist möglich.

Neben dem Zuordnungs- und Reihenfolgeproblem sind für die Touren jeweils die Weg- strecken zu minimieren; sie ergeben sich aus den möglichen kürzesten Strecken in den gegebenen Straßennetzen.[296] In digitalisierter Form sind innerhalb von Netzwerken eine Menge von Knoten (Orte) gegeben, die zwischen den Orten bestehenden Kanten, deren Längen bekannt sind, bilden die Straßen ab. Der zu minimierende Weg ergibt sich aus den verschiedenen Kanten zwischen den anzufahrenden Knoten (Routingproblem). Über- schneidungen der einzelnen Touren sind in erreichbaren kürzeren Wegen, in ausgelasteten Fahrzeugen oder Zeitvorgaben begründet.

Die betriebswirtschaftliche Beurteilung der EDV-gestützten Tourenplanung gegenüber der manuellen oder intuitiven Planung erfolgt zunächst nach quantitativen Beurteilungs- kriterien. Das sind im Allgemeinen ergebniswirksame Kosteneinsparungen bei den arbeits- täglichen Touren, Abbau von Bestandskosten, dazu Personalkostensenkungen im Dispo- sitionsbereich oder eingesparte Fahrzeuge und Fahrer - daneben qualitative (Kunden-) Nutzen wie beispielsweise Verbesserungen des Lieferservice, der Lieferschnelligkeit, der Lieferzuverlässigkeit, Flexibilität der Planung (kürzere Dispositionszeiten, schnelle Reaktion auf spontane Kundenanforderungen).

7.4.4 Fuhrpark-/Flottenmanagement

Die Gesamtheit der Fahrzeuge eines Unternehmens, die gemeinsam verwaltet und von allen Fahrern genutzt werden, stellt den Fuhrpark des Unternehmens dar. Die grund- legenden Entscheidungen zur Ausgestaltung des Fuhrparks und die operative Planung, Steuerung und Durchführung des Fahrzeugeinsatzes des vorgehaltenen Fuhrparks ist die Aufgabe des Fuhrparkmanagements. Es dient dem Ziel, die für die Transportaufgaben geeigneten und zweckmäßigen Fahrzeuge vorzuhalten und die vorgehaltenen Fahrzeuge optimal einzusetzen – unter Beachtung eines angemessenen Kosten-/Leistungsverhält- nisses, d.h. minimale Kosten bei Sicherstellung der Kundenzufriedenheit.

Am Anfang steht die generelle Entscheidung, ob überhaupt eine Ausgestaltung (z. B. hinsichtlich Fahrzeugarten, Anzahl, Ausstattung, Verteilung auf Standorte etc.) und Beschaffung eines eigenen Fuhrparks erfolgen soll oder ob zur Durchführung von Transporten logistische Dienstleister genutzt werden sollen (Make-or-Buy-Entscheidung):

■ Beim eigenen Fuhrpark ist weiterhin die Frage der Finanzierung durch Kapital- beschaffung oder Nutzung von Leasingangeboten (einschließlich umfangreicher

---

[296] Das grundlegende Problem der Wegeoptimierung geht auf Leonhard Euler (1707 - 1783) zurück und ist in die Literatur unter der Bezeichnung "Königsberger Brückenproblem" eingegangen.

Serviceleistungen – Full Service Leasing, siehe Abschnitt 3.6.3) zu beantworten. Des Weiteren müssen die operativen Kosten des laufenden Betriebs abgeschätzt werden.

■ Bei der Vergabe an logistische Dienstleister ist die Frage zu klären, ob einzelne Transporte vergeben werden sollen oder – für eine bestimmte Zeitperiode – ein gesamtes Transportgeschäft vertraglich geregelt werden soll (Kontraktlogistik, siehe Abschnitt 9.3).

Die arbeitstägliche Planung ist geprägt vom Anspruch, die Fahrzeuge möglichst effizient zur Durchführung der Verteil- und Sammeltouren im Absatz- und im Beschaffungsbereich sowie ggf. auch im Werkverkehr einzusetzen. Dazu gehört als grundlegende Aufgabe, die zur Verfügung stehenden Produktionsfaktoren (Fahrzeuge, Personal, Lademittel, Verlade-plätze etc.) zeitgerecht mit den zufließenden Aufträgen (z. B. Lieferung einer Ware an einen Kunden oder ein (Distributions-)Lager bzw. Abholung einer Ware von einem Kunden) zu koordinieren. Die Herausforderung besteht darin, dass die eingehenden Aufträge meist nicht direkt in Fahrzeugeinsätze umgesetzt werden können, sondern die verschiedenen Aufträge möglichst optimal den einzelnen Fahrzeugeinsätzen zugeordnet werden müssen.[297] Die Auftragserfüllung muss i.d.R. termingebunden und unter Berück-sichtigung bestimmter weiterer Anforderungen erfolgen. Die Fahrzeugeinsätze unterliegen externen Störgrößen, die auch bei sorgfältiger Planung nicht vermieden werden können. Flexibles Agieren und Improvisieren kennzeichnen daher den Alltag in der Einsatz-planung.

7.5 Spezielle Konzepte der Handelslogistik

7.5.1 Efficient Consumer Response (ECR)

Im Zuge der Ausrichtung aller Prozesse auf den Endkunden und zur rationellen Versorgung der Kunden mit Konsumgütern - insbesondere mit Lebensmitteln - bieten sich im Absatzbereich enge Kooperationen der beteiligten Unternehmen an. Durch die Bildung logistischer Verbunde, durch kooperative, unternehmensübergreifende, strategische Partnerschaften (Win-Win-Gemeinschaften) zwischen Handel und Industrie (Hersteller und deren Vorlieferanten) werden die Kernkompetenzen der beteiligten Unternehmen in der Versorgungskette gebündelt. Durch das kundenorientierte Zusammenwirken von Material- und Informationsflüssen kann flexibel und bedarfsgesteuert auf Änderungen im Kaufverhalten reagiert werden. Dadurch lassen sich höhere Umsätze und gleichzeitig große Synergieeffekte und Rationalisierungserfolge durch geringe Bestände und konti-nuierliche Materialflüsse erzielen. Das systematische Management der Kundenbeziehun-gen hinsichtlich der Vermarktung der Produkte wird unterstützt durch eine logistik-orientierte Organisation der Produktions- und Distributionsprozesse - eine Verbindung von Marketing und Logistik.

Das ECR-Konzept (Efficient Consumer Response) ist eine aktuelle Kooperationsform, die die Optimierung der Versorgungskette im Absatzbereich zwischen Herstellern und Handel - unter Einschluss logistischer Dienstleister[298] - zum Ziel hat (siehe **Abb. 7-9**). Hersteller übernehmen dabei bisherige Aufgaben des Handels (Prognosen, Disposition, Sortiments-gestaltung, Regalpflege u. a.) und gewährleisten - auf der Grundlage der ermittelten Nachfrageveränderungen - einen kontinuierlichen Warennachschub und eine effiziente Kundenversorgung (Warengruppenmanagement - Category Management). Dies führt zu

---

[297] Vgl. Herzog (1997), S. 64
[298] Vgl. Kapitel 9

einem kontinuierlichen, bestandsarmen Materialfluss, Kostentreiber werden abgebaut: Sicherheitsbestände, geringe Tourenauslastung, Produktionsumstellungen, Fehlteil-situationen (Out-of-stock) u. a. Es bedingt aber den konsequenten Einsatz von Informations- und Kommunikationstechnik, beginnend an der Schnittstelle zum Kunden und durch die gesamte Versorgungskette.

Die Kooperation muss allerdings gegenseitig vertrauensvoll gelebt werden. Bei einer nur einseitigen Verlagerung bzw. Abwälzung von Verantwortung (z. B. Bestandsverant-wortung vom Handel auf Hersteller) besteht die Gefahr, dass die möglichen und angestrebten Effekte zumindest mittel-/längerfristig nicht erreicht bzw. gehalten werden.[299]

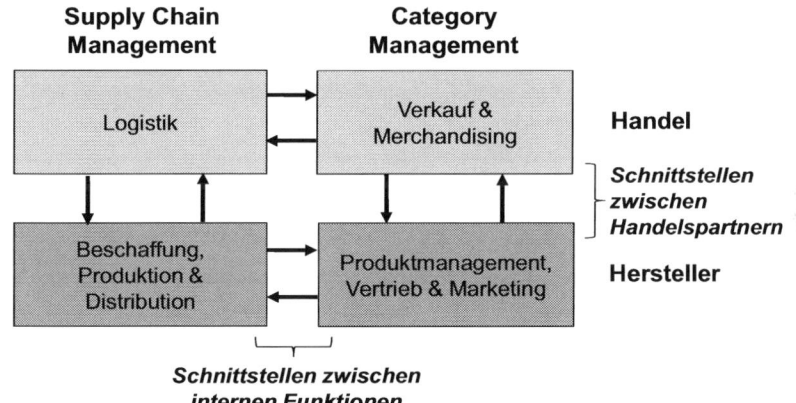

Abb. 7-9:   ECR-Kooperationsmodell

Quelle: In Anlehnung an Coopers & Lybrand

7.5.1.1   Historie und Vorläufer

Laut Seifert[300] sah sich die US-amerikanische Handels- und Konsumgüterbranche zu Beginn der 90er Jahre einem zunehmenden Kostendruck, dem Verlust von Marktanteilen und rückläufigen Umsatzrenditen ausgesetzt. Initiiert vom Food Marketing Institute schlossen sich 14 Unternehmen der Branche in einer „Efficient Consumer Response Working Group" zusammen. Die Beratungsgesellschaft Kurt Salomon Associates erhielt den Auftrag für eine Untersuchung: Die Wertschöpfungskette der Konsumgüterindustrie sollte auf Verbesserungspotentiale hinsichtlich Kosten und Service durch Veränderung der Geschäftspraktiken analysiert werden. Ergebnis der Untersuchung: Hauptsächliche Verbesserungspotentiale wurden identifiziert in der effizienten Gestaltung des Waren-flusses, in einer effizienten Sortimentsgestaltung auf Filialebene, in einer effizienten Absatzförderung und in einer effizienten Produktneueinführung. Erste Erfolge in den USA führten 1994 zur Gründung des „Executive Board of ECR Europe". In Deutschland führte die weitere Entwicklung zur Übertragung der Aufgaben auf die Centrale für Coorganisation (CCG), die ab 2005 als GS1 Germany[301] firmiert.

ECR berücksichtigt Elemente des in den 1960er Jahren begründeten *Marketing Channel Management* (Verbesserung der physischen Distribution durch Fokussierung auf

---

[299] Vgl. Werner (2000), S. 54
[300] Vgl. Seifert (2006), S. 58
[301] Die Umbenennung in GS1 Germany drückt die Zugehörigkeit zum internationalen Netzwerk Global Standard One (GS1) aus.

Absatzkanäle) und stellt eine Weiterentwicklung des Mitte der 1980er Jahre aus der Textil-industrie stammenden *Quick Response* Konzepts dar. Aufgrund von festgestellten Ineffizienzen wurde der Kundenbedarf als Ausgangspunkt für alle vorgelagerten Aktivitäten der Wertschöpfungskette festgelegt, d. h. ausgehend vom Point of Sale werden alle Produktions- und Distributionsprozesse durch die aktuelle Kundennachfrage geregelt. Durch eine effektive, schnelle Reaktion auf Schwankungen in der Nachfrage werden Kosten- und Marktvorteile (z. B. durch kürzere Lieferzeiten) erzielt. Grundlage hierfür ist ein unternehmensübergreifender, permanenter Datenaustausch, begünstigt durch die Einführung von Barcodes und Scannerkassen.

7.5.1.2 Definition und Übersicht

Efficient Consumer Response (ECR) kann definiert werden als „ein umfassendes Management-Konzept auf der Basis einer vertikalen Kooperation von Industrie und Handel mit dem Ziel einer effizienten Befriedigung von Konsumentenbedürfnissen. Die Instrumente von ECR sind das Supply Chain Management (Kooperationsfeld Logistik) und das Category Management (Kooperationsfeld Marketing)." [302]

ECR beinhaltet die in **Abb. 7-10** angegebenen Basisstrategien, unterschieden nach *Supply Side* und *Demand Side*. Die Basisstrategien der Supply Side, zusammengefasst unter dem Überbegriff „Supply Chain Management", werden in den nachfolgenden Abschnitten eingehend behandelt. Zunächst sollen jedoch die Basisstrategien der Demand Side betrachtet werden. Die Basisstrategien orientieren sich am Gesamtkonzept des „Category Management" (CM).

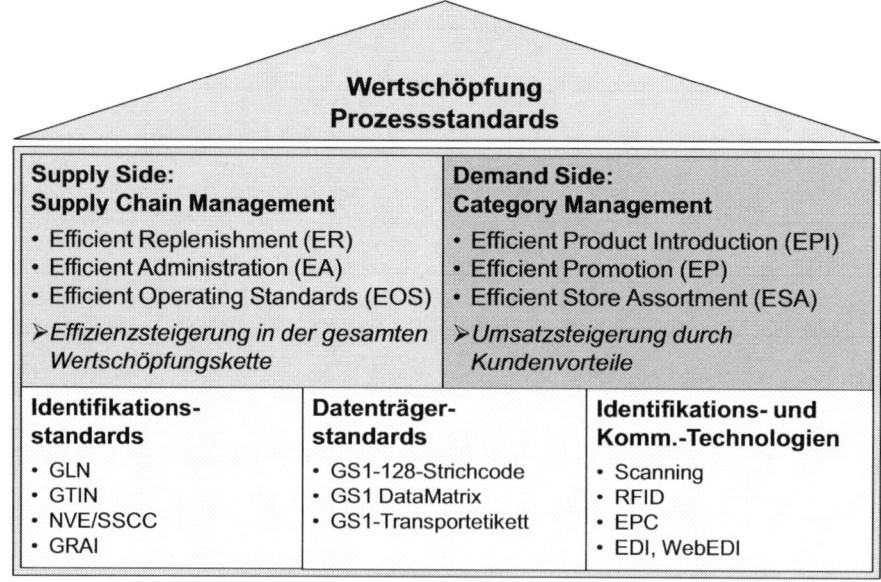

Abb. 7-10: ECR-Basisstrategien und Standards

Quelle: Vgl. in Teilen u. a. Heydt (1999) S. 5, Seifert (2006), S. 51, Vahrenkamp (2007), S. 359

Category Management (Warengruppenmanagement) ist ein gemeinsam von Händlern und Herstellern durchgeführter Prozess, bei dem Categories (Warengruppen) als strategische Geschäftseinheiten geführt werden. Ziel ist es, durch Erhöhung des Kunden-

---

[302] Seifert (2006), S. 52

nutzens bessere Ergebnisse zu erzielen – die Betrachtung geht also über die interne Effizienz hinaus und erfolgt übergreifend über die Wertschöpfungsstufen.[303]

Eine *Category* ist eine abgrenzbare, eigenständige, steuerbare Gruppe von Produkten und Dienstleistungen, welche die Konsumenten als thematisch verbunden oder als austauschbar wahrnehmen. Sie werden in der Handelsfiliale an einem Ort (z. B. Regalbereich) positioniert. Hersteller und Händler versuchen gemeinsam, Warengruppen zu identifizieren und zu optimieren und verfolgen dabei folgende Ziele:

- Umsatz und Gewinnsteigerung
- Erzielen höherer Lagerrendite
- Senken von Lagerinvestitionen
- Steigerung der Verkaufsproduktivität
- Senken der Arbeitskosten am Verkaufspunkt (Point-of-Sale)

Die Basisstrategien des Category Management sind:

- **Efficient Store Assortment (ESA)**
  Beim Efficient Store Assortment (ESA) geht es um die Gestaltung möglichst effizienter, an den Konsumentenwünschen ausgerichteter, Sortimente innerhalb einer Warengruppe. Als wichtige Einflussfaktoren hierbei werden die Verkaufs- bzw. Regalflächenoptimierung (Space Management), die Produktplatzierung und -präsentation, die Kontaktstrecke und die Preisbestimmung angesehen.[304]

- **Efficient Promotion (EP)**
  Efficient Promotion steht für einen gemeinsamen Prozess von Hersteller und Handel zur „effizienten Konzipierung von Promotion- und Verkaufsförderungsaktionen".[305] Durch die Kooperation sollen die Aktionsaktivitäten verstärkt auf die Kundennachfrage und am Konsumentenwert ausgerichtet, eine schnelle Reaktion ermöglicht und gleichzeitig die Logistikkette beruhigt werden.

- **Efficient Product Introduction (EPI)**
  Beim Efficient Produkt Introduction (EPI) geht es um die kooperative Zusammenarbeit von Hersteller und Handel zur effizienten, an der Verbraucherwünschen orientierten, Entwicklung, Einführung und Bewertung von neuen Produkten in den Zielmärkten.[306]

7.5.1.3 Supply Side: Efficient Replenishment (ER)

Efficient Replenishment ist das hauptsächliche Konzept im Kooperationsfeld Logistik (siehe **Abb. 7-11**). Es basiert auf dem Quick Response Konzept und kann als Umsetzung des JIT-Prinzips in der Distribution charakterisiert werden.[307] Kernpunkt ist die Kostensenkung in den Waren- und Informationsflüssen der gesamten Wertschöpfungskette bei gleichzeitiger Erhöhung der Lieferbereitschaft (innerhalb der Warenkette) und der Produktverfügbarkeit vor Ort (Vermeidung von „Out-of-Stock").[308] Dies wird erreicht durch Ablösung des Push-Prinzips durch das Pull-Prinzip: Die Produkte der industriellen

---

[303] Vgl. u. a. Meffert et. al. (1995), S. 1; Heydt (1999), S. 9; Seifert (2006) S. 148

[304] Betrachtung der Verkaufs-/Regalfläche als Ressource, die zur höchst möglichen Produktivität geführt werden soll. Vgl. Heydt (1999), S. 5, Seifert (2006), S. 212

[305] Heydt (1999), S. 5

[306] Vgl. Seifert (2006), S. 217

[307] Die erfolgreiche Kooperation der beteiligten Unternehmen (Glieder der Versorgungskette) wird umso reibungsloser gelingen, je standardisierter die Einzelprozesse in Zielen, Prognosen und integrierten Systemen miteinander übereinstimmen (SCOR-Modell, CPFR), um meßbare Verbesserungspotentiale zur Befriedigung der Kundenwünsche zu erreichen.

[308] Vgl. Borchert (2001), S. 31; Seifert (2006), S. 113f

Hersteller werden nicht in den Markt zum Verkauf „geschoben" sondern - auf der Grundlage der Kundennachfrage - von den Herstellern „abgezogen". Ein Verkauf einer Ware wird am „Point of Sale" (POS), beispielsweise an einer Scanner-Kasse, erfasst und trägt zur statistischen Auswertung von Bestand und Bedarf in Warenwirtschaftssystemen (siehe Abschnitt 10.4.2.2) bei. Die Produktion des Herstellers wird entsprechend der tatsächlichen Nachfrage der Endkunden angepasst.[309] Identifikationstechnologien und - systeme (z. B. basierend auf EAN-Codes) ermöglichen eine durchgängige Waren- verfolgung entlang der Prozesskette vom Hersteller zum Kunden (siehe Abschnitt 10.3.1).

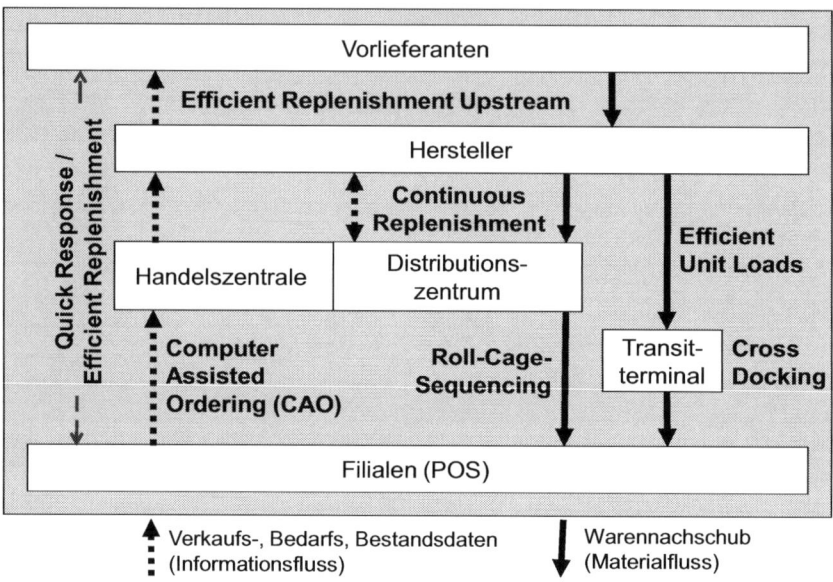

Abb. 7-11: Efficient Replenishment (ER)

Quelle: Vgl. Schulte (2009), S. 485

■ **Computer Assisted Ordering**

Computer Assisted Ordering (CAO) steht für ein elektronisches Bestellsystem, welches auf der Basis von Liefer-, Bestands- und Verkaufsdaten einer Filiale automatisch eine Bestellung generiert. Diese Bestellung soll dann vom Filialpersonal nur noch überprüft und nach Freigabe an das Distributionszentrum (per EDI) übermittelt werden. Die Verkaufsdaten einer Filiale werden sowohl vergangenheitsbezogen (Registrierung der aktuellen, tatsächlichen Abverkäufe durch Scannerkassen) als auch zukunftsbezogen interpretiert (Erstellung von Verkaufsprognosen unter Berücksichtigung von verkaufs- fördernden Maßnahmen, historischen POS-Daten, saisonbedingten Einflussfaktoren sowie sonstigen Kausalfaktoren). Durch die Vielzahl an aktuellen Informationen werden Bestellungen generiert, deren Mengen genau auf die Bedürfnisse der Filiale und der Endverbraucher zugeschnitten sind.

■ **Continuous Replenishment**

Eine der wichtigsten Grundlagen für das Efficient Replenishment ist das *Continuous Replenishment* (CR). Die Lagerfunktion wird den Distributionszentren des Handels zugeordnet. Jedes Distributionszentrum übermittelt per EDI einen täglichen Lager-

---

[309] Vgl. Braun (2002), S. 30

bestandsbericht (inventory report) an den Hersteller. Über ein zwischen Hersteller und Handel abgestimmtes Bedarfsprognosemodell wird der Bedarf prognostiziert und automatisch eine Bestellung bzw. ein Nachschubauftrag (replenishment order) generiert. Die entsprechenden Daten werden (per EDI) an die Produktionsstätte gesendet, von wo aus direkt die Auslieferung erfolgt.

Es werden unterschieden:

- *Vendor Managed Inventory (VMI)*
  Hersteller hat den Haupteinfluss auf die Nachschubsteuerung des Handels. Er erhält die aktuellen Abverkaufsdaten und die Bestandsdaten und leitet daraus Liefermengen und Lieferzeitpunkte ab.

  - Ziele: Vermeidung doppelter/mehrfacher Sicherheitsbestände (Bull-Whip-Effekt), durch verbesserte Prognosen größere Planungssicherheit der Produktionsmengen, Möglichkeit der Abstimmung der Belieferung mit der Produktionsplanung, Optimierung der Transporte und damit der Frachtkosten durch Bündelung der Materialströme, Reduzierung des administrativen Bestellaufwandes (Kostensenkung), sinkendes Risiko von Out-of-Stock-Situationen.
  - Randbedingungen: Aufgrund der Abstimmungs- und Entwicklungsaufwände nur bei langfristig ausgelegten Kooperationsbeziehungen umsetzbar; signifikante Kostensenkung im Handel nur bei einer Vielzahl von Herstellerkooperationen zu erwarten; Offenlegung der Verkaufs- und Bestandszahlen sowie Abhängigkeit in der Belieferung bedingt Vertrauensbasis zwischen Hersteller und Handel.

- *Co-Managed Inventory (CMI):*
  Geteilter Einfluss: Der Hersteller erstellt Bestellvorschläge, die tatsächliche Bestellung erfolgt durch Händler.

- *Buyer-Managed Inventory (BMI):*
  Der Handel hat den Haupteinfluss auf die Nachschubsteuerung vom Hersteller.

7.5.1.4 Supply Side: Efficient Administration (EA)

Kooperative Maßnahmen mit dem Ziel, die Effizienz aller administrativen Prozesse zwischen Hersteller und Handelsunternehmen zu steigern und somit die Aktivitäten zu reduzieren, die nicht der Wertschöpfung dienen, insbesondere also durch die Reduzierung von Verwaltungsvorgängen. Dazu gehören entsprechende Konditionssysteme und eine effiziente Daten- und Informationsadministration. Letztere basiert u. a. auf Identifikationsstandards (wie z. B. GLN - Global Location Number: Identifikation des Marktteilnehmers, GTIN - Global Trade Item Number: Identifikation der Ware, NVE/SSCE), Datenträgerstandards (wie z. B. GS1 128-Strichcode, GS1 Data Matrix) und Informationstechnologien (z. B. Scanning, RFID, EPC, EDI (SEDAS, EDIFACT).

7.5.1.5 Supply Side: Efficient Operating Standards

„Efficient Operating Standards" bedeutet die Vereinbarung unternehmensübergreifend, branchenweit oder auch branchenübergreifend standardisierter Gestaltungen und Vorgehensweisen, die für den operativen Betrieb bzgl. des Warenaustausches in der Lieferkette von besonderer Bedeutung sind. Ziel ist eine Erhöhung der Effizienz durch einheitliche Strukturen und Prozesse, die auf die typischen Anforderungen in der Distribution von Handelswaren zugeschnitten sind. Wichtige Operating Standards werden im Folgenden vorgestellt.

- **Cross Docking (CD bzw. XD)**
  Als Crossdocking bezeichnet man die Bündelung der Lieferungen mehrerer Hersteller für mehrere Filialen an einem bestandsarmen (kein Lagern, nur temporäres Liegen)

Umschlagpunkt (siehe **Abb. 7-12**, auch Abschnitte 3.6.3, 9.3.2.2). Ziele dieses Konzeptes sind die Reduzierung der Bestände und damit der Kapitalbindung (durch Vermeidung von Zwischenlagern), eine Verringerung der Anlieferfrequenz in den Filialen und eine höhere Auslastung der Transportmittel. Zur Erreichung der Ziele sind hohe Anforderungen zu erfüllen an die Schnelligkeit und damit Aktualität und an die Sicherheit und Zuverlässigkeit der Informationsversorgung und die Synchronisation der Prozesse über alle Beteiligten.

Folgende Varianten werden unterschieden:

- **Einstufiges Cross-Docking**[310]:
  Ein einstufiges Crossdocking ist gekennzeichnet durch die Anlieferung bereits filial-bezogen kommissionierter logistischer Einheiten (Paletten, Rollis) durch die Hersteller und deren Zusammenführung zu einer (herstellerübergreifenden) Sendung.

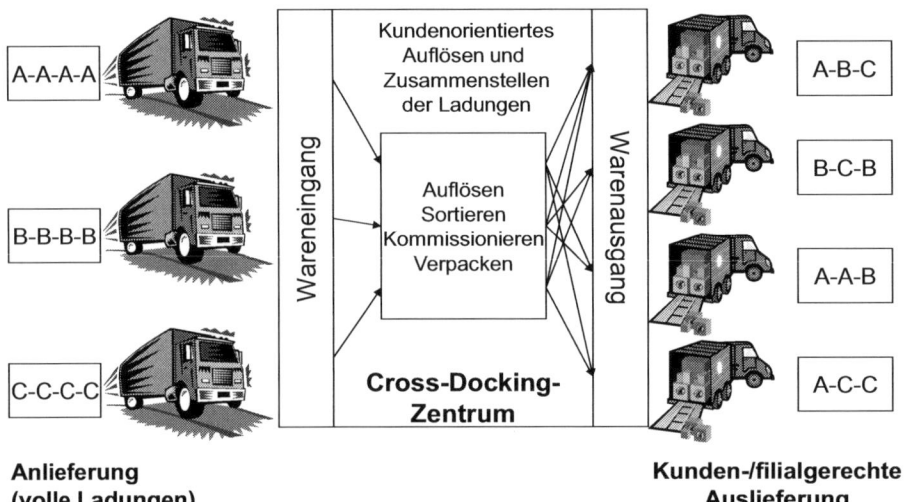

Abb. 7-12: Prinzip des Cross-Docking

- **Zweistufiges Cross-Docking (Transshipment):**[311]
  Ein zweistufiges Crossdocking ist gekennzeichnet durch die Anlieferung sorten- bzw. artikelreiner Paletten durch die Hersteller (Sammellieferung) sowie deren filial-bezogener Kommissionierung, Konsolidierung (z. B. zu Rolltürmen, Roll-Cages), Verpackung (Wicklung) und Zusammenführung zu filialbezogenen Sendungen.
- **Mehrstufiges Cross-Docking:**[312]
  Hierbei handelt es sich um eine Verfeinerung und Ergänzung des zweistufigen Crossdocking um weitere Schritte, z. B. bei internationalen Strukturen.

Die Aufgaben im Rahmen der Planung und Steuerung eines „Crossdock" orientieren sich an den Aufgaben der Distributionsplanung und –steuerung:[313]

---

[310] Vgl. Stickel (2006), S. 10. In der US-amerikanischen Literatur wird einstufiges Cross-Docking auch als Pre-allocated Cross Docking (PAXD) bezeichnet.

[311] Vgl. Ebd. In der US-amerikanischen Literatur wird zwei- oder mehrstufiges Cross-Docking auch als Break-bulk Cross Docking (BBXD) bezeichnet.

[312] Vgl. ten Hompel, Schmidt (2005); Stickel (2006), S. 10

[313] Vgl. Stickel (2006), S. 25ff

- **Strategisch:**
  Neben der Standort- und Netzwerkplanung werden auch Fragen der Dimensionierung des gesamten „Crossdock" (insbesondere bzgl. Anzahl der Tore; Fläche für Sortierung, Kommissionierung, Verpackung und Kennzeichnung), der Layoutplanung (I-Form für kleinere „Crossdocks", L- oder T-Form für größere, H- oder X-Form für sehr große „Crossdocks") und bei die Wahl der technischen Ausrüstung (Ent- bzw. Beladevorrichtungen, Kommissioniertechnik, Verpackungstechnik, Kennzeichnungstechnik etc.) genauer zu analysieren sein.

- **Taktisch / koordinativ:**
  Hier ist insbesondere zu entscheiden, ob das Crossdock im Eigenbetrieb oder in Kooperation mit einem externem Logistikdienstleister (3PL) errichtet bzw. betrieben werden soll. Des Weiteren ist festzulegen, ob ein zentraler oder ein dezentraler Planungs- und Steuerungsansatz implementiert werden soll.

- **Operativ:**
  Zur angestrebten Synchronisation der Prozesse sind eine abgestimmte Tourenplanung und in Folge auch eine entsprechende Ressourcenplanung durchzuführen. Um – insbesondere bei großen[314] „Crossdocks" – einen reibungslosen Ablauf innerhalb des „Docks" zu ermöglichen, kann auch eine dedizierte Torbelegungsplanung von Bedeutung sein.

■ **Barcoding in der Logistikkette**
Hierbei geht es nicht um die einzelne Verkaufseinheit, sondern es geht um die Kennzeichnung von Logistikeinheiten (Ladeeinheiten, Paletten, Versandverpackungen) mit einem standardisierten Barcode (dem GS1-128-Barcode). Dieser verschlüsselt die Nummer der Versandeinheit (NV), international bezeichnet als Serial Shipping Container Code (SSCC). Mit der über eine gesamte Transportkette einheitlichen Codierung können Logistikeinheiten automatisiert identifiziert und mit ihren Inhalten in Verbindung gebracht werden, ohne dass die Sendungen ausgepackt werden müssten. Vorteile liegen neben der Zeiteinsparung (und damit einer beschleunigten Abwicklung) in einer erhöhten Informationsbereitschaft, einer gesteigerten Prozessqualität und in der Möglichkeit, vorausschauende Dispositionen über nachfolgende Prozessschritte, wie z. B. Umlade- oder Umpackvorgänge oder Kommissionierung, zu treffen.

■ **Roll-Cage-Sequencing (RCS)**
Roll-Cage-Sequencing besteht in der filialgerechten Beladung von Rollcontainern entsprechend den Anforderungen bei der Entladung und Verräumung in den Filialen. Entsprechend den aktuellen Bestellungen der Filialen wird die optimale Zusammenstellung der Rollcontainer berechnet. Dabei wird auch berücksichtigt, dass keine schweren Produkte auf druckempfindlichen oder leicht zerbrechlichen gestapelt werden. Es entstehen höhere Kosten im Distribution Center bzw. beim Transport (keine maximal gefüllten Rollcontainer, Pufferplätze, längere Wege im Lager) denen aber deutliche Einsparungen in den Filialen gegenüber stehen: Der Wareneingang und das Einräumen der Regale lassen sich leichter und schneller bewerkstelligen.

■ **Efficient Unit Loads (EUL)**
Efficient Unit Loads (EUL) hat zum Ziel, die gegebenen Transport- und Lagerkapazitäten effizient zu nutzen - durch Standardisierung und Modularisierung der Ladeeinheiten. Betrachtet werden dabei Gruppierungen von primären Ladeeinheiten wie Verkaufsverpackungen, sekundären Einheiten wie Versandkartons oder Trays und

---

[314] Als groß gelten Crossdocks mit mehr als 150 Toren.

tertiären Einheiten wie Paletten oder Rollcontainer. Mit der Vielfalt der Produkte hat der Variantenreichtum der Ladungseinheiten zugenommen. Vor allem die Sekundär- und Tertiäreinheiten erhöhen den Aufwand stark. Sie orientieren sich oft nicht an der Größe der Primärverpackung, die sich wiederum selten modular zu den logistischen Räumen verhält. Unterschiedliche Verpackungsmaße, Palettengrößen und Ladehöhen machen eine optimale Beladung der Transportmittel somit nahezu unmöglich. Der Versuch einer Standardisierung der Palettengröße in Europa wurde mit der Europalette (siehe Abschnitt 3.2.3) gestartet. Trotzdem gibt es in Europa noch immer mehr als 30 verschiedene Palettengrößen – Ziel ist es, diese zu 4 Dimensionen zusammenzufassen. ECR Europe bescheinigt EUL ein Einsparungspotential in Höhe von 1,2 % des Endverbraucherpreises (0,3 % für den Hersteller, 0,9 % für den Händler). Eine EUL-Strategie sollte eng verbunden sein mit den folgenden Ansätzen:[315]

- *Effiziente Palettenausnutzung*: Optimierte Ausnutzung der jeweiligen Paletten-kapazität, insbesondere auch in der Höhe, durch effiziente Beladung.
- *Multi-Temperatur-Transporte*: Einsparung von Transportkosten durch Nutzung von Transportfahrzeugen mit mehreren Temperaturzonen.
- *Umfassendes Transportmanagement*: Erhöhung von Auslastung und Effizienz über das gesamte Transportgeschäft durch Einsatz kompletter Wagenladungen (FTL – Full Truck Load), einschließlich der Ausnutzung von Rücktransporten.

■ **Mehrweg-Transportverpackungen**
Hierunter ist der Ansatz zu verstehen, die Vielzahl individueller Transportverpackungen zu reduzieren und einheitliche Lösungen über zumindest Teile einer Wertschöpfungs-kette zu definieren. Damit einher geht das Bestreben, innerhalb eines Verbundes zunehmend Mehrweg-Verpackungen einzusetzen, die gleichzeitig die Funktion des Ladungsträgers erfüllen (siehe auch Abschnitt 8.6).

7.5.2 Collaborative Planning, Forecasting and Replenishment (CPFR)

Parallel zur Entwicklung des ECR-Konzeptes wurde vom US-amerikanischen Branchen-verband „Voluntary Interindustry Commerce Standards Association (VICS)" ein Modell entwickelt, das die Strategie für die Kooperation zwischen Handel, Herstellern und Vorlieferanten auf der „Supply Side" konkretisiert. Grundlage ist die Idee, Daten nicht nur auszutauschen, sondern gemeinsam an der Verbesserung der Planungsqualität zu arbeiten. Die in der Ausarbeitung durch ein VICS-eigenes CPFR-Komitee erarbeiteten Richtlinien beinhalten Szenarien, Geschäftsprozesse, unterstützende Technologien und Implemen-tierungsempfehlungen und wurden 1999 als CPFR-Roadmap veröffentlicht.[316]

Die offizielle Positionierung durch VICS lautet: „Collaborative Planning, Forecasting and Replenishment (CPFR®) is a business practice that combines the intelligence of multiple trading partners in the planning and fulfillment of customer demand. CPFR links sales and marketing best practices, such as category management, to supply chain planning and execution processes to increase availability while reducing inventory, transportation and logistics costs."[317]

---

[315] Vgl. Seifert (2006), S. 142-143
[316] Vgl. www.vics.org; Seifert (2006), S. 350; Souza et. al. (2008)
[317] VICS (2004) S. 5

Das CPFR-Modell stellt ein mittlerweile generelles, brachenunabhängiges Rahmenwerk dar, in dem einkaufende und verkaufende Unternehmen zusammenarbeiten, um den Bedarf von Endkunden zu befriedigen, der im Mittelpunkt der Betrachtung steht. Für den Bereich Handel werden gemäß **Abb. 7-13** acht Schritte, unterteilt in vier „Collaboration Activities" unterschieden:[318]

Abb. 7-13: VICS CPFR-Modell

Quelle: VICS (2004)

- **Strategy & Planning:**
  - *Collaboration Arrangement*: Festlegung der Regeln und der Grundsätze der Zusammenarbeit in Form einer Kooperationsvereinbarung.
  - *Joint Business Plan*: Erarbeitung eines gemeinsamen Geschäftsplans mit Definition der Rollen, der Ziele und der Taktiken für die einzelnen Warengruppen.
- **Demand & Supply Management:**
  - *Sales Forecasting*: Vorhersage der Markt-/Endkunden-Nachfrage.
  - *Order Planning/Forecasting*: Auftrags- und Lieferbedarfe auf Basis der prognostizierten Nachfrage, der Taktiken, der Transferzeiten etc.
- **Execution:**
  - *Order Generation*: Überführung der Nachfrage in fixierte Aufträge.
  - *Order Fulfillment*: Herstellung, Transport, Auslieferung, Annahme, Regalbefüllung, Dokumentation der Verkaufszahlen, Zahlungen.

---

[318] Vgl. VICS (2004) S. 6 ff., Seifert (2006) S. 354 ff.

- **Analysis:**
  - *Exception Management*: Überwachung der Planung und Ausführung auf grenzwertüberschreitende Ausnahmebedingungen.
  - *Performance Assessment*: Kennzahlen zur Beurteilung der Zielerreichung, zur Aufdeckung von Trends und ggf. zur Ableitung alternativer Strategien.

Jeder der genannten Schritte beinhaltet Tätigkeiten auf Seiten des Handelsunternehmens und auf Seiten des Herstellers (siehe Abb. 7-13). Zur Erweiterung des Modells auf Vorlieferanten können einfach weitere Ringe um die bereits vorhandenen inneren Ringe gelegt werden.

Für ein konkretes Projekt muss das generische Modell entsprechend den spezifischen Anforderungen der beteiligten Partner angepasst werden. Die am häufigsten auftretenden Konstellationen wurden in vier Szenarien dokumentiert.

In den letzten ca. fünf Jahren ist es um das Thema CPFR eher ruhig geworden – aktuelle Beiträge oder Berichte sind kaum zu finden. Offenbar hat CPFR, mit seiner Ausrichtung auf US-amerikanische Verhältnisse und seinem festen Rahmenwerk, im europäischen Markt noch nicht die Bedeutung erlangen können, die vor einiger Zeit erwartet worden war.

8 Rückführen (Return)

8.1 Hintergrund

Mit der Herstellung, dem Verkauf und der Auslieferung der Produkte an die Kunden bzw. Konsumenten ist die Versorgungsaufgabe einer Wertschöpfungskette zunächst erfüllt. Das unternehmerische Denken darf aber nicht mit der Auslieferung der Produkte an den Kunden enden - dies ist eine lineare, nur auf die Versorgung der Kunden gerichtete Philosophie (End-of-the-pipe-Philosophie) und kümmert sich wenig um den Verbleib von Reststoffen (Restmaterial, Betriebsstoffen), Verpackungen oder Altprodukten. Das Denken muss - im Sinne einer Kreislaufwirtschaft - die Verantwortung für die Entsorgung verbrauchter Güter, für den sparsamen Einsatz von Ressourcen, für Rückführung verwertbarer Abfälle in den Kreislauf und die umweltverträgliche Beseitigung von Abfällen (Ausschluss aus dem Kreislauf) einschließen.

Es müssen also - neben der Versorgung der Hersteller und Konsumenten - auch die während der Wertschöpfungs- und Verteilungsprozesse anfallenden Kuppelprodukte bzw. „Kondukte" in Form von Abfall, Ausschuss, Verpackungsmaterial und verbrauchter Endprodukte einer definierten Weiterbehandlung oder fachgerechten Entsorgung zugeführt werden. Es liegt nahe, zur Erarbeitung von entsprechenden Problemlösungen konsequent die Methoden der Logistik auf den Bereich der Entsorgung anzuwenden. Damit hat die so hergeleitete Entsorgungslogistik[319] als Teilprozess der Logistik die Aufgabe der Gestaltung, Planung, Durchführung und Steuerung aller mit der physischen Entsorgung anfallenden Material- und Informationsflüsse und tritt gleichrangig neben die anderen Prozesse der Logistik (VDI 4413 und 4431). Entsorgungslogistik ist also mehr als der Transport von Abfall oder die Erarbeitung eines Abfallwirtschaftskonzeptes. Sie hat eigene – prozessbegleitende und prozessergänzende – Aufgaben und darf sich nicht auf TUL-Prozesse einer „Wegwerf-Gesellschaft" beschränken.

Einhergehend mit der Verknappung bestimmter Rohstoffe wird es immer dringlicher - aber auch wirtschaftlich lukrativer - Abfälle als Sekundärressourcen nutzbar zu machen. Diesem Aspekt wird unter dem Begriff „Ressourcenlogistik"[320] besonders Rechnung getragen. Urbane Ballungsgebiete bieten hervorragende Möglichkeiten zur Nutzung von Reststoffen für die Wiederverwertung – in diesem Zusammenhang wird auch der Begriff „Urban Mining" verwendet.[321]

8.2 Umweltbezogene Grundlagen

8.2.1 Umweltbegriff, Umweltbewusstsein, Umweltschutz

Die Gesamtheit aller existenzbestimmenden Bedingungen werden allgemein als **Umwelt** im weiteren Sinne, als Umfeld oder Umsystem bezeichnet. Dazu gehören beispielsweise auch die soziale Umwelt des Menschen in Familie und Gesellschaft oder die ökonomischen, ökologischen, sozio-kulturellen, rechtlichen und technologischen Rahmenbedingungen der Unternehmen, die ihre Entscheidungen und Handlungen bestimmen und

---

[319] Weitere Bezeichnungen: Rückführungs- oder auch Retrologistik, engl. Reverse Logistics (mit Hinweis auf eine Rückführung der Produkte vom Konsumenten); Redistributionslogistik (impliziert die erneute Distribution).

[320] Vgl. Clausen et. al. (2007)

[321] Vgl. u. a.: http://www.zeit.de/wirtschaft/2010-03/urban-mining; http://www.manager-magazin.de/unternehmen/energie/0,2828,727834,00.html

in denen sie ihre Aktivitäten entwickeln. Im engeren Sinne wird der **ökologische Umweltbegriff** verwendet, der die natürliche oder biologische Umwelt beschreibt – also den
Zustand von Luft, Wasser, Boden, Pflanzen- und Tierwelt und die Bedingungen für ein
gemeinsames Zusammenleben.[322] Auf diesem Umweltbegriff bauen Maßnahmen der
staatlichen Umweltpolitik und des **betrieblichen Umweltmanagements** auf.

In entwickelten Volkswirtschaften erfüllt die Umwelt eine grundlegende ökonomische
Funktion: Rohstoffe und Energien werden für Produktions- und Konsumvorgänge
entnommen, Bodenflächen zum Anbau landwirtschaftlicher Produkte genutzt und weitere
Flächen für Industriestandorte, Verkehrsflächen, Wohn- und Freizeitbedarf verwendet. Es
entstehen - neben den Produkten - ungewollte Kuppelprodukte/Kondukte, auch Schad-
stoffe oder Emissionen, die als Abfälle, Abgase, Stäube, Rauche, Dämpfe, Abwasser,
Abwärme, Lärm oder Strahlung der Umwelt als Belastung zugeführt werden.

Das allgemeine Bevölkerungswachstum und die erhöhten Ansprüche - beispielsweise an
Konsum und Mobilität - erhöhen das Umweltproblem. Damit sind Veränderungen des
Landschaftsbildes, der Pflanzen- und Tierwelt, des Wasserhaushaltes und des Klimas
verbunden. Sie stören das ursprüngliche Gleichgewicht der natürlichen Umwelt als
Lebensgrundlage für den Menschen, Tiere und Pflanzen und kulminieren durch verstärkte
Einflussnahme des Menschen - insbesondere durch Nutzung der Technik - in die
natürlichen Kreisläufe der Regeneration.[323] Die genannten Produktions- und Konsumvorgänge verändern die Umwelt und führen zu erhöhten Umweltbelastungen und Umwelt-
beschädigungen.

Die „klassische Volkswirtschaftslehre" sah in der Natur keinen „Handelswert" (Adam
Smith, 1723 - 1790), und in früheren theoretischen Betrachtungen der Volkswirtschafts-
lehre dient die Natur als Quelle der betriebsnotwendigen natürlichen Ressourcen und
Aufnahmemedium für unerwünschte Kuppelprodukte während der Produktions- und
Konsumvorgänge. Umwelt ist hier ein „freies Gut" (Kollektivgut) und kann von Menschen
und Unternehmen kostenlos[324] als „Input- oder Outputfaktor" genutzt werden. Die
Beseitigung möglicher negativer Wirkungen/Schäden wird der Gesellschaft - nicht den
Verursachern - als „externe Kosten" oder volkswirtschaftliche Verluste aufgebürdet.[325]

Dem entsprechend haben in der betriebswirtschaftlichen Lehre und Praxis - in der
Produktionstheorie oder in der Unternehmensführung - Umweltgedanken nur zögerlich
Eingang gefunden, obwohl die Umweltproblematik auch im einzelnen Unternehmen ein
Umdenken einleiten muss. Die Fokussierung auf die Absatzfunktion als Engpassbereich
bot dem Umweltschutz und Umweltmanagement keinen oder kaum Platz im Zielsystem
der Unternehmen: Umweltschutz ist kein vorrangiges Ziel der betriebswirtschaftlichen

---

[322] Vgl. Wicke (1993), S. 5f.; Michaelis (1999), S. 6
[323] Es soll darauf hingewiesen werden, dass beispielsweise antike Hochkulturen für Städte- und Schiffbau -
auch für die römische Badekultur - das Mittelmeergebiet entwaldet haben, die Landwirtschaften heute bis
zu 30% zu den klimaschädlichen Gasen beitragen oder die heutigen Verkehre zur Bedienung weltweiter
Märkte erhöhte Verbräuche von Primärenergie und vermehrte Emissionen verursachen.
[324] Der Handel mit Emissionsrechten (beschlossen 1997 auf der Umweltkonferenz in Kyoto) klima-
schädigender (Treibhaus-)Gase ist ein Versuch, Umweltnutzung handelbar und rechenbar zu machen. Es
kann aber auch von einem marktwirtschaftlichen Ablaßhandel für Umweltsünden gesprochen werden.
[325] Der "Club of Rome" bezweifelt die ökologische Richtigkeit der Inhalte des volkswirtschaftlichen
Bruttosozialproduktes: Das Abholzen von Wäldern ist nicht Einkommen - sondern bedeutet ökologische
Verluste.

Betrachtungen, Umwelt ist im Gutenberg-System der Produktionsfaktoren nicht enthalten, das Faktorsystem der Potential- oder Verbrauchsfaktoren nicht einfach erweiterbar.[326]

Trotz der absehbaren Erschöpfung vieler natürlicher Ressourcen unterstellte ein betriebliches Wirtschaften zunächst ein unbegrenztes Verfügen über vorhandene Ressourcen und eine Konzentrierung auf die Versorgung mit Rohstoffen und Energien. Die Umwelt konnte zur kostenlosen Aufnahme von Emissionen fester, flüssiger oder gasförmiger Stoffe dienen. Die Knappheit von Umweltgütern wurde nicht anerkannt. Fehlende Markt-Selbststeuerungsmechanismen führten zur Ausbeutung von Rohstoffen, Eingriffen in natürliche Regelkreise, Verschmutzung der Medien Luft, Wasser und Boden sowie zur allgemeinen Belastung durch Lärm und Strahlung.

Erst die Sensibilisierung einer breiten Öffentlichkeit beginnend mit den Untersuchungen des „Club of Rome"[327] (Grenzen des Wachstums, 1972) zu den Energiereserven, die Auseinandersetzung mit der Klimaveränderung u. a. zwangen zu einem Umdenken bei Produzenten, Konsumenten und Staat. Die Definition der „Umwelt" als knappes Gut führte zum ökonomischen Umgang mit den Ressourcen bei der Entnahme von Umweltgütern und zu behutsamen Abgaben von umweltbelastenden Stoffen und erforderte Regelungen für die Nutzung der Umwelt - beispielsweise durch staatliche Umweltpolitik[328] oder kooperatives Verhalten.

Das Erkennen der gesellschaftlichen Verantwortung hat in vielen Unternehmen zu einer Veränderung der Unternehmensphilosophie und zu einer Neupositionierung des Umweltschutzes im Wertesystem der Unternehmen geführt. Umweltgedanken der Nachhaltigkeit werden zunehmend in Unternehmensleitbildern übernommen. Ökologie und Ökonomie werden nicht mehr als Zielkonflikte verstanden. Die Einbeziehung des Umweltschutzes in die Überlegungen der Unternehmen erfolgte in der Vergangenheit über vielfache Forderungen der sensibilisierten Kunden auf der Absatzseite. Das veränderte Konsumentenverhalten[329] eröffnete in vielen Unternehmen den Eingang umweltorientierter Maßnahmen, um an veränderten Marktpotentialen (neue Märkte und neue Produkte) teilzuhaben und Erlösverbesserungen zu erreichen.

Die Aufnahme umweltbezogener Ziele in das Zielsystem wurde auch durch die Berücksichtigung weitreichender Umweltgesetze unterstützt, um die Vorschriften umzusetzen, zunehmende Haftungsrisiken zu vermeiden oder erwartete Vorschriften zu antizipieren (Risikomanagement). Heute ist Umweltschutz als Formal- und Sachziel als Mittel-Zweck-Beziehung in vielen Unternehmen verankert und wird als Ergänzung zu anderen - meist ökonomisch ausgerichteten - Zielen verstanden. Es werden beispielsweise im Zusammenhang mit Produktlebenszeiten Einflüsse auf die Umwelt überdacht (Beispiel: Produktionsverantwortung nach § 22 KrW-/AbfG), Ressourcen- und Energiesparpotentiale durch Material-/Produktsubstitution umgesetzt und Produktionsabläufe auf kreislauforientierte Prozesse umgestellt. Hierdurch werden die Ressourcen geschont und die Emissionen begrenzt - also volkswirtschaftliche Ziele unterstützt. Die Einbeziehung umweltbezogener Überlegungen ist letztlich nicht nur mit zusätzlichen Kosten verbunden, sondern eröffnet die Möglichkeit, Imagegewinne zu erreichen, neue Methoden und

---

[326] Natürliche Ressourcen könnten den Produktionsfaktoren "Werkstoffe" zugeordnet werden.
[327] Meadows u. a. (1972)
[328] Umweltschutz ist seit dem 1. September 1994 verfassungsmäßiges Ziel der Bundesrepublik Deutschland (§ 20 a des Grundgesetzes).
[329] Es ist hier beispielsweise an die Marketing-Wirkungen des Umweltsymbols "Blauer Engel" oder des EMAS-Logos zu denken.

Techniken umzusetzen, wettbewerbsfördernde Wirkungen eines aktiven Umweltmanagements zu nutzen, Kostentreiber zu erkennen und ökonomischen Nutzen[330] zu realisieren. Die Einbeziehung des Umweltschutzes in das Zielsystem ist ein Schritt zu einem nachhaltigen Wirtschaften im Sinne des o. a. *Sustainable Development* - der Übergang vom additiven zum integrierten Umweltschutz.

8.2.2 Umweltpolitik und umweltpolitische Instrumente

Umweltpolitik ist die Gesamtheit aller Maßnahmen, die notwendig sind, um dem Menschen eine Umwelt zu sichern, wie er sie für seine Gesundheit und für ein menschenwürdiges Dasein braucht, um Boden, Luft und Wasser, Pflanzen- und Tierwelt vor nachteiligen Wirkungen menschlicher Eingriffe zu schützen und um Schäden und Nachteile aus menschlichen Eingriffen zu beseitigen.[331] Eine sinnvolle staatliche Umweltpolitik soll:

- Den Zustand der Umwelt *nachhaltig* [332] erhalten oder verbessern;
- bestehende Umweltschäden vermindern oder beseitigen;
- Risiken aus Umweltbelastungen für Menschen, Tiere und Pflanzen minimieren und
- Freiräume für die Entfaltung zukünftiger Generationen, die Artenvielfalt von Tieren und Pflanzen erhalten.

Aus diesem umweltpolitischen Zielbündel ergeben sich drei Prinzipien als Handlungsgrundsätze der Umweltpolitik:

Verursacherprinzip:	Folgen für Umweltbelastungen dem Verursacher zuordnen.
Vorsorgeprinzip:	Umweltbelastungen vor dem Entstehen bekämpfen. Dazu zählen auch das Vorsichtsprinzip (im Zweifel zugunsten eines Verbots) und das Substitutionsprinzip (Ersatz durch umweltfreundlichere Stoffe).
Kooperationsprinzip:	Konsensorientierte Abstimmung wichtiger Entscheidungen und Maßnahmen zwischen allen betroffenen gesellschaftlichen Gruppen (Staat, Unternehmen, Gesellschaft).

Die staatliche Umweltpolitik hat die Aufgabe, mit Gesetzen, Verordnungen und nachgesetzlichen Vorschriften ein Regelungssystem zur Durchsetzung umweltpolitischer Ziele und Prinzipien zu schaffen. Umweltrecht ist ein wichtiges Instrument der Umweltpolitik und hat eine Lenkungsfunktion für die Wirtschaftssubjekte. Umweltrecht und Umweltpolitik stehen in Wechselwirkung zueinander - Grundlage und Impulsgeber des Umweltrechts ist die Umweltpolitik. Nationales Umweltrecht wird ergänzt durch internationales Umweltrecht – EU-Recht und Umweltvölkerrecht dienen der Lösung grenzüberschreitender und globaler Umweltprobleme.

Das Umweltrecht zielt darauf ab, menschliches, unternehmerisches und staatliches Verhalten so zu steuern, dass die Grenzen der Belastbarkeit der Menschen, der Tier- und

---

[330] Es wird in der Literatur auch von autonomen Zielsetzungen durch Vorwegnahme gesellschaftlicher und marktlicher Veränderungen und von heteronomen Zielvorgaben durch gesetzliche Vorschriften oder durch marktliche Preisentwicklungen (Anpassungsverhalten) gesprochen.

[331] Vgl. Wicke (1998)

[332] Der Begriff der Nachhaltigkeit (sustainable developement) wurde in der Brundtland-Kommission (World Commission on Environment and Development - 1987) für Umwelt und Entwicklung geprägt und auf der Umweltkonferenz in Rio de Janeiro 1992 (UNCED-Konferenz) aufgenommen.
Gemeint ist eine Entwicklung, die die Bedürfnisse der Gegenwart befriedigt, ohne zu riskieren, dass künftige Generationen ihre eigenen Bedürfnisse nicht befriedigen können. Dadurch wurde ein Paradigmawechsel ausgelöst, d. h. der Übergang vom nachsorgenden, additiven end-of-pipe-Umweltschutz zum präventiven, ganzheitlichen Input-Output-bezogenen Umweltschutz.

Pflanzenwelt nicht gefährdet werden. In der Praxis werden die Maßnahmen auf die Beschränkung des Verbrauchs natürlicher Ressourcen gerichtet sein, auf die Verbesserung der Regenerationsfähigkeit der ökologischen Systeme abzielen und das Recyclingverhalten im Sinne einer Kreislaufwirtschaft fördern. Umweltpolitik kann die Kosten zum Schutz der Umwelt den Verursachern, der Allgemeinheit oder den vom Umweltschutz Begünstigten auferlegen. In aller Regel werden sie nach dem Verursacherprinzip zugeordnet.

Insgesamt sind für eine Umweltpolitik prinzipiell ordnungsrechtliche, planerische, marktwirtschaftliche sowie kooperative Instrumente denkbar. Wichtige Instrumente sind:

▪ **Umweltauflagen/-gesetze** als - bedingt marktkonforme - Gebote und Verbote, die ein umweltschonendes Verhalten durchsetzen sollen. Seit Beginn der 70er Jahre wurde in der Bundesrepublik Deutschland eine Vielzahl von Vorschriften zum Schutz der Umwelt verabschiedet. Aus logistischer Sicht wichtige Beispiele sind:

  ▪ *Emissionsauflagen*: Grenzwerte für Schadstoffmengen und Belästigungen (TA-Luft, TA-Lärm, Abgaswerte für PKW, FCKW-Verbot u. a.).

  ▪ *Auflagen für Produktionsverfahren*: Vorschriften für die Verwendung bestimmter Roh- und Betriebsstoffe (Einsatz von schwefelarmem Heizöl in Elektrizitätswerken bei Inversionswetterlagen u. a.) oder anzuwendender Technologien.

  ▪ *Produktionsauflagen*: Limitierung der Produktionsmengen schadstoffintensiv hergestellter Güter, Produktionsverbote oder Ansiedlungsverbote (für galvanotechnische Betriebe zum Gewässerschutz u. a.).

  ▪ *Kreislaufwirtschafts- und Abfallgesetz* (KrW-/AbfG - 1996)) mit den Grundsätzen der Produktionsverantwortung, der Abfallvermeidung und der Abfallverwertung bzw. -beseitigung zum Aufbau einer Kreislaufwirtschaft (Altauto-VO, Elektroschrott-VO etc.).

Dazu kommen Vorschriften zum Gewässerschutz, Bodenschutz, Naturschutz und zur Landespflege sowie zum Atom- und Strahlenschutz. Desweiteren Gesetze zum Umgang mit Gefahrstoffen oder Vorschriften zur Ahndung umweltschädigenden Verhaltens (*Umweltstrafrecht*) und zur Durchsetzung von Ansprüchen auf Unterlassung, Schutzmaßnahmen oder Ausgleich von Beeinträchtigungen (Umweltprivatrecht). Dazu zählen auch die EU-Umwelt-Audit-Verordnung (Nr. 1836/93 - EMAS-VO) und das Umweltauditgesetz (1995) zur Standardisierung betrieblicher Umweltmanagementsysteme.

▪ **Umweltabgaben** zur Finanzierung und Lenkung der Kosten des Umweltschutzes (Internalisierung von Umweltkosten)[333] durch Gebühren:

  ▪ *Mit Finanzierungsfunktion* für umweltverbessernde Maßnahmen durch Umweltsteuern, Umweltgebühren oder Umweltbeiträge (Erhöhung der Mineralölsteuer, Landegebühren für Flugzeuge nach Lärmbelastung, Altölabgabe u. a.);

  ▪ *Mit Anreizfunktion* (Lenkungseffekt) durch Umweltabgaben für Emissionen oder Produkte (Abwasserabgaben, Umweltabgabe für Einwegprodukte u. a.) oder Steuerbzw. Abgabenersparnisse durch eine ökologische Buchhaltung.

---

[333] "Umweltlizenzen" (Umwelt(belastungs)zertifikate) können für vom Staat festgelegte oder international vereinbarte Emissionsmengen in einem Gebiet meistbietend ersteigert werden – und werden damit kostenwirksam für Unternehmen.

Umweltpolitische Kooperationslösungen:

- *Branchenabkommen:* Zweiseitige Verträge/Absprachen zwischen umweltpolitischen Instanzen und den Mitgliedern einer Branche (Verwendung von Mehrwegflaschen der Getränkeabfüller, Reduzierung des FCKW, Bau eines Drei-Liter-PKW, ökologisch nachhaltiger Umgang mit dem Werkstoff PVC (Polyvinylchlorid) u. a.);
- *Verbandsabkommen:* Selbstverpflichtung der Verbandsmitglieder oder initiierter Zweckverbände (z. B. Reduzierung der Kohlendioxid-Emission durch die deutsche Wirtschaft im Jahr 2000).

Der Kostencharakter der Umwelt kann somit durch die genannte verursachungsgerechte Internalisierung externer Kosten der Umweltbeanspruchung bzw. -schädigung in produktions- und kostentheoretische Überlegungen einbezogen werden. Die Durchsetzung umweltpolitischer Maßnahmen bei der Gewinnung und Verarbeitung zeigen bei den Preisen für die eingesetzten Ressourcen (Werkstoffe oder andere Umweltfaktoren) Wirkungen. Aber auch auf der „Outputseite" sind in der Praxis steigende Preise (interne Kosten) nach Auflagen der Umweltgesetzgebung für Nutzung der Umwelt als Aufnahmemedium (Abwasserbehandlung, Abluftreinigung, Lärmschutz, Abfallbehandlung oder Deponiegebühren) zu tragen, so dass von einer kostenfreien Nutzung der Umwelt nicht mehr gesprochen werden kann.

8.2.3 Umweltmanagement / Umweltcontrolling

Wird die Management-Funktion[334] allgemein als Gesamtheit aller Aufgaben verstanden, die die Leitung eines Unternehmens in allen ihren Bereichen umfasst, beinhaltet das Umweltmanagement als Teilgebiet die Gestaltung, Planung, Steuerung und Kontrolle der aus den betrieblichen Tätigkeiten resultierenden Umweltauswirkungen - sowie eine umweltorientierte Betriebs- und Mitarbeiterführung.[335] Die Einbeziehung der Mitarbeiter bedeutet, die Gedanken des Umweltschutzes in alle Bereiche des Unternehmens hineinzutragen und eine schrittweise, kontinuierliche Verbesserung des betrieblichen Umweltverhaltens erreichen. Die eingesetzten Umweltmanagementtechniken, die Instrumente und Methoden ermöglichen ein systematisches Vorgehen beim Lösen von Problemen der Planung, Steuerung und Kontrolle der Umweltschutzmaßnahmen.

Die Unternehmensleitung oder die Linienverantwortlichen geben Ziele und Strategien als Wege zur Zielerreichung vor; Controller übernehmen das Management der Planung und Kontrolle als Informationsdienstleister der Unternehmensleitung. Das **„Umwelt-Controlling"** ist damit ein Subsystem des betrieblichen Controllings - kein Funktionscontrolling, sondern ein funktionsübergreifendes Steuerungsinstrument mit der Aufgabe, Umweltpolitik, Managementfunktionen und Funktionsbereiche zu koordinieren. Es kann als Instrument verstanden werden, das ökologieorientierte, funktions- und unternehmensübergreifende Informationen gewinnt und durch quantitative und qualitative Auswertung die Grundlagen für zukünftige, operative und strategische Entscheidungen für das

---

[334] Das Management als Funktion ist hier von dem Management als Institution innerhalb einer Organisation abgegrenzt. Eine andere Interpretation geht von dem systemorientierten Ansatz aus mit dem Schwerpunkt, das System Unternehmen in einer komplexen, sich ständig verändernden und nur bedingt kontrollierbaren Umwelt in seinem Bestand zu erhalten, indem die „Differenz" zwischen System und Umwelt ermittelt und Maßnahmen zur Verringerung eingeleitet werden. Dieser systemorientierte Managementprozess liegt der EMAS-VO und der ISO-Normenreihe 14000 zugrunde und wendet ihn auf die speziellen Probleme des betrieblichen Umweltschutzes an.

[335] Es werden dem Begriff "Umweltmanagement" die Attribute proaktiv, präventiv oder integriert hinzugefügt, um das vorbeugende, vorsorgende oder aktive Handeln zu verdeutlichen.

Management liefert. Das Umwelt-Controlling bietet dem Umweltmanagement Unterstützungsfunktionen an. Die Verantwortung für die Informationsversorgung liegt beim Controlling, die Verantwortung für die auf der Grundlage der Informationen getroffenen Entscheidungen für die Planungen liegt beim Management.

Zur Informationsgewinnung können die traditionellen betrieblichen Informationssysteme i.d.R. nicht dienen. Es müssen die betrieblichen Umweltwirkungen abgebildet werden. Dies erfordert den Aufbau neuartiger Instrumente zu Gewinnung umweltrelevanter Daten, die sich an den vorhandenen Informationsbedürfnissen orientieren. Die gegenüber herkömmlichen Informationssystemen neuen umweltbezogenen Informationswünsche erfordern ein ergänzendes betriebliches **Umweltinformationssystem** (BUIS) - eine ökologieorientierte Rechnungslegung. Dazu werden systematisch alle umweltrelevanten Informationen erfasst, aufbereitet und den anfordernden Stellen zur Verfügung gestellt. Das System dient der Quantifizierung umweltwirksamer Einflüsse durch die Herstellungs- und Transferprozesse.

Als Instrument des betrieblichen Umweltinformationssystems kann zur Erfassung der Energie- und Stoffströme - nach Art, Menge, Zeit, Ort und Gefahrenpotential – beispielsweise eine betriebliche **Ökobilanz** erstellt werden. Das ist die umfassende, systematische Gegenüberstellung und Bewertung der energetischen und stofflichen Umwandlungsprozesse und deren Auswirkungen auf die Umwelt (Input-Output-Analyse). Sie können für das gesamte Unternehmen, aber auch für einzelne Standorte, Prozesse oder Produkte aufgestellt werden. Alle Aufstellungen dienen der Dokumentation der Abläufe und der Ermittlung von Schwachstellen zur Verbesserung der Umweltwirkungen von Produkten und Verfahren und sind Grundlage für Handlungsempfehlungen für alle Bereiche des Unternehmens. Das Informationssystem kann in das bestehende ERP-/PPS-System integriert werden und als Grundlage einer Umweltkostenrechnung dienen.[336]

Als eine zentrale Aufgabe des effizienten betrieblichen Umweltmanagements kann die Planung, Steuerung und Kontrolle der Stoff- und Energieflüsse angesehen werden, die von dem betrieblichen Informationssystem nach Art, Menge, Zeit, Ort und Gefahrenpotential erfasst und verfolgt werden. Damit wird die Effizienz umweltorientierter Maßnahmen aus einer logistischen Perspektive hergeleitet. Die Anwendung der Ökobilanz beispielsweise bedeutet eine ganzheitliche Abbildung der betrieblichen Einsatzstoffe, des Energieverbrauchs und des Reststoff-/Abfallanfalls - sowie der Belastung der Natur als Aufnahmemedium - in einer Input-Output-Untersuchung.

Der Aufbau eines Umweltmanagementsystems und eines unterstützenden Umweltcontrollingsystems kann mit Hilfe der o. a. Normierungsvorschlägen der EMAS-VO (1993, novelliert in 2001) und der DIN EN ISO 14000ff erfolgen.[337] Sie dienen der freiwilligen Beteiligung gewerblicher Unternehmen an dem Gemeinschaftssystem für

---

[336] Eine Umweltkostenrechnung kann fallweise, periodisch oder als Projekt-Rechnung durchgeführt werden. Es ist zu erwarten, dass in den Unternehmen eine eigenständige oder in das gegebene Rechnungswesen integrierte Umweltkosten- und -leistungsrechnungen aufgebaut werden, um die Kosten des Umweltschutzes oder die o. a. Kosten der Umweltbelastung (internalisierte Kosten) zu ermitteln, als Kostentreiber zu erkennen und verursachungsgerecht einzelnen Kostenstellen oder Kostenträgern zuzuordnen.

[337] Auf die Vor- und Nachteile der beiden konkurrierenden Normen, den Gesetzescharakter, über Gemeinsamkeiten, notwendige Voraussetzungen, den Stellenwert insbesondere für weltweit tätige Unternehmen und mögliche Geltungsbereiche für gewerbliche oder dienstleistende Unternehmen soll an dieser Stelle nicht eingegangen werden. Mittelfristig sollte DIN EN ISO 14000 als Baustein mit der Umweltprüfung nach EU-Öko-Audit-Verordnung gesetzlich verknüpft werden.

Umweltmanagement und Umweltprüfung und beginnen mit der Formulierung einer umweltpolitischen Erklärung des Managements. Unternehmen, die den Umweltzielsetzungen folgen wollen, können Umweltmanagementsysteme in standardisierter Form einführen und sich entsprechend der Norm einem „Umwelt-Audit" unterziehen, das als eine externe Kontrolle des Öko-Controllings (Umweltbetriebsprüfung) verstanden werden kann. Die Überprüfung bzw. Validierung des betrieblichen Umweltgeschehens wird - wie die Zertifizierung des Qualitätsmanagements nach DIN EN ISO 9000ff - nicht von staatlichen Behörden durchgeführt - sondern durch externe Sachverständige (Umweltgutachter) in einem Zertifizierungsverfahren. Dies ist kein einmaliger Vorgang, sondern wird immer häufiger wiederholt mit dem Ziel einer kontinuierlichen Verbesserung der betrieblichen, umweltbezogenen Strukturen und Abläufe.

8.3 Gesetzliche Regelungen

8.3.1 Übersicht

Zum Themengebiet Umweltpolitik, umweltpolitische Instrumente und Umweltmanagement existieren eine Vielzahl verschiedenster Gesetzte, Verordnungen etc. Gesetzliche Regelungen, die die Entsorgungslogistik betreffen, sind:

- **Mit dem Ziel der Wiederverwendung/-verwertung von Verpackungen:**
  - *Verpackungsverordnung* (VerpackV), mit
    - *Pflichtpfand* auf Einwegverpackungen seit dem 01.01.2003, Aufbau eines neuen Sammelsystems (Duales System Deutschland - DSD).
    - *Ende des DSD-Monopols* für Verpackungen und Neudefinition des Systems seit dem 01.01.2004.
    - *Verpflichtung* zur Beteiligung an einem dualen System beim Erstinverkehrbringen von „Verkaufsverpackungen für private Endverbraucher" (b2c) seit der 5. Novelle der Verpackungsverordnung vom 04.04.2008. Alternativ der Nachweis über die Beteiligung an einer Branchenlösung.
- **Mit dem Ziel der Wiederverwendung/-verwertung von Erzeugnissen:**
  - *Altautoverordnung*: Pflicht zur kostenlosen Rücknahme von Altautos seit dem 01.07.2002 durch die Hersteller und Entlassung aus der Steuerpflicht.
  - *Elektroschrottverordnung*: Pflicht zur kostenlosen Rücknahme aller Altgeräte durch den Hersteller seit dem 01.07.2005 - Recyclingzwang.
  - *Batterie-Gesetz:* Gesetz über das Inverkehrbringen, die Rücknahme und die umweltverträgliche Entsorgung von Batterien und Akkumulatoren (2009).
  - *Altöl:* Altölverordnung (letzte Fassung 2006), Besonderheiten gemäß KrW-/AbfG.
- **Mit dem Ziel der Behandlung von Abfällen:**
  - *Gewerbeabfallverordnung*: Verpflichtung zur Separierung und Vorbehandlung aller Abfälle zur Vermeidung von Scheinverwertung durch Vermischen.
  - *Techn. Anleitung Siedlungsmüll*: Weitreichendes Deponierungsverbot seit dem 01.07.2005 - Pflicht zur Behandlung nahezu aller Abfälle.

8.3.2 Kreislaufwirtschafts- und Abfallgesetz (KrW-/AbfG)

Für die weitere Darstellung müssen zunächst verschiedene Begriffe definiert werden (siehe dazu auch **Abb. 8-1**):

- **Abfall/Abfälle** - Sammelbegriff für Entsorgungsobjekte - sind im Sinne der §§ 1, 3 KrW/AbfG alle beweglichen Sachen, deren sich der Besitzer entledigt, entledigen will, entledigen muss oder deren Entsorgung zur Wahrung des Wohles der Allgemeinheit -

insbesondere des Schutzes der Umwelt - geboten ist.[338] Betriebswirtschaftlich wird von Reststoffen, unerwünschten Nebenprodukten, Kuppelprodukten oder Kondukten gesprochen.

- **Abfall/Abfälle zur Verwertung** (Kreislaufstoffe, Reststoffe, Rückstand, Wertstoffe)[339] sind Abfälle, die - stofflich oder energetisch - verwertet werden. Beispiele sind:

  - *Ausschuss:* Stoffe (Zwischen- oder Endprodukte), die nicht den definierten Qualitätsanforderungen entsprechen.

  - *Altprodukte* (post consumer goods): Produkte, die nach dem Gebrauch - durch Verschleiß/Verbrauch oder technische Überalterung bzw. Überschreitung des Verfalldatums - dem Stoffkreislauf ganz oder teilweise wieder zugeführt werden.

  - *Verpackungen:* aus beliebigen Materialien hergestellte Produkte zur Aufnahme, zum Schutz, zur Handhabung, zur Lieferung oder zur Darbietung von Waren (siehe auch Abschnitt 3.2.2).

- **Abfall/Abfälle zur Beseitigung** (Beseitigungsstoffe, Restabfälle) sind Abfälle, die aus wirtschaftlichen oder technischen Gründen nicht verwertet werden. Bei der Zuführung zur Beseitigung sind - insbesondere für überwachungsbedürftige und besonders überwachungsbedürftige Abfälle (§ 41 KrW/AbfG) - eine Reihe von untergesetzlichen Bestimmungen zur Nachweispflicht des Abfallweges zu beachten.

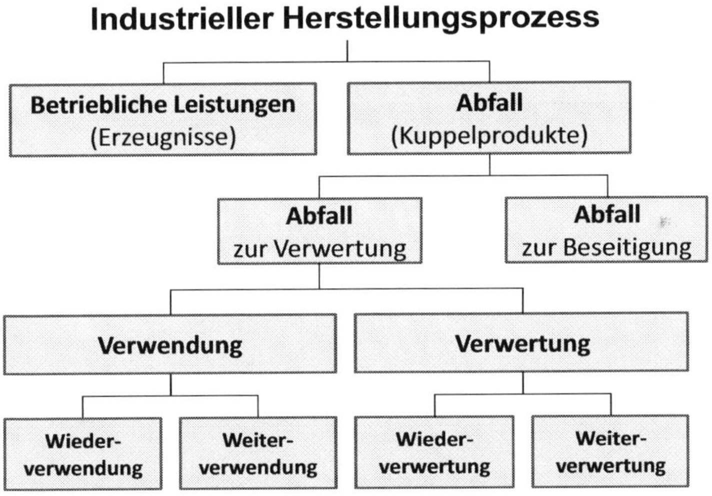

Abb. 8-1:   **Begriffsabrenzungen zur Kreislaufwirtschaft**

Die - weitgehend vom Gesetzgeber eingeleitete - Einbeziehung des Umweltschutzes in das Zielsystem des Unternehmens bedeutet nicht nur die Berücksichtigung von Abfällen bzw. Reststoffen während des Herstellungsprozesses, sondern auch umweltschonende Herstellprozesse im Hinblick auf Abgase, Abwasser, Abwärme und Lärm. Ein ganzheitliches

---

[338] Nach einem Urteil des EuGH vom 25. Juni 1997 umfasst der Abfallbegriff auch Stoffe und Gegenstände, die zur wirtschaftlichen Wiederverwertung geeignet sind. Die Stoffe bzw. die Unternehmen, die gewerbsmäßig Abfälle einsammeln, befördern oder die Verwertung/Beseitigung von Abfällen für andere besorgen, unterliegen auch der behördlichen Überprüfung.

[339] Beim werkstofflichen Recycling ist eine Aufbereitung in gleicher Menge, Form und Qualität nicht beliebig möglich; man spricht bei geringerwertiger Verwertung von "Downcycling", das gelegentlich auch als "Warteschleife vor der Kippe" bezeichnet wird.

Umweltmanagement beinhaltet sämtliche Maßnahmen zur Vermeidung umweltbelastender Wirkungen durch Produktkonstruktion, Produktherstellung und Produktvermarktung. Das sind:

- Entwicklung, Konstruktion und Design langlebiger, mehrfach verwendbarer Produkte;
- Nutzung wiederverwendbarer/-verwertbarer oder nachwachsender Einsatzstoffe;
- Betrieb abfallarmer Herstellverfahren;
- Einschränkung der Vielfalt des Materialeinsatzes;
- Organisation der Abfall-Behandlung bzw. -Aufbereitung;
- Mehrfach-Nutzung von Verpackungen in der Versorgung der Hersteller und des Handels u. a. (Ressourceneffizienz-Verbesserung).

Neben der ökologischen Bedeutung aller Maßnahmen sind die ökonomischen Auswirkungen aller Entscheidungen und Aktivitäten zu berücksichtigen. Hierbei sind die Spielräume wegen der gesetzlichen Vorgaben recht gering. Zunehmenden Kostenbelastungen für die Entsorgung stehen nur geringe oder schwer zu quantifizierende Erlöskomponenten einer umweltbewussten Unternehmensführung bzw. Produkt- oder Prozessgestaltung gegenüber, die auch als Chance oder Herausforderung für die Zukunft angesehen werden können.

Die ökonomischen Wirkungen gehen aus von den möglichen - gesetzlich (§ 4 KrW/AbfG) gebotenen - Strategien:

- *Vermeiden/Vermindern* von Abfällen,
- *Verwerten* von Abfällen (stofflich - energetisch),
- *Beseitigung* von Abfällen.

8.3.3 Verpackungsverordnung

Seit dem 12. Juni 1991 gilt in der Bundesrepublik Deutschland die - 1998 an das EU-Recht angepasste - „Verordnung über die Vermeidung und Verwertung von Verpackungsabfällen" (Verpackungsverordnung - VerpackV). Danach sollen Verpackungen aus umweltverträglichen Packstoffen/Werkstoffen hergestellt, das Verpackungsgewicht bzw. -volumen auf das notwendige Maß reduziert und die Wiederverwendung in Mehrwegsystemen - oder die stoffliche Verwertung - verbessert werden. Nach den Vorschriften der VerpackV müssen Verpackungen nach Gebrauch zurückgenommen und einer erneuten Verwendung oder stofflichen Verwertung außerhalb der öffentlichen Abfallentsorgung zugeführt werden. Nach dem funktionellen Zweck sind zu unterscheiden:

- **Transportverpackungen** (§ 3 (1,4) VerpackV) - erleichtern den Transport, bewahren die Waren vor Schäden und dienen der Transportsicherheit. Sie ermöglichen eine rationelle Handhabung bei Herstellern und Abnehmern.
  Beispiele: Kartonagen, Fässer, Kanister, Säcke, Paletten, Schrumpffolien u. ä.
- **Umverpackungen** (§ 3 (1,3) VerpackV) - sind zusätzliche Verpackungen, die nicht aus Gründen der Hygiene, der Haltbarkeit oder des Schutzes erforderlich sind. Sie erleichtern die Selbstbedienung, dienen als Werbeträger oder erschweren den Diebstahl.
  Beispiele: Umkartons, Blister, Folien u. a.
- **Verkaufsverpackungen** (§ 3 (1,2) VerpackV) - werden als Verkaufseinheit angeboten. Es sind auch Verpackungen des Handels, der Gastronomie und anderer Dienstleister und sie ermöglichen die Übergabe an den Endverbraucher.
  Beispiele: Becher, Beutel, Dosen, Flaschen, Schalen, Einweggeschirr, Eimer u. ä.

Der gesetzliche Anstoß gibt Anlass, Verpackungen zu überdenken und neu zu gestalten. Daraus ergibt sich die Frage nach den notwendigen Funktionen einer Verpackung, einer umwelt- und logistikgerechten Gestaltung und der ein- oder mehrmaligen Verwendung von Verpackungen und deren logistischen Anforderungen.

Die klassischen Aufgaben der Verpackungen dienen zuerst dem Schutz der Waren gegen mechanische, biochemische oder wetterbedingte äußere Einflüsse. Hinzu kommen die Lager- und Transportfunktionen und die Anforderungen des Marketing, verkaufsfördernd zu wirken und Informationen zu transportieren. Moderne Verpackungen ermöglichen - je nach Empfindlichkeitsprofil des Produktes/Packgutes und den Anforderungen an logistische und marketingrelevante Aufgaben - unterschiedliche Wege in der Transportkette, moderne Distributionsorganisationen und Selbstbedienung durch geeignete Portionierung. Sie steigern die Attraktivität des Produktes, sichern Qualität, Haltbarkeit und Hygiene, überbringen dem Abnehmer Produktargumente und Erläuterungen, lösen Bedürfnisse aus[340] u. a. Letztlich sind im Design auch künstlerische oder ästhetische Ansprüche zu erfüllen. Alle Aufgaben sind mit neuartigen Ausgestaltungen und umweltverträglichen Materialien zu leisten. Lösungsansätze liegen in:

- Standardisierung von Ladungsträgern;
- Verminderung von Packstoffen;
- Verwendung umweltgerechter Materialien;
- Vereinfachen des Entpackens;
- Verbesserung der Präsentation;
- Entwicklung von Mehrwegsystemen;
- Verbesserung des logistischen Durchlaufs.

Die Beurteilung von Verpackungssystemen erfolgt nach ökonomischen und ökologischen Kriterien. Neben der Handhabbarkeit und der Kompatibilität zu den betrieblichen Systemen sind es vor allem die Kosten und die angebotene logistische Dienstleistung der Distribution, Pflege, Verwaltung/Abrechnung und der Rückführung. Deren Gesamtkosten beinhalten die Herstellung, die Distribution, die Verwaltung (Inspektion, Pflege, Systemsteuerung) und die Entsorgung und sind vor allem abhängig von der Zahl der Umläufe und der Länge der Transportwege. Ökologisch können Verpackungen nach den Kriterien Rohstoffeinsatz, Energiebedarf zur Herstellung, dem Wasser-/Energieverbrauch zur Pflege der Systeme und der Recyclingfähigkeit beurteilt werden (Ökoeffizienz).

Kaum rechenbar sind die Tendenzen zu einer zunehmenden Individualisierung von Verpackungen aus Marketing-Gründen (bspw. in der Getränkeindustrie), der vermehrten Exporte mit langen Distributions- und Rückführungswegen oder der Kaufgewohnheiten von Haushalten. Die steigende Artikel- und Verpackungsvielfalt kann mit automatisierten Sortier- und Kommissioniereinrichtungen bewältigt werden - die Identifizierung erfolgt über Barcode- oder Transpondereinsatz, die auch ECR-Kooperationen erlauben.[341]

Während bei der Neugestaltung der Verpackungslösungen die Umverpackungen in vielen Fällen ersatzlos entfallen können, bleiben Problemlösungen für Transport- und Verkaufsverpackungen zu erörtern. Wichtige Fragestellung dabei ist die Organisation der geforderten Rückführung als logistische Dienstleistung und die Wieder-/Weiterverwertung der Verpackungen im Sinne der Verpackungsverordnung.

---

[340] Es gilt der Slogan "Verpackung ersetzt Personal im Handel" - aber auch: "Der Kaufimpuls geht überwiegend von der Verpackung aus".
[341] Vgl. hierzu die Abschnitte 3.4.4, 7.5.1, 10.3.1

8.4 Logistische Grundlagen

Eine Kreislaufwirtschaft umfasst das Bereitstellen, Überlassen, Sammeln (durch Hol- und Bringsysteme), Befördern, Lagern und Behandeln von Abfällen zur Verwertung (§ 4,5 KrW/AbfG). Logistisch sind zunehmende Materialflüsse und zugehörige Informationsflüsse zu beherrschen: Die Güterströme der Versorgung der Unternehmen werden ergänzt von - teilweise genehmigungspflichtigen - Güterströmen der Entsorgung (und führen zu einer weiteren Belastung der Verkehrs-Infrastrukturen).

Wird die Betrachtung der Stoff- und zugehörigen Informationsströme/-prozesse in einem Unternehmen auf die Reststoffe und/oder die anfallenden Abfälle beschränkt (Entsorgungsobjekte), ist die begriffliche Nähe zu einer notwendigen Entsorgungslogistik erkennbar.

Die Entsorgungslogistik tritt damit neben der Beschaffungslogistik, der Produktionslogistik und der Absatz-/Distributionslogistik als weiterer Teilbereich oder „vierte Dimension" der Logistik in den Vordergrund, um Lösungen für die sparsame Verwendung von Ressourcen, Nutzung von Sekundärrohstoffen, knappere Belastung der Verwertungskapazitäten und die Einhaltung restriktiver Umweltgesetze zu finden - soweit den Lösungen nicht volkswirtschaftlich unergiebige Ökobilanzen oder Unwirtschaftlichkeiten entgegenstehen.

8.4.1 Prozesse der Entsorgungslogistik

Der Beitrag der Logistik umfasst die Planung, Steuerung, Durchführung und Kontrolle der gesamten Abfall-Ströme mit ihren dazugehörigen Informationen sowie die Gestaltung aller entsorgungslogistisch relevanten physischen, informatorischen, organisatorischen und psychologischen Prozesse innerhalb und außerhalb des Unternehmens. Inhaltlich sind dies die folgenden logistischen Prozesse (siehe **Abb. 8-2**):

■ **Rückführung von Entsorgungsgütern:**
Das bedeutet logistische Vorgänge des Sammelns von Entsorgungsgütern am Anfallort; das Sortieren, Trennen, Lagern, Umschlagen und Transportieren zu Orten der Aufarbeitung oder Aufbereitung/Behandlung.

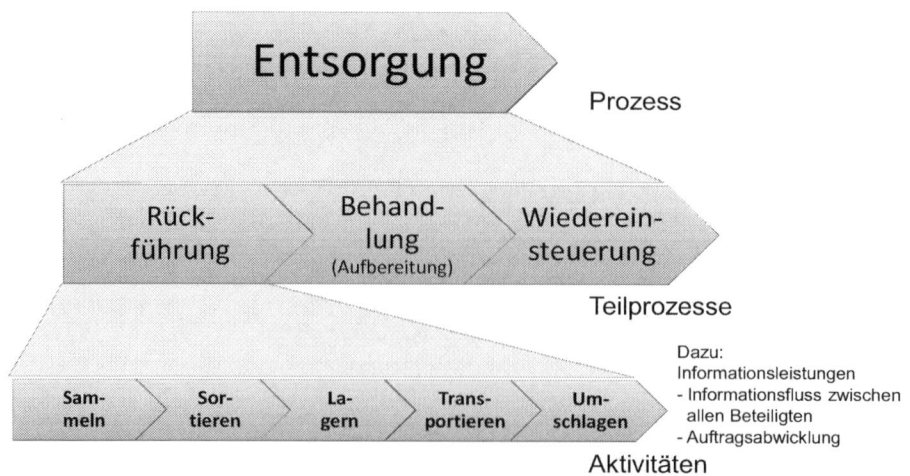

Abb. 8-2:   Prozesskette Entsorgung mit Teilprozessen und Aktivitäten

■ **Behandlung der Güter:**

  ■ *Demontage*, eine Reparatur oder ein Um-/Aufarbeiten, wobei die Güter ihre Form und Wert erhalten und kurzzyklisch dem Nutzer zur Wiederverwendung zugeführt werden (Sekundärmarkt).

  ■ *Trennung, Aufbereitung oder Rückgewinnung* sortenreiner Materialien, die nach der Behandlung dem Wiedereinsatz in neuen Wertschöpfungsprozessen zugeführt werden (werkstoffliches oder rohstoffliches Recycling).

■ **Wiedereinsteuerung** von Baugruppen/Komponenten und Stoffen in den Kreislauf:
  Die Rückführung von Produkten oder Teilprodukten (Reststoffe) zur wiederholten Nutzung (VDI 2243) in den Stoff-Kreisläufen wird als *Recycling* bezeichnet.

Zur Beherrschung der Prozesse ist eine logistische Infrastruktur - auch EDV-Unterstützung zur Planung, Steuerung, Touroptimierung u. a. - aufzubauen und die Mitarbeiter zu sensibilisieren und zu schulen. Dabei muss auch die Frage nach Eigenleistung oder Fremdvergabe der anfallenden Aufgaben gestellt werden. Zur fachgerechten Behandlung von Abfällen bieten sich Kooperationen mit zertifizierten Spezialunternehmen an, d. h. Dienstleistern mit Fachpersonal und Sonderausrüstungen für Handhabung, Transport, Verwertung oder Entsorgung. Damit kann auch die Verantwortung und Haftung für die Be-/Verarbeitung der überwachungs- und besonders überwachungsbedürftigen (§ 41 KrW-/AbfG) - Abfälle delegiert werden.[342]

8.4.2 Bildung geschlossener Kreisläufe

In der Vergangenheit wurden in vielen Bereichen der Wertschöpfungskette aus wirtschaftlichen Gründen Produktionsabfälle - einschließlich Hilfs- und Betriebsstoffe - nach einer Aufbereitung oder auch ohne Aufbereitung wiederverwertet oder in anderen Produktionsabläufen weiterverwertet. Altprodukte wurden durch Schrott- oder Altwarenhändler aufgekauft und in kürzeren oder längeren Zyklen ganz oder teilweise auf Sekundärmärkten wiederverwendet oder einer Wieder-/Weiterverwertung zugeführt, soweit es wirtschaftlich auskömmlich oder ein Markt dafür vorhanden war.

In jüngerer Zeit wird aufgrund der genannten gesetzlichen Vorschriften die Rückführung von Produktionsrückständen, Verpackungen und Altprodukten in geschlossene Kreisläufe in großem Umfang durchgeführt.

Hierzu sind besondere logistische Aktivitäten notwendig, die zu einem attraktiven Dienstleistungsmarkt geworden sind. Beispielhaft sollen in den folgenden Abschnitten anhand einiger „Stoffströme" Ansätze, Möglichkeiten und Probleme der Entsorgungslogistik ausgeführt werden (siehe **Abb. 8-3**):

■ Im *Wertschöpfungsprozess* sollten Abfälle entweder vermieden oder durch inner-/ zwischenbetriebliches Recycling entsprechend dem KrW-/AbfG im Kreislauf gehalten werden.

■ Im *Distributionsprozess*, also im Bereich der Belieferung von Industrie, Handel und Endkonsumenten, können Abfälle aus Transportverpackungen (gemäß der VerpackV) vermieden oder zumindest vermindert werden.

■ In der *Nachkaufphase*, auf dem Gebiet der Absatzleistungen, kann die Entsorgungslogistik Aufgaben in der Rückführung von Verpackungsmaterialen (Umverpackungen, Produktverpackungen) und in den Stoffströmen der Altprodukte erbringen, um ein

---

[342] In der Entsorgungswirtschaft strukturiert sich ein neuer Markt von Dienstleistern.

Ausscheiden wertvoller Materialien aus dem Kreislauf durch Wegwerfen oder Deponierung im Rahmen der „Hausmüllentsorgung" zu vermeiden.[343]

Bei allen Bemühungen um eine abfallarme geschlossene Kreislaufwirtschaft zur Schonung der vorhandenen Ressourcen und der Umwelt wird auch die vermehrte Nutzung von nachwachsenden Rohstoffen in Betracht gezogen. Beispiele sind Rapsöl (Bio-Diesel) sowie zucker- bzw. stärkehaltige Pflanzen (Bioethanol) für den Verkehr, Mais- bzw. Kartoffelstärke für Verpackungslösungen oder Faserpflanzen zur Herstellung von Textilien, Bodenbelägen, Faserformteilen, Polster- und Dämmstoffen und Verpackungsmaterialien.

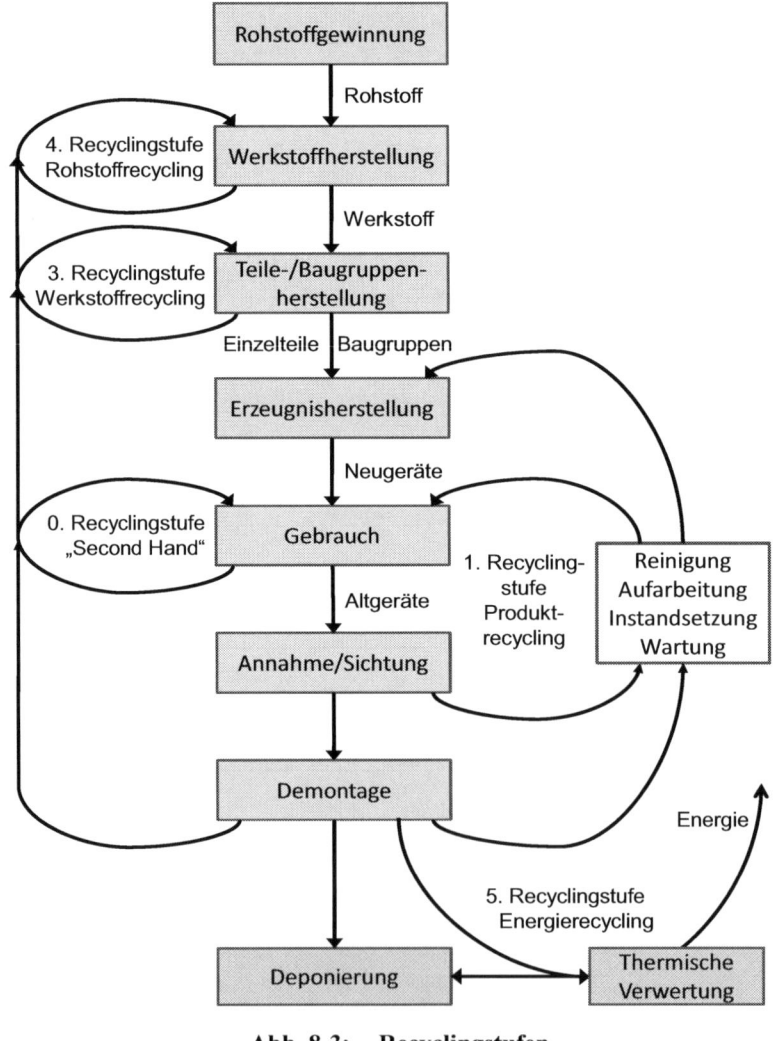

Abb. 8-3:   Recyclingstufen

Quelle: Vgl. Virtuelle Fachhochschule

---

[343] Die hier vorgenommene Abgrenzung ist auch an den Begriffen "Ausscheidungen/Abfälle des Produktionsprozesses" und "Ausscheidungen/Abfälle des Konsumtionsprozesses" sichtbar.

8.5 Rückführungskonzepte im Wertschöpfungsprozess

8.5.1 Entsorgungsstoffe und Randbedingungen

Es ist das Ziel des KrW-/AbfG, möglichst viel des Materialeinsatzes in einem Stoff-kreislauf zu halten und möglichst wenig Ausscheidungen aus dem Wertschöpfungsprozess zuzulassen. Bei der Suche nach Möglichkeiten zur Gestaltung geschlossener Stoffkreis-läufe spielen Abfälle entlang der Wertschöpfungs- und Versorgungskette eine wichtige Rolle. Sie entstehen:

- Als *produktionsbedingte Abfälle*: Verschnitt, Zerspanungsabfälle (Späne), Randstreifen, Stanzabfälle, (ungewollte) Kuppelprodukte u. a.
- Als *verbrauchte Einsatzstoffe*: Kühlmittel, Schmiermittel, Farbreste, Schlämme, aber z. B. auch Edelmetalle in Katalysatoren usw.
- Als *nicht (mehr) verwendbare Erzeugnisstoffe*: Ausschuss, Lagerhüter, Retouren, Reparaturaustauschteile etc.
- Als *verschlissene Betriebsmittel*.
- Als *Abfälle* aus der Verwaltung und den Sozialbereichen.

Diese Abfälle können zunächst im bereits durchlaufenen Prozess (z. B. in der Gießerei- und Kunststofftechnik, der Glasindustrie) wiederverwertet oder einem eigens für das Abfallrecycling geschaffenen Fertigungsprozess (z. B. Kartonagen neben der Holz-bearbeitung) weiterverwertet werden (Ressourceneffizienzverbesserung). In der Vergan-genheit waren Abfälle Güter, deren sich der Besitzer durch Wegwerfen entledigen wollte und entsorgen ließ oder deren Beseitigung im öffentlichen Interesse lag. Heute werden Abfälle im Sinne einer umweltverträglichen Kreislaufwirtschaft zunächst vermieden, vermindert oder verwertet. Erst danach erfolgt die Einstufung als Abfälle, deren Verwertung nach dem Stand der Technik nicht möglich, ökologisch nicht sinnvoll oder wirtschaftlich nicht vertretbar ist und die daher zu beseitigen sind. Ein Umdenken war dringend geboten, um die knappen Ressourcen bei der Herstellung und die raren Deponie-flächen[344] im Lande zu schonen.

Diese Einsichten werden in modernen, umweltintegrierenden Ansätzen der Unternehmens-führung berücksichtigt und durch Verankerung in der Gesetzgebung (Kreislaufwirtschafts- und Abfallgesetz (KrW-/AbfG)) unterstützt. Da der Vermeidung von Abfall Vorrang vor der stofflichen und energetischen Verwertung eingeräumt wird, und die Entsorgung durch Deponierung immer teurer wird, entwickelt sich das Abfallproblem zu einem Kosten-schwerpunkt in den Unternehmen - zu einer Herausforderung der Konstrukteure und Fertigungstechniker, aber auch zu einem rentablen Geschäftsfeld einer wachsenden Entsorgungswirtschaft mit innovativen Verfahren zur sortenreinen Trennung von Abfällen für ein werkstoffliches bzw. rohstoffliches Recycling.[345]

Die Lösung liegt für die Unternehmen neben der Abfallreduzierung zunächst in der Kostenvermeidung. Nach der Gesetzeslage können Unternehmen - um den Kostendruck der Entsorgung zu mindern - Abfälle als „Wirtschaftsgut" deklarieren, dessen Export genehmigt werden muss, wenn ein Empfänger bestätigt, dass der Abfall weitergenutzt oder weiterverarbeitet wird. Ein weiteres Problem der Wiederverwertung liegt in der Wirtschaftlichkeit, um aus „Wertstoffen" - insbesondere im Kunststoffbereich – kosten-

---

[344] Um die Deponien konkurrieren auch die Hausmüllabfälle, seitdem ab 2005 durch die Technische Anleitung Siedlungsabfälle (TASi) eine Begrenzung organischer Stoffe vorgeschrieben ist.

[345] Beispiele sind: Optoelektronische Farbsortierung von Glas, sortenreine Trennung von Kunststoffen im elektrischen Feld, Aufbereitung von Holz/Spanplatten, Teppichböden u. a.

deckend neue, absetzbare Produkte herzustellen. Dies hat Aktivitäten gefördert, Gesetzes-
lücken oder - oben bereits erwähnte - Vorschriftengefälle (Vorrang des Recycling vor der
thermischen Verwertung) auszunutzen, um sich der Abfälle durch Export in andere Länder
oder auf billige Deponien zu entledigen.[346] Die EU-Richtlinien besagen, dass Abfälle -
auch Hausmüll – seit 1994 durch mögliche Grenzschließungen nicht mehr in EU-Nachbar-
länder exportiert werden dürfen. In der Vergangenheit gab es Länder, die weiter
„Müllexporte" angenommen haben, die gelegentlich zu hohen (Allgemein-)Kosten
zurückgeholt und entsorgt werden mussten. Unstimmigkeiten zwischen den Forderungen
des Umweltschutzes, den Wiederverwertungskosten und den Verlockungen des Müll-
exportes verhinderten konzeptionelle Lösungen der anstehenden Probleme. Insbesondere
aufgrund der vorhandenen Kostenunterschiede zwischen ordnungsgemäßer Entsorgung
und wirtschaftlicher Verwertung ergab sich eine Tendenz zur illegalen Verwertung durch
Müllexport[347] - soweit nicht innovative Verfahren eine sinnvolle, sortenreine Aufbereitung
ermöglichen. Durch harmonisierte gesetzliche Rahmenbedingungen der einzelnen Länder
sowie internationale Vorschriften - insbesondere im EU-Raum – haben Müllexporte derzeit
keinen großen Stellenwert mehr.

Das deutsche Kreislaufwirtschaftsgesetz ist zunächst anspruchsvoll, wenn auch bereits EU-
orientiert Abstriche zur Harmonisierung gemacht wurden: Die Verwertung (es werden
hohe Wiederverwertungsquoten verlangt) geht vor Beseitigung; die energetische
Verwertung steht auf gleicher Stufe mit der stofflichen Verwertung (§ 4 KrW-/AbfG);
Vorrang hat die umweltfreundlichere Verwertungsart.

8.5.2 Entsorgungslogistik für Abfälle/Reststoffe

Für die logistische Bewältigung ergeben sich zwei Fragestellungen:

- Lösung der Aufgaben des Materialflusses; das ist Sammeln, Transportieren, Sortieren
  und fachgerechte Entsorgung (**Logistik im Umweltschutz**).
- Lösung der eigentlichen - umweltverträglichen - Transportkonzepte zu den Aufberei-
  tungs- oder Verwertungsanlagen (**Umweltschutz in der Logistik**).

Für die sach- und fachgerechte Behandlung der Abfälle der Wertschöpfungs- und
Versorgungskette stehen Dienstleistungsbetriebe (Umweltdienstleister) zur Verfügung,
deren Inanspruchnahme ohne Überprüfung der ordnungsmäßigen Entsorgung der Abfälle
nach der Rechtsprechung des BGH den Auftraggeber jedoch nicht exkulpiert. Erforderlich
sind lückenlose Dokumentationen über den Verbleib überwachungsbedürftiger und
besonders überwachungsbedürftiger Abfälle (§ 41 KrW-/AbfG, Europäischer Abfall-
katalog (EWC), Europäisches Verzeichnis gefährlicher Abfälle (HWC)). Die Anbieter sind
im Allgemeinen mittelständische Betriebe, die Abfälle wie Bauschutt, Industrieschrott oder
gewerbliche Verpackungsabfälle des Einzelhandels entsorgen.

Wegen neuer Gesetzte und Verordnungen (ElektroG oder DruckerzeugnisVO) sind
kreative Verwertungstechniken gefordert, die innovative Unternehmensgründungen an den
Markt bringen, um neue umweltfreundliche und wirtschaftliche Abfallaufbereitungen
anzubieten. Aber auch überregionale und international operierende Fachbetriebe drängen
auf diesen zukunftsträchtigen Markt und brechen gewachsene Strukturen und Gebühren-

---

[346] Deutschland war viele Jahre "Weltmeister im Müllexport".
[347] Das "Baseler Abkommen" (1989/1994) verlangt grundsätzlich eine Entsorgung von Sondermüll
(Giftmüll) im Herkunftsland – seit dem 1. Januar 1998 ist der Gift-Müllexport grundsätzlich verboten.

systeme auf.[348] Sie bieten im Allgemeinen ganzheitliche Entsorgungsdienste an und betreiben auf eigene Rechnung Recycling- und Verbrennungsanlagen. Die Entsorgungs- und Betriebssicherheit kann aber über öffentliche Mehrheiten in Betreibergesellschaften, über Betreiberverträge oder Teilnahme am Öko-Audit gewährleistet werden.

Kann ein Weg für eine wirtschaftliche Weiterverwertung nicht gefunden werden, bleibt die energetische Verwertung der Abfälle.[349] Im Jahr 2003 standen dazu 61 Anlagen zur Verfügung, geplant war der Bau 15 weiterer Anlagen. Mittlerweile werden Anlagen auch in rein privatwirtschaftlichem Interesse gebaut. Das derzeit bekannteste Verfahren für thermische Entsorgung von Haus-, Gewerbe- und Sperrmüll ist in den „Thermo-select-Anlagen" verwirklicht. Neben der Energiegewinnung liegt der Vorteil der Verbrennung in der Volumenreduzierung, problematisch ist die Behandlung gefährlicher Abfälle und giftiger Gase und Stäube. Die Diskussion um Verfahren und Standorte der emissionsarmen Anlagen - auch in der Nähe von Wohngebieten zur Nutzung der Abwärme für Heizzwecke - ist jeweils umstritten, langwierig und schwierig.[350]

Das Sammeln, sortenreine Trennen und Aufbereiten der Abfälle aus den Betrieben der Wertschöpfungs- und Versorgungskette - einschließlich der Verbraucher - ist mit aufwendigen logistischen TUL-Vorgängen verbunden, die im Allgemeinen arbeitsteilig mit Transport- und/oder Entsorgungsunternehmen durchgeführt werden. Die ganzheitlichen Konzepte greifen bis in die innerbetrieblichen Strukturen und Abläufe, um am Ort der Entstehung bereits die getrennten Abfälle zu erfassen, und bedingen zusätzliche außerbetriebliche Verkehre. Zur Entlastung des Straßenverkehrs und der an den Straßen liegenden Gemeinden bei der Verbringung der Abfälle zu entfernten Deponien oder energetischen Verwertungsanlagen muss die Frage der Verkehrssysteme geprüft werden. Die Sammlung muss im Allgemeinen dezentral mit Hilfe von LKW-Containern erfolgen. Der Transport von zentralen Sammelplätzen oder Umschlageinrichtungen zu - den möglicherweise entfernteren – Orten der Wiederverwertung kann von der Bahn oder dem Binnenschiff übernommen werden, deren Fahrleistungen länger dauern und daher mehr umlaufende Container erfordern.[351] Beispiel: Ein LKW sammelt den Abfall in einem Behälter mit integriertem Verdichter, so dass 10 - 12 t Müll zusammengepresst werden können. Die verschlossenen Container werden vom LKW auf den Bahnwaggon gehoben und zur Deponie gefahren. Mit Spezialtransportern werden die Container zur endgültigen Abkippstelle gebracht.

---

[348] Beispiele hierzu sind WASTE MANAGEMENT DEUTSCHLAND GmbH, Essen ALBA/ DASS GmbH, Berlin/Eisenhüttenstadt, SERO Entsorgungs AG, Berlin u. a.

[349] Wegen der negativen Besetzung des Begriffes "Müllverbrennung" wird von thermischer/energetischer Verwertung gesprochen; das sind in der Regel die klassischen Rostverbrennungsanlagen.
Neben dem einstufigen Thermoselect-Verfahren gibt es zweistufige Verfahren wie beispielsweise das Schwel-Brenn-Verfahren von SIEMENS/KWU oder das Konversions-Verfahren von NOELL.
Von der Besprechung weiterer Verwertungsverfahren wie "anaerobe Behandlung" der Abfälle zur Faulung oder Vergärung zur Gewinnung von Biogas (Methan) für Heizzwecke oder der inerten - erdkrustenähnlichen - Aufbereitung soll hier abgesehen werden.

[350] Eine Methode zur chemischen/rohstofflichen Aufbereitung von Kunststoff-Abfällen wird in einer Pilot-Anlage in Ludwigshafen erprobt; hier werden vermischte und verschmutzte - allerdings zerkleinerte - Altkunststoffe zu neuen Ausgangsstoffen der Kunststoff-Industrie verarbeitet. Grundsätzlich lässt sich aus Kunststoff durch Hydrierung Erdöl herstellen - Projekt Zeitz; ein marktgerechter Preis ist derzeit allerdings noch nicht erreichbar.

[351] Der Transport mit dem - möglicherweise - billigeren Binnenschiff würde eine zweifach gebrochene Transportkette bedeuten.

8.6 Rückführen von Transportverpackungen

Die Arbeitsteilung hat in den hochentwickelten Volkswirtschaften zugenommen und der internationale Warenaustausch hat sich vervielfacht. Das bedeutet, dass auch die Material-ströme angewachsen sind und - durch die Globalisierung - länger geworden sind. Um die teilweise sehr hochwertigen und empfindlichen Güter ohne Qualitätseinbußen zum jeweiligen Abnehmer (Industrie, Handel, Endverbraucher) zu bringen, sind Transport-verpackungen notwendig. Sie sind - gemäß VerpackV - aus beliebigen Materialien (Pack-stoffen) hergestellte Produkte zur Aufnahme, zum Schutz, zur Handhabung, zur Lieferung oder Darbietung von Waren (siehe auch Abschnitt 8.3.3).

Neben Einwegsystemen, die den grundsätzlichen Nachteil hoher Entsorgungskosten haben, wurden diverse Mehrwegsysteme entwickelt. Deren Vielfalt ist kaum überschaubar, eine übergeordnete Standardisierung und Verbreitung fehlt teilweise noch. Sie können in geschlossene – firmeninterne oder branchenspezifische - und offene, allgemein verwend-bare Systeme untergliedert werden (siehe **Abb. 8-4**):

■ **Firmeninterne Systeme**
Als Beispiel können die Kaufhaus-Konzerne und Einzelhandelsgruppen genannt werden, die zur Optimierung ihrer logistischen Abläufe - im Allgemeinen raumsparend faltbare oder stapelbare - Mehrwegtransport-/Verpackungssysteme entwickelt haben und ihren Lieferanten zur Verfügung stellen. Bereits seit langem gibt es in der Getränkeindustrie Mehrweg-Systeme, die sich firmenindividuell durch regionale und werbliche Eigenheiten unterscheiden. Diese Systeme bedingen wegen des vielfältigen - oft bundesweiten – Getränkeangebots hohen logistischen Aufwand und lange Transport-wege. Ansätze zur Standardisierung von Flaschen und Transport-Kästen finden bislang kaum Akzeptanz, könnten aber dazu beitragen, aufwändige Rückführungen von Flaschen und Kästen zu den Brau-/Abfüllstätten zu vermeiden.

	Einweg-Systeme	Mehrweg-Systeme
Varianten		▪ Geschlossene Systeme: 　▪ Firmenintern: z. B. Kaufhaus-Konzerne, Brauereien und Abfüller etc. 　▪ Branchenspezifisch: VDA, Fleischwaren, Fisch etc. ▪ Offene Systeme: 　z. B. Paletten, Gitterboxen, Container, Postboxen usw.
Vorteile	▪ Geringe Herstellkosten ▪ Niedriges Leergewicht ▪ Einfache Distribution ▪ Individuelle Gestaltung ▪ Keine Reinigung	▪ Wiederverwendung ▪ entspricht Gesetzgebungsziel (Vermeidung) ▪ Bessere Angebots-Vergleichbar-keit ▪ Poolbildung
Nachteile	▪ Ökologische Belastung ▪ Fördern Wegwerfverhalten	▪ Kapitalbindung ▪ Rückführungs-, Reparatur-, Reinigungs-,Verwaltungskosten ▪ Evtl. ungünstige Modulbildung

Abb. 8-4:　Einweg-/Mehrweg-Systeme für Transportverpackungen

■ **Branchenspezifische Systeme**

Für übergeordnete Mehrweg-Systeme gibt es bereits eine Reihe von zunächst branchen-spezifischen Ansätzen und Lösungen, die von logistischen Dienstleistern und Transport-unternehmen, auf Konzern- oder auf Verbandsebene entwickelt wurden. Sie unterliegen der Gefahr von bilateralen „Insellösungen" - etwa Spezialgestelle in der Zulieferung der Automobilindustrie - was zu hohem Aufwand bei Handling und Verwaltung führen kann. Bei einem flexiblen, modularen Aufbau von Tray und Rahmen können solche Systeme aber von unterschiedlichen Marktpartnern genutzt werden. Beispiele für branchenspezifische Mehrweg-Transport-Systeme sind:

■ Euro-Fleischkasten für die Fleischwarenindustrie
■ Green Plus und STECO Fresh Box (IFCO Systems) für Food-Produkte
■ VDA-Kleinladungsträger (KLT 6428) - fast flächendeckend für die Automobil-industrie (DIN 30 820) - auch klappbar als F-KLT (Stucki).

■ **Offene Systeme**

Es gibt seit vielen Jahren bekannte Mehrweg-Systeme, die branchen- und länderüber-greifende Anwendung finden und meist mit zusätzlichen logistischen Dienstleistungen (Value added Services) oder im Pool angeboten werden. Die bekanntesten offenen Systeme im Transportbereich sind:

■ **Paletten-Systeme**

Unter den offenen Systemen ist die bewährte **Euro-Palette** (UIC-Flachpalette - DIN 15141/ISO 445 mit EPAL-Qualitätszeichen) das wohl bekannteste System, Sie ist aus Holz und hat das Modul-Maß 1200 x 800 mm.

System-Paletten werden aber auch aus anderen Werkstoffen oder in anderen Maßen angeboten:

▪ **EURO-POOL-Palette** aus Kunststoff (Recyclingmaterial) - auch zur hygienisch einwandfreien Nutzung in Feuchträumen der Lebensmittelindustrie.
▪ **SWAP-Palette** (Swiss Altpapierpalette) aus mehrlagiger Wellpappe in verleimter Sandwich-Bauweise.
▪ **CHEP-Palette** aus Kunststoff (Polypropylen, Polyethylen) mit der Regranu-lierungsmöglichkeit zu Sekundärrohstoff.

■ **Behälter-Systeme (siehe auch Abschnitt 3.6.8)**
▪ Container nach ISO 668;
▪ Gitterboxen nach DIN 15155/UIC 435;
▪ Post Box (mit 4,1; 15,4 oder 49,0 l Nutzvolumen);
▪ Collico-Behälter-System;
▪ Logistik-Boxen des kombinierten Verkehrs u. a.

Die Systeme finden wegen der steigenden Entsorgungskosten von Einwegsystemen zunehmend auch ökonomische Akzeptanz und eröffnen Chancen für Pool-Betreiber und neue Dienstleistungen (siehe **Abb. 8-5**): u. a. Verwaltung, Verrechnung, Reparatur, Pflege, Rückführung[352], Entsorgung, Tausch, Reinigung etc. Mit der Tendenz vom reinen Tausch-zum Transfer-Sammel-Pool sind die Vorteile größerer Sicherheit, geringerer Kapitalbindung, weniger Handling, Platzbedarf, Verwaltungs- undVerrechnungsaufwand u. a. zu erreichen.

---

[352] Eine Kostenbetrachtung und Checkliste finden sich in VDI 3617, Entscheidungskriterien in VDI 4407. Begriffe und Hinweise zu Verpackungen: siehe VDI 4409, 4427 und DIN 55 405!

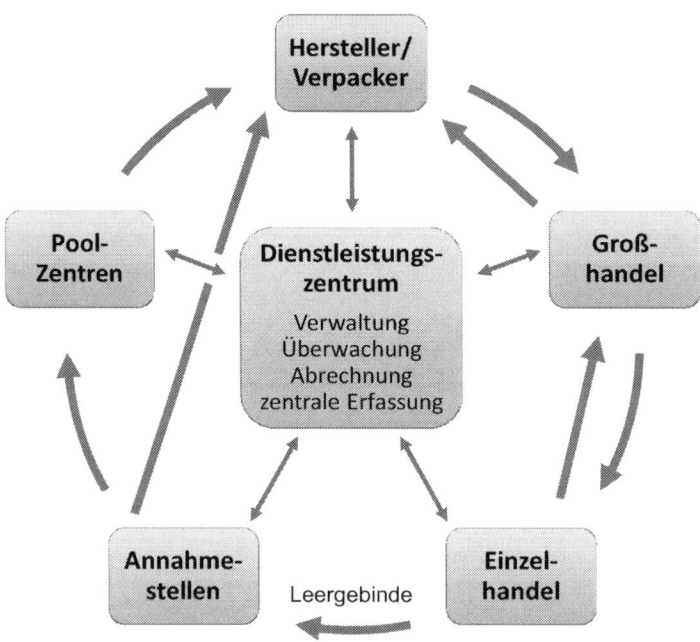

Abb. 8-5:   **Pool-Konzept für Mehrweg-Transportverpackungen**

8.7 Rückführungsprozesse in der Nachkaufphase

8.7.1 Problemstellung

Am Ende der Wertschöpfungskette erwirbt der Käufer die angebotenen Produkte zum Konsum oder zur Nutzung. Mit der Verkaufsabwicklung ist jedoch der Prozess des Stoffkreislaufes nicht abgeschlossen sein. Für die Nachkaufphase (After Sales) bedeutet dies, dass sowohl mögliche Verpackungen als auch die Altprodukte nach ihrer Zweckerfüllung nicht dem Mülleimer bzw. einer Deponie anvertraut werden - und weder Hersteller, Händler oder Verbraucher weiter interessieren (Ausscheidungen aus dem Konsumptionsprozess) - sondern in kurzen oder längeren Zyklen den Stoffkreisläufen wieder zugeführt werden. Dies ergibt sich zunächst aus der bereits erwähnten Produktverantwortung (§ 22 KrW-/AbfG).

Bei allen Bemühungen, Abfall zu vermeiden und Wertstoffe wieder- oder weiterzuverwerten, muss jeweils die Frage nach der Wirtschaftlichkeit gestellt werden. Insbesondere bei Kunststoffen ergibt sich immer die Gegenüberstellung von:

■ **Werkstofflichem Recycling**
   Umschmelzen von Kunststoffabfällen zu neuen Produkten - mit der Gefahr des Downcyclings, soweit die Abfälle nicht sortenrein sind,

■ **Rohstofflichem Recycling**
   Rückführung der Kunststoffabfälle mit chemischen Verfahren wie beispielsweise Hydrierung, Pyrolyse, Alkoholyse/Glykolyse, Hydrolyse,

■ **Thermischer Behandlung**
Verbrennung der Kunststoffe, die einen sehr hohen Heizwert besitzen - ist nach der novellierten Verpackungsverordnung möglich. Meist ist derzeit die Neuherstellung aus Erdöl noch wirtschaftlicher.

Mit der Verantwortung der Industrie für Produkte und Abfall können Entscheidungen reifen, umweltfreundliche Verpackungen und Produkte zu entwickeln, Produkte zukünftig langlebiger zu gestalten, sortenreine, recyclingfähige Grundstoffe zu verwenden, wieder-verwendbare Bauteile vorzusehen, leicht demontierbare Konstruktionen umzusetzen und innovative Aufbereitungsverfahren einzuführen, um Abfallanteile zur Beseitigung zu senken, die stoffliche Verwertungsquote zu erhöhen und Wettbewerbsvorteile zu erreichen.

8.7.2 Verwertung von Umverpackungen und Produkt-Verpackungen

Neben den unter Punkt 8.5.1 behandelten Abfallarten aus Industrie, Gewerbe oder Facility Management sind auch die verbraucherseitig anfallenden Abfallmengen in die Verwertung einzubeziehen. Das frühere Wegwerfen, Einsammeln und Abkippen des Hausmülls[353] auf Deponien oder die thermische Verwertung in Müllverbrennungsanlagen entzieht dem Stoffkreislauf wichtige Wertstoffe, wobei die anfallende Müllmenge abhängig von der Höhe des Wohlstandes einer Gesellschaft ist. Immerhin fallen in der Bundesrepublik Deutschland etwa 454 kg Müll je Einwohner und Jahr an - davon sind etwa 146 kg getrennt gesammelte Wertstoffe.[354] Für die Entsorgung des Haus- und Siedlungsmülls sind die Gebietskörperschaften zuständig.

Mit der Verpackungsverordnung und der Technischen Anleitung Siedlungsabfälle (TASi) wird versucht, die beiden größten Anteile am Hausmüll und hausmüllähnlichen Gewerbe-abfällen - Verpackungen und organischer Müll[355] - abzutrennen und von Deponien fern-zuhalten.

Die Verpackungsverordnung (siehe Abschnitt 8.3.3) wurde zuletzt zum 1.1.2009 novelliert und schreibt Quoten für die Verwertung gebrauchter Verpackungen - gestaffelt nach Materialarten - vor, die in jährlichen Leistungsnachweisen (Mengenströme) belegt werden müssen. Es gelten für: Glas: 75%, Weißblech: 70%, Aluminium: 60%, Papier, Pappe, Karton: 70%, Verbund- bzw. Flüssigkeitkartons: 60% und Kunststoff: 60%.[356] Bei Verkaufsverpackungen können sich Hersteller und Vertreiber an einem logistischen System beteiligen, das flächendeckend und regelmäßig gebrauchte und restentleerte Verkaufsverpackungen beim privaten Endverbraucher oder in dessen Nähe abholt (additives Holsystem) und einer Verwertung zuführt – sie werden damit von der Rücknahmepflicht (§ 6 VerpackV) freigestellt. Die Verpackungsverordnung sieht grundsätzlich eine **Pflichtpfanderhebung** vor.

Trotz der Auflagen der Verpackungsverordnung und der Pfand-Einführung auf Einweg-Getränke-Verpackungen hat die Getränke-/Mineralbrunnenindustrie – zur Reduzierung des

---

[353] Müll ist ein undefinierter Sammelbegriff für gemischte Abfälle aller Abfallgruppen, wie sie in privaten Haushalten anfallen. Hinzu kommen hausmüllähnliche Gewerbeabfälle, die aus kleineren Gewerbe-betrieben stammen und mit dem Hausmüll entsorgt werden. Weitere Abfallarten/Müllmengen stammen aus der Landwirtschaft, der Bauwirtschaft (Bodenaushub, Bauschutt, Baustellenabfälle, Straßenaufbruch), dazu Sperrmüll, Autoreifen u.v.a.
[354] Laut Stat. Bundesamt, Jahr 2007
[355] Hierzu gehören auch Verpackungsabfälle aus biologisch abbaubaren Materialien (Stärke).
[356] Dies ist für Kunststoffe und deren Vielfalt schwierig: in der Bundesrepublik Deutschland gibt es mehr Kunststoffarten als in den USA. Es werden derzeit innovative Verfahren erprobt, die zu einer sortenreinen Trennung der Kunststoffarten führen und ein werkstoffliches/rohstoffliches Recycling ermöglichen.

Flaschengewichtes und zur Versorgung weiträumiger Märkte – gasdichte Getränke-verpackungen aus Polyethylenterephthalat (PET-Flaschen) entwickelt. Sie sind zwar grundsätzlich als Mehrweg-Flaschen denkbar, bieten aber auch die Möglichkeit, sie rückstandslos werkstofflich zu recyceln und auf diese Weise im (Lebensmittel-)Kreislauf zu halten (z. B.: durch Flasche-zu-Flasche-Recycling). Ihre Eigenschaften führen daher zunehmend zu einer Einweg-Nutzung.

Für alle sonstigen Einweg-Verpackungen musste zur Durchführung dieser Verpflichtung ein haushaltsnahes, flächendeckendes Entsorgungssystem eingerichtet werden. Als Antwort auf die bevorstehende Einführung der Verpackungsverordnung hatte die Wirtschaft - Industrie und Handel - als marktwirtschaftliche Lösung angeboten, zur Rücknahme und Verwertung der anfallenden Verpackungen ein von der öffentlichen Entsorgung getrenntes, privatrechtlich organisiertes Sammelsystem aufzubauen: ein eigenständiges Unternehmen, die „Der grüne Punkt - Duales System Deutschland GmbH" (DSD)[357]. Unter dem Signet **„Grüner Punkt"** wurde bzw. wird den Herstellern, Abfüllern oder allgemein den „Inverkehrbringern" gegen eine Lizenzgebühr die Teilnahme an dem Kreislaufsystem gestattet. Durch die amtliche Genehmigung des Dualen Systems durch die Landesregierungen wurde dem Konzept eine Freistellung von der Rücknahmepflicht gegeben. Der Verbraucher wird i.d.R. über den Preis an den Entsorgungs-, Sortier- und Recyclingkosten beteiligt. Das sind nach Material und Gewicht gestaffelte Gebühren für die Erfassung und Entsorgung, in denen die Schwierigkeiten - beispielsweise für Kunststoffverpackungen - bei der Verwertung zum Ausdruck kommen und über die ein Anreiz zur Verwendung von Mehrwegsystemen geschaffen werden sollte.

Das DSD hatte zunächst nur die Aufgabe der Erfassung, Sammlung, Sortierung der gebrauchten Verpackungen (siehe **Abb. 8-6**). Es bedarf anschließend vertraglicher Vereinbarungen mit Abnahme- und Verwertungsgesellschaften, die die ordnungsgemäße Verwertung der aussortierten Verpackungsmaterialien gewährleisten (Garantiegeber) und dies gegenüber der DSD dokumentieren. Alle aussortierten Mengen gelangen zu den Verwertungsunternehmen - eine Eigenvermarktung von Aluminium, Weißblech, Glas oder Papier kann gegen Nachweis erfolgen.

Zum Aufbau der erforderlichen logistischen Systeme zum Sammeln, Sortieren, Transpor-tieren, Umschlagen und Lagern wurden haushaltsnah Gefäße aufgestellt bzw. bereitgestellt und regelmäßig entleert bzw. eingesammelt. Die Sortierung wird den Verbrauchern überlassen. Die getrennte Sammlung von Papier, Glas und Leichtverpackungen[358] wird zu den Papierfabriken, Glashütten oder den Sortieranlagen für Leichtverpackungen gebracht. Hier stehen - neben der Handsortierung - zunehmend moderne Technologien (Magnet-abscheider für Weißblech, Wirbelstromabscheider für Aluminium, Windsichter oder opto-elektronische Erkennungssysteme für Kunststoffe/-gemische) zur Verfügung, mit deren Hilfe die Wertstoffe aussortiert und anschließend werkstofflich oder rohstofflich verwertet werden. Nicht zu verwertende Reststoffe werden auf Deponien oder in Müllverbrennungs-anlagen entsorgt.

---

[357] Ursprünglich als Non-Profit-Unternehmen gedacht, wurde die 1990 gegründete DSD GmbH im Jahre 1997 in eine Aktiengesellschaft umgewandelt, diese aber Ende 2005 wiederum in eine GmbH überführt. 2005 erfolgte die Übernahme durch die Deutsche Umwelt Investment AG (DUI), ein Tochterunter-nehmen der US-amerikanischen Investmentfirma Kohlberg Kravis Roberts & Co. (KKR), im Jahr 2010 der Verkauf an die Investorengruppe Solidus Partners und an das Management.

[358] Leichtverpackungen sind die in der "Gelben Tonne" oder im „Gelben Sack" gesammelten Verpackungen aus Aluminium, Weißblech, Verbundmaterialien, Folien, Becher, Styropor, Mischkunststoffe u. a.

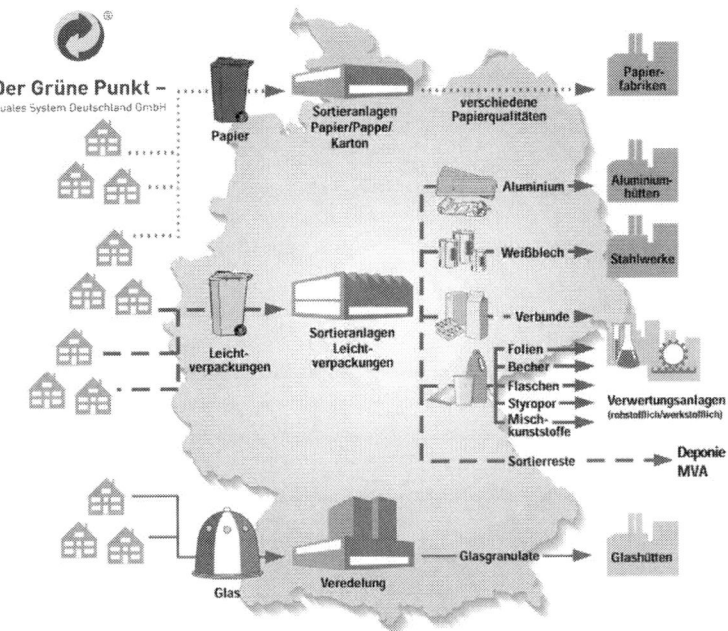

Abb. 8-6:   Duales System Deutschland

Quelle: DSD GmbH

Die Entscheidungen über die Gestaltung der logistischen Systeme, Abläufe und einzu-setzender Techniken, über die Durchführung und Steuerung der aktuellen Stoffströme werden auf der Grundlage von Informationen getroffen. Das ist der Aufbau von Daten-banken (Stammdaten) über auftretende Stoffarten, Möglichkeiten der Aufbereitung[359], voraussichtliche Anfallmengen, notwendige Kapazitäten für Sammlung, Transport und Aufbereitung, Schadstoffpotentiale, Kosten der Aufbereitung, Absatzmöglichkeiten der Sekundärrohstoffe u. a. Hinzu kommen Informationen über die operative Disposition und Abwicklung der Entsorgung; das sind Informationen über das aktuelle Aufkommen (Art, Mengen, Anfallort), Kapazitätsauslastungen der logistischen Einrichtungen, Bestands-entwicklungen der Lagerungen, Verwertungsquoten, Preisentwicklungen auf den Sekundärstoffmärkten u. a.

Die gesetzliche Aufgabe zum Mengenstromnachweis für die Stoffströme übernehmen – im Auftrag der „Inverkehrbringer" – die Dienstleistungs-Anbieter von Dualen Systemen. Dort laufen alle Informationen der Sammelstellen/Entsorgungsunternehmen über die gesammelten, gelagerten, sortierten und aussortierten Mengen (Erfassungsmengen), die vermarkteten Sekundärrohstoffe und die ordnungsgemäß verwerteten Stoffe zusammen. Sie werden den auf den Markt gebrachten Verpackungen gegenüber gestellt, um die stoffbezogenen Verwertungsquoten zu ermitteln. Der Sammeleifer der Verbraucher bewirkt im Bundesdurchschnitt das Erreichen der geforderten Quoten; regional - besonders in den Ballungsgebieten - sind die Sammelergebnisse noch mangelhaft.

---

[359] Es soll an § 12 KrW-/AbfG erinnert werden, wonach der Vorrang der Verwertung immer an den Stand der Technik gebunden ist - das ist die praktische Eignung einer Maßnahme zur umweltverträglichen Verwertung von Stoffen als Rechtspflicht.

Positiv muss an den Regelungen zur Nutzung des Verpackungsmülls neben den Bemühungen, Müll zu vermeiden, der Entwicklungsschub für Produkte - beispielsweise Waschmittelkonzentrate in Folienbeuteln und Nachfüllpackungen - und Verpackungen gesehen werden. Die Kreativität im Bereich der Verpackungen kann heute nur abgeschätzt werden. Es muss zudem ein Bewusstseinswandel bei Werkstoffen, Design und Funktionen der Verpackungen stattfinden. Es ist bereits ein Trend zu Materialeinsparungen, zum Einsatz anderer - recyclingfähiger oder bereits recycelter - Werkstoffe (Papier oder Glas) und zu Mehrwegsystemen zu beobachten. Als Beispiel kann die Nutzung von Maisstärke-Flocken („Grüne Chips") anstelle der gebräuchlichen Polystyrol-Chips genannt werden. In der Erprobung sind auch „Reverse-Channel-Systeme", bei denen insbesondere Aluminium-Verpackungen – beispielsweise in der Catering- oder Tiernahrungsindustrie und in der pharmazeutischen Industrie (Blister) - auf dem umgekehrten Versorgungsweg zurückgeführt und zur Produktion von Sekundäraluminium genutzt werden. Das Duale System Deutschland sollte nicht nur Anstoß sein zur Verwertung von Verpackungen - sondern zur Vermeidung bzw. Verminderung von Abfällen.

Vorteilhaft sind auch Wirkungen am Arbeitsmarkt; dazu werden durch das Duale System Arbeitsplätze und neue Berufsfelder erschlossen: Mitarbeiter für die Vermarktung von Sekundärrohstoffen, Berater/Entwickler/Logistiker für Entsorgungsorganisationen und Recyclingunternehmen, Verfahrensentwickler für Sekundärrohstoffgewinnung und –aufbereitung, Verpackungsberater u. a.

Neben den positiven Wirkungen der Verpackungsverordnung müssen auch einige Nachteile genannt werden, die zum Teil im gesetzlichen Ansatz, zum Teil aber auch in der Ausgestaltung des Dualen Systems liegen bzw. lagen. Grundsätzlich steht einer Verordnung zur Vermeidung und Verwertung von Verpackungen immer entgegen, dass hierdurch das Abfallproblem nicht gelöst wird: Die Abfallströme werden nicht verringert, sie werden von der Deponie weg zur Industrie gelenkt, solange nicht jeweils aus dem Recyclingprozess gleichwertige neue Produkte entstehen. Manche Werkstoffe – beispielsweise Kunststoffe - sind ökonomisch und ökologisch nur sehr aufwändig wiederaufzubereiten; hier sollten stets die Alternativen energetische Verwertung oder Recycling verglichen werden. Die Ökobilanzen zeigen selten positive Ergebnisse für das Recycling, ökonomische Vorteile sind abhängig von erzielbaren Marktpreisen. Lösungen sind durch Weglassen von Verpackungen, Standardisierungen für Verpackungen von Massengetränken und Mehrweg-Systeme - abhängig von einer positiven Ökobilanz - eher zu erreichen. Damit ist der „Grüne Punkt" nicht in jedem Falle ein Zeichen für Wiederverwertbarkeit eines Verpackungsstoffes. Die Hersteller von Verpackungen sind an der weiteren Behandlung ihrer Produkte oder Vermeidung von Verpackung nicht sehr interessiert.

Weitere Ansätze zur Kritik liegen im System des „DUALEN SYSTEM DEUTSCHLAND" (DSD) selbst. Die zögerliche Finanzierung durch die Gebühren der Lizenznehmer und die Probleme mit dem Plastik-Müll und dessen Zwischenlagerung hat das DSD gelegentlich in finanzielle Bedrängnis gebracht. Der Sammeleifer der Bevölkerung hatte insbesondere im Kunststoffbereich zu einem großen Anfall von Recycling-Stoffen geführt, für den keine Aufbereitungsanlagen verfügbar waren und die Hausmüllentsorgung verteuert (steigende Gebühren für sinkende Mengen). Die monopolistische Struktur der „Selbsthilfeeinrichtung der Wirtschaft" hat zu einer Abkehr einiger Handelsketten vom DSD und zu einer Reihe kartellrechtlicher Verfahren geführt - die Weitergabe der Lizenzgebühren an den Verbraucher dient einer ökologisch fragwürdigen Organisation, die Gebühren sind deutlich zu hoch. „Trittbrettfahrer" des

Systems - Unternehmen, die den „Grünen Punkt" ohne Lizenzgebühr nutzen, und der Missbrauch der Wertstoff-Behälter auch für verpackungsfremde (Hausmüll-)Abfälle haben die Frage nach der Effektivität des DSD gestellt. Das System des DSD und das Logo „Grüner Punkt„ wurde nicht von allen Mitgliedsländern der EU übernommen. Die EU-Kommission vermisste den Wettbewerb bei dem Entsorgungssystem „Grüner Punkt" und erwartete einen europaweiten Preiswettbewerb kommunaler und privater Entsorgungsunternehmen.

In den letzen Jahren haben sich neben dem „Grünen Punkt – DSD" einige weitere Anbieter und deren Systeme etabliert. In der in **Abb. 8-7** dargestellten Matrix sind diese Anbieter dem Spektrum an Dienstleistungen zugeordnet, die angeboten werden.[360]

Anbieter / Dienstleistungen	Belland Dual	Der grüne Punkt - DSD	EKO-Punkt (REMONDIS-Gruppe)	Interseroh	Landbell AG für Rückhol-Systeme	Redual GmbH (Reclay Gruppe)	Veolia	VFW (Reverse Logistics Group)	Zentek
Standort-Entsorgung	●	●		●	●		●	●	
Duales System	●	●	●	●	●	●	●	●	●
Branchenlösung	●	●	●	●	●	●	●	●	●
Transportverpackungen	●	●		●	●		●	●	●
Papiersäcke		●		●					
Pfand (Einweg/Mehrweg)		●		●	●				
Elektro-Altgeräte		●		●	●			●	●
Batterien								●	
Druckerpatronen				●					
Mehrweg-Pooling				●					
Recycling				●			●	●	●
Verpackungsmanagement									
Entsorgungs-Management						●	●		

Abb. 8-7: **Anbieter von Dualen Systemen und weiteren Entsorgungs-Dienstleistungen**

Auf Basis der bestehenden Erfahrungen soll die Verpackungsverordnung weiterentwickelt werden. Vorgesehen ist die flächendeckende Einführung einer „**Wertstofftonne**". Neben den bisher gesammelten Leichtverpackungen sollen darüber auch sog. „Stoffgleiche Nicht-

---

[360] Stand 06/2011 laut jeweiliger Website der Anbieter.

verpackungen"[361] gesammelt werden. Zur Klärung wesentlicher Fragen und zur Sicher-stellung der Umsetzbarkeit wird durch das Bundesumweltamt von Ende März 2011 bis Ende Juni 2011 ein Planspiel betrieben, dessen Ergebnisse in das Rechtssetzungsverfahren einfließen sollen. Vor diesem Hintergrund wird der in Berlin zwischen der kommunalen Berliner Stadtreinigung (BSR) und dem privatwirtschaftlichen Entsorgungsunternehmen Alba im Laufe des Jahres 2010 entbrannte Streit um die Aufstellung einer „Orangen Tonne" durch die BSR bzw. einer „Gelben Tonne plus" durch Alba weiter zu beobachten sein.

8.7.3 Rückführen von Produkten zum Recycling / zur Entsorgung

8.7.3.1 Allgemeine Aspekte

Der Produktlebenslauf war in der Vergangenheit gekennzeichnet durch die Stationen: Herstellung - Nutzung – Entsorgung. Hierbei war die Entsorgung als „Wegwerfen" und Deponierung charakterisiert. Das veränderte Kosumentenverhalten und gesetzliche Vorschriften - insbesondere das o. a. Kreislaufwirtschaftsgesetz und untergesetzliche Bestimmungen für diverse Produkte/Produktgruppen - zielen auf einen Stoffkreislauf ab. Dies sind Auswirkungen des im § 22 des KrW-/AbfG formulierten Produkt-/Produktions-verantwortung des Herstellers über den gesamten Lebenszyklus eines Produktes. Auf diese Weise soll an die Stelle der linearen, versorgungsorientierten Stoffströme (logistische Kette) kreislaufwirtschaftliche Lösungen (logistischer Kreis) und die Durchsetzung des Verursacherprinzips treten. Neben den Verpackungs- und Produktionsabfällen müssen zunehmend ausgediente Altprodukte (Beispiele: Autos, elektrische/elektronische Geräte im Haushalt oder der Medizintechnik, Batterien, CD/CD-ROM u. a.) als Aggregate oder Sekundärrohstoffe dem Wirtschaftskreislauf wieder zugeführt werden. Hierzu kann der Gesetzgeber produktspezifische Rechtsverordnungen erlassen, die Rücknahmepflichten, Kennzeichnungspflichten oder Verwertungsrichtlinien umfassen. Aufgrund knapper werdender Rohstoffe hat die Industrie teilweise auch ein hohes Maß an eigenem Interesse an der Rückführung von Altprodukten und deren Recycling. Ein Beispiel sind zur Herstellung von Mobiltelefonen benötigte Metalle (Tantal, Indium etc.), bei denen die Reserven entweder nur noch für wenige Jahre reichen oder bei denen das Angebot der Nachfrage hinterherhinkt.[362] Insgesamt kommt dem Recycling von Metallen mittlerweile eine tragende Rolle bei der Rohstoffversorgung der europäischen Industrie zu.[363]

Die Forderung nach Sammeln, Sortieren und gezielter - überwachter - Rückführung von Altstoffen/Altprodukten in den Stoffkreislauf erfordert ein Umdenken in allen Stufen, die jeweils für die ordnungsgemäße Entsorgung abgenutzter Produkte (Re-/Retrodistribution) verantwortlich gemacht oder mit den erforderlichen - durch die knappen Deponieflächen zukünftig hohen - Kosten belastet werden. Am Ende der Entwicklung kann die angestrebte „nachhaltige Kreislaufwirtschaft„ stehen - und eine neue logistische Aufgabe, die Rück-führ-Logistik.

Für den Hersteller industrieller Produkte gilt es, neue Strategien zu entwickeln, die den Umweltschutz gleichberechtigt neben ökonomische Zusammenhänge stellen. Die Einsicht in ökologische Notwendigkeiten und die Beachtung der Restriktionen der Gesetzgebung erfordern - neben umweltschonenden Herstellungsprozessen - umweltverträgliche Produkte und Entsorgungsprozesse. Denn neue Produkte von heute sind der zukünftig zu

---

[361] Beispiele: CD-Hüllen, Plastikspielzeug
[362] Vgl. VDI nachrichten Nr. 22 vom 04.06.2010, S. 16
[363] Vgl. VDI nachrichten Nr. 25 vom 25.06.2010 „Metallrecycling schont Ressourcen und Umwelt"

entsorgende Schrott. Die Verantwortung bei der Entwicklung und Herstellung umwelt-verträglicher Produkte führt somit zum Prinzip „Cradle-to-Cradle" (C2C) – von der Wiege zur Wiege: Möglichst viele Bauteile werden direkt wieder genutzt.[364] Die Heraus-forderungen liegen in der Einschränkung der Materialvielfalt, der Konstruktion und dem Design demontagefreundlicher Erzeugnisse[365] (z. B. durch intelligente Verbindungs-techniken oder energie- und arbeitsparende Demontierbarkeit) und in der Verlängerung der Produktlebensdauer.

Der Verbraucher wird möglicherweise auch ein verändertes Verhältnis zu dem erworbenen Produkt entwickeln müssen - er wird Eigentümer auf Zeit oder er erwirbt zeitlich begrenzte Nutzungsrechte: Nach dem Aufbrauchen des Nutzens muss er die ausgedienten Produkte als Wertstoff begreifen, zu deren umweltgerechter Rückführung in den Stoffkreislauf er seinen Beitrag leisten kann. In Zusammenarbeit mit dem Handel oder den Entsorgungs-dienstleistern kann arbeitsteilig die Wiederverwertung durch Sammeln und Sortieren vorbereitet werden. Die entstehenden Kosten können durch Rücknahmegarantien, Pfandsysteme oder Altstoff-Vergütungen ausgeglichen werden.

Die Umsetzung der Kreislaufwirtschaft erfordert veränderte logistische Strukturen und Abläufe. Der Prozess der Re-/Retrodistribution der Altprodukte tritt gleichberechtigt neben die klassischen Logistik-Prozesse. Da auch hier die übergreifende Gestaltung, Planung, Steuerung und Kontrolle der entsorgungslogistischen Funktionen (Sammeln, Trans-portieren, Umschlagen, Lagern, Demontieren, Aufbereiten und Behandeln) zu betrachten sind, spricht man auch von Reverse-Logistik bzw. vom Reverse Supply Chain Manage-ment.

Je nach der Komplexität der Altprodukte sind unterschiedliche logistische Kreisläufe denkbar:

- ▨ *Tauschmodule* für den Sekundärmarkt - einzelne, wiederverwendbare Komponenten (Automotoren, Generatoren, Türen u. a.) können nach einer Aufarbeitung (Refurbishing) dem Sekundärmarkt mit Gewährleistung zugeführt werden.
- ▨ *Rohstoffe* nach sortenreiner Fraktionierung - wertvolle Rohstoffe können nach voll-ständiger Demontage und sortenreiner Trennung in die Produktionsprozesse zurück-geführt werden.

Die logistischen Rückführungsorganisationen werden abhängig sein von der Art der Produkte (Größe, Komplexität, Wertstoffanteile u. a.), der Branche oder den gesetzlichen Vorschriften und können als Bring- oder Holsysteme ausgestaltet werden. Bei kleinen Produkten wird sich auch die Problematik der Entsorgung im Hausmüll ergeben - ein Beispiel ist die Entsorgung von Kleingeräten oder Batterien. Die notwendigen Informationen müssen allen Beteiligten des Retrodistributionssystems – Altprodukt-besitzer, Hersteller, Dienstleister, Recycler - zur Verfügung gestellt werden. Die Kosten werden je nach Produktart, Entsorgungsweg oder Gesetzeslage dem Letztbesitzer, den allgemeinen Müllgebühren oder dem Kaufpreis belastet.

Damit bleibt die Frage, welche Produkte oder welche Stoffe als wertvoll anzusehen und in geschlossenen Stoffkreisläufen zu halten sind. An einigen Beispielen sollen Möglichkeiten und Grenzen umweltorientierter Produktgestaltung und Produktrecycling erläutert werden.

---

[364] Vgl. Lange (2009), S. 90

[365] Mögliche Lösungsansätze sind "Öko-Design", "Design for Environment" oder die Erweiterung der Methoden des "DFA - Design for Assembly" zu "DFADR - Design for Assembly, Dissassembly and Recycling".

Im Vordergrund der Diskussion stehen beispielhaft zwei Gruppen von Produkten, deren Recycling dringend geboten ist: die Automobile und die elektrotechnischen oder elektronischen Produkte (Haushaltsgeräte, Unterhaltungselektronik, Medizintechnische Geräte, Computer, Kommunikationseinrichtungen u. a.) mit ihren jeweiligen Bestandteilen - hierbei sind insbesondere die anteiligen Kunststoffteile zu beachten.[366] Daneben werden zunehmend weitere Produkte betrachtet, wie z. B. Batterien.

8.7.3.2 Automobile

Das Auto wird aus ökologischer Sicht nicht als Transportmittel, sondern als eine Umweltgefährdung betrachtet: Bei der Herstellung, beim Betrieb - insbesondere im Kurzstreckenverkehr - und bei der Verwertung. Etwa 3 - 4 Millionen Automobile werden in der Bundesrepublik Deutschland jährlich aus dem Verkehr gezogen. Damit kann das Kraftfahrzeug als „Müll auf Rädern" bezeichnet werden – es kann aber als wertvoller Rohstofflieferant für hochwertige Metalle und Kunststoffe genutzt werden. Denn ein Kraftfahrzeug besteht im Allgemeinen - bei angenommenen 1.000 kg Gesamtgewicht - aus 73% Metallen (63% Stahl und Eisen, 10% NE-Metalle), zu 13% (Tendenz steigend) aus Kunststoffen und zu 14% aus weiteren Stoffen (Gummi, Glas, Flüssigkeiten und Textilien).

Die deutsche Altautoverordnung vom 1. April 1998 und die vom Europaparlament und EU-Ministerrat erarbeitete EU-Altautorichtlinie (2000/53/EG vom 18. September 2000) verlangen eine kostenlose Rücknahme der Altautos durch Hersteller- oder beauftragte Entsorgungsunternehmen (seit 2007) und eine Recyclingquote von 85%[367] (ab 2015 - 95%) und einen Verzicht auf die Verwendung von Schadstoffen (Blei, Cadmium, Quecksilber u. a.) beim Herstellen von Neufahrzeugen. Die deutsche AltautoV von 1998 regelt insbesondere das Prozedere der Stilllegung und Entsorgung von Altautos. Hiernach braucht der Letztbesitzer bei der endgültigen Stilllegung eines Fahrzeugs einen Verwertungsnachweis einer anerkannten Annahmestelle - im Allgemeinen einer Werkstatt oder behördlich anerkannter Verwertungsbetrieb. Der Verwertungsnachweis dient dem Halter zur Entlassung aus der Steuerpflicht durch die Kfz-Zulassungsstelle.

Nach dem Erreichen des Lebensendes durch Verschleiß oder Unfall durchläuft ein Fahrzeug folgende Verwertungsstufen,[368] nachdem es vollständig, beschädigungslos und rollfähig den anerkannten Verwertungsbetrieb erreicht hat:

- *Trockenlegen* - das ist die Entnahme des Motor-/Getriebeöls, der Bremsflüssigkeit, des Kühlwassers und der Kraftstoffreste. Diese Stoffe sind recycelbar.
- *Entnahme* der Batterie – sie wird vollständig recycelt.
- *Demontage* von Komponenten zur Wiederverwendung als Ersatzteile (Motor, Getriebe, Karosserieteile u. a.)
- *Shreddern* - das ist die Zerkleinerung des Gesamtfahrzeuges.
- *Wiedergewinnung* der metallischen Materialanteile durch Wirbelstrom- oder metallurgische Schmelzverfahren (Shredder-Leichtfraktion); hierbei dienen die nicht metallischen Reststoffe als Brennstoffe, die energetisch verwertet oder als „Sondermüll" entsorgt werden.

---

[366] Ein weiteres problematisches Material ist Aluminium wegen des hohen Energiebedarfs bei der elektrolytischen Herstellung und des entstehenden Bauxitabfalls (alkalihaltiger Rotschlamm).

[367] Derzeit werden ca. 75% eines Fahrzeuges recycelt. Die zusätzlich geforderte Verwertung der Shredderleichtfraktion muss zu neuen Aufbereitungsverfahren führen, da dieser Anteil seit 2006 bzw. ab 2015 nicht mehr als "Abfall zur Beseitigung" deponiert oder verbrannt werden soll.

[368] Ungelöst ist die Entsorgung von Tauschteilen aus Werkstätten.

Dieses Verfahren ist derzeit unbefriedigend - es dient vorrangig dem Ersatzteilgeschäft; insbesondere die Kunststoffteile[369] sind nutzbare Wertstoffe, die allerdings nur durch eine vollständige Demontage des einzelnen Fahrzeuges und eine sortenreine Trennung der Metalle und der codierten Kunststoffe wiedergewonnen werden können.[370] Zur umweltschonenden Entsorgung von Altautos müssen logistisch zur Sammlung und Zerlegung neue Wege beschritten werden - die Automobilhersteller kooperieren im Allgemeinen mit anerkannten Betrieben der Entsorgungswirtschaft.[371]

8.7.3.3 Elektro- und Elektronikgeräte

Wie für das Automobil bestehen auch für Elektro- und Elektronikgeräte vergleichbare Regelungen. Seit Februar 2003 gelten die zwei folgenden EU-Richtlinien:

- Richtlinie über die Rücknahme und Entsorgung von Elektro- und Elektronikgeräten 2002/96/EG (WEEE – Waste Electrical and Electronic Equipment);
- Richtlinie zur Beschränkung der Verwendung gefährlicher Stoffe in solchen Geräten 2002/95/EG (RoHS – Restriction of certain Hazardous Substances).

In Deutschland wurden beide Richtlinien durch das im Jahre 2005 verkündete „Gesetz über das Inverkehrbringen, die Rücknahme und die umweltverträgliche Entsorgung von Elektro- und Elektronikgeräten (ElektroG - Elektro- und Elektronikgerätegesetz)" umgesetzt.[372] Damit sind alle Bundesbürger verpflichtet, nicht mehr benötigte Haushaltsgeräte („Weiße Ware" wie z. B. Kühlschränke, Küchenmaschinen, Waschmaschinen etc.), alle Geräte der Unterhaltungselektronik („Braune Ware" wie z. B. Audio- und Videoanlagen, TV-Geräte), Geräte der Kommunikation (Computer, Drucker, Telefon, Fax etc.) sowie alle sonstigen Elektro- und Elektronikgeräte (z. B. medizintechnische Geräte, Spielkonsolen) an speziell eingerichteten Sammelstellen abzugeben.

Die Konsequenzen der Gesetzgebung lassen sich – entsprechend den EU-Richtlinien – wie folgt zusammenfassen:

- Die Hersteller sind durch die EU-Richtlinie angehalten, die gesamte Lebensspanne ihrer Produkte – von der Gestaltung bis zur Entsorgung – in die Planung einzubeziehen. Dies führt zu umweltgerechten (recycelbare) Produktkonstruktionen.
- Die Verwendung bestimmter, als gefährlich eingestufter Stoffe, sollte bzw. muss bei der Entwicklung, Konstruktion und Produktion von Neugeräten vermieden werden. Die betrifft z. B. Stoffe wie Blei, Quecksilber, Chrom, polybromiertes Biphenyl (PBB) und polybromierten Diphenylether (PBDE). Die Entwicklung der Geräte in den letzen Jahren hat der Recyclingfähigkeit bereits Rechnung getragen und Fortschritte bei der umweltfreundlichen und entsorgungsgerechten Konstruktion gemacht. Es wird auf die Verwendung problematischer Komponenten (PCB-haltige Kondensatoren) oder Kunststoffgemische verzichtet und eine „grüne Elektronik" - unter Verzicht auf Bleilote und Verwendung thermoplastischer Leiterplatten – entwickelt. Beim Weg zu einem „Öko-Fernseher" werden flammenhemmende Kunststoffe durch Metall ersetzt und Keramikteile verwendet.

---

[369] Weitere Wertstoffe - etwa Platin, Rhodium und Palladium - sind in dem Katalysator-System enthalten und können durch pyrometallurgische oder chemische Verfahren wiedergewonnen werden.

[370] Versuchsanlagen werden derzeit von den Automobilherstellern betrieben, um neben dem verbesserten Recyclings auch Erkenntnisse für Konstruktion (Materialart und Gestaltung - vgl. VDI-Richtlinie 2243) und Montage (intelligente Verbindungs- und Fügetechniken) zu erhalten.

[371] Die Reifen der Fahrzeuge werden über die Entsorgungswirtschaft entweder der Runderneuerung oder der Granulierung für das Baugewerbe oder der Beheizung der Zementerzeugung zugeführt.

[372] Vgl. BMU (http://www.bmu.de/abfallwirtschaft/elektro_und_elektronikgeraetegesetz/doc/36726.php)

- Die Geräte sind so zu entwickeln, dass sie nach der Nutzung ohne große Mühe und Energieeinsatz demontiert werden können. Für die Demontage kommen zerlegungsfreundliche Konzepte zum Tragen, deren wenige Schraub- und Steckverbindungen eine problemlose - allerdings nicht immer zerstörungsfreie - Demontage erlauben. Außerdem werden Gewichtsanteile eingespart.[373]
- Wirtschaftliche und umweltfreundliche Sammelprozesse.
- Durch Wiederverwendung bzw. stoffliche Verwertung sollen Rohstoffe, wie z. B. wertvolle Edelmetalle, geschont werden. Logistisch ergibt sich die Frage flächendeckender Sammelsysteme. Weltweit operierende Unternehmen stellt dies vor logistische Herausforderungen, denn die Umsetzung der Richtlinien ist in den Mitgliedsstaaten zum Teil sehr unterschiedlich erfolgt. Hersteller können somit nicht nur ein Rücknahmesystem implementieren, sondern müssen sich in allen Ländern, in denen sie Produkte anbieten, an den dort aufgebauten Systemen beteiligen.
- Will ein Hersteller in Deutschland Produkte, die unter das ElektroG fallen[374], auf den Markt bringen, so muss er sich zuvor bei einer zentralen Stelle, dem „Elektro-Altgeräte Register" (EAR) registrieren lassen.
- Für die Organisation der Rücknahme votierten die Hersteller für die Gründung einer so genannten „Gemeinsamen Stelle". Diese Stelle koordiniert die Aufstellung und Abholung von Sammelbehältern durch die Hersteller – diese Sammelbehälter müssen den Gemeinden kostenfrei zur Verfügung gestellt werden. Damit jeder Hersteller auch die Mengen an Altgeräten vom Markt nimmt, die er in den Markt eingeführt hat, werden für jeden Hersteller bei der Gemeinsamen Stelle die erforderlichen Informationen erfasst. Die Daten beinhalten: wie viele Elektrogeräte bringt ein Hersteller jährlich in Verkehr und wie groß ist sein Anteil an den insgesamt auf den Markt gebrachten Geräten. Daraus wird mit statistischen Methoden ermittelt, welcher Hersteller wann und bei welcher kommunalen Sammelstelle zur Abholung und Entsorgung verpflichtet ist. Das Zentrale Register erhält diese Information, um die Abholung gegenüber dem Hersteller anzuordnen. Die Hersteller müssen beweisen, dass sie ihrer Rücknahmepflicht nachkommen können.
- Wirtschaftliche und umweltfreundliche Demontage-Verfahren
- Entwicklung geeigneter Demontage- oder Weiterverwertungstechnologien (Recycling-Verfahren). Die Wirtschaftlichkeit des Recyclings wird von den Kosten und den ökologischen Randbedingungen bestimmt.

Die Demontage erfolgt im Allgemeinen auf mechanischem Wege:

- **Ausbau/Aufbereitung** brauchbarer Teile zur Weiternutzung - eine Reihe von Bauteilen kann unmittelbar - nach einer Funktionsprüfung - für den gleichen Zweck wiederverwendet werden, da elektronische Bauteile - beispielsweise CPU-Platinen, Speicher, Plattenlaufwerke - verschleißfrei bzw. verschleißarm arbeiten und (beliebig) oft genutzt werden können. Sie werden dem „Second-Hand-Markt" als Ersatz- oder Tauschteile zugeführt.
- **Demontage** nicht brauchbarer Teile und Reststoffe zur Rückführung in den Stoffkreislauf. Hierbei müssen die gewonnenen Materialien sortenrein sein, da Verunreinigungen eine Wiederverwendung im gleichen Produktionsprozess nicht

---

[373] Nach den Kriterien: Zerlegbarkeit, Werkstoff-Vielfalt, sparsamer recyclierbarer Materialeinsatz u. a. - kann ein "Blauer Umwelt-Engel" vergeben werden; für elektromagnetische Verträglichkeit (EMV) das europäische "CE-Siegel" (Conformité Européenne).

[374] In Deutschland fallen fast alle Geräte, die in irgendeiner Form mit elektrischem Strom oder elektromagnetischen Feldern betrieben werden, unter das ElektroG.

erlauben und die Gefahr des „Downcyclings" gegeben ist. Es sind Verfahren zu entwickeln, die eine umweltfreundliche - durch Zertifizierung belegte – wirtschaftliche Aufbereitung und Wiedergewinnung der Wertstoffe auf mechanischer, chemischer oder thermischer Grundlage ermöglichen. Die Demontage-Aufgaben können teilweise Behinderten-Werkstätten überlassen werden, gleichzeitig entstehen aber neue Berufsfelder und wirtschaftliche Demontagetechniken, die mit umwelt- und demontagefreundlichen Produktentwicklungen zusammenwirken.

In der Ersatzteillogistik können beispielsweise für Ersatzteile und Baugruppen „Reverse-Channel-Verfahren„ genutzt werden, bei denen die Leerfahrten der Rücktransporte der Ersatzteilversorgung zur Entsorgung der Tauschteile eingesetzt werden.[375]

8.7.3.4 Weitere Felder

Ein weiteres Beispiel für gesetzgeberische Gestaltung ist der Produktbereich „Batterien". Mit dem am 30. Juni 2009 verkündeten Batteriegesetz wurde die geltende Batterieverordnung abgelöst und damit die Vorgaben der europäischen Richtlinie 2006/66 EG umgesetzt. Darin sind Anforderungen an die Produktverantwortung der Batteriehersteller und -vertreiber festgelegt. Zusätzlich zu bereits bestehenden Beschränkungen wird auch der Einsatz von Cadmium bei der Batterie- und Akkumulatorenproduktion eingeschränkt. Bewährte Rücknahmestrukturen bleiben weitgehend bestehen. Kennzeichnungspflichten werden geändert, Anzeige- und Mitteilungspflichten eingeführt und Sammelziele für Geräte-Altbatterien verbindlich festgelegt. Das neue Batteriegesetz bezieht Hersteller, Vertreiber, Endverbraucher und öffentlich-rechtliche Entsorgungsträger ein. Ziel des Gesetzes ist es, den Eintrag von Schadstoffen in Abfällen durch Batterien zu verringern. Weitere Ziele sind die Steigerung der Sammelmenge und die Sicherstellung der Entsorgung alter Batterien in der Produktverantwortung der Batteriehersteller und des Handels. Dadurch sollen die durch Altbatterien insgesamt verursachten Umweltbelastungen auf ein Mindestmaß reduziert werden. Das „Gemeinsame Rücknahmesystem" (GRS) und die herstellereigenen Rücknahmesysteme müssen bis 2012 eine Sammelquote von mindestens 35 Prozent und bis 2016 eine Sammelquote von mindestens 45 Prozent sicherstellen. Für Fahrzeug- und Industriebatterien müssen die Vertreiber die Sammlung, Rücknahme und Verwertung lediglich dokumentieren. Das Umweltbundesamt übernimmt die Dokumentation und die Erfolgskontrolle der Rücknahme, Sortierung, Verwertung und Beseitigung der Altbatterien.

Weitere Beispiele der Produktentsorgung/-recycling, bei denen bereits bei der Produktentwicklung die Recyclingfähigkeit und ein geschlossener Materialkreislauf bedacht wird, sind (in alphabetischer Folge): Arzneimittel; Büromöbel[376]; Compact Disks (Aufbereitung der Al-Tonträgerschicht und des Polycarbonats); Fördergeräte[377]; Leuchtstoffröhren (Wiedergewinnung von Glas, Quecksilber und der Leuchtstoffe); Schuhe; Textilien. Es muss auch an die Wieder-/Weiterverwertung von Wertstoffen in anderen Bereichen gedacht werden. Beispiele hierfür sind: Nutzung von verbrauchtem Pommes-frites-Fett in der Kosmetik-Industrie, Gewinnung von Gips als Baumaterial aus der nassen Rauchgaswäsche, Verwertung des Altpapiers des „urbanen Waldes" zur Schonung der Ressourcen.

---

[375] Als Beispiel kann der Kunststoff-Kreislauf der Stoßfänger der Automarken TOYOTA und NISSAN dienen, die europaweit eingesammelt und in Holland oder Großbritannien aufbereitet und recycelt werden.

[376] Lange, E.: Immer im Kreis. In: Wirtschaftswoche Nr. 22 vom 25.05.2009, S. 90

[377] Gabelstapler der Fa. JUNGHEINRICH aus dem Werk Hamburg.

8.7.4 Demontage von Altprodukten

Mit dem Begriff „Demontage" ist eine fertigungstechnische Trennung gemeint - im Gegensatz zur Separierung, unter der die verfahrenstechnische Trennung zu verstehen ist. Wörtlich heißt es bei Rudolph: „Die Demontage ist ein fertigungstechnischer Prozess, der eine gezielte Auflösung eines Rückstandes in zwei oder mehrere seiner Bestandteile bezweckt."[378] Gegenstände der Demontage sind stets *Stückgüter*, niemals Einstoffrückstände oder Verbundmaterialien. Baumgarten sieht als ein wesentliches Merkmal der gestalterhaltenen Demontage die Erhaltung des erreichten Wertschöpfungsniveaus von Bauteilen und Modulen an und misst ihr ähnliches Gewicht wie der stofflichen Sortierung bei.[379]

Der Oberbegriff Demontage lässt sich auf verschiedene Weisen untergliedern. Die folgende Übersicht folgt Rudolph[380] und enthält drei verschiedene Arten, unterschiedliche Formen der Demontage voneinander zu differenzieren:

■ **Unterscheidung nach der Zielsetzung**
  - ■ *Funktionsorientierte* Demontage: diese zielt darauf ab, noch funktionsfähige Komponenten für die Wieder- oder Weiterverwendung zu gewinnen.
  - ■ *Werkstofforientierte* Demontage: hier strebt man die Gewinnung sortenreiner Materialien an.
  - ■ *Verunreinigungsorientierte* Demontage: deren Gegenstand ist die Abtrennung von Problemstoffen.

■ **Unterscheidung nach der Funktionsfähigkeit demontierter Komponenten**
  - ■ *Zerstörungsfreie* Demontage: die Funktionsfähigkeit demontierter Komponenten bleibt erhalten.
  - ■ *Zerstörende* Demontage: es werden beschädigte Rückstandsteile hervorgebracht (weitere Unterteilung in vollständig und teilweise zerstörende Demontage).

Unterscheidung nach Erhaltung einer Rückstandsart
  - ■ *Zerlegung*: es findet eine Demontage in mindestens zwei neue Rückstandsobjekte statt.
  - ■ *Ausbau*: es wird mindestens eine neue Rückstandsart gewonnen und es bleibt eine erhalten, die als „zentraler Rückstand" bezeichnet wird.

Ein grundlegendes Problem beim Aufbau von Demontage-Lösungen stellt die Bestimmung der **Demontagetiefe** bzw. der **Trennungstiefe** dar. Die Schwierigkeit besteht darin, dass vorab entschieden werden muss, in wie viele und in welche Teile die Rückstandsarten, die zu entsorgen sind, zerlegt werden sollen. Es ist also für jede Rückstandsart zu ermitteln, welche Wertstoffe oder Reststoffe unter Einsatz welcher Trennverfahren gewonnen werden sollen. Zielsetzung bei der Nutzung modelltheoretischer Ansätze ist die Bestimmung der „optimalen Demontagetiefe". Typisch für die modelltheoretischen Ansätze ist die Betrachtung einer Demontagekostenfunktion sowie einer Demontageergebnisfunktion, die ihrerseits die erzielten Verwertungserlöse beinhaltet, aber auch Verwertungs- und Beseitigungskosten. Aufgrund einer Reihe zu treffender Annahmen, die zum Planungszeitpunkt nicht ausreichend realistisch belegt werden können, eignen sich modelltheoretische Ansätze jedoch nur sehr begrenzt.

---

[378] Rudolph (1999), S. 62
[379] Baumgarten (2003)
[380] Rudolph (1999), S. 62ff.

Demontage-Konzepte müssen die folgenden drei Betrachtungsweisen berücksichtigen:

- Die **Rückstandsstruktur**, d. h. den Aufbau eines Altproduktes. Dieser ist nicht zwangsläufig gleichzusetzten mit dem Aufbau des Neuproduktes, also der Erzeugnisstruktur – bei der Rückstandsstruktur sind die zur Verfügung stehenden Reduktionsverfahren zu berücksichtigen.
- Die möglichen **Verwertungsoptionen** für die anfallenden Bestandteile.
- Die zur Verfügung stehenden **Reduktionsverfahren.**

9 Logistische Dienstleistungen

9.1 Entwicklung logistischer Dienstleistungen

Als Dienstleistungen werden Leistungen bezeichnet, die nicht der Produktion eines materiellen Gutes dienen; sie werden dem tertiären Sektor einer Volkswirtschaft zugeordnet. Die Logistikbranche erbringt vorrangig Dienstleistungen und hat sich in Deutschland zum drittgrößten Wirtschaftszweig (nach dem Automobilsektor und dem Handel) entwickelt, der mit 2,7 Millionen Arbeitsplätzen und 200 Mrd. € Umsatz – nach einer Studie der Weltbank - leistungsfähigster Logistikstandort weltweit ist.

Betriebswirtschaftlich muss die Sach- von der Dienstleistung unterschieden werden: [381]

Sachleistung:	Dienstleistung:
▨ Materielle Leistung	▨ Immaterielle Leistung
▨ Vor dem Kauf zeig- und prüfbar	▨ Vor dem Kauf weder zeig- noch prüfbar
▨ Produktion, Verkauf und Konsum sind i.d.R. räumlich getrennt	▨ Herstellung, Verkauf und Konsum erfolgen zeitgleich und im Allgemeinen am gleichen Ort
▨ Beim Kauf erfolgt eine Eigentumsübertragung	▨ Meist keine Eigentumsübertragung
▨ Leistung kann wieder verkauft werden	▨ Leistung nicht lagerfähig und im Allgemeinen nicht wieder verkäuflich
▨ Zwischenglieder zwischen Produzent und Konsument sind möglich	

Die modernen Volkswirtschaften mit ihrem hohen Grad der Arbeitsteilung und mit der starken internationalen Verflechtung beruhen auf einem reibungslosen Austausch von Gütern und Informationen und setzen Infrastrukturen für Verkehrswege, Verkehrsanlagen und Informationsübermittlung voraus. Logistik und Verkehrstechnik machen den Warenaustausch möglich und sind Grundlage für die Prosperität der Volkswirtschaften. Der Preis für die logistischen Dienstleistungen begrenzt allerdings die möglichen Material- und Informationsströme zwischen arbeitsteiligen Produktionsstätten oder Herstellern und Verbrauchern, da nach einem ausgewogenen Kostenverhältnis zwischen den Kostensenkungen (etwa in der arbeitsteiligen Produktion) und Kostensteigerungen in anderen Teilbereichen (z. B. durch Transport, Bestandsveränderungen und Disposition) gestrebt werden muss. Daneben sind gesellschaftliche Interessen zu berücksichtigen: Kosten für die - meist staatlich vorgehaltenen - verkehrswirtschaftlichen Infrastrukturen, ökologische Wirkungen wachsender Transportbedarfe, Wünsche nach umweltgerechter Entsorgung von Produktionsprozessen, Verpackungen und Altprodukten.

Aus logistischer Sicht besteht die Dienstleistungsfunktion in der Koordination sämtlicher Aktivitäten, die den bedarfsorientierten Fluss von Gütern und/oder Informationen zwischen definierten Herkunftsorten und definierten Zielorten übernehmen. Der Einfluss der Waren- und Güterlogistik auf die Wettbewerbsfähigkeit der Unternehmen liegt neben der Qualität der Waren und der Zufriedenheit der Kunden zunehmend in der Schnelligkeit der

---

[381] Das Erbringen von integrierten Leistungsbündeln aus Sach- und Dienstleistungen als Problemlösungen für Kunden wird als „hybride Wertschöpfung" bezeichnet.

Lieferung und dem Zustand der Produkte bei der Auslieferung. Damit sind die Schlüssel-elemente einer logistischen Leistung (USP's): Kundenorientierung und Innovations-bereitschaft.

Eine Logistikleistung ist die Fähigkeit eines (Dienstleistungs-)Unternehmens, seine Kunden marktkonform, zeitnah, zuverlässig[382] und flexibel zu bedienen. Der Kunde empfindet den Service mit den Kriterien: Preis, Lieferzeit, Lieferfähigkeit, Lieferzu-verlässigkeit, Lieferqualität, Flexibilität, Informationsbereitschaft u. a.

Die Leistungen wurden ursprünglich von den Herstellerunternehmen selbst erbracht. Die zunehmende Nutzung logistischer Dienstleistungen ist begründet in:

- Variabilisierung von Fixkosten (MOB-Entscheidung)
- Internationalisierung der Warenströme und Trend zum Outsourcing
- Vermeidung von Investitionen in eigene Logistiksysteme
- Reduktion der Komplexität in Organisation und Prozessen
- Bedürfnis nach maßgeschneiderten Lösungen
- Nutzung der Kernkompetenzen der Logistikdienstleister.

Durch zunehmende Wünsche der Kunden, durch den Trend zum Outsourcing und durch die Internationalisierung der Warenströme steigen die Anforderungen an die Betreuung der Güter auf dem Weg zum Kunden erheblich und begünstigen die Bildung von speziali-sierten Unternehmen, die logistische Dienstleistungen ausführen. Die Märkte wachsen im Zuge der Globalisierung immer weiter zusammen, der Transport von Gütern aller Art in jeden Winkel der Erde wird selbstverständlich. Die Überwindung von Grenzen, unter-schiedlichen Nationalitäten oder kulturellen Besonderheiten erfordern hohe logistische Kompetenz, deren Nutzung bedeutet für die Versender von Waren einen optimierten Gütertransport und einen wichtigen Beitrag für den Erfolg seines Unternehmens.

9.2 Rechtliche Vorschriften für logistische Dienstleistungen

9.2.1 Nationales und internationales Logistikrecht

Für die Nutzung von logistischen Dienstleistungen bietet zunächst das deutsche Handels-gesetzbuch (HGB) verschiedene Geschäfte für den Betrieb dieser Handelsgewerbe an:

- **Frachtgeschäft (§ 407 HGB)**
  (1) Durch den Frachtvertrag wird der Frachtführer verpflichtet, das Gut zum Bestimmungsort zu befördern und dort an den Empfänger abzuliefern.
  (2) Der Absender wird verpflichtet, die vereinbarte Fracht zu zahlen.
  (3) Die Vorschriften dieses Unterabschnitts gelten, wenn
      (1) das Gut zu Lande, auf Binnengewässern oder mit Luftfahrzeugen befördert werden soll und
      (2) die Beförderung zum Betrieb eines gewerblichen Unternehmens gehört.
- **Speditionsgeschäft (§ 453 HGB)**
  (1) Durch den Speditionsvertrag wird der Spediteur verpflichtet, die Versendung des Gutes zu besorgen.
  (2) Der Versender wird verpflichtet, die vereinbarte Vergütung zu zahlen.
  (3) Die Vorschriften dieses Abschnitts gelten nur, wenn die Besorgung der Versendung zum Betrieb eines gewerblichen Unternehmens gehört.

---

[382] Zuverlässigkeit gilt in logistischen Netzwerken als oberstes Ziel.

▨ Lagergeschäft (§ 467 HGB)

(1) Durch den Lagervertrag wird der Lagerhalter verpflichtet, das Gut zu lagern und aufzubewahren.

(2) Der Einlagerer wird verpflichtet, die vereinbarte Vergütung zu zahlen.

(3) Die Vorschriften dieses Abschnitts gelten nur, wenn die Lagerung und Aufbewahrung zum Betrieb eines gewerblichen Unternehmens gehören.

Diese grundlegenden „Handelsgeschäfte" im außerbetrieblichen Materialfluss werden für die Herstellerunternehmen angeboten, die ihre Erzeugnisse körperlich anderen Unternehmen (Assemblern) zuliefern oder absatzseitig im Markt verteilen wollen. Im Mittelpunkt steht zunächst das Speditionsgeschäft. Der Spediteur gehört zum Verkehrshilfsgewerbe, da er zwischen dem Nachfrager (Versender) und dem Anbieter (Frachtführer und Lagerhalter) eine erforderliche Verkehrsleistung vermittelt, die ein Dritter oder durch Selbsteintritt (§ 458 HGB) der Spediteur selbst erbringt. Zu den Aufgaben des Spediteurs zählen die Akquisition der Transportaufgaben (Speditionsverträge), Bündelung zu Speditionssammelgut und Buchung geeigneter Transport- und Lagerleistungen, Erarbeiten der Verträge (Frachtvertrag), Ausstellen der erforderlichen Frachtbriefe und Verwaltungsunterlagen (Ursprungszeugnisse, Zollerklärungen, Zertifikate u. a.) und das Ermitteln und Aushandeln der Preise „für die Rechnung des Versenders".

Die im HGB aufgeführten Regelungen sind Rahmenbedingungen; sie werden in der Praxis durch die - stillschweigende - Übernahme von „Allgemeinen Geschäftsbedingungen" (ADSp - Allgemeine Deutsche Spediteurbedingungen, AGNB - Allgemeine Beförderungsbedingungen) ergänzt. Ferner gelten das internationale Straßentransportrecht (CMR), Regelungen für den internationalen Schienengüterverkehr (CIM) u. a. Die Verträge müssen fallweise angepasst werden.

Bei der Vergabe und Abwicklung von Aufträgen an logistische Dienstleister (Frachtführer, Spediteure, Lagerbetriebe) können erhebliche Risiken und Haftungslücken auftreten.[383] Vielfältige Rechtsgrundlagen bei der Abwicklung internationaler Gütertransporte und die unterschiedlichen Rechtsprechungen erhöhen das Haftungsrisiko und die Anforderungen an die Sorgfaltspflichten dieses Dienstleistungsgewerbes. Die Praxis bezeichnet den Spediteur daher als „Interessenvertreter der Ware". Während der Auftragsabwicklung ist die Ware im Besitz des Spediteurs/Frachtführers/Lagerhalters und unterliegt seiner Sorgfaltspflicht und Haftung für Verlust oder Beschädigung der Ware oder Verspätungsschäden.

Die innerstaatlichen Vorschriften für das Transportrecht wurden für alle Verkehrsträger vereinheitlicht und sind weitgehend im Handelsgesetzbuch (HGB) geregelt. Das internationale Transportrecht für die Beförderung von Gütern und anwendbare Vorschriften für logistische Dienstleistungen werden durch eine Vielzahl von unterschiedlichen gesetzlichen Vorschriften, Verordnungen und internationale Abkommen beeinflusst.

Zusätzlich wurden 1998 im Zuge von EU-Anpassungen Vorschriften für ein Transportrechtsreformgesetz (TRG) neu formuliert. Seit 1999 gelten neue Regelungen beispielsweise für die multimodale Güterbeförderung und für Gefahrgüter (GGVS/E). Das Güterkraftverkehrsgesetz (GüKG) für die geschäftsmäßige oder entgeltliche Beförderung von Gütern mit Kraftfahrzeugen wurde im Umfang deutlich reduziert und vereinfacht.

---

[383] Es wird empfohlen, den Leitfaden der DIN EN 13876 und 13011 zu beachten.

Einige Neuerungen sollen besonders hervorgehoben werden:

- Es entfällt die Unterscheidung in Güternah-, Güterfern- und Umzugsverkehr; damit kann auf Regelungen zum Güterfernverkehr verzichtet werden.
- Frachtführer und Spediteur haften regelmäßig auch für möglicherweise eingesetzte Subunternehmer (ausführender Frachtführer - § 437 HGB).
- Jeder Transportunternehmer kann neben dem grenzüberschreitenden Verkehr auch beliebig Kabotageverkehr betreiben; er darf - soweit er im Besitz einer Gemeinschaftslizenz ist - in anderen Ländern der EU den innerstaatlichen Transport von Gütern übernehmen.
- Zusätzliche Vorschriften gibt es lediglich für die Binnenschifffahrt und den Seetransport.

9.2.2   Internationale Handelsbräuche/Lieferklauseln (INCOTERMS)

Die INCOTERMS (International Commercial Terms – Internationale Handelsklauseln) umfassen eine Reihe von internationalen Regeln zur Festlegung spezifizierter Handelsbedingungen im Außenhandel und dienen der Rechtssicherheit im internationalen Warenaustausch. Sie wurden 1936 erstmalig von der Internationalen Handelskammer in Paris aufgestellt und wurden seitdem mehrmals den Bedürfnissen der internationalen Handelspraxis angepasst. [384] Sie regeln die wesentlichen Pflichten von Verkäufer und Käufer beim grenzüberschreitenden Warenverkehr und helfen, Missverständnisse und Rechtsstreitigkeiten durch eine international gebräuchliche einheitliche Auslegung der Rechte und Pflichten zu vermeiden. Obwohl sie keinen Gesetzesstatus haben, werden sie im Allgemeinen von den jeweiligen nationalen Gerichten anerkannt. Die INCOTERMS sind als freiwillige Regeln bei der Ausgestaltung von Verträgen hilfreich. Sie haben den Charakter von Allgemeinen Geschäftsbedingungen (AGB), die nur rechtsgültig sind, wenn im Vertrag ausdrücklich darauf Bezug genommen wird (z. B. CIP gemäß INCOTERMS 2010).

Die Klauseln gelten als paraphierter Handelsbrauch im internationalen Warenverkehr und regeln Lieferung und Abnahme der Ware, Gefahrenübergang (Preisgefahr), Haftung, Transportkostenübernahme, Dokumentenerstellung u. a. Die Klauseln bestimmen insbesondere die Aufteilung der Transportkosten zwischen dem Lieferanten und dem Empfänger und den Übergangs des Transportrisikos vom Verkäufer auf den Käufer. Sie sind erkennbar in der Kurzform, gebildet jeweils aus drei Großbuchstaben (z. B. CIF). Die Neugliederung ab 2011 folgt der Systematik nach Transportarten – zunächst für alle Transportarten (Land, Luft, Wasser) und den multimodalen Transport – insbesondere für den Containertransport. Besondere Klauseln gelten für den See- und Binnenschifftransport. Es gibt folgende Klauseln:

- **Klauseln für alle Transportarten**

EXW	Ex Works – Ab Werk: Bereitstellung der Ware am Herstellungsort (Fabrik) oder einem Lagergelände
FCA	Free Carrier – Frei Frachtführer: Übergabe an den ersten Frachtführer
CPT	Carriage paid to – frachtfrei zum benannten Bestimmungsort
CIP	Carriage and Insurance paid to – frachtfrei und versichert zum benannten Bestimmungsort

---

[384] Die Aktualisierung der INCOTERMS 2010 ist die siebte Revision seit 1936; sie gelten ab 1. Januar 2011. Die Zahl der Klauseln wurde von 13 auf 11 reduziert – vier weniger praxisrelevante Regeln (DAF, DES, DEQ, DDU) wurden herausgenommen, zwei (DAP und DAT) wurden neu formuliert.

DAP	Delivered at place – Lieferung zum benannten Bestimmungsort
DAT	Delivered at terminal – Lieferung zum benannten Terminal im Bestimmungshafen bzw. –ort
DDP	Delivered, Duty paid – geliefert verzollt zum benannten Bestimmungsort

■ **Klauseln für die See- und Binnenschifffahrt**

FAS	Free alongside Ship – Frei Längsseite Schiff im benannten Verladehafen
FOB	Free on Board – Frei an Bord im benannten Verladehafen
CFR	Cost and Freight – Kosten und Fracht zum benannten Bestimmungshafen
CIF	Cost, Insurance and Freight – Kosten, Versicherung und Fracht zum benannten Bestimmungshafen

Bei den Verhandlungen der Preis- und Lieferbedingungen zwischen Versender (Verkäufer) und Empfänger (Käufer) sollten rechtzeitig logistische Dienstleister einbezogen werden, um für eine Lieferung realistische Gesamtkosten und deren Aufteilung zu ermitteln sowie die rechtlichen Risikoübergänge festzulegen.

9.3   Strukturen und Angebote logistischer Dienstleistungen

9.3.1   Logistische Dienstleistungen in arbeitsteiligen Wirtschaftssystemen

Logistische Dienstleistungen sind zunächst Angebote von logistischen Unternehmen, die im Handelsgesetzbuch definierten Grundgeschäfte (Frachtgeschäft, Lagergeschäft, Speditionsgeschäft) zu erbringen – diese Kernaktivitäten werden nachfrageabhängig um Geschäftsprozesse erweitert, die nicht originär logistische Aktivitäten sind, um mit diesen Innovationen Chancen und Potentiale im Markt zu erschließen.[385]

Diese zusätzlichen Leistungen (*value added services*) sind:

■ **Operative Dienstleistungen:**   Kommissionieren, Verpacken, Auspreisen etc.
■ **Administrative Dienstleistungen:**   Auftragsbearbeitung, Bestandsführung, Inventur, Retourenbearbeitung etc.
■ **Finanzdienstleistungen:**   Fakturierung, Inkasso, Mahnwesen, Buchhaltung, Finanzierungen etc.
■ **Beratungsleistungen:**   Logistik- und Transportberatung, Beratung zu Verpackung, Recycling, Frachtkosten etc.
■ **Konzeptionelle Dienstleistungen:**   Ausarbeitung individueller Problemlösungen

Eine ganzheitliche Dienstleistung, erbracht durch Systemanbieter für Logistikleistungen, kann heute beschrieben werden als: logistische Grundleistung + operative Dienstleistung + administrative Dienstleistung + Finanzdienstleistung + Beratungsdienstleistungen + konzeptionelle Dienstleistungen.

Ursprünglich besorgte/erbrachte der Spediteur bzw. Frachtführer eine reine Transportleistung; sie wird durch beschrieben durch qualitative (Art, Richtung, Dauer u. a.) und quantitative (Entfernung, Gewicht, Termin u. a.) Merkmale. Als Maß für die „Dienstleistung Ortsveränderung" von Gütern wird allgemein die **Transportleistung** als Produkt aus Gewicht und Entfernung (mit der Einheit tkm - Tonnenkilometer) ausgewiesen. Diese bloße Transportleistung wird allerdings heutigen Marktanforderungen nicht mehr gerecht, da zunehmend kleinere Sendungsgrößen hochwertiger Waren, bei veränderter Lagerhaltung und größeren Versorgungsgebieten mit zunehmenden Frequenzen bewältigt

---

[385] Die Anbieter logistischer Dienstleistungen stützen ihre Leistungsfähigkeit auch auf Fremdleistungen durch Outsourcing in Front-/Back-Office-Bereichen – insbesondere mit Kommunikationsdienstleistern.

werden müssen (Beispiel: Endkundenbelieferung). Das bedeutet, dass Spediteure, Frachtführer und Lagerhalter zusätzliche Dienstleistungen (Value added services) anbieten müssen, um dem Kunden jeweils eine ganzheitliche logistische Leistung aus einer Hand erbringen zu können. Die Versender nutzen die Kernkompetenz der Dienstleister in längerfristigen Partnerschaften, der sog. **Kontraktlogistik**.[386] Das Angebot wird häufig um Entsorgungsleistungen erweitert.

Treiber des **Logistik-Outsourcing** sind:

- Logistikleistung ist nicht das Kerngeschäft des Auftraggebers (Versenders)
- Outsourcing liegt im Trend
- Es sind keine Investitionen in Logistikbereiche nötig
- Flexibilisierung von Fixkosten
- Nutzen der Potentiale und Synergien der Logistik-Dienstleister: Beherrschung der Komplexität der Aufgabe, Kosteneffizienz und Qualität der Leistung
- Optimierung der Lieferketteneffizienz durch Aufbau „grüner" Versorgungsketten (Optimizing of Energy Consumption, Workflow and Economic Efficiency).

Das veränderte Konsumentenverhalten, deren Wünsche nach guter Warenversorgung und speziellen, exotischen Produkten - beispielsweise: Kiwifrüchte aus Neuseeland, Bananen aus Mittel-Amerika, Weintrauben aus Süd-Afrika, Autos aus Japan u. a. - und die Globalisierung von Beschaffung und Absatz der Industrie stellen hohe Anforderungen an die Gestaltung der Waren- und Informationsströme. Die Vielfalt der speditionellen Aufgaben, die historische Entwicklung - insbesondere in den letzten Jahren - und die Wünsche der Versender nach umfassenden Leistungen aus einer Hand prägen heute das Angebot der modernen „Dienstleister der Logistik", Waren schnell, flexibel, zuverlässig, kostengünstig und planbar handzuhaben - mit dem Ziel, die Kosten- und Serviceführerschaft zu übernehmen. Zur Minimierung der Bestände in der Versorgungskette sind die Versender vom Bestandsmanagement zum Bewegungsmanagement (Beispiel: Cross-docking-Konzepte) übergegangen, um die Materialien ständig im Fluss zu halten, Anpassungen an Bedarfsschwankungen über Beschleunigung und Verzögerung von Güterströmen zu erreichen und die Kosten zu minimieren (Postponement-Strategien).

Die technisch-organisatorische Leistungsfähigkeit und die kostengünstige Durchführung der Waren- und Kommunikationsvorgänge ermöglichen und unterstützen die volks- und weltwirtschaftliche Arbeitsteilung, die Nutzung weltweiter Kostenvorteile und die Globalisierung der Märkte. Der Erfolg der externen Dienstleistung ergibt sich aus den bestehenden Strukturen und logistischen Netzwerken der Anbieter und lebt von den Erfahrungen der Dienstleister. Zunehmende Risiken, höheren Sicherheitsauflagen (wegen der Terrorgefahr) und steigende Umweltstandards begründen wachsende Kosten.

Bezeichnend für die Marktveränderungen sind Systemverkehre für spezielle Produkte (z. B. Textilien, Lebensmittel, Gefahrgüter, Sammelladungsverkehre oder KEP-Dienste), die spezielles Know-how, geschultes Personal und besondere technische Ausrüstungen erfordern. Der klassische Spediteur wird zum Manager logistischer Prozessketten und zum High-Tech-Dienstleister/Logistik-Provider. Seine Leistung wird mit dem Begriff „**Ful-fillment**" belegt (siehe Abschnitt 7.3.1) und bedeutet die logistische Unterstützung der Auftragsabwicklung von der Auftragsannahme bis zur Abrechnung mit dem Empfänger. Es ist eine komplexe Dienstleistung mit Abhol-, Beschaffungs-, Entsorgungs- und Retourenlogistik – insbesondere im B2C-Geschäft. Es bedeutet auch die Übernahme der

---

[386] Die Kontraktlogistik wird häufig als die Königsklasse der Logistikbranche bezeichnet.

kaufmännischen Geschäftsprozesse (order flow), die physische Abwicklung des Warenflusses (physical flow) und die Ausführung des Zahlungsverkehrs (payment flow). Die Leistung wird erreicht durch die geographische Ausdehnung (Flächendeckung) und die physische und digitale Netzbildung - das ist die Fähigkeit, vernetzte Lager- und Distributionsstrukturen (Hubs, Depots und multimodale Netze) zu nutzen und aktuelle Informationen durch IT-Netze (IT-Kompetenz) anzubieten. Die Pünktlichkeit wird durch abgestimmte Geschwindigkeiten im logistischen Netzwerk erreicht.

Die weltweite Vernetzung der logistischen Dienstleister mit Hilfe der Informationstechnik ermöglicht globale Aktivitäten der Auftraggeber. Eine leistungsfähige, ausgeklügelte Informationstechnik ist das Rückgrat der Logistik-Dienstleister und bedeutet einen wichtigen Wettbewerbsvorteil. Digitale Datenverbindungen übernehmen den Großteil der Kommunikation und erlauben eine Transparenz der Warenbewegungen bis auf Sendungsebene.

Die zunehmende Vernetzung der Anbieter logistischer Dienstleistungen bietet die Chance, neue Geschäftsmodelle zu entwickeln und Marktvorteile zu erreichen; eine intensive Vernetzung mit Versender und Empfänger ist eines der besten Mittel zur Kundenbindung und Marktwachstum. [387] Pionierunternehmen für Logistikdienstleistungen setzen neben der Effizienz zunehmend auf Agilität – es werden sich künftig Unternehmen am Markt durchsetzen, die am besten auf kurzfristige Veränderungen der Kundenwünsche reagieren können.

Die Märkte für logistische Dienstleister sind in ihren Segmenten häufig hoch spezialisiert und können nur mit Marktkenntnis, hoher Kompetenz und der Fähigkeit, einen Pool von Subunternehmen zu koordinieren, bedient werden; der logistische Dienstleister wird zum „Lead Logistics Provider" – mit führender Rolle für den Auftraggeber und mit starker Integration in dessen (Logistik)-prozesse. Beispiele sind: Versorgung von verarbeitenden Betrieben, Lebensmitteldistribution, Textillogistik, Gefahrgutlogistik, KEP-Märkte u. a. Es gibt aber auch viele Nischen in fragmentierten Märkten, die für kleine Anbieter Erfolgsfaktoren und vielfältige Differenzierungsmöglichkeiten und Diversifikationen bieten. In der Zukunft werden vor allem die Logistikunternehmen Vorteile haben, die spezialisierte Serviceleistungen anbieten.

9.3.2 Integration von Dienstleistungen

9.3.2.1 Güterverkehrszentren

Güterverkehrszentren - sind multimodale, multifunktionale logistische Zentren, Knoten im logistischen Netzwerk und qualifizierte Umschlaganlagen. Sie sind in einen Wirtschaftsraum eingebettete Logistik-Gewerbegebiete in verkehrsgünstiger Lage oder Orte, wo sich - mindestens zwei unterschiedliche - Verkehrsträger und Spediteure des Nah- und Fernverkehrs treffen (Schnittstellen, Umschlagpunkte, Gateways) mit dem Ziel einer besseren Kooperation zwischen den einzelnen Verkehrsträgern - aber auch zwischen Handel und Industrie oder Produzenten und Verbrauchern; sie sind jeweils mit den erforderlichen Transport-, Umschlag- und Lagereinrichtungen ausgestattet. Hier werden die Leistungen unterschiedlicher Verkehrsträger und logistischer Dienstleister gebündelt, um unter Ausnutzung der spezifischen Leistungsvorteile zeit-, kosten- und umweltoptimale Transportketten zwischen Herstellern und Verbrauchern aufzubauen. Zusätzliche Dienstleistungen (Informationsservice, Zollabfertigung, Reparatur-/Instandhaltungsbetriebe) runden die Infrastruktur der Güterverkehrszentren ab. Verkehrswege und Infrastruktur

---

[387] Praktiker sagen als Faustregel: Wächst die Wirtschaft um ein Prozent, steigen Welthandel und Transportmengen um drei Prozent.

werden im Allgemeinen von öffentlichen Trägern bereitgestellt - gelegentlich werden auch bestehende Umschlageinrichtungen des kombinierten Verkehrs (Beispiele: Häfen oder Container-Terminals der Bahn) zu Güterverkehrszentren oder Transportgewerbegebieten erweitert.

Güterverkehrszentren sind als Knotenpunkte in Verkehrsnetzen oder als Scharniere im Nah- und Fernverkehr zu verstehen. Sie bieten im Fernverkehr durch eine Vernetzung dieser Zentren (makrologistische Netze) den Einsatz zielreiner Ganzzüge oder Binnenschiff-/Flugverbindungen im Streckenverkehr. Im Nahverkehr (Flächenverkehr) erlauben sie durch vernünftiges Zusammenarbeiten von Anbietern und Nachfragern stadt-verträgliche Versorgungs- und Entsorgungskonzepte, logistische Kooperationen aller beteiligten Unternehmen und koordinierte Tourenplanungen – beispielsweise ansässige Verteil-/Versorgungszentren des Handels für Obst, Gemüse oder Fleisch, Brief-/Fracht-zentren der Post, Recycling-Unternehmen.

Die Güterverkehrszentren sollen zentral in der Nähe bestehender Verkehrswege oder in günstiger Lage zu Ballungsgebieten und als Knotenpunkte verschiedener Verkehrswege angesiedelt werden, um die vorhandene Verkehrsinfrastruktur für den nationalen oder internationalen Gütertransport auf allen Verkehrswegen möglichst effizient auszunutzen. Mit der Errichtung von Güterverkehrszentren werden verkehrspolitische und ökologische Ziele verfolgt. Eine anzustrebende Lage an Schienen- und Wasserwegen kann die Dominanz des Straßengüterverkehrs eindämmen. Obwohl die Errichtung von Güterverkehrszentren einen großen Flächenbedarf erfordert, können sie der Regionalentwicklung dienen - nicht nur zur Schaffung von Arbeitsplätzen sondern auch zur Erschließung von Wirtschafträumen.

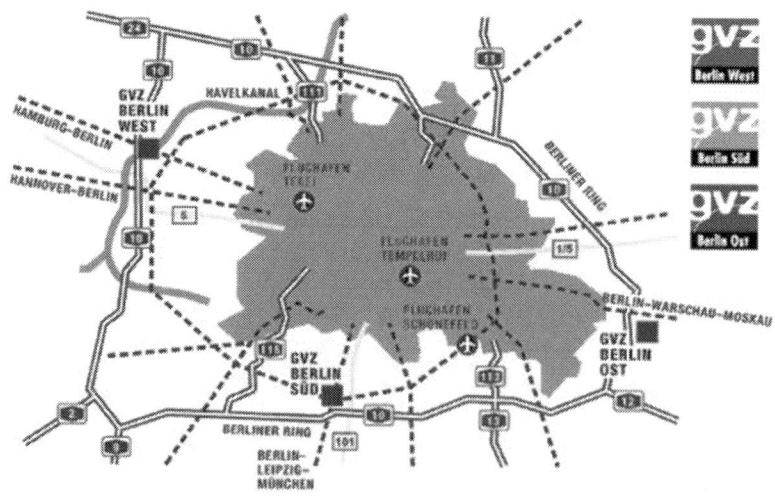

Güterverkehrsszentren
- GVZ Berlin West Wustermark
- GVZ Berlin Süd Großbeeren
- GVZ Berlin Ost Freienbrink

Güterverkehrssubzentren
- GVS Neukölln/Treptow
- GVS Westhafen/Moabit

Abb. 9-1:   Güterverkehrszentren im Großraum Berlin

Quelle: http://www.gvz-berlin.de/3-standorte.html

Wie das Beispiel des Großraumes Berlin zeigt (siehe **Abb. 9-1**), erschließen die drei Stand-orte Wustermark, Großbeeren und Freienbrink die Stadt von verschiedenen Richtungen. Güterverkehrszentren können ergänzt werden durch Güterverkehrssubzentren (GVS); sie nutzen bestehende Bahn- oder Hafenflächen im Stadtgebiet und ermöglichen Direktverkehre per Bahn oder Binnenschiff mitten in die Stadt. Die Errichtung von logistischen Sub-Zentren - beispielsweise in Berlin-Neukölln/ Treptow oder im Westhafen - und Plattformen dient der Verdichtung der logistischen Netze für kürzere innerstädtische Wege und der Schaffung von Zugangsstellen zu den Fernverkehren, der Vermeidung von Schwerlastverkehr in der Stadt und einer Verbesserung des logistischen Leistungs-angebotes - mit einem stadt- und umweltverträglichen Lieferverkehr.

Auch Häfen (siehe Abschnitt 3.6.5) lassen sich als Güterverkehrszentren definieren; sie dienen als Schnittstelle zu anderen Verkehrsträgern (Land/See - Land/Wasserstraße). Sie spiegeln in den Warenströmen die Wirtschaftsleistungen einer Region. Die Leistungs-fähigkeit zeigt sich in der Verknüpfung mit dem Hinterlandverkehr oder dem städtischen Lieferverkehr; die Zu- und Abfuhr der Güter – trockene und flüssige Massengüter oder Container – zu/von den Bestimmungsorten kann mit Hilfe eines Verkehrsträgers - aber auch im Modal-Split auf mehrere Systeme verteilt werden. Die vorgehaltene Infrastruktur zieht private Ansiedlungen hafen-/logistikrelevanter Betriebe an, in denen ergänzende Leistungen erbracht werden können. Es ist üblich geworden, kundenorientierte Mehrwert-leistungen (Value added services) anzubieten: Lagerhaltung, Kommissionierung, Zusam-menfassen von Zulieferteilen/-komponenten für CKD-Verschiffung (Completely Knocked Down), Teilmontagen und Auslieferung von Importautos u. a.

9.3.2.2 Warenverteilzentren

Warenverteilzentren (Güterverteilzentren – Logistikzentren – Distributionszentren – Tran-sitterminals) sind privatwirtschaftlich von großen Speditionen oder Handelsunternehmen betriebene logistische Knoten; sie sind Schnittstellen des Nah-/Fern- oder City-Verkehrs, die Schwertransporte bündeln, Waren sammeln, lagern, umschlagen und verteilen. Sie verfügen im Allgemeinen über einen eigenen Bahnanschluss. Hier werden - nach Aus-gleich der zulaufenden und abfließenden Warenströme (Pufferfunktion) - oder nach Auf-lösen und Sortierung der Waren neue Transporte des Nahverkehrs zusammengestellt (Cross docking/Transshipment-Anlagen zur Bündelung der Warenströme) und die Ballungsgebiete beispielsweise durch stadtverträgliche Kleintransporter mit Gütern versorgt.

In der Vergangenheit lag der Schwerpunkt der Aufgaben der Warenverteil- bzw. Distributionszentren in der Auflösung der eingehenden oder gelagerten Güter in kleine und kleinste Sendungen. Die Kommissionierung war das Herzstück der Warenverteilzentren: die kundengerechte Zusammenstellung der Waren, die Verpackung und Hinzufügung der Begleitinformationen. Die Organisation der Kommissionierung war der Schlüssel für die Effizienz, insbesondere für durchsatzstarke Warenverteilzentren. Mit Hilfe von Konzepten wie ECR u. a. (siehe Abschnitt 7.5) kann versucht werden, von den eingehenden Ganz-ladungen beispielsweise filial-/kundenbezogene Einzelladungen mit optimierten Behälter-grössen und guter Laderaumnutzung bestandsarm in die Verteilerfahrzeuge zu leiten, um den Durchfluss im Sinne eines kontinuierlichen Materialflusses zu beschleunigen.

Die notwendigen Immobilien wurden in der Vergangenheit von den Industrie-, Handels- oder Logistik-Unternehmen selbst gebaut und einzelwirtschaftlich betrieben. Um Kapital zu sparen und Liquidität frei zu setzen[388] und um sich auf die Kernkompetenzen zu konzentrieren, werden diese Einrichtungen zunehmend an Kapitalinvestoren verkauft und zurück gemietet (Sale-and-lease-back-Geschäft – Rückmietkauf) oder von Immobilien-

---

[388] Diese Maßnahmen sind dem seit 2007 in der EU geltenden Basel-II-Abkommen geschuldet, um die gegebenen Eigenkapitalvorschriften und das notwendige Risikomanagement zu befriedigen.

fonds errichtet. Die angebotenen Logistikimmobilien versprechen – besonders in Ballungsgebieten oder an verkehrsgünstigen Standorten – attraktive Renditen.

Die Erweiterung der EU nach Osten und Warenverkehrsfreiheit (gemäß §§ 28 – 37 AEUV[389]) hat zudem veränderte logistische Strukturen geschaffen. Um verkehrsgünstige Standorte zu finden und die Warenströme zu optimieren, wurden die Knotenpunkte (Drehscheiben – Hubs) der Logistikunternehmen von den Küsten, den Seehäfen oder grenznahen Zollumschlagplätzen weg in das Hinterland und in verkehrsgünstige Lagen in der Nähe von Ballungsgebieten verschoben. Ein Beispiel aktuell günstiger Standorte ist der Raum Leipzig mit der multimodalen Verkehrsanbindung und in der Nähe von Industriebetrieben. Die logistischen Warenumschlagplätze werden oft als Logistikparks für mehrere Nutzer konzipiert, in denen neben Lagerhallen, Fuhrparks von Gabelstaplern, Personaldienstleistungen, Technische Dienste, Sicherheitsdienste oder gemeinsame Sozialeinrichtungen vorgehalten werden.

9.3.2.3 City Logistik

Ballungsgebiete werden durch Fahrten des Privat- und Wirtschaftsverkehrs belastet; der Wirtschaftsverkehr umfasst alle Arten der Dienstleistungs- und Servicefahrten von Handwerkern, Handelsvertretern, KEP-Diensten u. a. Dazu kommen Belieferungsfahrten des Handels, der Dienstleister und Verkehre für Baustellen, Industriebetriebe (Werkverkehr), Entsorgungs- und Umzugsverkehr. City-Logistik ist die an ökonomischen und ökologischen Zielen ausgerichtete Planung, Steuerung und Kontrolle logistischer Leistungen in unternehmensübergreifenden logistischen Kooperationen und hat die Aufgabe, durch die logistischen Leistungen die Ver- und Entsorgung einer Stadt oder eines Ballungsraumes stadt- und umweltverträglich sicherzustellen[390]. Das beinhaltet – neben der Schaffung der Partnerschaften der logistischen Einrichtungen und Kanäle – alle operativen und dispositiven Tätigkeiten, die sich auf die bedarfsgerechte, nach Art, Menge, Zeit, Raum und Umweltfaktoren abgestimmte, effiziente Bereitstellung (bzw. Entsorgung) von Waren beziehen; das ist die Schaffung von ganzheitlich optimierten Transport- und Logistikkonzepten. Der Citylogistik ist nur ein kleiner Bereich des gesamten Verkehrs zugänglich, um eine Entlastung der städtischen Infrastrukturen, Wirtschaftlichkeit des Lieferverkehrs bei gleicher Versorgungs-, Service- und Lebensqualität der Stadtbewohner zu erreichen. Eine Einflussnahme auf den Privatverkehr ist nur bedingt möglich.

Die Versorgung und Entsorgung von Ballungsgebieten entwickelt sich zunehmend zu einem logistischen Problem. Die für den Verkehr nutzbare Fläche ist begrenzt und wird vom Individualverkehr und Wirtschaftsverkehr gleichermaßen genutzt. Der zunehmende Verkehr insgesamt, die durch ein zurückhaltendes Bestandsmanagement des Handels zusätzlich erforderlichen Lieferfahrten, die individuelle Zustellung der im Versandhandel bzw. Online-Shopping angeforderten Waren und weiteres Anwachsen des Kommunal- und Wirtschaftsverkehrs mindern die Durchschnittsgeschwindigkeiten – einschließlich Wartezeiten in Staus und bei Kunden – und die Zahl möglicher Kundenanfahrten und damit die Produktivität des Lieferverkehrs, dem außerdem durch reglementierte Anlieferzeiten, Zeitbeschränkungen (Zeitfenster) in Fußgängerzonen, Befahrverbote (vorgegebene LKW-Routennetze) von Innenstädten oder Parkraumbewirtschaftungen enge Grenzen gesetzt werden. Zunehmendes Umweltbewusstsein der Bevölkerung lässt die Akzeptanz des

---

[389] AEUV – Vertrag über die Arbeitsweise der Europäischen Union (Lissabon-Vertrag) von 2009
[390] Es wird hier auf die Empfehlungen der DIN EN 14892 bei Zugangs- oder Verkehrsbeschränkungen bei Transport-Dienstleistungen der City-Logistik hingewiesen.

Lieferverkehrs – insbesondere mit Schwerlastwagen – sinken; als stadtverträglich werden schadstoffarme und leise Lieferfahrzeuge in den Innenstädten bevorzugt.

Lösungsansätze für die bestehende Konfliktsituation liegen innerhalb der gegebenen Rahmenbedingungen in Kooperationen und Bündelungen zur Bewältigung der Güterströme – unterstützt von begleitenden Informationsflüssen (Warenwirtschaftssystemen) der Auftragsabwicklung; das bedeutet die Ansiedlung der Versorgungslager außerhalb der Ballungsgebiete (in eigenen Warenverteilzentren oder im Bereich eines Güterverkehrszentrums), Einrichtung von dezentralen Güterverkehrssubzentren oder zentraler Ladezonen und Einsatz von stadtverträglichen Verteilerfahrzeugen oder Nutzung von Kurier- und Expressdiensten mit entsprechenden Fahrzeugen. Die überbetriebliche Inanspruchnahme von Dienstleistungsunternehmen ermöglicht durch übergeordnete Fahrzeugdisposition bzw. Flottenmanagement und Einsatz von IuK-Systemen Tourenoptimierungen und Bündelungen der Güterströme zur Entlastung der Stadtverkehre (siehe Abschnitt 7.4). Die angebotenen Lösungen werden von den beteiligten Unternehmen akzeptiert, solange die möglichen Vorteile nicht durch den zusätzlichen Koordinierungsaufwand aufgezehrt werden.

Eine Reihe durchgeführter Projekte (Beispiele: Freiburg, Magdeburg, Nürnberg u. a.) zeigen, dass unnötige Verkehre vermieden, Kosten (Leerfahrten, Wartezeiten) gesenkt und die Umweltbelastung verringert werden können. Der Erfolg ist abhängig von der Kooperationsbereitschaft der beteiligten Partner.

An einigen Beispielen kann die Vorteilhaftigkeit der Kooperationen und Bündelungen im Güterverkehrsmanagement gezeigt werden:

■ **Baustellen-Logistik** – ist ein besonderer Bereich der City-Logistik; sie dient der wirtschaftlichen, verkehrsarmen und stadtverträglichen Ver- und Entsorgung von Baustellen als logistische Dienstleistung. Es müssen eine Vielzahl auszuführender Gewerke in einer beengten Innenstadtlage koordiniert werden. Die Logistikzentren der Baustellen werden privatwirtschaftlich geführt, Gesellschafter sind die öffentlichen und privaten Investoren der Bauvorhaben. In einem konzeptionellen Planungsschritt werden zunächst eine Machbarkeitsstudie erarbeitet und die grundsätzlichen Strukturen der Ver- und Entsorgung einer Baustelle wie beispielsweise Baustelleneinrichtungen, Kranabstimmung, Energieversorgung, Grundwasserhaltung, Sicherheitsmaßnahmen und Konfliktmanagement geplant, um operativ die Lieferverkehrssteuerung, das Flächenmanagement, die Etagenlogistik, die Baubewachung, Zugangskontrolle, Gebührenabrechnung und die Koordination der Entsorgungslogistik durchführen zu können. Bekannte Beispiele von Großbaustellen (in Berlin) sind: „Potsdamer Platz", „Regierungsviertel am Spreebogen", „Hauptbahnhof" und „DomAquarée". Hieran können die Aufgaben der Baustellen-Logistik beschrieben werden:

Innerhalb der Baustelle „Potsdamer Platz" wurden in den Jahren 1992 – 2004 Büro-, Geschäfts- und Wohnhäuser, ein Musical-Theater, Hotels und Verkehrsanlagen für Regional- und Fernbahnen und ein Straßentunnel (Tiergartentunnel) verwirklicht. Die Baustelle wurde fast ausschließlich über Bahn und Schiff ver- und entsorgt (siehe **Abb. 9-2**). Im Mittelpunkt des Konzeptes stand die Errichtung eines Logistik-Zentrums auf dem ehemaligen Bahnhofsgelände (Anhalter und Potsdamer Bahnhof) in unmittelbarer Nähe zu einem schiffbaren Kanal (Landwehrkanal). Für das Investitionsvolumen von 4 Mrd. € mussten bis zum Jahre 2004 ca. 6 Mio. t Erdaushub, 130.000 t Baustellenabfälle von den Baustellen abgefahren und ca. 1,4 Mio. Kubikmeter Beton und etwa 1,5 Mio. t Stückgüter zu den Baustellen an- und abgefahren werden.

Konventionelle Transporte der zu bewegenden Mengen mit LKW hätten zu einer zusätzlichen Belastung des Stadtverkehrs (je Baustelle ca. 1.300 – 1.500 LKW-Fahrten pro Tag) - möglicherweise zu einem Verkehrsinfarkt - geführt.

Die Logistikzentren sind als abgeschlossenes Gebiet angelegt und fast nur per Bahn oder Schiff erreichbar - Verknüpfungen mit dem öffentlichen Verkehr gibt es nicht; am Potsdamer Platz mussten als Infrastruktur rund 5 km Gleisanlagen, eine 2,5 km lange Transportstraße, ein ca. 500 m langes Förderband und 5 Brücken errichtet werden. Auf dem verfügbaren Gelände wurden verschiedene Dienstleistungen für die ausführenden Bauunternehmen vorgehalten. Hierzu gehört auch ein EDV-gestütztes Informations- und Schnittstellenmanagement entlang der gesamten Lieferkette; der Baustellenverkehr wurde mit satellitengestützten Navigationssystemen unterstützt. Um die Baustellen-Zulieferung und den gesamten Warenumschlag bewerkstelligen zu können, richtete die Steuerungsgesellschaft des Bauherrn zusammen mit den anderen Investoren am Potsdamer Platz eine eigene Logistik-Gesellschaft ein, die baulog GmbH. Alle am Bau beteiligten Unternehmen wurden verpflichtet, die für ein stadtverträgliches, effizientes und umweltfreundliches Bauen erforderlichen Regeln einzuhalten. Dazu gehörte vor allem, dass sämtliche Baustoffe über die Bahn und die eigens auf dem Gelände des Logistik-Zentrums errichteten Bahnhöfe umgeschlagen werden mussten.

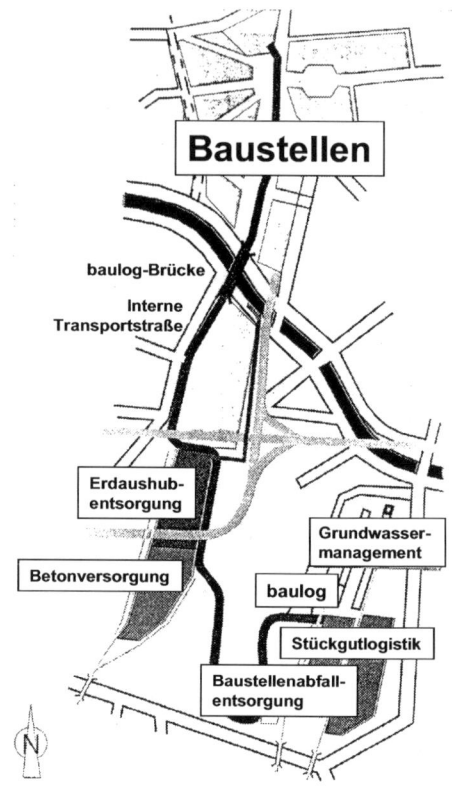

Abb. 9-2:   Baulogistikzentrum am Potsdamer Platz

Quelle: baulog GmbH

Für die Verbindung von Baustelle und Bahnhöfen wurde eine private Baustraße errichtet, eine Brücke über den Landwehrkanal sowie vier Brücken über die Yorckstraße geschlagen. Am Tag konnten so bis zu 42.000 LKW-Kilometer vermieden werden. Alles, vom zerlegten Kran über Bagger, Großgeräte wie Schwimmpontons bis hin zu Containern, Silos und Kabeltrommeln, wurde über die Schiene zur Großbaustelle an den Potsdamer Platz gebracht.

▪ **Ver- und Entsorgungszentrum „Potsdamer Platz"** (VEZ) in Berlin – ein anderes Beispiel zur Entlastung des Innenstadtverkehrs ist der „Bauch des Potsdamer Platzes". Es kann als Problemlösungsangebot der Gebäudelogistik innerhalb des Facility Managements verstanden werden. Aus einem besonderen Tiefgeschoß werden 19 Gebäude, etwa 120 Geschäfte, Hotels, Büros, Cafés und Restaurants zentral ver- und entsorgt. Die termingerechte Versorgung der beteiligten Unternehmen erfolgt nach Anforderungen über acht Aufzüge. Der Informationsfluss (Bedarfsanforderungen, Zuordnung und Abrechnung) erfolgt papierlos mit elektronischen Medien (Barcode, Kundenkarte, Transponder).

Die Lieferfahrzeuge erreichen das zentrale Versorgungszentrum im Bereich des Untergeschosses unter dem Marlene-Dietrich-Platz über einen Abzweig der Einfahrt zum B 96-Straßentunnels. Das Ver- und Entsorgungszentrum verfügt auf 4.500 qm über 15 Rampenplätze für die Anlieferung durch LKWs. Bis zu 260 Fahrzeuge können hier täglich be- und entladen werden. Die Waren werden unterirdisch mit Elektroautos oder Hubwagen zu den einzelnen Gebäuden gebracht. Auch die Entsorgung von Müll wird hier zentral vorgenommen. Dabei wird nach insgesamt 13 verschiedenen Abfallsorten getrennt. Neben der üblichen Trennung von Glas, Papier und Verpackungen werden auch be- und unbehandeltes Holz, Folien, Speisereste, Speiseöl und Styropor separat entsorgt. Durch die kontrollierte Müllannahme verlassen nur sortenreine Reststoffe das Areal. Jeder Nutzer zahlt dabei nur für den selbst verursachten Müll. Nettomenge, Abfallart und Kundennummer werden bei der Abgabe elektronisch erfasst.

■ **Unterirdisches Erschließungssystem des Deutschen Bundestages** (UES) in Berlin – für eine funktionierende Parlaments- und Regierungsarbeit in dem neu erbauten Regierungsviertel wurde bereits bei der Planung ein unterirdisches Logistiksystem vorgesehen, das sämtliche Warenströme für die wichtigsten Parlamentsgebäude (Reichstagsgebäude, Paul-Löbe-Haus, Jakob-Kaiser-Haus, Marie-Elisabeth-Lüders-Haus) koordiniert. Um die großen Mengen an Post, Drucksachen, Büro-, Bibliotheks- oder Gastronomiebedarf, Wäsche u. a. rechtzeitig und ohne Behinderungen des öffentlichen Straßenverkehrs oder der Touristenströme abgewickelt werden können, wurden alle Warenlieferungen und Dienstleistungen in ein Tunnelsystem mit Ladezonen, Warenannahmebereiche und einer Tiefgarage für PKW verlagert. Bis zu 170 stadtverträgliche Lieferfahrzeuge dürfen nach Voranmeldung (Fahrerdaten, Kennzeichen) und Sicherheitsüberprüfung in den unterirdischen Bereich einfahren und werden mit einem computergestützten Leitsystem an eine der Entladerampen geführt. Die Entsorgung des anfallenden Abfalls erfolgt ebenfalls über das unterirdische Logistiksystem.

9.3.3 Beispiele besonderer logistischer Dienstleister

9.3.3.1 KEP-Dienstleister (Kurier-, Express- und Paket-Dienste)

Während die traditionellen Logistik-Anbieter - Speditionen, Bahn und Post - im Bereich von Paket-, Stückgut- und Wagenladungsdiensten für einfache Transporte tätig waren, haben sich in den vergangenen Jahren als Folge veränderter Kundenbedürfnisse und Marktstrukturen – mit fließenden Abgrenzungen - spezialisierte Anbieter[391] für den Versand von Dokumenten[392], Kleingütern, Paketen und Stückgut am Markt etabliert. KEP-Dienstleister sind Anbieter logistischer Leistungen für Sendungen mit vergleichsweise geringem Gewicht (< 31,5 Kg) und bieten - alleine oder in Kooperationen - kostengünstige Gesamt-Lösungen für vielfältige Kundenprobleme aus einer Hand an („One face to the customer"). Sie übernehmen vor allem servicesensible Bereiche in unternehmensübergreifenden Prozessketten und verbinden einzelne Standorte der Industriebetriebe und Handelsunternehmen und - weltweite – Märkte. Die Leistungen sind gekennzeichnet durch

---

[391] Beispiele sind: DPD - Deutscher Paket Dienst, FedEx – Federal Express Corporation, GLS – General Logistics Systems, HERMES Versand Service, TNT (Thomas Nationwide Transport), UPS - United Parcel Service u. a. In Ballungsgebieten werden auch Fahrradkuriere eingesetzt.

[392] Die Übermittlung von Nachrichten durch Boten und Kuriere haben eine lange Tradition; mündliche und schriftliche Informationen wurden von laufenden, später von reitenden Boten überbracht. Heute werden die vielfältigen Kommunikationstechniken genutzt: vom klassischen Brief, E-Mail bis zu weltweit verknüpften Computern.

die Art und das Gewicht der Sendung, durch die Relationen des bedienten Verkehrs-raums/Netzgröße (national, europaweit, weltweit) und durch die Beförderungszeit. Das Marktvolumen umfasst etwa 14 Mrd. € mit 2,2 Mio. Sendungen (2007).

- ■ **Kurierdienste** – sind individuelle Aufträge für Dokumente oder Frachtstücke mit niedrigen Gewichten, die persönlich abgeholt und durch den „Kurier" durch begleiteten Transport - meist regional begrenzt - zugestellt werden (Desk-to-Desk-Service).
- ■ **Expressdienste** – erstrecken sich auf einen breiten Gewichtsbereich (Stückgut) und werden vorrangig als Einzelsendungen abgeholt und - meist in Sammelverkehren - im Übernacht-Service distribuiert. Nutzer dieser Premium-Produkte sind gewerbliche Kunden für Gefahrgüter, Notfall-Sendungen oder „Special Services" für Hightech-/Automotive-Güter u. a.[393]
- ■ **Paketdienste** – beziehen sich auf Kleingüter (< 31,5 Kg), die Aufträge werden nicht als Einzelsendung behandelt - sondern mengenorientiert in einem ausgereiften logistischen System ausgeführt. Dieser Dienst wird vorrangig in klassischen B2C- und C2C-Geschäft genutzt.

Durch die Beschränkung der Gewichte, Maße oder Vielfalt ist eine starke Standardisierung möglich, die eine rationelle und kurzfristige Abwicklung der Aufträge (24-, 48-Stunden-Dienste, Same-Day-, Over-Night-Delivery etc.) gewährleistet. Das Standardpaket steht für eine beinahe industrieähnliche Transportproduktion zu entsprechend günstigen Kosten. Die Transporte als Kernleistungen werden durch breite Zusatz-/Mehrwertleistungen (Lagerung, Kommissionierung, IuK-Leistungen oder Finanzdienstleistungen) ergänzt. Die über-nommenen Sendungen werden schnell, präzise, pünktlich und zuverlässig zugestellt; hierbei stützen sich die Anbieter auf ihre Erfahrung und logistische Kompetenz. Ihre Leistungsfähigkeit liegt begründet in neuen Organisationen im Transportablauf bzw. Auftragsabwicklung, die durch Abhol- und Zustelldienste Schnittstellenverluste in der Vor- und Nachlaufphase der logistischen Dienste vermeiden.

Die Standardisierung und die flexible und zeitnahe Abwicklung der Transporte machen die Paketdienste besonders für den elektronischen Handel (E-Commerce) interessant und eröffnen neue Märkte. Die individualisierten und kleinteiligen Sendungsstrukturen stellen die logistischen Dienstleister vor große Herausforderungen. Auf der „letzten Meile" der Paketlogistik entstehen wegen – oft vergeblicher – Zustellversuche hohe Kosten, diese Problematik erfordert innovative Konzepte. Lösungen liegen in der Organisation von kundenfreundlichen Auslieferungen zu Wunschterminen oder Wunschadressen und Abholmöglichkeiten in Einzelhandelsunternehmen, Kiosken, Tankstellen oder anderen leicht zugänglichen Orten (Take Out Stores, Shopping Boxen u. a.) oder in der Installierung von Paketschließfachanlagen oder Packstationen. Damit werden vermeidbare Wege der Empfänger, Mehrfachzustellungen und Lieferverzögerungen umgangen. Eine vorherige Benachrichtigung des Empfängers (mit dem Angebot eines Zustell-Zeitfensters) über E-Mail, SMS oder Fax mit einer codierten Kennung bringt Sicherheit – auch für eine Zahlung über Kreditkarten - und bietet eine Beschleunigung der Abwicklung. Zusätzlich bietet die Packstation die Übernahme von Retouren – mit kostenloser Rücksendung.

Eine Besonderheit ist der Briefmarkt. In der Bundesrepublik Deutschland war der Deutschen Post ein staatliches Postmonopol zugestanden worden. Damit war verbunden ein flächendeckender Universaldienst als Grundversorgung. Mit der europaweiten Deregulierung des Postmarktes seit 1991 wurde das staatliche Postmonopol sukzessive

---

[393] In Krisenzeiten oder durch Kostenanhebungen durch Treibstoffkosten oder Mautgebühren ist eine Verschiebung vom Express-Service zum „normalen" Paketversand zu beobachten.

aufgehoben. Der letzte gültige Bestandteil war das Briefmonopol der Deutschen Post AG bis zum 31. Dezember 2007, es wurde zuletzt unter dem Namen „Exclusivlizenz" und mit der Beschränkung auf Postkarten, Briefe und adressierte Kataloge bis zu einem Gewicht von 100 Gramm verlängert. Dafür muss ein flächendeckendes Sammel- und Verteilungsnetz garantiert werden (Post-Universaldienstleistungsverordnung (PUDLV)). Dafür ist der Briefdienst der Deutschen Post von der Mehrwertsteuer befreit. Diese Umsatzsteuerbefreiung der Postdienste ist nach jüngster Rechtsprechung des EuGH zum 1. Juli 2010 angepasst.[394]

Im Zuge der Deregulierung/Liberalisierung der Postmärkte wurden mehreren Anbietern bereits - für Briefe zwischen 200 und 1.000 g begrenzte - Lizenzen zur gewerbsmäßigen Beförderung von Briefsendungen (Parcelletter) erteilt; das sind Briefe oder briefähnliche Versandstücke (Warenproben oder Muster) im Gewichtsbereich von 200 bis 1.000 g und begrenzten Abmessungen.

Mit dem Wegfall des Briefmonopols beginnt eine neue Ära in der Geschichte des Briefgeschäftes, denn neben den Angeboten vieler regionaler Post-Dienstleister ist das Auftreten neuer überregionaler Anbieter absehbar. Der Markteintritt kooperierender Unternehmen (Beispiel: Mail Alliance unter der Führung von TNT oder Postdienste von Verlagsgesellschaften (PIN AG)) werden zu vergleichbaren flächendeckenden Angeboten und zu einem alternativen Briefdienstnetzwerk führen. Neue Serviceleistungen sind zu erwarten und der Kunde wird sich in der Vielzahl von Angeboten und Tarifen neu orientieren müssen. Ausländische Postgesellschaften kommen hinzu und werden und zum einstigen Monopolisten in Wettbewerb treten.[395] Außer den strukturellen Veränderungen müssen die Anbieter intelligente Antworten auf konjunkturelle Marktschwankungen und angepasstes Konsumentenverhalten finden. Lösungen können in Kostenreduzierungen und in der Optimierung der Logistikprozesse liegen – Ersatz der Post-Nachtflüge durch LKW-Einsatz oder Übertragung der Briefinhalte über Datenleitungen und Ausdruck, Kuvertierung u. a. am Zustellort.

Die Veränderungen im Briefmarkt durch zunehmende Kommunikation über das Internet oder andere elektronische Medien werden zu innovativen Organisationsstrukturen und alternativen – kostenpflichtigen - Postdiensten auf gesetzlicher Grundlage (Gesetz zur Regelung von De-Mail-Diensten („Bürgerportalgesetz")) führen. Im Zuge der Digitalisierung wird die Menge der Briefsendungen – damit Umsatz und Gewinn in diesen Märkten - abnehmen. Mit für den Versender und Empfänger sicheren und rechtsverbindlichen E-Briefen („DE-Brief", „E-Postbrief") können in abgeschirmten Datennetzen von akkreditierten Dienstanbietern[396] für registrierte Kunden beispielsweise Rechnungen, Gehaltsabrechnungen, Renten-/Steuerbescheide, Baugenehmigungen, Krankheitsdaten LOTTO-Tippscheine u. a. elektronisch oder in Papierform (Hybridform) zugestellt und per Mausklick bezahlt, verwaltet und bearbeitet werden. Die Absendung und die Zustellung des elektronischen Briefes sind nachweisbar. Es wird ein Kommunikationsmittel

---

[394] Entsprechend einer EU-Vorgabe sind ab 1. Juli 2010 alle Briefdienstleister von der Mehrwertsteuer befreit und müssen eine flächendeckende Grundversorgung der Bevölkerung – durch Annahmestellen in jedem Ort über 2000 Einwohner - nachweisen (Universaldienstverpflichtung). Postdienste für Geschäftskunden (Infopost, Katalogversand u. a.) sind mehrwertsteuerpflichtig.

[395] Zur Neuordnung des Briefmarktes trägt auch das höchstrichterliche Urteil (2010) über die Ungültigkeit des im Jahre 2008 eingeführten Mindestlohns für Briefzusteller der gesamten Branche bei, der zwischen den Tarifpartnern neu ausgehandelt werden muß und zu veränderten Wettbewerbssituationen führen wird.

[396] Als Zertifizierungsstelle ist das Bundesamt für Sicherheit in der Informationstechnik (BSI) auf Einhaltung der Sicherheitsstandards vorgesehen.

geschaffen, das den verbindlichen, vertraulichen, verlässlichen und rechtsgültigen Austausch von digitalisierten Informationen und Dokumenten zwischen Personen, Behörden und Unternehmen unter Wahrung des Briefgeheimnisses über das Internet erlaubt.

Weitere Beispiele für Nischenangebote über das Internet sind Mail-to-Print über Dienst-leistungsportale; das ist die DV-gestützte Erstellung von individuellen Briefsendungen beim Absender (Tageskorrespondenz, Geschäftsbriefe, Serienbriefe, Werbesendungen, allgemeine Angebote oder inhaltsgleiche Infopost (Direct Mailings)) in Unternehmen oder Vereinen. Die über verschlüsselte Datenleitungen in Biefportalen emittierten Texte werden aufbereitet, an Druckereien weitergeleitet, in der Zustellregion zu physischen Sendungen umgewandelt, adressiert, kuvertiert, frankiert, sortiert und Briefzustell-Dienstleistern übergeben. Neben der Zeitersparnis wird auch eine Verminderung der Kosten für den physischen Transport in die Region des Empfängers erwartet; diese Postdienste sollen einen Wettbewerb zur klassischen E-Mail (SMS oder MMS) unter Wahrung des Brief-geheimnisses bieten, soweit eine Akzeptanz der Kunden erwartet werden kann.[397]

9.3.3.2 Deutsche Post DHL AG

In den 1980er Jahren wurden innerhalb der EG/EU erste Schritte zur Vollendung eines europäischen Binnenmarktes eingeleitet, die auch zu Bestrebungen führten das Post- und Fernmeldewesen mit vorhandenen Monopolstellungen zu liberalisieren und für einen freien Wettbewerb der Waren und Dienstleistungen frei zu geben. Ziel einer Reform sollte es sein, die Angebotsvielfalt in den Marktbereichen zu erweitern und zu fördern und für ausländische Anbieter zu öffnen. Das Poststrukturgesetz von 1989 schuf die Voraus-setzungen für eine Entstaatlichung und die Aufhebung des Monopols der Deutschen Post und erlaubte nun ausländischen Unternehmen den Einstieg in den deutschen KEP-Markt. Die anstehende Privatisierung der Postbehörde, die etwa 500 Jahre lang im Staatsdienst mit Privilegien, Hoheitsrechten und Monopolen ausgestattet war, endete 1989 im Zuge dieser Reform und mündete in der Dreiteilung der ursprünglichen Post-Funktionen in

- Postdienst (Gelbe Post)
- Postbank[398] (Blaue Post)
- Telekom (Graue Post)

Ab 1995 wurden infolge der Postreform II aus den Postbehörden jeweils eigenständige Aktiengesellschaften - ab 2000 folgte der Gang an die Börse für Privatanleger („Aktie Gelb"). Nach verschiedenen Unternehmensübernahmen und Kooperationsabkommen ist die Deutsche Post AG als weltweiter Gesamtanbieter logistischer Leistungen (Mail, Express, Logistics) und als Finanzdienstleister positioniert. Die Deutsche Post wuchs seit ihrer Privatisierung vor allem durch Unternehmenskäufe/-beteiligungen:

---

[397] Im Juli 2010 trat die „United Internet AG" mit einem ersten Angebot zur Kunden-Registrierung am Markt auf. Die „Deutsche Post" und die „Telekom" folgten mit ihrem Angeboten (E-Postbrief) etwas später. Zunächst sollen diese Online-Briefe nur für die Kommunikation innerhalb Deutschlands dienen, da es noch keinen europäischen Standard gibt.

[398] Die Postbank wird 1995 Aktiengesellschaft, 1999 von Deutschen Post übernommen und geht 2004 an die Börse. Seit 2008 beteiligt sich die Deutsche Bank an der Postbank.

▨ **Global Mail**	Akquisition des größten privaten Anbieters internationaler Briefdienste in den USA im Jahr 1998.
▨ **Danzas**	Der weltweit mit führende Schweizer Logistik-Dienstleister wurde im Jahr 1999 übernommen.
▨ **AEI**	Ebenfalls 1999 Akquisition des größten US-Dienstleisters im Bereich internationale Luftfracht, Air Express International.
▨ **DHL**	Nach einer Minderheitsbeteiligung im Jahr 1998 erfolgt im Laufe des Jahres 2002 zunächst die Übernahme einer Mehrheitsbeteiligung an dem US-amerikanischen Logistik-Konzern DHL[399] und schliesslich die vollständige Übernahme.
▨ **Airborne**	Ein Jahr später (2003) Übernahme des US-Expressunternehmens für ein verstärktes Engagement im US-Expressmarkt.[400]
▨ **Exel**	Übernahme des britischen Logistik-Konzerns im Jahr 2005 für die Summe von 5,5 Millarden Euro.
▨ **Williams Lea**	Im Februar 2006 Übernahme des internationalen Anbieters für Brief- und dokumentenbezogene Mehrwertdienstleistungen.

Das Angebot des Postdienstes mit den Marken „Deutsche Post" und „DHL" wurde neu gegliedert, die heutigen Unternehmensbereiche folgen einer Organisation mit folgenden Geschäftsfeldern:

▨ **Brief** - dieser Bereich befördert Briefe und Pakete in Deutschland und in grenzüberschreitenden Märkten, betreibt Dialogmarketing (Direktmarketing für spezielle Zielgruppen), übernimmt die Verteilung von Presseerzeugnissen und bietet Lösungen für die Unternehmenskommunikation. Die Leistungen werden in Deutschland mit einem flächendeckenden Filial-, Transport- und Zustellnetz erbracht.[401]

Der schrumpfende Briefmarkt, der Wegfall des Postmonopols und der Markteintritt von Mitbewerbern zwingt das Briefgeschäft zu Rationalisierungsmaßnahmen wie dem Abbau von Zustellerkapazitäten oder das Ausdünnen bzw. die Aufgabe des eigenen Filialnetzes, die Einrichtung von externen Verkaufsstellen (Supermärkte, Einzelhändler, Kioske u. a.), Agenturen oder Postpoints als private Partner der Post.

▨ **Express** – dieser Unternehmensbereich befördert Expresssendungen (Dokumente, Pakete und Kuriersendungen). Um ihre Dienstleistungen kundenorientiert, schnell, zuverlässig und preisgünstig durchzuführen, werden neben den operativen Diensten den Kunden auch Beratungsleistungen (value added services) angeboten.

---

[399] Das Logistik-Unternehmen DHL wurde 1969 von den Unternehmern Adrian Dalsey, Larry Hillblom und Robert Lynn in San Francisco gegründet. Es ist ein international tätiges Express- und Logistikunternehmen mit einer eigenen Frachtfluggesellschaft.

[400] Im Jahre 2008 wurde das defizitäre USA-Expressgeschäft – einschließlich der Wilmington Air Base (Ohio) als Frachtflughafen - aufgegeben und eine Kooperation mit UPS eingegangen.

[401] Das Logistikkonzept für dieses Segment mit heute 108.000 Briefkästen und 82 Briefzentren, die in den 1990er Jahren errichtet wurden, soll an dieser Stelle nur erwähnt werden (jeder Nutzer sollte nur einen Weg von etwa 1.000 m haben). Die Deutsche Post AG ist der Marktführer auf einem schrumpfenden Markt.

Das logistische System für das Geschäftsfeld Express basiert auf 33 baugleichen *Paketzentren* (Frachtzentrum, Hauptumschlagsbasis - HUB) mit jeweils definierter Gebietszuständigkeit (siehe **Abb. 9-3**), ausgestattet jeweils mit hochautomatisierten Sortieranlagen. Darunter befinden sich für den internationalen Postverkehr 5 *Auswechslungsstellen:* Für Luftpost das Internationale Postzentrum (IPZ) am Flughafen Frankfurt/Main und Niederaula, für den Seeweg die Internationale Seepoststation (ISPS) in Hamburg und für den Landweg die Internationalen Frachtstationen (IFS) Radefeld und Speyer.[402] Die Zentren liegen im Allgemeinen verkehrsgünstig mit guter Anbindung an die Netze der Bundesstraßen und Bundesautobahnen und an die Terminals der Deutschen Bahn für den kombinierten Verkehr (KLV) und erlauben genaue Zeittakte der Warenströme im Logistik-Netzwerk.

Abb. 9-3:   Gebietszuständigkeit der DHL-Paketzentren

Quelle: Deutsche Post AG

Der logistische Prozess über die Paketzentren ist wie folgt organisiert (siehe **Abb. 9-4**): Die in Geschäftsstellen (Postfilialen, Postagenturen, Stützpunkten – oder seit 2006 in Paketboxen (Briefkasten für Pakete)) der Deutschen Post eingelieferten oder direkt bei (Groß-) Kunden abgeholten Pakete werden in Sammelfahrten per LKW zu dem entsprechenden Paketzentrum Abgang befördert. Auf einem Codierband des Paketzentrums werden die Sendungen mit einem Strichcode versehen, bestehend aus einem Ident- und einem Leitcode. Der Identcode dient zur Identifizierung des Paketes, der Leitcode enthält Informationen zur Zieladresse. Die Codierungen erlauben eine eindeutige Zuordnung und Steuerung der Sendungen – einschließlich einer Sendungsverfolgung mit Hilfe zentraler Tracking- und Tracing-Rechner (vgl. Abschnitt 10.4.2.7). Anhand des Leitcodes erfolgen die Sortierung und die Weiterleitung an eines der anderen 32 Paketzentren. Zwischen den Zentren erfolgt die Beförderung im Direktverkehr, d. h. zu jedem weiteren Paketzentrum besteht eine direkte LKW-Verbindung. Ein Schienenverkehr wird nicht genutzt.

---

[402] Betriebswirtschaftlich führen die Investitionen - und mögliche Leerkosten aus Überkapazitäten - der Paketzentren naturgemäß zunächst zu Verlusten.

Die aus anderen Paketzentren eintreffenden Sendungen werden im Eingangs-Paketzentrum an die regionalen Zustellbasen, von denen dann der Transport zum Empfänger erfolgt, weitergeleitet. Es wird angestrebt, die Zustellung der Sendungen innerhalb Deutschlands mit Laufzeiten im 24-Stunden-Takt – meist unter Nutzung des Nachtsprungs – zu gewährleisten (E + 1 - Einlieferung + 1 Tag). Die Pakete werden dem Empfänger unmittelbar über Zustellbasen zugestellt oder können bei Postfilialen, Postagenturen, Postpoints oder Packstationen (Automatisierung der letzten Meile) abgeholt werden.[403]

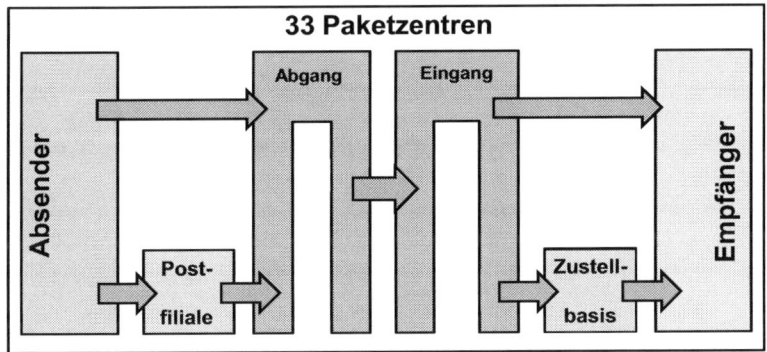

Abb. 9-4:   Einbindung der Paketzentren

Quelle: Deutsche Post AG

Der Unternehmensbereich EXPRESS ist nicht nur in Deutschland sondern im Zuge der Globalisierung auch international tätig. Das Netzwerk der Marke DHL umspannt viele Länder und Territorien – die Einteilung der Regionen ist: Europa, Americas, Asia Pacific sowie Osteuropa, Mittlerer Osten und Afrika (EEMEA).

- **Global Forwarding, Freight** – in diesem Unternehmensbereich sind logistische Angebote der Land-, Luft- und Seefracht zusammengefasst; das sind speditionelle Tätigkeiten für die Planung und Realisierung globaler Transportlösungen in Europa und im Mittleren Osten. Als Makler zwischen Kunden und Frachtunternehmen werden die Aufträge gebündelt und den erforderlichen Frachtführern zugeführt. Teilweise werden auch Luftfrachtkapazitäten der eigenen Flotte genutzt.[404]
- **Supply Chain** – dieser Unternehmensbereich beinhaltet kundenorientierte Lösungen entlang gesamter Lieferketten in vielen Ländern der globalisierten Welt für Lager-, Distributions-, Transport- und Mehrwertleistungen. Hinzu kommen Angebote der Informationslogistik (Corporate Information Solutions), um Lieferketten flexibel zu gestalten und um auf Marktentwicklungen zeitnah reagieren zu können. Logistische

---

[403] Zur Verminderung des zunehmenden innerstädtischen Zustellverkehrs sind für eine Abholung von Paketen auch Nachbarschaftsläden, Taxifahrer, „Bring Buddies" (registrierte Zustellhelfer) oder andere innovative Bringdienste denkbar.

[404] Es soll an dieser Stelle auf das im Jahre 2008 auf dem Flughafen Leipzig/Halle eröffnete Luftdrehkreuz (Hub) und die im Jahre 2009 mit der Deutsche Lufthansa AG gemeinsam gegründete Frachtfluggesellschaft „AEROLOGIC" (Joint Venture für Frachtflüge) hingewiesen werden. Die innerdeutsche Weiterleitung sollte mit der Bahn nach Frankfurt oder mit LKW nach Nürnberg und München erfolgen. Der Bedienung der asiatischen Märkte dient die Eröffnung eines Luft-Drehkreuzes in Shanghai (2012), um insbesondere Pakete und Dokumente in diesem zukunftsorientierten Wirtschaftsraum verteilen zu können.

Lösungen werden für Unternehmen vor allem in den Branchen Technologie, Pharmazie, Automobil, Maschinenbau und Handel angeboten.

Das zunehmende Angebot ganzheitlicher logistischer Dienstleistungen ist in den wirtschaftlichen Strukturveränderungen auf den Speditionsmärkten begründet. Es sind die bereits bekannten Tendenzen der erhöhten Nachfrage der Industrie und des Handels nach Logistikleistungen, der immer kleiner - aber höherwertiger - werdenden Sendungen mit häufiger Lieferfrequenz, die auf Kundenwunsch unverzüglich dem Empfänger zugeführt (Just-in-time-Systeme, Same-day-Dienste, Overnight-Service) werden müssen, die veränderten Fertigungs- und Lagerhaltungsstrukturen der Kunden, die vergrößerte – internationale – Arbeitsteilung u. a. Hinzu kommen veränderte gesellschaftliche Rahmenbedingungen (Beispiele: Anspruch auf gute Warenversorgung, erhöhter Konkurrenzdruck durch europaweite Angebote und das gestiegene Umweltbewusstsein), die ein zuverlässiges, ökologieorientiertes und flexibles Transport-Management erfordern; die Veränderungen liegen auch in Strukturwandlungen - insbesondere in Europa: Tariffreigabe, Deregulierung, Liberalisierung der Grenzformalitäten (Europa 93 mit der Freizügigkeit des Waren- und Dienstleistungsverkehrs), Aufhebung des Kabotage-Verbotes etc. Die vergrößerten Operationsräume, der internationale Konkurrenzdruck, die qualitativ und quantitativ verbreiterten Nachfragen logistischer Leistungen, die verstärkt eingesetzte Technik für Transport, Lagerung und Kommunikation und ihre Kosten haben zu einer Veränderung der Unternehmensstrukturen und Unternehmensbeziehungen zur Neubesetzung der Wettbewerbsposition und zur Erweiterung der Marktanteile geführt; es sind verschiedene Tendenzen sichtbar: Aufbau von vertikalen und horizontalen Kooperationen oder Fusionen (Coopetition) der an der Prozesskette beteiligten Unternehmen zu strategischen, logistischen Allianzen, um in partnerschaftlicher Zusammenarbeit[405] mit engen Stützpunktnetzen den Kunden ein umfassendes, weltweites, länder- und kontinenteübergreifendes Logistik-Angebot - „aus einer Hand" - vorhalten zu können. Die vorhandenen Wachstumchancen dieses Geschäftsbereiches sollten mittelfristig die Schrumpfungsprozesse im Briefgeschäft für das Ergebnis des Gesamtunternehmens ausgleichen. Im Geschäftsjahr 2010 überstieg das Ergebnis des internationalen Logistik-Bereiches erstmalig das Ergebnis des klassischen Brief- und Paketgeschäftes des Post-Konzerns. Dabei wurden 68% aller Umsätze im Ausland erzielt.

9.3.3.3 Deutsche Bahn AG

Während der Industrialisierung im 19. Jahrhundert bestimmte in Deutschland die Eisenbahn - neben dem Binnenschiff - den Güteraustausch: beispielsweise zwischen dem Ruhrgebiet mit seiner Stahl- und Kohleindustrie und Berlin mit seiner Maschinen- und Elektroindustrie - aber auch in der Bauwirtschaft. Die wirtschaftliche Entwicklung der damals entstehenden Industriegebiete ist ohne die Eisenbahnverbindungen nicht denkbar.

Nach der Reichgründung im Jahre 1871 gab es keine einheitliche Bahngesellschaft. Die bestehenden staatlichen Eisenbahnen unterstanden der Hoheit der einzelnen deutschen Länder. Erst im Jahre 1920 wurde die Bestimmung der „Weimarer Verfassung" zur Gründung der „Deutschen Reichseisenbahnen" umgesetzt und 1924 zur „Deutschen Reichsbahn" zusammen gefasst und der Hoheit des „Deutschen Reiches" unterstellt. Diese Bahn-Gesellschaft bestand bis 1949 und wurde durch die Staatsbahnen der Bundesrepublik

---

[405] Die Kooperationen ermöglichen auch das Angebot standardisierter Leistungen, die Nutzung kombinierter Verkehrssysteme, Bündelung von Transporten, EDV-Einsatz in Tourenplanung, Flottenmanagement, Sendungsverfolgung u. a. Kooperationen sind auch mit Subunternehmern möglich - dies können fallweise selbständige Fuhrunternehmer sein, die aber auch in einem Franchise-System integriert werden können.

Deutschland als „Deutsche Bundesbahn" und der Deutschen Demokratischen Republik (DDR) als „Deutsche Reichsbahn" bis 1994 abgelöst.

Die heutige Deutsche Bahn AG wurde 1994 gegründet. Sie ist eines der führenden Mobilitäts- und Logistikunternehmen weltweit, tätig in 130 Ländern. Kern des Unternehmens ist die Eisenbahn in Deutschland. In Deutschland erbringt die Bahn auf 33.862 km Schienenweg (2008)[406] ein Verkehrsaufkommen von ca. 379 Mio. Tonnen/Jahr im Schienen-Güterverkehr. Hinzu kamen im Jahr 2008 1.456 Tsd. TEU (20 Fuß Container) im Bereich Seefracht und 1.230 Tsd. Tonnen in der Luftfracht. Die Schienenverkehrsleistungen wurden mit 130.000 eingesetzten Güterwagen und 3.300 Lokomotiven erbracht. Einbußen hatte die Bahn insbesondere bei Massengütern der Chemie- und Stahlindustrie und bei Baumaterialien (Steine und Erden). Der Anteil der Transportleistungen der Bahn am gesamten Verkehrsaufkommen soll bis zum Jahre 2015 verdoppelt werden.[407]

Wie jeder Verkehrsanbieter braucht die Eisenbahn zur Durchführung der Logistikleistung Einrichtungen (Fahrwege, Abfertigungsanlagen, Rangiereinrichtungen u. a.), bewegliche Anlagen (Fahrzeuge, Wagenpark, Triebfahrzeuge/Lokomotiven), Umschlaganlagen (Fördermittel wie Kräne u. a.) und eine Organisation. Die Bahn erbringt ihre Leistungen auf der Grundlage der vorhandenen Möglichkeiten; sie bietet Vorteile durch die spezifischen - systembedingten - Eigenarten für dafür geeignete Güter und der örtlichen Gegebenheiten. Das bedeutet, dass in der Fläche nicht ein dem Straßennetz vergleichbares dichtes Schienennetz vorhanden ist, und Schnittstellen/Zugänge zum Schienenverkehr (Abfertigung von Gütern, Be- und Entladung (Laderampen, Wagenzulauf, Umschlageinrichtungen u. a.)) eine geringe Streuung in der Fläche haben.

Bahnreform

In Deutschland wurde im Zuge der von der EU geforderten Liberalisierung und Privatisierung ab 1992 eine Bahnreform[408] betrieben, um die beiden deutschen Bahngesellschaften (DB - Deutsche Bundesbahn und DR - Deutsche Reichsbahn) in einer Aktiengesellschaft zusammenzuführen, organisatorisch umzustrukturieren und betriebswirtschaftlich zu sanieren (siehe **Abb. 9-5**).[409] Durch Einführung marktwirtschaftlicher Prinzipien und unternehmerischer Eigenständigkeit sollte die Bahn von politischen Einflüssen unabhängig und markt-/kundenorientiert werden. Gleichzeitig war eine Gleichstellung mit anderen Verkehrsträgern zu erreichen und Konkurrenzunternehmen ein diskriminierungsfreier Zugang zu den Schienenwegen zu ermöglichen. Dies kann durch die Unabhängigkeit von Netz und Betrieb ermöglicht werden.

Die privatrechtlich organisierte Deutsche Bahn AG hat seit dem 1. Januar 1994 Eisenbahnverkehrsleistungen zu erbringen, das Schienennetz zu betreiben, die bahnnotwendigen Liegenschaften zu verwalten und Produktivitätsrückstände abzubauen. Durch Einführung eines Finanzierungskonzeptes - etwa die Aufteilung der Kosten auf Bund und Länder - Umgründung und Veränderung der Unternehmensphilosophie sollte die Umwandlung einer Behörde zu einem privatwirtschaftlichen - kapitalmarktfähigen - Unternehmen erreicht werden. Ein späterer Börsengang der Deutsche Bahn AG (100% Bundesbesitz)

---

[406] Zwischen 1994 und 2006 wurden 5.126 km abgebaut und 1.863 km an konkurrierende Betreiber abgegeben.

[407] Vgl. Geschäftsberichte und Website der Deutschen Bahn AG sowie Destatis u. a.

[408] Die mit dem Eisenbahnneuordnungsgesetz (EneuOG -1993) eingeleitete Neuordnung des Eisenbahnwesens in Deutschland wird als Bahnreform bezeichnet.

[409] In der Ausgangssituation waren bis 1993 Verluste in Höhe von 34 Mrd € entstanden; die Deutsche Bahn AG wurde zum 1. Januar 1994 von diesen Altschulden befreit, um die Wettbewerbsfähigkeit zu steigern.

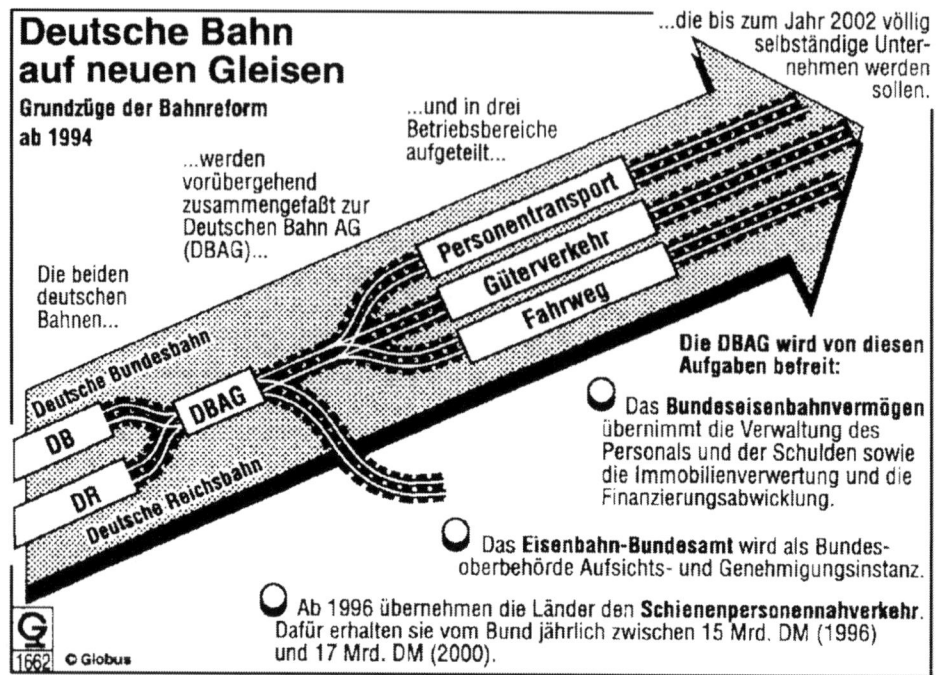

Deutsche Bahn auf neuen Gleisen

Grundzüge der Bahnreform ab 1994

...werden vorübergehend zusammengefaßt zur Deutschen Bahn AG (DBAG)...

...und in drei Betriebsbereiche aufgeteilt...

...die bis zum Jahr 2002 völlig selbständige Unternehmen werden sollen.

Die beiden deutschen Bahnen...

Deutsche Bundesbahn

DB

DBAG

DR

Deutsche Reichsbahn

Personentransport

Güterverkehr

Fahrweg

Die DBAG wird von diesen Aufgaben befreit:

○ Das Bundeseisenbahnvermögen übernimmt die Verwaltung des Personals und der Schulden sowie die Immobilienverwertung und die Finanzierungsabwicklung.

○ Das Eisenbahn-Bundesamt wird als Bundesoberbehörde Aufsichts- und Genehmigungsinstanz.

○ Ab 1996 übernehmen die Länder den Schienenpersonennahverkehr. Dafür erhalten sie vom Bund jährlich zwischen 15 Mrd. DM (1996) und 17 Mrd. DM (2000).

1662 © Globus

Abb. 9-5:   Schritte zur Bahnreform

oder einzelner Konzerntöchter ist geplant. Für die Finanzierung des Nachholbedarfs der Investitionen sind - nach einer Anhebung der Mineralölsteuer, der Einnahmen aus der Versteigerung der UMTS-Mobilfunklizenzen (2000) und der Erhebung von Autobahngebühren (LKW-Maut - 2005) - die Länder und Kommunen - mit Unterstützung des Bundes - zuständig (s. § 87e des Grundgesetzes).

Die betriebswirtschaftlichen Ergebnisse dieser Geschäftsjahre waren positiv, sie wurden vor allen aus dem Personenverkehr erwirtschaftet - nachteilig können sich die Abschreibungen aus den hohen Investitionen (1994 - 1998: 36 Mrd. €, bis 2005: 40 Mrd. € für Züge, Lokomotiven, Erneuerung von Bahnhöfen) und den Zinsbelastungen aus den langfristig eingegangenen Verbindlichkeiten auf die Ergebnisse der nächsten Geschäftsjahre auswirken. Der Anteil der Konzernsparte DB CARGO AG lagen bei etwa 25% (Umsatz 2000: 3,8 Mrd. €). Unter dem Dach der DB CARGO AG[410] gibt es für Spezial- und Zusatzaufgaben Tochter- und Beteiligungsunternehmen auf dem Weg zu einem globalen Logistikdienstleister.

In der zweiten Stufe der Bahnreform wurden nach dem 1. Januar 1999 unter einer Holding-Gesellschaft „Deutsche Bahn AG" aus den operativen Unternehmensbereichen Personenverkehr, Güterverkehr und Fahrweg eigenständige Aktiengesellschaften gebildet, deren Vorstände Mitglieder der Konzernleitung sind:

---

[410] Um eine führende Position als größte Güterbahn in Europa zu erreichen, wurde im Jahre 2003 aus der früheren DB CARGO AG mit verschiedenen europäischen Landesgesellschaften die Gruppe „RAILION" gegründet. Seit 2009 firmieren die Mitglieder des Netzwerkes unter „DB Schenker Rail Deutschland AG".

- DB Reise & Touristik AG (früher: DB Fernverkehr)
- DB Regio AG (früher: DB Nahverkehr)
- DB Cargo AG (früher: DB Güterverkehr)
- DB Station & Service AG (früher: DB Personenbahnhöfe)
- DB Netz AG (früher DB Fahrweg)[411]
- DB Immobilien GmbH

Seit dem Jahre 2004 wird die (Teil-)Privatisierung mit Börsengang[412] der Bahn betrieben. Nach langwierigen Diskussionen wird Anfang 2007 ein Gesetzentwurf hierzu vorgelegt; das Vorhaben wird Ende 2008 wegen der beginnenden Finanzkrise abgesagt. Ein neuer Anlauf für einen Börsengang ist ungewiss.

Für die Privatisierung muss auch sichergestellt werden, dass eine gute Infrastruktur (Fahrweg, Bahnhöfe/Rangierbahnhöfe, Überholstrecken, Abstellgleise, Ladestraßen oder Energieversorgungssysteme) gewährleistet ist; hierzu hat die Bundesregierung (lt. Grundgesetz § 87e) zu sorgen. Bei einer Privatisierung würden die Nutzungsrechte der Infrastruktur rechtlich beim Bund, wirtschaftlich aber bei der Bahn bleiben und damit nicht Bestandteil der Bahnbilanz sein. Es ist angedacht, dass der Bund jährliche Mittel[413] zur Verfügung stellt, um einen bestimmten Standard des Schienennetzes zu gewährleisten. Die Bahn, die für Bau, Pflege und Instandhaltung der Schienenwege als Dienstleister für den Staat zuständig ist, muss regelmäßige Nachweise über deren Zustand[414] erbringen und über mögliche Stilllegungen berichten (Netzzustandsbericht).

Zur Verbesserung des Angebotes und zur Belebung des schienengebundenen Güterverkehrs muss zuerst die in den letzten Jahren betriebene Stilllegung von Strecken und Güterverkehrsstellen - auch im Nahverkehr - aufgehalten werden, um das Verkehrsangebot im Flächenverkehr zu verbessern. Dies kann auch durch Übertragung von Trassennutzungsrechten an andere private Betreiber (Nischenanbieter) erfolgen, soweit die Trassenpreise der unabhängigen Bundesnetzagentur (seit 2006) für Dritte auskömmlich und innovative, mehrmodale Logistiklösungen wettbewerbskonform sind.

Im Jahr 2008 wurde der Teilbereich DB Mobility Logistics AG geschaffen (siehe **Abb. 9-6**). Er bündelt alle Mobilitäts- und Logistikaktivitäten des DB-Konzerns. Die DB Mobility Logistics AG ist eine 100-prozentige Tochtergesellschaft der Deutschen Bahn AG. Die Aktivitäten rund um Personenverkehr, Transport und Logistik sowie die insbesondere mit dem Schienenverkehr zusammenhängenden Dienstleistungen sind in sechs Geschäftsfeldern gebündelt, die die operativen Geschäftsaufgaben wahrnehmen:

- DB Bahn Fernverkehr - im Geschäftsfeld DB Bahn Fernverkehr bietet das Unternehmen nationale und grenzüberschreitende Fernverkehrsleistungen auf der Schiene.

---

[411] Das Schienennetz steht auch anderen - privaten - Betreibern (aus EU-Mitgliedsländern) gegen Entgelt zur Nutzung im Personen- und Güterverkehr offen. Die im Jahre 2001 geführte Diskussion um eine Neufassung eines "Allgemeinen Eisenbahngesetzes" (AEG) verlangte einen diskriminierungsfreien Zugang zum Schienennetz für alle privaten Bahnanbieter und eine Ausgliederung aus dem Verbund der DBAG. Die bundeseigene Bahn darf nun das Schienennetz zunächst weiter betreiben.

[412] Strittig ist auch die Frage, ob die Privatisierung über die Ausgabe von „Volksaktien" oder über Investoren des Kapitalmarktes finanziert werden soll.

[413] Mit dem Abschluss einer Leistungs- und Finanzierungsvereinbarung (2008) verpflichtet sich die Bundesregierung für einen längeren Zeitraum jährlich 2,5 Mrd. Euro bereitzustellen, die DB AG sagt 500 Mio. Eigenmittel für Netz, Bahnhöfe und Energieversorgung zu.

[414] Im Jahre 2007 war das gesamte Schienennetz durchschnittlich 19,8 Jahre alt – mit der Gefahr zunehmender Langsamfahrstellen. Grundsätzlich sind für den Erhalt, den Neu-/Ausbau des Schienennetzes jährlich etwa 5 Mrd. € nötig.

- DB Bahn Regio – das Geschäftsfeld DB Bahn Regio verfügt über ein weit verzweigtes Regionalverkehrsnetz mit Anschluss in Ballungsräumen und in der Fläche.
- DB Bahn Stadtverkehr - im Geschäftsfeld DB Bahn Stadtverkehr werden die S-Bahnen in Berlin und Hamburg sowie Busgesellschaften gebündelt.
- DB Schenker Logistics - im Geschäftsfeld DB Schenker Logistics sind die Angebote eines weltweit tätigen Logistik-Dienstleistungsunternehmens integriert. Diese Marke verknüpft die früheren Aktivitäten „Schenker" und „Railion" zu der gemeinsamen Kompetenz eines weltweit führenden Dienstleisters für integrierte Logistik.
- DB Schenker Rail - im Geschäftsfeld DB Schenker Rail werden die europaweiten Aktivitäten im Schienengüterverkehr geführt.
- DB Dienstleistungen - im Geschäftsfeld DB Dienstleistungen sind die Dienstleister unter anderem für IT, Fahrzeuginstandhaltung und Fuhrparkmanagement zusammengefasst.

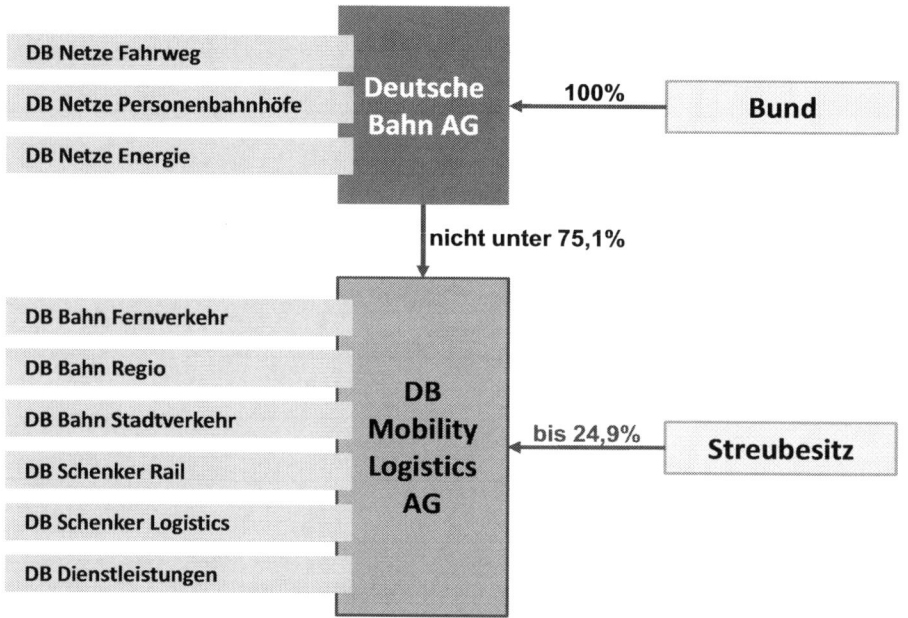

Abb. 9-6:   **Unternehmensstruktur der Deutschen Bahn**

Quelle: Deutsche Bahn AG

Für die logistischen Betrachtungen[415] sind vor allem die Geschäftsfelder „DB Schenker Logistics" und „DB Schenker Rail" als logistisches Kerngeschäft wichtig. Die Transport- und Logistiksparte der Bahn wurde ab 2003 neu positioniert. Die logistischen Fähigkeiten sollen unter Einbindung aller Verkehrsträger und mit einem weltweiten Standort- und Vertriebsnetz mit europäischem Schwerpunkt dem Markttrend hin zu logistischen Gesamtlösungen mit internationalem Charakter Rechnung tragen. So ist der DB-Konzern nicht mehr nur im europäischen Schienengüterverkehr Marktführer, sondern mit seinem

---

[415] Naturgemäß versucht die DB AG, auch im Personennah- und -fernverkehr durch die Erschließung neuer Märkte in dem Kerngeschäft zu expandieren, um wegen der erwarteten Neuverteilung der europäischen Nahverkehrsmärkte in neuen Gebieten aktiv zu werden. Als Beispiel kann der im Jahre 2010 angedachte Zukauf des britischen Mobilitätsunternehmens „ARRIVA" erwähnt werden.

Geschäftsfeld Schenker/Stinnes auch im europäischen Landverkehr sowie weltweit in der Luft- und Seefracht in der Spitzengruppe positioniert.[416]

Durch Firmen-Übernahmen, Gründung von Tochterunternehmen, Bildung von Joint Ventures und internationale Kooperationen wurde versucht, in europäischen und internationalen Märkten tätig zu werden.[417] Damit können die Vorteile des Schienengüterverkehrs (Kerngeschäft der Bahn) auf langen, europaweiten Strecken aus dem Transitland Deutschland heraus angeboten werden.[418]

Für ein weltweites Angebot über sehr lange Strecken und für ein Konkurrenzangebot zum Containerschiff wurde der Peking-Hamburg-Container-Express am 9. Januar 2008 im Bahnhof Dahongmen in der chinesischen Hauptstadt auf die über 10.000 Kilometer lange Reise durch China, die Mongolische Republik, Russland, Weißrussland, Polen und Deutschland gestartet und ist am 24. Januar 2008 in Hamburg angekommen. Es sollte demonstriert werden, dass mit der Schiene Waren zwischen China und Deutschland sicher, zuverlässig und dabei doppelt so schnell wie mit dem Schiff transportiert werden können. Ein weiterer Containerzug aus China erreichte im April 2011 nach 16 Tagen Duisburg. Der raschere Warentransport sorgt für einen kürzeren Kapitalumschlag – insbesondere für hochwertige Güter des Maschinenbaus, der Automobilbranche, der Mode, des Elektronikmarktes u. a. Ein Eisenbahn-Regelbetrieb (TransEurasia-Express) zwischen China und Europa ist technisch möglich und kann dem Containerschiff Konkurrenz bieten.

Neue Bahntrassen bieten auch Möglichkeiten im kombinierten Verkehr (siehe Abschnitt 0). Im Hafenhinterlandverkehr (siehe Abschnitt 3.6.5.1) könnte die Bahn an dem wachsenden Containerumschlag in Rotterdam, Antwerpen, Hamburg und Bremerhaven teilhaben. Dazu gehören die Hafenanbindungen ebenso wie etwa der Neubau der Trassen Bremen/Hamburg – Hannover („Y-Trasse") und der Ausbau der Hauptstrecken und Knotenpunkte im Binnenland.[419] Für den LKW bleibt dann der Transport von lokalen Umschlagorten (Güterverkehrszentren) auf der „letzten Meile" zum Kunden.

9.3.4 Teilmärkte der Kontraktlogistik

9.3.4.1 Übersicht

Die Fremdvergabe (Outsourcing) traditioneller Funktionen des Handels - insbesondere des Bestandsmanagements und der Materialflussgestaltung - an vorgelagerte Glieder der Versorgungskette verändert die Arbeitsteilung in der Distribution. Die Erweiterung der

---

[416] Auf dem Weg zum globalen Anbieter logistischer Leistungen hat die DB AG im Jahre 2006 das US-amerikanische Logistikunternehmen BAX GLOBAL übernommen und in die SCHENKER-Gruppe integriert. Im Jahre 2009 wurde der größte private polnische Güterbahn (PCC Logistics) von der DB übernommen und kann damit verstärkt Logistik-Leistungen in Südost-Europa anbieten. Weitere Aktivitäten beziehen sich auf die Stärkung des Güterverkehrs (Containerzüge) über Russland nach Asien; dazu wurde 2008 die Eurasia Rail Logistics (ZAO ERL) gegründet und die Zusammenarbeit mit der russischen Eisenbahngesellschaft RZD, der polnischen Gesellschaft PKP Cargo und Weißrussland verstärkt.
Zu den angebotenen Kooperationsleistungen der Deutschen Bahn können auch die in den Jahren 2009 und 2010 mit Staaten der Vereinigten Arabischen Emirate und Katar abgeschlossenen Verträge zum Bau und Betrieb von Schienennetzen für den Personen- und Güterverkehr in diesem Bereich gezählt werden.

[417] Naturgemäß versuchen auch andere europäische Bahngesellschaften (Schweizer SBB Cargo, Französische SNCF) im Zuge der Liberalisierung der Märkte, vergleichbare logistische Netzwerke aufzubauen.

[418] Es ist von der EU angedacht, derartigen Zügen Vorrang vor Personenzügen einzuräumen.

[419] Die Verbindung von Rotterdam über das Ruhrgebiet (Betuwe-Route) nach Mittel-/Südeuropa wurde bereits 2007 teilweise eröffnet.

strategischen Partnerschaften um logistische Dienstleister bedeutet die Nutzung zusätzlicher Kompetenzen und erschließt den Logistikdienstleistern neue Segmente in Nischen-
märkten (Branchenlösungen).

Logistikdienste der Kontraktlogistik

* E-Commerce
  - Auslieferung/Fulfillment
    im Business-to-Customer-
    Geschäft (B2C)
  - Retourenmanagement
* Werte-Logistik
* Museums-Logistik
* Ersatzteil-Logistik
* Event-Logistik
* Presse-/Zeitungs-Logistik
* Frische-Logistik
  - Austern, Fisch und Käse
    aus Frankreich
  - Pflanzen-/Blumendienste
    aus Europa, Afrika u. a.
  - Lebensmittelversorgung
    mit Kühl-/Tiefkühlketten
  - Obst- und Südfrüchte
    (Bananen aus Amerika, Kiwi
    aus Neuseeland, Weintrauben
    aus Südafrika/-amerika)

* Healthcare-/Pharma-Logistik
  Medikamentenversorgung
  vom Hersteller bis zum Ver-
  braucher
* Getränke-Dienste
  - Biersorten-Versorgung
    in Deutschland
  - Softdrinks für private
    Haushalte
  - Beaujolais nouveau –
    weltweit im November
* Textil-Logistik
* Dokumenten-Logistik
* Gefahrgut-Logistik
* Messe-Logistik
* Eil- und Notfall-Logistik
* Humanitäre/Soziale Logistik
  - Hilfslieferungen bei Natur-
    ereignissen
  - Hilfsleistungen für
    Krisengebiete

Abb. 9-7:   Logistikdienste der Kontraktlogistik

Ihre Aufgabe ist zunächst die körperliche Handhabung der Waren durch die Übernahme
der TUL-Prozesse - beispielsweise Bündelung der Materialflüsse. Die genaue Kenntnis der
übernommen Versorgung von Märkten bedeutet eine erweiterte Spezialisierung und
Erwerb neuer Kompetenzen. Kundenindividuelle Lösungen, die Weiterentwicklung von
Produkten und die Besetzung von Nischen bedeuten Alleinstellungsmerkmale und weniger
Risiko der Austauschbarkeit.

Im Folgenden sollen einige Nischenmärkte beschrieben werden.

9.3.4.2 Fulfillment im E-Commerce

Als besondere Absatzmethode kann der **Versandhandel** (Fernabsatz, Teleshopping, Home
order Television mit wechselnden, aktuellen Angeboten oder der Handel über das Internet
u. a.) betrachtet werden; hier wird dem individuellen Kunden durch Organisation inner-
und außerbetrieblicher Logistikprozesse in Material- und Informationsfluss ein 24- bis 48-
Stunden-Service geboten. Insbesondere Online-Anbieter locken über geschicktes
Marketing potentielle Käufer auf ihre Internetseiten und gründen ihre Geschäftsmodelle
auf der Leistungsfähigkeit des Großhandels und der logistischen Dienstleister. In Filial-
betrieben, die vor allem beratungsintensive, hochpreisige, wartungs- bzw. kundendienst-
bedürftige Sortimente (Möbel, Haushaltsgeräte, Bekleidung u.a.) anbieten, können Kunden
zusätzlich auch online einkaufen – und gleichzeitig Beratungs- oder Reparaturleistungen
im stationären Service wahrnehmen (Multichannel-Umsätze).

Während im klassischen Absatz eine Optimierung in den einzelnen Handelsstufen mit jeweils hohen Beständen stattfand, wobei große Gebinde (Bulks) bewältigt werden mussten und eine Vereinzelung der Waren erst im dezentralen Einzelhandel erfolgte, hat sich die Arbeitsteilung in der Versorgungskette geändert. Die Geschäftsprozesse des Absatzes werden weitgehend elektronisch abgewickelt, die Warenströme werden frühzeitig entbündelt und individualisiert. Der verbesserte Kundenservice liegt in der Individualisierung der Zustellzeiten und -orte und in der erhöhten Lieferschnelligkeit – dank der logistischen Dienstleister.

Für diesen Service werden zentrale, leistungsfähige Warenverteilzentren als komplexe Systeme betrieben.[420] Die Auftragsdurchlaufzeiten der auf Postkarten, per Telefon, E-Mail oder Fax eingehenden Bestellungen werden in den Logistik-/Warenverteilzentren durch das Zusammenwirken von modernster Organisations-, Informations-, Materialfluss- und Steuerungstechnik - gesamtkostenoptimal - minimiert. Körperlich befinden sich die angebotenen Artikel (Stapelware) in zentralen Distributionslagern und werden dem Kunden in ausgereiften Ablauforganisationen durch die Kombination von automatisierten und manuellen Vorgängen (im Allgemeinen durch zweistufiges, stapelorientiertes Kommissionieren (Batch Picking)) beim Entnehmen, Sortieren, Zusammenstellen und Verpacken der Kundenaufträge einschließlich der zugehörigen Rechnungen zugeführt. Zur Beschleunigung des Versandes werden die ausgehenden Sendungen für einen eigenen Fuhrpark oder für die Dienstleister vorsortiert und zusammengestellt (beispielsweise nach Postleitzahlen bzw. Paketzentren).[421]

Eine neuartige Art des Ein- und Verkaufs ist **E-Shopping/Online-Handel** innerhalb des E-Commerce; das Internet unterstützt digital alle Prozesse des Verkaufs, des Marketing, der Werbung, des Kundendienstes und der Zahlungsabwicklung (mit Kreditkarten). Der internetbasierte Handel stellt sich zunehmend als attraktiver Vertriebskanal dar und bietet einen Zugang zu virtuellen, globalen Marktplätzen mit hoher Transparenz der Angebote, zu denen auch zusätzliche Serviceleistungen – Produktspezifikationen, Lieferterminwünsche, Verfügbarkeitsprüfung, Wahl der Zahlungsart u. a. – gehören. Soweit steuerrechtliche Probleme (Erhebung der Mehrwertsteuer) und rechtliche Fragen des Vertragsabschlusses und der Zahlungsabwicklung (EGG - Elektronisches GeschäftsverkehrG) - auch international - geklärt sind, können die Bestellvorgänge sehr kostengünstig organisiert werden.

Da nur Musik, Software und Informationen digital übermittelt werden können, ist das Einkaufen in einem virtuellen Shop über das Internet nur die eine Hälfte des E-Commerce; die physische - oft zeitkritische - Auslieferung der Ware zum Kunden bedeutet eine neue logistische Dienstleistung, ein Geschäftsfeld für KEP-Dienste - eine komplexe Aufgabe mit Abhol-, Beschaffungs-, Entsorgungs- und Retourenlogistik (Fulfillment im B2C-Geschäft). Heute ist die körperliche Auslieferung der Ware im Erfüllungsgeschäft noch eine Schwachstelle des E-Commerce, da die Entbündelung der Warenströme zu kleinen

---

[420] Im Zuge der Neuorientierung der Marktstrukturen wurden für den Versandhandel beispielsweise folgende Standorte eröffnet:
- NECKERMANN-Stückgutlogistikzentrum in Heideloh (Großzöberitz - Kreis Bitterfeld) an der A9 (April 1995)
- OTTO-Versandzentrum der Hermes Fulfilment GmbH Haldensleben (Magdeburg) in der Nähe der A2/B71, mit Gleisanschluss und Anbindung an den Mittelland-Kanal (zur Warenanlieferung) (November 1995).
[421] Als Beispiele können das KARSTADT-Verteilzentrum in Unna oder die Hubs und Depots der Logistik-Provider (Beispiel: TNT in Wiesbaden oder Arnheim) genannt werden.

Versandeinheiten an eine Vielzahl von Empfängern, individuelle Zustellorte (dezentrale Kundenversorgung) und die veränderte Arbeitsteilung in der Versorgungskette eine hohe Herausforderung bedeuten. Nur durchgängige, leistungsfähige Logistikkonzepte (Gesamtprozessoptimierung mit IT-Unterstützung) werden Akzeptanz und Kundenbindung festigen und den nachhaltigen Erfolg dieses Vertriebsweges sicherstellen. Die Auswirkungen auf das Verkehrsaufkommen - insbesondere in der City-Logistik - müssen abgewartet werden.

9.3.4.3 Ersatzteil-Logistik (Spare Parts Logistics)

Ein weiterer Bereich - kundenorientierter - Absatz-/Logistik-Strukturen ist das Ersatzteilgeschäft (Ersatzteil-Logistik) und zählt zu den wichtigsten Erfolgspotenzialen einer gelungenen Marken- und Produktstrategie. Es gehört in die Nachkaufphase (After-Sales-Services) und dient als Marketinginstrument der Förderung der Markentreue (Kundenbindung), der Gewinnung von Neukunden und als eigenständiger Umsatzträger im Sekundärgeschäft.[422] Die Bereitstellung von Ersatzteilen ergibt sich aus den Verpflichtungen zur Gewährleistung und Sachmängel- oder Produkthaftung. Die Verfügbarkeit von Ersatzteilen wird als Selbstverpflichtung auch nach Ablauf von Gewährleistungszeiten für spätere Reparaturen erwartet. Der Kunde setzt auf eine unkomplizierte und kurzfristige Ersatzteilversorgung für das erworbene Produkt.

In den Branchen Automobilherstellung, Maschinenbau oder Elektroindustrie (Consumer Geräte/Weiße Ware u. a.) ist neben dem technischen Kundendienst das Angebot von Ersatzteilen besonders wichtig, da als Folge gesetzlicher Vorschriften, vertraglicher Vereinbarungen (Wartungs-/Fullservice-Verträge), ausgelobter „Mobilitätsgarantien" oder unvorhergesehener (Unfall-)Ereignisse Ersatzteile zur Wiederherstellung des ursprünglichen Funktionszustandes (Reparatur als werterhaltende Maßnahme) vorgehalten werden müssen. Ersatzteile sind (DIN 24 420/31 051) Teile, Gruppen oder vollständige Erzeugnisse, die dazu bestimmt sind, beschädigte, verschlissene oder fehlende Teile, Gruppen oder Erzeugnisse zu ersetzen; es sind Materialien, die unabhängig vom Primärprodukt betrachtet werden können - ihr Bedarf tritt jeweils erst nach dem Verkauf auf, aber bereits während des Produktlebenszyklus ((Serien-)Fertigung) des Primärproduktes.[423] Die Änderungshäufigkeit und die Innovationen führen zu einer großen Vielfalt der Ersatzteile mit hohen Beständen, wenn ein vorgegebener Servicegrad (Verfügbarkeit, Reaktions-/Lieferzeiten, Qualität) erreicht werden soll. Die Ersatzteildienste werden im Allgemeinen in eigenständigen Organisationssystemen abgewickelt.[424]

Um die Ausfallzeiten/-kosten beim Kunden gering zu halten, ist im Allgemeinen eine kurzfristige Reaktion auf die Kundenwünsche unumgänglich - mit hohen Ansprüchen an die interne und externe Logistik (Transportnetzwerke). Das Problem kundennaher Ersatzteil-Versorgung ergibt sich aus der Ermittlung der notwendigen Bedarfe und der Gestaltung der kostenoptimalen Verfügbarkeit in einem ausgeklügelten System der Lagerhaltung in zentralen oder dezentralen Lägern (vgl. **Abb. 9-8**).

---

[422] Auf die Problematik des EU-weiten Design-Schutz (Geschmacksmusterschutz) gegen Nachbau und Vertrieb soll an dieser Stelle nicht eingegangen werden.

[423] Ein besonderes Problem sind die "Oldtimer" der Autoliebhaber; die übliche Begrenzung der Ersatzteilhaltung - Originalersatzteile zu marktüblichen Preisen - entfällt hier als Folge der Markentreue der Besitzer - organisiert in Markenclubs.

[424] Auch hier kann an die Vergabe des Ersatzteildienstes an Dienstleister gedacht werden.

Die Bedarfe sind im Allgemeinen nur schwer zu prognostizieren und entstehen durch spontane Kundenbestellungen.[425] Die Kostentreiber der Ersatzteillogistik bestehen aus den Lagerhaltungskosten, Transport-/Umschlagkosten und Bestandskosten - hinzu kommen die Kosten der Auftragsabwicklung. Die Ersatzteilversorgung gilt allgemein als eine „Paradedisziplin der Logistik".

Zentrale Lagerstandorte	Dezentrale Lagerstandorte
■ Hohe Lieferbereitschaft	■ Hohe Lieferschnelligkeit
■ Geringe Kapitalbindung, wenig Gesamtlagerfläche	■ Hohe Gesamtbestände (Sicherheitsbestände an jedem Standort)
■ Lange Transportwege/-kosten	■ Flächendeckender Lieferservice bei geringen Transportkosten
■ Hohe Auslastung der Funktionsbereiche (WE, WA, Kommissionierung, Verwaltung)	■ Geringe Auslastung der Funktionsbereiche (Redundanzen)
■ Hohes Maß an Automatisierung	
■ Hohes Störpotential	■ Zuverlässige Anlieferung
	■ Verfügbarkeit der Teile

Abb. 9-8:   Ersatzteillagerung: zentral / dezentral

Durchorganisierte Logistik-Prozesse und zuverlässige Dienstleister in der Ersatzteil-Logistik sind die tragenden Säulen für einen dauerhaften Markterfolg. Mit einem zügigen Informationsfluss ist dafür Sorge zu tragen, dass die Bedarfe der Kunden unmittelbar mit den Möglichkeiten des Internet, Fax oder DV-Anbindung übermittelt werden können - auch außerhalb üblicher Bürozeiten (24 Stunden). Durch hohe Automatisierung und moderne Lagerlogistik kann die Durchlaufzeit der Auftragsabwicklung sehr kurz gehalten werden. Eine zeitparallele Vorbereitung des Versandes - Bestellung von Frachtraum, Angabe der Anzahl und der Gewichte der Packstücke, Ausfertigung von Frachtpapieren u. a. führt zu verzögerungslosem externem Materialfluss - mit Sendungsverfolgung in den weltweiten Netzwerken in strategischen Partnerschaften. Hilfreich ist die Nutzung von spezialisierten Dienstleistern mit Länderorganisationen (Partner-/Destination-Netzwerken) und Regionallägern, die es übernehmen, zeitkritische Ersatzteile über Nacht und vor Arbeitsbeginn der Werkstatt oder dem Service-Techniker europaweit zuzustellen.

Die logistische Struktur entsteht aus einer sinnvollen Kombination von kundennahen Standorten, Versorgungs- und Bevorratungsstrategien, Fremdleistungen und der Ablauf-organisation der Auftragsabwicklung. Bei der Entscheidung über die Standorte des Waren-verteilsystems (siehe **Abb. 9-9**), die europaweit durch eine Cluster-Analyse gefunden werden können, muss bedacht werden, dass zentrale Warenverteilsysteme in der Regel die Lieferbereitschaft erhöhen, das gebundene Kapital reduzieren, in der Summe weniger

---

[425] Als Strategien der Herstellung von Ersatzteilen - nach Serienauslauf sind denkbar:
   - bedarfsorientierte Herstellung in kleinen Losen auf konservierten oder universellen Fertigungsanlagen
   - Herstellung eines "Allzeit-Bedarfes" unter kostengünstigen Serienbedingungen, aber Vorfinanzierung der gelagerten Bestände (Endbevorratung).

Lagerfläche benötigen und den Einsatz technischer Hilfsmittel erleichtern - dezentrale Systeme erhöhen im Allgemeinen die Lieferschnelligkeit. Die an den - zentralen oder dezentralen - Standorten gelagerten Bestände (Bevorratungspolitik) werden aus der Analyse des Wertes und der Gängigkeit abgeleitet. Als Lösung bietet sich ein Mischsystem (selektive Lagerung) aus zentraler und dezentraler Lagerung des jeweils benötigten Sortiments an: Gängige Teile sind „Mehrortteile" (Schnelldreher („Renner")) und werden dezentral gelagert - hochwertige, bedarfsorientierte Teile und „Langsamdreher" („Penner") werden zentral gelagert.

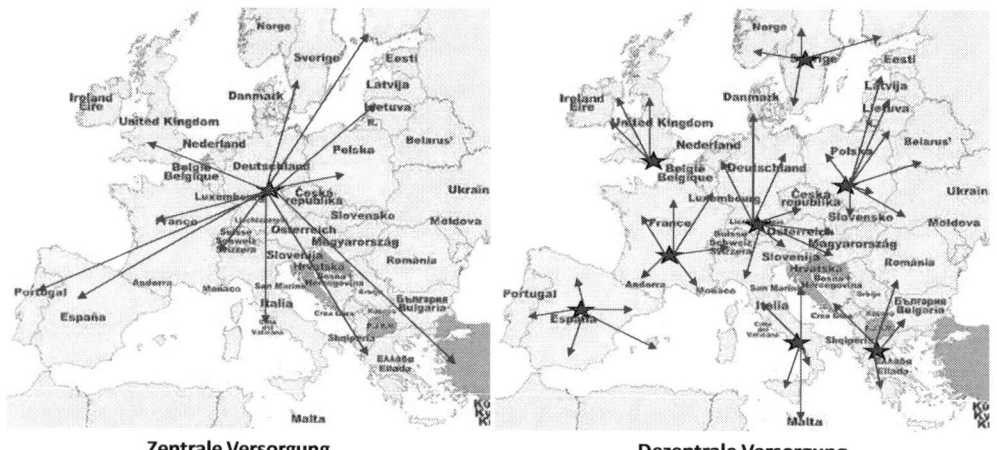

Zentrale Versorgung   **Dezentrale Versorgung**

Abb. 9-9:   **Alternative Strukturen einer europaweiten Ersatzteillogistik**

Die Internationalisierung der Märkte und die Mobilität beispielsweise der Autofahrer erfordern eine optimierte Warenverteilung, die sich - etwa im EU-Binnenmarkt - nicht mehr an nationalen Grenzen orientieren. Für die Distribution bieten sich Lagerstandorte in Ballungsgebieten, in angrenzenden Güterverkehrszentren oder - durch Ausgliederung/ Outsourcing - bei international operierenden, logistischen Dienstleistern an. Durch die Leistungsfähigkeit der logistischen Dienstleister ist eine verstärkte Zentralisierung der Versorgungsläger möglich.

Eine besondere Herausforderung ist die Versorgung der Luftfahrtunternehmen mit Ersatzteilen; das ist zuerst die Bereitstellung von Ersatzteilen für planmäßige Instandhaltungen aber auch für unplanmäßige Notfall-Situationen (Aircraft-on-Ground-Situation). Wegen der hohen Ausfallkosten eines nicht einsatzfähigen Flugzeuges muss ein Dienstleister die erforderlichen Ersatzteile beispielsweise europaweit in sechs Stunden und weltweit in 12 bzw. 72 Stunden dem Bedarfsort zuführen.

9.3.4.4 Frische-Logistik (Lebensmittel-Logistik, FMCG-Logistik[426])

Ein anderes Beispiel einer anspruchsvollen logistischen Aufgabe ist die Versorgung des Handels/der Verbraucher mit frischen – leicht verderblichen – Waren (Perishables). Unter dem Begriff „Frischedienst" (Frische-Logistik) werden Warenflüsse zusammengefasst, die in Kühlketten (temperaturgeführte Lebensmittel (Fisch, Fleisch, Obst, Gemüse, Molkereiprodukte) und Blumen), in Tiefkühlsystemen, in Getränkediensten oder als Transporte lebender Tiere im Systemverkehr ohne Qualitäts- und Zeitverlust zum Verarbeiter oder

---

[426] FMCG – Fast Moving Consumer Goods

Verbraucher gebracht werden müssen.[427] Die – oft weltweite – Versorgungskette gilt der Befriedigung des Bedarfes an - ganzjährig verfügbaren - hochwertigen Frischeprodukten mit begrenzten Haltbarkeiten, die in eigenständigen Express-, Vernäht- oder 24-Stunden-Diensten kostengünstig mit hohen Anforderungen an Hygiene und Handling bereitzustellen sind. Als Beispiel kann die Versorgung bekannter europäischer Delikatessenhäuser mit Fisch, Geflügel, Obst oder Käse vom Pariser Lebensmittelmarkt „Marché Rungis" in der Nähe des Flughafens Orly genannt werden.

Insbesondere die genannten Frischeprodukte oder die täglichen, frischen Gesundheits- und Fertignahrungsmittel bedürfen einer hohen Kompetenz in der logistischen Kette durch effiziente Transportsysteme und optimierte Lagerlogistik in transparenten – nachvollziehbaren – Warenwirtschaftssystemen vom Hersteller bis zum Point of Sale. Dieses Geschäftsfeld als Bindeglied zwischen Hersteller und Handel erfordert Geschwindigkeit, Genauigkeit, moderne Lagerhaltung und leistungsfähige IT-Systeme in einer intelligent aufgebauten Logistikkette.

Obst und Gemüse sind hochempfindliche Frischwaren, die erhebliche Anforderungen an die Logistik-Dienstleistung stellen. Das „Grüne Sortiment" umfasst neben Obst und Gemüse in unverarbeitetem Zustand, Trockenobst, Nüsse, Gewürze und Bioprodukte. Die logistische Dienstleistung erfordert eine sorgfältige Verpackung, die Lagerung, den Transport, den Warenumschlag, Warenpräsentation und sensibles Handling bis zum Point of Sale im Einzelhandel.

9.3.4.5 Spezielle Marktnischen

Als besonders erfolgreich haben sich spezialisierte Dienstleistungsangebote in den folgenden Marktnischen herausgebildet:

■ **Event-Logistik (Sport-/Erlebnis-Logistik)**
Für nationale und internationale Kultur- und Showevents, Live-Konzerte berühmter Künstler, Bands oder Orchester müssen Ausstattungen für die Bühnentechnik (Boden-/ Rasenabdeckungen (Schwerlast-Arena-Panels)) und Zuschauerbereiche, die Bühnentechnik (Bühnenkonstruktion, Licht-, Video- und Tontechnik mit der erforderlichen Verkabelung) und die Übertragungstechnik (Kameras, Kabel, Monitore, Mischpulte) und Instrumente der Musiker rechtzeitig vor den jeweiligen Ereignissen von Ort zu Ort gebracht und aufgebaut werden. Dazu gehören auch Garderoben, Toiletten/Duschen, Catering oder Getränkestände für die Beteiligten und die Zuschauer. Für Tourneen sind mit aufwändiger Logistik jeweils verschiedene Bühnensets unterwegs.

Bei Medienereignissen – politische Großereignisse/Konferenzen, sportliche Events (Olympische Spiele, Fußball-Meisterschaften, Formel-1-Rennen u. a.) – sind neben den Ausrüstungsgegenständen, den Sportgeräten, den Ausstattungen der Unterkünfte für Aktive und Funktionsteams zusätzlich die gesamte Übertragungstechnik der Medien an die Orte des Geschehens zu bringen. Ein Beispiel ist neben den sportlichen Groß-Ereignissen die ZDF-Sendung „Wetten dass ...", die gelegentlich an spektakulären Orten stattfindet: Aspendos (Türkei), Palma de Mallorca, Athen u. a. Für den reibungslosen Ablauf sind etwa 100 t Ausrüstungsgegenstände zeitgenau von Mainz an die Spielorte zu bringen.

---

[427] Manche temperaturgeführten Logistik-Prozesse umfassen besondere Aufgaben - Beispiele sind definierte Reifeprozesse für Käse oder Bananen in besonderen Lagerbereichen. Auf der jährlich in Berlin stattfindenden Messe „Fruit Logistica" werden Neuerungen bei Produkten und beim erforderlichen logistischen Know-how vorgestellt und diskutiert.

■ **Presse-/Zeitungs-Logistik**

Die termingerechte Zustellung von Zeitungen und Zeitschriften erfolgen über zwei Vertriebswege. Die Boten- und Trägerdienste für regionale und überregionale Zeitungen werden nach der Auslieferung durch die Verlage gebündelt und den Abonnenten unmittelbar zugestellt. Der Vertrieb über den Großhandel, die Kioske oder Buchhandlungen ist über die Zusammenfassung in Logistikplattformen organisiert. Hier werden die ankommenden Medien gebündelt und deutschlandweit auf dem Landwege verteilt. Das europäische und weltweite Ausland, die Touristen- und Wirtschaftszentren werden auf dem Luftweg versorgt. Bei großen Kunden wie Banken, Versicherungen oder Industriebetriebe übernimmt der logistische Dienstleister die Bündelung, Verpackung, Adressierung und Zustellung als Zusatzleistung. Die logistischen Prozesse werden im Allgemeinen in der Nacht abgewickelt und gründen auf effizienten Netzwerken und Transportketten.

■ **Healthcare-Logistik (Pharma-Logistik)**

Für die Versorgung von Krankenhäusern und Apotheken mit Arzneimitteln, Gesundheitspflegemittel, Kosmetika oder Verbrauchsmaterialien ist die Healthcare-Logistik zur Unterstützung des direkten Vertriebsweges zuständig; sie ist das Bindeglied zwischen den Herstellern und den Verbrauchern. Bei oft geringsten Losgrößen werden flächendeckend – mehrmals am Tag – Apotheken und Krankenhäuser zeitgenau beliefert. Es muss sichergestellt werden, dass die gewünschten – oftmals dringend benötigten, auch temperatursensiblen – Arzneimittel oder andere über Apotheken vertriebene Produkte über das gesamte Sortiment kurzfristig verfügbar sind, fehlerfrei und vollständig kommissioniert ausgeliefert werden. Stütze dieser hochwertigen Dienstleistung ist der Einsatz speziell geschulten, flexibel einsetzbaren Personals und ausgefeilte Techniken. Eine weitere Besonderheit ist das gleichzeitige Beherrschen unterschiedlicher Temperaturbereiche entlang der gesamten Versorgungskette – einschließlich einer Chargenrückverfolgung in der Lieferkette bis zum Hersteller.

Zur Healthcare-Logistik gehören auch die Transporte von Impfstoffen, Seren, Blutkonserven, Blutplasma oder Blutzellen, die unter besonderer Beachtung der GDP-Richtlinie (Guideline on Good Distribution Practice of Medical Products for Human Use) temperaturgeführt in speziellen Verpackungen und durchgehend dokumentiert bei Lagerung, Transport, Umschlag und Abfertigung/Auslieferung zuverlässig behandelt werden müssen.

■ **Getränke-Logistik (Heimlieferdienste)**

Eine besondere logistische Dienstleistung ist die Getränke-Logistik. Sie sorgt dafür, dass in den Getränkehandlungen, Supermärkten oder durch Zulieferungen an den Endverbraucher ein reichhaltiges Angebot an frischen Getränken zur Auswahl steht. Das sind: Tafelwasser, Softdrinks, Fruchtsäfte oder Biersorten. Die verschiedenen Arten werden oft vom Abfüll- oder Brauort – mit allen regionalen oder marketingorientierten Besonderheiten – über weite Strecken in licht- und temperaturgeschützten Transporten ohne Qualitätsverluste distribuiert. Die oft nicht standardisierten Getränkeflaschen müssen im Allgemeinen als Leergut als Mehrwegsystem zum Befüllungs- bzw. Herstellungsort zurückgeführt werden.

Eine besondere logistische Herausforderung ist beispielsweise die weltweite, gleichzeitige Bereitstellung des „Beaujolais Primeur". Logistische Dienstleister sorgen dafür, dass der begehrte Wein - pünktlich und exakt am dritten Donnerstag im November seine Liebhaber erreicht - und zwar gleichzeitig überall auf der Welt, sei es in Tokio, New

York, Sydney oder Berlin. Seit 1951 wird der „Beaujolais nouveau" im offiziellen Handel, in Supermärkten, bei Weinhändlern und in Restaurants, Bars und Kneipen angeboten. Die Art der Weinvermarktung des jungen Rotweins machte das „Beaujolais" als Weinbauregion schnell weltweit bekannt. Ein wahrer Kult mit teils tumultartigen Szenen entwickelte sich im Laufe der Zeit um den Verkauf des ersten Weins des Jahres. Die Logistik hilft, diese Marketing-Aktion jeweils zum weltweiten Event zu machen.

■ **Textil-Logistik (Kleider-Logistik, Fashion-/Lifestyle-Logistik)**
Besonders sensibel müssen textile Konfektionsartikel behandelt werden. Sowohl für den Transport mit Containern im Überseetransport als auch in der Lagerung und in der individuellen Zuführung zum Endkunden können Kleidungsstücke als Liege- oder Hängeware (auf Bügeln) mit hohen Qualitätsansprüchen ausgeliefert werden. Dies erfordert besondere Hilfsmittel der Logistik für Transport, Lagerung, Behandlung (Aufbügeln in Dampftunneln), Kommissionierung oder Verpackung. Zusätzliche Leistungen der spezialisierten Dienstleister sind kaufmännische Aufgaben der Auftragsabwicklung (Value added Services) wie versandtechnische Vorbereitung mit Preisauszeichnung/Etikettierung sowie kundenspezifischer Ausstattung, Erstellung der Versandpapiere, Rechnungen, EDV-Anbindung für die Bestandsrechnung, das Retourenmanagement u. a. Zum gesamten Leistungsumfang zählt auch die Entsorgung bzw. das Recycling von Folien und Verpackungsmaterialien. Schnelle Modezyklen (Fast Fashion) erfordern kurze Reaktionszeiten in flexiblen Lieferketten.

■ **Dokumenten-Logistik**
Trotz des Einsatzes von IT-Techniken und elektronischer Kommunikation (E-Mail oder elektronischer Datenaustausch (EDI)) sind in den Unternehmen immer noch ungebrochene Papierfluten zu beherrschen. Das sind die Dokumentation und Nachvollziehbarkeit von Auftragsabwicklungsprozessen (Angebote, technische Unterlagen, Schriftverkehr, Rechnungen, Zahlungsverkehr (Kontoauszüge) im internen und externen Postverkehr, zur Gewährleistung von Aufbewahrungspflichten für kaufmännische Daten oder sensibler Produkt- und Patentdaten mit hohen Geheimhaltungs- und Sicherheitsansprüchen.

Zur Optimierung der kaufmännischen Geschäftsprozesse (Lean Office – Schlanke Administration) zum Öffnen, Sortieren, Weiterleiten von Eingangspost oder Drucken, Kuvertieren, Transportieren von Ausgangspost an Empfänger bzw. Bearbeitungsstationen bei Banken oder Versicherungen stützen sich Unternehmen immer mehr auf externe Dienstleistungen (Business Operation Service). Zu den Leistungen zählen auch die Digitalisierung und elektronische Archivierung von Aktenbeständen mit rascher Zugriffsmöglichkeit für die Sachbearbeitung.

■ **Werte-Logistik**
Die Werte-Logistik umfasst logistische Dienstleistungen für Barwerte, Wertepapiere, Juwelen, Schmuck oder Kunstgegenstande. Nutzer sind im Allgemeinen Banken, Handel und Industrie. Neben der Beherrschung der logistischen Abläufe sind als Besonderheiten zur sicheren Abwicklung der Dienstleistungen ein Transport in gepanzerten Fahrzeugen, eine Begleitung der Transporte mit Waffenträgern, eine lückenlose Werteerfassung vom Absender bis zum Empfänger unabdingbar. Außerdem ist der Abschluss einer ausreichenden Versicherung ratsam.

Zur Werte-Logistik kann auch die **Museums-Logistik** gerechnet werden. Es werden einmalige Kunstgegenstände und unwiederbringliche Museumsobjekte transportiert, wobei besonderes Können, Fingerspitzengefühl und Verantwortung erforderlich sind.

Logistische Herausforderungen liegen neben dem Transport durch Land-, See- oder Luftverkehr und der – oft klimatisierten – Lagerung in vielfältigen zusätzlichen Dienstleistungen im Bereich der Museumstechnik, Ausstellungsauf- und –abbau, Depotverwaltung u. a. Oft werden im Zuge eines Projektes neben der technischen Durchführung die Konzepterarbeitung, Beratungsleistungen und die kaufmännische Abwicklung zur Verfügung gestellt. Bekannte Beispiele derartiger Dienstleistungen sind die Umstrukturierung der „Berliner Museumsinsel", Sonderausstellungen wie die zeitlich begrenzte Präsentation von Kunstwerken in Berlin aus dem New Yorker Metropolitan Museum (MoMa), Zusammenführung von Werken berühmter Künstler zu Jubiläen von Michelangelo, Rembrandt, Picasso u. a.

▦ Gefahrgut-Logistik

Gefährliche Güter im Sinne des Gefahrgutbeförderungsgesetzes (§ $2_{,1,2}$ GGBefG - 2010) sind Stoffe und Gegenstände, von denen auf Grund ihrer Natur, ihrer Eigenschaften oder ihres Zustandes im Zusammenhang mit der Beförderung Gefahren für die öffentliche Sicherheit oder Ordnung, insbesondere für die Allgemeinheit, für wichtige Gemeingüter, für Leben und Gesundheit von Menschen sowie für Tiere und Sachen ausgehen können. Die Beförderung im Sinne dieses Gesetzes umfasst nicht nur den Vorgang der Ortsveränderung, sondern auch die Übernahme und die Ablieferung des Gutes sowie zeitweilige Aufenthalte im Verlauf der Beförderung, Vorbereitungs- und Abschlusshandlungen (Verpacken und Auspacken der Güter, Be- und Entladen), auch wenn diese Handlungen nicht vom Beförderer ausgeführt werden. Ein zeitweiliger Aufenthalt im Verlauf der Beförderung liegt vor, wenn dabei gefährliche Güter für den Wechsel der Beförderungsart oder des Beförderungsmittels (Umschlag) oder aus sonstigen transportbedingten Gründen zeitweilig abgestellt werden.

Gefährliche Stoffe müssen sicher behandelt und befördert werden, damit Menschen, Tiere, Umwelt und Sachen nicht gefährdet werden. Um dieses Ziel zu erreichen, bestehen eingehende Sicherheitsvorschriften. Die Leistungen können i.d.R. nur von Spezialdienstleistern erfüllt werden. In den gegebenen Vorschriften ist detailliert geregelt, welche gefährlichen Güter verpackt, gekennzeichnet und befördert werden dürfen, wie die Beförderungsmittel (Tanks, Fahrzeuge, Container u. a.) gebaut, ausgerüstet und gekennzeichnet sein müssen, um die Be-/Entladungen, Transporte oder Lagerungen durchzuführen, und wie das beteiligte Personal (z. B. Gefahrgutschein der IHK) zu schulen ist. Die Übernahme von Gefahrguttransporten aller definierten Gefahrgutklassen erfordert langjährige Erfahrung, Spezialfahrzeuge und Einrichtungen, sowie geschultes Personal.[428]

▦ Messe-Logistik

Für Messe- und Promotion-Auftritte werden maßgeschneiderte Lösungen für erfolgreiche Präsentationen angeboten. Ein umfassender Messeservice bietet eine komplette Messeorganisation für unterschiedliche Branchen und auf weltweiten, wichtigen Messeplätzen: termingerechter Bau- und Transport des Messestandes, der Ausstellungsstücke, Werbematerialien (Transport, Lagerung, Standversorgung), Abwicklung der Zollformalitäten und des Versicherungsschutzes; dazu Konferenzorganisation, PR-/Pressearbeit, Catering, Vor-Ort-Betreuung der Teams, Reinigung, Entsorgung von Restmaterialien und Rücktransport des Equipments.

---

[428] Die Sicherheit und Zuverlässigkeit der Gefahrguttransporte kann durch Schulung der Fahrer im Sinne der freiwilligen BBS-Richtlinie (Behaviour-Based-Safety-Program) oder durch Einhalten des Berufskraftfahrer-Qualifikationsgesetzes (BKrFQG - 2009) erhöht werden.

■ **Eil- und Notfall-Logistik**
Die Eil- und Notfall-Logistik hat das Ziel, dringend benötigte Güter so rasch wie möglich an den Bestimmungsort zu transportieren. Beispiele sind: Lieferausfälle bei minimierten Lagerbeständen, Störungen bei JIT-Lieferungen, Transport zeitkritischer Waren oder Transporte gekühlter diagnostischer Proben der Medizin. Die Leistung dieser Nischenleistung besteht in der Organisation von „Überholspuren" in den standardisierten Verteiler-Netzen als jeweils individuelle Lösung mit Direkttransporten auf der Straße, Air Charter oder On-Board-Kurieren in Passagierflugzeugen, um durch individuelle Abholdienste, persönliche Überwachung jedes einzelnen Transportschrittes unnötige Verzögerungen zu vermieden und höchste Sicherheit für jede hoch-empfindliche oder zeitkritische Sendung zu garantieren.

■ **Humanitäre/Soziale Logistik (Katastrophen-Logistik)**
Für das Überleben bei Naturkatastrophen oder für zivile Bereiche in Kriegs-/Krisengebieten muss oft rasch und unkompliziert humanitäre Hilfe für die betroffenen Menschen – meist in Zusammenarbeit mit Stellen der UN oder Nichtregierungs-organisationen (NGO's) – geleistet werden. Aus den vorhandenen Logistikzentren der Hilfsorganisationen werden in Stunden oder in wenigen Tagen medizinische Geräte (vorkommissionierte Kits) und Einrichtungen, Zelte, Anlagen zur Strom- und Wasser-versorgung bereitgestellt. Außerdem müssen Ärzte, Krankenschwestern, Techniker und Fahrzeuge in gecharterten Flugzeugen vor Ort gebracht werden. In eingespielten Organisationen weltweit tätiger Logistikunternehmen kann diese besondere – vermehrt geforderte – logistische Leistung erbracht werden. Bei zerstörten Infrastrukturen ist spontane Improvisation für die Versorgung der Bevölkerung vor Ort mit Hub-schraubern, LKW oder Schlauchbooten erforderlich.

10 Informations- und Kommunikationssysteme der Logistik

10.1 Grundlagen

Im Zuge netzwerkorientierter Wertschöpfungsstrukturen werden neben den Material-strömen auch die - zunächst vorrangig innerbetrieblich betrachteten - Informationsflüsse in die Beschaffungs- und Absatzmärkte verlängert. Die Informationen fließen im Allgemeinen getrennt von den Gütern (Entkoppelung von Material- und Informationsfluss) und dienen als Entscheidungsgrundlage zur strategischen Gestaltung der Strukturen und Strategien und der operativen Planung, Steuerung und Kontrolle der Abläufe zur Auftragsabwicklung – sowohl innerhalb der Wirtschaftseinheiten als auch zwischen Zulieferern, Assemblern, Dienstleistern und Endkunden (von der Quelle bis zur Senke).

Die Erfassung, Aufbereitung und Übermittlung von Informationen erfolgt im Allgemeinen mit EDV-gestützten Informationssystemen. Die Planung, Steuerung und Kontrolle der logistischen Abläufe vollzieht sich innerhalb der vorgegebenen Strukturen (Rechner-Hardware, Software, Datenbasis, Netzwerken u. a.). Ohne im Folgenden auf sinnvolle Hardware, mögliche und wünschbare Rechnerarchitekturen, detaillierte Schnittstellen-Standards oder kompatible Software einzugehen, sollen einige technische und organisatorische Notwendigkeiten und praktische Möglichkeiten der zeitnahen Erfassung, Übertragung und Verarbeitung von Informationen in logistischen Systemen und Prozessen dargestellt und erörtert werden. Dazu werden zunächst grundlegende Begriffe näher untersucht:

Eine **Information** ist zweckorientiertes Wissen. Dabei haben sie nur Informations-charakter, wenn sie zusätzliches Wissen beinhalten. Sie kann in Wort, Bild oder Schrift als geordnete Abfolge von Symbolen dargestellt werden, die der Empfänger verwerten kann. Logistische Informationen dienen dem Zweck der Gestaltung, Planung, Steuerung und Kontrolle von logistischen Systemen und Abläufen. Die für eine kybernetische Betrach-tungsweise notwendigen Informationen durchziehen alle Ebenen und Bereiche der beteiligten Unternehmen (Subsysteme) und abstrahieren die real ablaufenden Prozesse.

Ein **Informationssystem** (auch Informations- und Kommunikations-System/IuK-System genannt) ist ein Werkzeug zur Erfassung, Verarbeitung und zum Austausch von Informationen. Betriebliche Informationssysteme haben zum Ziel, die Anforderungen seiner Benutzer bei den Geschäftsprozessen und -aktivitäten des Unternehmens zur Erreichung der Unternehmensziele zu erfüllen. Sie unterstützten die Aktivitäten durch Bereitstellung von Informationen oder durch Automatisierung der mit den Aktivitäten zusammenhängenden Vorgänge und umfassen sämtliche damit verbundene Ressourcen, wie z. B. Daten, Datenbanken, Rechner-Hardware, Anwendungssoftware, Programmierer, Personen, die Daten benutzen und verwalten.[429]

Informationssysteme sind aus den in **Abb. 10-1** gezeigten Komponenten aufgebaut:[430]

- Hardware: Rechner bestehend aus Eingabe-, Bearbeitungs-, Ausgabefunktionen
- Systemsoftware: Zugriff auf eine Rechnerplattform
- Anwendungssoftware: Lösung für fachliche Probleme
- Datenbank: gemeinsame Speicherung logisch zusammenhängender Daten
- Orgware: organisatorische Infrastruktur (Konzepte und Regelungen)

---

[429] Vgl. Kemper, Eickler (2001), S. 5
[430] Vgl. Schwarze (1997), S. 294

- Manware: Mitarbeiter/innen, die Informationssysteme entwickeln, benutzen, verwalten
- Informationsmanagement: Steuerung und Kontrolle.

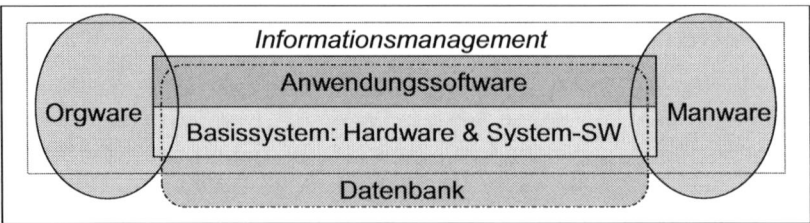

Abb. 10-1: Komponenten eines Informationssystems

Quelle: Vgl. Schwarze (1997)

Unter **Informationsverarbeitung** wird jeder Vorgang verstanden, der sich auf die Erfassung, Speicherung, Übertragung oder Transformation von Informationen bezieht.[431] Vorteile einer rechnerunterstützter Informationsverarbeitung liegen in:

- Rationalisierungsstreben
- Höhere Arbeitsgeschwindigkeit, größere Speicherkapazität
- Schnelle und umfassende Bearbeitung von Informationen
- Berechnung umfangreicher und komplizierter Aufgaben in kurzer Zeit
- Elektronischer Austausch von Geschäftsdokumenten.

10.2 Informationssysteme im Informationsfluss

Die Beherrschung komplexer logistischer Prozesse erfordert sach- und zeitgerechte Informationen, die dem Empfänger das Wissen übermitteln, auf dessen Grundlage Entscheidungen und Handlungen ausgelöst werden können. Im Sinne des bereits dargestellten Regelkreismodells (siehe Abb. 2-4) werden den Prozessen Informationen als Soll-Größen vorgegeben und den festgestellten Ist-Größen gegenüber gestellt. Durch Erkenntnisse aus dem Soll-Ist-Vergleich können Handelnde bzw. Entscheider im Hinblick auf die vorgegebene Zielsetzung steuernd in die sich vollziehenden Prozesse eingreifen. Das bedeutet eine integrierte Betrachtung von Informations- und Materialfluss in den beteiligten logistischen Systemen. Eine systemübergreifende Informationslogistik integriert die Bereiche der physischen Abläufe (Materialfluss) und die inner- und außerbetrieblichen Informationsflüsse und ermöglicht ein schnittstellenübergreifendes Funktionieren logistischer Abläufe.[432]

Netzwerkorientierte Planungs- und Steuerungssysteme umfassen das gesamte Prozess-ketten-Management. Im operativen Mittelpunkt stehen die – unternehmensbezogenen – ERP-Systeme (Enterprise Ressource Planning), die unterstützt durch APS-Systeme (Advanced Planning and Scheduling) und eingebettet in übergeordnete SCM-Systeme (Supply Chain Management) eine weitgreifende Unterstützung im Beschaffungs-, Produktions-, Absatz- und Entsorgungsbereich ermöglichen. Insbesondere durch „Supply-Chain-Software-Tools" werden unternehmensübergreifende Entscheidungen unterstützt, die sich vom Materialmanagement globaler Zulieferketten bis zur Auftragsabwicklung

---

[431] Hansen, Neumann (2001), S. 11, 19-21

[432] Die Beschaffung von Informationen, die Gestaltung, Planung und Kontrolle der Informationssysteme wird auch als Informations-Management bezeichnet und hat strategische, taktische und operative Aufgaben.

beim Endverbraucher erstrecken und Schnittstellen mit verschiedenen Plattformen, Standards und Protokollen berücksichtigen müssen.[433]

Die realen Güter des Materialflusses haben keine logistischen Informationen über Transportwege, Zielorte oder Termine - erst die ihnen zugeordneten Informationen lösen definierte Güterflüsse aus. Die Steuerung der Güterbewegungen ist durch die Vorgabe und Weiterleitung der Steuerungsinformationen an die sich im logistischen Netzwerk befindlichen - stationären und mobilen - Einheiten möglich. Die Überwachung der Abläufe erfordert jeweils Standort- und Statusinformationen: Sie werden als Ist-Informationen - einschließlich zufällig anfallender Störgrößen - aus dem real ablaufenden Prozess gewonnen, für notwendige Entscheidungen ausgewertet und als zielorientierte Optimallösung für den weiteren Ablauf der Güterbewegungen vorgegeben und unterstützen die Transport-, Umschlag-, Lagerung-Prozesse (TUL-Prozesse) während der Beschaffung, der Produktion, des Vertriebs und der Entsorgung von Gütern. Die für das reibungslose Funktionieren der logistischen Abläufe im außerbetrieblichen Bereich notwendigen Informationen lassen sich unterteilen in:

- **Vorbereitende** Informationen - Auswahl und Bereitstellung der erforderlichen Kapazitäten an Transportmitteln, Fahr- und Beförderungsplänen und der Versandunterlagen.
- **Vorauseilende** Informationen - Übermittlung von Sendungs- und Transportdaten zur vorausschauenden Vorbereitung von zukünftigen Handlungen und Entscheidungen über die erwarteten Güter.
- **Begleitende** Informationen[434] - Bereitstellen aktueller Sendungs- und Transportdaten (Status und Standort) zur möglichen Revision von Entscheidungen auf der Grundlage aktueller Ist-Daten.
- **Abschließende** Informationen – Quittierung bzw. Eingangsmeldung der Güter beim Empfänger (z. B. mit Pen-Key) und Abrechnung des Auftrags.

Bestandsarme Lagerhaltungen, zeitkritische Lieferungen und eine Vielzahl möglicher Störungen in außerbetrieblichen logistischen Abläufen erfordern einen intensiven Austausch von Sendungs- und Transportdaten, damit Versender, Dienstleister und Empfänger auf der Grundlage aktueller Daten ihre Handlungen und Entscheidungen auf die jeweiligen Situationen einstellen können. Es ist notwendig, laufende Statusinformationen über die fließenden Güter entlang der gesamten Logistikkette zu erhalten (Tracking) und die Sendungen auf ihrem Weg vom Versender zum Empfänger über alle Stationen verfolgen zu können (Sendungsverfolgung - Tracing). Es bietet sich an, Lieferanten, Abnehmer und Dienstleister organisatorisch und informationstechnisch zu verknüpfen und in einem integrierten System zusammenzufassen. Durch den eigenständigen Informationsfluss werden die Nachrichten für die beteiligten Unternehmen beschleunigt, die Qualität der Informationen erhöht und damit die Flexibilität der Abläufe und die Planungssicherheit - auch im operativen Bereich - verbessert; gleichzeitig wird der Verwaltungsaufwand geringer.

---

[433] Es sollte auch an die Integrierung notwendiger Routinen der öffentlichen Verwaltung gedacht werden. Ein Beispiel ist das ATLAS - Automatisches Tarif- und Lokales Zoll-Abwicklungs-System, das in Häfen oder Flughäfen Anwendung findet.

[434] Durch neue Technologien der mobilen Datenspeicherung - insbesondere durch die RFID-/Transponder-Technik - wird es zunehmend üblich sein, möglichst viele Informatonen unmittelbar am Transportgut mitzuführen.

10.2.1 Struktur betriebswirtschaftlicher IuK-Systeme

Die rasante Veränderung von betrieblichen IuK-Systemen spiegelt die Entwicklung der Computer- und Kommunikationstechnologie wider. Relationale Datenbanken, Fortschritte in der Netzwerktechnik, kostengünstige und leistungsfähige Arbeitsplatzrechner sowie die Verbreitung des Internet haben zu einer stetigen, aber individuell unterschiedlichen Entwicklung verschiedenster Systeme geführt. Insbesondere bei der Unterstützung logistischer Aktivitäten folgen die Entwicklungen keinem einheitlichen Standard. Sie haben eher den Charakter einer kontinuierlichen, inkrementalen Anpassung an die sich wandelnden Erfordernisse der Unternehmen sowie an die sich verändernden technischen Möglichkeiten.

Eine allgemeine Struktur von IuK-Systemen unterscheidet (siehe **Abb. 10-2**):

- Basistechnologien
- Softwaretechnik
- Modelle und Algorithmen
- Softwaresysteme (Anwendungssysteme)

Modelle und Algorithmen sowie Aspekte der Softwaretechnik tragen zwar zum tieferen Verständnis betrieblicher IuK-Strukturen bei, sind aber keine eigenständigen Systeme und werden daher in den folgenden Betrachtungen nicht weiter berücksichtigt. Hingewiesen

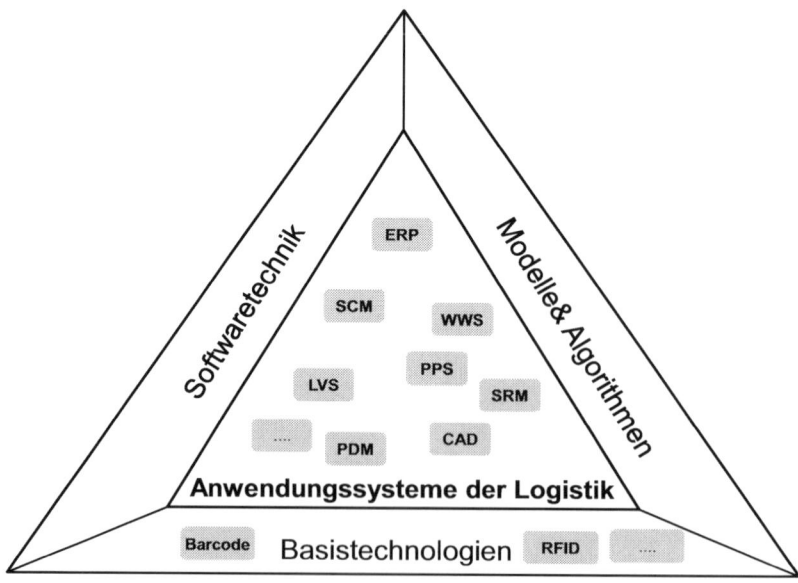

Abb. 10-2: Struktur betriebswirtschaftlicher IuK-Systeme

Quelle: Vgl. LOGISTIK HEUTE (2004), S. 13

werden soll an dieser Stelle nur auf die technische Möglichkeit, Softwaresysteme nicht mehr auf eigener Hardware zu installieren und zu betreiben, sondern im Rahmen von „Application Service Providing (ASP)" bzw. „Cloud Computing" die Software als reinen Service zu nutzen bzw. von entsprechenden Dienstleistern zu beziehen.

Wichtige Ansätze zur Klassifikation der gesamten Bandbreite von Softwaresystemen liegen insbesondere in den folgenden Einteilungen.

Eine Einteilung nach Einsatz ergibt die folgende Unterscheidung:

■ **Technologieorientierte Systeme**

In technologieorientierten Systemen sind die sog. Basistechnologien realisiert. In der Logistik ermöglichen sie z. B. die Kommunikation zwischen Anwendungssystemen bzw. Geschäftspartnern oder die Identifikation von logistischen Einheiten. Es handelt sich um grundlegende technologische Werkzeuge, die als solche von den Anwendungssystemen in unterschiedlicher Weise genutzt werden. Sie sind unabhängig von einer bestimmten betrieblichen Funktion, ihre Funktionalität ergänzt oder ermöglicht den Betrieb von Anwendungssystemen.

■ **Anwendungssysteme**

Anwendungssysteme sind für die Unterstützung konkreter betrieblicher Aufgabengebiete ausgelegt und unterstützen die Benutzer bei der Durchführung ihrer Aufgaben. Sie können wiederum hinsichtlich der von ihnen unterstützten Organisationsebene eingeteilt werden (siehe **Abb. 10-3**). *Abwicklungssysteme* (Verwaltung betriebswirtschaftlicher Daten entlang der Geschäftsprozesse) unterstützen Aufgaben der Datenerfassung, -änderung und -ausgabe (z. B. Erfassen eines Auftrags) für die abzuwickelnden Geschäftsprozesse auf der operativen Ebene. Sie werden überwiegend von der Sachbearbeitungsebene genutzt. *Planungs- und Entscheidungsunterstützungssysteme* können der Management Ebene dienen, indem sie operative oder taktische Entscheidungen unterstützen oder indem sie stark verdichtete Führungsinformationen für die obere Führungsebene der Unternehmung aufbereiten.

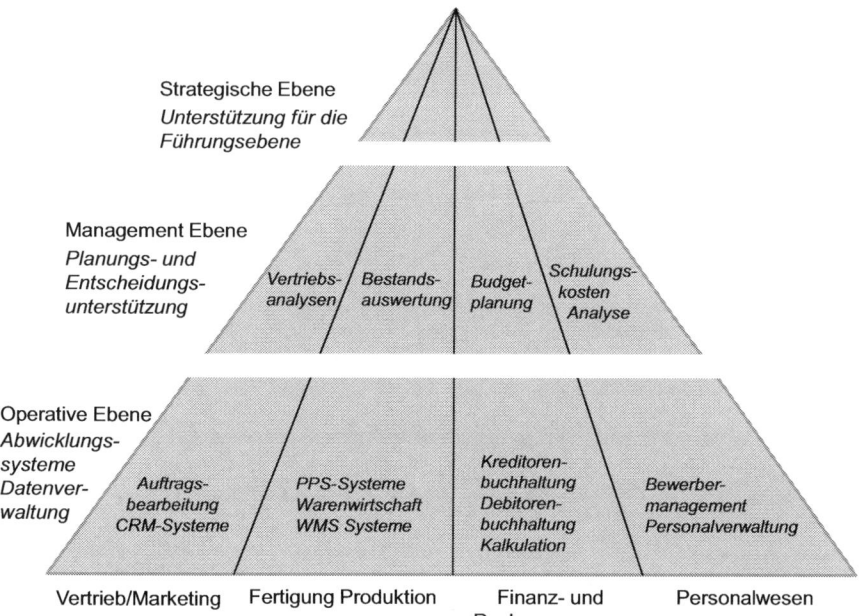

Abb. 10-3: IuK-Systemeinteilung nach der unterstützten Organisationsebene

Quelle: Vgl. Laudon u. a. (2006), S. 84

■ **Abwicklungssysteme**

Diese Art von Informationssystemen dient der Datenverwaltung und damit der Bereitstellung und Fortschreibung aller Information, die während eines Geschäftsprozesses benötigt werden. Diese Anwendungen erstrecken sich über alle betrieblichen Funktionsbereiche und steigern die Effizienz und die Qualität bei der Abarbeitung von Routineaufgaben. Sie werden häufig auch als „Transaction Processing Systems" (TPS) oder als Transaktionssysteme bezeichnet.

■ **Planungs-, Entscheidungs- und Führungsunterstüzungssysteme**
Sie dienen der Kontrolle, Steuerung und Entscheidungsfindung, indem sie bestimmte Daten in Berichten zusammenführen, Soll-Ist Auswertungen vornehmen oder Informationen für die Entscheidung bei Nicht-Routine-Problemen aufbereiten. Die Systeme zur Unterstützung der oberen Führungsebene mit strategischen Planungs- und Simulationsfunktionen werden als Führungsunterstützungssysteme (FUS) oder als „Executive Support Systems" (ESS) bezeichnet. Systeme zur Unterstützung der mittleren und unteren Management Ebenen werden als Managementinformationssysteme (MIS), Entscheidungsunterstützungssysteme (EUS) oder „Decision Support Systems" (DSS) bezeichnet.

10.2.2 Aufgabenstruktur logistischer IuK-Systeme

Betrachtet man die logistischen Aufgabenbereiche von IuK-Systemen im Rahmen des Supply Chain Management, so kann dies die Basis für eine Systemlandschaft von inner- und überbetrieblich ausgerichteten Informationssystemen sein (siehe **Abb. 10-4**).

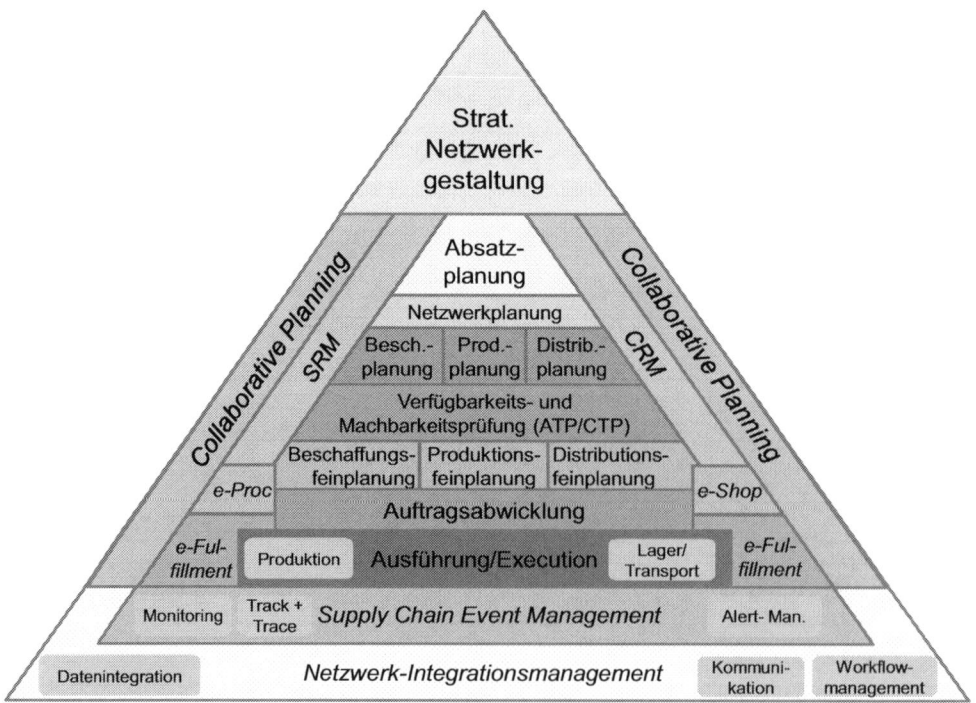

Abb. 10-4: SCM-Aufgabenmodell

Quelle: Eigene Darstellung auf Basis LOGISTIK HEUTE (2004), S. 84-85

Die konkrete Zuordnung der Aufgaben zu Informationssystemen ist jedoch betriebsindividuell sehr unterschiedlich. Für einige Aufgaben, wie Netzwerkplanung, e-Procurement oder CRM, werden spezialisierte Standardsoftware Systeme angeboten, die separat betrieben werden können. Häufig werden diese Funktionen jedoch von integrierten

Systemen wahrgenommen, die zwar nicht über alle spezialisierten Funktionen verfügen, jedoch den Ansprüchen an die Aufgabenabwicklung durchaus genügen können.

Die Aufgabenteilung zwischen den Informationssystemen der Intralogistik erfolgt üblicherweise in verschiedenen Ebenen (siehe **Abb. 10-5**). Die Ergebnisse der Planungs-, Abwicklungs- oder Steuerungsaufgaben werden an die Systeme der nächst detaillierteren Ebene übergeben und bilden damit den Input für deren Aufgabenabwicklung. So werden bspw. aus der Produktionsplanung (Planungsebene) die Fertigungsaufträge mit den geplanten Eckterminen an einen Fertigungsleitstand (Leitebene) übergeben. Je nach Auslastung des Fertigungssystems erfolgt die Auftragsveranlassung der einzelnen Arbeitsvorgänge durch den Leitstand. Dieser sendet dann bspw. Transportaufträge zur Materialbereitstellung an die Transportsteuerung (Prozess-/Steuerungsebene). Die Rückmeldungen über den Status der erhaltenen Arbeitsaufträge erfolgt jeweils an die nächst höhere Ebene, damit diese den Zustand des betrachteten logistischen Subsystems kennt. So meldet bspw. die Steuerung eines Fertigungssystems die Fertigstellung eines Arbeitsvorganges an den Leitstand, damit dieser den nächsten Arbeitsgang initiieren kann. Ist der gesamte Auftrag beendet, so erfolgt seitens des Leitstandes eine Rückmeldung inklusive der Verbrauchsdaten, Kennzahlen und Ist-Termine an die Fertigungsplanung.

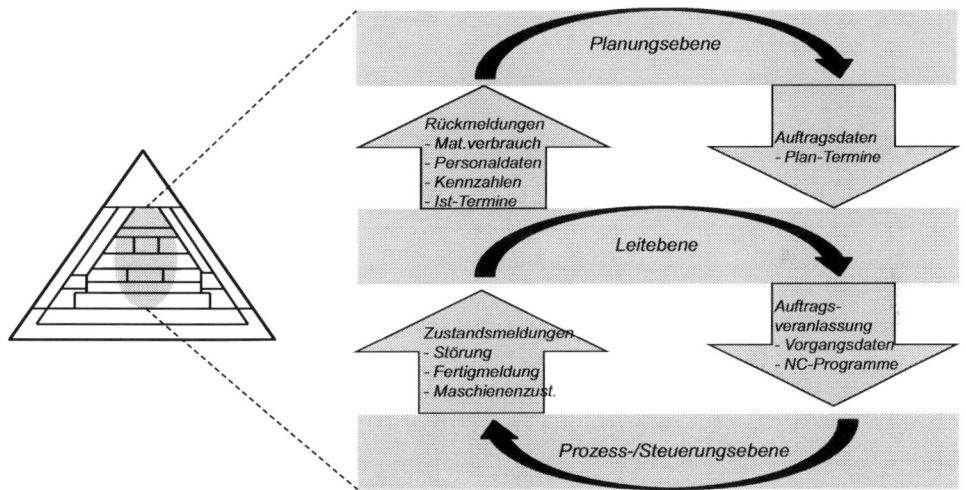

Abb. 10-5: Ebenenkonzept logistischer IuK-Systeme

Die erläuterte Einteilung betriebswirtschaftlicher Anwendungssysteme in Abwicklungs-, Planungs- und Entscheidungs- sowie Führungsunterstützungssysteme ist bei logistischen Informationssystemen nicht immer exakt einzuhalten. So werden ERP-Systeme, PPS-Systeme und Transportmanagementsysteme im praktischen Sprachgebrauch zu den Abwicklungssystemen gezählt, obwohl sie auch über Planungs- und Entscheidungs-unterstützungsfunktionen verfügen.

10.3 Technologie-orientierte Systeme

10.3.1 Auto-Identifikationssysteme (Auto-ID)

10.3.1.1 Grundlagen

Für einen reibungslosen Güter-/Waren-/Materialfluss in Wertschöpfungsnetzwerken ist es u. a. entscheidend, die entsprechenden Objekte an bestimmten Stellen zu identifizieren. Die schnelle, automatisierte, eindeutige und fehlerrobuste Identifikation von logistischen Einheiten (siehe Abschnitt 3.2) basiert darauf, dass diese mit einer Codierung versehen sind, die von sog. Auto-Identifikationssystemen (Auto-ID Systeme) gelesen und verarbeitet werden kann (siehe **Abb. 10-6**).

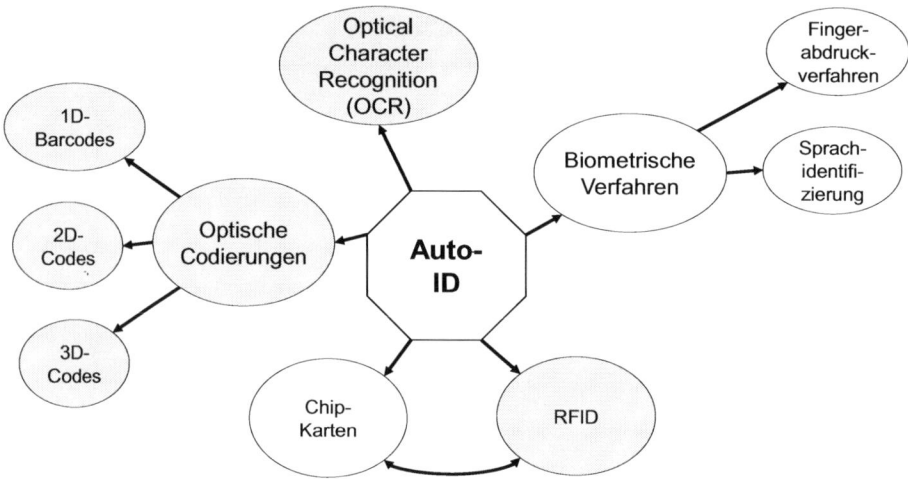

Abb. 10-6: Überblick über wichtige Auto-ID-Verfahren

Quelle: nach Finkenzeller (2002) S. 2, Martin (2006) S. 463

Nach DIN 44 300 versteht man unter einem „Code" eine Abbildungsvorschrift, mit deren Hilfe Zeichen aus einem als Urmenge bezeichneten Zeichenvorrat den Zeichen eines anderen Zeichenvorrats, der so genannten Bildmenge, zugeordnet werden. Obwohl die meisten Codes umkehrbar eindeutig sind, ist dies nicht zwingend erforderlich. Häufig wird auch der Zeichenvorrat der Bildmenge als Code bezeichnet.

Die allerersten Maschinen zur Codierung waren mechanisch aufgebaut. 1932 wurde an der Harvard University erstmals ein System zur automatischen Verkaufsabwicklung mit Hilfe einer Produktcodierung entwickelt. Das System basierte auf einer Verschlüsselung mit Lochkarten, mit deren Hilfe die Produkte vollautomatisch über ein Fließband zur Kasse transportiert wurden, der Lagerbestand wurde aktualisiert, und es wurde abgerechnet.[435]

Parallel zur mechanischen Codierung wurde frühzeitig die Möglichkeit untersucht, Informationen unter Einsatz magnetischer Felder zu codieren.[436] Diese Codierungsart wird

---

[435] Vierzig Jahre später war der Leiter des ursprünglichen Projektes, Wallace Flint, Vizepräsident der nationalen Vereinigung der Lebensmittelketten in den USA und wirkte aktiv an den Normierungsbestrebungen mit, die schliesslich zum UPC Code führten.

[436] Die Codierung unter Einsatz magnetischer Felder basiert auf dem Hall-Effekt, benannt nach Edwin H. Hall (1855 - 1938), der 1879 dieses Phänomen entdeckte.

besonders im Bankwesen und in der Sicherheitstechnik genutzt – als Informationsträger kommen hier Magnetkarten (teilweise ergänzt durch Chips) zum Einsatz.

Für die Logistik insbesondere relevant sind optische Identifikationssysteme und – seit einigen Jahren stark zunehmend - die Identifikation unter Einsatz von Funktechnologien.

10.3.1.2 Optische Identifikationssysteme (Barcodes)

Bei der optischen Codierung werden Informationen in eine grafische Darstellung umgewandelt, die dann maschinell von Lesegeräten gelesen und entschlüsselt werden kann. Erste Arbeiten beschäftigten sich mit optischen Codes zur Nutzung in Sortiermaschinen.[437] Ende der 40er Jahre forschten Norman Joseph Woodland und Bernard Silver an technischen Methoden, um Preise von Lebensmitteln automatisch an der Kasse einlesen zu können. Das von beiden im Jahre 1952 angemeldete so genannte „Woodland und Silver Patent" gilt als der erste entwickelte Barcode.

Im Jahr 1970 wurde in den USA ein ad-hoc Komitee der Lebensmittelindustrie gegründet, welches – auf Basis vorhergehender Arbeiten – einen Code als Industriestandard auswählen sollte. Dieses UGPCC (Uniform Grocery Product Code Council) erarbeitete schrittweise Richtlinien und eine Auswahl von optischen Verschlüsselungen. Vorschläge von Computer- und Kassensystemherstellern wurden dabei berücksichtigt. Eine Auswahl von sieben völlig unterschiedlichen Codierungsmethoden war das Zwischenergebnis der Arbeiten dieses Komitees; diese Systeme wurden dann in Tests auf ihre Anwendbarkeit geprüft. Es wurden unter anderem die Auswirkungen von Drucktoleranzen auf die Höhe von Fehlerquoten untersucht. Lebensmittelhersteller und Supermärkte arbeiteten eng zusammen und testeten die verschiedenen Systeme in Probeläufen an kompletten Kassenstationen im Supermarkt. Im April 1973 mündeten die Bemühungen des UGPCC in der Wahl des UPC (Universal Product Code) als gemeinsamer Industriestandard. Dieser Code wurde anschließend schnell und mit großem Erfolg in Supermärkten der USA und Kanada angewendet. Die positive Wirkung des UPC förderte auch das Interesse außerhalb der USA und Kanadas, insbesondere in Europa. Im Dezember 1976 wurde in Europa eine ähnliche Variante als EAN (European Article Numbering) übernommen. 1977 wurde die European Article Association gegründet, die später in EAN International umbenannt wurde. Knapp 100 Staaten sind Mitglied dieser Organisation.

Die schnelle Verbreitung der Codierung war nur möglich durch die Einführung von Mikroprozessoren im Jahre 1970. Nach Röhren und Transistoren folgten integrierte Schaltkreise als Hardware in den Computern.

Die schnelle Verbreitung und stürmische Entwicklung der Barcodetechnologie ist - neben der Einführung von Mikroprozessoren in Computersystemen – auf den Einsatz im U.S. amerikanischen Militär zurück zu führen. Als Entwicklungsschub diente eine Vorschrift im Jahre 1982, dass alle eingesetzten militärischen Gegenstände mit einem Barcodeetikett zur Identifikation versehen sein mussten. Über 50.000 Zulieferbetriebe waren davon betroffen. Das U.S. amerikanische Militär schrieb den Code MIL-STD-1189 zur Anwendung vor. Diese Vorschrift wurde dann von Automobilherstellern übernommen, was weitere 25.000 Unternehmen betraf. Um sich am Markt zu behaupten, mussten alle diese Firmen die Codierung auf ihren Produkten einführen. Die Verbreitung und die Anwendung der Barcodetechnologie in der Industrie wurden damit wesentlich vorangetrieben.

---

[437] J.T. Kermode reichte 1934 ein Patent für einen Kartensortierer ein, das mit einer Kombination aus vier parallelen Linien als Identifikationsschema arbeitete. 1935 erhielt D.A. Young ein Patent für eine ähnliche Sortiermaschine, die ebenfalls über optische Markierungen Karten identifizieren konnte.

Neben dem eindimensionalen Bar- oder Strichcode (auf dem unter anderem der EAN und der UPC basieren) wurden seit 1988 vielfältige zweidimensionale Stapel- und Matrixcodes realisiert, um auf engem Raum noch mehr Zeichen darstellen zu können. Auch drei- und sogar vierdimensionale[438] Barcodes sind bekannt.

■ Eindimensionale Barcodes

Die eindimensionalen Codes wurden entwickelt im Zeitraum von 1970 bis 1980. Sie beinhalten eine verschlüsselte Darstellung von Zeichen als Striche bzw. Balken mit verschiedenen Breiten. Es existiert eine große Anzahl unterschiedlicher Strichcodes, wobei die gängigsten Arten als deutsche und europäische Norm verfügbar sind (z. B. Code 39 (EN 800), Code 128 (EN 799), EAN/UPC (EN 797), Codabar (EN 798), Code2/5 Interleaved (EN 801)).

Der Code 39[439] ist eine Entwicklung aus dem Jahr 1974. Er bietet die Darstellung von 43 verschiedenen Zeichen (Ziffern 0-9, 26 Großbuchstaben, einige Sonderzeichen), wobei jedes Zeichen aus 5 Strichen und 4 Lücken besteht. Dieser Typ hat den Vorteil, dass er prinzipiell aus einer beliebigen Textverarbeitung generiert werden kann. Das hauptsächliche Einsatzfeld liegt im Handel, aber genauso in der Lagerwirtschaft von Industrieunternehmen.

Der Code 39 wird zunehmend vom Code 128 abgelöst. Es handelt sich um einen verschachtelten Code, d. h. Striche und Lücken sind über ihre jeweilige Breite signifikante Informationsträger. Aufbauend auf dem Code 128 steht mit dem EAN128 bzw. dem Nachfolger GS1-128 gleichzeitig auch eine Datenstruktur für logistische Anwendungen zur Verfügung.

Ein Barcodefeld besteht in der Regel aus folgenden Teilen:

- *Ruhezone*: Die Fläche, die sich links und rechts vom Strichcode befindet. Sie dient dazu, zwei oder mehrere aneinandergrenzende Barcodes voneinander abzugrenzen.
- *Startzeichen*: Dieses Randzeichen markiert den Anfang des Codes.
- *Strichcode*: Hier sind die eigentlichen Informationen binär verschlüsselt. (zwischen Start und Stoppzeichen)
- *Stoppzeichen*: Durch dieses Randzeichen wird das Ende des Codes markiert.
- *Ziffernfolge*: Unter dem Strichcode steht die in numerischen oder alphanumerischen Zeichen dargestellte Bedeutung des Codes.

Zweibreitencodes bestehen aus Strichen und Lücken mit zwei verschiedenen Breiten. Das Verhältnis von breiten zu schmalen Elementen liegt im Allgemeinen zwischen 2:1 und 3:1. Die Informationsverschlüsselung ist begrenzt, weil für die Länge des Codes auf den Produkten nur begrenzt Platz zur Verfügung steht. Großer Vorteil dieses Codes ist die einfache Herstellbarkeit. An Druckqualität und Lesegeräte werden keine besonders großen Anforderungen gestellt.

Um die Maße des Zweibreitencodes zu verkleinern, wurden Codes entwickelt, bei denen die Elemente (Strich und Lücke) mehr als zwei Breiten haben dürfen (Mehrbreitencodes). Die Verschlüsselung der Informationen bei den Mehrbreitencodes ist aufwendiger als bei Zweibreitencodes. Der große Vorteil ist aber die größere Informationsdichte. Es werden zwar höhere Ansprüche an die Lesegeräte gestellt, aber dies ist bei dem heutigen Stand der Technik kein gravierendes Problem. Auch an die Druckqualität und damit an die Druckgeräte werden höhere Anforderungen gestellt.

---

[438] Als vierte Dimension kommt hierbei die Zeit hinzu, d. h. der Barcode ist animiert.
[439] Lenk (2003)

Zu den Mehrbreitencodes zählen unter anderem die Codes EAN (European Article Numbering), der U.P.C. (Universal Product Code) und die Weiterentwicklungen der EAN UCC und der GTIN (Global Trade Item Number).

◼ Zweidimensionale Barcodes (2D-Codes)

2D-Codes stellen eine Weiterentwicklung der eindimensionalen Codes dar und wurden im Zeitraum von 1988 bis 1995 entwickelt. Die zweidimensionalen Codes lassen sich in zwei Gruppen aufteilen:

- ◼ *Stapelcodes* sind miteinander verkettete eindimensionale Codes. Sie bestehen aus mehreren Zeilen mit Strichen und Lücken und haben ein gemeinsames Start und Stoppzeichen. Sie besitzen den Vorteil einer höheren Datendichte (Beispiel: Codablock F).
- ◼ *Matrixcodes* bestehen aus polygonalen, meist viereckig angeordneten Gruppen von Datenzellen mit typischen Orientierungsmustern, an dem der jeweilige Code erkannt werden kann. Zeichen werden also nicht als Striche, sondern als Quadrate oder Punkte verschlüsselt. Matrixcodes sind omnidirektional, es lassen sich 2.334 alphanumerische bzw. 3.116 numerische Zeichen darstellen. Vorteile liegen in der hohen Informationsdichte und der Möglichkeit, durch Fehlerkorrekturalgorithmen eine Rekonstruktion auch bei bis zu 25%iger Beschädigung vornehmen zu können (Beispiel: Data Matrix).

10.3.1.3 Radio Frequency Identification (RFID)

10.3.1.3.1 Einführung

Der Begriff „Radio Frequency Identification" (RFID) kommt aus dem Englischen und bedeutet Funkerkennung. RFID ist eine Methode, bei der Daten auf einem Transponder[440] berührungslos und ohne Sichtkontakt gespeichert und gelesen werden können. Wird ein solcher Transponder an verschiedensten Objekten befestigt, können diese Objekte anhand der gespeicherten Daten automatisch und schnell identifiziert werden.

Die Technik dieser Codierungsmethode geht bis in die 40er Jahre des letzten Jahrhunderts zurück. In den USA setzte das Militär Transponder in der Luftfahrt ein, um eigene Flugzeuge besser von feindlichen Maschinen unterscheiden zu können. In den 60er Jahren wurde die Identifikation auf Atomwaffen und Personal erweitert.

Kommerzielle Vorläufer der RFID-Technik kamen in den 60er Jahren als elektronische Warensicherungssysteme zum Einsatz. Diese Systeme basierten auf Mikrowellentechnik oder Induktion. Erst in den 70er Jahren wurde die Radio-Frequenz-Technik für die zivile Nutzung freigegeben.

Im zivilen Bereich fand die Technik zuerst Anwendung in der Landwirtschaft bei der Identifikation von Nutztieren. Eine industrielle Nutzung entwickelte sich erst in den 80er Jahren. Die effiziente Herstellung größerer Stückzahlen war möglich geworden, was die Kosten für den Einsatz der Technologie drastisch sinken ließ und damit zur Ausweitung der Nutzung wesentlich beitrug.

Gefördert wurde die RFID-Technologie im zivilen Bereich durch die Einführung von RFID-Transpondern im Straßenverkehr. Mehrere amerikanische Bundesstaaten und Norwegen führten diese Technik bei der Mauterfassung in den 80er Jahren ein. In den 90er Jahren kam die RFID-Technik in Mautsystemen verbreitet in den USA zum Einsatz.

---

[440] Der Begriff Transponder setzt sich aus den englischen Begriffen „transmitter" (Sender) und „responder" (Antwortgeber) zusammen (vgl. Strassner (2005), RFID im Supply Chain Management, S. 57)

Es folgten Anwendungen bei der Zugangskontrolle, bei bargeldlosem Zahlen, bei Skipässen, Tankkarten, elektronischen Wegfahrsperren oder der Warenidentifikation. Die Anwendungen der Technologie sind sehr vielfältig und weiten sich immer mehr aus.

Ein RFID- System besteht grundsätzlich aus folgenden Komponenten[441]:

- Dem **Datenträger**, auch **Transponder** oder **Tag** genannt.
- Einer **Luftschnittstelle**: bei niedrigen Frequenzen als induktive Kopplung über ein magnetisches Nahfeld, bei höheren Frequenzen als elektromagnetisches Fernfeld ausgeprägt.
- Einem **Lesegerät**, je nach Ausführung und eingesetzter Technologie als Lese- oder als Schreib- und Leseeinheit erhältlich.
- Einer lokalen **Schnittstelle** zur Kommunikation mit lokalen IT-Systemen oder mit Datenbanken, auch als Backend-Systeme bezeichnet.

10.3.1.3.2 Transponder-Technologie

Obwohl sich RFID-Transponder teilweise sehr stark voneinander unterscheiden, besitzen sie prinzipiell jedoch einen homogenen Aufbau. Dieser besteht aus einem Koppelelement, der Antenne[442], und einem Mikrochip, bestehend aus analogen bzw. digitalen Schaltkreisen und einem Speicher[443].

Unterschiede bestehen insbesondere in den folgenden Bereichen (siehe **Abb. 10-7**):

- **Energieversorgung**
  Die Art der Energieversorgung von RFID-Transpondern weist einen der deutlichsten Unterschiede auf. Damit ein RFID-Transponder in Betrieb genommen werden kann - hauptsächlich zur Signalmodellierung - muss er mit Energie versorgt werden. Hierfür existieren prinzipiell folgende Ausführungsarten.

  - **Passive** RFID-Transponder beziehen ihre Energie zur Versorgung des Mikrochips aus den empfangenden Funkwellen. Mit der Antenne als Spule wird durch Induktion ein Kondensator aufgeladen, welcher den Tag mit Energie versorgt. Aufgrund der geringen Kapazität des Kondensators muss ein passiver Transponder immer erneut vom Lesegerät aktiviert werden. Durch dieses Prinzip werden das Gewicht und die Kosten des Chips zwar reduziert, aber dadurch verringert sich auch die mögliche Reichweite der Signalübertragung.
  - **Aktive** RFID-Transponder werden über eine eingebaute Batterie mit Energie versorgt. Die Lebensdauer dieser Energiequelle kann relativ hoch sein, da sich ein Transponder meist in einem Ruhezustand befindet. Er aktiviert erst dann seinen Sender, wenn er ein spezielles Aktivierungssignal empfängt. Mit RFID-Transpondern, welche über eine eigene Energieversorgung verfügen, lassen sich erheblich höhere Reichweiten erzielen. Zudem besitzen sie oft auch einen höheren Funktionsumfang und verursachen damit auch erheblich höhere Kosten pro Einheit. Aus diesem Grund werden diese RFID-Transponder vor allem dort eingesetzt, wo die zu identifizierenden oder zu verfolgenden Objekte eine lange Lebensdauer aufweisen. Solche Objekte findet man zum Beispiel bei wieder verwendbaren Behältern in der Containerlogistik oder auch bei Lastwagen im Zusammenhang mit der Mauterfassung.

---

[441] Buhr (2006): RFID-Technologie und Anwendungen, S. 7
[442] Bei induktiven Systemen als Spule, bei Mikrowellentranspondern als Dipol ausgelegt.
[443] Entweder als permanenter Speicher oder als mehrfach beschreibbarer Speicher ausgelegt, wobei dann Informationen aktualisiert oder hinzugefügt werden können.

■ **Semi-aktive** oder **semi-passive** Transponder besitzen zwar eine Batterie, jedoch wird diese nur zur Versorgung des Datenspeichers verwendet, um die gespeicherten Daten zu erhalten.

■ **Speicherfähigkeit und Datenmengen**

Hinsichtlich der Speicherfähigkeit lassen sich Transponder in Read-only-Transponder und Read/Write-Transponder unterscheiden:

■ **Read-only-Transponder** bilden das Low-Cost-Segment der RFID-Datenträger, wodurch sich ihr Einsatzgebiet meist auf preissensitive Massenanwendungen beschränkt, die keinen Bedarf an einer weiteren Speichermöglichkeit auf dem Transponder haben. Die Daten, meist nur eine max. 128 Bit große Seriennummer, werden bei der Herstellung des Transponders einmalig gespeichert und können nachfolgend nicht mehr verändert werden. Sobald der Transponder in den Ansprech-bereich des Lesegerätes gelangt, beginnt er seine Seriennummer zu senden. Die Kommunikation zwischen Transponder und Lesegerät findet also nur in eine Richtung statt.

■ **Read/Write-Transponder** (wiederbeschreibbare Transponder) können durch ein Schreib- und Lesegerät mit Daten beschrieben werden. Die Kapazität der Speicher differiert dabei in der Praxis zwischen 1 Byte und 64 KByte.

■ **Frequenzbereiche**

Sowohl die physikalischen als auch die konstruktionsbezogen Eigenschaften von RFID-Systemen werden im Wesentlichen durch den Frequenzbereich bestimmt. Es besteht die Möglichkeit, unter verschiedenen Frequenzbändern auszuwählen, welche in **Abb. 10-7** mit ihren wichtigsten Merkmalen dargestellt werden.

Frequenz-bereich Merkmale	LF < 135 kHz	HF 3-30 Mhz	UHF 200Mhz-2Ghz	MW > 2GHz
Typische Frequenzen	134,2 kHz	13,56 Mhz	868 MHz (EU) 915 Mhz (US)	2,45 GHz (5,48 GHz)
Leseabstand	Bis 1,2 m	Bis 1,2 m	Bis 4 m	Bis 15 m (in Einzelfällen deutlich darüber)
Lesegeschwindigkeit	langsam	Langsam bis mittel	schnell	Sehr schnell
Umgebungseinflüsse	Lärmpegel, Metall	Metall	Abschirmung, Flüssigkeit, Reflexion	
Energieversorgung	Passiv	Passiv und semiaktiv	Passiv und aktiv	Aktiv
Mehrfacherkennung (Pulkerfassung)		möglich	möglich	möglich
Transponderpreise	gering	gering	Mittel bis hoch	hoch

Abb. 10-7: Merkmale der RFID-Frequenzbereiche

Quellen: Vgl. BSI (2004); Strasser (2005); Jansen (2007)

■ **Bauformen**

RFID-Transponder werden in den verschiedensten Bauformen angeboten. Diese sind abhängig von der Nutzung, aber vor allem auch von der Art der Energieversorgung (aktiv/ passiv) sowie von den Frequenzbereichen. Zum Beispiel ist die Form und Größe der Antenne abhängig von der Frequenz bzw. von der Wellenlänge. Zumindest theoretisch kann man Transponder auch in jede Art von Gehäuse einbauen. Zu beachten sind lediglich die Wirkungszusammenhänge zwischen Material und dem Feld des Lesegerätes.

Im Folgenden werden exemplarisch einige verbreitete Bau- bzw. Erscheinungsformen von Transpondern beispielhaft vorgestellt.

■ Eine weit verbreitete Transponderbauform sind die so genannten Disks oder Münzen. Die Transponder befinden sich dabei in einem runden Gehäuse mit Durchmessern von wenigen Millimetern bis hin zu 10 cm. Als Gehäusematerial kommen neben ABS-Spritzguss auch Polystorol oder Epoxydharz zur Anwendung.

■ Glastransponder sind eine Bauform, die ursprünglich zur Identifizierung von Tieren entwickelt wurde. Heutzutage werden sie z. B. auch zur Steuerung von Flurförderzeugen in den Hallenboden eines Lagers eingebracht.

■ Für Anwendungen mit sehr hohen mechanischen Anforderungen werden Transponder in Plastikgehäuse integriert. Der Transponder wird dabei in einer sog. Moldmasse vergossen. Transponder in Plastikgehäusen besitzen gegenüber Transpondern in Glasbauweise eine höhere Reichweite, sie können größere Mikrochips aufnehmen und sie besitzen eine hohe Belastungsfähigkeit gegenüber mechanischen Vibrationen.

■ Die in der Logistik am häufigsten genutzte Bauform zur Identifizierung von logistischen Einheiten, wie Packstücken oder Paletten, sind sogenannte Smart Labels: Papierdünne Transponder, die inklusive Antenne auf eine Folie aufgebracht werden. Anschließend wird diese Folie häufig mit einer Papierschicht laminiert und auf der Rückseite mit einem Kleber beschichtet. Die daraus entstehenden Klebeetiketten können dann nicht nur leicht auf Objekte appliziert, sondern auch zusätzlich auf der Vorderseite mit einem Barcode bedruckt werden. Besonders bei offenen Systemlösungen, wo eine Kombination der Auto-ID-Verfahren Barcode und RFID notwendig ist, stellen Smart Labels eine gute Lösung dar. Diverse Hersteller bieten Drucker für Smart Labels inklusive Applikationsvorrichtungen für logistische Einheiten an, wodurch das Smart Label als günstigste Bauform der Transponder für kostensensitive Massenanwendungen am besten geeignet ist.

■ Um eine maximale Lesequalität auch in der Umgebung von Metallen oder Flüssigkeiten zu erreichen, werden sogenannte „Flag Tags"[444] verwendet. Der Transponder steckt bei dieser Lösung in einer beweglichen Fahne des Etiketts bzw. Smart Labels und steht von der Oberfläche des getagten Objektes senkrecht ab. Die beeinträchtigende Wirkung von Metallen und Flüssigkeiten auf die Lesequalität wird so über einen Luftspalt zwischen dem tragenden Material und der Antenne des Transponders überwunden. Um die beeinträchtigende Wirkung von Metallen und Flüssigkeiten zu überwinden, können als Alternative zu Flag Tags auch so genannte SpaceTags (Firma Paxar) verwendet werden. Zwischen dem Smart-Label und der logistischen Einheit wird dazu eine drei bis acht Millimeter dicke Zwischenlage aus wasserfreiem Spezialschaumstoff aufgetragen, der die trennenden Luftmoleküle fixiert.

---

[444] Flag Tags wurden von den Firmen SATO und UPM Raflatac für ein Projekt zur Palettenetikettierung bei Nestlé im Distributionszentrum Rangsdorf entwickelt. Der Flag Tag kann allerdings nur automatisch von einem Flag Tag-Applikator der Firma SATO aufgebracht werden, da das Fähnchen erst unmittelbar vor dem Aufbringen gefaltet wird. Den Prozess des Aufbringens bzw. Faltens von Flag-Tags hat sich die Firma SATO patentieren lassen.

▪ Textil-Labels tragen den rauen Umgebungseinflüssen in der Bekleidungsindustrie und den Anwendungen in gewerblichen Wäschereien Rechnung. Sie müssen extremen Umgebungsbedingungen, wie Wasser, Wasch- und Lösungsmitteln, hohen Temperaturen, hohen Drücken, Knicken etc. standhalten. Konnten anfangs nur einge-kapselte Transponder diesen extremen Bedingungen widerstehen, sind unterdessen auch Textil-Labels als Etiketten erhältlich. Die einlaminierten Inlay's werden von einer Ober- und Unterschicht geschützt, das Anbringen erfolgt per Aufkleben, Aufbügeln oder Festnähen. Durch die Textil-Labels soll die Zuordnung der Wäschestücke nach der Reinigung und die Kontrolle der Lieferkette innerhalb der Textilindustrie unterstützt werden. Eine Sonderform des Textil-Labels sind die „Hang Tags". Diese werden bei der Identifizierung von Hängeware entlang der Lieferkette der Textilindustrie verwendet. Das Label wird nach dem Beschreiben mit den Artikeldaten zusammen mit dem Kleidungsstück auf dem Bügel aufgehängt.

10.3.1.3.3 RFID Lese- und Schreibgeräte

Lesegeräte werden in unterschiedlichsten Bauformen und Ausführungen angeboten. Diese ist abhängig von diversen Anforderungen, wie der Lesedistanz, Erkennungssicherheit, Anzahl mehrerer Transponder im Lesefeld sowie der Abdeckung verschiedener Orientierungen der Transponder am zu identifizierenden Objekt. Nachfolgend werden die für die Logistik relevantesten Lesegerätausführungen exemplarisch erklärt:

▪ **Einzelantennen** sind als Lesegeräte für die meisten Anwendungen vollkommen ausreichend. Sie können sowohl einzeln, als auch in den verschiedensten Kombinationen angeordnet werden. Die Lesereichweite nimmt bei Transponder und Lesegerät mit zunehmender Größe der Antenne zu. Diese Tatsache wird allerdings durch die beschränkte Sendeleistung des Transponders limitiert. Zudem nimmt die Empfindlichkeit gegenüber Störsignalen mit zunehmender Antennenfläche zu.

▪ Eine besonders zu erwähnende Kombination von Einzelantennen sind sogenannte **Gate-Reader**. Sie erlauben die Abdeckung großer Lesebereiche und eröffnen somit auch die Möglichkeit, viele Transponder in möglichst kurzer Zeit zu erfassen. Gate-Reader sind allerdings sehr stark von den Umweltbedingungen des Lesefeldes abhängig, was eine sehr sorgfältige Einrichtung beim Aufbau erfordert. Sie werden zumeist für die Identi-fikation von Paletten und Behältern am Warenein- und/oder -ausgang genutzt.

▪ **Regalleser** messen in regelmäßigen Abständen, ob sich ein Objekt in seinem Ansprechbereich befindet oder nicht. Die Orientierung der Antennen im Regal muss dabei mit der Orientierung der Transponder an den zu identifizierenden Objekten übereinstimmen. Die Anzahl der Transponder, die von einer einzelnen Antenne identifiziert und überwacht werden können, hängt stark von der Dichte der Transponder und damit der Objekte zueinander ab.Regalleser haben ein großes Potential bei der Objektidentifizierung und Überwachung der Lagerbestände, z. B. in Bibliotheken oder Warenhäusern, aber auch im C-Teile-Management in der Lagerlogistik.

▪ Eine weitere stationäre Ausführung von RFID-Lese- und Schreibgeräten bilden die **Tunnel-Leser**. In der Regel enthalten sie ein Förderband, welches die zu identifizierenden Objekte durch den Tunnel hindurchführt. Ein Tunnel-Leser deckt sämtliche Orientierungen der angebrachten Transponder an dem zu identifizierenden Objekt ab. Zudem kann im Inneren ein sehr starkes Feld aufgebaut werden, welches vom Außenbereich des Lesegerätes aber gleichzeitig so isoliert wird, dass die Feld-stärke den gesetzlichen Richtlinien entspricht. Dadurch können auch viele kleine Objekte, z. B. mit Transponder bestückte Medikamentenpackungen, in einem Behälter zuverlässig identifiziert werden.

■ Eine mobile Form der Lesegeräte bilden die **Handlesegeräte**. Sie können im LF-, HF- und UHF-Bereich arbeiten, wobei die Lesereichweite stark abhängig von der Stromversorgung des Handlesegerätes und der Leistungsaufnahme der Antenne ist. Die mobilen Lesegeräte bestehen aus einem Lesemodul und einer integrierten oder externen Antenne sowie einem zumeist in das Gehäuse eingebautem PDA. Eine Software auf dem PDA ermöglicht zudem die Kommunikation mit lokalen Datenbanken. Diese kann stationär oder über Datenfunk erfolgen. Teils können mit mobilen RFID-Handlesegeräten auch optische Codierungen, wie Barcodes oder Stapelcodes, gelesen werden.

10.3.1.3.4 RFID-Middleware

Eine Middleware bestimmt, welche Daten bei der Auslesung oder der Beschreibung von Transpondern verarbeitet werden sollen. Sie reduzieren das ggf. umfangreiche Datenvolumen durch intelligente Filterung, wandeln Datenformate für die Weiterverarbeitung in ERP-Systemen oder Datenbanken um und sortieren diese. Nur so können die Daten aus der Auslesung der Transponder effizient in Geschäftsprozesse eingebunden und genutzt werden. Müssen mehrere Lesegeräte angesteuert werden oder fallen große Datenmengen von mehreren Lesegeräten an, ist es ebenfalls erforderlich, eine Middleware zwischen Lesegeräten und nachgelagerten Datenbank-Systemen zu schalten. Zudem können durch die Middleware Teilprozesse, wie Plausibilitätsprüfungen der Daten, auf unterster Ebene abgewickelt werden. Ein Bedarf an RFID-Middleware besteht also immer dann, wenn komplexe Strukturen von RFID-Systemen zusammengestellt werden müssen, was besonders auf die Anwendung von RFID in logistischen Prozessen zutrifft. RFID-Middleware ist infolge dessen mittlerweile als eigenständiges Modul (Stand-Alone-Version) oder in eine ERP-Software eingebunden bei vielen großen Betreibern von Softwarelösungen, wie SAP oder Oracle, zu erwerben.

10.3.1.3.5 Standardisierung

Um eine einheitliche Grundlage für innovative Technologien wie RFID zu schaffen und einen globalen Einsatz in werks- oder unternehmensübergreifenden Systemen zu ermöglichen, sind weltweit einheitliche und verbindliche Normierungen und Standards unabdingbar.

Da die RFID-Technologie zur Funktechnik hinzugerechnet wird, müssen postalische Bestimmungen der einzelnen Länder, die durch national oder kontinental individuelle Gesetze geregelt wird, berücksichtigt werden. Standardisierung führt dazu, dass Abnehmer der Technologie zunehmend zwischen mehreren kompatiblen Produkten auswählen können. Hierdurch entsteht Wettbewerb, der sich längerfristig auch auf die Preise der Komponenten auswirkt. Zudem wird die Anwendung der Technologie durch den Wettbewerb abgesichert, was zu einem weiteren Schub bei der technologischen Weiterentwicklung führt. Durch die Standardisierung sind die individuellen Lösungen mit ihren vor- und nachteiligen Eigenschaften besser einschätzbar, da immer ein Vergleich mit dem jeweiligen Standard gewährleistet ist.

Maßgebend für die Standardisierung einer Technologie ist die internationale ISO-Norm, welche von der International Organization of Standardization (ISO), erarbeitet und beschlossen wird. Des Weiteren wurden und werden Standards zur Güteridentifizierung innerhalb internationaler Lieferketten von der EPCglobal entwickelt und beschlossen, welche bereits teilweise mit den entsprechenden ISO-Standards kompatibel sind. Daher werden diese beiden Standardisierungsorganisationen mit ihren relevanten Standards zur RFID-Technologie näher betrachtet.

ISO-Standards

RFID-relevante ISO-Standards können grundsätzlich in Standards für die Luftschnittstellen, für Testmethoden, Datenprotokolle und Anwendungen unterteilt werden, die
allerdings eine recht unterschiedliche Bedeutung für die einzelnen Akteure innerhalb
eines RFID-Projektes haben.

EPCglobal

Die EPCglobal Inc. wurde 2003 als Joint-Venture der EAN International und dem
Uniform Code Council Inc. gegründet. Ihre Aufgabe ist die Kommerzialisierung der
Ergebnisse des Auto-ID Centers. Das Auto-ID Center wurde 1999 vom Massachusetts
Institute of Technology (MIT) mit der Aufgabe gegründet, globale Standards zu
entwickeln, die eine länderübergreifende Nutzung der Radiofrequenztechnologie für
Identifikationszwecke entlang der gesamten Lieferkette ermöglichen sollen. Im Oktober
2003 beendete das Auto-ID Center seine Arbeiten und übergab die Entwicklungen und
Forschungsarbeiten an die EPCglobal.

Resultat der Forschungsarbeit war das EPC-Netzwerk, das alle Komponenten eines
vollständigen RFID-Systems für Identifikationszwecke entlang einer Lieferkette
abdeckt. Grundlage des EPC-Netzwerkes ist der Elektronische Produkt Code (EPC), der
einer einheitlichen radiofrequenz-basierten Kennzeichnung und Identifikation von
Objekten dient und auf dem bestehenden EAN-Standard aufbaut. Innerhalb der
Entwicklung von Standards rund um den EPC werden Luftschnittstellen, Test-
prozeduren, Datenschnittstellen und Informationsdienste durch die EPCglobal spezifiziert.

Elektronischer Product Code (EPC)

Der EPC Tag Data Standard beschreibt, wie Daten auf einem Transponder abzulegen
sind und wie diese codiert bzw. decodiert werden müssen. Ein Transponder enthält
dabei zumindest den elektronischen Produktcode. Dieser besteht aus einem Datenkopf,
auch Header genannt, einer EPC-Manager-Nummer, einer Objektkasse sowie einer
Seriennummer. Die EPC-Manager-Nummer ist eine Kennzeichnungsnummer, die für
das Unternehmen steht, welches die Ware in den Warenverkehr gebracht hat. Die
Objektklasse bezeichnet die Nummer eines Objektes, während die Seriennummer die
individuelle Identifikation des einzelnen Produktes erlaubt, z.B. nach Farbe, Größe etc.

Der EPC Tag Data Standard umfasst die Transpondergrößen 64 Bit, 96 Bit und 256 Bit.
Der EPC-96 besitzt einen Adressenraum, der für die benötigten Anwendungen
ausreicht. Bei einer Aufteilung der verfügbaren Stellen können bei einem 96 Bit-
Transponder 268 Millionen Hersteller mit rund 16 Millionen Objektklassen zu jeweils
ca. 68 Milliarden Objekten ausgestattet werden, wodurch sich je Hersteller 1.152
Billiarden eindeutige Produktkennzeichnungsmöglichkeiten ergeben. Mit Hilfe des EPC
Tag Data Standards können Identifizierungsnummern gespeichert werden wie:

National	International
▪ Elektronische Artikelnummer EAN ▪ Nummer der Versandeinheit NVE ▪ Internationale Lokationsnummer ILN ▪ Mehrwegtransportverpackungs-ID	▪ Serialized Global Trade Item Number SGTIN ▪ Serial Shipping Container Code SSCC ▪ Serialized Global Location Number SGLN ▪ Global Returnable Asset Identifier GRAI

Der EPC baut also auf dem vorhandenen EAN 128-Datenstandard auf. Neben dem elektronischen Produktcode können auch weitere Informationen auf dem Transponder abgespeichert werden (Data on Tag). Für diese Funktionalitäten werden allerdings größere Speicher benötigt, die eventuell über eine Batterie unterstützt werden müssen, so dass diese Variante zu höheren Einzeltransponderpreisen führt. Außerdem wird die zu erwartende Lebenszeit des Transponders durch maximale Schreibzyklen oder die maximale Lebensdauer der Batterie eingeschränkt.

EPC-Netzwerk

Neben dem Transponder, dem elektronischen Produktcode (EPC) als Herzstück und dem Lesegerät umfasst das EPC-Netzwerk weitere Bestandteile. Es werden ebenso Infrastrukturkomponenten, wie die Programmiersprache PML, die Middleware Savant, der Objekt Naming Service (ONS) und das Datenarchiv EPC IS spezifiziert. Das EPC-Netzwerk umfasst somit alle Komponenten für ein funktionierendes RFID- System.

Die Physical Markup Language (PML) dient als Programmiersprache, um Daten über physikalische Objekte, Waren, sowie deren Ursprung, auf einen Transponder zu schreiben und den Austausch der Daten im EPC-Netzwerk zu standardisieren. PML basiert auf der Extensible Markup Language (XML) und ist infolge dessen durch ein XML-Schema gekennzeichnet, so dass sie mit geeigneten XML-Tools nach Fehlern in der Syntax der übertragenen Daten untersucht werden kann. Ein Vorteil ist die gute Erweiterbarkeit des Programmcodes, so dass bei einer Veränderung der Objektdaten neue Informationen zum jeweiligen Objekt auf dem Transponder abgespeichert werden können.

Savant als eigentliche Middleware des EPC-Netzwerks hat die Aufgabe, die Datenströme vom Lesegerät und eventuell weitere Sensoren zu filtern und an die entsprechende Applikation weiterzuleiten. Zu den weiteren Aufgaben des Savants gehört außerdem das Sammeln und Zählen von Transpondernummern, die Vor-verarbeitung der Datenströme, die Steuerung der Lesegeräte sowie eine Hierarchie-bildung bei der Verwendung mehrerer Savants. Zudem gibt eine Referenz-implementation Auskunft über die Geräte und Module, die aktuell an den Savant angeschlossen sind. Mittlerweile können Savants in die Businesslösungen von SAP oder SUN Microsystems als Module integriert werden.

Um weitere Informationen zu dem auf dem Transponder gespeicherten EPC ablegen und einsehen zu können, dient der Objekt Naming Service (ONS). In der Datenbank ONS können zu jedem EPC Internetadressen (URL's) abgelegt werden, die nach der Eingabe des EPC dem Nutzer zur Verfügung gestellt werden. Diese Internetadresse verweist meistens auf einen Produktserver des Herstellers oder wird als Anfrage an den Stammdatenpool des Herstellers weitergeleitet.

Der EPC Information Service (EPC IS), der zuerst unter dem Begriff PML-Service bekannt wurde, dient als Datenbank, die Informationen zu den einzelnen mit EPC-Transpondern gekennzeichneten Objekten liefern soll. Der EPC IS greift dabei nicht nur auf eigene, sondern auch auf andere Datenquellen (z. B. Produktkataloge), die unternehmensübergreifend zur Verfügung gestellt werden, zurück. Mit integriert werden sollen Funktionalitäten für die Bildung von Historien zur Transponder-erkennung, um eine Nachverfolgung (Tracking & Tracing) von Objekten zu ermög-lichen.

10.3.2 BDE-Systeme

Das betriebliche Geschehen - insbesondere der Fertigungsbereich - wird mit einem Netz von automatischen oder manuell bedienten Datenstationen/Terminals (Betriebsdaten-erfassungs-System - VDI 4416) überzogen. Die Aufgabe der Betriebsdatenerfassung besteht darin, betriebliche Ist-Daten in verschiedenen betrieblichen Bereichen detailliert, aktuell und vollständig zu erfassen, aufzubereiten (Prozesstransparenz) und sie den beteiligten Betriebsbereichen für eine effektive Planung, Steuerung und Kontrolle zugänglich zu machen. Im Rahmen der Betriebsdatenerfassung lassen sich folgende Daten-gruppen unterscheiden:

- **Auftragsbezogene** Daten: Mengen-, Qualitäts- und Zeitdaten.
  Beispiele: produzierte Mengen, erreichte Qualitäten, Start und Ende von Maschinen-belegungen, eingesetzte Mitarbeiter u. a.
- **Betriebsmittelbezogene** Daten: Daten der Belegung bzw. Nutzung und über Leerzeiten.
  Beispiele: Belegungszeiten, Rüstzeiten, Reparatur- und Instandhaltungszeiten, ablauf- oder personenbedingte Leerzeiten u. a.
- **Mitarbeiterbezogene**[445] Daten: Anwesenheits- und Leistungsdaten.
  Beispiele: Zugangs-, Pausen- und Verteilzeiten, Leistungs- und Akkorddaten für die Lohnabrechnung, Mengen- und Güteleistungen u. a.
- **Materialdaten**: Daten der Materialbestände (Bestandsfortschreibung).
  Beispiele: Verfügbare Bestände, Zugangs- und Entnahmemengen, Reservierungen, Fehlteile u. a.
- **Werkzeug- und Vorrichtungsdaten**: Daten der Art und Verfügbarkeit.
  Beispiele: Verwendungszweck, Einsatzort, Nutzungszeit, Verfügbarkeit und Wartungs-stand u. a.

Die Rückmeldung der Betriebsdaten erfolgt im einfachsten Falle über die als „Werkstattpapiere" in die Fertigung gegebenen Unterlagen, die manuell ergänzt und zurückgegeben werden. Die Erfassung kann über dezentrale Bildschirmterminals mit Tastatur oder eigenständige BDE-Terminals mit Tastatur oder Touchscreen und ggf. Lesestift zur Barcodeerfassung vorgenommen werden. Der Wunsch nach Zeitnähe und Fehlerfreiheit der rückgemeldeten Daten erfordert eine hohe Automatisierung der Erfassung, Übertragung und Verarbeitung, damit rasche Eingriffe zur Sicherung der vorgegebenen Prozesse möglich sind und Abweichungen der Mengen, Termine, Qualitäten und Kosten minimiert werden können. Die Automatisierung kann über mobile Datenspeicher/Identträger (VDI 2515, 4428), (Maschinen-)Terminals[446] und - drahtlose - Datenkommunikation (Infrarotschnittstellen oder Funkwellen) mit hohen Übertragungs-raten erfolgen, um eine Synchronisation von Material- und Informationsfluss zu erreichen. Die technische Entwicklung - insbesondere die Miniaturisierung - der mobilen Geräte und Komponenten (Datenträger) - fördert die Anwendbarkeit und Akzeptanz der Betriebs-datenerfassung in Produktion, Lager und Distribution in integrierten Informations-systemen. In der überbetrieblichen Zusammenarbeit mit Zulieferern, Dienstleistern und Kunden dient BDE der Möglichkeit, logistische Verbunde - vor allem JIT-Systeme - zu betreiben, aber auch der lückenlosen Dokumentation der Produktentstehungs- und Chargenverfolgung über die gesamte Herstellungskette im Sinne der Produkthaftung.

---

[445] Bei der Erfassung von Arbeitszeit- und Leistungsdaten der Mitarbeiter ist insbesondere § 87 BVG zu beachten, um die Persönlichkeits-/Mitbestimmungsrechte der Arbeitnehmer zu gewährleisten.
[446] Vgl. VDI 3641, VDI 3964 u. a.

Bei der Fülle der technischen Möglichkeiten zur Erfassung und Verarbeitung der betrieblichen Daten muss die Frage nach der Wirtschaftlichkeit gestellt werden. Produktionssynchrone und produktionsbegleitende Datenerfassung und -verarbeitung (Realtime processing transaction) erlauben die Bereitstellung einer Fülle von aktuellen Informationen, die aber nicht in jedem Fall notwendig sind. In vielen Bereichen - etwa für die periodische Aufbereitung der Daten in Management-Informations-Systemen (MIS) - wird eine dezentral aufbereitete, zeitversetzte und bedarfsbezogene Bereitstellung der Ausgabedaten genügen.

10.3.3 Kommunikationssysteme

10.3.3.1 Allgemeines

Weltweite Beschaffungs- und Absatzmärkte, auf der ganzen Welt verteilte Produktions-standorte und die zunehmende Einbindung logistischer Dienstleiter stellen hohe Anforderungen an die Logistik und u. a. auch an die Koordination der zwischen den verschiedenen Stellen bzw. Unternehmen stattfindenden Geschäftsprozesse. Diese Aufgabe ist nur auf der Basis leistungsfähiger Informations- und Kommunikationssysteme zu erfüllen, wobei bei verteilten Standorten bzw. bei vielen beteiligten Partnern das Kommunikationssystem eine zentrale Rolle einnimmt.

Nachrichten						
nicht elektronisch	elektronisch					
	nicht strukturiert	strukturiert				
		bilateral	standardisiert			
		firmen-spezifisch	national branchen-spezifisch	international branchen-neutral	Anwender-gruppen	
"Text" Schriftstücke konventionell übermittelt: - Post - Bote - Kurier	"Text" Schriftstücke elektronisch übermittelt - Telex - Telefax - E-Mail	Individuelle (konzern-interne) Schnitt-stellen	AIAG (USA) SEDAS (DE) SINFOS (DE) SWIFT (EU) VDA (Auto) DTA (DE) ...	EDIFACT ↓ Subsets	EANCOM EDI FI CE EDI FURN EDI office EDI TEX ...	

Abb. 10-8: Unstrukturierte / strukturierte Nachrichten

Quelle: Vgl. Hansen u. a. (2001); Stahlknecht u. a. (2001)

Ein wichtiges Element zur integrierten Abwicklung der Geschäftsprozesse ist der Austausch maschinenlesbarer Daten (siehe **Abb. 10-8**) zwischen den Systemen der beteiligten Partner (siehe 5.4.2.4): Electronic Data Interchange (EDI) ist der Austausch von strukturierten (in Formularen erfassbaren) und standardisierten technischen und kommerziellen Daten (Bestellungen, Lieferscheine, Rechnungen, Bilder, Graphiken, Texte u. a.) zwischen den Anwendungssystemen von Geschäftspartnern über öffentliche Netze mit der Möglichkeit der unmittelbaren Weiterverarbeitung (ohne Medienbruch) durch die DV-Systeme der Empfänger (Point-to-Point).[447]

---

[447] Vgl. u.a. Mertens, P. (Hrsg.): Lexikon der Wirtschaftsinformatik. Berlin

Hierzu fand bereits seit den 1960/70er Jahren zunehmend ein bilateraler Austausch von Geschäftsdaten zwischen Großunternehmen statt, auf der Basis von selbst definierten Formaten. Allerdings stiegen die Kosten der „Übersetzung" der Formate mit der Anzahl der Geschäftspartner dramatisch an, so dass die ersten branchenbezogenen Nachrichtenstandards entstanden (siehe **Abb. 10-9**). [448] Ab dem Jahr 1978 begann der VDA mit der Definition eines branchenspezifischen Kommunikationsstandards für die deutsche Automobilindustrie, im gleichen Jahr begann in den USA über das American National Standards Institute (ANSI) mit der Entwicklung eines branchenunabhängigen nationalen Standards (X.12).

Neben nationalen und internationalen branchenspezifischen Lösungen (ODETTE - Organisation for Data Exchange by Teletransmission in Europe) gibt es seit 1987 im Rahmen der Vereinten Nationen (UN) internationale Bemühungen, eine branchenübergreifende Norm zu schaffen: EDIFACT - Electronic Data Interchange For Administration, Commerce and Transport[449].

Neben der Einsparung von Papier bietet der elektronische Datenaustausch die Beschleunigung der Vorgänge der Auftragsabwicklung (Warenlieferung und Zahlungsverkehr), Einsparung einer Mehrfacherfassung wegen der Durchgängigkeit der Daten, die Vermeidung von Übertragungsfehlern und ein rasches Reagieren auf Störgrößen. Die Möglichkeiten des Internet haben teilweise die teuren EDI-Kommunikationen - trotz der Sicherheitsprobleme - substituiert.

	Handelsdaten		Produktdaten	Textdaten
	branchen-spezifisch	branchen-unabhängig	branchen-unabhängig	branchen-unabhängig
national	VDA (Automobil-D, ab 1978) SEDAS (Handel-D, 1977)	ANSI X.12 (USA, 1978)	IGES (USA) SET (F) VDAS (D) CAD*I (EU)	
international	Odette (Automobil-EU, '84) SWIFT (Banken, 1970) CEFIC (Chemie) EDIFICE RINET (Versicherung,1980)	EDIFACT (1987)	STEP	ODA/ODIF DTAM SGML

Abb. 10-9: EDI-Standards

Quelle: Vgl. Hansen u. a. (2001); Stahlknecht u. a. (2001)

Die physikalische Übermittlung von Informationen setzt in einer Volkswirtschaft umfangreiche Infrastrukturen für die einzelnen Informationsübertragungen (IuK-Techniken) voraus; als Übertragungswege bieten sich klassische Kupfer-, Glasfaser-Kabelverbindungen oder terrestrische bzw. satellitengestützte Funkverbindungen an. Die

---

[448] Vorreiter waren in den 60er Jahren die Banken mit der Einführung des beleglosen Zahlungsverkehrs (SWIFT) mit den Folgeentwicklungen bis zum Electronic-Cash-Verfahren mit Hilfe codierter Kunden-Karten und EC-Kassen für den internationalen Gebrauch.

[449] Vgl. beispielsweise DIN 16561, 16562, 16563 und die entsprechenden europäischen Normen.

beteiligten Rechner sind mit Standverbindungen oder Wählverbindungen miteinander gekoppelt. Betreiber der Telekommunikationsnetze war zunächst die TELEKOM AG aufgrund des früheren Netzmonopols, Funkanlagenmonopols und des Telefonmonopols. Heute findet man im Markt eine größere Zahl von Anbietern (carrier) als Netzanbieter (Service provider) bzw. als Anbieter von (Mobil-)Funkdiensten. Neben den reinen Übermittlungsdiensten werden von privaten Anbietern Mehrwertdienste (VANS - Value added network services) angeboten; das sind Aufbereitungsfunktionen - aber auch Aufgaben des Netzwerkmanagements, Datenbankdienste, Druckdienste, Wartungsdienste; sie erlauben neue Formen der zwischenbetrieblichen Arbeitsteilung/Telekooperation. Hinzu kommen die DV-Dienstleister mit weltweit verfügbaren ASP-Angeboten (Application Service Providing).

Derzeit werden für den Datenaustausch Netzwerke[450] aufgebaut, die Unternehmens-bedürfnisse, aber auch die Informationsflüsse von Lieferanten, Partnern und Kunden in die Kommunikationskette einbinden und Änderungen der Geschäftsprozesse durch die Möglichkeiten des Internets, Intra-/Extranets oder Electronic Data Interchange (EDI) erlauben. Trotz der Aussicht, zeitnah auf gemeinsame Daten zugreifen zu können, müssen auch die Gefahren von Störungen (Ausfall, unerlaubte Zugriffe, mangelnde Leistungs-fähigkeit u. a.) gesehen werden. Es muss ein hohes Maß an Verfügbarkeit, Leistungs-fähigkeit und Sicherheit der Netzwerke und des Netzwerkmanagements erwartet werden.

10.3.3.2 Klassische EDI-Systeme

Es werden Geschäftsnachrichten auf Basis standardisierter Datenformate und Kommunikationsformen zwischenbetrieblich ausgetauscht (siehe **Abb. 10-10**). Dabei handelt es sich vorwiegend um standardisierte Routinevorgänge wie Bestellungen, Rechnungen, Überweisungen, Mahnungen usw.

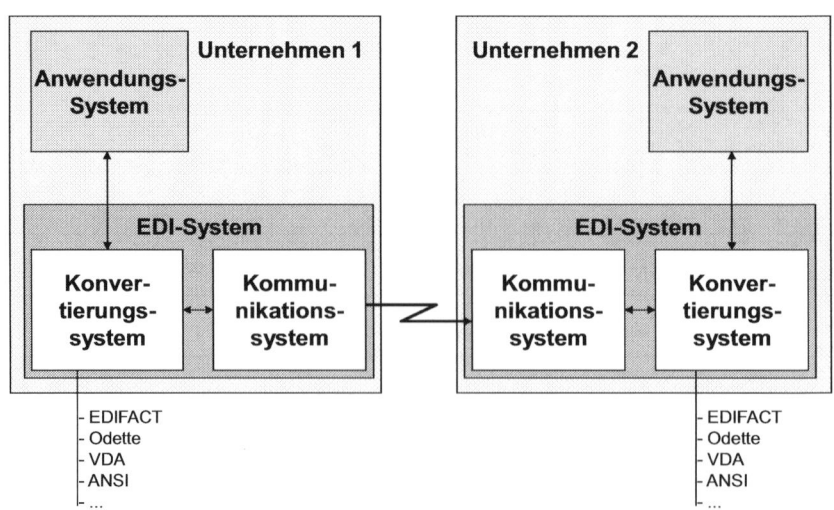

Abb. 10-10: Grundstruktur eines EDI-Systems

---

[450] Beispiele sind das gemeinsame Netzwerk der Automobilindustrie in USA: ANX - Automotive Network Exchange oder das Netzwerk der europäischen Automobilindustrie: ENX - European Network Exchange, das seit 1997 für einen gemeinsamen, flächendeckenden Informationsverbund aufgebaut wird.

Es müssen folgende Voraussetzungen erfüllt sein:

- Elektronische Verfügbarkeit der Daten
- Bereitstellung eines Standards zur semantischen und syntaktischen Beschreibung der Daten, um eine beidseitige Interpretation und Verarbeitung zu ermöglichen
- Bereitstellung von elektronischen Hilfsmitteln für die Übertragung geschäftlicher Vorgänge und die Übermittlung entsprechender Daten und/oder Informationen.

Verfügen die Partner über identische Anwendungssysteme, muss nur die technische Seite der Kommunikation geklärt werden. Bei unterschiedlichen Systemen müssen sich beide Partner zunächst auf ein Format einigen und bei beiden Partnern muss eine Konvertierung in bzw. aus diesem Standardformat erfolgen oder es muss alternativ ein Clearing Center eingeschaltet werden. Problematisch beim klassischen EDI sind z. B. die hohen Investitionskosten, die begrenzte Funktionalität und Inflexibilität.

10.3.3.3 WebEDI

Aufgrund der angesprochenen Probleme wurde mit WebEDI ein System gefunden, mit dem Daten zwischen Geschäftspartnern kostengünstig ausgetauscht werden können:[451]

- Ein Kommunikationspartner bietet Web-Seiten an, auf denen Kommunikationspartner Bestellungen, Rechnungen etc. aufgeben und abrufen können (Anbieter ist in der Regel das Unternehmen, das schon EDI praktiziert).
- Die Web-Formulare werden ausgefüllt und vom System des Betreibers in eine EDI - Nachricht konvertiert.
- Es besteht die Möglichkeit, kleinere Partner anzubinden, welche kein EDI betreiben können oder wollen.

Lieferanten arbeiten demnach bei WebEDI online auf den Systemen ihrer Kunden und müssen daher außer einem PC und einem Zugang zum Internet keine weiteren Voraussetzungen erfüllen. So können selbst kleinste Lieferanten elektronisch in der Art und Weise eingebunden werden, dass die Partner auf der anderen Seite praktisch keinen Unterschied zu „echten" EDI-Kunden bemerken.

Für WebEDI gelten ebenfalls die Vorteile des klassischen EDI. Darüber hinaus sind einige zusätzliche Vorteile festzustellen, so dass einige Nachteile des klassischen EDI kompensiert werden:

- Lieferanten müssen nicht mehr unterschiedlich behandelt werden, es können grund-sätzlich alle Lieferanten identisch mit Lieferabrufdaten versorgt werden.
- Andererseits wird idealerweise die Warenlieferung von Lieferpapieren und elektro-nischen Daten begleitet, die dem EDI-Verfahren entsprechen.
- Auch die Zulieferer können die Vorteile des EDI-Einsatzes nutzen.
- WebEDI ist sehr einfach zu nutzen.
- WebEDI ist deutlich kostengünstiger als das klassische EDI.

In den letzten Jahren hat WebEDI dazu beigetragen, dass insbesondere in den großen Unternehmen der Automobilindustrie der Informationsaustausch zunehmend elektronisch abläuft. Größere Unternehmen auch in anderen Branchen werden von ihren Lieferanten kurzfristig den Einsatz von EDI oder WebEDI verlangen.

---

[451] Vgl. Mertens (2010)

10.3.3.4 XML

Im Zusammenhang der derzeitigen und künftigen Entwicklung von WebEDI spielt XML[452] eine wichtige Rolle. Strukturierte Geschäftsdaten lassen sich mit XML beschreiben, austauschen, darstellen und manipulieren. Eine Trennung von Inhalt, Struktur und Präsentation ist möglich.

Aus schon genannten Gründen stellt WebEDI eine geeignete Alternative für kleine Partner dar. Die Lieferanten greifen mit einem Internet-Browser auf einen Web-Server ihres großen Partners zu. Auf diesen Server übersetzt ein Konverter die HTML-Nachrichten in EDI. Die meisten Hersteller von EDI-Anwendungen bieten bereits entsprechende Lösungen an, allerdings fehlt oft der XML-Support.

Ohne XML ist der Nutzeffekt von Web-EDI begrenzt. Zum einen ist es für den kleinen Partner nur sehr umständlich möglich, die ausgetauschten Daten in seine eigenen Systeme zu übernehmen (falls es überhaupt möglich ist). Weiterhin muss er, wenn er mit mehreren großen Kunden via Web kommuniziert, ebenso viele Mail-Accounts und Homepages regelmäßig aufsuchen.

Neue Anwendungen und Marktplätze müssen sich mit den XML-basierten Kommunikations-Standards auseinandersetzen. XML kann helfen, das aufwendige EDI–Mapping abzukürzen und dazu beitragen, elektronische Dokumente besser in automatisierte Geschäftsprozesse einzubinden. Dieses ist besonders für kleine Partner günstig.

XML erleichtert den Datenaustausch: Inhalt und Darstellung einer Webseite werden getrennt, die Daten können so an eine andere IT-Anwendung leichter weitergegeben werden:

- In der XML- bzw. XSL -Datei eines Dokuments erfolgt die Festlegung der Darstellung
- Die dazu gehörige DTD –Datei enthält die Beschreibung des Inhalts. Mit Hilfe von Document Type Definition können EDI-Nachrichtentypen nachempfunden werden, was wiederum den Vorteil bietet, dass die Partner nicht erneut absprechen müssen, wie eine Nachricht aufgebaut sein soll.

Was lange fehlte, sind gemeinsame Nachrichtenstandards, die z. B. festlegen, wie die einzelnen Angaben einer Bestellung in XML aussehen. Solange es bei XML keinen einheitlichen Standard gibt, besteht für EDI-Anwender kein Grund, zu XML zu wechseln.

Ist XML/EDI/WebEDI voll funktionsfähig im Einsatz, bietet es folgende Vorteile:

- Nutzung bestehender EDI-Infrastruktur und -Prozesse in Verbindung mit weit verbreiteter Internet-Technologie,
- Ergänzung des klassischen EDI für eine Vielzahl der kleineren Geschäftspartner,
- 100%ige Rückwärtskompatibilität für existierende EDI-Transaktionen,
- Jederzeit eine flexibel anpassbare und zukunftsfähige Lösung,
- Anbindung aller Geschäftspartner über eine einzige „elektronische Datenpipe",
- Einfacher, schneller und kostengünstiger Einstieg in den elektronischen Geschäftsverkehr für Lieferanten/Kunden,
- Minimale Folgekosten für Lieferanten/Kunden,
- Gute Argumentationsmöglichkeit zur definitiven EDI-Anbindung der Geschäftspartner,
- Ausbau zu einer integrierten Lösung beim Geschäftspartner möglich.

---

[452] XML (eXtensible Markup Language) basiert auf SGML (Standard Generalized Markup Language), SGML und damit auch XML sind Metasprachen, XML in Form einer praktikablen Vereinfachung.

10.3.3.5 Mobilkommunikation im Gütertransport (Telematik)[453]

Für die Auftragsabwicklung zeitkritischer oder wertvoller Güter sind die Verfolgung und Dokumentation der Materialströme zwischen allen Gliedern der logistischen Kette - insbesondere im außerbetrieblichen Bereich - von besonderer Wichtigkeit. Es gehört zu den Aufgaben der logistischen Dienstleister, dem Verlader oder Empfänger während des Transportes jeweils detailliert Auskunft über den Status einer Sendung - einschließlich der ordnungsmäßigen Auslieferung - zu geben (Sendungsverfolgung). Gleichzeitig dienen die logistischen Informationssysteme der Planung, Steuerung und Überwachung der Güterströme und der eingesetzten Fahrzeuge des Fuhrparks (Flottenmanagement, Flottenmonitoring), der Fahrerunterstützung und der Fahrzeugüberwachung (in Echtzeit), um vor allem im Bereich des LKW-Transportes durch Tourenoptimierung, verbesserte Nutzung der Ladeflächen, Minimierung von Leerfahrten u. a. dem europaweiten Verdrängungswettbewerb widerstehen zu können. Dadurch können Laufzeiten überwacht[454], die Auslastung der Ressourcen optimiert und unnötige Leer-Fahrten vermieden und letztlich durch ein Verkehrsmanagement ein im allgemeinen Interesse liegender Beitrag zur Schonung der Umwelt geleistet werden.

Moderne Informations- und Telekommunikationstechniken werden zunehmend in integrierte Logistiksysteme eingebunden - die Glieder der logistischen Kette müssen mit international gängigen Standards problemlos kommunizieren, Handelsdokumente austauschen (elektronische Formulare) und ihre hausinternen Software-Systeme kompatibel einbringen können. Die technische Unterstützung der Positionierung und des Informationsaustausches in der Transportlogistik erfolgt mit Hilfe moderner Systeme der Mobilkommunikation, die neben dem klassischen Festnetz angeboten werden.[455] Die heute am Markt angebotenen Systeme und Dienste lassen sich folgendermaßen unterscheiden:

■ **Erdgestützte Systeme der Telekommunikation**
Um eine flächendeckende Kommunikation zu ermöglichen sind diese Systeme meist zellular aufgebaut (siehe **Abb. 10-11**). Die Reichweite der jeweiligen Funkverbindung ist damit nur bis zur nächsten Sende-/Empfangsvorrichtung notwendig, der andere Kommunikationsteilnehmer wird über die für ihn nächstgelegene Sende-/Empfangsvorrichtung an das Netz angebunden. Die Sende-/Empfangsvorrichtungen wiederum sind über Richtfunkstrecken, Kupfer- oder Glasfaserkabel mit einer entsprechenden Netzinfrastruktur verknüpft. Eine Ausnahme bilden Systeme des Betriebs- bzw. Bündelfunk, die häufig nur eine Sende-/Empfangsvorrichtung haben und daher nur für einen örtlich beschränkten Bereich einsetzbar sind. Je nach Übertragungsstandard des Netzes sind unterschiedliche Übertragungsgeschwindigkeiten möglich. Ursprünglich wurden diese Netze zur Sprachkommunikation (Funktelefonie) entwickelt, jedoch können auch Daten übertragen werden (z. B. mobiler Internet Zugriff). Neben der Kommunikation erlauben diese Netze auch eine Positionierung der mobilen Endgeräte (z. B. GSM-Ortung), welche allerdings nur die Position der nächsten Sendeeinheit anzeigt und nicht die genaue Position des Endgerätes.

---

[453] Telematik ist eine synthetische Wortkombination (Kunstwort) zwischen *Tele*kommunikation und Infor*matik* und bedeutet eine intelligente Verknüpfung moderner Techniken der Erfassung, Verarbeitung und Übertragung von - verkehrsrelevanten - Informationen.

[454] Bei der Seereise des Chr. Kolumbus 1492 nach Westen mußte der Auftraggeber etwa 9 Monate auf das Ergebnis der Reise warten, die erste Mondlandung 1969 wurde in Wort- und Bildübertragung allgemein on-line erlebt.

[455] An dieser Stelle muß abgewartet werden, wie die zukünftige Internetnutzung die Entwicklung dieser Systeme beeinflusst.

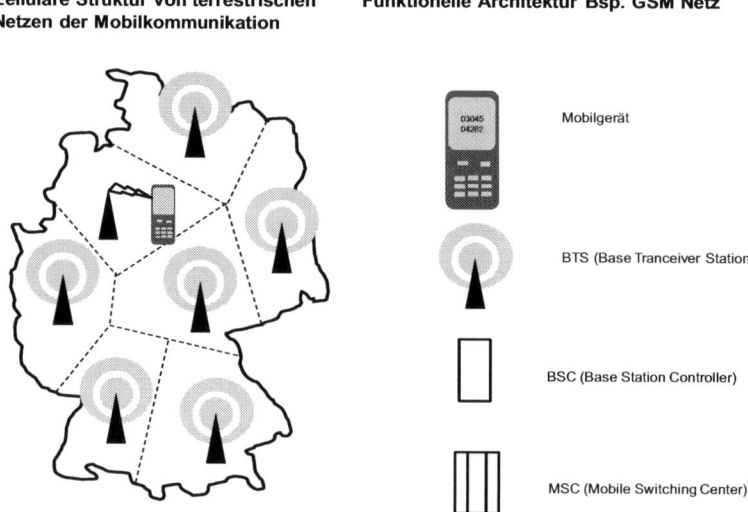

Zellulare Struktur von terrestrischen Netzen der Mobilkommunikation

Funktionelle Architektur Bsp. GSM Netz

Mobilgerät

BTS (Base Tranceiver Station)

BSC (Base Station Controller)

MSC (Mobile Switching Center)

Abb. 10-11: Mobilkommunikation

- *GSM-Systeme* (Global System for Mobile Communication) - ermöglichen die Kommunikation zwischen einer Mobilstation (Mobiltelefon) und einem stationären oder mobilen Partner. Sie basieren auf einem Standard für volldigitale Mobilfunknetze, der hauptsächlich für Telefonie genutzt wird und eine Übertragungsrate bis 14,4 kbit/s ermöglicht. Sie können aber auch für leitungsvermittelte oder paketvermittelte Datenübertragung sowie für Kurzmitteilungen (Short Messages) genutzt werden. GSM ist der weltweit meist verbreitete Standard für Mobilfunk und ist in über 200 Ländern anzutreffen. Der grenzüberschreitende Betrieb wird durch die „Roaming-Funktion" gewährleistet. Zur schnelleren Datenübertragung in GSM-Netzen wurde der HSCSD (High Speed Circuit Switched Data) Standard entwickelt, der leitungsvermittelte Datenübertragung bis zu 115,2 kbit/s (= 8 × 14,4 kbit/s) ermöglicht. Eine andere Weiterentwicklung ist der paketvermittelte GPRS (General Packet Radio Service) Standard, der einen (allerdings langsamen) Internetzugang über ein GSM-Netz ermöglicht.

- Die im Jahre 2000 versteigerten *UMTS-Lizenzen* (UMTS - Universal Mobile Telecommunications System) werden den Aufbau der 3. Mobilfunkgeneration nach sich ziehen. Das System erlaubt sehr viel höhere Übertragungsraten und bedeutet den ersten Schritt zum mobilen Internet mit Sprach-, Text-, Video- und Musikübermittlung. Eine Vernetzung mit anderen Systemen und zahlreiche Anwendungen für die Logistik sind zu erwarten. Der entscheidende Unterschied zwischen der GSM- und der UMTS-Technologie liegt in der Bandbreite der genutzten Frequenzen, welche bei UMTS um das 25fache höher ist. Dadurch können mit dem UMTS-Standard Übertragungsraten bis zu 2 MBit/s erreicht werden (angeboten werden 385 kbit/s). Durch erweiterte Verfahren wie HSDPA (High Speed Downlink Packet Access) können Übertragungsraten von 7,2 mbit/s im Downlink (Daten empfangen) und 5,8 mbit/s im Uplink (Daten senden) erreicht werden. Die Zellstruktur von UMTS-Netzen ist wesentlich heterogener als bei GSM-Netzen. An sog. „hot spots", Hotels, Flughäfen, oder Bürogebäuden sorgen Picozellen mit einem Durchmesser von unter hundert Metern für einen Netzzugang für viele Nutzer mit hoher

Geschwindigkeit. Städtische Bereiche mit einer Ausdehnung von bis zu mehreren Kilometern werden mit Microzellen angebunden und Vororte mit einer geringeren Anzahl potentieller Nutzer werden durch Makrozellen mit einer Reichweite von über 20 Kilometern versorgt. Außerhalb von Ballungsgebieten kommen Hyper- und Umbrella-Zellen mit einer Reichweite von bis zu mehreren hundert Kilometern zum Einsatz. Obwohl die technischen Möglichkeiten rasant ausgebaut wurden, sind die logistischen Anwendungen auf individuelle Insellösungen beschränkt. Konzepte zur Nutzung von UMTS-Netzen für die Logistik haben sich noch nicht flächendeckend am Markt etablieren können.

- *Betriebs-/Bündelfunk* - dies ist der klassische Betriebsfunk, der in begrenzten Bereichen einen Gegensprechbetrieb - aber keinen Zugang zu anderen Netzen - erlaubt. Wenige verfügbare Funkkanäle werden - vor allem in Ballungsgebieten - mehreren Nutzern zur Verfügung gestellt. Der Betreiber installiert und unterhält die Funk- und Mobilstationen selbst. Anwendungen fokussieren sich auf Behörden, Nahverkehrsbetriebe und Flughäfen. Im Rahmen des TETRA-Standards (terrestial trunked radio) können Bündelfunk-Netze auch in zellularer Struktur europaweit aufgebaut werden.

Satellitengestützte Systeme

- *Geostationäres System (GEO - geostationary satellite orbit)* - die notwendigen Satelliten bewegen sich in einer erdfernen Umlaufbahn (36.000 km) über dem Äquator; das bedeutet eine mangelnde Versorgung - etwa der Polkappen - und große Signallaufzeiten, dazu mögliche „Funkschatten", die die Übertragungsqualität mindern oder verhindern. Installierte Systeme sind beispielsweise OMNITRACS, ein amerikanisches Navigations-System, oder EUTELTRACS, ein europäisches Navigations-System. EUTELTRACS ist mit über 35.000 mobilen Terminals in ganz Europa ein etablierter Nachrichten- und Positionierungsdienst für die Transportindustrie. Neben der Positionserfassung von Fahrzeugen oder Frachten können die Sicherung von Transporten, die Lenkzeiten der Fahrer oder der Treibstoffbedarf geplant und überwacht werden.

- *Erdnahes Satellitensystem (LEO - low earth orbit)* - besteht aus einer größeren Anzahl kleinerer, erdnaher Satelliten, die sich auf verschiedenen Umlaufbahnen (750 – 10.600 km) befinden; das System bildet - mit geplanten 77 Satelliten - aufgrund der Anordnung eine zellulare Funkvernetzung und die Gewährleistung einer weltweiten Datenübertragung und ergänzt vorhandene terrestrische Systeme; die am weitesten entwickelten Systeme zur Sprach- und Datenkommunikation sind: IRIDIUM (Motorola, USA) und GLOBALSTAR.

Die Kommunikationssatelliten ermöglichen grundsätzlich die gleichen Anwendungen wie die erdgestützten Systeme der Telekommunikation; den Nachteilen hoher Anfangsinvestitionen, fehlender Reparaturmöglichkeiten und langer Signallaufzeiten stehen die Vorteile einer weltweiten Versorgung und entfernungsunabhängiger Kosten gegenüber. Die Entwicklung zeigt, dass die Einsatzfelder in der Transportlogistik insbesondere die Kommunikation durch Daten-/Sprach-/Bild-Übermittlung für ein mobiles Computing und die Positionsbestimmung (Satellitenortung und -navigation) von beweglichen Objekten zu Lande, auf dem Wasser und in der Luft umfassen.

Die für die Satellitenkommunikation notwendigen Satelliten-Systeme werden von öffentlichen oder privaten Organisationen/Konsortien vorgehalten, an denen länderübergreifend verschiedene Unternehmen und nationale Telekomgesellschaften/Post-

und Fernmeldeverwaltungen beteiligt sind. Beispielhaft sind hier die Systeme zu nennen:

- *EUTELSAT* (European Telecommunication Satellite Organisation) - eine 1977 gründete Satelliten-Betriebsorganisation, die mit geostationären Satelliten Dienste für Europa, den mittleren Osten und Nord-Afrika anbietet (Beispiel: EUTELTRACS).
- *INMARSAT* (International Maritime Satellite Organisation) - eine 1979 gegründeter Satellitendienst für die Schifffahrt, der seit 1988 auch Systemvarianten (INMARSAT A, B, C, D, E, M, P, Aero) für den Land- und Luftverkehr anbietet; INMARSAT-Dienste werden über geostationär betriebene Satelliten angeboten.
- *GALILEO* - das europäische System wird aus 30 operativen Navigationssatelliten und acht Ersatzsatelliten bestehen, als europäisches System zu dem GPS-System der USA kompatibel und im Probebetrieb voraussichtlich 2011 einsatzbereit sein. Der Endausbau dieses rein zivilen Systems ist für das Jahr 2013 geplant.
- *GPS* (Global Positioning System) - ein 1973 in USA für militärische Zwecke entwickeltes erdnahes Navigationssystem, aus dem das Satelliten-Navigationssystem NAVSTAR (Navigation System with Time and Ranging) entstanden ist; GPS ist seit 1991 im Einsatz, und der Ausbau ist seit 1993 abgeschlossen, es erlaubt dem entsprechend ausgerüsteten Nutzer zu jeder Zeit weltweit und unabhängig von meteorologischen Bedingungen eine genaue Positionsbestimmung. Das System kann mit eingeschränkter Genauigkeit auch für zivile Zwecke genutzt werden. Die Ungenauigkeit der zivilen Standortbestimmung kann mit dem Verfahren Differential GPS (DGPS) hinsichtlich der Genauigkeit entscheidend verbessert werden. Dabei müssen zusätzliche Stationen auf der Erdoberfläche eingerichtet werden (sog. Basis-stationen). Eine Basisstation mit fester, präzise bekannter Position, führt Positions-bestimmung mit GPS durch. Da auch diese Positionsbestimmung fehlerbehaftet ist, die tatsächliche Position aber exakt bekannt ist, können Korrekturdaten ermittelt werden.
- *GLONASS* (Global Navigation Satellite System) - ein dem GPS-System vergleichbares, in der ehemaligen UDSSR für militärische Zwecke entwickeltes System zur Bestimmung von Position, Zeit und Geschwindigkeit, das ebenfalls für zivile Nutzer - ohne Einschränkung der Genauigkeit - zur Verfügung steht. Eine parallele Nutzung der Systeme GPS und GLONASS ist angedacht.
- *COMPASS* - ein chinesisches Satellitensystem zur Positionierung, Verkehrssteuerung und Kommunikation, welches bis zum Jahr 2015 flächendeckend ausgebaut werden soll.

10.3.4 Verkehrsmanagement-Systeme[456]

Die aufgezeigten, von verschiedenen Diensten angebotenen Systeme der erd- oder satellitengestützten Navigation/Ortung, Daten-, Bild- und Sprachübertragung helfen einer globalisierten Logistik bei der Beherrschung zunehmender Verkehrsleistungen der einzelnen Verkehrssysteme und unterstützen regionale Standortqualitäten. Computer und Telematik leisten ihren Beitrag, den befürchteten Verkehrsinfarkt – insbesondere auf der

---

[456] Die Entwicklung intelligenter Infrastruktur-/Verkehrsbeinflussungs-Systeme wird von der EU gefördert; Projekte sind: PROMETHEUS - Program for a European traffic with highest efficiency and unprecedented safety - PROMOTE - Program for mobility and transport in Europe (Nachfolgeprojekt) - DRIVE I/II - Dedicated Road Infrastructure for Vehicle Safety and Efficiency. Hinzu kommen regionale Systeme in Ballungsgebieten - z. B.: Projekt für integrierte Verkehrs-Planung, -Management und -Information ist "CITY-TRAFFIC" in Bonn.

Straße - zu verhindern[457]. Am Beispiel des Straßengüterverkehrs sollen beispielhaft einige Ansätze zur Optimierung der Verkehrsströme und der Fahrerunterstützung aufgezeigt werden. Es liegt im allgemeinen Interesse, Ballungsgebiete und Verkehrswege nicht zu überlasten, und die einzelnen Unternehmen sollten ihre Fahrzeuge intelligent einsetzen.

Die technischen Möglichkeiten der Kommunikation und der Navigation bieten für das einzelne Verkehrsunternehmen und das einzelne Fahrzeug zur logistisch und betriebswirtschaftlich optimierten Nutzung ihrer Fahrzeuge/Fahrzeugflotte[458] folgende Einsatzgebiete:

■ **Kollektive Verkehrsbeeinflussung**
Zur Bewältigung des Straßenverkehrs stehen dem allgemeinen Verkehrsmanagement - meist erdgestützte - Verkehrsleitsysteme (Telematik-Dienste) und Systeme zur Fahrerunterstützung zur Verfügung; moderne Kommunikations- und Prozessleittechniken können die Verkehrsströme intelligent steuern und lenken, den Verkehr zeitlich und räumlich besser verteilen und die Verkehrswege gleichmäßiger nutzen – möglicherweise Verkehr vermeiden und Schadstoffemissionen reduzieren. Es wird geschätzt, dass eine intelligente Straße 15 - 20% mehr Verkehr aufnehmen kann, wenn der Verkehrsfluss durch elektronisch geregelte, dem Fahrzeugaufkommen angepasste Tempolimits verstetigt wird, wenn Computer die Fahrrouten von Lastwagen optimieren und dem Individualverkehr Informationen über alternative Angebote des öffentlichen Personennahverkehrs (ÖVPN) gegeben werden.

Ein flächendeckender oder schwerpunktbezogener Einsatz von Telematik-Diensten (Verkehrsmanagement) erfordert eine Reihe infrastruktureller Maßnahmen; das sind Investitionen im Bereich der anonymen Datenerfassung (in den Fahrweg eingelassene Induktionsschleifen (Erfassungsquerschnitte), Infrarot-Sensoren an (Autobahn-)Brücken oder intelligente Leitpfosten), der standardisierten Datenübertragung-/aufbereitung (Verkehrsleitrechner) und der Telematikendgeräte für den Endnutzer. Bisher gibt es einige Einrichtungen und Maßnahmen zur Steuerung und Beeinflussung von Verkehrsströmen:

■ *Verkehrsfunk* - Der traditionelle Verkehrsfunk gibt in der Regel halbstündig Meldungen über die Verkehrslage als allgemeine Durchsage; dies hat den Nachteil, dass die Nachrichten selten aktuell, die Zeitabstände zu lang und die Meldeblöcke zu umfangreich und überregional sind, so dass individuell zutreffende Nachrichten überhört werden können. Das digitale „RDS - Radio Data System und TCM - Traffic Message Channel" wird seit Herbst 1997 von den Rundfunkanstalten flächendeckend mit grenzüberschreitendem Datenaustausch ausgestrahlt, ist ein automatisierter Verkehrswarndienst und erlaubt Verkehrsinformationsdienste für dynamische Routenführungen - auch begrenzt auf ein Wunschgebiet. Die Informationen werden auch über GSM-/GPRS-Mobilfunk angeboten.

■ *Road-Pricing-Systeme (Maut-Systeme)* - Neben dem einmaligen Erwerb einer Vignette können Straßenbenutzungsgebühren zur Lenkung von Verkehrsströmen manuell an speziellen Mautstellen oder elektronisch über Erfassungsgeräte (auf Straßenbrücken, über Baken oder Satelliten) ohne Aufenthalt der Fahrzeuge erhoben

---

[457] Die grundsätzliche Möglichkeit, zunehmende Verkehrsströme durch Ausbau der jeweiligen Infrastrukturen zu beherrschen, dürfte wegen der allgemeinen Geldknappheit und dem veränderten Umweltbewußtsein begrenzt sein.

[458] Ansätze zur optimierten Nutzung der Verkehrswege gibt es auch für andere Verkehrssysteme: beispielsweise für den - harmonisierten - radarüberwachten Flugverkehr in Europa (EATCHIP - European Air Traffic Control Harmonisation and Integration Program) oder die Satelliten-Überwachung der Schifffahrt auf dem Rhein zwischen Basel und Rotterdam.

werden; Road-Pricing-Systeme sind ein Mittel, die vorhandenen Infrastrukturen gleichmäßiger zu nutzen und Überlastungen einzelner Strecken zu vermeiden; die erhobenen Gebühren können nach Zeit, Strecke oder Fahrzeugtyp differenziert werden. Das in Deutschland für LKW eingeführte Mautsystem wird von der Firma Toll Collect betrieben. Die Gebühren können manuell an stationären Mautstellen-Terminals oder über das Internet-Portal entrichtet werden. Alternativ dazu besteht die Möglichkeit, durch ein spezielles mobiles Endgerät (OBU - On-Board-Unit) über GPS die Mauthöhe in Echtzeit errechnen zu lassen und zwecks Abrechnung per Mobilfunk an den Mautsystem-Betreiber zu senden. Zur Mautkontrolle werden jährlich 10 Mio. Fahrzeuge beim Durchfahren der Kontrollbrücken fotografiert und deren Umrisse automatisch abgetastet. Handelt es sich um mautpflichtige Fahrzeuge, so werden die Daten mit den Mautzahlungen abgeglichen.

■ *Wechselsignalanlagen* an Leitbrücken - dienen der situationsgerechten dynamischen verkehrsflussabhängigen Steuerung des Verkehrs durch variable Verkehrszeichen, Wechselwegweiser, Geschwindigkeitsempfehlungen oder Parkraumhinweise mit dem Ziel, auf Gefahren hinzuweisen[459], den Verkehrsfluss zu verstetigen und die Leistungsfähigkeit einzelner Strecken zu erhöhen. Hier kann auch die elektronische Bevorrechtigung von Bussen und Bahnen an Lichtsignalanlagen zur Beschleunigung des Öffentlichen Personennahverkehrs (ÖVPN) oder der Rettungsdienste genannt werden.

Die kollektive Verkehrsbeeinflussung kann die Verkehrsströme auf weniger belastete Strecken oder andere Verkehrssysteme im kombinierten Verkehr verlagern, auf Gefahrenpunkte, Baustellen oder Staus aufmerksam machen und Fahrer ermuntern, alternative längere, aber zeitschnellere Routen zu ihrem Ziel zu suchen. Es muss aber auch bedacht werden, dass das Verkehrsaufkommen weiter steigt, wenn auf den Verkehrswegen durch die Leitsysteme ein zügigeres Fahren wieder möglich ist. Die vorhandenen Systeme sind häufig Versuchsanlagen und beziehen nicht flächendeckend alle Ballungsgebiete oder Gefahrenbereiche mit ein.

■ **Individuelle Verkehrsbeeinflussung und Fahrerunterstützung**
Neben der Nutzung kollektiver Verkehrsleitsysteme können Verbesserungen der Nutzung von Transport-Fahrzeugen auch durch individuelle Systeme der Fahrerunter-stützung und Verkehrslenkung erreicht werden. Interaktiver Informationsaustausch zwischen Fahrer und den zentralen Leitsystemen erlauben individuelle Lösungen von Verkehrsaufgaben mit Navigationshilfen.

■ *Fahrerassistenz-Systeme* - unterstützen den Fahrer und führen eine individuelle Fahrzeugbeeinflussung herbei; dazu zählen aktive Ausrüstungen zur Sicht-verbesserung bei Nebel oder Dunkelheit, Hinderniserkennung, automatisches Fahren mit intelligentem Tempomat, Einparkhilfen, Antriebsschlupfregelungen, Spur-haltung, Abstandswarnung (ADR - Automatische Distanz Regelung) bei Kolonnen-fahrten/Stop-and-go-Verkehr, elektronische Deichsel oder autonome Zielführung durch elektronische, CD-ROM-gestützte Straßenkarten und Satellitenortung (GPS-Systeme) - in Verbindung mit den digital ausgestrahlten RDS/TMC-Verkehrs-meldungen auch am Stau vorbei. Handelsübliche Systeme bieten die Anforderung von Notfall-/Pannen-Hilfen oder Zusatzinformationen (Tankstellen, Hotels, Apotheken u. a.); dazu gehören auch maßgeschneiderte, multimediale Dienste für

---

[459] Als Beispiel kann das System COMPANION (BMW) auf der A 92 angeführt werden, intelligente Leitpfosten warnen mit Signalleuchten vor Nebel, Glatteis oder Unfällen.

drahtlose Sprach- und Textübertragung (Mobil-Telefon, Audio-/Video-Übertragung, SMS-/WAP- oder Internet-Anbindung).

Es ist zu erwarten, dass die Zahl der Steuergeräte (X-by-wire-Technik) und Außensensoren der Fahrzeuge steigen wird und die Systeme (Mikrocomputer) funktionsübergreifend vernetzt werden.

■ *Verkehrsleitsysteme/Navigationssysteme* - dienen der Beeinflussung der Verkehrsströme in Ballungsgebieten, der Verbesserung der zeitlichen und räumlichen Verteilung des Verkehrs und dem Versuch, den Verkehrsteilnehmern auf der Grundlage aktueller, Verkehrsinformationen dynamische Routenempfehlungen oder dem Individualreisenden Alternativangebote im öffentlichen Personennahverkehr mit P+R-Hinweisen aufzuzeigen; es sind dynamische, verkehrsträgerübergreifende, regionale Verkehrsmanagement-Systeme.

Grundlage für ein Verkehrsmanagement ist eine breite Informationsbasis aller verkehrsrelevanter Daten, aus denen die Hinweise und Empfehlungen abgeleitet werden. Mit Hilfe eines multimedialen Bordgerätes (Navigationsrechner) wird der Fahrer durch Leit- und Fahrtrichtungsanweisungen zu dem vor der Fahrt gewählten Ziel geführt. Das Leitsystem berücksichtigt jeweils die aktuelle Verkehrslage; der Informationsaustausch zwischen dem Fahrzeug (Bordgerät) und der Leitzentrale (Verkehrsleitrechner) erfolgt über Funk- oder Infrarot-Signale, die über Baken entlang der Route ausgetauscht werden. Die Fahrerhinweise werden in Piktogramm-Form auf einem LCD-Display angezeigt. Die zunächst für Ballungsgebiete und belastete Autobahnabschnitte entwickelten Systeme der individualisierten Verkehrsleitung und gezielten Telekommunikation lassen sich durch eine großflächige Installierung für Autobahn- und Straßennetze - mit gemeinsamem Standard und einheitlichen Systemen - auch überregional und europaweit für ein integriertes Verkehrsmanagement einsetzen.

10.4 Anwendungssysteme

10.4.1 Entwicklungstendenzen

Bei den betriebswirtschaftlichen Anwendungssystemen sind im Verlauf ihrer historischen Entwicklung zwei wesentliche Integrationstendenzen erkennbar. Um die einzelnen Funktionen der Geschäftsprozesse zu unterstützen, wurden zunächst abteilungsbezogene oder arbeitsplatzbezogene Programme entwickelt. Typische Funktionen dieser Programme waren Bestandsfortschreibung, Debitorenbuchführung, Bestellschreibung, Lagerverwaltungssysteme, Lieferantenbeurteilung, Produktkalkulation oder Frachtkalkulation. Diese isoliert arbeitenden Systeme optimierten zwar einzelne Funktionen, führten allerdings zu vielfältigen Problemen bei der notwendigen Datenweitergabe zwischen den Abteilungen bzw. Arbeitsplätzen. So verursacht bspw. jede Mengenänderung in einem Betrieb (Zubuchung in der Bestandsführung) zu einer Buchung in einem finanzorientierten System (Erhöhung des Bestandswertes).

Um diesen übergreifenden Datenfluss zu verbessern, wurden die einzelnen Systeme schrittweise durch Schnittstellen miteinander vernetzt. Medienbrüche bei der Bearbeitung kompletter Geschäftsprozesse konnten dadurch verringert werden. Diese *horizontale Integration* wurde zunächst durch individuelle Schnittstellen vorangetrieben. Es stellte sich allerdings heraus, dass die Komplexität von Systemlandschaften mit hunderten verschiedener Systeme und Schnittstellen kaum noch zu beherrschen war. Der dadurch entstandene Aufwand für Betrieb und Weiterentwicklung stieg zusehends und förderte die Entwicklung integrierter Systeme (siehe **Abb. 10-12**), welche einen möglichst großen Teil der Funktionen innerhalb eines Geschäftsprozesses abdecken. Aber auch die Planungs- und Entscheidungsunterstützungssysteme basieren auf den Daten der Abwicklungssysteme. Auch zu diesen wurden zunächst individuelle Schnittstellen programmiert, um die *vertikale Integration* zu verbessern. Dabei kommt es wesentlich auf die Aktualität der Daten an, welche am höchsten bei einer vollständigen Integration in ein Gesamtsystem ist. ERP-Systeme verfügen bspw. über ein hohes Maß an horizontaler und vertikaler Integration.

Der Grad der anzustrebenden Integration befindet sich stets in einem Spannungsfeld zwischen Integrationskosten und Individualisierungskosten. Integrationskosten entstehen durch den komplexen Aufbau und die aufwändige Einführung von integrierten Systemen. Zudem sind diese derart komplex, dass sie meistens wirtschaftlich nur als Standard-Software entwickelt werden können. Daraus ergibt sich, dass sie den individuellen Anforderungen eines Betriebes nicht vollständig entsprechen (Effizienzverluste). Individualisierungskosten bestehen aus erhöhten Entwicklungs- und Betriebskosten für die Bereitstellung verschiedener (spezialisierter) Systeme und deren Schnittstellen. Bei Störungen oder mangelhaften Schnittstellen kann sich die Durchführung der Geschäftsprozesse erheblich verzögern.

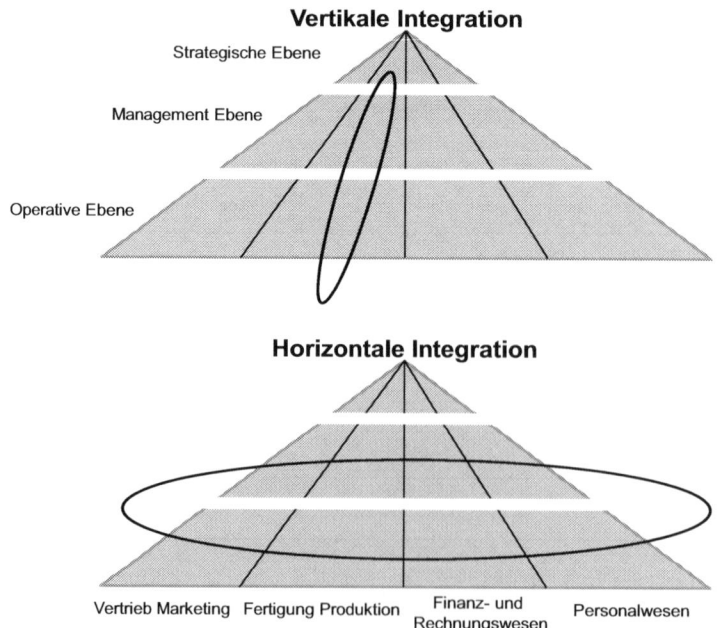

Abb. 10-12: Integrationsrichtungen von IT-Systemen

Betrachtet man die Systemlandschaften der Anwendungssysteme in der Praxis, so ist festzustellen, dass die logistischen Aufgaben teilweise von integrierten Systemen wahrgenommen werden. Ein typisches Beispiel dafür ist die Bestandsführung. Für besondere logistische Funktionen, wie bspw. der Frachtkostenoptimierung oder die Fertigungssteuerung, werden allerdings häufig spezielle Softwaretools eingesetzt, welche bei Bedarf über Schnittstellen an die integrierten Systeme angebunden werden. Aufgrund der unterschiedlichen Bedürfnisse und Rahmenbedingungen eines jeden Betriebes ist die jeweilige

Ausgestaltung der Systemlandschaft stark unterschiedlich. Die im Folgenden dargestellten Abwicklungssysteme stellen eine Auswahl von etablierten Software Systemen mit logistischem Funktionsumfang dar.

10.4.2 Abwicklungssysteme

10.4.2.1 ERP-Systeme

ERP-Systeme dienen der Steuerung von Unternehmensprozessen. Sie unterstützen dabei die Planung sämtlicher Unternehmensressourcen von Materialien, Maschinen und Anlagen über den Personaleinsatz bis zu finanziellen Ressourcen wie Budgets und Kalkulationen. Es handelt sich bei diesen integrierten betriebswirtschaftlichen Anwendungssystemen fast ausschließlich um Standardsoftware, welche die klassischen Funktionsbereiche Finanz- und Rechnungswesen, Kostenrechnung, Vertrieb, Beschaffung, Logistik, Produktion sowie Personalwirtschaft hinsichtlich der Abwicklungsfunktionalitäten abdeckt. Durch eine einheitliche Datenbasis wird eine Prozessintegration entlang der Auftragsabwicklung ermöglicht. Typische Logistikfunktionalitäten innerhalb von ERP-Systemen sind: Bestandsführung, ABC-Analysen, Absatzplanung, Kundenauftragsverwaltung, Material-bedarfsrechnung, Einkaufsabwicklung, Produktionsplanung, Lagerverwaltung, Kommissionierung und Versandplanung. Zudem beinhalten sie zahlreiche Basis- und Kommunikationstechnologien (RFID-Schnittstellen, EDI-Schnittstellen), um den Datenaustausch mit Geschäftspartnern zu optimieren. Es ist nicht erforderlich alle Funktionalitäten auch zu nutzen; viele Funktionsbereiche können komplett abgeschaltet werden.

Klassische Anwender von ERP-Systemen waren ursprünglich produzierende Unternehmen, bei denen die komplexen produktionsorientierten Geschäftsprozesse von besonderer Bedeutung sind. Inzwischen ist der Verbreitungsgrad dieser Systeme derart hoch, dass sie bei allen Teilnehmern eines Wertschöpfungsnetzwerkes zu finden sind. Handelsunternehmen setzen sie ebenso ein, wie Assembler oder Lieferanten. Generell ist davon auszugehen, dass jeder Teilnehmer eines Wertschöpfungsnetzwerkes über sein eigenes ERP-System verfügt, um seine internen Geschäftsprozesse abzuwickeln. Die Architektur dieser Systeme erlaubt es jedoch, auch mehrere Unternehmen innerhalb einer Softwareinstallation auf einer Datenbasis zu verwalten und die Abwicklungen zwischen diesen in die Prozessintegration einzubeziehen. In der Praxis findet man dies häufig bei Tochtergesellschaften eines Konzerns. Bei Unternehmen mit unterschiedlichen Eigentümern ist das Arbeiten in einem gemeinsamen System aus Gründen der Geheimhaltung und der Kostenaufteilung nicht üblich.

ERP-Systeme verfügen zwar über die Möglichkeit, die Logistikabläufe durch Parametrisierung anzupassen, jedoch sind der Individualisierung bei Standardsoftware technische und wirtschaftliche Grenzen gesetzt. Kostendruck bei der Softwareeinführung und der Trend zur Standardisierung führen häufig dazu, Lösungen zu implementieren, die bei Wettbewerbern in ähnlicher Form zu finden sind. Zur effizienten Abwicklung und Steuerung der betriebswirtschaftlichen Geschäftsprozesse leisten diese Systeme zwar einen wichtigen Beitrag, jedoch ist es schwierig, sich durch den Einsatz dieser Systeme Wettbewerbsvorteile zu verschaffen.

Die Individualisierung der Geschäftsprozesse erfolgt daher häufig nicht innerhalb der ERP-Software sondern durch individuelle Programme, die zur Unterstützung spezieller Funktionen an das ERP-System angeschlossen werden (siehe **Abb. 10-13**). Bei diesen über Schnittstellen angebundenen Programmen handelt es sich entweder um Individualsoftware, welche meist schon vor der ERP-Einführung in Betrieb war oder es wird moderne

Standardsoftware genutzt, welche lediglich einen betrieblichen Bereich mit erweitertem Funktionsumfang unterstützt. Typische Beispiele sind internetfähige Katalog- und Bestellsysteme oder Produktionsleitstände. Die Systemlandschaft der Unternehmen kann daher trotz des Einsatzes von ERP-Systemen sehr komplex sein, wobei die ERP-Systeme aufgrund ihrer ausgeprägten Integration den Kern der betriebswirtschaftlichen Anwendungssoftware bilden.

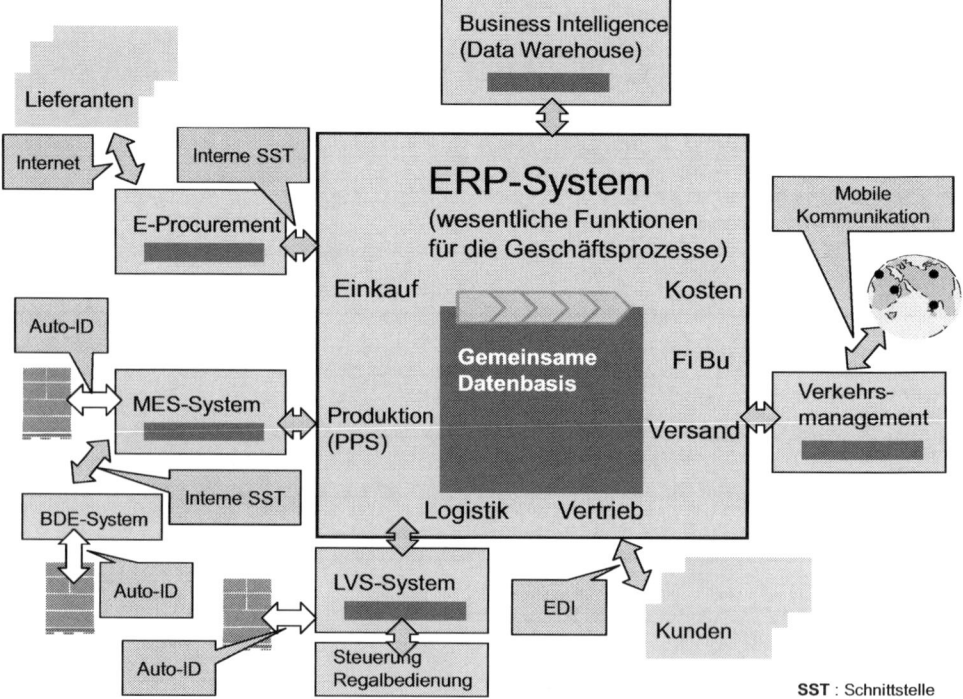

Abb. 10-13: Bausteine logistischer Systemlösungen

10.4.2.2 Warenwirtschaftssysteme (WWS)

Warenwirtschaftssysteme unterstützen Geschäftsprozesse von Handelsunternehmen. Sie bilden die warenorientierten dispositiven, logistischen und abrechnungsbezogenen Prozesse eines Handelsunternehmens auf der Grundlage der wert- und mengenmäßigen Warenbewegungsdaten ab (siehe **Abb. 10-14**). Wesentliche Funktionen sind Einkauf, Disposition (ggf. incl. langfristiger Bedarfsplanung), Wareneingang und Bestandsverwaltung, Rechnungsprüfung, Verkauf, Fakturierung, Warenausgang und ggf. Retourenabwicklung. Im Rahmen des Marketing bzw. des CRM verfügen sie über Funktionen der Sortimentsbildung, Preisplanung, Verkaufsanalyse sowie der Absatzwerbung. Als Buchhaltungsfunktionen sind üblicherweise die Debitoren- und die Kreditorenbuchhaltung integriert. Einige Systeme verfügen zudem über einfache Funktionen der Lagerverwaltung. Verschiedene Funktionsbereiche sind auf die besonderen Bedürfnisse des Handels ausgerichtet. So ist die Wareneingangserfassung zugleich Basis der Rechnungskontrolle. Beim Wareneingang kann eine Soll-Rechnung (Proforma-Rechnung) erstellt werden, die mit der Lieferantenrechnung verglichen wird. Die Möglichkeiten für die Abbildung der Preisgestaltung sind üblicherweise sehr weitreichend. Eine genaue Erfassung und eine transparente Darstellung der Konditionensysteme ermöglichen einen echten Vergleich zwischen Lieferanten und unterstützen dadurch gezielt Lieferantenverhandlungen. Die Warenausgangserfassung kann ebenso in besonderer Form erfolgen, da am sog. Point of sale (POS) die Ausgangsdaten von den Kassensystemen erfasst werden. Diese werden dann über Datenträger oder über Online-Verbindungen dem WWS-System zur weiteren Verarbeitung der Bestandsfortschreibung zur Verfügung gestellt. Weitere besondere Funktionen beziehen sich auf die Anbindung bargeldloser Zahlungssysteme im Rahmen der Fakturierung an den Kassensystemen. Aufgrund der großen Sortimentsbreite des Handels bestehen zudem besondere Anforderungen an die Qualität und Automatisierbarkeit der Dispositionsprozesse. Dies umfasst zunächst die Erfassung der Bestellmengen bzw. Warenanforderungen der einzelnen Filialen. Aufbauend auf den artikelspezifisch geführten Umsätzen und Beständen können unter Berücksichtigung unterschiedlichster Parameter Bestellvorschläge automatisch generiert werden, um dann dem Disponenten vorgelegt und gegebenenfalls modifiziert zu werden. Die abgeschlossene Disposition führt zur automatischen Erzeugung von Bestellungen mit gleichzeitiger Speicherung der Daten zur Bestellüberwachung. Funktionen der Transportoptimierung können dabei bereits bei der Lieferantenselektion eingebunden werden.

Abb. 10-14: Hauptfunktionen eines WWS

10.4.2.3 PPS-Systeme

PPS-Systeme sind Programme für die Produktionsplanung und –steuerung (siehe Abschnitt 6.5). Am Anfang der Entwicklung von PPS-Systemen stand in den 60er Jahren der MRP-I-Ansatz (Material Requirements Planning), dem Anfang der 80er Jahre der MRP-II-Ansatz (Manufacturing Resource Planning von Wight) folgte. In einer modernen Systemlandschaft sind PPS-Systeme häufig als Funktionen bzw. Module in ERP-Systeme (Enterprise Resource Planning) integriert. PPS-Systeme stellen für kleine und mittlere Fertigungsunternehmen den Kern der logistischen Anwendungssysteme dar und werden häufig um zusätzliche logistische Funktionen wie Einkauf, Auftragsverwaltung oder Lagerverwaltung erweitert. Sie können allerdings auch Teil eines ERP-Systems sein oder als separate Installation mit diesem über Schnittstellen verbunden werden. Ziel der Planung ist neben der Transparenz des Fertigungsgeschehens ein Fertigungsplan mit geringen Durchlaufzeiten, hoher Termineinhaltung, optimalen Bestandshöhen und einer wirtschaftlichen Nutzung der Betriebsmittel (Kapazitätsauslastung). Die wesentlichen Funktionen bestehen in der Darstellung und Pflege von Stücklisten, Arbeitsplänen und Fertigungskapazitäten sowie in der Durchführung der Mengenplanung, Durchlaufterminierung und Kapazitätsfeinplanung. Die Funktionen der Fertigungssteuerung konnten sich als integrierter Bestandteil von PPS-Systemen nur begrenzt durchsetzen und werden häufig von separaten Fertigungsleitständen oder Manufacturing Execution Systemen (MES) übernommen. Komponenten der Materialstammverwaltung und der Bestandsführung sind für die Arbeitsweise von PPS-Systemen ebenfalls notwendig und sind daher entweder in deren Funktionsumfang integriert oder werden durch andere Systeme zur Verfügung gestellt. Zusätzliche Funktionen können in der Unterstützung der Arbeitsplanung bestehen. Klassische PPS-Systeme arbeiten standortbezogen und bilden damit nur einen Ausschnitt der Wertschöpfung ab. Dadurch bleiben Interdependenzen zwischen standortübergreifenden logistischen Teilplänen, z.B. Fertigungsplanung und Transportplanung, unberücksichtigt. Ganzheitliche logistische Ketten und standort- bzw. bereichsübergreifende logistische Geschäftsprozesse verfügen über eine bedeutend höhere Planungskomplexität und werden durch sog. Advanced Planning- and Scheduling Systeme (APS) unterstützt.

Trotz aller Bemühungen und Fortschritte in der theoretischen Modellierung praktischer Interdependenzen, Abläufe und Entscheidungssituationen unter diversen Prämissen ist die Entwicklung und der Einsatz von PPS-Systemen oft unbefriedigend geblieben[460]. Wird unterstellt, dass die Aufgabe der Produktionsplanung und -steuerung darin besteht, dass kundenorientiert die vier genannten Ziele des logistischen Zielsystems gewährleistet werden, ist in den angebotenen Standard-Systemen die Gewichtung der Ziele nicht durchschaubar und nicht beeinflussbar. Geänderte Zielsetzungen, Präferenzen oder Handlungsalternativen werden dem Nutzer in ihren Wirkungen nicht ausreichend aufgezeigt. Die Durchlaufzeit beschränkt sich beispielsweise auf den Bereich der Teilefertigung und Montage - nicht auf die Gesamtdurchlaufzeit einschließlich der vorgelagerten Funktionen der Konstruktion/Entwicklung, Arbeitsvorbereitung und Materialbeschaffung, die erfahrungsgemäß einen hohen Anteil an der Durchlaufzeit und an den gesamten Auftragskosten haben.[461]

Aus diesen Kritikpunkten ergeben sich Forderungen der Anpassung moderner ERP-/ PPS-/ APS Systeme an aktuelle Organisations- und DV-Entwicklungen. Es werden heute ERP-/ PPS-/APS -Systeme erwartet, die den Anwendern eine individuelle, prozessorientierte Gestaltung ihrer Rechnerunterstützung ermöglichen. APS-Systeme müssen die Koordination der Planung aller betrieblichen Ressourcen, die Kernbereiche der klassischen ERP-/PPS-Systeme, gestalten - schlank, reaktionsschnell, bereichsweise simultan, durchgängig und flexibel. Denn die Wirtschaftlichkeit eines Unternehmens ist abhängig von der Optimierung der einzelnen Produktionsfaktoren Mitarbeiter (Mensch), Betriebsmittel (Maschine) und Material und deren Zusammenwirken in der gesamten Lieferkette (Supply Chain). Moderne Systeme der Produktionsplanung und -steuerung müssen dem Planer für eine kundennahe Auftragsabwicklung für eine Gesamtplanung bereitstellen:

---

[460] Gefordert sind eine hohe IT-Konzentration, die die verschiedenen Stufen der Produktion verknüpfen - auch über die Unternehmensgrenzen hinweg. Es soll erst produziert werden, wenn der Kundneauftrag vorliegt; es werden Bestellungen beim Zulieferer generiert, Fertigungsaufträge erstellt und mit den beteiligten Stellen ausgetauscht - das spezielle Produkt gefertigt.

[461] Nach Praktiker-Erfahrungen können die Kosten insbesondere in der Konstruktion und Arbeitsvorbereitung und durch Methoden des Projektmanagement, Simultaneous Engineering, FMEA, Rapid Prototyping, Simulation u. a. beeinflußt werden (siehe Abschnitt 6.1.2)

- Aktuelle Daten zur Einschätzung der gegebenen Ressourcen (verfügbare Materialien, Reststoffverwertung und Fertigungskapazitäten) für eine zeitnahe Auskunftsfähigkeit und für schnelle Reaktionen auf neue Aufträge, veränderte Kundenwünsche oder Marktentwicklungen - evtl. durch eine Simulationsmöglichkeit und Visualisierung auf dem Bildschirm (Monitoring).
- Frühwarnsysteme bei Planabweichungen durch kurzfristig eintretende Ereignisse (Störgrößen: Eilaufträge, Maschinenausfälle, Fehlteile u. a.) und Vorschläge für Gegenmaßnahmen im Planwerk (Rescheduling) im Rahmen der Zielsetzungen - vor allem kundenorientierte Termintreue.
- Kommunikationsmöglichkeiten (Datenaustausch) durch Verknüpfungen beteiligter betrieblicher Funktionen - trotz Schnittstellen - und Einbindung externer Bereiche (Zulieferer, Kunden, Dienstleister - nach VDA-/ODETTE-Standard, Internet u. a.).
- Eine bedienerfreundlicher – grafische – Oberfläche.

Das bietet Möglichkeiten für:

- eine integrierte überbetriebliche Planung entlang der gesamten Lieferkette (Supply Chain) durch Erweiterung auf die Bereiche Beschaffung, Produktion, Distribution und Entsorgung;
- eine knappe - simultane und prozessorientierte - Planung der notwendigen Ressourcen - auch bei flexiblen Strategien und unabhängig von den Fertigungstypen und angepassten Organisationen;
- eine hohe Genauigkeit hinsichtlich Mengen, Qualitäten und Terminen bei großer Zeitnähe der Informationen - für das Controlling.

10.4.2.4 eKanban-Systeme

In produzierenden Unternehmen funktioniert die Planung und Steuerung meist mit DV-gestützten Systemen, um eine Integration der Daten aus Finanzbuchhaltung, Produktion und Vertrieb aber auch aus dem Personalwesen zu erreichen. Wenn also alle Bestandsführungen am PC durchgeführt werden, was bei größeren Unternehmen oft unerlässlich ist, so müssen unter Umständen die Bestandsführung und Lagerverwaltung von Kanban-Teilen von Hand gepflegt werden.

Von einigen Herstellern werden daher integrierte Funktionen zur Kanban-Steuerung angeboten (siehe **Abb. 10-15**). Bei derartigen eKanban-Systemen wird der Informationsträger „Karte" durch automatisierte Informationsflüsse ergänzt bzw. ersetzt, die alle relevanten Informationen zur Steuerung des Materialflusses übermitteln. Wesentlich beim eKanban ist dabei die Übermittlung der aktuellen Bestands- bzw. Bedarfsinformationen an die vorgelagerte Stufe. Dazu wird die Kanban-Karte durch Auto-ID-Codierungen ergänzt, mittels derer der jeweilige Behälter über Einlesen mit einem Lesegerät im System als leer oder als voll gemeldet werden kann.

Aber auch eine weitergehende Unterstützung ist mit eKanban realisierbar. So kann im System eine Plantafel visualisiert werden, um einen Überblick zu erhalten, wie viele volle bzw. leere Behälter im Umlauf sind. Durch Anschluss der Lieferanten an das System kann sofort, wenn ein Behälter auf leer gesetzt wurde, eine Bestellung an den Lieferanten übermittelt werden. Dies kann durch Kopplung der beiden ERP-Systeme geschehen oder durch die Möglichkeit, diese Daten über das Internet (WebEDI) abzurufen. Sobald die Ware angeliefert wird, wird der Behälter über das Lesegerät auf voll gesetzt.

Werden die Bestandsdaten täglich aktualisiert, kann der Lieferant das Verbrauchsverhalten in seine Disposition einfließen lassen. Dieser Prozess der Informationsübermittlung verkürzt die Durchlaufzeit von der Bestellung bis zur Nachlieferung und somit die Wiederbeschaffungszeit drastisch. Durch die beim Lieferanten vorhandene Flexibilität der Einplanung von Produktionsaufträgen können Kostensenkungspotentiale erschlossen werden, die maßgeblich in der Minimierung des Versorgungsrisikos begründet sind.

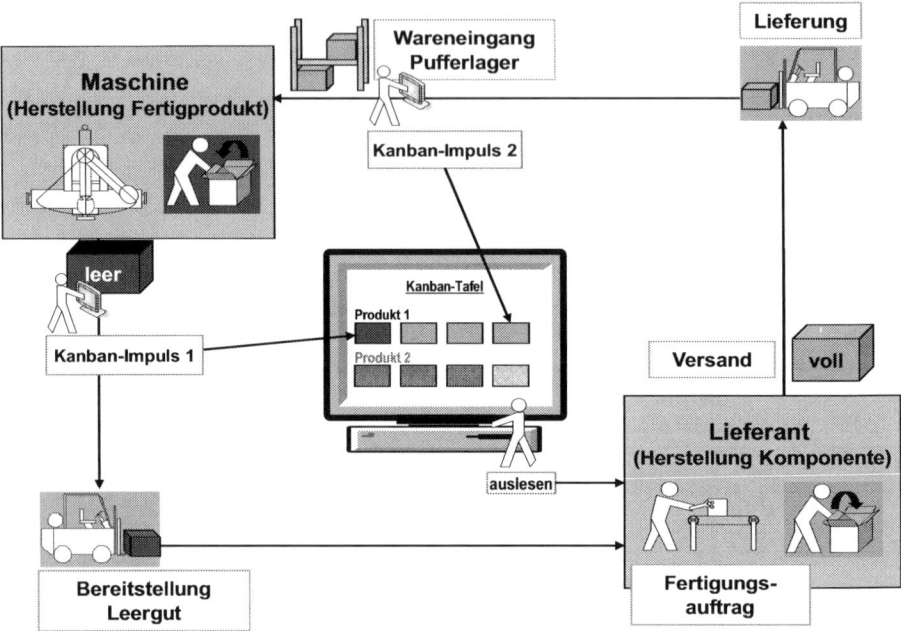

Abb. 10-15: e-Kanban-System

10.4.2.5 Manufacturing Execution Systems (MES)

In nach dem Werkstattprinzip organisierten Produktionsbereichen kann das prozessnahe Fertigungsmanagement mit Hilfe von Manufacturing Execution Systemen (MES) unterstützt werden. Sie verbinden ein überlagertes ERP-System, Systeme zur Betriebs- datenerfassung (BDE/MDE) und Systeme auf der Prozess-Leitebene (SCADA) bzw. der Maschinen-Steuerungsebene (SPS) und sollen so einen „Real-time"-Überblick erlauben über die aktuellen Produktionsabläufe im Vergleich zu den im ERP-System geplanten Abläufen. In diesem Sinne können sie als Ersatz früherer elektronischer Leitstände bezeichnet werden.

Die Aufgaben eines MES können je nach Branche und Anwendungsfall unterschiedlich ausgeprägt sein – systematische Zusammenstellungen wurden durch einen VDI- Fachausschuss und die ZVEI-Gruppe Automation erarbeitet.[462] Die Funktionen lassen sich in 3 Kategorien einteilen:[463]

■ **Datenmanagement** (Annahme/Abfrage, Prüfung, Konsolidierung und Verteilung von Rückmeldedaten aus BDE/MDE)

---

[462] VDI 5600 (2007); ZVEI (2010)
[463] IPA Stuttgart; Trovarit AG (Hrsg.): Marktspiegel Business Software – MES/Fertigungssteuerung. 2004/05

- **Entscheidungsfunktionen** (zur Feinsteuerung und zum Material-, Betriebsmittel-, Personalmanagement)
- **Dokumentations- und Auswertungsfunktion** (Prozessfortschritt, Leistungsanalyse, Qualitäts-, Informationsmanagement)

10.4.2.6 Lagerverwaltungs-Systeme (LVS)

Lagerverwaltungssysteme (Warehouse-Management Systeme - WMS) unterstützen die Prozesse der operativen Lagerwirtschaft. Sie sind für standortbezogene Aufgaben der Intralogistik ausgelegt, können aber im Rahmen des Supply Chain Management auch standortübergreifend eingesetzt werden (Mehrlagerverwaltung). Die Funktionalität beinhaltet neben der reinen Lagerplatzverwaltung auch Kommissionierung, Versand- abwicklung, interne Transporte, Verpacken, Wareneingang und -ausgang sowie Palettierung. Die Arbeitsweise im Lager ist im Gegensatz zur Bestandsführung nicht nur mengenbezogen, sondern orientiert sich an den Ladeeinheiten (handling units), welche jeweils als Ganzes identifiziert und gehandhabt werden. Schnittstellen existieren typischer- weise zu den Systemen der Bestandsführung (WWS, PPS oder ERP), zu Kunden- sowie Lieferantensystemen und zu den technischen Steuerungssystemen der Lager-, Transport- und Kommissioniertechnik (siehe Kapitel 3). Dies betrifft z. B. die Steuerung von Hochregallagern, Pick-by-Light-Anlagen, automatische Fördersysteme, RFID-Systeme, Datenfunk, Sortieranlagen. Daher sind neben der Funktionalität auch die angebotenen Schnittstellenstandards ein wesentliches Auswahlkriterium. Die überwiegende Anzahl der angebotenen Systeme ist branchenneutral, wobei die Logistikdienstleister zurzeit das größte Marktpotential darstellen. Etwa ein Viertel der angebotenen Systeme ist Bestandteil von logistischen Komplettlösungen, wobei fast alle Lagerverwaltungssysteme auch separat betrieben werden können.[464]

10.4.2.7 Transportmanagementsysteme

Transportmanagementsysteme unterstützen die Prozesse der Speditions- und Transport- abwicklung. Für das Management eigener Transporte bei Industrie- oder Handels- unternehmen können bestimmte Teile des Leistungsumfanges als Module oder Komponenten in ERP-Systemen integriert sein bzw. über Schnittstellen an diese ange- bunden werden. Einige der hier erläuterten Funktionen werden durch separate Systeme unterstützt, ganzheitliche Lösungen für das Transportmanagement sind eher bei Großunternehmen zu finden. Im Zuge des Outsourcings von Transportleistungen sind die Anwender dieser Systeme allerdings vorwiegend logistische Dienstleister. Der Markt für diese Softwaresysteme ist stark zersplittert, allein in Deutschland existieren mehr als 150 verschiedene Anbieter derartiger Produkte. Hinzu kommen zahlreiche Installationen individual entwickelter Software. Die klassischen Funktionsbereiche bestehen aus:

- Auftragsannahme mit der Erfassung von Kunden, Aufträgen, unterstützenden Daten und der Erzeugung von Auftragsdokumenten.
- Disposition, bei der pro Auftrag aufgrund strategischer oder geografischer Über- legungen eine Zuordunung zu den Transporten erfolgt. Dies kann durch eine einfache visuelle Darstellung der geplanten Transporte und der verfügbaren Fahrzeuge bzw. den verfügbaren Streckenverkehren erfolgen. Erweiterte Funktionen können Besonderheiten von Gefahrguttransporten etc. berücksichtigen.

---

[464] Vgl. Spee, D., Seebauer, P., Wer tummelt sich auf dem WMS-Markt? In Logistik Praxis, Software in der Logistik 2004, München 2004 S. 50

- Touren- und Routenplanung, welche zunächst die genaue Zuordnung von Fahrzeugen und Aufträgen sowie die Reihenfolge der anzufahrenden Auftragsstandorte beinhaltet. Der genaue Fahrweg wird anschließend über die Routenplanung ermittelt.
- Abrechnung, worunter die Verrechnung in Einzel- oder Sammelrechnungen an den Kunden fällt. Die Rechnung kann dabei in Papierform oder auch elektronisch übermittelt werden. Funktionale Besonderheiten ergeben sich dabei aus den abbildbaren Tarifstrukturen.
- Leergut-/Lademittelverwaltung, bei der neben der Bestandsführung für diese Objekte auch Funktionen der Lademittelinventur gehören.
- Tracking und Tracing, bei der neben Geo-Positionsdaten und Statusmeldungen für die Ortung, auch Auftragsdetails für die Disposition, Abrechnung und Auswertung erhoben und verwaltet werden.
- Lagerverwaltung innerhalb der Transportkette.
- Auswertungen und Statistiken.

Neben der schnellen und pünktlichen Zielfahrt durch Fahrerunterstützung ist es im Güterverkehr zur Ausschöpfung weiterer Rationalisierungspotentiale wichtig, den Laderaum der einzelnen Fahrzeuge besser auszulasten, den Anteil der Leerfahrten zu minimieren und die gesamte Fahrzeugflotte zentral zu verplanen und zu steuern. Eine Flottenleitstelle kann durch den Einsatz von Informations- und Kommunikationssystemen zwischen den Fahrzeugen und dem Fuhrpark Touren- und Fahrzeugdaten analysieren und die Touren und Routen der eingesetzten Fahrzeuge auf der Grundlage aktueller Informationen planen und steuern.[465] Beispielsweise erlaubt das europaweite GSM-/GPRS-Mobilfunknetz in Verbindung mit GPS einer LKW-Leitzentrale jederzeit den Abruf aktueller Informationen über den Standort, Lade- und Fahrstatus, Temperaturdaten für temperaturgeführte Transporte, Kraftstoffverbrauch, Lenk-/Fahrzeiten[466] u. a. Ein Transportmanagementsystem (teilweise auch als Flotten-/Fuhrparkmanagementsystem bezeichnet) fasst Fahrzeugleitvorgänge über Telematiksysteme und die Auftragsabwicklung über eine Fuhrparkleitzentrale - auch mit Hilfe von Wireless-Technologien mit definierten Zugangspunkten - zu einer Gesamtfunktion mit dem Ziel einer Optimierung von Fahrzeugeinsatz und Auftragsabwicklung zusammen.

Vorhandene Daten und der interaktive Informationsaustausch zwischen Fuhrparkdisposition und Fahrer/Fahrzeug oder Kunden erlauben eine dynamische Auftrags-, Touren- und Routenplanung. Vor Fahrtantritt werden dem Fahrer über die dezentrale Datenverarbeitung im Fahrzeug Tourenplan, Ladeliste, Kundenreihenfolge, Kundendaten mit Restriktionen u. a. mitgeteilt, während der Fahrt erfolgt eine Datenerfassung bzw. ein Datenaustausch der Fahrtparameter und der aktuellen Auftragsdaten; nach der Fahrt kann jeweils eine Auswertung der Tourendaten vorgenommen werden zur Tourenanalyse und für Wirtschaftlichkeitsbetrachtungen.

Weiterführenden Funktionen dieser Systeme, die eine Optimierung der Transportvorgänge erlauben, sind:

---

[465] Das Praktiker-Wort "Das Speditionsgeschäft besteht heute beinahe nur noch aus EDV!" bedeutet, dass neben Zuverlässigkeit und Flexibilität die Informationsbereitstellung und -verarbeitung zum wettbewerbsentscheidenden Faktor logistischer Dienstleister wird.

[466] Der klassische Fahrtenschreiber wird zukünftig durch elektronische Systeme (Digitaler Tachograph - Chipkarten und Bordcomputer) abgelöst werden, deren Daten über Fernabfrage ausgewertet und kontrolliert werden können.

- Steuerung der Fahrzeugflotten durch flexible Anpassung der disponierten Touren-, Routen- und Reihenfolgeplanung an das aktuelle Verkehrsgeschehen, Auftragsaufkommen und Kundenwünsche (dynamische Zielführung).
- Sendungsidentifikation, Sendungs- und Rückfrachtenerfassung, Dokumentation der Auslieferung mit dem Handcomputer (Pen-key).
- Dialoggeführte Veränderung der Fahrzeug- und Auftragsdisposition während des Transportablaufes durch die Integration des Fahrers in die gesamtlogistischen Abläufe (mit einem Fleetboard-System).
- Fahrzeugüberwachung durch sensorgestützte Fahrzeugdatenerfassung zur Auswertung der Fahrzeugdispositionen und der geplanten Instandhaltung.
- Tourenanalyse durch Auswertung von Echtzeit-Fahrzeugdaten (Geschwindigkeiten, Fahrstrecken, Zeitbilanzen (Lenk-, Fahr-, Warte- und Standzeiten), Motordrehzahlen, Kraftstoffverbrauch zur Überwachung der Wirtschaftlichkeit der Fahrzeugflotte (Fahrzeug-/Fuhrpark-Controlling - Werkstattverwaltung).
- Automatische Fahrzeugortung: Für jedes Fahrzeug wird automatisch - beispielsweise über Satellit und das GPS-System - die Position bestimmt und an die Speditionszentrale übermittelt (Flottenmonitoring als ständiges oder periodisches Verfolgen und Kontrollieren des Fahrzeugstandortes am Bildschirm durch den Disponenten in der Zentrale).

Informationen werden entlang der gesamten logistischen Kette der Auftragsabwicklung benötigt, sie dienen der Vorbereitung, Steuerung und Durchführung der physischen TUL-Prozesse in allen Teilsystemen. Funktionen bzw. Systeme, welche diese Aufgaben unterstützen, werden als **Tracking-and-Tracing-Systeme** bezeichnet. Der Warenfluss kann mit der Methode des „Supply Information Management" transparent gemacht (gläserne Pipeline) werden, um mögliche Rationalisierungspotentiale zu erschließen. Die Dienste der Mobilkommunikation erlauben es, die Logistikkette kommunikations- und informationstechnisch - automatisch oder halbautomatisch bis auf Packstückebene - zu durchdringen; hieraus ergeben sich für das versendende Unternehmen die Möglichkeit einer Statusverfolgung und für das empfangende Unternehmen durch vorauseilende Informationen größere Dispositionsspielräume und eine Verbesserung der logistischen Abläufe. Tracking-and-Tracing-Systeme verfolgen die Spuren der einzelnen Sendungen und dienen als Betriebssteuerungssysteme der Auftragsabwicklung - sie können Laufwege und Laufzeiten überwachen, Verkehrsströme aufzeichnen, organisatorische Schwachstellen aufdecken und daraus Folgerungen für Optimierung der logistischen Systeme ziehen. Die mögliche Kundeninformation der Sendungsverfolgung und Statusinformationen werden hierbei als „Abfallprodukt" betrachtet. Das Angebot der KEP-Dienste reicht von anfrageabhängiger Auskunft bis zur Echtzeit-Verfolgung im Internet.

Der Einsatz der Tele-/Mobil-Kommunikation ermöglicht

- zeit- und ortsgenaue geografische Ortung von Fahrzeug, Ladung/Ladungsträger oder Ware,
- automatische/halbautomatische Identifikation von Ladungen und Fahrzeugen,
- Übermittlung vorauseilender Informationen zur Planung und Steuerung der operativen (Umschlag-)Abläufe der beteiligten Verkehrsträger und der gesamten Auftragsabwicklung.

Als Beispiele für EDV-gestützte Informations-Systeme können für einzelne Güterverkehrssysteme genannt werden:

■ TRAXON[467] für die Luftfracht der LUFTHANSA - ist ein weltweites Informationsnetz für den Luftfrachttransport, das der Transportkette neben dem Airport-to-Airport-Lufttransport auch für den Nachlauf bei Haus-zu-Haus-Diensten nach EDIFACT-Standard offensteht; weltweit können folgende Nachrichten ausgetauscht werden:

- ■ Flugpläne und verfügbare Kapazitäten
- ■ Buchung von Frachtraumkapazität
- ■ Sendungsverfolgung und Statusinformationen
- ■ elektronische - papierlose - Übertragung des Frachtbriefes (Airway Bill) mit der Möglichkeit der Vorverzollung u. a.
- ■ unformatierte Nachrichten (Free-Text-Mails) zwischen unterschiedlichen Rechnersystemen.[468]
- ■ Weitere Funktionen bestehen in einem Web-Portal, in dem alle Handels- und Transportdokumente, z. B. Handelsrechnungen, Ursprungszertifikate, Gefahrgut-Erklärungen und Luftfrachtbriefe, digital vom Versender eingestellt werden können. Sie sind dann für alle autorisierten Mitglieder der Transportkette, z. B. Niederlassungen des Unternehmens, Partnern im Empfangsland bzw. Fluggesellschaften, Fracht-Handling-Agenten und Zollbehörden, zugänglich und können vor Ort bei Bedarf eingesehen und ausgedruckt werden.

10.4.3 Planungs-, Entscheidungs- und Führungsunterstützungssysteme

10.4.3.1 Einteilung der Systeme

Planungs-, Entscheidungs- und Führungsunterstützungssysteme dienen der Ermittlung, Sammlung, Aufbereitung und Darstellung von Daten, um menschliche Aufgabenträger bei betrieblichen Entscheidungen zu unterstützen. Dabei kann es sich um operative oder strategische Entscheidungen über sämtliche Ebenen eines Unternehmens handeln. Abhängig von der unterstützten Managementebene können diese in Führungs- bzw. Entscheidungsunterstützungssysteme (FUS/EUS) für die obere Managementebene, Decision Support Systeme (DSS) für semistrukturierte Probleme der mittleren Ebene und Managementinformationssysteme (MIS) für strukturierte Entscheidungsprobleme der unteren Ebene eingeteilt werden.[469] Der betriebliche Sprachgebrauch ist hierbei allerdings nicht immer eindeutig. Andere Einteilungen unterscheiden in:

- ■ *Methodengestützte EUS*, bei denen durch implementierte Entscheidungsmodelle ein Zusammenhang zwischen Einflussvariablen (Dateninput) und dem Entscheidungsvorschlag ermittelt wird.
- ■ *Datengestützte EUS*, die es den Anwendern erlauben zur Entscheidungsfindung relevante Informationen aus großen Datenpools zu extrahieren.
- ■ *Gruppen-EUS*, welche die interaktive Zusammenarbeit einer Gruppe von Entscheidungsträgern zur Lösung meist unstrukturierter Entscheidungsprobleme unterstützt.

---

[467] TRAXON ist der Systemname der Ende 1991 von vier Luftverkehrsgesellschaften (Lufthansa, Air France, Japan Airlines, Cathay Pacific) gegründeten "Global Logistics System Worldwide Company for Development of Freight Information Network", dem 1996 bereits weltweit 16 führende Fracht-Airlines und 1600 Speditionen angeschlossen sind.

[468] Das Informationssystem EDI*FRA des Frankfurter Flughafens FAG dient als Schnittstelle der Luft- und Landverkehre und muß als offenes Kommunikationssystem vielen teilnehmenden Systemen und Standards zur rationellen Frachtabwicklung offenstehen. Ein papierloses Informationssystem zur Auftragsabwicklung gibt es auch im Hamburger Container- Hafen (Paperless Port Hamburg). Die IuK-Systeme der "Integratoren" - Anbieter von weltweiten Haus-zu-Haus-Diensten aus einer Hand - sind im Allgemeinen eigenständige Insellösungen.

[469] Alpar u. a.(2008), S. 250

Beispiele für methodengestützte EUS wären Systeme zur Flugfrachtoptimierung, welche Frachtanfragen, Auslastungen und Flugpläne in Echtzeit gegenüberstellen und daraus Frachtvorschläge erstellen. Sie sind häufig in die Bearbeitung von Geschäftsprozessen integriert. Datengestützte EUS werden häufig als Business Intelligence Lösungen bezeichnet. Der Begriff „Business Intelligence" (BI) beinhaltet dabei Anwendungen und Techniken, die darauf fokussiert sind, Daten aus verschiedenen Quellen zu sammeln, zu speichern, zu analysieren und darzustellen, um Benutzer bei der Entscheidungsfindung zu unterstützen.

10.4.3.2 SCM-Systeme

SCM-Systeme stellen Funktionalitäten zur netzwerkbezogenen Planung und Steuerung zur Verfügung. Es werden unterschieden:

▦ **Systeme zur Nachfrageplanung (Demand Planning)**
Systeme zur übergreifenden, kollaborativen Nachfrageplanung bieten – je nach entsprechender Autorisierung – Lese- oder Änderungszugriff von jeder berechtigten Stelle (z.B. Außendienstmitarbeiter, Vertriebsbüros, regionale Landesgesellschaften, Produktmanager etc.) innerhalb eines Wertschöpfungsnetzwerkes.
  ▪ *Prognose*: Die Systeme analysieren die Nachfragedaten nach bestimmten statistisch oder kausal begründeten Mustern (Trends, Saisoneinflüsse, Korrelationen) und konfigurieren das Prognosemodell entsprechend. Für neue Produkte kann das Nachfrageverhalten auf der Basis von vergleichbaren Produkten abgeschätzt werden. Auf diese Weise sind eine genaue Analyse und eine abgesicherte Prognose des Absatzverhaltens von Produkten in den Zielmärkten möglich.
  ▪ *Marketing-Aktionen*: Der Einfluss von Marketing-Aktionen kann in verschiedenen Szenarien simulativ getestet werden.

▦ **Systeme für das Netzwerkdesign**
Systeme zum Design und zur Konfiguration eines Wertschöpfungsnetzwerkes ermöglichen es, den gesamten Fluss durch das Netzwerk zu modellieren und hinsichtlich z. B. der Ziele „Minimale Kosten" oder „Maximaler Gewinn" zu optimieren. Benötigter Input sind die Strukturelemente des Netzwerkes (siehe Abschnitt 2.2.1), deren geografische Lage (Geokoordinaten), Produktstrukturen (bis zu der Ebene, wie Komponenten zwischen der beteiligten Partnern ausgetauscht werden), Kostenfaktoren und spezifische Randbedingungen. Auf dieser Basis können verschiedene Szenarien modelliert, ausgewertet und miteinander verglichen werden, insbesondere zu:
  ▪ Netzwerk-Design (Öffnen/Schließen von Standorten, Nutzung von Transportmodi und –wegen, Änderung der Kostenfaktoren, Auswirkungen von Nachfrageveränderungen in bestimmten Märkten)
  ▪ Lieferbeziehungen (z. B. Minima bzw. Maxima der Liefermengen)

▦ **Systeme zur Netzwerkplanung**
Systeme zur Netzwerkplanung erzeugen für jeden im System definierten Standort eines Wertschöpfungsnetzerkes regelbasierte und synchronisierte Beschaffungs- und Lieferpläne, bei gleichzeitiger Maximierung des Durchsatzes und Minimierung der Lieferzeiten. Häufig erlauben es die Systeme, verschiedene Szenarien simulativ zu planen und zu bewerten. Verabschiedete Planungen können dann an die lokal an den Standorten implementierten Systeme gesendet werden.

10.4.3.3 Data Warehouse Systeme für die Logistik

Daten für die Entscheidungsunterstützung entstehen bei der Durchführung der Geschäftsprozesse. So kann die durchschnittliche Wiederbeschaffungszeit für ein bestimmtes Material aus den Bestellzeitpunkten und den Wareneingangszeitpunkten vergangener Beschaffungsvorgänge ermittelt werden. In elektronischer Form liegen diese Daten in den Transaktionssystemen vor, welche die Datenverwaltung bei der Durchführung der Geschäftsprozesse unterstützen. Innerhalb dieser Systeme sind die Daten üblicherweise in relationalen Datenbanken gespeichert, die sich für die Massendatenverarbeitung von Geschäftsprozessdaten etabliert haben. Die relevanten Daten sind dabei auf verschiedene Tabellen verteilt und über sog. Schlüssel miteinander verknüpft. Diese Art der Datenspeicherung ist für Abwicklungsaufgaben optimiert, führt allerdings zu erheblichen Problemen bei der Datenauswertung. Um verdichtete Kennzahlen zu ermitteln, wird viel Rechnerleistung gebunden, was teilweise zu unakzeptabel langen Antwortzeiten für die anderen Nutzer des Systems führt. Zudem sind für die Erstellung individueller Auswertungen umfangreiche System- und Programmierkenntnisse erforderlich.

Bei Data Warehouse Systemen werden die auswertungsrelevanten Daten aus den Transaktionssystemen und anderen Datenquellen kopiert, aufgearbeitet und zu Auswertungszwecken separat gespeichert. Sie liegen also zusätzlich zu den Daten in den Transaktionssystemen vor. Dies bietet folgende Vorteile:

- Die entscheidungsrelevanten Daten werden aus mehreren Datenquellen zusammengeführt (z. B. logistische Daten aus dem ERP-System der deutschen Standorte eines Konzerns, logistische Daten aus dem ERP-System der US-Niederlassung eines Konzerns und externe Daten eines Marktforschungsinstitutes), damit systemübergreifende Auswertungen erstellt werden können.
- Nur die relevanten Daten werden in vorverdichteter und auswertungsoptimierter Form gespeichert, was einerseits das Datenvolumen verringert und andererseits die Durchführung von Auswertungen wesentlich vereinfacht und beschleunigt.
- Zudem können basierend auf den Datenstrukturen eines Data Warehouse individuelle Auswertungen auch ohne vertiefte System- oder Programmierkenntnisse generiert werden.
- Bei der Durchführung der Auswertungen werden die Nutzer der Transaktionssysteme nicht in ihren Antwortzeiten belastet, da die Auswertungen in einem anderen EDV-System stattfinden.

Den Kern eines Data Warehouse Systems (siehe **Abb. 10-16**) bilden ein oder mehrere Infocubes (auch Data Mart genannt). Dies sind Datenbestände aus vorverdichteten Daten bestimmter Anwendungsgebiete, die themenspezifisch schnelle und einfache Auswertungen erlauben.

Kennzahlen für mögliche Auswertungen sind dabei in Abhängigkeit von verschiedenen Auswertungskriterien (Merkmale) gespeichert. Für jede kleinste Merkmalskombination (Granularität) sind die Kennzahlen bereits berechnet (z. B. 345 = Anzahl der Transportvorgänge und 3.000 = Menge der transportierten Güter im dritten Quartal bei der Filiale Nord bei Produkt C). Stehen Merkmale in einer festen Beziehung zueinander (z. B. Jahr, Quartal, Woche oder Produkt und Produktgruppe), so können sie zu Dimensionen zusammengefasst werden. Obwohl grafisch nur drei Dimensionen darstellbar sind, können Infocubes mehr als 10 Dimensionen enthalten.

Wird nun in einer Auswertung die Menge der transportierten Waren (Kennzahl) im dritten Quartal (Merkmal) gesucht, so müssen lediglich die bereits gespeicherten Werte der

Kennzahl „Menge" für alle Elemente des dritten Quartals (Scheibe des Würfels) addiert werden.

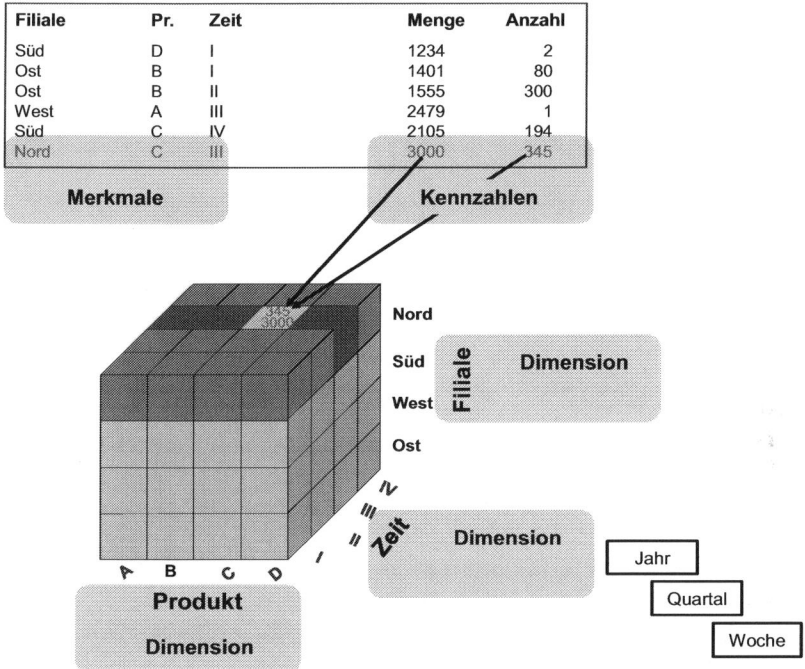

Abb. 10-16: Info-Cube / Data Mart

Nur bereits im Infocube gespeicherte Kennzahlen oder Merkmale können ausgewertet oder kombiniert werden. Bei jedem Geschäftsvorfall entstehen im Transaktionssystem neue Daten. Insbesondere bei logistischen Daten, wie Lagerbewegungen, können dies tausende neuer Datensätze pro Tag sein. Das Datenvolumen des Infocubes ändert sich jedoch kaum, lediglich bei der Dimension „Zeit" wird für die kleinste gewählte Zeiteinheit ein neuer Datensatz – wie eine neue „Scheibe" – hinzugefügt.

Die Architektur von Data Warehouse Systemen beinhaltet typische Komponenten, welche hier kurz dargestellt werden (siehe **Abb. 10-17**):

- Die *Quellsysteme* sind die Transaktionssysteme oder externe Datenquellen; sie gelten nicht als Bestandteil des Data Warehouse.
- *Extraktoren* sind Programme, welche die jeweils neuesten Daten aus den Quellsystemen heraussuchen, kopieren und in das Data Warehouse System überführen. Sie können auch Bestandteil des Quellsystems sein, werden aber durch das Data Warehouse System gesteuert.
- Der *Arbeitsbereich* (manchmal auch Basisdatenbank genannt) dient der Datenintegration. Die aus den Quellsystemen extrahierten Daten werden dort technisch und inhaltlich aufbereitet.
- In der *Datenbasis* (Infocubes) liegen die themenspezifischen Daten in vorverdichteter und in für die Auswertung optimierter Speicherform vor.
- *Analyse- und Abfragewerkzeuge* unterstützen die Nutzer, um ohne Programmierkenntnisse Abfragen, Reports und Auswertungen zu erstellen. Diese Programme sind häufig eigenständige Installationen, die unabhängig von einem bestimmten Data

Warehouse betrieben werden können. Bei einigen Anwendungen werden aus der Datenbasis Teilmengen in die Analyse- und Abfragesysteme geladen, um dort dezentral Auswertungen zu erstellen.

■ *Dashboard Systeme* (Cockpit) unterstützen die Darstellung von Kennzahlen und Leistungsindikatoren. Sie bedienen sich dabei Symbolen, wie Ampeln, Zeigern, Torten-, Linien- und Säulendiagrammen, die einen schnellen Überblick hinsichtlich des analysierten Sachverhalts geben sollen. Ein besonderer Wert liegt in der Möglichkeit, diese Symbole direkt in Office-Dokumente, Web-Seiten oder Management-Präsentationen einzubinden. Diese Cockpit-Funktionen können integrierter Bestandteil der Analyse- und Abfragewerkzeuge sein; es werden aber auch separate Dashboard-Installationen angeboten.

■ Die *Meta Datenbank* beinhaltet die Beschreibung der Daten entlang des gesamten Datenflusses von den Quellsystemen bis zum Abfragewerkzeug.

■ Der *Data Warehouse Manager* beinhaltet die Steuerung und die Benutzeroberfläche des gesamten Systems.

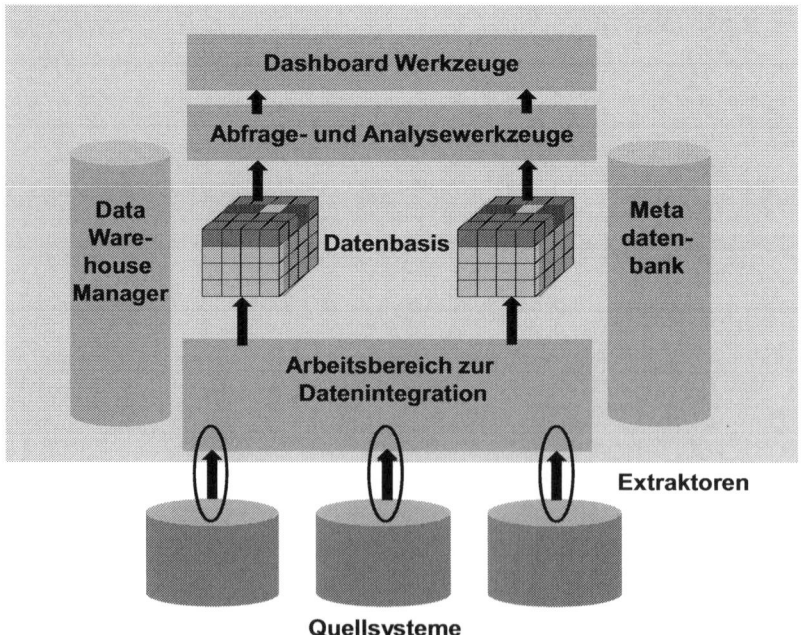

Abb. 10-17: Komponenten von Data Warehouse Systemen

Literaturverzeichnis

Die nachfolgend angegebene Literatur wurde für dieses Buch verwendet oder wird zur vertiefenden Lektüre empfohlen.

Abts, D.; Mülder, W. (2001): Grundkurs Wirtschaftsinformatik. 3. Aufl., Braunschweig, 2001

Aggteleky, B. (1990): Fabrikplanung. Werksentwicklung und Betriebsrationalisierung. Band 1, 2. Aufl., München, 1990

Akin, B. (1999): Festlegung der Bevorratungsebene in fertigungstechnischen Unternehmen. Wiesbaden, 1999

Alicke, K. (2005): Planung und Betrieb von Logistiknetzwerken. Unternehmensübergreifendes Supply Chain Management. 2. Aufl., Berlin, 2005

Alpar, P.; Grob, H. L.; Weimann, P.; Winter, R. (2008): Anwendungsorientierte Wirtschaftsinformatik. Strategische Planung, Entwicklung und Nutzung von Informations- und Kommunikationssystemen. 5. Aufl., Wiesbaden, 2008

Arndt, H. (2008): Supply Chain Management. Optimierung logistischer Prozesse. 4. Aufl., Dettenheim, 2008

Arnold, U. (1997): Beschaffungsmanagement. 2. Aufl., Stuttgart, 1997

Arnold, D.; Furmans, K. (2007): Materialfluss in Logistiksystemen. 5. Aufl., Berlin, 2007

Arnold, D.; Isermann, H.; Kuhn, A.; Tempelmeier, H.; Furmans, K. (2008) (Hrsg.): Handbuch Logistik. 3. Aufl., Berlin u. a., 2008

Arnolds, H. et.al. (2010): Materialwirtschaft und Einkauf, 11. Aufl., Wiesbaden, 2010

Baumgarten, H. (2008) (Hrsg.); Das Beste der Logistik. Innovationen, Strategien, Umsetzungen. Berlin, 2008

Becker, J.; Vossen, G. (1996) (Hrsg.): Geschäftsprozeßmodellierung und Workflow-Management - Modelle, Methoden, Werkzeuge. 1. Aufl., Bonn, 1996

Becker, T. (2008): Prozesse in Produktion und Supply Chain optimieren. 2. Aufl., Berlin, 2008

Bolstorff, P.; Rosenbau, R.; Poluha R. (2007): Spitzenleistungen im Supply Chain Management. Ein Praxishandbuch zur Optimierung mit SCOR. Berlin/Heidelberg, 2007

Borchert, S. (2001): Führung von Distributionsnetzwerken. Münster, 2001

Bornemann, H. (1986): Bestände-Controlling. Wiesbaden, 1986

Bowersox, D.; Closs, D.; Bixby, M. (2002): Supply Chain Logistics Management. New York, 2002

Braun, D. (2002): Schnittstellenmanagement zwischen Handelsmarken und ECR. Hagen, 2002

Broggi (1990): Logistik im Wandel der Zeit – Ursprung und Geschichte. In: „Jahrbuch der Logistik 1990" (Handelsblatt).

Camp, R.C. (1994): Benchmarking. München, Wien, 1994

Chopra, S.; Meindl, P. (2004): Supply Chain Management. Strategy, Planning, and Operations. 2nd Ed., New Jersey, 2004

Christopher, M.J. (1992): Logistics and Supply Chain Management. Oxford, 1992

Clausen; Meyer; Nickel; Paschlau (2007): Von der Abfall- zur Ressourcenlogistik. In: Müll und Abfall 05/2007

Converse, P.-D.: The other half of marketing (Nachdruck). In: Logistikmanagement 4/1999

Corsten, D.; Gössinger (2001): Einführung in das Supply Chain Management. München, 2001

Corsten, D.; Gabriel, Chr. (2004): Supply Chain Management erfolgreich umsetzen. 2. Aufl., Berlin, 2004

de Koster, R.; Delfmann, W. (2007): Managing Supply Chains – Challenges and Opportunities. Denmark, 2007

Delfmann, W.; Klaas-Wissing, Th. (2007): Strategic Supply Chain Design. Theory, Concepts and Applications. Köln, 2007

Dempe, S.; Schreier, H. (2006): Operations Research: Deterministische Modelle und Methoden. Wiesbaden, 2006

Disterer, G.; Fels, F.; Hausotter, A. (2000): Taschenbuch der Wirtschaftsinformatik. München, 2000

Domschke, W.; Drexel, A. (1996): Logistik: Standorte. München, 1996

Domschke, W.; Drexel, A. (2005): Einführung in Operations Research. 6. Aufl., Berlin, 2005

Domschke, W. (2007): Logistik: Transport. 5. Aufl. München, 2007

Ehrmann, H. (2008): Logistik. 6. Aufl. Ludwigshafen, 2008

Enghardt, W. (1987): Groblayout-Entwicklung und –bewertung als Baustein der rechnerintegrierten Fabrikplanung. Fortschritt-Berichte VDI, Reihe 2, Nr. 144. Düsseldorf, 1987

Erlach K. (2007): Wertstromdesign – Der Weg zur schlanken Fabrik. Berlin, 2007

European Logistic Association (ELA): http:www.elelog.org

Feige, D.; Klaus, P. (2008): Modellbasierte Entscheidungsunterstützung in der Logistik. Hamburg, 2008

Fink, A.; Schneidereit, G.; Voß, S. (2001): Grundlagen der Wirtschaftsinformatik. Heidelberg, 2001

Finkenzeller, K. (2002): RFID-Handbuch – Grundlagen und praktische Anwendung induktiver Funkanlagen, Transponder und kontaktloser Chips. 4. Aufl., München, 2006

Fischer, W.; Dittrich, L. (2004): Materialfluß und Logistik. Potenziale vom Konzept bis zur Detailauslegung. 2. Aufl., Berlin, 2004

Fortmann, K.-M.; Kallweit, A. (2007): Logistik. 2. Aufl., Stuttgart, 2007

Franke, W.; Dangelmaier, W. (2006): RFID – Leitfaden für die Logistik. Wiesbaden, 2006

Fuchs, A., Kaufmann, L. (2008): Von Zielen zu Erfolgen – strategische Lieferanten-beziehungen gestalten. In: BME (Hrsg.): Best Practise in Einkauf und Logistik 2. Auflage, 2008, S. 191-200

Gleißner, H.; Femerling, J. Chr. (2008): Logistik. Grundlagen, Übungen, Fallbeispiele. Wiesbaden, 2008

Göpfert, I. (2002): Logistik. Führungskonzeption. Gegenstand, Aufgaben und Instrumente des Logistikmanagements und –controllings. München, 2002

Grochla, E. (1992): Grundlagen der Materialwirtschaft. 3. Aufl., Wiesbaden, 1992

Grundig, C.-G. (2009): Fabrikplanung: Planungssystematik, Methoden, Anwendungen. 3. Aufl., München, 2009

Gudehus, T. (1973): Grundlagen der Kommissioniertechnik. Essen, 1973

Gudehus, T. (2006): Dynamische Disposition. Strategien zur optimalen Auftrags- und Bestandsdisposition. 2. Aufl., Berlin, 2006

Gudehus, T. (2007): Logistik 1: Grundlagen, Verfahren und Strategien. 3. Aufl., Berlin, 2007

Gudehus, T. (2010): Logistik. Grundlagen, Strategien, Anwendungen. 3. Aufl., Berlin, 2010

Günther, H.; Tempelmeier, H. (2005): Produktion und Logistik. 6. Aufl., Berlin, 2005

Günthner, Willibald (Hrsg.)(2007): Neue Wege in der Automobillogistik: Die Vision der Supra-Adaptivität. Berlin, 2007

Haasis, H.-D. (2008): Produktions- und Logistikmanagement. Wiesbaden, 2008

Haasis, H.-D.; Krowski, H.-J.; Scholz-Reiter, B. (Hrsg.): Dynamics in Logistics. Berlin, 2008

Hammer, M.; Champy, J. (1994): Business Reengineering. Die Radikalkur für das Unternehmen. 3. Aufl., Frankfurt/M., New York, 1994

Hansen, H.R.; Neumann, G. (2001) Wirtschaftsinformatik I. Grundlage betrieblicher Informationsverarbeitung. 8. Aufl., Stuttgart, 2001

Hansmann, K.-W. (2006): Industrielles Management. 8. Aufl., München, 2006

Härdler, J.(1999): Material-Management: Grundlagen, Instrumentarien, Teilfunktionen. München, Wien, 1999

Hartmann, H. (1993): Materialwirtschaft. 6. Aufl., Stuttgart, 1993

Heinemeyer, W. (1994): Die Fortschrittszahlen als logistisches Konzept in der Automobil-industrie. In: Corsten, H. (Hrsg.): Handbuch Produktionsmanagement. Wiesbaden, 1994

Heinen, E. (1983): Industriebetriebslehre – Entscheidungen im Industriebetrieb. Wiesbaden, 1983

Heiserich, G. (2011): Kooperative adaptive Ablaufsteuerung für innerbetriebliche Material-flusssysteme. Diss. Leibniz-Universität Hannover, 2011

Herrmann, F. (2011): Operative Planung in IT-Systemen für die Produktionsplanung und – steuerung. Wiesbaden, 2011

Hertel, J. (1999): Warenwirtschaftssysteme: Grundlagen und Konzepte. 3. Aufl., Heidelberg, 1999

Herzog, B.-O. (1997): Fuhrpark-Management. Köln, 1997

Heydt, A. von der (1999): Handbuch Efficient Consumer Response. Konzepte, Erfahrungen, Herausforderungen. München, 1999

Hoitsch, H.-J.; Lingau, V. (2007): Kosten- und Erlösrechnung: Eine controllingorientierte Einführung. 6. Aufl., München, 2007

Hoppe, M. (2007): Absatz- und Bestandsplanung mit SAP APO. Bonn, 2007

Horváth, P.; Mayer, R. (1989): Controlling. 3. Aufl., München, 1989

Hugos, M. (2003): Essentials of Supply Chain Management. Hoboken/New Jersey, 2003

Ihme, J. (2006): Logistik im Automobilbau. Logistikkomponenten und Logistiksysteme im Fahrzeugbau. München, 2006

Isermann, H. (1994): Logistik. Landsberg, 1994

Jomini (2009): Abriss der Kriegskunst. 1. Aufl. Vdf-Verlag an der ETH Zürich, eBook

Jünemann, R. (1989): Materialfluss und Logistik. Systemtechnische Grundlagen mit Praxisbeispielen. Berlin, 1989

Kemper, A.; Eickler, A. (2001) Datenbanksysteme. 4. Aufl., München, 2001

Kathöfer, U.; Müller-Funk, U. (2008): Operations Research. 2. Aufl., Konstanz, 2008

Kerth, K.; Asum, H.; Stich, V. (2009): Die besten Strategietools in der Praxis. 4. Aufl., München, 2009

Kettner, H.; Schmidt, J.; Greim, R. (2010): Leitfaden der systematischen Fabrikplanung. München, 2010

Klaus, P.; Krieger, W. (2004): Gabler Lexikon Logistik. 3. Aufl., Wiesbaden, 2004

Kletti, J. (2007): Konzeption und Einführung von MES-Systemen. Zielorientierte Einführungsstrategie mit Wirtschaftlichkeitsbetrachtungen, Fallbeispielen und Checklisten. Berlin u. a., 2007

Klug, F. (2010): Logistikmanagement in der Automobilindustrie: Grundlagen der Logistik im Automobilbau. Berlin, 2010

Koether, R. (2007): Technische Logistik. 3. Aufl., München, 2007

Kolmann, T., (2009): E-Business, 3. Aufl., Wiesbaden, 2009

Kopsidis, R.M. (1992): Materialwirtschaft: Grundlagen, Methoden, Techniken, Politik. München, 1992

Kotler, P.; Armstrong, G.; Wong, V.; Saunders, J. (2011): Grundlagen des Marketing. 5. Aufl., München, 2011

Krampe, H,; Lucke, H.-J. (Hrsg.) (2001): Grundlagen der Logistik: Einführung in Theorie und Praxis logistischer Systeme. 2. Aufl., München, 2001

Kuhn, A.; Hellingrath, B. (2001): Supply Chain Management: Optimierte Zusammenarbeit in der Wertschöpfungskette. Berlin, 2001

Kummer, S.; Einbock, M.; Westerheide, Chr. (2006): RFID in der Logistik. Handbuch für die Praxis. Wien, 2006

Kummer, S.; Grün, O.; Jammernegg, W. (2009): Grundzüge der Beschaffung, Produktion und Logistik. München, 2009

Kurbel, K. (1993): PPS – Methodische Grundlagen von PPS-Systemen und Erweiterungen. München, 1993

Lackner, A. (2004): Dynamische Tourenplanung mit ausgewählten Metaheuristiken. Eine Untersuchung am Beispiel des kapazitätsrestriktiven dynamischen Tourenplanungs-problems mit Zeitfenstern. Göttinger Wirtschaftsinformatik Band 47. Göttingen, 2004.

Lange, E.: Immer im Kreis. Wirtschaftswoche Nr. 22 vom 25.05.2009, S. 90

Large, R. (2009): Strategisches Beschaffungsmanagement, 4. Aufl., Wiesbaden, 2009

Laudon, K.C.; Laudon, J.P.; Schoder, D. (2006): Wirtschaftsinformatik – Eine Einführung. München, 2006

Lenk, B. (2003): Handbuch der automatischen Identifikation. Band 1: ID-Techniken, 1D-Codes, 2D-Codes, 3D-Codes. 2. Aufl., Kirchheim u.T., 2003

Lödding, H. (2008): Verfahren der Fertigungssteueung – Grundlagen, Beschreibung, Konfiguration. 2. Aufl., Berlin, 2008

LOGISTIK HEUTE (2004): Software in der Logistik. Der Softwareführer für Logistiker und logistikorientierte IT-Experten. München, 2004

Louis, P. (2009): Manufacturing Execution Systems. Wiesbaden, 2009

Luczak, H.; Eversheim, W. (Hrsg.): Produktionsplanung und –steuerung: Grundlagen, Gestaltung und Konzepte. 2. Aufl., Berlin, 1999

Luczak, H.; Weber J. (2001): Logistik-Benchmarking. Praxisleitfaden mit LogiBEST. Berlin u. a., 2001

Martin, H. (2006): Transport- und Lagerlogistik. Planung, Struktur, Steuerung und Kosten von Systemen der Intralogistik. 6. Aufl., Wiesbaden, 2006

Meadows, Dennis L. u.a. (1972): Die Grenzen des Wachstums. Bericht d. Club of Rome zur Lage d. Menschheit (Am. Org. The limits to growth). Stuttgart, 1972

Meffert; Wagner; Backhaus (1995): Category Management – Neue Herausforderung im vertikalen Marketing? Münster, 1995

Meffert, H.; Burmann, Chr.; Kirchgeorg, M. (2008): Marketing. 10. Aufl., Wiesbaden, 2008

Melzer-Ridinger, R. (1994a): Materialwirtschaft und Einkauf. Bd. 1: Grundlagen und Methoden. 3. Aufl., München, 1994

Melzer-Ridinger, R. (1994b): Systemgestützte Produktionsplanung: Konzeption und Anwendung. München, 1994

Mertens, P. (2010): Grundzüge der Wirtschaftsinformatik. 10. Aufl., Berlin, 2010

Meyer, C. (1976): Betriebswirtschaftliche Kennzahlen und Kennzahlensysteme. Stuttgart, 1976.

Michaelis, Peter (1999): Betriebliches Umweltmanagement. Grundlagen des Umweltmanagements. Umweltmanagement in Funktionsbereichen., Fallbeispiele aus der Praxis. Berlin, 1999

Morgenstern (1955): Note on the formulation on the theory of logistics. 1955

Müller, J.A. (2000): Systems Engineering. Wien, 2000

Novak, B. (1999): Tourenplanung in mittelständischen Unternehmen: Ausgangslage, Rahmenbedingungen und Gestaltungsmöglichkeiten, eine empirisch gestützte Analyse. Dissertation, Institut für Informationsverarbeitung und Informationswirtschaft, Wirtschaftsuniversität Wien, 1999

Nyhuis, P.; Wiendahl, H.-P. (2003): Logistische Kennlinien: Grundlagen, Werkzeuge, Anwendungen. 2. Aufl., Berlin, 2003

Oeldorf, G.; Olfert, K. (2000): Materialwirtschaft. Ludwigshafen, 2000

Ohno, T. (1993): Das Toyota-Produktionssystem. Frankfurt am Main, 1993

Pawellek, G. (2007): Produktionslogistik. Planung – Steuerung – Controlling. München, 2007

Pawellek, G. (2008): Ganzheitliche Fabrikplanung. Grundlagen, Vorgehensweise, EDV-Unterstützung. Berlin, Heidelberg, 2008

Pepel, W. (2000): Einführung in das Distributionsmanagement. München, 2001

Pescholl, A. (2010): Adaptive Entwicklung eines Referenzmodells für die Geschäftsprozessunterstützung im technischen Großhandel. Dissertation Universität Magdeburg, 2010

Pfohl, H.-Ch. (1972): Marketing-Logistik. Gestaltung, Steuerung und Kontrolle des Warenflusses im modernen Markt. Mainz, 1972

Pfohl, H.-Ch. (2010): Logistiksysteme. Betriebswirtschaftliche Grundlagen. 8. Aufl., Heidelberg, 2010

Pine, B.J. (1993): Maßgeschneiderte Massenfertigung. Wien, 1993

Plowman, Grosvenor E. (1964): Elements of Business Logistics. Stanford, 1964

Plümer (2003): Logistik und Produktion. Oldenbourg, 2003

Poluha, R.G. (2008): Anwendung des SCOR-Modells zur Analyse der Supply Chain. 4. Aufl., Lohmar, 2008

Porter, M. (2000): Wettbewerbsvorteile. Spitzenleistungen erreichen und behaupten. 6. Aufl., Frankfurt a.M., 2000

Reichmann, Th. (1990): Controlling mit Kennzahlen - Grundlagen einer systemgestützten Controlling-Konzeption. 2. Aufl., München, 1990

Richter, A. (2005): Dynamische Tourenplanung. Diss. TU Dresden, 2005

Rochel, R. (2008): RFID Technology and Impacts on Supply Chain Management Systems. Saarbrücken, 2008

Rohweder, D.: Informationstechnologie und Auftragsabwicklung. Potentiale zur Gestaltung und flexiblen kundenorientierten Steuerung des Auftragsflusses in und zwischen Unternehmen. Berlin, 1996

Rudolph, A. (1999): Altproduktentsorgung aus betriebswirtschaftlicher Sicht. Heidelberg, 1999

Scheer, A.-W.: (2000): EDV-orientierte Betriebswirtschaftslehre – Grundlagen für ein effizientes Informationsmanagement. 4. Aufl., Berlin, 1990

Scheer, A.-W. (1997): Wirtschaftsinformatik – Referenzmodelle für industrielle Geschäftsprozesse. 7. Aufl., Berlin, 1997

Scheer, A.-W. (1998): ARIS – Vom Geschäftsprozess zum Anwendungssystem. 3. Aufl., Berlin, 1998

Schenk, M.; Wirth, S. (2004): Fabrikplanung und Fabrikbetrieb – Methoden für die wandlungsfähige und vernetzte Fabrik. Berlin, 2004

Schmigalla, H. (1995): Fabrikplanung. München, 1995

Schönsleben, P. (2000): Integrales Logistikmanagement. 2. Aufl., Berlin, 2000

Schröder, H.; Olbrich, R.; Kenning, P.; Evanschitzky, H. (Hrsg.)(2009): Distribution und Handel in Theorie und Praxis. Wiesbaden, 2009

Schubert, P.,Wölfle, R., Dettling, W. (2002): Procurement im E-Business. München, Wien, 2002

Schuh, G. (2006) (Hrsg.). Produktionsplanung und -steuerung. Grundlagen, Gestaltung und Konzepte. Berlin u. a., 2006.

Schulte (2009): Logistik. Wege zur Optimierung der Supply Chain. 5. Aufl., München, 2009

Schwarze, J. (2000) Einführung in die Wirtschaftsinformatik. 5. Aufl., Herne, 2000

Seifert, D. (2006): Efficient Consumer Response Hamburger Schriften zur Marketingforschung, Bd. 14. München, 2006

Souza, B.D.; Lin, Y.; Hsu, W.; Schwartz, J. (2008): Collaborative Planning, Forecasting and Replenishment (CPFR). Minnesota, 2008

Specht, G., Fritz, W. (2005): Distributionsmanagement. 4. Aufl., Stuttgart, 2005

Stachowiak, H. (1973): Allgemeine Modelltheorie.Wien u. a., 1973

Stahlknecht, P.; Hasenkamp, U. (2001): Einführung in die Wirtschaftsinformatik. 10. Aufl., Berlin u. a., 2001

Steinbuch, P. (2001): Logistik. Herne, 2001

Stickel, M. (2006): Planung und Steuerung von Crossdocking-Zentren. Wiss. Berichte des Institutes für Fördertechnik und Logistiksysteme der Universität Karlsruhe, Band 69. Karlsruhe, 2006

Sträter, M. (2007): Hybride Metaheuristiken zur Lösung des Standardproblems der Tourenplanung mit Zeitfensterrestriktionen. Berlin, 2007

Straube, F. (2004): e-Logistik. Ganzheitliches Logistikmanagement. Berlin, 2004

Supply Chain Council (2010): Supply Chain Operations Reference Model. Version 10.0, Washington DC, 2010

Takeda, H. (1999): Das synchrone Produktionssystem. 2. Aufl., Landsberg, 1999

Tempelmeier, H. (2006): Bestandsmanagement in Supply Chains. 2. Aufl., Norderstedt, 2006

Tempelmeier, H. (2008): Materiallogistik. Modelle und Algorithmen für die Produktions-planung und -steuerung in Advanced Planning-Systemen. 7. Aufl., Berlin, 2008

ten Hompel, M.; Schmidt, T. (2005): Warehouse Management – Automatisierung und Organisation von Lager- und Kommissioniersystemen. Berlin u. a., 2005

ten Hompel, M.; Schmidt, Th.; Nagel, L. (2007): Materialflusssysteme. Förder- und Lagertechnik. 3. Aufl., Berlin, 2007

Thaler, K. (2007): Supply Chain Management. Prozessoptimierung in der logistischen Kette. 5. Aufl., Troisdorf, 2007

Thiel, K.; Meyer, H.; Fuchs, F. (2010): MES – Grundlage der Produktion von morgen: Effektive Wertschöpfung durch die Einführung von Manufacturing Execution Systems. 2. Aufl., 2010

Thonemann, U. (2005): Operations Management: Konzepte, Methoden und Anwendungen. München, 2005

Ullmann, W. (1993): Anwenderhandbuch WESI. IFA - Uni Hannover, 1993

Ullmann, W. (1994): Controlling logistischer Produktionsabläufe am Beispiel des Fertigungsbereichs. Fortschritt-Berichte VDI, Reihe 2, Nr. 311. Düsseldorf, 1994

Ullmann, W. (2008): Erfolgsfaktoren im Visier: DenWandel erfolgreich gestalten. Vortrag und Berichtsband zum 12. Jenaer Wirtschaftstag am 24.04.2008

Vahrenkamp, R. (2003): Quantitative Logistik für das Supply Chain Management. München, 2003

Vahrenkamp, R. (2007): Logistik. Management und Strategien. 6. Aufl., München, 2007

Vetter, M. (1994): Informationssysteme in der Unternehmung. 2. Aufl., Stuttgart, 1994

Vetter, M. (1998): Aufbau betrieblicher Informationssysteme. 8. Aufl., 1998

VICS – Voluntary Interindustry Commerce Association (2004): CPFR - An Overview. http://www.vics.org/docs/committees/cpfr/CPFR_Overview_US-A4.pdf

Wannenwetsch, H.; Nicolai, S. (2004): E-Supply-Chain-Management. Grundlagen, Strategien, Praxisanwendungen. 2. Aufl., Wiesbaden, 2004

Warnecke, H.-J. (1992): Die Fraktale Fabrik. Berlin u. a., 1992

Weber, J. (1992): Logistik als Koordinationsfunktion. In: ZfB 1992, S. 877-895

Weber, J.; Wallenburg, C.M. (2010): Logistik- und Supply Chain Controlling. 6. Aufl., Stuttgart, 2010

Weis, H.-C. (2009): Marketing. 15. Aufl., Herne, 2009

Weissermel, (1999): Tourenplanungsprobleme mit Zeitfensterrestriktionen: Beurteilung und Vergleich neuerer Lösungsverfahren. Göttingen, 1999

Werner, H. (2000): Supply Chain Management. Grundlagen, Strategien, Instrumente und Controlling. Wiesbaden, 2000

Wicke, L. (1998): Umweltökonomie und Umweltpolitik. München, 1998

Wiendahl, H.-P. (1987): Belastungsorientierte Fertigungssteuerung: Grundlagen, Verfahrensaufbau, Realisierung. München, 1987

Wiendahl, H.-P. (1997): Fertigungsregelung. Logistische Beherrschung von Fertigungsabläufen auf der Basis des Trichtermodells. München, 1997

Wiendahl, H.-P. (2005): Betriebsorganisation für Ingenieure. 5. Aufl., München, 2005

Wiendahl, H.-P.; Reichardt, J.; Nyhuis, P. (2009): Handbuch Fabrikplanung. Konzept, Gestaltung und Umsetzung wandlungsfähiger Produktionsstätten. München, 2009

Wildemann, H. (1988): Die modulare Fabrik. München, 1988

Wildemann, H. (2008a): Kanban-Produktionssteuerung. 16. Aufl., München, 2008

Wildemann, H. (2008b): Einkaufspotenzialanalyse. 2. Aufl., München, 2008

Wirtz, B. W. (2008): Multi-Channel-Marketing. Grundlagen – Instrumente – Prozesse. Wiesbaden, 2008

Womack, J.P.; Jones, D.; Roos, D. (1992): The machine that changed the world. Frankfurt/M., 1992

Zäpfel, G. (1991): Produktionslogistik: Konzeptionelle Grundlagen und theoretische Fundierung. In: ZfB 61/1991, S. 209-235

Zäpfel, G. (2000): Strategisches Produktionsmanagement. 2. Aufl., München, 2000

Zäpfel, G.; Piekarz, B. (1996): Supply Chain Controlling. Interaktive und dynamische Regelung der Material- und Warenflüsse. Wien, 1996

Ziegler, H.-J. (1988): Computergestützte Transport- und Tourenplanung. Ehningen, 1988

Zimmermann, H.-J. (2005): Operations Research. Wiesbaden, 2005

ZVEI (Hrsg.) (1989): ZVEI-Kennzahlensystem – Ein Instrument zur Unternehmenssteuerung. Mindelheim, 1989

ZVEI (Hrsg.) (2010): Manufacturing Execution Systems (MES) – Branchenspezifische Anforderungen und herstellerneutrale Beschreibung von Lösungen. Frankfurt, 2010

Stichwortverzeichnis

Logistik-Management von A bis Z

↗

Das Logistik-Lexikon
für Ihr Management

Logistik und Supply Chain Management gehören
heute zu den wichtigsten unternehmerischen Aufgaben und ihre Bedeutung wächst kontinuierlich.
Das Gabler Lexikon Logistik zeigt in wissenschaft-
lich fundierter, dabei zugleich praxisgerechter
Weise:

- welche Managementkonzepte Sie in Ihrem
  Unternehmen einsetzen können

- wie man Prozesse und Strukturen in der Logistik
  optimal gestaltet und steuert

- wie man moderne Informationstechnologien
  für die Logistik sinnvoll nutzt

- wie man nachhaltige Beziehungsnetzwerke
  entlang der Supply Chain aufbaut

- und vieles Wissenswertes mehr.

Peter Klaus /
Winfried Krieger (Hrsg.)
Gabler Lexikon Logistik
Management logistischer
Netzwerke und Flüsse
4. kompl. durchges. u. akt. Aufl.
2009. XXII, 637 S.
Geb. EUR 49,90
ISBN 978-3-8349-0149-1

Das Lexikon für den Einsatz
im Tagesgeschäft

Nach dem Motto „aus der Praxis für die Praxis"
können Sie neue und traditionelle Basisbegriffe
aus den Themengebieten:

- Beschaffungslogistik,
- Produktionslogistik,
- Distributionslogistik,
- Entsorgungslogistik und
- Informationslogistik

nachschlagen. Sie erhalten fundierte Informationen
über die wichtigsten Konzepte, Instrumente und
Methoden in der Logistik und gewinnen einen aktuellen Einblick in das Branchengeschäft.

Die 2. Auflage ist komplett durchgesehen und um
neue Stichwörter erweitert worden.

Klaus Bichler / Ralf Krohn /
Peter Philippi
**Gabler Kompaktlexikon
Logistik**
1.900 Begriffe nachschlagen,
verstehen, anwenden
2., überarb. Aufl. 2011. V 209 S.
Br. EUR 29,95
ISBN 978-3-8349-0139-2

Änderungen vorbehalten. Stand: Februar 2011.
Erhältlich im Buchhandel oder beim Verlag

Gabler Verlag . Abraham-Lincoln-Str. 46 . 65189 Wiesbaden . www.gabler.de

GABLER

Mehr wissen – weiter kommen
↗

Logistik verständlich
und interessant

Die Beherrschung logistischer Prozesse entwickelt sich zunehmend zum entscheidenden Wettbewerbsfaktor. Ausgehend von Methoden zur Analyse des Ist-Zustandes und zur Definition von Zielsystemen werden in diesem didaktisch gut konzipierten Lehrbuch alle wichtigen Konzepte des Logistikmanagements konkret, ausführlich und leicht verständlich erklärt. Die 5. Auflage wurde aktualisiert und überarbeitet.

Holger Arndt

Supply Chain Management

Optimierung logistischer Prozesse
5., akt. u. überarb. Aufl. 2010.
XVI, 265 S. Mit 77 Abb. u. 12 Tab.
Br. EUR 26,95
ISBN 978-3-8349-1992-2

Schlüsselfaktor
Materialmanagement

Dieses Buch stellt Grundlagen, Technologien und Verfahren vor und verbindet damit die aktuellen Denkansätze und Entwicklungen der Logistikbranche. Gründe für Veränderungen sind zum Beispiel die zunehmende Globalisierung, die Verkürzung von Produktlebenszyklen sowie der damit einhergehende Kosten- und Innovationsdruck. Die Verbindung von Theorie und praktischen Erfahrungen der Autoren vermittelt ein ganzheitliches Verständnis für die Beschaffungs- und Lagerwirtschaft und damit auch für die Logistik.

Klaus Bichler / Ralf Krohn /
Guido Riedel / Frank Schöppach

Beschaffungs-
und Lagerwirtschaft

Praxisorientierte Darstellung
der Grundlagen, Technologien
und Verfahren
9., akt. u. überarb. Aufl. 2010.
XVI, 235 S. mit 41 Abb. und 8 Tab.
Br. EUR 34,95
ISBN 978-3-8349-1974-8

Praxisleitfaden für den
strategischen Einkauf

In diesem Buch wird ein systematisches Konzept zur Entwicklung von Supply-Strategien in Einkauf und Beschaffung vorgestellt, das sich aus vier Strategiebausteinen (Rahmen-, Markt- und Lieferantenstrategie und Controlling) und 15 Modulen zusammensetzt. Da sich das Konzept als Bauplan für den strategischen Einkauf bzw. für das Supply Management eignet, wird es als 15M-Architektur der Supply-Strategie® bezeichnet. Das Konzept schafft die Voraussetzungen für den zukünftigen Erfolg des Unternehmens auf seinen Beschaffungsmärkten.

Gerhard Heß

Supply-Strategien in
Einkauf und Beschaffung

Systematischer Ansatz
und Praxisfälle
2. akt.u. überarb. Aufl. 2010.
XVI, 459 S.
Mit 110 Abb. u. 34 Tab.
Br. EUR 34,95
ISBN 978-3-8349-1991-5

Änderungen vorbehalten. Stand: Februar 2011.
Erhältlich im Buchhandel oder beim Verlag

Gabler Verlag . Abraham-Lincoln-Str. 46 . 65189 Wiesbaden . www.gabler.de

GABLER

39619242R00239

Printed in Poland
by Amazon Fulfillment
Poland Sp. z o.o., Wrocław